Oswald Walg

TASCHENBUCH DER WEINBAUTECHNIK

Titelbild: ERO Grapeliner SF 200

ERO hat mit seinen Traubenvollerntern Maßstäbe gesetzt: Schon vor Jahren hatte man eine automatische Lenkung im Angebot, deren Steuerung heute mittels Ultraschall erfolgt. Die seitliche Entleerung – von ERO in den Markt eingeführt – wurde zum Standard bei Traubenvollerntern in Deutschland. Als bislang einziger Traubenvollernter weltweit kann der ERO-Grapeliner mit 40 km/h Straßengeschwindigkeit ausgestattet werden. Das Load Sensing-Hydrauliksystem, welches das Drehzahl vermindernde Fahren unabhängig von den eingestellten Ernteparametern erlaubt, spart Kraftstoff und reduziert die Geräuschbelastung des Fahrers. Auch dieses System wurde von ERO entwickelt.

2007 stellt ERO den in wenigen Minuten abnehmbaren Entrapper vor. Bei Nichtverwendung des Entrappers kann Gewicht reduziert und durch die damit einhergehende Verlagerung des Maschinenschwerpunktes nach unten die Sicherheit bei Ernteeinsätzen in Steillagen erhöht werden.

ERO-Gerätebau GmbH
Simmerner Str. 20
55469 Niederkumbd
Tel.: 06761-9440-0
Fax: 06761-9440-50
eMail: info@ERO-Weinbau.de
www.ERO-Weinbau.de

Taschenbuch der Weinbautechnik

Oswald Walg

Dienstleistungszentrum Ländlicher Raum
Rheinhessen-Nahe-Hunsrück
Bad Kreuznach

Oswald Walg

Taschenbuch der Weinbautechnik

ISBN 978-3-921156-78-0

2. Auflage 2007
Verlag: Fachverlag Dr. Faund GmbH
An der Brunnenstube 33 – 35, 55120 Mainz
Herstellung und Layout: Margit Kettering, Mainz
Anzeigen: Manfred Schulz, Mainz
Druck: Rohr-Druck, Kaiserslautern

Titelfoto: ERO Grapeliner SF 200 der Firma ERO-Gerätebau GmbH
Niederkumbd, Tel.: (06761) 9440-0

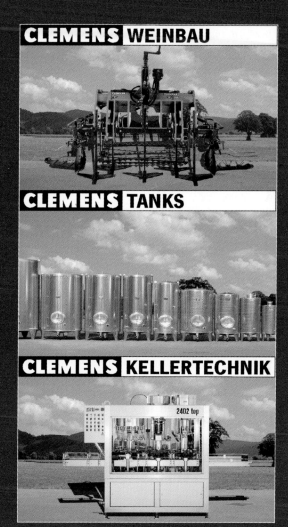

Vorwort

Das Taschenbuch der Weinbautechnik ist als Lehrbuch und Nachschlagewerk gedacht. Es enthält die aktuellen wissenschaftlich-technischen und arbeitswirtschaftlichen Erkenntnisse aus der Entwicklung der letzten Jahre mit den erforderlichen Grundlagenbezügen, zugleich aber auch anwendungsorientierte Hinweise für den Praktiker.

Der Verfasser hat bei Wahrung von Schwerpunkten eine breite Fächerung der Thematik in den verschiedenen Kapiteln berücksichtigt, um die Vielfalt der Weinbautechnik in den wesentlichen Bereichen möglichst vollständig zu erfassen.

Die 2. Auflage des Buches bietet umfassende Informationen aus allen Bereichen der weinbaulichen Produktionstechnik. Im Einzelnen werden neben den Grundlagen der Schleppertechnik, der Steillagenmechanisierung und der Ökonomie, die Maschinen- und Arbeitsverfahren von der Neuanlage eines Weinbergs bis zur Traubenernte dargestellt. Preis- und Verfahrensvergleiche sowie Angaben über Hersteller und Vertreiber von Maschinen und Geräten geben eine Hilfe bei der Auswahl technischer Verfahren.

Der Inhalt des Buches basiert auf langjährigen Erfahrungen des Verfassers im praktischen Weinbau und im weinbaulichen Versuchswesen. Dazu kommt die Auswertung der Veröffentlichungen vieler Kollegen. All diesen Kollegen sei für die Hilfe gedankt. Die Angabe von Literaturhinweisen gibt dem Leser die Möglichkeit zur Vertiefung des Stoffes.

Das Buch ist so konzipiert, dass es in der Berufs- und Fachschule unterrichtsunterstützend und vertiefend eingesetzt werden kann. Es ist auch für Schüler höherer Schulen geeignet, die sich über die Grundlagen der Weinbautechnik informieren wollen. Auch jedem Winzer und anderen weinbautechnisch Interessierten wird die volle Breite der Weinbautechnik dargeboten, sodass das Werk sicherlich auch außerhalb der schulischen Ausbildung seine Leser finden wird.

Für die Praxis, die Ausbildung und die Beratung ist das kompakte Werk eine umfassende und zuverlässige Informationsquelle.

Bad Kreuznach, im Frühjahr 2007   Oswald Walg

INHALTSVERZEICHNIS

7

11

1 Ziele der Weinbautechnik

Die Entwicklung im Weinbau ist, wie in der übrigen Wirtschaft, gekennzeichnet durch einen kontinuierlichen Ersatz von Arbeit durch Kapital. Dies hat zu einem starken Rückgang der Voll- und Teilzeitarbeitskräfte geführt, während sich der Kapitaleinsatz je Arbeitskraft ständig erhöht und die Arbeitsproduktivität zugenommen hat. Tabelle 1 zeigt, nach Lagen und Arbeitsverfahren getrennt, die Entwicklung der Arbeitszeiten je Hektar Rebfläche von 1970 bis 2000. In den klassischen Steillagengebieten, wie an der Mosel, haben wir in diesem Zeitraum eine Verringerung der Arbeitszeiten von 2239 auf 755 Akh/ha. Dies ist eine Reduzierung um 66 %. In Anbaugebieten mit fast ausschließlich ebenen Lagen, wie Rheinhessen oder der Pfalz, konnte die Arbeitszeit von rund 870 auf nunmehr 273 Akh/ha gesenkt werden. Dies ist eine Abnahme von 69 %. Auch in Zukunft werden die weinbaulichen Betriebe versuchen den Arbeitsaufwand weiter zu senken. Bei konsequenter Ausnutzung aller technischen Möglichkeiten kann der Arbeitsaufwand in ebenen Direktzuglagen bei der Drahtrahmenerziehung derzeit auf 180 bis 200 Akh/ha reduziert werden. In Steillagen sind große Einsparungen durch Erweiterung der Gassenbreite bzw. Umstellung auf arbeitsextensivere Erziehungen wie Umkehrerziehung zu erreichen. Auch die neueren Steillagenmechanisierungssysteme (SMS) bringen eine deutliche Arbeitszeitreduzierung, ebenso wie Raupen mit hydrostatischem Antrieb, die Steigungen bis zu 70 % bewältigen können. Eine Senkung des Arbeitsaufwandes auf 500 bis 600 Akh/ha ist in Seilzuglagen durchaus realisierbar. Mit Einführung des seilgezogenen Vollernters, der auch als Geräteträger für mehrreihige Arbeiten nutzbar ist, sind Seilzuglagen zukünftig mit 300 bis 400 Akh/ha zu bewirtschaften.

Im Zuge dieser Entwicklung hat sich auch die Betriebsstruktur verändert. Der Trend geht zu größeren, stabilen Betriebseinheiten, während gleichzeitig die Zahl der kleinen und mittleren Weinbaubetriebe stetig abnimmt. Insbesondere aus den schlecht mechanisierbaren Steillagen ist ein starker Rückgang zu verzeichnen.

Tabelle 1: Entwicklung des Arbeitsaufwandes (Akh/ha) zur Traubenerzeugung bei der Drahtrahmenerziehung

Lagen	Flachlagen				Steillagen (Seilzug)			
Zeitraum	1970	1980	1990	2000	1970	1980	1990	2000
Stockarbeiten	383	252	200	165	1025	744	540	290
Bodenpflege/ Rebholzzerkl.	82	30	22	18	333	98	80	60
Düngung	25	10	5	5	86	47	37	20
Pflanzenschutz	39	20	16	16	180	63	40	35
Lese (Vollernter anteilig)	321	225	100	60	544	482	360	320
Sonstige Arbeiten	20	12	10	9	71	35	33	30
Arbeitsaufwand gesamt	870	549	353	273	2239	1469	1090	755

Das Hauptziel der Verfahrenstechnik im Weinbau kann unter dem Begriff „Rationalisierung" zusammengefasst werden. Hierunter ist zu verstehen, dass durch den Einsatz der Technik die Arbeit

- schneller,
- leichter,
- genauer,
- billiger und
- weniger termingebunden

durchführbar ist.

So brachten beispielsweise Entwicklungen, wie die des Traubenvollernters oder der Rebenpflanzmaschine, enorme **Arbeitszeiteinsparungen** und auch **körperliche Entlastungen**. Wo vorher im Handverfahren 200 Akh/ha und mehr erforderlich waren, werden mit Hilfe der Vollernter nur noch 2 bis 5 Akh/ha benötigt. Dies führt teilweise auch zu recht großen **Kosteneinsparungen**. Muss man beispielsweise für eine Handlese zwischen 900 und 1500 €/ha bezahlen (Unterbringung und Verpflegung des Lesepersonals nicht mitgerechnet), so kostet die Maschinenlese nur etwa 450 bis 600 €/ha. Ganz davon abgesehen, dass bei der Handlese die Betriebsleiterfamilie wesentlich mehr gefordert wird durch Organisation, Verpflegung, evtl. Unterbringung sowie An- und Abtransport des Lesepersonals. Aber nicht jeder Maschineneinsatz verbilligt zwangsläufig das Arbeitsverfahren, denn die Maschinenkosten hängen in erster Linie von der Auslastung, also dem Einsatzumfang, ab. So sollte vor größeren Maschineninvestitionen eine entsprechende Rentabilitätsberechnung vorgenommen werden.

Auch die Möglichkeiten von Maschinengemeinschaften und überbetrieblichem Einsatz müssen sorgfältig geprüft werden. Eine wichtige Frage, die sich jeder Betriebsleiter in diesem Zusammenhang stellen sollte, sind die Nutzungskosten der Arbeit, d.h., ob er die eingesparte Arbeitszeit auch sinnvoll alternativ verwerten kann.

Neben Arbeitszeiteinsparungen und körperlicher Entlastung kommt der **Verbesserung der Arbeitsqualität** eine wichtige Rolle zu. So konnte z.B. im Pflanzenschutz durch neuere Gebläsebauarten und Düsen die Abdrift verringert und das Anlagerungsvermögen sowie die biologische Wirksamkeit gesteigert werden. Viele weitere technische Entwicklungen, wie Entblätterungsgeräte, neuere Schüttelsysteme beim Vollernter oder schonende Traubentransport- und Abladesysteme, dienen ebenfalls der **Förderung der Traubenqualität.**

Neue technische Entwicklungen haben häufig auch **eine Minimierung der Belastung von Umwelt und Anwender** zum Ziel. Bestes Beispiel hierfür sind die Recyclinggeräte oder das sensorgesteuerte Sparsprühen. Besonders große Fortschritte wurden bei den Schleppern erzielt. Integrierte Kabinen, komfortable Sitze, gut schaltbare Getriebe, Motoren mit geringeren Emissionen, bessere Lärmdämmung, bedienungsfreundliche Funktionshebel u.a. haben die Schlepper umwelt- und anwenderfreundlicher gemacht. Es sind aber nicht nur große, teure Maschinen, die im Weinbau Erleichterungen und Einsparungen bringen. Auch kleinere, preiswerte Geräte oder Zubehörartikel führen oft zu Verbesserungen. So helfen beispielsweise die beweglichen Heftdrahthalter, die kurze Arbeitsspitze des Heftens etwas auseinanderzuziehen, da der Zeitpunkt des Heftens damit **weniger stark termingebunden** ist.

2 Abräumen alter und Erstellung neuer Anlagen

Die regelmäßige Erneuerung der Rebanlagen in einer Umtriebszeit von 25 bis 30 Jahren, je nach Standort, Unterlage und Rebsorte, verursacht in Weinbaubetrieben nicht nur zusätzliche Arbeitsstunden, sondern auch erhebliche Kosten.

So liegen derzeit die Erstellungskosten (incl. Arbeitskosten) für eine Neuanlage bei rund 22 000 bis 25 000 €/ha. Auch der Arbeitsaufwand kann je nach Mechanisierung für Neuanlagen und Jungfeldpflege bis zu 1200 Akh/ha betragen. Das sind z.B. für einen 10 Hektar großen Weinbaubetrieb mit 25-jähriger Umtriebszeit jährlich etwa 480 Stunden. Da diese anfallenden Arbeiten zu einem großen Teil in Arbeitsspitzen durchgeführt werden müssen, können sich Arbeitszeiteinsparungen durch eine stärkere Mechanisierung auf den Gesamtbetrieb sehr günstig auswirken.

Die Arbeiten zur Erstellung einer Neuanlage beginnen mit dem Abräumen der alten

Anlage, wobei schon hier 75 bis 160 Akh/ha anfallen können. Neben dem relativ hohen Zeitaufwand, den diese Arbeiten beanspruchen, sind sie oft auch noch körperlich recht anstrengend.

2.1 Abräumen der alten Anlage (Rodung)

Das Abräumen umfasst das Entfernen der Stockkrone, der Rebstämme mit ihrer Hauptwurzel, des alten Drahtes, der Anker und der Pfähle. Im Einzelnen sind folgende Arbeiten durchzuführen:

1. Entfernen der Stockkrone
2. Ablegen und Aufwickeln der Drähte
3. Ziehen und Entfernen der Pfähle

4. Entfernen der Endverankerungen
5. Roden und Entfernen der Rebstöcke
6. Ordnungsgemäße Entsorgung der Unterstützung

Für jeden dieser Arbeitsschritte stehen eine Reihe verschiedener Möglichkeiten der Durchführung zur Verfügung.

Entfernen der Stockkrone

Die erste anstehende Arbeit beim Roden der Altanlage ist das Entfernen des ein- und zweijährigen Rebholzes aus dem Drahtrahmen. Dies ist notwendig, um die Drähte leichter aus der Anlage herausziehen zu können. Mit dieser Arbeit kann schon direkt nach der Ernte begonnen werden. Wie beim normalen Rebschnitt bringt auch hier eine **Luftdruck- oder Elektroschere** gegenüber der Handschere eine Beschleunigung und Erleichterung der Arbeit durch Entlastung der Arbeitsperson. Nach dem Abschneiden des Rebholzes folgt das aufwändigere Ausheben des Tragholzes. Zum Freischneiden der festgerankten Ruten eignet sich besonders die Handschere. Das Rebholz legt man am besten von zwei Reihen in eine Gasse, was beim späteren Häckseln Zeit spart. Eine andere Möglichkeit zum Trennen der Stockkrone vom Stamm stellt der Einsatz einer **Astschere** dar. Auch mit **Rebenvorschneidemaschinen** kann das einjährige Holz aus dem Drahtrahmen "gefräst" und gleichzeitig zerkleinert werden. Das Abschneiden und Ausheben des Tragholzes mit dem Lösen der Bindungen am Draht bleibt jedoch als eigener Arbeitsgang weiterhin Handarbeit. Das Häckseln des Restholzes erfolgt maschinell. Geeignete Geräte für das Rebholzhäckseln sind in Kap. 5.1 beschrieben.

Entfernen der Drähte

Nachdem das Rebholz entfernt ist, müssen die Drähte abgelegt werden. Das Ablegen kann zwar mit Drahtablegegeräten mechanisiert werden, da die Drähte aber vorher aus den Haken gehängt werden müssen, wird es in der Regel manuell durchgeführt. Anschließend werden die Drähte am Wegrand zu Rollen aufgewickelt. Hierfür wird meist eine zapfwellen- oder hydraulisch getriebene **Drahthaspel** eingesetzt.

In Abhängigkeit von der Zeilenlänge können bis zu 5 Drähte auf einmal aufgewickelt

18

werden. Falls die Drähte noch brauchbar sind und wieder verwendet werden sollen, müssen sie einzeln aufgewickelt werden. Die Drahthaspel ist auch zum Aufrollen von Vogelschutznetzen oder Heftschnüren zu verwenden. Das Aufwickeln der Drähte mit einer Handdrahthaspel wird heute kaum noch praktiziert.

Wichtig bei Drahthaspeln sind der Unfallschutz sowie die leichte und schnelle Handhabung. Das Ein- und Ausschalten und Bremsen der Wickeltrommel erfolgt mit einem Hebel oder einer Fußschaltung. Eine Reibkupplung bewirkt den Kraftschluss zwischen Zapfwelle und Trommel mit Antrieb über eine Rollenkette oder Keilriemen. Zum gleichmäßigen Aufrollen der Drähte sind die Geräte mit einer Drahtführung (z.B. Handhebel mit Führungsrolle) ausgestattet. Zur problemlosen Abnahme der aufgewickelten Drähte sind die Wickeltrommeln konisch bzw. hinten mit einer abnehmbaren Scheibe versehen. Entspannbare Erhöhungen auf der Trommel (z.B. Leiste) erleichtern die schnelle Entnahme der Drahtrollen.

Abbildung 1:
Entfernen der
Drähte mit einer
Drahthaspel

Entfernen der Pfähle

Auch beim Entfernen der Pfähle ermöglicht die Technik eine Arbeitsbeschleunigung und vor allem eine Arbeitserleichterung. Für die verschiedenen Pfahlmaterialien wurden spezielle **Pfahlheber** oder **Pfahlzieher** entwickelt, mit deren Hilfe die Pfähle schnell und rutschsicher aus dem Boden gezogen werden können. Meist sind es U-förmige Bügel an einer Kette. Mit Hilfe eines Hebels wird der Bügel um den Pfahl gedrückt und verkantet. Die Pfahlheber lassen sich an verschiedenen hydraulisch betriebenen Hebevorrichtungen am Schlepper befestigen, wie Frontlader, Heckkraftheber, Front- oder Zwischenachsanbaubock. Bei günstiger Anordnung der Hebevorrichtung, z.B. im Zwischenachsanbau an den Rahmen von Stockräumern oder Pfahlrammen, kann der Fahrer selbst die Pfähle herausziehen. Bei Heck oder Frontanbau ist eine zweite Person für das Bedienen des Pfahlhebers erforderlich. Dies gilt auch bei der Verwendung der **Ackerschiene** oder des **Frontladers** in Verbindung mit einer Kette, die man für das Herausziehen um den Pfahl legt. Bei dieser Art der Pfahlentfernung müssen die Rebstöcke vorher über dem Boden abgeschnitten werden, da man mit dem Schlepper über die Reihen hinwegfährt.

In Seilzuglagen oder für das Ausbessern von Pfählen bietet sich ein **manueller Pfahlzieher** an. Durch Ansetzen eines U-förmigen Bügels an den Pfahl und Niederdrücken des Hebels werden die Pfähle gerade aus dem Boden gezogen. Die maximale Ziehkraft beträgt dabei 500 kg.

Beim Herausziehen von Metallpfählen, die häufig -zumindest zum Ausbessern- noch einmal verwendet werden können, ist es wichtig, dass sie nicht verbogen werden. Dies ist nicht bei allen Pfahlhebetechniken sichergestellt.

Abbildung 2: *Herausziehen von jeweils zwei Pfählen mit Heckkraftheber*

Abbildung 3: *Pfahlzieher am Zwischenachsenanbaubock mit Senkrechtaushebung*

Abbildung 4: Manueller Pfahlzieher

Entfernen der Endverankerung

Eine einfache und schnelle Möglichkeit ist das Herausziehen der Anker über die **Schlepperhydraulik mit einer Kette.** Man hängt die Kette in die Biegung des Ankers und hebt die Hydraulik an. Da sich dabei die Ankerteller verbiegen, ist eine Wiederverwendung nicht mehr möglich. Stabanker lassen sich mit Hilfe eines Eisens, welches man in die Biegung steckt, herausdrehen. Einfacher und schneller geht das Ein- und auch wieder Herausdrehen mit einem hydraulischen **Ankerdrehgerät.** Der Antrieb des Hydraulikmotors am Drehgerät erfolgt über die Schlepperhydraulik. Die Drehrichtung (Vor- oder Rückwärtslauf) wird über Hebel am Haltegriff, die das Umschaltventil steuern, gewählt. Durch Austausch des Vorsatzes kann das Gerät auch als Erdbohrer genutzt werden. Auch bei bestimmten motorgetriebenen **Erdbohrern** (z.B. Stihl) können durch einen entsprechenden Aufsatz Stabanker hinein- und herausgedreht werden.

Je nach Ausführung der Endverankerung kann sich diese Arbeit jedoch als körperlich sehr anstrengend und zeitaufwändig erweisen. Bei Stein- oder Betonankern muss häufig erst ein Teil freigelegt werden, ehe die Schlepperhydraulik genutzt werden kann. Dadurch erhöht sich der Zeitbedarf um ein Vielfaches.

Roden der Stöcke

Unter Roden versteht man das komplette Entfernen der Rebstöcke von der Fläche, was auch die Unterlage und die Hauptwurzeln mit einbezieht. Der **Stockrodepflug** ist die schnellste Möglichkeit zum Entfernen der alten Stöcke. Vom Aufbau her besitzen Stockroder U-förmige Schare, die durch den Boden gezogen werden und dabei

Abbildung 5: Ankerdrehgerät

21

die Fußwurzeln der Stöcke durchschneiden. Bei den einfachen Stockrodern werden die Stöcke zwar angehoben, verbleiben aber im Boden und müssen von Hand herausgezogen werden. Größere Rodepflüge, wie sie von Lohnunternehmern genutzt werden, besitzen zusätzliche Einrichtungen, um in einem Arbeitsgang die Stöcke zu roden, aus dem Boden zu ziehen und auszuwerfen. Die Rebstämme mit Wurzeln sind anschließend lediglich einzusammeln. Dafür sind die Pfüge meist mit einer oder zwei hydraulisch angetriebenen **Schleuderwalzen** (Auswurfwelle) hinter dem Schar ausgestattet, die entgegen der Fahrtrichtung laufen. Eine andere Möglichkeit ist die Anordnung von zwei gegenüberliegenden, hydraulisch angetriebenen, rotierenden Reifen hinter dem Rodeschar, die die Rebstöcke erfassen, anheben und aus dem Boden ziehen. Einige Lohnunternehmer kombinieren den **Rodepflug mit einem Häcksler.** Dieser zerhackt alle Stamm- und Wurzelrückstände in kleine Stücke und erspart somit den Abtransport und die Entsorgung. Der Häcksler ist meist an der Schlepperfront angebracht und häckselt die Stämme und, falls gewünscht, auch die Holzpfähle. Am Heck ist ein Rodepflug mit Schleuderwalze angebracht, der die unterirdischen Stockreste samt Hauptwurzeln auswirft. Eine zweite Person befördert diese Stockreste in die Nachbarzeile, wo sie dann bei der nächsten Überfahrt mitgehäckselt werden. Die Lohnunternehmerkosten belaufen sich beim Rodepflug mit Schleuderwalzen auf ca. 150 bis 200 ¤/ha und bei der Kombination mit einem Häcksler auf ca. 550 bis 650 €/ha.

Auch mit Hilfe spezieller **Rebrodezangen** lassen sich die Stämme samt Wurzeln aus dem Boden ziehen. Bei der hydraulischen Version werden sie meist am Traktorheckkraftheber angebaut. Durch das Betätigen des doppelwirkenden Zylinders wird der Rebstock festgeklemmt. Anschließend wird die Schlepperhydraulik angehoben und so der Rebstock aus dem Boden gezogen. Eine Speziallösung stellt der Anbau der Rodezange an den Greifarm eines Minibaggers dar. Mit diesem System kann auch in steilem und schwer zugänglichem Gelände gearbeitet werden.

Die mechanische Version ist geeignet für die Montage am Frontlader oder am Pfahldrücker. Die Zange wird mit einer Kette befestigt und von einer zweiten Person am Rebstock angesetzt. Durch Anheben des Frontladers oder Pfahldrückers wird der Stock aus dem Boden gezogen. Auch Pfähle lassen sich mit Rodezangen entfernen. Da an jeden Stock einzeln herangefahren und die Zange angesetzt und hochgezogen werden muss, ist die Arbeitsleistung geringer als beim Stockroder. Unter guten Bedingungen können 300 bis 350 Stöcke in einer Stunde herausgezogen werden.

Eine andere Möglichkeit ist das Herausziehen der Rebstöcke mit einer **Kette**. Diese wird am Unterlenker des Schleppers befestigt und unterhalb der Veredlungsstelle um den Stamm gelegt, wobei das Kettenende von einer Person stramm gehalten werden muss. Durch langsames Vorfahren werden die Stämme samt Wurzeln aus dem Boden gezogen. Die Arbeitsleistung liegt bei 200 bis 250 Stöcken pro Stunde.

Die Rodung mit der **Rodeharke (Stockhacke)** wird heute noch in schlecht mechanisierbaren Steillagen durchgeführt. Damit werden die Stöcke unterhalb der Bodenoberfläche abgehackt, wodurch Teile der Unterlage und Wurzeln im Boden verbleiben und erst mit einem späteren Rigolen entfernt werden können.

Tabelle 2: *Technische Möglichkeiten und Verfahrensschritte bei der Rodung*

Entfernen der Stockkrone

- Schneiden des mehrjährigen Holzes mit Handschere, Druckluftschere, Elektroschere oder Astschere
- Ausheben des einjährigen Holzes mit Handschere oder Elektroschere
- Entfernen des einjährigen Holzes mit Vorschneidern
- Häckseln mit Mulcher

Entfernen der Drähte

- Drähte ablegen, Aufwickeln von Hand
- Drähte ablegen, Aufwickeln mit Drahthaspel
- Drähte mit Drahtablegegerät ablegen

Pfähle ziehen und entfernen

- Pfähle mit der Hand ziehen
- Herausziehen mit Hand-Pfahlzieher
- Herausziehen mit Frontlader oder Ackerschiene und Kette
- Herausziehen mit Anbau-Pfahlzieher
- Laden auf Anhänger

Entfernen der Endverankerung

- Stabanker herausdrehen von Hand
- Stabanker herausdrehen mit hydr. Drehgerät
- Ziehen mit Schlepperhydraulik und Kette

Rebstöcke roden

- Roden mit Rodeharke
- Roden mit Rodezange
- Roden mit Kette
- Roden mit Rodepflug ohne Auswurf
- Roden mit Rodepflug mit Auswurf
- Roden mit Rodepflug und Häcksler

Rebstöcke entfernen
(entfällt bei Rodepflug mit Häcksler)

- Auf Anhänger laden und abfahren
- Auf Haufen zusammenwerfen oder schieben (Frontlader) und verbrennen (genehmigungsbedürftig)

Ordnungsgemäße Entsorgung

Je nach Material zur Wiederverwertung, Deponie oder Verbrennungsanlagen. Näheres in Kap. 3.1.7 und 3.3.2

Abbildung 6: *Einfacher Stockroder*

Abbildung 7:
Stockroder mit Schleuderwalze

Abbildung 8: *Rodezange*

Abbildung 9: *Herausziehen der Stöcke mit einer Kette*

Tabelle 3: *Arbeitszeitvergleich beim Abräumen alter Anlagen in Direkt-zuglagen (Gassenbreite 1,80 m, Zeilenlänge 100 m, Parzellengröße 20 Ar, Hof-Feld-Entfernung 1km)*

Arbeitsverfahren	Akh/ha
Stockkrone	
• Schneiden mit Handschere, Ausheben mit Handschere, Häckseln mit Rebhäcksler	49
• Schneiden mit Druckluftschere, Ausheben mit Handschere, Häckseln mit Rebhäcksler	37
• Vorschneidemaschine, Nachschnitt mit Druckluftschere, Ausheben mit Handschere, Häckseln mit Rebhäcksler	36
Drähte	
• Entfernen von Hand	45
• Aufwickeln mit Drahthaspel	13
Pfähle	
• Ziehen mit Schlepperhydraulik und Kette, Laden auf 1-Achsanhänger, Umladen auf 2-Achsanhänger (2 AK)	18
• Ziehen mit Schlepperhydraulik und Pfahlheber(einzeln), Laden auf 1-Achsanhänger, Umladen auf 2-Achsanhänger (2 AK)	13
• Ziehen mit Schlepperkraftheber und Pfahlheber (paarweise), Laden auf 1-Achsanhänger, Umladen auf 2-Achsanhänger (2 AK)	11
Endverankerung	
• Ankerdraht entfernen, Stabanker mit Schlepper und Kette entfernen	5
Rebstöcke	
• Roden mit Anbau-Rodepflug (Roden+Auswerfen) im Lohn	2
• Roden mit Anbau-Rodepflug und Stöcke von Hand herausziehen	18
• Roden mit Rodezange (2 AK)	30
• Roden mit Kette (2 AK)	43
• Laden und Abfahren	10
• Roden mit Anbau-Rodepflug und Häcksler (2 AK)	6
Gesamtzeit maximal	**170**
minimal	**75**

Quelle: Rebholz F. u. Maul D., verändert und ergänzt von Walg

Tabelle 4: Kostenbeispiel für das Abräumen einer Rebanlage
(Standraum 1,80 m x 1,20 m, Holzpfähle, Stabanker)

Arbeitsverfahren	Arbeitszeit (Akh/ha)		Lohnkosten (€/ha)		Maschinen-kosten (€/ha)		Sonst. (€/ha)
	eigen	fremd	eigen	fremd	eigen	fremd	
Schneiden des mehrjährigen Holzes mit Pneumatikschere	8		80		60		
Ausheben des einjährigen Holzes mit Handschere	29		290				
Rebholz häckseln mit Schlegelmulcher	2		20		40		
Drähte ablegen und mit Drahthaspel aufwickeln	13		130		130		
Pfähle ziehen mit Hydraulik und Pfahlheber, laden und abfahren	13		130		80		
Ankerdraht entfernen, Stabanker mit Schlepperhydraulik und Kette ziehen	5		50		50		
Rebstöcke mit Rodepflug mit Auswurf roden		2		40		120	
Rebstöcke laden und abfahren	10		100		100		
Entsorgen ganzer Pfähle (Salzimprägnierung)							300
Summe	80	2	800	40	460	120	1 720

Verzeichnis von Herstellern und Vertreibern

Drahthaspel	Braun, 76835 Burrweiler
	KME-Agromax, 79346 Endingen
	KMS Rinklin, 79427 Eschbach
	Müller, 55546 Pfaffen-Schwabenheim
Rodezangen	KMS Rinklin, 79427 Eschbach
	Korb, 67157 Wachenheim
	Unkauf, 74232 Abstatt-Happenbacu
Pfahlheber, Pfahlzieher Rodezangen	Braun, 76835 Burrweiler
	Korb, 67157 Wachenheim
	Koers, 49767 Twist (Handpfahlheber)
	Müller, 55546 Pfaffen-Schwabenheim
	Müller, 65343 Eltville
	Stockmayer, 67489 Kirrweiler
Ankerdrehgeräte	Ero, 55469 Niederkumbd
	Klumpp (Ancrest), 72131 Ofterdingen
	Drück, 65326 Aarbergen
	Stihl, 71334 Waiblingen
	Binger Seilzug, 55411 Bingen
	Müller, 55546 Pfaffen-Schwabenheim
Stockroder	Klein, 67551 Worms-Pfeddersheim
	Müller, 55546 Pfaffen-Schwabenheim
	Wagner, 67159 Friedelsheim

Das Verzeichnis erhebt keinen Anspruch auf Vollständigkeit

Literatur

OCHSSNER, T.: Neuanlage - Was ist dabei zu beachten. 1. Auflage 2004, Meiniger Verlag GmbH, Neustadt/Wstr..

REBHOLZ, F.: Abräumen und Entsorgen alter Weinberge. Der Deutsche Weinbau 24/1997, 12 - 17.

2.2 Erstellen der neuen Anlage

Vor dem Erstellen einer neuen Anlage sind eine ganze Reihe von Vorbereitungs-maßnahmen durchzuführen. Im Einzelnen handelt es sich dabei um

- die Einschaltung einer Brache,
- die Durchführung einer Bodenuntersuchung zum Zweck einer Vorratsdüngung,
- die Tiefenbodenbearbeitung (Rigolen) und
- das Abzeilen.

Danach kann die Pflanzung der Reben erfolgen.

2.2.1 Pflanzmethoden

Für die Pflanzung von Wurzelreben stehen im Weinbau verschiedene Pflanzmethoden zur Verfügung, wobei man zwischen der Handpflanzung und der maschinellen Pflanzung unterscheiden kann. Im Direktzug hat die preiswertere und schnellere Maschinenpflanzung die Handpflanzung, sei es nun mit Spaten, Setzstickel, Erdboh-rer oder Wasserlanze, weitgehend verdrängt. Die manuellen Pflanzverfahren werden heute vorwiegend noch in nicht direktzugfähigen Lagen, in kleineren Parzellen, zum Nachpflanzen und auf für die maschinelle Pflanzung ungeeigneten Böden eingesetzt.

Vor der Pflanzung sollte der Boden tief gelockert (rigolt) sein (Kap. 9.2). Bei allen Pflanzverfahren ist auf einen guten Bodenschluss zu achten, damit keine Hohlräume zwischen den Wurzeln entstehen. Gegebenenfalls sind die Hohlräume mit Wasser zu schließen und durch Andrücken des Bodens der Bodenschluss herzustellen. Grund-sätzlich wird die Triebentwicklung und das Wurzelwachstum durch ein großes Pflanzloch begünstigt, weil ein Wurzelrückschnitt mit längeren Wurzeln möglich ist. Verdichtungen der Pflanzlochwände sollten vermieden werden, denn sie können den sogenannten "Topfpflanzeneffekt" verursachen. Den Wurzeln gelingt es schlecht, aus dem Pflanzloch heraus in das umliegende Erdreich vorzudringen, sodass die spätere Entwicklung oft gestört ist.

2.2.1.1 Manuelle Pflanzverfahren

Der **Spaten** ist ein ideales Pflanzgerät, da der Wurzelrückschnitt relativ lang sein kann und das Pflanzloch einen recht großen Durchmesser hat. Wie bei der Pflanzmaschine ist dadurch eine sehr gute Rebenentwicklung gegeben. Nachteilig beim Spaten ist der hohe Arbeitsaufwand. Auf steinigen oder kiesigen Böden ist der Spaten nicht geeignet und wird dort häufig durch den **Karst** (Hacke) ersetzt.

Der **Geißfuß** kann auf gut gelockerten und weitgehend steinfreien Böden eingesetzt werden. Es handelt sich dabei um ein Metallrohr, das am unteren Ende klauenartig aufgespreizt ist. Die Rebe wird damit gepackt und in den Boden eingedrückt, ohne dass vorher ein Pflanzloch erstellt wurde. Der Geißfuß ist zwar eine einfache und schnelle Pflanzmethode, erfordert aber einen Wurzelrückschnitt auf Stummeln, was zu ungleichmäßiger Entwicklung der jungen Reben führen kann. Einige Betriebe belassen eine Wurzellänge von 10 bis 12 cm und verdrillen die Wurzeln. Die Geißfußklaue wird am verdrillten Wurzelende angesetzt und drückt die Rebe in den Boden. Damit lassen sich gute Pflanzerfolge erzielen, sofern der Boden gut gelockert ist. Die Wurzeln dürfen beim Eindrücken aber nicht nach oben gebogen werden. Das Einbringen von Pflanzerde ist nicht möglich.

Das **Pflanzschwert** ist ein flacher Eisenstab, mit dem durch seitliche Bewegung die Erde so weit verdrängt wird, bis ein spitzes trichterförmiges Loch entsteht. Die Anschaffungskosten sind gering und die Flächenleistung recht hoch. Nachteilig ist der kurze Wurzelrückschnitt und die Tatsache, dass der Boden verdrängt wird, was zur Verdichtung der Lochwände führen kann. Pflanzerde ist schlecht einzubringen.

Das **Setzeisen** (Pflanzstickel, Locheisen) ist ein vorne spitz zulaufendes Rundeisen mit einem Durchmesser von 4 bis 8 cm. Das Loch wird in den Boden gestoßen, wobei die Erde verdrängt wird. Durch den dickeren Lochdurchmesser können die Wurzeln etwas länger belassen werden als beim Pflanzschwert. Auf schweren Böden besteht die Gefahr einer Verdichtung der Lochwände.

Abbildung 10:
Pflanzung mit
Setzeisen im
Steilhang

Die **Pflanzzange** ist besonders für lockere und steinfreie Böden geeignet. Die leicht gewölbten Zangenbacken werden in den Boden gedrückt und durch Zusammendrükken der Griffe zusammengepresst. Beim Herausziehen verbleibt der Boden in den Zangenbacken. Lochdurchmesser, Wurzelrückschnitt und Rebenentwicklung sind ähnlich wie beim Spaten, die Arbeitsleistung ist aber höher.

Der **Hohlbohrer** ist in der Arbeitsweise mit dem Spaten vergleichbar, nur dass das Gerät eine gewölbte Halbschale besitzt. Da der Pflanzlochdurchmesser kleiner ist als beim Spaten, müssen die Wurzeln auch etwas stärker zurückgeschnitten werden.

Bei den **Erdbohrern** lassen sich Förder- und Verdrängerbohrer unterscheiden. Zur Herstellung von Pflanzlöchern sind Förderbohrer zu bevorzugen, da Verdrängerbohrer die Wände zu stark verdichten. Als Handbohrgerät werden Förderbohrer im Einmann- oder Zweimannbetrieb bedient. Der Antrieb der Bohrer kann über einen Anbau-Motor oder die Schlepperhydraulik erfolgen. Die hydraulisch betriebenen Bohrer verfügen in der Regel auch über eine Werkzeugaufnahme zum Ein- und Ausdrehen von Stabankern. Der Lochdurchmesser richtet sich nach der Wahl des Bohrerdurchmessers (ca. 10 bis 25 cm). Für Böden mit größeren Steinen sind Erdbohrer nicht geeignet. Der Einsatz der Handbohrgeräte kann auf verhärteten Böden recht anstrengend sein. Das Aufhängen der Bohrer an den Hubmast eines Laubschneiders oder einer Pfahlramme erleichtert die Arbeit.

Eine Entlastung bietet auch der Anbau an den Schlepper. Der Antrieb der Erdbohrer erfolgt über die Zapfwelle oder die Schlepperhydraulik. Es ist damit auch möglich, mehrere parallel versetzte Erdbohrer gleichzeitig zu betreiben. Vorteilhaft ist die

Montage an einen schwenkbaren Rahmen, was eine bequeme Bedienung vom Schlepper aus erlaubt.

Abbildung 11: Hydraulisch betriebener Anbau-Förderbohrer

Die **Wasserlanze (Hydrolanze)** ist eine schnelle und einfache Pflanzmethode mit vergleichsweise hoher Leistung. Über Düsen unten an der Wasserlanze werden die Löcher mit einem Wasserdruck von 2 bis 4 bar in die Erde gespült. Die Lanze wird über eine Schlauchleitung aus einem Wasservorratsbehälter mit Pumpe (z.B. Pflanzenschutzgerät) gespeist. Die verbrauchte Wassermenge pro Loch kann je nach Bodenbeschaffenheit bei 1,5 bis 4 Litern liegen. Nicht alle Böden sind für den Einsatz der Wasserlanze geeignet. Auf tonreichen Böden besteht die Gefahr von stauender Nässe im Pflanzloch und damit verbunden das Absterben der Fußwurzeln. Auf sehr skelettreichen Böden wird die Feinerde aus dem unteren Bereich des Pflanzloches herausgespült, sodass die Rebe bei einem Verzicht auf Pflanzerdezugabe von Gestein umgeben ist. Gut geeignet ist die Wasserlanze auch um Ausspritzen von Löchern vor dem Setzen von Pfählen.

Die **Setzlanze SL 2000** der Fa. Maihöfer besteht aus einem Schacht, in den die Pfropfrebe ggf. mit etwas Pflanzerde eingelegt wird. Anschließend wird mittels eines Tasters durch ein Schließblech der Schacht geschlossen. Nun wird die Setzlanze in den Boden gedrückt, und über Düsen an der Lanzenspitze wird das Pflanzloch, ähnlich wie bei der Wasserlanze, vorgespült. Dies geschieht durch Betätigung eines Hebels an der Lanze. Ist die erforderliche Pflanztiefe erreicht, wird durch Drücken eines Tasters der Pflanzschacht geöffnet. Über seitliche Düsen wird dann das Anspülen von Feinerde in den Wurzelbereich bewirkt. Nach dem Anspülvorgang wird die Setzlanze aus dem Boden gezogen und die nächste Pfropfrebe kann eingelegt werden. Der Einsatz der Setzlanze erfordert zwei Arbeitskräfte. Der Wasserverbrauch liegt, in Abhängigkeit von der Bodenbeschaffenheit, bei 1 bis 2,5 Litern pro Stock. Die Arbeitsleistung beträgt 27 bis 36 Akh für 1000 Pfropfreben.

Abbildung 12: *Aufbau einer Wasserlanze*

Abbildung 13: *Setzlanze SL 2000*

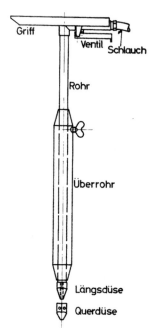

2.2.1.2 Maschinelle Pflanzung

Die Pflanzmaschine hat in Direktlagen die klassische Handpflanzung verdrängt, da sie leistungstärker und kostengünstiger ist. Zudem wird die Qualität des Pflanzens mit der Maschine von keinem anderen Verfahren übertroffen. Ein gutes Triebwachstum und eine starke Wurzelbildung zeichnen maschinell gepflanzte Reben aus.

Vorbereitende Arbeiten

Für den Einsatz der Pflanzmaschine muss die Bodenoberfläche vorher eingeebnet sein. Schlepperspuren dürfen nicht auf die zu pflanzende Linie kommen. Ebenso muss eine teilweise Abzeilung der Rebfläche vorgenommen werden. Bei den heute mit Laser ausgestatteten Pflanzmaschinen muss für den Fahrer die Fahrtrichtung als zukünftige Zeilenrichtung in Form von Markierungspunkten erkennbar sein. Diese Markierung ist vor Beginn der Arbeit anzubringen. Es genügen oben und unten je ein Markierungspunkt pro Reihe. Die Markierungspunkte liegen meistens knapp innerhalb des Grundstücks. Als Markierung werden bevorzugt Bambus- oder Metallstäbe verwendet, die vom Traktor einfach überfahren werden können, ohne Schäden am

Traktor zu verursachen. Holzlatten oder Ähnliches eignen sich weniger gut, weil der mögliche Fehler im Reihenabstand umso größer wird, je dicker der Markierungsstab ist.

Fehler im Reihenabstand werden durch die neueste Entwicklung einer Satelliten angetriebenen Pflanzmaschine nahezu ausgeschlossen. Beim Einsatz dieser Technik wird das Vermessen eingespart, die beiden Linien am Feldende und Feldanfang für die Markierungspunkte entfallen. Zur Regulierung des Stockabstandes und zur Festlegung der ersten von der Maschine bedienten Pflanzstelle wird ein Steuerungsdraht um ein Mehrfaches des geplanten Stockabstandes oberhalb dieser Pflanzstelle befestigt. Aus diesem Grund ist auch die oberste Pflanzstelle jeder Zeile zu markieren. Ist der Weg nicht gerade, so muss der Markierungspunkt der Pflanzstelle um einen vollen Stockabstand versetzt werden. Die versetzten Reihen müssen dann ebenfalls im rechten Winkel fortgeführt werden. Auf alle Fälle sollte vor dem Einsatz der Pflanzmaschine der Lohnunternehmer über die notwendigen Vorbereitungen befragt werden.

__Abbildung 14:__ Vorbereitendes Abzeilen für den Einsatz der Pflanzmaschine

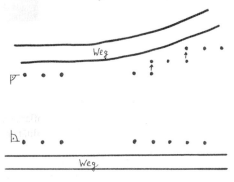

● Markierungen für die Zeilenrichtung

↑ geplanter Stockabstand

Bauformen

Bedeutung in Deutschland haben derzeit nur Maschinen, die einen Pflanzgraben ziehen, in den die Reben mittels eines umlaufenden Greifers hineingestellt und anschließend mit Erde angedrückt werden. Eine einfache und preiswerte Pflanzmachine (Easy Plant), die von der Fa. Clemens vertrieben wird, arbeitet mit einem Setzkasten. Bei einer anderen Bauform der Fa. Clemens wird durch ein in den Boden hineingedrücktes und dort sich spreizendes, zangenförmiges Element für jede Rebe ein Pflanzloch erstellt, in das die Rebe hineinfällt (Spatensystem). Dieses System hat sich in Deutschland nicht durchgesetzt.

Pflanzgrabensystem (Wagner)

Mit der Bauform, die den Pflanzgraben zieht, können normale Reben, Hochstammreben und Kartonagereben gepflanzt werden, je nach Ausstattung der Maschine, ohne dass eine Veränderung an dieser vorgenommen werden muss. Diese Bauform bietet auch Maschinen mit automatischem Seitenhangausgleich. Dabei wird über einen Drehpunkt der komplette hintere Teil mit dem Pflanzschar immer vertikal gehalten, womit die Reben auch im Seitenhang automatisch vertikal stehen, was besonders bei Hochstammreben vorteilhaft ist. Hersteller ist die Fa. Wagner Pflanzen-Technik, die zwei Kategorien (Kompakt und Champion) in verschiedenen Ausführungen anbietet.

Arbeitsweise

Die Rebenpflanzmaschine ist eine Spezialmaschine und vereinigt in sich verschiedene Arbeitsglieder beim Pflanzen von bewurzelten Pfropfreben. Sämtliche Arbeitsgänge, wie Herstellung des Pflanzgrabens, Einstellen der Reben in den Pflanzgraben und Anhäufeln der maschinengepflanzten Reben, laufen nacheinander ab. Als Anhäufelwerkzeug dienen zwei Hohlscheiben, die rechts und links der Pflanzfurche laufen und den jeweiligen Bodenverhältnissen angepasst werden können, oder auch nur zwei Flachschare, wenn nur flach eingeebnet werden soll. Die Pfropfreben werden von Hand in einen umlaufenden Schnappgreifer geführt. Durch die Fortbewegung der Pflanzmaschine mittels Schlepper erfolgt die selbsttätige Ablage in einem durch einen Häufelkörper gezogenen Pflanzgraben. Die Reben werden nach der Ablage durch zwei Druckräder angedrückt, wobei dieser Anpressdruck stufenlos verstellbar ist und auf die Bodenverhältnisse eingestellt werden kann. Bei der Pflanzung von Kartonagen werden diese Druckräder komplett abmontiert oder dieser Druck ganz zurückgenommen, um eine Beschädigung der Kartonagen zu vermeiden. Eine exakte Tiefenführung der Pflanzmaschine erfolgt über verstellbare Stützräder. Diese Arbeit kann eine Person in bequemer Sitzposition ausführen. Der Pflanzabstand ist variabel und je nach Ausstattung ab 60 cm einstellbar. Meistens arbeiten zwei Bediener auf der Maschine, die diese Arbeit in bequemer Sitzposition ausführen können. Bei einreihigen Pflanzmaschinen liegt die Pflanzleistung bei 800 bis 1200 Reben/Stunde. Mittlerweile sind auch zwei- und dreireihige Pflanzmaschinen auf dem Markt mit denen bis zu 4000 Reben in der Stunde gepflanzt werden können. In Deutschland werden fast nur einreihige Pflanzmaschinen verwendet, mehrreihige Maschinen sind bei den vorhandenen Flächenstrukturen nur schwer einzusetzen. Je nach Ausstattung können bei Pflanzmaschinen mit automatischem Seitenhangausgleich gleichzeitig mit den Reben die Pflanzstäbe gesetzt werden. In diesem Fall legt ein Bediener die Reben ein und der zweite Bediener die Stäbe.

Steuerung

Entscheidend für eine gute und zügige Bewirtschaftung der Anlage nach der Pflanzung ist die exakte Ausrichtung der Zeilen. Dies setzt voraus, dass die Pflanzmaschine den gleichen Pflanzabstand beibehält, die Zeilenbreite gleichbleibt und die Geradeausfahrt perfekt gelöst ist. Bei den ersten Modellen mussten hierfür noch Drähte in der Anlage ausgelegt werden, was mit einem zusätzlichen Aufwand verbunden war. Inzwischen ist man auf die Steuerung mit dem Laserstrahl übergegangen, der mit Helium erzeugt wird und einen sichtbaren Strahl ergibt.

Am Ende der Anlage wird ein Lasergerät aufgebaut, das einen Lichtstrahl in Zeilenrichtung aussendet. Auf der Maschine ist ein Empfänger angebracht, der diesen Lichtstrahl aufnimmt und erkennt, ob die Maschine nach links oder rechts ausweicht. Sollte dies der Fall sein, werden über elektrische Kontakte die Ventile der Hydrauliksteuerung geöffnet. Die Maschine wird auf einer Schiene, die an der Dreipunkthydraulik des Schleppers angebracht ist, in die entsprechende Richtung bewegt. Die Korrektur wird sehr schnell und exakt durchgeführt. Über eine zusätzliche optische Kontrolle mit drei Lichtern (geradeaus, rechts oder links) wird der Schlepperfahrer über die notwendige Korrektur informiert.

Die Bedienung der Pflanzmaschine wurde in den letzten Jahren wesentlich verbessert. Ein elektrischer Antrieb ermöglicht die Pflanzmaschine in 5 cm-Schritten einzustellen. Mit Hilfe einer Tiefenautomatik, die den Bodenfluss abgreift, wird die Höhe des Pflanzrades so verändert, dass die Reben immer im gleichmäßigen, eingestellten Abstand aus der Erde ragen.

Die neueste Entwicklung ist eine Pflanzmaschine mit Satellitenantrieb. Bei dieser Maschine werden die gerade Linie und der Antrieb des Pflanzrades, das die Reben im eingestellten Pflanzabstand in den Boden bringt, über Positionssignale der GPS-Satelliten gesteuert.

Diese Art der Steuerung bietet ganz neue Möglichkeiten bei der Pflanzung, denn das zu bepflanzende Feld muss nicht mehr ausgezeilt werden. Die Vermessung erfolgt durch den Pflanzer, indem er über zwei Punkte auf dem jeweiligen Feld eine Referenzlinie aufnimmt und dann nur noch seinen Reihenabstand und Pflanzabstand in den Bordcomputer der Pflanzmaschine eingeben muss. Binnen Sekunden errechnet die Software die Linien, auf denen die Reben gesetzt werden und navigiert den Fahrer der Pflanzmaschine.

Vorteilhaft ist diese Maschine dort, wo viel im hängigen Gelände mit unförmigen und dreieckigen Feldstücken gepflanzt wird. Im Augenblick können nur parallele Reihen erzeugt werden, aber bereits in der nächsten Generation werden auch konische Reihen möglich sein.

Die Rebenpflanzmaschine garantiert bei richtiger Einstellung eine genaue Einhaltung der Pflanzabstände, einheitliche Tiefenführung, exakte Einführung der Pfropfreben in den Pflanzgraben bzw. Boden, optimalen Bodenschluss für die langen Wurzeln und einen gleichmäßigen Stand der Edelreiser über dem Boden. Grundsätzlich ist ein optimales Anwachsen der Pflanzen von der richtigen Bodenvorbereitung abhängig, deshalb niemals einen Boden bearbeiten, wenn nicht die obere Bodenschicht mindestens 15 cm tief abgetrocknet ist. Dazu macht man die Spatenprobe. Die umgedrehte Erde muss beim Draufschlagen zerfallen.

Falls die Erde noch zu nass ist, darf sie in keinem Falle bearbeitet werden. Ein nasser Boden trocknet im Untergrund schlecht ab, bleibt kalt und bietet somit keinen optimalen An- und Aufwuchs.

Setzkastensystem (Clemens)

Diese Pflanzmaschine (Easy Plant) wurde von dem Rebveredler Schmidt aus Palzem entwickelt und wird von der Fa. Clemens vertrieben. Sie ist, im Gegensatz zu den Pflanzmaschinen der Fa. Wagner, technisch sehr viel einfacher gehalten und dadurch preiswerter (ca. 8 000 €) und leichter (ca. 380 kg), was auch einen Einsatz in steileren Lagen erlaubt. Die Maschine besitzt einen Bodenschlitten (Setzkasten) mit auswechselbarem Bodenmeißel und offenem Durchlass, der einen Graben zieht. Bei geringer Fahrgeschwindigkeit (0,4 bis 0,6 km/h) steckt eine Person den Pflanzstab in den Graben, während eine zweite Person den Pfropfrebenfuß in die sich auftuende flache Bodensohle drückt. Dabei hält er Pflanzstäbchen und Pfropfrebe solange fest, bis der Boden am Ende des Setzkastens wieder zusammenfließt. Anschließend wird der Boden durch zwei Andrückräder verfestigt. Für einen sicheren Bodenschluss ist nach der Pflanzung aber noch eine Wässerung durchzuführen. Der Stockabstand wird über ein Band geregelt, das sich auf einer Rolle befindet und in einem gewissen Abstand zur Rebanlage eingehängt wird. Auf dem Band befinden sich Abstandclips, die den Pflanzabstand anzeigen. Läuft ein Clip an der Bedienperson vorbei, so wird der Pflanzstab in den Boden gedrückt. Aufgrund der langsamen Fahrgeschwindigkeit ist ein genauer Abstand der Rebstöcke möglich. Die Schlagkraft ist auf rund 5000 Reben bei einem Arbeitstag von 8 h begrenzt.

Die Steuerung der Pflanzmaschine erfolgt über eine Kamerakontrolle auf dem Schlepper. Wie bei den lasergesteuerten Maschinen muss das Rebgelände an beiden Seiten ausgezeilt sein. In die Mitte der vorgesehenen Zeilen wird ein Draht oder Seil gespannt. Der Draht oder das Seil wird mit einem seitlich angebrachten Stab, auf dem die Kamera installiert ist, abgefahren. Bei Abweichungen vom Seil korrigiert der Fahrer die Querverschiebung der Maschine über eine hydraulische Steuerung.

Nachpflanzung

Für das Ausgraben eines Pflanzloches und zum Nachpflanzen in bestehenden Anlagen eignet sich sehr gut die Seitenspatenmaschine Hole-Digger von Gramegna. Mit dem 330 kg schwere Heckanbaugerät wird in die Reihe bis zum Fehlstock bzw. zu rodenden Stock gefahren. Dann wird das Hebewerk der Spatenmaschine seitlich unter den Drahtrahmen ausgefahren. Die Spaten des Gerätes beseitigen problemlos in einer Minute den zu rodenden Stock und bilden eine Mulde für die neue Rebe.

Abbildung 15: Seitenspatenmaschine Hole-Digger

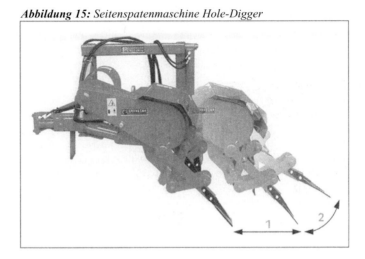

Abbildung 16: Pflanzmaschine (Pflanzgrabensystem)

Abbildung 17:
Lasergerät mit angebautem Empfänger im Schlepper

Abbildung 18: *Pflanzmaschine (Setzkastensystem "Easy Plant")*

Tabelle 5: *Kenndaten und Beurteilungskriterien verschiedener Pflanzmethoden*

Pflanzmethode und Pflanzquerschnitt	Wurzelrückschnitt auf cm	Einsatzbereiche	Pflanzerdezugabe	Mindestbedarf an AK	Pflanzlöcher bzw. Pflanzleistung /Std.	Verfahrensvorteile	nachteile	Beurteilung der Rebentwicklung
Pflanzspaten ⌀ ca. 20-25 cm	ca. 8 cm und länger = Handbreite	außer auf Gesteinsböden fast überall möglich	ja	1	ca. 40-60 bei güstigen Bedingungen	großes Pflanzloch u. langer Wurzelrückschnitt wirken sich günstig auf Wurzel- u. Triebentwicklung aus	körperlich anstrengend und arbeitsaufwändig	sehr gut; günstiges Wurzel- und Triebwachstum
Geißfuß	ca. 1 cm auf Stummeln	für lockere Böden mit geringem Steinanteil	nein	1	ca. 200-300 bei günstigen Bedingungen	einfache Methode; hohe Leistung	kurzer Wurzelrückschnitt führt häufig zu ungleichem Längenwachstum	gut bis befriedigend; sehr abhängig von Bodenart und Bodenzustand
Pflanzschwert	ca. 2-3 cm	für leichten Lehm bis Lößlehm; auf steinigen, nassen u. tonigen Böden bedingt einsetzbar	nein	1	ca. 150-200 bei günstigen Bedingungen	einfach und schnell	Bodenverdrängung nicht immer günstig für Wurzelentwicklung	dsgl.; oft besser
Setzeisen Locheisen	ca. 3-5 cm	dsgl.	ja	1	ca. 150-200 dsgl.	dsgl.	dsgl. körperlich anstrengender	dsgl.; oft besser
Pflanzzange ⌀ 20-25 cm	ca. 8 cm und länger =Handbreite	dsgl.	ja	1	ca. 100-120 bei optimalen Bodenverhältnissen	höhere Leistung, sonst wie Spaten	kraft- und arbeitsaufwendig	gut bis sehr gut; ähnlich dem Spaten
Hohlbohrer (Halbschale) ⌀ 12-25 cm	ca. 4-8 cm =bis Handbreite	dsgl.	ja	1	ca. 100 bei günstigen Bedingungen	dsgl.	dsgl.	gut; etwas ungünstiger als Pflanzzange
Motor-Förderbohrer (2 Mann) ⌀ ca. 10-20 cm	ca. 8 cm und länger =Handbreite	außer auf Gesteinsböden fast überall möglich	ja	2	ca. 150-200	hohe Leistung, zunehmender Pflanzlochdurchmesser begünstigt Rebentwicklung	körperlich anstrengend und Lärmbelästigung	gut bis sehr gut; jedoch nur bei günstigen Bodenvoraussetzungen
Schlepper-Hydrobohrer (Anbau-Förder-bohrer) ⌀ ca. 16-20 cm u. größer	dsgl.	dsgl.	ja	1	ca. 200-250	gute Leistung, einfache Bedienung, sonst wie oben	höhere Anschaffungskosten	dsgl.

Schlepper-Zapf-wellen-bohrer (An-bau-Förder-bohrer) ∅ ca. 16-20 cm u. größer	dsgl.	dsgl.	ja	2	ca. 200-250	dsgl.	dsgl.	dsgl.
Wasserlanze (=Hydrover-fahren) Was-serdruck 2-4 bar ∅ ca. 7-10 cm	ca. 2-3 cm	für leichte bis mittlere Böden; zur Verdich-tung neigende und tonige Böden schei-den aus	ja	2	ca. 250-350 Leistung wird bestimmt vom Fas-sungsvolu-men der Spritze, des Boden-zustandes u. der Bodenart	hohe Leistung; sehr niedrige Beschaffungs-kosten	auf staunas-sen und skelettrei-chen Böden größere Ausfälle u. schlechtere Rebenent-wicklung möglich	gut bis unbe-friedigend; hängt ab von Boden-art, Boden-zustand, Zeitpunkt und Ausführung
Setzlanze SL 2000	ca. 6-10 cm	für leichte bis mittlere Böden; zur Verdich-tung neigende und tonige Böden scheiden aus	ja	2	ca. 35-45	langer Wurzel-rückschnitt und Pflanzer-dezugabe wirken sich günstig auf Wurzel- u. Triebentwick-lung aus	geringe Ar-beitsleistung und 2-Mann-Verfahren	gut bis sehr gut; ähnlich dem Spaten
Pflanz-maschine (Setzkasten-system Clemens)	ca. 8-10 cm und länger	auf allen fließ-fähigen Böden; Einschränkung bei Nässe und erhöhtem Steinanteil im Boden	nein	3	ca. 500-625	Hohe Lei-stung, gutes Pflanzverfah-ren aus pflan-zenbaulicher, arbeitswirt-schaftlicher und betriebs-wirtschaft-licher Sicht	Wässerung für guten Boden-schluss er-forderlich	als sehr gutes Pflanzver-fahren ein-zustufen. Auch in steileren Lagen einsetzbar
Pflanz-maschine (Pflanz-graben-system Wagner)	ca. 8-10 cm und länger	auf allen fließ-fähigen Böden; Einschränkung bei Nässe und erhöhtem Steinanteil im Boden	nein	2-3	ca. 800-1200 (einreihig)	sehr hohe Leistung; gutes Pflanz-verfahren aus pflanzenbau-licher, arbeits-wirtschaftli-cher u. be-triebswirt-schaftlicher Sicht	Begrenzter Einsatz am Hang	als sehr gutes Pflanzver-fahren ein-zustufen

Quelle: Lott, H. u. Pfaff, F. KTBL-Arbeitsblatt Nr. 42, 1986, geändert und ergänzt von Walg

Verzeichnis von Herstellern und Vertreibern

Wasserlanze	Binger Seilzug, 55411 Bingen
	Groll, 76829 Landau-Wollmsheim
	Stockmayer, 67489 Kirrweiler
Setzlanze SL 2000	Maihöfer, 70734 Fellbach
Hydraulisch oder motorgetriebene Handerdbohrer	Ero, 55469 Niederkumbd
	Fehrenbach, 74824 Billigheim
	Stihl, 71334 Waiblingen
	AS Motor GmbH, 60599 Oberrad
	Binger Seilzug, 55411 Bingen
	A. Müller, 55546 Pfaffen-Schwabenheim
Schlepperanbaubohrer	Howard, 64720 Michelstadt
	Fehrenbach, 74824 Billigheim
	Bauer, A-2073 Obermarkersdorf
Pflanzmaschine	Wagner, 67159 Friedelsheim
	Clemens & CoKG, 54516 Wittlich

Das Verzeichnis erhebt keinen Anspruch auf Vollständigkeit

Literatur

HAUSER, R.: Pflanzung in Perfektion. Obstbau 10/1991, 448 - 449.

LOTT, H., PFAFF, F.: Die technischen Hilfsmittel zur Pflanzung von Wurzelreben. KTBL-Arbeitsblatt Nr.42, 1986.

OCHSSNER, T.: Neuanlage - Was ist dabei zu beachten. 1. Auflage 2004, Meiniger Verlag GmbH, Neustadt/Wstr..

PFAFF, F., BECKER, E.: Manuelle und maschinelle Rebenpflanzung. Weinwirtschaft-Anbau 3/1988, 12 - 17.

PORTEN, M.: Weniger ist oft mehr. Das Deutsche Weinmagazin 8/2005, 38 - 40.

2.2.2 Drahtrahmenerstellung

Nachdem die Reben gepflanzt sind, muss als nächstes der Drahtrahmen erstellt werden. Diese Arbeit beginnt mit dem Setzen der Pfähle.

Einbringen der Pfähle

Das Einschlagen der Pfähle mit einem schweren **Vorschlaghammer** hat keine große Bedeutung mehr. Es ist ein zeit- und kraftaufwändiges Verfahren. Zudem erfordert es eine erhöhte, sichere Arbeitsplattform (z.B. auf einem Heckstabler oder einem Frontlader), und die Gefahr, dass das Pfahlende beim Einschlagen beschädigt wird, ist relativ hoch.

Schonender ist das Einrammen der Pfähle mit der **Handpfahlramme (Schlagkatze)**. Es handelt sich dabei um ein massives Stahlrohr mit ca. 12 cm Innendurchmesser mit einem geschlossenen Boden. Das Rohr wird über den Pfahl gestülpt und mittels zweier seitlicher Holme hochgehoben und mit Wucht nach unten gerissen. Der Rohrboden schlägt dabei auf den Pfahl und treibt ihn in den Boden. Für das Einschlagen von Metallpfählen legt man zur Schonung des Pfahlendes einen Plastikschlagschutz auf den Rohrboden bzw. setzt einen passenden Schlagschutz auf das Pfahlende. Der Schlagschutz ist bei den Lieferanten von Metallpfählen erhältlich.

Zur Arbeitserleichterung empfiehlt es sich, insbesondere auf Böden, die sich wieder verfestigt haben oder größere Steine aufweisen, sowie bei elastischen Kunststoffpfählen, die Löcher vorzubereiten. Dies kann durch Vorbohren der Löcher mit dem **Erdbohrer** oder noch leichter durch Ausspritzen mit der **Wasserlanze** geschehen.

Schnell und leicht geht das Setzen der Pfähle mit **hydraulischen Pfahldrückern**, die am Schlepper angebaut werden. Die Geräte besitzen einen ausfahrbaren Mast mit einer Druckplatte am Mastende und einem doppelt wirkenden Hubzylinder. Die Pfähle werden unter die Druckplatte gestellt und mit Hilfe des Hubzylinders in die gewünschte Tiefe gedrückt. Um das Eindrücken, insbesondere auf harten oder steinigen Böden, zu erleichtern, bieten einige Hersteller **Pfahldrückgeräte mit zusätzlicher Wasserlanze** an. Die Wasserlanze wird hydraulisch in den Boden gedrückt, und dabei wird das Loch, in das der Pfahl kommt, mit Wasser vorgespült. Von den gleichen Firmen wird auch eine hydraulische oder mechanische Neigungsverstellung angeboten. Damit sind eine gute Anpassung an Hanglagen und das schräge Eindrücken von Endpfählen möglich. Statt der Druckplatte lässt sich an dem Mast des Pfahldrückers der Fa. Aloys Müller auch eine Hülse anbauen, die über hydraulisch erzeugte Vibrationen die Pfähle einrüttelt.

Eine andere Arbeitsweise hat die **Pfahlramme** der Firma Ero. Es ist ein Ramm-aggregat, das an zwei Seilen befestigt ist und aus einem Hydraulikmotor, zwei konzentrisch angeordneten Gewichten und einer Pfahlhülse besteht. Das Pfahlende wird in die Pfahlhülse gestellt und mit Hilfe der Hydraulik werden die zwei Gewichte (11,5 oder 23 kg) im Inneren des Gerätes in Bewegung gesetzt. Mit vielen kleinen Schlägen werden so die Pfähle in den Boden getrieben. Über Gas oder Mengenregler ist die Geschwindigkeit der Schläge veränderbar. Die Ramme ist mit 60 oder 90 kg Gewicht lieferbar.

Der **hydraulische Vibrationshammer** arbeitet nach dem gleichen Prinzip. An einen in Höhe und Breite verstellbaren Mast ist ein hydraulisch betriebener Hammer angebaut. Die Hülse des Hammers wird auf das Pfahlende gesetzt und der Pfahl wird durch die Hammerschläge eingerammt. Die Schlagleistung des Hammers liegt bei rund 950 Schlägen/min. Das Gerät lässt sich auch an den Greifarm von Mini-Löffelbaggern anbauen.

Abbildung 19: Handpfahlramme (Schlagkatze)

Abbildung 20: Pfahldrücker mit Wasser-lanze der Firma Müller

Zum körperschonenden Einrammen von Pfählen können auch **pneumatische Leicht-pfahlrammen** eingesetzt werden. Wie bei dem hydraulischen Vibrationshammer werden die Pfähle mit vielen kleinen Schlägen eingerüttelt. Sie sind mit jedem Kleinkompressor ab 450 Liter Luftlieferleistung/min bei 7 bar zu betreiben.

Abbildung 21: *Pfahlramme der Firma Ero*

Abbildung 22: *Hydraulischer Vibrationshammer*

Einschlagen der Nägel

In Anlagen, die mit Holzpfählen erstellt werden, müssen Nägel als Drahthalter eingeschlagen werden. Zur Erleichterung dieser Arbeit wurde von der Firma Hitachi ein pneumatischer Nagler für den Weinbau entwickelt. Mangels Nachfrage wird er aber nicht mehr produziert.

Erstellen der Verankerung

Zur Stabilisierung des Drahtrahmens müssen die Endpfähle gut verankert werden. Die verschiedenen Ankerformen sind in Kap 3.4.1 beschrieben. Die größte Bedeutung im Weinbau haben Schraubanker, die es in unterschiedlichen Ausführungen gibt. Für Verankerungsscheiben gibt es entsprechende Steckschlüssel zum manuellen Einschrauben. Stabanker werden mit einem durch die Öse gesteckten Stab eingeschraubt. Bedeutend schneller geht es, wenn die Stabanker maschinell eingedreht werden. Hierfür können motorgetriebene Erdbohrer mit einem Passformschlüssel zum maschinellen Einschrauben versehen werden (z.B. Stihl Motor 08 S). Auch mit hydraulisch getriebenen **Ankerdrehgeräten** (siehe Kap.2.1) sind Stabanker einfach und schnell eindrehbar.

Einziehen der Drähte

Das Einziehen der Drähte erfolgt mit Hilfe von **Drahthaspeln** (Drahtabroller). **Handdrahthaspeln** werden an den Anfang der Zeile gestellt, und der Draht wird manuell durch die Zeilen gezogen. Es gibt zwar Ausführungen mit drei Einziehringen (Haspelträger), aber in der Praxis wird meist nur mit einteiligen Drahtabrollern gearbeitet. Dieses Verfahren ist recht arbeitsaufwändig und im Hang auch sehr anstrengend. Bei einer Gassenbreite von 2 m und 6 eingezogenen Drähten ergibt sich eine Wegstrecke von immerhin 30 km.

Schneller und leichter lassen sich Drähte mit Hilfe einer **Anbaudrahthaspel** einziehen. Das Gerät besteht aus drei bis sieben übereinander angebrachten Drahthaspelträgern und wird an der Dreipunkthydraulik am Schlepperheck montiert.

Bis zu sieben Drähte, die am Endpfahl provisorisch zu befestigen sind, können mit einer Fahrt gleichzeitig abgerollt werden. Bei den meisten Herstellern sind die Haspeln schwenkbar. Dies erleichtert nicht nur das Einlegen der Drahtrollen, sondern ermöglicht auch ein Ablegen auf beiden Zeilenseiten, was der besseren Übersichtlichkeit dient. Bei der Drahthaspel der Fa. Aloys Müller können zum Einlegen der Drahtrollen verschiedene Drahthaspelträger nach hinten herausgezogen werden. Die Ablagerichtung der Drähte wird hierbei über verschiebbare Drahtführungsösen festgelegt. Drahtspannbügel sichern die richtige Lage der Drahtrollen. Die Bremse der Drahtabwickelgeräte ist einstellbar. Mitnahmehalter für Drahtrollen können in das Grundgerät integriert werden.

Abbildung 23: *Ankerdrehgerät kombiniert mit Erdbohrer der Firma Ero*

Abbildung 24: *Anbaudrahthaspel zum Einziehen von Drähten*

Tabelle 6: *Arbeitszeitbedarf für das Erstellen neuer Anlagen in Direktzuglagen (Gassenbreite 1,80 m, Zeilenlänge 100 m, Parzellengröße 20 Ar, Hof-Feld-Entfernung 1 km)*

Verfahren	Akh/ha
Pfähle anfahren und setzen	
mit Handpfahlramme	60 - 75
mit hydraul. Pfahldrücker	50 - 60
Endverankerung setzen	
mit Steinanker	60
mit Stabanker (manuell)	20
(maschinell)	8
Nägel einschlagen	20
Drähte einziehen	
mit Handdrahthaspel	20
mit Anbaudrahthaspel	10

Verzeichnis von Herstellern und Vertreibern

Drahthaspel	KME-Agromax, 79346 Endingen
	A. Müller, 55546 Pfaffen-Schwabenheim
	Glienke & CoKG, 74429 Laufen
	Braun, 76835 Burrweiler
	Berger, 97922 Lauda-Gerlachsheim
	Klumpp (Ancrest), 72131 Ofterdingen
Pfahlramme - Hydraulik	Ero, 55469 Niederkumbd Korb, 67591 Wachenheim H. Müller, 65343 Eltville Fischer, 74376 Gemmrigheim A. Müller, 55546 Pfaffen-Schwabenheim Stockmayer, 67489 Kirrweiler Rabaud, F-85110 Sainte-Cecile
Pfahlramme - Pneumatik	MTM - Spindler, 72535 Heroldstatt
Ankerdrehgerät	Ero, 55469 Niederkumbd Klumpp (Ancrest), 72131 Ofterdingen Drück, 65326 Aarbergen Stihl, 71334 Waiblingen A. Müller, 55546 Pfaffen- Schwabenheim Binger Seilzug, 55411 Bingen

Das Verzeichnis erhebt keinen Anspruch auf Vollständigkeit

Literatur

MAUL, D.: Geräte zur Erstellung von Weinbergsneuanlagen. KTBL-Arbeitsblatt : Nr. 20, 1981.

OCHSSNER, T.: Neuanlage - Was ist dabei zu beachten. 1. Auflage 2004, Meiniger Verlag GmbH, Neustadt/Wstr..

3 Unterstützungsmaterialien

Unter den klimatischen Bedingungen in Deutschland benötigt die Rebe eine Unterstützungsvorrichtung, die das alte Holz, das Fruchtholz und die Sommertriebe in der gewünschten Erziehungsform hält und dabei ein ausreichendes Blatt-Frucht-Verhältnis mit guter Belichtung und Belüftung ermöglicht. Weiterhin muss die Unterstützungsvorrichtung eine rationelle Durchführung der weinbaulichen Arbeiten; insbesondere auch der technischen Verfahren (z.B. maschinelle Ernte), ermöglichen.

Als Auswahlkriterien für Unterstützungsmaterialien sind neben Eignung und Zweckmäßigkeit des verwendeten Materials, die Haltbarkeit und die Kosten wichtig. In den letzten Jahren ist aber auch die Umwelt- und Entsorgungsfreundlichkeit der Materialien stärker in den Vordergrund gerückt.

In Deutschland ist der Drahtrahmen mit seinen unterschiedlichen Variationen die meist verbreitete Unterstützungsvorrichtung. Er setzt sich aus folgenden Baukomponenten zusammen:

- Zeilenpfähle in Abständen von etwa 4 bis 5,5 m und Endpfähle.
- Pflanzpfählchen an den jungen Reben.
- Drähte als Bieg-, Heft-, Rank- und Ankerdrähte.
- Anker an den Endpfählen.
- Aufnahmevorrichtung für die Drähte in Form von Nägeln, Haken, Kunststoffhalterungen, Drahtauslegern u.a..
- Heftkettchen, Drahtspanner oder Drahtverbinder.

3.1 Pfähle (Stickel)

Auf dem Markt werden Pfähle in verschiedenen Materialien angeboten. Bei der Auswahl sollten folgende Kriterien berücksichtigt werden:

- Die Haltbarkeit der Pfähle sollte mindestens der Lebensdauer des Weinbergs entsprechen.
- Es muss eine ausreichende Standfestigkeit im Hinblick auf windexponierte Lagen und Maschineneinsatz gewährleistet sein.
- Möglichst geringer Arbeitsaufwand bei der Erstellung und geringer Wartungs- und Reparaturaufwand während der Standdauer.
- Mechanisierungsfreundlich, insbesondere beim Vollernteeinsatz, z.B. aus reichende Elastizität, keine harten Kanten, keine zuschlagbaren Drahtaufhängungen.
- Umwelt- und Entsorgungsfreundlichkeit.
- Vertretbare Anschaffungskosten.

3.1.1 Imprägnierte Holzpfähle

In erster Linie werden in Deutschland **Fichte** und **Tanne** als Pfähle verarbeitet, aber auch **Pinie**, **Douglasie**, **Lärche** oder **Kiefer** werden gelegentlich angeboten. Diese Nadelhölzer bedürfen einer Imprägnierung, um eine ausreichende Lebensdauer zu gewährleisten. Sie sind auch heute noch im Weinbau verbreitet, aber aufgrund der gestiegenen Entsorgungsproblematik und der nicht immer befriedigenden Haltbarkeit ist die Nachfrage nach imprägnierten Holzpfählen in den letzten Jahren zugunsten von Metallpfählen stark zurückgegangen.

Imprägnierte Holzpfähle besitzen folgende Vorteile:
*   Günstiger Preis.
*   Gute Vollerntertauglichkeit aufgrund des runden Querschnitts und des günstigen Schwingungsverhaltens.
*   Nägel leicht einschlagbar.
*   Nachwachsender, heimischer Rohstoff.

Als Nachteile sind anzuführen:
*   Mehraufwand für das Nageln von ca. 20 Akh/ha.
*   Die Haltbarkeit der Pfähle entspricht nicht immer der Standzeit der Anlage.
*   Wartungsarbeiten sind erfordelich, z.b. zum Nachschlagen von herausgefallenen Nägeln oder dem Ersatz von abgefaulten Pfählen.
*   Imprägnierte Holzteile müssen entsorgt werden.

3.1.1.1 Imprägnierverfahren

Die Lebensdauer der Nadelhölzer hängt sehr stark von der Güte der Imprägnierung ab, die vor der Weiß-, Braun- und Moderfäule schützen soll. Gemäß DIN 68 810 sind heute zwei gleichwertige Imprägnierverfahren gebräuchlich.

Einstelltrogtränkung im Heiß-Kalt-Verfahren

Imprägniermittel ist **Steinkohlenteeröl** nach Bundesbahn-oder Bundespostvorschrift. Das tränkereife Holz wird in Öl eingetaucht. Die Eintauchtiefe ist abhängig von der späteren Einschlagtiefe. Die imprägnierte Zone muss nach dem Einschlag noch deutlich (ca. 20 cm) über den Boden reichen. Die Pfähle werden mindestens 2 Std. lang auf ca. 110° erhitzt. Durch die Hitze dehnt sich die Luft im Holz aus. Während der anschließenden Abkühlung zieht sich die Luft im Holz wieder zusammen und zieht dabei das Öl in das Holz. Sobald das Teeröl auf 50 bis 60° Celsius abgekühlt ist, werden die Pfähle herausgenommen. Eine ringförmige Schicht von mindestens 6 mm sollte dann mit Öl durchtränkt sein. Erfahrungsgemäß zieht das Öl im Laufe der Zeit weiter ins Pfahlinnere. Bei frisch imprägnierten Pfählen, an die ein Rebstock zu stehen kommt, muss man durch Papierumwickelung die am Pfahl stehende Rebe vor Ölausdunstung schützen.

Kesseldruckimprägnierung mit Schutzsalzen

Bei der Kesseldruckimprägnierung wird meist das **Vakuum-Druckverfahren** angewandt. Das ausreichend trockene Holz (Feuchte unter 30 %) wird in den Tränkkessel gefahren, wo ein Vakuum erzeugt wird. Unter Beibehaltung des Vakuums wird nach einer bestimmten Zeitdauer der Kessel mit einer Salzlösung (2 bis 4,4 %) geflutet und ein Druck von mindestens 8 bar aufgebracht. Dadurch wird die Sättigung der Außenzone des Holzes mit der Salzlösung erreicht (Vollzelltränkung). Nach ungefähr 5 Stunden Druck ist die Imprägnierung abgeschlossen. Mit einem Nachvakuum wird überschüssige Salzlösung abgesaugt.

Bei waldfrischen Hölzern (Feuchtigkeit von 80 % und mehr) wird das Wechseldruck-Verfahren angewandt. Nach einer sogenannten Vordruckphase im mit Salzlösung gefluteten Kessel folgt eine Wechseldruckphase, in der Druck- und Vakuum- bzw. Normaldruck-Phasen in einem bestimmten Rhythmus aufeinander folgen.

Nach etwa 6 Wochen Lagerung ist das Salz fest am Holz fixiert. Die Farbe der Pfähle hat sich von gelbgrün zu olivgrün verändert, und die Pfähle können eingeschlagen werden. Zu einem früheren Zeitpunkt besteht die Gefahr, dass Salze aus den Pfählen herausgelöst werden.

Als Schutzsalze werden in Deutschland fast ausschließlich das **CFK-Salz** (Chrom-Fluor-Kupfer), das **CK-Salz** (Chrom-Kupfer) und das **CKB-** bzw. **CCO-Salz** (Chrom-Kupfer-Bor) verwendet.
Chromatfreie Salze haben im Weinbau bisher keine Bedeutung.

Um Sicherheit bezüglich der Haltbarkeit zu haben, sollte man nur **RAL-gütegesicherte Pfähle** oder Pfähle mit entsprechender Herstellergarantie kaufen. Bei Pfählen mit Gütesicherung nach den RAL-Vorschriften muss bei den Holzarten Fichte, Tanne, Douglasie die Eindringtiefe von Steinkohlenteeröl bei Imprägnierung des Pfahlfußes mittels Heiß-Kalt-Einstelltränkung durchschnittlich mindestens 6 mm betragen und bei Salzimprägnierung des ganzen Pfahles im Kesseldruckverfahren durchschnittlich mindestens 8 mm. Nicht alle Hersteller halten sich an die RAL-Vorschriften; deshalb sollte man beim Landhandel nachfragen bzw. auf die RAL-Gütekennzeichnung achten. Dies ist eine Nagelkopfprägung, die bei Zopfstärken ab 10 cm an jedem Pfahl, bei geringeren Zopfstärken bei einigen Pfählen im Gebinde angebracht ist. Sehr wichtig für die Haltbarkeit imprägnierter Holzpfähle ist auch die Fixierzeit. Diese sollte mindestens 4 Wochen (Frosttage nicht mitgerechnet) betragen. Deshalb nur entsprechend lang gelagerte Pfähle einschlagen, ansonsten ist mit einem vorzeitigem Abfaulen zu rechnen. Gegen Aufpreis bieten einige Pfahlhersteller auch eine doppelte Imprägnierung mit Steinkohlenteeröl und Salz an.

Merke: *Vor dem Kauf größerer Partien sollte man die Eindringtiefe des Imprägniermittels an einigen Pfählen überprüfen. Das Imprägniermittel sollte rundum gleichmäßig und hinreichend tief eingedrungen sein, auch in den Rissen des Holzes. Unter den genannten Voraussetzungen können die Austauschquoten während 20 bis 25 Jahren Standzeit unter 10 % liegen. Bei qualitativ schlechten Pfählen dagegen können sie 50 % übersteigen.*

Wichtig für die Haltbarkeit sind auch die mechanische Beanspruchung, z.b. durch Vollernter und die Bodenverhältnisse. Auf feuchteren oder staunassen Standorten, sowie in Anlagen, die mit dem Vollernter gelesen werden, ist mit höheren Ausfällen zu rechnen.

Die folgende Tabelle zeigt die Zusammenfassung der Ergebnisse eines Dauerversuchs mit imprägnierten Holzpfählen.

Tabelle 7: *Ausfallquoten von Weinbergspfählen in Abhängigkeit vom Imprägnierverfahren*

Imprägniermittel	Ausfallquoten in Prozent nach	
	19 Jahren	23 Jahren
ohne Konservierung	93	96
Teeröl-Einstelltränkung	8	17
CKF-Salz	14	25
CKB-Salz	8	20
CKA-Salz	8	20

Abbildung 25:
Imprägnierung mit Steinkohleteröl,
links:ungleichmäßig, geringe
Eindringungstiefe; rechts: gleichmäßig
gute Eindringungstiefe

3.1.2 Harthölzer

Das verbreitetste Hartholz im Weinbau ist die **Robinie** oder „**falsche**" Akazie, welche aus Stämmen geschnitten wird und **ohne Imprägnierung** verwendet werden kann. Aufgrund ihres hohen Gewichts und ihres guten Bodenschlusses sind Akazienpfähle sehr standfest. Für eine ausreichende Haltbarkeit über die Standdauer der Rebanlage sind folgende Voraussetzungen erforderlich:

*   Das Holz sollte langsam gewachsen sein.
*   Hoher Kernholzanteil.
*   Luftige, trockene Lagerung von etwa 1 Jahr.
*   Allgemein gute Sortierung.

Gegenüber Pfählen aus Nadelhölzern hat Akazie folgende Nachteile:

*   Die Pfähle verziehen sich leichter.
*   Das Nageln ist schwieriger. Es müssen spezielle Hartholznägel verwendet werden. Leichter geht das Nageln, wenn man die Löcher vorbohrt.
*   Die harten Kanten führen zu starken Beanspruchungen der Schüttelstäbe bei Vollerntern. Es sollten deshalb nur abgerundete Pfähle verwendet werden.

Vorteilhaft ist sicherlich, dass die Pfähle nicht imprägniert sind und deshalb nach der Standzeit der Anlage nicht entsorgt werden müssen. Auch halten die Nägel gut und lockern sich nicht so leicht wie bei Nadelhölzern.

Bangkirai ist ein Hartholz aus Südostasien, das aus Stämmen geschnitten wird und ebenfalls ohne Imprägnierung eingesetzt wird. Es hat ähnliche Eigenschaften wie Akazie, verzieht sich aber nicht so leicht. Für den Weinbau wird Bangkirai derzeit kaum noch angeboten.

3.1.3 Holzpfähle mit Kunststoffspitze

Aufgrund der nicht immer befriedigenden Haltbarkeit und der gestiegenen Entsorgungsproblematik bei imprägnierten Holzpfählen hat die Fa. Stäbler Holzpfähle mit Pfahlspitzen aus recyceltem Kunststoff auf den Markt gebracht. Das Pfahloberteil, welches aus nicht imprägniertem Holz besteht, wird in eine Kunststoffhülse der Pfahlspitze gesteckt. Die Kunststoffspitze wird nur bis zur Hülse in den Boden geschlagen, sodass zwischen Holz und Boden kein Kontakt besteht. Vorteilhaft bei diesem System ist, dass das Holzoberteil leicht ausgetauscht werden kann (z.B. bei Bruch) und die Kunststoffspitzen wiederverwendbar sind. Nachteilig ist die geringere Seitenstabilität, weshalb die Pfähle sich bei größerer Windeinwirkung in Verbindung mit einer vollen Belaubung leicht zur Seite neigen.

Der gleiche Hersteller bietet auch ein **Reparatursystem** aus Kunststoff für Holzpfähle an. Es besteht aus zwei Halbschalen, die nacheinander um die defekte Pfahlspitze geschlagen und dann mit Kunststoffteilen verspannt werden.

3.1.4 Metallpfähle

Metallpfähle sind mittlerweile die meist verwendeten Pfähle im Weinbau. In der Regel werden verzinkte Stahlpfähle eingesetzt. Edelstahlpfähle werden von einigen Herstellern nur auf Anfrage gefertigt. Sie bieten gegenüber anderen Materialien einige wesentliche Vorteile:

- Eine sorgfältig erstellte Anlage ist praktisch wartungsfrei.
- Die Lebensdauer der Pfähle kann mit der des Weinbergs gleichgesetzt werden. Bei guter Verzinkung oder Edelstahl ist sie auch länger.
- Sie sind gut geeignet für den Einsatz des Traubenvollernters.
- Sie haben ein geringes Gewicht und lassen sich gut in den Boden rammen.
- Das Nageln entfällt.

Der Einsatz von Metallpfählen ist nahezu auf allen Standorten möglich, lediglich auf sauren oder staunassen Böden kommt es zu vorzeitigen Korrosionsschäden. In windexponierten Lagen kann es zum Abknicken der Pfähle kommen bzw. die Pfähle neigen sich zur windabgewandten Seite. Meist sind davon nur die ersten Zeilen betroffen. Häufig wird bei der Erstellung einer Neuanlage dieses Problem nicht erkannt, da die bestockte Nachbarparzelle zu dieser Zeit einen guten Windschutz bietet. Aber spätestens nach Abräumen der Nachbarparzelle kann der Winddruck auf die äußeren Zeilen so stark werden, dass die Pfähle sich zur windabgewandten Seite neigen oder im Extremfall sogar abknicken. Deshalb empfiehlt es sich in windgefährdeten Anlagen, in den ersten windzugewandten Zeilen die Pfähle enger zu stellen und tiefer einzurammen (70 – 80 cm). Die Materialstärke sollte mindestens 1,5 mm betragen. Weiterhin besteht die Möglichkeit, jeden zweiten oder dritten Pfahl als Holzpfahl mit entsprechender Zopfstärke (ca. 9 - 10 cm) zu setzen. Vom Handel angeboten werden auch Windstützen in Form von Kunststoffkeilen oder Metallplatten, die vor den Pfahl geschlagen werden und die Widerstandsfläche erhöhen. Die Fa. Voest bietet eine Seitenplatte für ihre Pfähle an. Einige Betriebe spalten auch die Spitzen ausrangierter imprägnierter Holzpfähle und schlagen diese vor dem Pfahl in den Boden, was ebenfalls die Standfestigkeit verbessert.

Auf leichten, sandigen Böden besteht die Gefahr, dass sich die Endpfähle absenken. Die meisten Hersteller von Metallpfählen bieten für soche Fälle zusätzliche Bodenplatten an, die unten am Endpfahl befestigt werden und ein Versinken verhindern.

Abbildung 26: *Seitenplatte für windoffene Anlagen und Bodenplatte gegen Versinken der Endpfähle*

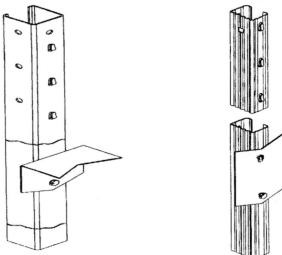

Drahtaufhängung

Bei den einzelnen Metallpfahltypen kann man zwischen einer **innenliegenden** und einer **außenliegenden** Drahtaufhängung unterscheiden. Die meisten Hersteller bieten Pfähle mit innenliegenden Haken an. Sie haben den Vorteil, dass sich die Drähte bei entsprechender Hakenschlitzung nicht so leicht aushängen und vom Vollernter nicht zugeschlagen werden können. Außenliegende Haken sind für ein maschinelles Herunterlegen der Heftdrähte vorteilhafter, allerdings ist die Gefahr größer, dass sie beim Vollernatereinsatz zugeschlagen werden. In Senken oder Mulden können sie sich leichter aushängen. Mittlerweile hat man versucht, die Nachteile außenliegender Haken zu beseitigen. Sie sind entweder in "S"- Form angebracht (Reisacher, Voest) oder werden durch eine Wulst geschützt (Profivi). Dies erschwert das Herausrutschen der Drähte, und ein Hereinschlagen der Haken in die ausgestanzten Ösen durch den Vollernter ist nicht mehr möglich.

Korrosionsschutz

Stahlpfähle können bandverzinkt oder stückverzinkt sein. Bei der **Bandverzinkung** (Sendzimirverzinkung) werden die Pfähle aus bereits verzinktem Blech gefertigt. Das Schneiden und die Kaltverformung erfolgen nach dem Verzinken. An den Schnittkanten ist die Verzinkung unterbrochen, was aber keine Unterrostung zur Folge hat.

Die Zinkauflage beträgt etwa 25 bis 35 μm (= 0,025 bis 0,035 mm) und ist damit deutlich geringer als bei stückverzinkten Pfählen. Auf der Wetterseite kann durch Witterungseinflüsse nach etwa 15 Jahren die Zinkschicht soweit abgetragen sein, dass Korrosion entsteht. Allerdings halten die Pfähle in der Regel dennoch eine Rebgeneration aus, da der Stahlkern noch eine Lebensdauer von 8 bis 10 Jahren hat. Zur Verbesserung der Korrosionsfestigkeit werden viele Pfähle heute **galfan band-verzinkt.** Es handelt sich hierbei um eine spezielle Legierung bestehend aus 95% Zink und 5% Aluminium. Ähnlich wie bei den Drähten (z.b. Crapal) werden dadurch eine bessere Haltbarkeit und ein geringerer Zinkabtrag erzielt. Eine spezielle Form der Galfan Bandverzinkung stellt das sogenannte **Double Dip Verfahren** der Firma Agozal dar. Dabei durchläuft das zu verzinkende Band nacheinander zwei Zinkpötte. Beim ersten Eintauchen in schmelzflüssiges Reinzink (First Dip) wird eine Hartzink-schicht von 20 bis 30 μm erzeugt. Danach erfolgt ein zweites Eintauchen in eine weitere Legierung aus 5 % Aluminium und 95 % Zink, die auf die erste Schicht aufgebracht wird, sodass Auflagen von 40 bis 70 μm möglich sind.

Bei der **Stückverzinkung** werden die fertig geschnittenen und gestanzten Metall-pfähle in einem Tauchbad rundum verzinkt. Die Zinkschicht beträgt 70 bis 80 μm (= 0,07 bis 0,08 mm). Im unteren Bereich der Pfähle, wohin das flüssige Zink beim Herausziehen nachlaufen kann, ist die Zinkschicht noch etwas stärker. Die Standdauer stückverzinkter Pfähle kann bei günstigen Bodenverhältnissen mehr als 30 Jahre betragen. Der jährliche Zinkabtrag in der Boden-Luft-Zone liegt bei rund 2 μm. Daraus berechnet sich bei stückverzinkten Pfählen eine theoretische Mindesthaltbarkeit von 35 bis 40 Jahren.

Der Schutz des Zinküberzuges gegen Korrosion hängt im Wesentlichen von folgen-den drei Faktoren ab:

1.   Dicke des Überzuges
2.   Zusammensetzung des Überzuges
3.   Einsatz-Atmosphäre

Zu 1: Das Korrosionsverhalten von Zink wird in erster Linie durch die Bildung von Deckschichten aus festen beständigen Korrosionsprodukten bestimmt, die sich im Verlauf der Bewitterung ausbilden. Deshalb sollten verzinkte Pfähle vor dem Ein-schlagen einige Wochen im Freien gelagert werden. Diese in der Regel fest haftenden Deckschichten sind kaum wasserlöslich und verzögern den Abbau des Zinküberzu-ges. Durch die Einwirkung der Atmosphäre korrodieren diese Deckschichten lang-sam, die Dicke des Überzuges vermindert sich entsprechend. Insofern ist die Schutz-dauer des Überzuges in erster Linie proportional zur Überzugsdicke.

Zu 2: Durch das Zulegieren geeigneter weiterer Metalle lässt sich das Korrosions-verhalten eines Zinküberzuges verbessern. Aluminium spielt dabei eine wesentliche Rolle. Dies liegt unter anderem daran, dass die bei Reaktion mit Sauerstoff entstehenden Oxidschichten sehr gut haften und beste Schutzeigenschaften gegenüber sauren und schwefeldioxidhaltigen Atmosphären aufweisen. Gebräuchlich sind ZnAl mit 5 Gew % Aluminium (95 % Zink) und AlZn mit 55 Gew % Aluminium (etwa 44 % Zink).

Zu 3: Die Atmosphäre wird durch Emissionen belastet. Schwefeldioxid, welches bei der Verbrennung fossiler Engergieträger entsteht, ist leicht wasserlöslich und für einen verstärkten Abbau eines Zinküberzuges verantwortlich. In Meeresnähe bewirkt auch der erhöhte Chloridgehalt der Seeluft einen beschleunigten Abtrag. Allgemeingültige Angaben über die Abtragung von Zinkschichten können naturgemäß nicht gemacht werden, da die Korrosionsbedingungen von vielen Faktoren abhängen (Standort, Windrichtung, Temperatur, Luftfeuchtigkeit, usw.) Es kann jedoch von folgenden jährlichen Abtragsraten ausgegangen werden:

| Landluft: $1 - 2$ µm | Industrieluft: $4 - 19$ µm | Seeluft: $3 - 15$ µm |

3.1.5 Kunststoffpfähle

Kunststoffpfähle sind aus Hart-PVC oder Recycling-Kunststoff verschiedener Herkunft hergestellt. Ihre Stabilität ist abhängig vom Kunststoffmaterial, der verarbeiteten Menge Kunststoff und vor allem von der Profilierung. Im Weinbau werden heute kaum noch Kunststoffpfähle eingesetzt. Angeboten wird derzeit nur der Replast-Pfahl. Er ist rund und verfügt über keine zusätzlichen Verstrebungen im Inneren. Deshalb sollte die Öffnung mit einer Kappe verschlossen werden, damit Vögel nicht in die Rohre geraten und darin zugrunde gehen. Die Drahthalterungen sind in der Seitenfahne integriert. Vorteile von Kunststoffpfählen sind das geringe Gewicht, die gute Witterungsbeständigkeit und der geringe Wartungsaufwand. Gegenüber Holz- und Metallpfählen sind sie elastischer und vibrieren stärker beim Einschlagen, deshalb sollten sie mit der Wasserlanze gesetzt werden. Wie bei den Metallpfählen besteht auch bei Kunststoffpfählen die Gefahr, dass sie bei starken Stürmen umkippen. Insbesondere Vollkunststoffpfähle erwiesen sich in dieser Hinsicht in der Vergangenheit als sehr empfindlich, weshalb sie auch vom Markt verschwunden sind.

3.1.6 Betonpfähle

Betonpfähle haben im Weinbau nur noch eine geringe Verbreitung. Von allen Pfahlarten haben sie die größten Nachteile:

- Die Pfähle sind sehr schwer.
- Bei Belastung brechen sie leicht. Beschädigter Beton führt zur Abrostung der Armierung.
- Die Drähte müssen vor Reibschäden mit Kunststoffhülsen geschützt werden.
- Die Hülsen sind nicht sehr haltbar. Der nötige Ersatz verursacht zusätzlich Arbeit.
- Die wenig elastischen Pfähle sind für den Einsatz von Traubenvollerntern nicht geeignet.

3.1.7 Entsorgung und Umweltbelastung von Pfählen

Bei Pfählen aus **Nadelhölzern** besteht die Befürchtung, dass die Imprägniermittel den Boden oder das Grundwasser belasten könnten. Nach Angaben des Deutschen Holzschutz-Verbandes (DHV) haben bisherige Untersuchungen weder bei Steinkohlenteeröl noch bei Salzen einen Austrag in den Boden ergeben. Mehr Probleme bereitet die Entsorgung imprägnierter Holzpfähle.

Es gibt eine Vielzahl von öffentlich – rechtlichen Vorschriften für die Aufbereitung und Verwertung von Altholz. Die wichtigsten davon sind das Kreislaufwirtschafts- und Abfallgesetz (Kr W - / AbfG), die Verordnung zum Europäischen Abfallkatalog (AVV, gültig ab 01.01.02) und die Altholzverordnung (AltholzV vom 15.08.02). Darüber hinaus gibt es in vielen Bundesländern zusätzlich spezifische Erlasse oder Richtlinien für die Aufbereitung und Verwertung von Holzabfällen, z.B. in Baden-Württemberg einen Altfenstererlass oder in Rheinland-Pfalz eine Leitlinie für eine qualitätsgesicherte Aufbereitung und Verwertung von Gebrauchtholz. Grundsätzlich handelt es sich bei imprägnierten Pfählen aufgrund der starken Fixierung der Schutzmittelgehalte (Salze oder Steinkohlenteeröl) um besonders belastete Hölzer, die als besonders überwachungsbedürftige Abfälle einzustufen sind. Damit ist das früher häufig praktizierte Verbrennen an Ort und Stelle oder in hauseigenen Öfen verboten. In den vergangenen Jahren sind bereits etliche Winzer deshalb von Gerichten zu Bußgeldern verurteilt worden. Über eine rechtskonforme Entsorgung imprägnierter Holzteile können die Entsorgungsberater der Kreisverwaltungen Auskunft geben. Auch der Deutsche Holzschutzverband (DHV) hat ein Entsorgungssystem (System direkt. Tel.: 07152 – 399 191) entwickelt. Ebenso bietet die Firma RPS Altvater (Tel.: 06237 – 9360) in Rheinland-Pfalz eine Entsorgung aller Pfahlmaterialien an. Fast alle rechtskonform entsorgten imprägnierten Hölzer werden derzeit über Hausmüllverbrennungsanlagen oder spezielle Verbrennungsanlagen energetisch verwertet. Die ordnungsgemäße Entsorgung wird über einen Entsorgungsnachweis, den der Ablieferer erhält, dokumentiert. Die Kosten für die Entsorgung liegen derzeit bei rund 60 bis 150 €/to, können aber auch höher sein.

Pro Hektar ist bei einem angenommenen Pfahlabstand von 5 Metern mit folgenden Entsorgungsmengen (to/ha) zu rechnen:

Gassenbreite	Teerölimprägnierte Pfahlspitzen	salzimprägnierte Pfähle
1,6 m	1,7 – 1,9 to/ha	5,0 – 5,5 to/ha
1,8 m	1,5 – 1,7 to/ha	4,5 – 5,0 to/ha
2,0 m	1,3 – 1,5 to/ha	4,0 – 4,5 to/ha

Verzinkte Pfähle geben ständig Zink an den Boden ab. Bisher wurde davon ausgegangen, dass die Oberfläche eines verzinkten Stahlpfahles aufgrund der Abwitterung einem jährlichen Schwund von etwa 1 µm (= ein tausendstel mm) unterliegt. Bei einer Zinkschicht von 0,07 mm (70 µm) und einer Zinkmenge von 350 g/Pfahl ergibt sich daraus eine theoretische Zinkfreisetzung von 5 g Zink/Pfahl und Jahr. Bei rund 1000 Pfählen/ha beträgt die jährliche Abgabe an den Boden demzufolge 5 kg. Nach 25 Jahren Standzeit wären dies 125 kg Zink/ha. Bewitterungsversuche an der Eidgenössischen Prüfungsanstalt in der Schweiz bestätigten diese Werte. Die Untersuchungen ergaben jährliche Dickenabnahmen von 0,4 – 1,2 µm (Durchschnitt 0,7 µm). Ausgehend von diesen Zahlen lägen die Zinkeinträge in den Boden zwischen 2 und 6 kg/ha und Jahr. RUPP und TRÄNKLE kamen, in auf Messwerten basierenden Hochrechnungen, dagegen auf jährliche Eintragsraten von nur 0,8 bis 1,5 kg Zn/ha. Unter der Annahme einer turnusgemäßen Bodenvermischung bei der Pflanzfeldvorbereitung entspricht dies einer jährlichen Zunahme der Bodenzinkgehalte um 0,3 mg/kg (ppm). Derzeit liegt der Grenzwert nach der Bioabfallverordnung für Lehm bei 150 mg/kg (ppm) Boden. Unterstellt man eine Grundbelastung an Zink (geogener Ursprung, von Drähten, Pflanzenschutzmitteln und Düngern) von etwa 30 bis 80 mg/kg wären die Grenzwerte nach 230 bis 400 Jahren erreicht. Durch Zusatz von Aluminium (siehe galfan- bzw. Double Dip Verzinkung) versuchen die Pfahlhersteller die Korrosionsbeständigkeit zu verbessern und den Zinkabtrag zu minimieren. Laut Herstellerangaben können durch eine Zink-Aluminium-Legierung die Zinkabtragsraten auf ein Drittel der früheren Werte gesenkt werden. Dennoch muss bei der Zufuhr von Zink das Vorsorgeprinzip gelten und man sollte auf Standorten mit verzinkten Pfählen den Eintrag nicht forcieren und zusätzliche Belastungen beispielsweise durch zinkhaltige organische Dünger sollten gering gehalten werden. Nach Untersuchungen von WALG findet man erhöhte Zinkgehalte nur am unmittelbaren Pfahlbereich. Dort können die Gehalte 1000 mg/kg (ppm) überschreiten. RUPP und TRÄNKLE fanden sogar Gehalte bis 2400 mg/kg. Bereits wenige Zentimeter vom Pfahl entfernt, erreichen die Werte wieder die ursprüngliche Belastung, wie dieTabelle 8 belegt.

Tabelle 8: *Gehalt an Zink (ppm) im Boden bei feuerverzinkten Metallpfählen nach 20 Standjahren (eingeklammerte Werte = pflanzenverfügbares Zink)*

	Abstand vom Pfahl (cm)			
Tiefe cm	1	10	50	100
0 – 20	880 (325)	144 (35)	101 (28)	63 (15)
20 – 40	860 (405)	93 (25)	66 (16)	53 (11)
40 – 60	940 (465)	74 (18)	62 (13)	49 (10)

Keine Probleme gibt es mit der Entsorgung von Metallpfählen. Sie können beim Alteisenhändler oder Schrottverwerter abgegeben werden. Häufig wird dem Winzer noch ein gewisser Betrag dafür gezahlt.

Bei **Kunststoffpfählen** handelt es sich in der Regel um Hohlrohre aus Hart-PVC (z.B. REMAX, REPLAST), die aus Abfallresten der Fenster- oder Rolladenherstellung stammen. Bei diesem Kunststoff bestehen gute Möglichkeiten einer Wiederverwertung, da sie nur aus einem Kunststoff bestehen. Einige Händler oder Hersteller bieten auch eine Rücknahme der Pfähle in sauberem Zustand an. Schlechter sieht es bei der Verwertung von Pfählen aus Mischmaterialien (meist Vollkunststoffpfähle) aus. Sie sind schon das Produkt eines Recyclingprozesses, und weil Kunststoffe bei jeder Verarbeitung zum Abbau ihrer molekularen Struktur neigen, endet der Rohstoffkreislauf häufig auf einer Deponie oder in einer Verbrennungsanlage.

Die Entsorgung von **Betonpfählen** erfolgt problemlos, aber kostenpflichtig über die zuständigen Bauschuttdeponien. Bei einem Gewicht von ca. 21 bis 25 kg pro Pfahl ergeben sich bei 1100 Pfählen pro Hektar 23 bis 27,5 to zu entsorgendes Betonmaterial.

Merke: Bereits bei der Neuanlage sollte man an die Entsorgung denken. Die Entsorgungsberater der Kommunen geben Auskunft über die Entsorgungswege und die entstehenden Kosten.

Tabelle 9: *Entsorgungswege ausgedienter Pfähle im Weinbau (1 000 bis 1 100 Pfähle/ha)*

Material	Entsorgungsweg	ca. Anfall to/ha
Imprägnierte Holzpfähle	Energetische Verwertung in speziellen Verbrennungsanlagen oder Hausmüllverbrennung	Pfahlspitzen: 1,5 bis 2,0 ganze Pfähle: 4 bis 5,5
Metallpfähle	Metall- oder Schrottverwertung	3 bis 4
Kunststoffpfähle	Rücknahme durch Hersteller, Kunststoffverwerter, Hausmülldeponie	hohl: 3,2 bis 4 massiv 6 bis 10
Betonpfähle	Bauschuttdeponie	24 bis 27

Tabelle 10: *Preise von Weinbergpfählen (Stand 2006)*

Material	Typ bzw. Maß	Fäulnis bzw. Korrosionsschutz	ca. Preisspanne (€/Stück ohne MwSt.)		
			2,20 m – 2,30 m	2,50 m	2,60 m – 2,75 m
Fichte / Tanne	Zeilenpfahl	einfache Imprägnierung	2,50 - 3,10	2,65 – 3,50	2,90 - 3,50
	Zeilenpfahl	doppelte Imprägnierung	3,30 - 3,85	3,55 - 4,40	3,90 - 4,85
	Endpfahl	einfache Imprägnierung	3,60 - 3,90	3,60 – 4,10	4,00 - 4,65
	Endpfahl	doppelte Imprägnierung	3,85 - 4,65	4,20 – 4,70	4,80 - 5,35
Akazie	50 x 50 mm	nicht erforderlich	2,15 - 2,25	2,35 - 2,45	2,50 - 2,70
	60 x 60 mm		3,07 - 3,43	3,34 - 3,75	3,61 - 4,00
	70 x 70 mm		4,18 - 4,60	4,54 - 5,00	4,91 - 5,35
Metallpfahl	Zeilenpfahl	bandverzinkt	3,45 - 4,20	3,85 - 4,60	3,65 - 5,25
	Zeilenpfahl	galfan – bandverzinkt	3,60 - 4,40	3,80 - 4,80	3,90 - 5,50
	Zeilenpfahl	stückverzinkt	4,15 - 5,20	4,45 - 5,70	4,80 - 6,00
	Endpfahl	bandverzinkt	-	7,40 - 8,00	7,90 - 8,50
	Endpfahl	galfan – bandverzinkt	-	8,00 - 9,00	8,40 - 9,60
	Endpfahl	stückverzinkt	6,00 - 8,80	8,60 - 9,90	8,50 - 9,80
Kunststoff (Replast)	Zeilenpfahl	nicht erforderlich	3,15	3,25	-

Tabelle 11: Übersicht Weinbergpfähle

Material	Typ Anwendung	Fäulnis bzw. Korrosionsschutz	Maße / Stärke	Hersteller / Vertreiber	Bemerkungen
meist Fichte oder Tanne seltener Kiefer, Douglasie oder Pinie	Einzelpfahl Zeilenpfahl Endpfahl	Einfache Imprägn. doppelte Imprägn. einfache Imprägn. doppelte Imprägn. einfache Imprägn. doppelte Imprägn.	40 - 50 60 – 80 80– 100	Landhandel, Genossenschaften	Salzimprägnierung meist CFK (Chrom-Fluor-Kupfer) oder CCO (Chrom-Kupfer-Bor) und/oder Pfahlfuß mit Steinkohlenteeröltränkung
Akazie	Zeilen- oder Endpfahl	nicht erforderlich	50 x 50 60 x 60 65 x 65 70 x 70	Beck u. Böder 71384 Weinstadt Agro Schuth, 74023 Heilbronn	Abkantung für Vollerntereinsatz, Zuschlag von 0,25 €/Stück
Bangkirai	Zeilen- oder Endpfahl	nicht erforderlich	60 x 60	Agro Schuth, 74023 Heilbronn	Herkunft: Tropenholz, runde Form für Vollerntereinsatz
Lärche oder Douglasie mit Kunststoffspitze	Zeilen- oder Endpfahl	nicht erforderlich	50 x 50 60 x 60	Stäbler GmbH 73553 Alfdorf-Hüttenbühl	abgerundete Kanten für Vollerntereinsatz
Metallpfähle			Materialstärke		
Cugnart	Zeilenpfahl S Zeilenpfahl S54 Zeilenpfahl C54 Zeilenpfahl SL54 Zeilenpfahl CL54 Endpfahl PT Endpfahl PT	bandverzinkt bandverzinkt stückverzinkt bandverzinkt stückverzinkt stückverzinkt bandverzinkt	1,50 mm 1,50 mm 1,60 mm 1,50 mm 1,60 mm 2,20 mm 2,20 mm	Cugnart GmbH, 66386 St. Ingbert ProVino – Rupp, 55234 Framersheim	Haken innenliegend (Typen S u. C) 3 Hakenausführungen: gerade, schräg oder Schleuderhaken für maschinelles Drahtablegen Typ S für niedrige Anlagen Haken außenliegend (Typen SL u. CL)
Vinova	Zeilenpfahl	galfan bandverz.	1,25 mm	ProVino – Rupp, 55234 Framersheim	Haken innenliegend
Welser	Zeilenpfahl Zeilenpfahl Endpfahl	bandverzinkt bandverzinkt bandverzinkt	1,25 mm 1,50 mm 2,00 mm	Welser Profile GmbH, 59199 Bönen ProVino – Rupp, 55234 Framersheim	Haken innenliegend 2 gerade Hakenausführungen (Uni und Original)
Linus	Zeilenpfähle Classic 2R, PP 9650 Classic 2R, PP 9650 Classic 3R, PP 5084 Classic 3R, PP 5094 Click 2R, PP 9656 Click 3R, PP 9684 Vinus PP 9670 Endpfahl E 5395	galfan bandverz. galfan bandverz. galfan bandverz. galfan bandverz. galfan bandverz. galfan bandverz. bandverzinkt galfan bandverz.	1,25 mm 1,50 mm 1,25 mm 1,50 mm 1,25 mm 1,25 mm 1,50 mm 2,25 mm	Voest Alpine GmbH, 50354 Hürth Dietrich Vallender, 55299 Nackenheim Armin Schwarzbeck, 67269 Grünstadt	Haken innenliegend Standardschlitzung: unten schräg, oben gerade Click besitzt eine Nase hinter der Hakenöffnung gegen Herausspringen 2R (2-rippig) = schmale Ausführung für niedrige Anlagen
Agozal	Zeilenpfahl	galfan bandverz. im Double Dip Verfahren	1,50 mm	Agozal Oberflächen-veredelung GmbH, 56564 Neuwied	Haken innenliegend. Untere Haken schräg und versetzt, obere Haken gerade und parallel
Remag	Zeilenpfahl GEMINI Zeilenpfahl GEMINI Endpfahl LEO 1 Endpfahl LEO 2	galfan bandverz. galfan bandverz. galfan bandverz. galfan bandverz.	1,25 mm 1,50 mm 1,50 mm 1,50 mm	PVG Profilverarbeitungs-gesellschaft, 68219 Mannheim	Haken innenliegend, gerade mit Arretierung

Artos	Zeilenpfahl	bandverzinkt	1,25 mm	Artos	Haken innenliegend bei
	Zeilenpfahl	bandverzinkt	1,50 mm	Vertriebsgesellschaft,	Standardpfahl
	Zeilenpfahl	stückverzinkt	1,20 mm	55234 Bechtolsheim	2 gerade Hakenausführungen
	Zeilenpfahl	stückverzinkt	1,50 mm		(Standard 1 und 2)
	Zeilenpfahl	stückverzinkt	1,80 mm		und 1 schräge Schlitzung
	Zeilenpfahl C40	stückverzinkt	1,60 mm		Außenliegender Haken (Typ C)
	Zeilenpfahl C40	stückverzinkt	1,90 mm		
	Zeilenpfahl C50	stückverzinkt	1,60 mm		
	Zeilenpfahl C50	stückverzinkt	1,90 mm		
	Zeilenpfahl C60	stückverzinkt	1,60 mm		
	Zeilenpfahl C60	stückverzinkt	1,90 mm		
	Endpfahl	stückverzinkt	1,50 mm		
	Endpfahl	stückverzinkt	1,80 mm		
Reisacher	Zeilenpfahl P5	stückverzinkt	1,65 mm	Dr. Reisacher KG,	Außenliegende S-Haken bei P5,
	Zeilenpfahl P5L	stückverzinkt	1,65 mm	76836 Herxheim	P5M und P5L
	Zeilenpfahl P5M	stückverzinkt	1,65 mm	Otto Ludwig,	Innenliegender Haken bei P6,
	Zeilenpfahl P6	stückverzinkt	1,65 mm	67361 Freisbach	untere Haken schräg geschlitzt,
	Endpfahl P5E	stückverzinkt	1,65 mm	Roland Holderieth,	obere Haken gerade
	Endpfahl P5E	stückverzinkt	2,15 mm	74193 Schwaigern	Combi-Haken im Heftdrahtbereich
					(= außenliegende Einlageöse
	P5, P5L und P5M				mit Rückhalte-Nase) für die
	auch mit Combi-Haken				Typen P5 P5M und P5L
	lieferbar				Auf Wunsch auch Galfanband-
					verzinkung für alle Typen
Profilafroid	Zeilenpfahl Profivi L	stückverzinkt	1,50 mm	Profilafroid, F-60930	Außenliegende Haken, beim XL
	Zeilenpf. Profivi XL	stückverzinkt	1,50 mm	Bailleul-Sur Therain	verhindert eine seitliche Wulst
	Zeilenpf. Profivi SL	stückverzinkt	1,50 mm	Hans Jürgen Wägerle,	das Zuschlagen durch Vollernter
	Endpfahl	stückverzinkt	2,00 mm	71727 Erdmannhausen	
	Endpfahl L	stückverzinkt	2,00 mm		
Voest-Euro	Zeilenpf. VA 50/35 Plus	bandverzinkt	1,50 mm	Voest Alpine Krems,	Außenliegender S-Haken
	Zeilenpf. VA 60/40 Top	bandverzinkt	1,50 mm	A-3500 Krems	Innenliegender Haken
	Zeilenpf. VA 50/35 Plus	stückverzinkt	1,50 mm	Eugen Weis,	nur bei Typ IEU
	Zeilenpf. VA 50/40 S-Plus	stückverzinkt	1,50 mm	67487 Maikammer	
	Zeilenpf. VA 50/40 I-Plus	stückverzinkt	1,50 mm	Agro Schuth,	
	Zeilenpf. VA 60/40 Top	stückverzinkt	1,50 mm	74023 Heilbronn	
	Zeilenpf. VA 60/40 S-Top	stückverzinkt	2,00 mm		
	Endpf. VA 60/60 End	stückverzinkt	2,50 mm		

Kunststoffpfähle

Replast	Zeilenpfahl	---	3 mm	Eugen Weis,	Offenes Profilrohr ist wegen
				67487 Maikammer	Vogelschutz mit Kunstoffklappe
					zu verschließen

62

Abbildung 27: Profile von Metallpfählen

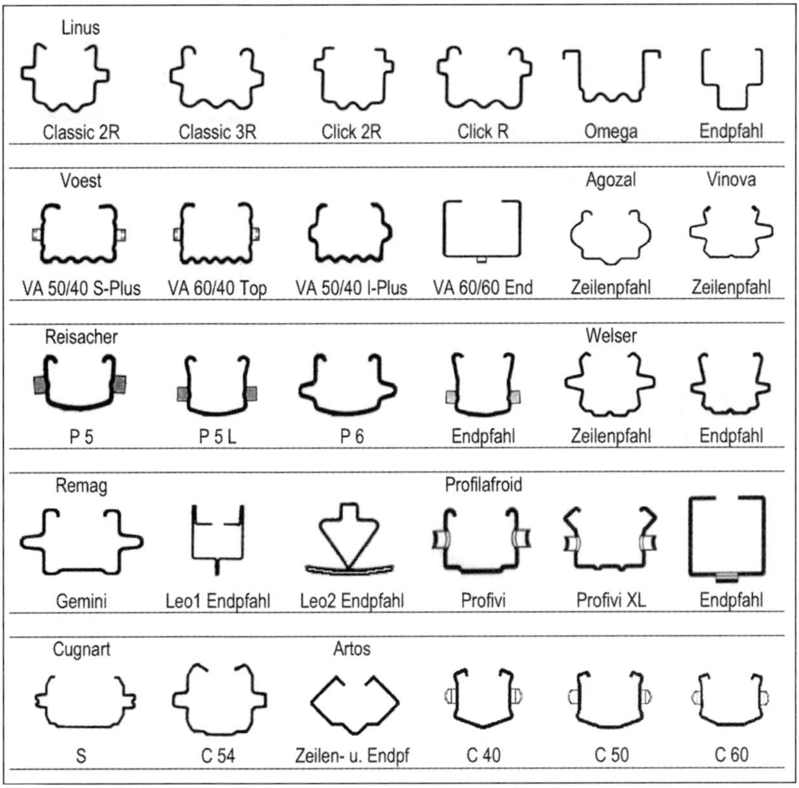

Linus					
Classic 2R	Classic 3R	Click 2R	Click R	Omega	Endpfahl

Voest				Agozal	Vinova
VA 50/40 S-Plus	VA 60/40 Top	VA 50/40 I-Plus	VA 60/60 End	Zeilenpfahl	Zeilenpfahl

Reisacher				Welser	
P 5	P 5 L	P 6	Endpfahl	Zeilenpfahl	Endpfahl

Remag			Profilafroid		
Gemini	Leo1 Endpfahl	Leo2 Endpfahl	Profivi	Profivi XL	Endpfahl

Cugnart		Artos			
S	C 54	Zeilen- u. Endpf	C 40	C 50	C 60

Abbildung 28: Hakensysteme von Metallpfählen

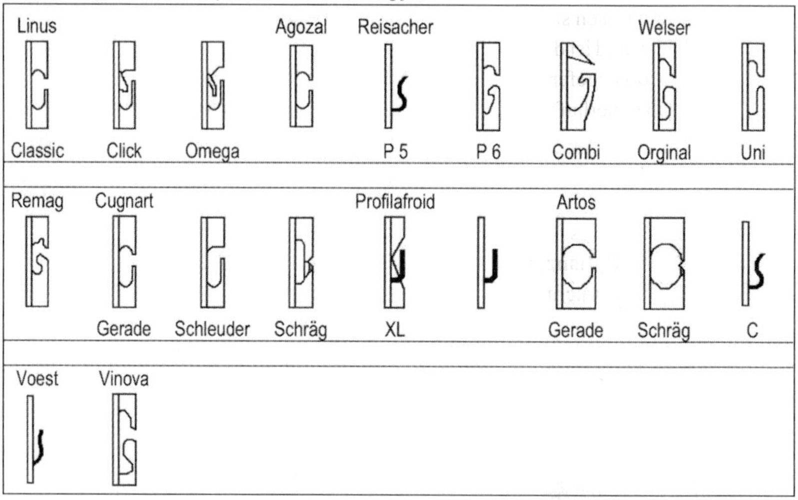

Linus			Agozal	Reisacher			Welser		
Classic	Click	Omega		P 5	P 6	Combi	Orginal	Uni

Remag	Cugnart			Profilafroid			Artos		
	Gerade	Schleuder	Schräg	XL			Gerade	Schräg	C

Voest	Vinova

3.2 Pflanzpfähle

Für einen geraden Stammaufbau sind Pflanzpfähle unentbehrlich. Die Haltbarkeit sollte mindestens 5 bis 7 Jahre betragen, bis die Stämme so kräftig sind, dass sie sich nicht mehr verbiegen. In Hanglagen kann es sinnvoll sein, die Pflanzpfähle als Stammstütze zu belassen. In der Länge müssen sie bis an den Biegdraht reichen, was je nach Drahtrahmengestalltung eine Länge von 1,2 bis 1,5 m erfordert. Um eine ausreichende Standfestigkeit sicher zu stellen, sollten sie mit verdrilltem Draht oder speziellen Klammern am Biegdraht befestigt werden (Ausnahme: Nadelhözer und Harthölzer bei entsprechender Materialstärke).

Arten

Salzimprägnierte Nadelhölzer (Fichte, Tanne) und **Harthölzer** (Akazie, Bangkirai) sind aufgrund ihrer Stabilität und Haltbarkeit gut als Pflanzpfähle geeignet. Nachteilig gegenüber Metallstäben sind der dickere Durchmesser und das höhere Gewicht. Die Vollertertauglichkeit ist ebenfalls schlecht.

Bambusstäbe (Tonkinstäbe) sind zwar preiswert, aber nicht lange haltbar. Als Dauerstütze und bei maschineller Traubenernte sind sie ungeeignet.

Metallstäbe, als Torstahl, Drillstab oder Wellstab sind massiv, stabil, relativ leicht, lange haltbar und lassen sich gut am Biegdraht befestigen. Der Uni-Stock besteht aus verzinktem Blech und ist dreieckig profiliert. Der Linuclix hat ein offenes U-förmiges Profil und besitzt vorgefertigte Ösen, in die der Draht rutschfest verklammert wird. Metallstäbe sind dauerhaft haltbar, meist mehrmals verwendbar und bei entsprechender Materialstärke und Stabilität gut für die maschinelle Ernte geeignet.

Kunststoffstäbe sind nur brauchbar, wenn beim Kauf auf gute Stabilität geachtet wird. Das gilt besonders bei hohen Stämmen und in windoffenen Lagen. Glasfaserversärkte Kunststoffpflanzpfähle sind relativ leicht, sehr elastisch, verbiegen sich nicht und sind recht bruchfest.

__Abbildung 29:__ Verschiedene Pflanzpfahlarten, von links nach rechts: Fichte/ Tanne, Akazie, Bambus (Tonkin), Torstahl, Wellstab, Uni-Stab, Kunststoff

Tabelle 12: Übersicht Pflanzpfähle (Stand 2006)

Bezeichnung	Material / Schutz	Preisspanne (€/Stück o. MwSt)		Maße/Stärke	Vertrieb
		1,20 – 1,25 m	1,40 – 1,50 m		
Fichte/Tanne	Holz / salzimprägniert	0,70 – 0,90	0,80 – 1,30	Zopfstärke 3 – 5 cm	Landhandel
Akazie	Holz / nicht erforderlich	0,26 – 0,29 0,32 – 0,34	0,31 – 0,34 0,39 – 0,43	22 x 22 mm 25 x 25 mm	Beck und Böder, 71384 Weinstadt
Bangkirai	Holz / nicht erforderlich	---	0,40 – 0,48	20 mm	Wurth, 77767 Appenweier
Bambus (Tonkin)	Holz / ---	0,05 – 0,06 0,07 – 0,08	0,06 – 0,07 0,09 – 0,10	10 – 12 mm 12 – 14 mm	Landhandel
Torstahl (Baustahl, gerippt)	Stahl / stückverzinkt	0,32 – 0,34 0,44 – 0,46 0,57 – 0,59	0,40 – 0,42 0,51 – 0,54 0,66 – 0,68	6 mm 7 mm 8 mm	Landhandel
Artos-Drillstäbe	Stahl / stückverzinkt	0,38 0,50	0,45 0,59	6 mm 7 mm	Artos-Vertriebsgesellschaft, 55234 Bechtolsheim
Wellstab	Stahl / stückverzinkt	0,30 – 0,35	0,37 – 0,42	6 mm	verschiedene Firmen
Uni-Stock	Stahlblech / verzinkt	---	0,60	Materialstärke 0,9 mm	Eugen Weis, 67487 Maikammer
Linuclix Pflanzpfahl PP 9654	Spezialstahl / galfan-bandverzinkt	auf Anfrage	auf Anfrage	Materialstärke 0,7 mm	Landhandel
Stäbler-Pflanzpfahl	Kunststoff	0,41	0,50	Materialstärke 3 mm	Fa. Stäbler GmbH, 73553 Alfdorf-Hüttenbühl
Vinotto 8.13	Glasfaserverstärkter Kunststoff	0,33 - 0,45	0,38	7 od. 8 mm	Pro Fiber Handelsges., A – 4060 Leonding

Die Übersicht erhebt keinen Anspruch auf Vollständigkeit

3.3 Drähte

An die Drähte werden eine Reihe unterschiedlicher Anforderungen gestellt:

- Sie müssen den auftretenden Spannungen standhalten, dennoch leicht sein und einen geringen Durchmesser aufweisen.
- Man muss sie leicht verarbeiten können (Einziehen, Auslegen, Befestigen, Reparieren), weshalb sie nicht zu starr sein dürfen.
- Die Oberfläche sollte glatt bleiben, um Reibschäden an den Trieben zu vermeiden.
- Die Dehnung sollte möglichst gering sein.
- Die Haltbarkeit muss der Standdauer der Anlage entsprechen.
- Sie dürfen keine Entsorgungsprobleme bereiten.

3.3.1 Drahtarten

Dick (stark) verzinkte Stahldrähte (z.b. Crapo, Galvafil C) wurden bis Anfang der 90er Jahre vorwiegend für die Erstellung des Drahtrahmens verwandt. Je nach den Umwelteinflüssen am Standort können die Drähte nach etwa 12 bis 15 Jahren anfangen zu rosten, was zu Reibschäden an den Trieben führt. Normalerweise besitzen sie die notwendige Haltbarkeit von 25 bis 30 Jahre. Heute werden die leichteren und haltbareren Zn-Al-Drähte meist den dick verzinkten Drähten vorgezogen.

Zink-Aluminium Drähte (z.B. Crapal) sind Stahldrähte mit einer Zink (95%)-Aluminium (5%)-Beschichtung. Sie bleiben länger glatt und haben eine bessere Korrosionsbeständigkeit und eine geringere Dehnung als dick verzinkte Drähte. Im Vergleich zu dick verzinkten Drähten genügen geringe Durchmesser (mehr Laufmeter), da eine größere Reißfestigkeit gegeben ist. Dadurch sind sie leichter, elastischer und lassen sich besser verarbeiten. Zink-Aluminium-Drähte sind mittlerweile die gebräuchlichsten Drähte im Weinbau.

Edelstahldrähte sind extrem korrosionsbeständig und bleiben deshalb glatt, weshalb keine größeren Reibschäden auftreten. Die Dehnung ist gering und die sehr hohe Reißfestigkeit lässt geringere Drahtdurchmesser zu. Der Draht ist aber sehr störrisch und lässt sich deshalb nicht so gut verarbeiten, außerdem ist er relativ teuer.

Kunststoffbeschichtete Drähte haben einen einfach verzinkten Drahtkern, der fest mit einer PVC-Schicht ummantelt ist. Es gibt zwei Arten der PVC-Beschichtung.

- Drähte mit extrudiertem (aufgespritztem, ummanteltem) PVC-Mantel
- Drähte mit einem als Pulver gesintertem (aufgeschmolzenen) PVC-Mantel. Hierbei ist die Haftung zwischen Mantel und Drahtkern besser. Auch bei örtlichen Beschädigungen der PVC-Beschichtung wird für einige Zeit die Unterrostung verhindert.

Sie sind recht gut haltbar, sofern der Kunststoffmantel durch Arbeiten im Weinberg oder Halterungen nicht beschädigt wird. Um Scheuerschäden zu vermeiden, sollten spezielle Kunststoffhaken bzw. -schoner benutzt werden. Die glatte Oberfläche verhindert Reibschäden an den Trieben.

Vollkunststoffdrähte (z.b. Bayco, Deltex) bestehen aus dehnungsarmem, hochfestem Polyamid und lassen sich aufgrund ihres geringen Gewichtes und ihrer guten Biegsamkeit leicht ausbringen. Die Drähte sind UV- und witterungsstabilisiert und verursachen keine Reibschäden an den Trieben. Dadurch dass sie sehr leicht und elastisch sind, sich aber kaum dehnen, eignen sie sich gut als Heftdrähte. Das Spannungsverhalten ändert sich auch nach häufiger Be- und Entlastung nicht. Als Biegdrähte sind sie ungeeignet, da die Gefahr des Durchschneidens beim Rebschnitt besteht. Zum Spannen und Verschlaufen sollten die Anwendungshinweise der Hersteller beachtet werden. Wie bei den kunststoffummantelten Drähten wird zur Befestigung Zubehör aus Kunststoff benötigt. Größter Nachteil von Vollkunststoffdrähten ist die hohe Beschädigungsanfälligkeit beim Rebschnitt, der manuellen Traubenernte oder dem Laubschnitt.

Welldrähte dick verzinkt oder Zn-Al-beschichtet werden als Biegdraht für Steillagen empfohlen. Die gewellte Form soll den Bögen und den Pflanzpfählen einen besseren Halt verleihen. Wegen der größeren Stärke und der welligen Form sind das Verarbeiten und Spannen aber schwieriger. Zudem sind sie teurer.

Tabelle 13: Technische Merkmale und ca. Preise (€ o.MwSt.) von Drähten (Stand 2006)

Drahtart	Durchmesser mm	Reiß-festigkeit (Bruchlast) ca. Newton	Dehnung %	Gewicht ca. kg/1000 m	Lauflänge ca. m/100kg	ca. Preise € pro	
						100 kg	1000 m
dick verzinkter Draht	2,5 (Heftdraht)	1900	15	38	2600	110	42
	2,8 (Biegdraht)	2500	15	48	2050	110	53
	3,1 (Ankerdraht)	3000	15	59	1700	110	65
	3,1 (Welldraht)	3000	-	65	1500	123	82
Zink-Aluminium Draht	2,0 (Heftdraht)	2400	10	25	4000	136	34
	2,2 (Biegdraht)	2800	10	30	3300	136	41
	2,5 (Ankerdraht)	3500	10	39	2600	136	44
	2,5 (Welldraht)	3500	-	43	2300	149	65
Edelstahldraht	1,2 (Heftdraht)	1400	3	9	11200	500	45
	1,4 (Biegdraht)	2000	3	13	7700	500	65
	1,6 (Ankerdraht)	2500	3	16	6300	490	78
Kunststoff-beschichteter (gesinterter) Draht	2,0 (Kerndraht)/ 2,5 (gesamt)	1300	15	27	3700	158	43
	2,5 (Kerndraht)/ 3,1 (gesamt)	2100	15	42	2400	158	66
Vollkunststoff Draht	2,2 (Deltex)	2100	9		16400	606	37
	2,5 (Deltex)	2600	9	8,2	12100	584	48
	3,0 (Bayco)	2800	9	8,5	12000	660	55

Die Spannung auf dem Draht liegt bei voller Belastung im Durchschnitt bei 200 bis 300 Newton und geht selten über 500 Newton hinaus, sodass die Reißfestigkeit der Drähte in jedem Fall ausreichend ist.

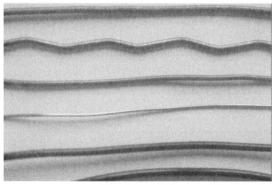

Abbildung 30:
Verschiedene Drahtarten,
von oben nach unten:
dick verzinkt, Welldraht,
Zink-Aluminium,
Edelstahl,
Kunststoffummantelt,
Vollkunststoff

3.3.2 Entsorgung

Edelstahl-, dickverzinkte und Zink-Aluminium beschichtete Drähte können problemlos über den Schrotthandel entsorgt werden. Kunststoffummantelte Drähte werden bisher teilweise noch vom Schrotthandel entsorgt. Es ist aber zu befürchten, dass diese Drähte in Zukunft kostenpflichtig auf Deponien entsorgt werden müssen, da beim Einschmelzen der Drähte Dioxine und Furane entstehen können. Vollkunststoffdraht ist theoretisch recycelbar, sofern er nicht schmutzig ist. Da aber in der Praxis aus arbeitswirschaftlichen Gründen der Draht nicht von allen Ranken befreit werden kann, bleibt für die Entsorgung nur die Deponie. Hier wird er als besonders voluminöser Kunststoffabfall deklariert und verursacht Kosten. Über die rechtskonformen Entsorgungswege können die Entsorgungsberater der Kommunen Auskunft geben.

Tabelle 14: Material-Bedarfswerte für einen Hektar Neuanlage

Reihen-abstand cm	Anzahl Pfropfreben und Pflanzstäbe bei Stockabstand cm				Anzahl Weinbergpfähle bei Pfahlabstand cm			ein durchlaufender Draht in kg bei ∅ mm				Anzahl Anker bei Reihenlänge m			laufende Meter Rebzeile
								Edelstahl		Zn-Al					
	100	110	120	130	400	450	500	1,2	1,4	2,0	2,2	100	150	200	
180	5556	5050	4629	4277	1440	1280	1160	50	72	139	175	112	74	56	5560
200	5000	4545	4166	3846	1300	1160	1050	45	65	125	157	100	66	50	5000
220	4545	4132	3764	3495	1190	1060	960	41	59	114	143	90	60	46	4540

Verzeichnis von Herstellern und Vertreibern

Dickverzinkt, Zink-Aluminium, Edelstahl, Kunststoffummantelt	Trefil Arbed, 51063 Köln, E. Weis, 67487 Maikammer, Landhandel, Raiffeisen
Vollkunststoffdrähte	E.Weis, 67487 Maikammer, Mowein, 54318 Lampaden, Bayer Faser GmbH, 51368 Leverkusen

Das Verzeichnis erhebt keinen Anspruch auf Vollständigkeit

3.4 Endbefestigungen / Verankerungen

Die Endbefestigungen müssen die durch die Rebzeile verursachten Kräfte aufnehmen und werden daher von allen Unterstützungsmaterialien am stärksten beansprucht. Das Gewicht der Rebstöcke ruht zum größten Teil auf den Drähten. Durch die Spannung des Drahtes wird ein enormer Druck auf den Endpfahl gelegt. Um diesen Zugkräften standzuhalten, werden die Endpfähle meist schräg gesetzt und zusätzlich verankert. Dabei sollte die Pfahlneigung 60 bis 70° betragen und der Ankerdraht sollte den Pfahl auf etwa 60 bis 70 Prozent seiner Höhe umklammern. Bei schräg gesetzten Metall-Endpfählen empfiehlt es sich, die Ankerdrähte zweimal um den Pfahl zu führen und zu verdrillen (siehe Abbildung 31.), so ist der Endpfahl besser gegen Verdrehen gesichert. Um ein Versinken zu verhindern, kann der Pfahl zusätzlich noch mit einem kleinen Betonklotz (2 Schaufeln) oder einem Metallstab, der durch den Pfahl gesteckt und mit zwei Steinen oder einer Metallplatte unterlegt wird, im Boden befestigt werden. Letztere Möglichkeit ist nur bei Pfahltypen möglich, die über eine entsprechende Bohrung am unteren Teil des Pfahles verfügen. Viele Hersteller von Metallpfählen bieten auch zusätzliche Metall-Bodenplatten an, die unten am Endpfahl befestigt werden (Abbildung 26). Die Gefahr des Versinkens von Endpfählen besteht in erster Linie auf skelettarmen und feinerdereichen Böden. Wird der Metallendpfahl senkrecht gesetzt, was etwas mehr Platz beim Wenden schafft, so muss er mit einer zusätzlichen Strebe befestigt werden. Sowohl Endpfahl als auch Strebe sollten mit angestampftem Beton gesichert werden.

Abbildung 31: Beispiele für eine solide Endverankerung

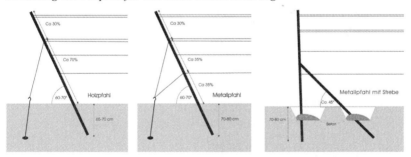

In der Regel wird als Ankerdraht ein genügend langer, 2,5 bis 3,1 mm dicker Draht verwandt. Dieser wird bis zur Hälfte durch die Öse am Anker gezogen und bei etwa 60 bis 70 % der Pfahlhöhe durch den Haken oder eine Bohrung am Endpfahl geführt. Anschließend wird der Ankerdraht mit einer Zange straff angezogen, nochmals um den Pfahl gelegt und verrödelt. Beim Anziehen und Spannen des Ankerdrahtes wird der Pfahl in die gewünschte Schrägstellung gedrückt. Ist der Ankerdraht zu locker, kann er durch Verdrillen weiter gespannt werden. Eine stabile und schnelle Befestigung von Endpfahl und Anker bieten auch die Gripple und Twik-Loc-Verbindungssysteme (vgl. Kap.3.5.3.1). Beim Gripple Anchor-Fast-System wird ein spezielles Drahtseil mit einer Doppelschlinge um den Enpfahl gelegt. In das freie Drahtseilende wird dann der Gripple Spanner geführt. Das Drahtseil wird anschließend durch die Ankeröse gezogen, und das Drahtende nochmals in den Gripple Spanner geschoben. Die Drahtseile gibt es in Längen von 2 bis 8 m, sodass auch ein zweimaliges Umschlingen, wie es bei Metallpfählen empfohlen wird, möglich ist. Mit Hilfe der Gripple-Spannzange wird der Ankerdraht gespannt. Da ein Nachspannen mit der Zange keine Probleme bereitet, ist auch das Ausrichten der Endpfähle leicht und schnell zu bewerkstelligen. Mit diesem System sind beim Befestigen der Ankerdrähte und beim Ausrichten der Pfähle gegenüber der konventionellen Methode bis zu 75 % Zeiteinsparung möglich. Nachteilig sind die höheren Kosten für Drahtseil und Spanner. Auch die große Reißfestigkeit des Seils (Betriebslast 400 kg) kann sich beim Hängenbleiben mit einem Arbeitsgerät ungünstig auswirken, da dies meist zu Lasten des Endpfahls geht. Beim Kwik-Loc 150 können herkömmliche Ankerdrähte bis 3,5 mm Stärke genutzt werden. Durch Anziehen mit einer handelsüblichen Zange können die Drähte gespannt werden. Ein Lösen ist mit Hilfe des Löshebels an den Schliesskeilen möglich.

Abbildung 32: Endverankerung mit Gripple

3.4.1 Ankerformen

Die Auswahl zweckmäßiger Anker hängt stark von den jeweiligen Bodenverhältnissen ab. Wichtig ist, dass die Anker tief genug in den Boden eingebracht werden, damit sie sich bei der auftretenden Zugbeanspruchung nicht lockern.

Der klassische **Steinanker**, bei dem ein schwerer, möglichst breiter Stein mit dem Ankerdraht umschlungen in den Boden eingegraben wird, wird heute kaum mehr benutzt. Dies gilt auch für den Betonanker, bei dem ein etwa 80 - 100 cm tiefes und 30 cm breites Loch mit Beton in einer Höhe von etwa 15 cm verfüllt wird. Für die Drahtbefestigung wird ein unten abgewinkeltes Rundeisen mit einer Öse am Eisenende einbetoniert. In der Pfalz sieht man als Anker gelegentlich noch Sandsteine (Länge ca. 60 bis 100 cm), in die oben ein Eisen zur Drahtbefestigung eingebracht ist.

Heute werden fast ausschließlich industriell gefertigte Anker benutzt. Sie werden in den Boden gedreht **(Schraubanker)** oder eingeschlagen **(Schlaganker)**. Im Vergleich zu den Stein- und Betonankern ist der Arbeitsaufwand für das Ankersetzen wesentlich geringer und auch das spätere Entfernen und Entsorgen bereitet keine Probleme.

Der bekannteste Schraubanker ist der **Stabanker**, der in verzinkter Form in Längen von 85 bis 100 cm mit einem Scheibendurchmesser von 10, 12 oder 15 cm im Weinbau eingesetzt wird. Manuell werden Stabanker mit einem durch die Öse gesteckten Stab eingeschraubt. Für das maschinelle Eindrehen gibt es Steckschlüssel (Adapter) für Ankerdrehgeräte (vergl. Kap. 2). Da sie wieder aus dem Boden herausgedreht werden können, sind sie auch leicht entfernbar.

Ankerscheiben werden ebenfalls mit einem speziellen Steckschlüssel in den Boden gedreht. Früher wurde dabei der Ankerdraht an der Scheibe vor dem Eindrehen befestigt, anschließend durch das Rohr des Steckschlüssels gezogen und nach dem Eindrehen aus dem Rohr entfernt. Danach wurde eine Schlaufe kurz über dem Boden angebracht, die mit dem oberirdischen Ankerdraht verbunden wurde. Da der Draht im Boden häufig nicht über eine Rebgeneration haltbar war, sind heute die Ankerscheiben mit einem Ösendraht versehen (verzinkter Metallstab mit 6 bis 8 mm) und werden als Ösenanker bezeichnet. Sie sind in den gleichen Längen und Scheibendurchmessern erhältlich wie die Stabanker.

Ein weiterer Schraubanker ist der **Spiral- oder Schneckenanker.** Er ist besonders für steinige Böden geeignet. Eingedreht wird der korkenzieherartig geformte Anker manuell oder maschinell wie der Stabanker. Dabei windet sich die Spirale zwischen den Steinen hindurch und zieht sich ein, was durch den zusätzlichen Widerstand der Steine zu einer stärkeren Haltekraft führt. Auch der Spiralanker lässt sich wieder herausdrehen.

Schlaganker bestehen aus verzinkten Armiereisen mit einer Stärke von 12 bis 18 mm. Zwei seitlich angeschweißte Flügelplatten, deren Enden abgewinkelt sein können, sorgen für den notwendigen Halt im Boden. Eine angeschweißte Öse am oberen Ende dient zur Drahtbefestigung. Nach dem Einschlagen mit einem Vorschlaghammer sollten die Anker etwas gedreht werden, um den Widerstand im Boden zu verbessern. Schlaganker sind in Längen von 75 und 150 cm erhältlich. Sie eignen sich als Verankerung in steinigen Böden.

Ankereisen sind einfach verzinkte Winkeleisen mit Seitenlängen 50x50 mm und einer Stärke von 5 mm. Eine Bohrung am Ende des Eisens dient als Drahtbefestigung. Da sich an ihrem unteren Ende keine Widerstandsfläche befindet, werden Ankereisen nicht wie die anderen Anker nahezu senkrecht eingebracht, sondern parallel zum schräg stehenden Endpfahl eingeschlagen. Die Widerstandskraft entsteht durch die relativ große Oberfläche des Winkeleisens in Verbindung mit der Einbringungsrichtung. Da sie scharfe Kanten besitzen, müssen sie bis kurz unter die Erdoberfläche eingeschlagen und mit einem Zwischenanker versehen werden oder 30 bis 40 cm überstehen. Ansonsten besteht die Gefahr, dass Schlepperreifen durch die Kanten beschädigt werden.

Der Klappanker besteht aus einer spitz zulaufenden Metallplatte mit seitlich abgewinkelten Flügeln. Über eine angeschweißte Öse wird mittels eines Ösendrahtes oder eines Stahlseiles die Verbindung zum Ankerdraht hergestellt. Die Ankerplatte wird vertikal mit der Spitze nach vorne in den Boden eingeschlagen. Dies geschieht mit Hilfe eines Rohres, das am unteren Ende geschlitzt ist und auf die Platte gesetzt wird. Beim Anziehen im Boden kippt die Platte von vertikal auf horizontal und erzeugt damit eine große Widerstandsfläche. Der Anker eignet sich für sehr steinige bis felsige Böden.

Eine besondere Form von Schlaganker ist der **Spreiz- oder Erdanker.** Er besteht aus einem angespitzten Hohlrohr mit drei Öffnungen an der Spitze. Im Rohrinnern befinden sich drei Stahldrähte. Zum Einbringen wird auf das Rohr eine Arretierplatte gesetzt, und mit Hilfe eines Hammers wird das Rohr bis zur Öse in den Boden getrieben. Anschließend wird ein Bolzen aufgesetzt und bis zum Griff eingeschlagen. Dadurch werden die drei Stahldrähte aus den Rohröffnungen spiralförmig in den Boden getrieben. Die spiralförmige Ausbreitung der Stahldrähte bewirkt einen guten

Halt im Boden, weshalb diese Ankerform speziell für sehr steinige Böden geeignet ist.

Zwischenanker sind verzinkte Ankerverlängerungen. Sie besitzen an jedem Ende eine Schlaufe, die zur Aufnahme des Ankerdrahtes bzw. zum Einhängen in die Ankeröse dient.

Tabelle 15: *Übersicht Anker (Stand 2006)*

Art, Stabstärke (mm), φ Scheiben- bzw. Schnecken (mm)	Aussehen	Preisspanne €/ Stück (ohne Mwst)		Hersteller / Vertreiber
		75 – 85 cm Lange	90 – 100 cm Länge	
Stabanker 12 / 100 12 / 120 14 / 150		1,95 - 2,15 2,00 - 2,40 2,90 – 3,40	2,50 – 2,80 2,90 – 3,40 3,20 - 3,70	G. Drück KG, 65326 Aarbergen Glienke Gerätebau, 74348 Lauffen
Ösenanker 7 / 100 7 / 120 7 / 150		1,70 – 1,90 1,95 – 2,05 2,50 – 2,70	1,80 – 2,00 2,05 – 2,15 2,60 – 2,80	Eugen Weis, 67487 Maikammer B. Klumpp (Ancrest), 72131 Ofterdingen
Schneckenanker (Spiralanker) 14 / 80 14 / 100		- -	3,45 4,55	G. Drück KG, 65326 Aarbergen B. Klumpp (Ancrest), 72131 Ofterdingen Eugen Weis, 67487 Maikammer
Schlaganker 13 bis 15 mm		3,50 – 3,85	4,30 – 5,30	G. Drück KG, 65326 Aarbergen Glienke Gerätebau, 74348 Lauffen B. Klumpp (Ancrest), 72131 Ofterdingen
Ankereisen 5 / 50 x 50		120 cm L.: 4,10	150 cm L.: 4,50	Eugen Weis 67487 Maikammer
Erdanker (Fenox-Spreizanker)		50 cm Länge.: 4,50 – 4,90	60 cm L.änge: 4,60 – 5,25	
Zwischenanker 6 / 25 8 / 32 6 / 36		25 bis 36 cm Länge 0,65 – 1,25		B. Klumpp (Ancrest), 72131 Ofterdingen Glienke Gerätebau, 74348 Lauffen G. Drück KG, 65326 Aarbergen
Steckschlüssel für Ösenanker: 28 € Aufsteckschlüssel für Stihl-Erdbohrer: 80 € Einschlaggarnitur (Setzplatte, Schlagstift) für Erdanker: 26 €				

Die Übersicht erhebt keinen Anspruch auf Vollständigkeit

Abbildung 33: Ankerformen von links nach rechts: Spreizanker, Schlaganker, Stabanker, Ankerscheibe mit Ösendraht, Schneckenanker, Ankereisen, Steckschlüssel für Ankerscheiben.

3.5 Zubehör zum Drahtrahmen

Zur Befestigung und zum Spannen der Drähte wird weiteres Zubehör benötigt. Der Handel bietet hierfür eine umfangreiche Artikelpalette an.

3.5.1 Drahtbefestigungen

Bei Holzpfählen werden für die Aufnahme der Drähte meist spezielle Nägel benutzt. Spazierstockartige **Hefthaken** (Heftnägel), aus denen sich die Drähte leicht ein- und aushängen lassen, werden für die beweglichen Heftdrähte verwendet. Auch die feststehenden Bieg- und Rankdrähte werden meist mit Hefthaken befestigt. In diesem Falle schlägt man sie bis zum Anschlag des kurzen Schenkels ein.

U-förmige **Schlaufen** (Krampen, Haften) dienen der Aufnahme der feststehenden Drähte. Da sie sich leicht lockern und herausfallen, sind sie heute nicht mehr so gebräuchlich.

Feststehende Drähte werden an den Endpfählen um den Pfahl gelegt und verrödelt. Die beweglichen Drähte werden an ihren Enden mit **Heftkettchen** versehen, die in stabile stiftförmige **Kettennägel** eingehängt werden. Mit Hilfe der Heftkettchen werden die Heftdrähte gespannt, was zu einer starken Zugbelastung der Kettennägel führt. Deshalb sollten diese an der Seite der Endpfähle schräg nach hinten zeigend eingeschlagen werden.

Zur Aufnahme von Vollkunststoffdrähten oder kunststoffummantelten Drähten gibt es, neben kunststoffbeschichteten Nägeln, **Drahthalter** aus Kunststoff. Sie werden an die Holzpfähle genagelt oder geschraubt. Für Metallpfähle bieten einige Hersteller **Kunststoff-Schutzkappen** an, die auf die Haken oder Ösen gesetzt werden.
Zur Befestigung der Heftkettchen an Metallpfählen gibt es **Drahthaltebügel**, die in die Hakenpaare des Endpfahls gelegt werden.

Tabelle 16: *Übersicht Drahtbefestigungen (Stand 2006)*

Art	Aussehen	Stärke / Länge	Zn-Al-Beschichtung		Material
		Zn-Al (Crapal)	Stück / kg	ca. € / kg o. MwSt.	
Hefthaken		3,4 x 55 mm	150	2,60	dick verzinkt,
• Flachgebogen, gerippt		3,4 x 65 mm	110	2,60	Zn-Al-beschichtet ,
für Nadelholz		3,4 x 40 mm	220	2,60	kunststoffgesintert,
• Ungerippt für Hartholz		4,6 x 40 mm	140	2,60	Edelstahl
Schlaufen (Krampen)		3,1 / 3,1 x 31	300	2,20	dick verzinkt,
		3,4 / 3,4 x 34	230	2,20	Zn-Al-beschichtet,
		3,8 / 3,8 x 38	160	2,20	kunststoffgesintert
Kettennägel		4,2 x 55	120	2,60	dick verzinkt, Zn-Al-beschichtet
Weinbergheftkette 7-gliedrig		3,1 x 215 mm	21	3,60 (0,17 €/Stück)	dick verzinkt, Zn-Al-beschichtet

Die Übersicht erhebt keinen Anspruch auf Vollständigkeit

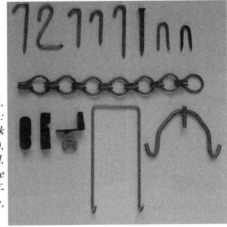

Abbildung 34:
Verschiedene Drahtbefestigungen, obere Reihe von links nach rechts: Hefthaken (Edelstahl, verzinkt, dick verzinkt, Zn-Al ungerippt und gerippt), Kettennagel (Zn-Al), Schlaufen (Zn-Al, kunststoffgesintert), Mitte: Heftkette (Zn-Al), untere Reihe: Kunststoff-Drahthalter und -Schutzkappe, Drahthaltebügel

77

3.5.2 Heftdrahthalter (Ausleger, Abstandhalter, Heftdrahtfedern)

Heftdrahthalter dienen dazu, die beweglichen Heftdrähte vor dem Heften auf einen Zwischenraum von 30 bis 60 cm auseinander zu spreitzen, damit die Triebe in den Zwischenraum wachsen. Haben die Triebe eine ausreichende Länge (ca. 40 bis 70 cm) erreicht, werden die Heftdrahthalter umgeklappt und die Drähte in die entsprechenden Haken am Stickel eingehängt. Heftdrahthalter werden mit **zwei hochklappbaren Bügeln** oder einem **festen drehbaren Bügel** auf dem Markt angeboten. Sollen die Heftdrähte vor dem Rebschnitt auf den Boden abgelegt werden, so werden Halter mit festen Bügeln bevorzugt eingesetzt. Beim Biegen oder Ausbrechen kann man die Drähte wieder in die Heftdrahthalter einhängen. Bei hochklappbaren Bügeln können bzw. müssen (z.B. bei Heftdrahtfedern) die Drähte in den Bügelaufhängungen verbleiben. Dies ist beim Rebschnitt (Entfernen des Rebholzes bei stark rankenden Sorten) ein Hindernis und führt zu einer Arbeitserschwernis. Auch beim Biegen können die Drähte hinderlich sein. Sind die Drähte gut gespannt, so genügt es, wenn die Heftdrahthalter an jedem zweiten oder dritten Pfahl angebracht werden. Die Anbringung am Pfahl erfolgt ca. 10 cm über dem oberen Biegdraht. Werden zwei Heftdrahthalter eingesetzt, so wird der zweite ca. 20 bis 30 cm unter dem Pfahlende angebracht. Folgende Vorteile sind beim Einsatz von Heftdrahthaltern zu nennen:

- Die Drähte bieten den Trieben Halt, deshalb geringe Windbruchgefahr.
- Der Zeitpunkt des Heftens ist weniger termingebunden, da die Triebe in den gespreitzten Heftdrähten gehalten werden.
- Arbeitserleichterung und bei spätem Heften auch Zeitersparnis.

Die nachfolgende Tabelle gibt Auskunft über die verschiedenen Ausführungen, Materialien und Preise. Die meisten Hersteller bieten Heftdrahthalter für alle gängigen Pfahltypen an, d.h. die Halterung bzw. Anbringung ist auf die einzelnen Pfähle abgestimmt. Weitere Ausführungen finden sich in Kap.7.2.1.

Abbildung 35: Verschiedene Heftdrahthalter, von oben nach unten:Heftdrahtfeder (hochklappbar), Heftdrahthalter (drehbar), Heftdrahthalter (hochklappbar), Heftfix (hochklappbar), Ausleger (drehbar), Drahtabstandhalter (drehbar)

Tabelle 17: Übersicht Heftdrahthalter (Stand 2006)

Systeme	Bezeichnung	Material	Breite (cm)	Ausführung	ca. €/Stück o. MwSt. incl. Halterung	Hersteller / Vertreiber
hochklappbar	Abstandhalter Ausleger	Aluminium	35	drehbar od. klappbar	0,70 – 1,30	E. Weis, 67487 Maikammer
	Heftdrahtfedern	Edelstahl-Federdraht	35 - 65	klappbar	0,60 – 0,75	B. Klumpp (Ancrest), 72131 Ofterdingen U. Lorenz, 63853 Mömlingen
	Auslegearme (für Reisacher Pfähle)	Edelstahl-Federdraht	45	klappbar	0,45 – 0,48	Dr. Reisacher GmbH, 76836 Herxheim
drehbar	Heftfix Ausleger	Kunststoff Kunststoff	30, 40 31, 36, 41, 46	drehbar od. klappbar	0,26 – 0,26 0,25 – 0,31	Rema Kunststoffteile, 74376 Gemmrigheim
	Drahtausleger Heftdrahthalter	Edelstahl od. verzinktes Stahlband	35 37	drehbar od. klappbar	1,10 – 1,50 1,20 - 1,25	Südpfalzwerkstatt, 76863 Herxheim 76873 Offenbach

Die Übersicht erhebt keinen Anspruch auf Vollständigkeit

3.5.3 Drahtspanner

In den ersten Jahren nach der Erstellung kommt es vor, dass die Anlage noch etwas nachgibt und sich die Drähte etwas lockern. Später führen Temperaturschwankungen und das Gewicht der Laubwand zu Dehnungen und damit Lockerungen der Drähte. Will man die festen Drähte nicht von Zeit zu Zeit am Endpfahl aufmachen und wieder anziehen, ist die Verwendung von Drahtspannern zu empfehlen. Von ihrer Wirkungsweise kann man sie in drei Gruppen einteilen:

- Spanner, die zwischen den Draht eingebaut werden (z.B. Spannschloss, Gripple).

- Spanner, die erst nach Befestigung des Drahtes aufgesetzt werden, ohne dass dabei der Draht getrennt wergen muss (z.B. Spannfix, Spannfein, GS-Drahtspanner, Fenox Drahtspanner).

- Drahtzangen (derzeit nicht im Handel erhältlich), mit denen der Draht durch Verdrillen zusammengezogen wird.

3.5.3.1 Drahtspannarten

Das **Spannschloss** stellt den altbewährten klassischen Drahtspanner dar. Es besteht aus dem Bügel und einer Rasterwalze und wird in verzinkter Form in verschiedenen Größen angeboten. Zum Spannen muss der Draht durchgeschnitten werden. Das Aufwickeln auf die Rasterwalze erfolgt mit Hilfe eines Schlüssels. Die Mindestdrahtaufnahme beträgt nur 10 bis 14 mm. Für das Entdrahten gebrauchter Spannschlösser wurde das Drahtfix-Gerät entwickelt.

Der **GS-Drahtspanner** ist ähnlich aufgebaut wie das Spannschloss, wird aber mit dem Gehäuse auf den Draht aufgesetzt. In die geschlitzte Mitnehmerwalze wird der Draht eingeführt und durch Drehen der Walze mit einem 13er Ring- oder Gabelschlüssel gespannt. Ein Zahnkranz an der Walze, der an einem Stift einrastet, verhindert das Wiederaufrollen. Der Spanner ist mehrmals verwendbar und nahezu stufenlos regulierbar und deshalb auch gut für kurze Zeilen geeignet.

Die **Gripple**, der **Tubex Kwik –Loc** und der **Rapido-Drahtverbinder** eignen sich zum Verbinden und Spannen von Drähten, zur Drahtreparatur und zur Schlaufenverankerung (vgl. Kap. 3.4). Um zwei Drähte zu verbinden, werden diese in die größere der beiden Öffnungen des Drahtverbinders geschoben. Im Vorschub bewegen sich die Drähte frei, bei Auftreten der geringsten Spannung in Gegenrichtung packt der Klemmverschluss fest zu. Mit einer speziellen Spannzange (bei Gripple und Rapido) kann der Draht dann immer weiter durch den Verbinder gezogen werden. Die Drahtverbinder sind, je nach Typ, für die gegenläufige Aufnahme zweier Drähte von ca. 1,6 bis 3,4 mm geeignet. Nach Entfernen der Drähte sind sie wiederverwendbar. Beim Kwik-Loc besitzen die Schliesskeile einen Löshebel zum Einstellen der Drahtspannung bzw. zum Lösen der Drahtverbindung.

Der **Fenox-Schnelldrahtspanner,** der **Spannfix** (Doppelachse) und der **Spannfein** (einfache Achse) sind in ihrer Wirkungsweise vergleichbar. Sie werden auf den befestigten Draht gesetzt und mit Hilfe eines Schlüssels (bei Spannfix und Spannfein) oder eines Metallstabes (bei Fenox) mit dem eingeklemmten Draht um die Spannerachse gedreht. Mit einem Raster am Hebelarm kann nach jeder halben Umdrehung der Spanner am Draht eingerastet werden. Die Mindestdrahtaufnahme beträgt beim Fenox-Schnelldrahtspanner 19 bis 25 mm, beim Spannfein 26 bis 29 mm und beim Spannfix 45 - 47 mm.

Ähnlich arbeitet auch der **Sterndrahtspanner**, der mit Hilfe eines Spannschlüssels gedreht wird, wobei der Draht beim Spannen in die Öffnungen am runden Gehäuse einrastet.

Abbildung 36: Verschiedene Drahtspanner, oben von links nach rechts: Spannfix, Spannfein, Fenox Drahtspanner, Spannschloß; unten von links nach rechts: Sterndrahtspanner, GS-Drahtspanner, Gripple, Rapido

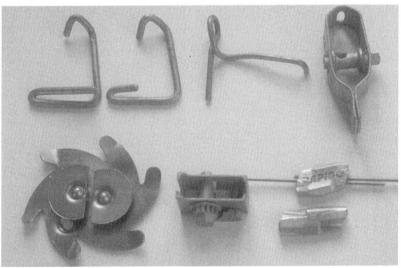

Tabelle 18: Übersicht Drahtspanner (Stand 2006)

Bezeichnung	Aussehen	Korrosions-schutz	Teilung des Drahtes	ca. Preise €/ Stück (ohne Mwst)	Hersteller / Vertreiber	Bemerkungen
Spannschloss Gr. 2 / Gr. 3		verzinkt	ja	0,33 – 0,45 / 0,45 – 0,55	Landhandel	Schlüssel erforderlich Schlüssel: 0,7 €
GS-Drahtspanner		Zinkspritzguss	nein	1,28 – 1,35	Eugen Weis, 67487 Maikammer	Schlüssel erforderlich
Fenox-Drahtspanner Gr. 1 / Gr. 2		verzinkt	nein	0,20 – 0,29 / 0,39 – 0,49	Mowein, 54331 Pellingen	Röhrchen und Stab erforderlich
Spannfix		verzinkt	nein	0,23 – 0,40	Eugen Weis, 67487 Maikammer Glienke Gerätebau, 74348 Lauffen B.Klumpp, 72131Ofterdingen	Schlüssel erforderlich Schlüssel: 5,30 €
Spannfein		verzinkt	nein	0,23 – 0,40		
Rapido		verzinkt	ja	0,70 – 0,75	Eugen Weis, 67487 Maikammer	Rapido-Spannzange 60 €
Gripple • Drahtverbindung (Medium) • Gripple Endpfahlverbindung (Nr. 3)		verzinkt	Ja / nein	0,70 – 0,75 / 1,30 – 1,35	Gripple LTD, Sheffield SA 7 UQ Landhandel	Gripple-Spannzange 60 – 110 €
Gripple Plus für Befestigung fester Drähte an Endpfählen		verzinkt	nein	0,70 – 0,75		
Tubex Kwik – Loc System Drahtverbindung – Loc 100 Endpfahlverbindung – Loc 150		verzinkt	nein	0,80	Beck & Böder, 71332 Waiblingen	

Die Übersicht erhebt keinen Anspruch auf Vollständigkeit

Literatur

FRISCH, H.: Entsorgung von gebräuchlichen Unterstützungsmaterialien, Rebe und Wein, 1/1994, 22 – 23.

MÄRKER, H.: Ergebnisse eines Dauerversuches mit imprägnierten Holzpfählen, Der Deutsche Weinbau 25 - 26/1991, 968 – 974.

MAUL, D.: Geringe Kosten - lange Lebensdauer, Das Deutsche Weinmagazin 12 / 1995, 22 – 25.

MAUL, D.: Materialien für die Unterstützungsvorrichtung im Weinbau, KTBL-Arbeitsblatt Nr. 46.

MÜLLER, D. H.: Alte Pfähle richtig entsorgen, Das Deutsche Weinmagazin 5/1995, 20 – 25.

PFAFF, F.: Zweckmäßiges und wartungsfreies Unterstützungsmaterial senkt den Arbeitsaufwand und die Kosten, Der Deutsche Weinbau 6/1991, 218 – 222.

RUPP, D., TRÄNKLE, L.: Zinkeintrag durch Stahlpfähle, Rebe & Wein, 6/2002, 28 – 31.

WALG, O.: Verzinkte Weinbergspfähle-Einsatzmöglichkeiten und Grenzen, Weinwirtschaft Anbau 8-9/1988, 26 – 27.

WALG, O.: Materialien für die Unterstützungsvorrichtung im Weinbau, KTBL-Arbeitsblatt Nr. 80, 2000.

WALG, O.: Metallpfähle – eine aktuelle Marktübersicht, Das Deutsche Weinmagazin 6/2005, 12 – 17.

WALG, O.: Was man über Metallpfähle wissen sollte, Der Badische Winzer 1/2006, 29 – 32.

WEBER, U., KIEFER, W.: Stoffeintrag, Nutzungsdauer und Entsorgung von gebräuchlichen Unterstützungsmaterialien, KTBL-Schrift 353, 1992.

WEBER, M.: Pfähle und Drähte für die Unterstützungsvorrichtung, Der Deutsche Weinbau 6/1989, 217 – 220.

4 Mechanisierung der Rebschneidearbeiten

Der Rebschnitt und auch das damit verbundene Biegen und Binden zählen zu den wichtigsten und arbeitsintensivsten Kulturmaßnahmen im Weinberg. Er ist ein Regulator zwischen Menge und Güte und hat einen direkten Einfluss auf die Qualität und die Ertragshöhe.

Im Weinbau werden bei der Spaliererziehung 60 bis 110 Akh/ha für den manuellen Rebschnitt benötigt. Dies sind rund 10 bis 15 % (Seilzug) bzw. 25 bis 30 % (Direktzug) des Gesamtarbeitsaufwandes. Pro Stock sind 20 bis 25 Schnitte erforderlich, was eine Schnittzahl von 80 000 bis 120 000 Schnitte/ha ergibt. Dabei werden etwa 90 % des alten Holzes entfernt. Eine Arbeitskraft erreicht max. 30 bis 40 Schnitte/Minute.

Bisher gehört der Rebschnitt noch zu den nicht voll mechanisierbaren Arbeiten und erfordert zudem Arbeitskräfte mit Fachkenntnissen. Zur Mechanisierung und Erleichterung des Rebschnittes stehen den Weinbaubetrieben **pneumatische** und **elektrische Rebschneideanlagen** sowie schlepperangebaute **Rebenvorschneider** und **Entranker** zur Verfügung.

4.1 Handscheren

Nach wie vor wird in vielen Betrieben noch die Handschere zum Rebschnitt eingesetzt. Sie hat einen günstigen Anschaffungspreis, ist leicht und handlich und ermöglicht einen sauberen Putzschnitt. Nachteilig ist jedoch der Kraftbedarf, der zum Schneiden aufgebracht werden muss und die Handgelenke belastet. Die verschiedenen Handscheren, die auf dem Markt angeboten werden, lassen sich in zwei Typen unterteilen:

- Einschneidige Rebscheren mit flacher Gegenauflage (Ambossscheren). Der Amboss stützt dabei eine breitere Holzfläche, während die schmale Klinge mit einer geringen "ziehenden Schneidbewegung" das Holz durchtrennt. Der Schnitt ist vorwiegend drückend mit einer Quetschwirkung.

- Einschneidige Rebscheren mit scharfer Gegenklinge. Der Schnitt ist vorwiegend ziehend. Die obere Klinge gleitet mit einer ziehenden Schneid bewegung an der Gegenklinge vorbei.

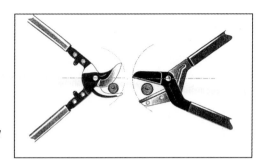

Abbildung 37: Ziehender und
drückender Schnitt

Zur Entlastung von Muskeln und Gelenken sowie zum Schutz vor Blasen gibt es Ausführungen mit Rollgriff und Griffweitenverstellung. Der Rollgriff verteilt die Kraftanstrengung gleichmäßig auf alle fünf Finger; dadurch wird die Muskelbelastung geringer. Stoßdämpfer und Puffer sind weitere nützliche Details zur Schonung von Hand und Handgelenk. Die Griffe der meisten Hersteller sind ergonomisch der Hand gut angepasst. Sie sind auch als Linkshänderscheren und je nach Handfläche in verschiedenen Größen erhältlich.

Richtige Pflege ist für die Haltbarkeit und Leistungsfähigkeit einer Rebschere wichtig. Regelmäßige Reinigung der Klinge, Ölen von Feder und Rollgriffachse, Schärfen der Klinge und Einstellen des Spiels von Klinge und Gegenklinge, falls der Schnitt nicht mehr frei verläuft, sind notwendige Pflegemaßnahmen.

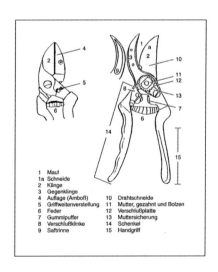

1	Maul		
1a	Schneide		
2	Klinge		
3	Gegenklinge		
4	Auflage (Amboß)	10	Drahtschneide
5	Griffweitenverstellung	11	Mutter, gezahnt und Bolzen
6	Feder	12	Verschlußplatte
7	Gummipuffer	13	Muttersicherung
8	Verschlußklinke	14	Schenkel
9	Saftrinne	15	Handgriff

Abbildung 38:
Bauteile von Hand-Rebscheren

85

Tabelle 19: *Arbeistzeitbedarf beim rebschnitt mit der Handschere*
(Akh/ha bei 1,80 m Zeilenbreite und 1,20 m Stockabstand)

Ertragsanlage	Akh/ha
Kombiniertes Verfahren (Schneiden und Ausheben in einem Arbeitsgang)	
schwach rankende Rebsorten	65 - 75
stark rankende Rebsorten	80 - 95
Absätziges Verfahren (Anschnitt und Ausheben in getrennten Arbeitsgängen)	32 - 38
Anschnitt: schwach rankende Rebsorten	35 - 40
stark rankende Rebsorten	33 - 40
Ausheben: schwach rankende Rebsorten	45 - 55
stark rankende Rebsorten	25 - 35
Jungfeld	45 - 55
1. Jahr	
2. Jahr	

Tabelle 20 a: *Übersicht Handscheren*

Hand – Rebscheren				
Typen				
	Zweischneidig fester Griff	Zweischneidig Rollgriff		Amboss fester Griff
Firma	Modelle	Handgriff	Schneidkopf	ca. € o. MwSt.
Bahco	Ergo PX – S, - M, - L	fester Griff	zweischneidig	35
	Ergo PXR – S, - M, - L	Rollgriff	zweischneidig	50
	P1-20, P1-22	fester Griff	zweischneidig	28 bis 30
	P2-20, P2-22	Rollgriff	zweischneidig	41 bis 45
	P138	fester Griff	Amboss	30
Felco	Felco 2, 6, 8, 9, 11	fester Griff	zweischneidig	35 bis 40
	Felco 7, 10, 12	Rollgriff	zweischneidig	45 bis 50
	Felco 30	fester Griff	Amboss	30
Löwe	Nr. 1, 2, 6	fester Griff	Amboss	18 bis
	Nr. 8, 9, 10	fester Griff	zweischneidig	29

4.2 Handsägen, Astscheren (Zweihandscheren)

Zur Beseitigung von altem, dickem Holz werden Handsägen oder Astscheren (Zweihandscheren) eingesetzt. Da die Rebe eine schlechte Wundheilung besitzt und große Schnittwunden leicht von Esca infiziert werden können, sollten die Geräte nur benutzt werden, wenn dies unbedingt erforderlich ist, z.b. beim Neuaufbau eines Stockes. Handsägen und Astscheren werden in verschiedenen Ausführungen angeboten. Sie sollten scharf, leicht, handlich und gut tragbar sein. Für gelegentliche Sägearbeiten an Rebstöcken sind **klappbare Universalsägen** sehr praktisch. Längere **Starrsägen** mit Blattlängen bis 33 cm werden auch mit einem zusätzlichen Halter angeboten, damit sie stets in Reichweite sind. Wichtig ist eine glatte Schnittfläche zur schnellen Wundheilung. Neue, aus Hochleistungswerkstoffen bestehende Sägeblätter haben folgende Eigenschaften:

- Zäher, flexibler Stahl von gleichbleibender Qualität.
- Die Klinge verjüngt sich zum Rücken hin, daher ist kein Festklemmen im Holz mehr möglich.
- Die Zahnung ist lasergeschnitten und gehärtet.
- Ein extrem feiner Schliff sorgt für „Schneiden" statt „Reißen".
- Die Sägen arbeiten auf Zug (früher meist auf Schub), daher kann das Blatt dünner sein.

Kurzstielige Astscheren werden auch zum Vorschnitt für das alte, meist zweijährige, Holz eingesetzt. In einem zweiten Arbeitsschritt erfolgt dann der Feinschnitt, d.h. die Fruchtrute wird ausgewählt, mit der herkömmlichen Einhandschere ausgeputzt und abgelängt. Zum Vorschnitt müssen die kurzstieligen Astscheren über eine runde, lange Nase an der Gegenklinge verfügen, da man dadurch gezielt die geöffnete Schere zwischen Altholz und Draht hineindrücken kann.

> **Merke:** *Wer häufig Säge oder Astschere zur Stockverjüngung einsetzt, macht Fehler beim Rebschnitt. Große Schnittwunden sind Eintrittsöffnungen für pilzliche Erkrankungen wie Esca und Eutypa*

Tabelle 20 b : *Übersicht Astscheren*

Kurzstielige Astscheren (Zweihandscheren)

Typen		Zweischneidig		Amboss		
Firma	Modelle	Länge	Gewicht	Schneidkopf	ca. € o. MwSt.
Löwe	Nr. 4	38 cm	550 g	Amboss	45
Felco	Felco 20	43 cm	790 g	zweischneidig	bis
Bahco	P16 – 40, P-SL-40	40 cm	860 g, 581 g	zweischneidig	65
	P-SL 2-40	40 cm	781 g	Amboss	
ARS	LP – 20 S	44 cm	720 g	zweischneidig	

Tabelle 20 c: *Übersicht Sägen*

Handsägen

Typen		Starrsäge	Starrsäge mit Halter	Klappsäge
Firma	Modelle		Blattlänge	ca. € o.MwSt.
Felco	Felco 610 - Starrsäge		330 mm	40
	Felco 620 – Starrsäge mit Halfter		240 mm	39
	Felco 600 - Klappsäge		160 mm	21
Samurai	S-LH 180, 210, 240, 270, 300 – Starrs. mit Halfter		180 bis 300 mm	25 bis 38
	GC-LH 180, 210, 240, 270, 300 – Starrs. mit Halfter		180 bis 300 mm	32 bis 46
	JD 180 LH, FA 210 LH, FA 240 LH - Klappsägen		180, 210, 240 mm	18/ 23/ 25
Bahco	JS – 5124, 5128 – Starrs., JS-H mit Halfter		240 mm, 280 mm	25 bis 30
	JS/JT – 4124, 4128, 4211-11, 4212-11 Starrs.		240 mm, 280 mm	15 bis 18
	396 – JT, 396 – HP, 296 - JS - Klappsägen		198 mm	19 bis 21
ARS	UV –32, PS – 32 LL - Starrsägen		320 mm	25 / 37
	TT – 32 XW, PS – 30 KL - Starrsägen		325 mm, 300 mm	31
	CAM – 18 L, 24 L - Starrs. mit Halfter		180 mm, 240 mm	22 / 32
	Duke 25 - Starrs. mit Halfter		250 mm	30
	G – 17, G - 18 L - Klappsägen		170 mm, 180 mm	24 / 21
	210 DX - Klappsägen		150 mm	17

Die Übersicht erhebt keinen Anspruch auf Vollständigkeit

4.3 Pneumatische Rebschneideanlagen

Aus arbeitswirtschaftlichen Gründen wird in vielen Weinbaubetrieben der Rebstock von einer Facharbeitskraft nur noch angeschnitten. Damit wird die Flächenleistung der Fachkraft erhöht, und das Herausziehen des Rebholzes auf Hilfskräfte übertragen. Durch diese Arbeitsmethode erhöht sich für die Fachkraft der Anteil zum Schneiden des Hartholzes von 10 bis 15 % auf bis zu 30 %, was wiederum eine erheblich höhere Belastung des Handgelenkes zur Folge hat. Aus diesem Grund werden im Weinbau verstärkt pneumatische Rebschneideanlagen eingesetzt. Bei den pneumatischen Rebschneideanlagen wird bezüglich des Antriebs zwischen zwei Systemen unterschieden:

*   Vom Schleppermotor angetriebene Geräte.
*   Geräte mit eigenem Antriebsmotor.

Die vom **Schleppermotor angetriebenen Geräte** sind alle mit sehr leistungsstarken Ein-oder Zweizylinder-Kompressoren ausgestattet, die eine Ansaugleistung von 250 bis 670 Liter je Minute besitzen. Sie arbeiten mit einem Betriebsdruck von 14 bis 18 bar, wobei gleichzeitig bis zu zwölf Scheren angetrieben werden können. Da sich die Nutzung des Schleppers als Antriebsquelle aufgrund des geringen Kraftbedarfs (3 bis 4 kW) als unwirtschaftlich erwiesen hat, sind heute fast ausschließlich Geräte mit **eigenen Antriebsmotoren** im Handel. An diese Geräte, die mit 3 bis 4 KW auskommen, können bis zu sechs Scheren angeschlossen werden, was für die meisten Betriebe vollkommen ausreichend ist. Der Vier-Takt-Benzinmotor hat sich wegen seiner Laufruhe und Störunanfälligkeit gegenüber dem Zweitakter sowie wegen seines geringen Gewichtes und günstigeren Preises gegenüber dem Dieselmotor auf dem Markt durchgesetzt.

Abbildung 39:
Pneumatische
Rebschneideanlage
mit eigenem Motor

Bauteile

Alle Geräte sind mit ein Ein- oder Zweizylinder-**Kompressoren** ausgestattet, die einen Druckspeicher von 6 bis 16 l Inhalt besitzen. Sie verfügen über eine Ansaugleistung von 120 bis 500 l Luft/Min. und arbeiten mit einem maximalen Betriebsdruck von 12 bis 16 bar, wobei die Luft bei Erreichen des Maximaldruckes entweder über ein Überdruckventil abgeblasen wird oder der Kompressor sich über eine Abschaltautomatik ausschaltet. Kompressoren mit Abschaltautomatik bringen da Vorteile, wo ein großer Druckspeicher vorhanden ist und nur ein bis zwei Personen mit dem Gerät schneiden. Der Kraftstoffverbrauch liegt bei Geräten mit eigenem Antriebsmotor je nach Motorstärke und Anzahl der angeschlossenen Scheren zwischen 0,3 und 1,0 l/Std.

Vom Handel werden **handbetriebene** sowie **automatische Schlauchhaspel-Systeme** angeboten.

•   Die von Hand betriebenen Schlauchhaspeln lassen ein Arbeiten mit Schlauch längen bis zu 300 m zu. Sie sind leichter, preisgünstiger und reparaturunanfälliger als die automatischen Systeme. Nicht sehr vorteilhaft wirken sich jedoch die stärkere körperliche Anstrengung beim Zurückspulen sowie der höhere Arbeitsaufwand für das Zurücklaufen und Aufspulen aus. Ferner kann auch nicht ohne Behinderung in der Rebgasse zurückgeschnitten werden, wenn sich noch Rebholz in der Zeile befindet.

•   Automatische Schlauchhaspeln für den Weinbau gibt es mit zwei Rückhol mechanismen:
    - mit Federzug oder
    - mit einem Magnetfeld am Motor.

Die automatische Rückholtrommel bewirkt, dass der Schlauch ständig unter einer Zugspannung von ca. 1200 g steht. Er ist immer leicht gespannt, ohne dass dies für die Arbeitskraft störend ist. Die Gefahr, dass er sich beim Zurückgehen in dem abgelegten Schnittholz verhakt, ist dadurch wesentlich geringer. Die Haspeln können bis zu 200 m Schlauch aufnehmen.

Die erforderliche Schmierung der pneumatischen Scheren erfolgt über einen am Kompressor angebauten Öler. Das Öl wird mit der Druckluft zur Schere transportiert. Bei Schlauchlängen über 200 m Länge kann der Ölfilm abreißen, weshalb die Hersteller zusätzlich kleine separate Öler, die vor die Scheren gesetzt werden, anbieten.

Pneumatische Rebscheren werden vom Handel als Ein, Zwei- oder Dreikolbenscheren angeboten. Die Klinge wird entweder über Federrückzug (einfach wirkender

Zylinder mit Abluftnippel) oder pneumatischen Rückzug (doppelt wirkender Zylinder) zurückgeholt.

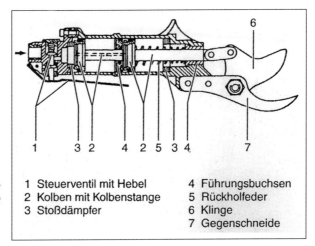

Abbildung 40:
Pneumatische Rebschere mit Zweikolbenantrieb und Rückzugfeder

1 Steuerventil mit Hebel	4 Führungsbuchsen
2 Kolben mit Kolbenstange	5 Rückholfeder
3 Stoßdämpfer	6 Klinge
	7 Gegenschneide

Schutzmaßnahmen

- Beim Rebschnitt mit pneumatischen Schneideanlagen müssen einige Schutz maßnahmen beachtet werden, um Unfälle zu vermeiden.
- Nur Scheren benutzen, deren Betätigungshebel mit Schutzbügel oder federbelastetem Schiebering ausgestattet ist. Die das Schneidgut haltende Hand darf den Klingen nicht zu nahe gebracht werden. Dies gilt besonders beim Ausheben des Rebholzes oder beim Lösen verklemmter Rebteile.
- Bei jedem Eingriff an der Schere muss diese vom Druckbehälter getrennt werden, Restluft beachten.
- Kettenhandschuhe sollten getragen werden. Empfehlenswert ist die Kombination Lederhandschuh, darüber den Kettenhandschuh und darüber einen dicken Fausthandschuh. Damit können größere Schnittverletzungen vermieden werden.
- Federn von automatischen Schlauchtrommeln sollten nicht selbst gespannt werden, da beim Öffnen des Kastens die gespannte Feder herausfliegen und zu schweren Verletzungen führen kann.

Tabelle 21: *Technische Daten pneumatischer Rebscheren (Stand 2006)*

Firma	Fischer		Niko		Felco	Campagnola (Maibo)	
Typ	RF 105	RF 110	NP 15/20	NP 25/30 NF 25/30	Felco 70, Felco 73	Star 30 V / F	Star 35 / Super Star 2
Gewicht	560 g	980 g	590 g	650 g	710 g	570 g	650 g / 590 g
Material-Gehäuse	Kunststoff	Metall/glatt	Aluminium		Aluminium	Kunststoff	
Sicherheitsvorrichtungen	Sperrhebel	Lufteinlassventil mit Schiebestift	Schieber		PVC-Ring mit Feder	Umlegstift + Bügel	
Schnittstärke max mm	28	38	20	30	30	30 / 32	35 / 31
Arbeitsluftdruck von bar	8	8	8	8	7	8	8
bis bar	10	11	16	16	15	10	10
Luftverbrauch l / min	60 - 70	70 - 80	50	60	24 – 50	80	80
Kolbensystem Wirkung	Doppelkolben einfach		3 Kolbensystem doppelt, Typ NF einfach		Doppelkolben einfach	Doppelkolben einfach	1 Kolben einfach
Rückzug	Feder		Pneumatisch, Typ NF Feder		Feder	Feder	
Rückschlag	nein		nein		nein	nein	ja
Preis € o. MwSt.	145	165	265	290 / 235	290	120	115 / 120

Die Übersicht erhebt keinen Anspruch auf Vollständigkeit

Tabelle 22: *Technische Merkmale und Preise von Kompressoren und Schlauchtrommeln (Stand 2006)*

Hersteller/ Vertreiber	Typ	Antriebsmotor 4 – Takt Benzin		Ansaug- leistung	Betriebs- druck	Anzahl	Gewicht	ca. Preise
		Hersteller	KW	Ltr./min	bis bar	Scheren	kg	€ ohne MwSt.
H. Fischer, 74376 Gemmrigheim	GC 207	Briggs & Stratton	4	330	15	3	58	1 900
	GC 210		4	530	15	4 – 5	108	2 500
	GC 220		6,5	1000	15	8 - 11	120	3 300
H. Müller, 65343 Eltville	KMB 12 GX	Honda	2,9	120	15	3	42	1 600
	KMB 15 GX		4	200	15	4	62	1 930
	KMB 25 GX		4	270	15	8	91	2 940
	KMB 50 GX		6,6	500	12	10	106	3 515
Niko (Nippert), 77815 Bühl	Typ 180	Honda	4	180	16	3	52	2 110 bis 2 780* 2
	Typ 250		4	250	16	4	61	360 bis 3 070* 3 450
	Typ 510		4 od. 6,5	510	16	6	85	bis 3 870*
G. Kopf, 76829 Landau-Mörzheim	MK 150	Honda	4	250	15	3	56	P.a.A.
	MK 250		4	350	15	3	56	

Manuelle Schlauchtrommel	300 bis 490
Automatische Schlauchtrommel	700 bis 850

* geringerer Preis für Handtrommel, höherer Preis für Automatiktrommel

Die Übersicht erhebt keinen Anspruch auf Vollständigkeit

Pflege und Wartung

Eine sachgemäße Pflege und Wartung sind Vorraussetzung für eine lange Lebensdauer und einen störungsfreien Lauf. Folgende Maßnahmen sollten deshalb durchgeführt werden:

- Rohrverschraubungen regelmäßig kontrollieren und nachziehen, sonst können Druckverluste entstehen.
- Ist Kondenswasser ins Öl eingetreten (milchige Färbung im Ölauge), muss sofort ein Ölwechsel vorgenommen werden.
- Die Ölstände sind regelmäßig zu kontrollieren. Der Ölwechsel an Motor und Kompressor sollte in den vom Hersteller vorgegebenen Intervallen durchgeführt werden.
- Bei Frost: Zusatz von Frostschutzmittel in Öler zur Verhinderung der Eisbildung im Schlauch.
- Wasserabscheider täglich entleeren.

Arbeitswirtschaft

Aufgrund ihrer Bauform und ihrer Handhabung sind pneumatische Rebscheren nicht gut geeignet, den Rebstock, wie z.b. mit der Handschere, in einem Arbeitsgang fertig zu schneiden. Dadurch ergibt sich die verfahrenstechnische Trennung der Arbeitsgänge „Anschneiden" und „Ausheben". Dabei entfällt bei stark rankenden Rebsorten (z.b. Scheurebe, Riesling) etwa ein Drittel der Arbeitszeit auf das Anschneiden und etwa zwei Drittel auf das Ausheben. Bei schwach rankenden Sorten (z.B. Dornfelder, Portugieser) oder in schwachwüchsigen Anlagen hält sich der Arbeitsaufwand für die beiden Arbeitsgänge „Anschneiden" und „Ausheben" in etwa die Waage (vergl. Tabelle 19). Geht man davon aus, dass für das Anschneiden mit der Handschere etwa 30 bis 40 Akh/ha benötigt werden und dass mit der pneumatischen Rebschere dieser Vorgang um maximal 30 Prozent beschleunigt werden kann, so errechnet sich dadurch eine maximale Arbeitszeitersparnis von etwa 9 bis 12 h/ha.

Von allen Rebscheren haben pneumatische Scheren die höchste Schnittfrequenz. Zudem schneiden sie auch mühelos mehrjähriges Holz mit Durchmessern von 3 bis 3,5 cm. Da der Schnittvorgang ohne Kraftaufwand, nur durch einen leichten Druck auf den Hebel ausgelöst wird, ist bei pneumatischen Scheren keine Beanspruchung der Handgelenke und damit auch kaum ein Leistungsabfall feststellbar.

4.4 Elektroscheren

Eine Arbeitserleichterung beim Rebschnitt bringen auch Elektroscheren. Im Handel werden verschiedene Fabrikate angeboten, die in ihrem Grundaufbau aber übereinstimmen.

Aufbau

Es sind zweiteilige Einheiten, bestehend aus der Schere und dem Energieteil (Akku), welches in Form einer Tasche oder eines kleinen Koffers auf dem Rücken bzw. um die Hüfte getragen wird. Ein Ladegerät dient zum Aufladen des Akkus. Der Antrieb der Scheren erfolgt über einen Elektromotor, der im Scherengriff integriert ist. Mit Hilfe einer Kabelverbindung wird die Stromversorgung über den Akku sichergestellt. Es sind nachladbare Nickel-Cadmium-, Nickel-Metallhydrid- oder Lithium-Ion-Akkus. Bei der Ladezeit ist zwischen schnellen Akku-Ladegeräten (Ladezeit ca. 1 h) und langsamen Ladegeräten (Ladezeit 5 -8 h) zu unterscheiden. Eine langsamere Aufladung benötigt zwar mehr Zeit, ist aber schonender für den Akku. Alle Geräte verfügen über eine Ladekontrolle am Ladegerät. Bei den Fabrikaten von Felco und Pellenc gibt eine Ladereserveanzeige Auskunft über die Ladekapazität des Akkus. Zum Schutz des Motors vor Überlastung gehört auch ein Überlastungsschutz zur Standardausrüstung.

Handhabung und Leistung

Nach kurzer Eingewöhnungszeit hat man sich schnell an die Schnittführung und Arbeitstechnik gewöhnt. Das etwas höhere Scherengewicht gegenüber pneumatischen Scheren wird selten als Nachteil empfunden. Die Möglichkeit der meisten elektrischen Scheren, den Schneidevorgang in jedem Punkt zu stoppen, verbessert die Handhabung erheblich. Die Schnittstärke wird von dem Öffnungswinkel und der Durchschlagskraft begrenzt und liegt bei 3 bis 4 cm. Durch mehrmaliges Ansetzen der Elektroschere bzw. Einschneiden einer Kerbe kann auch dickeres Holz durchgeschnitten werden. Aufgrund ihrer Bauform und Handhabung eignen sich Elektroscheren in erster Linie zum Anschneiden der Stöcke, jedoch kann auch der gesamte Stock fertig geschnitten werden. Die

Abbildung 41*: Elektrische Rebschere*

Elektrocoup hat dafür einen Schalter für halbe und ganze Öffnung. Mit der halben Öffnung, die für normal dickes Holz vollkommen ausreichend ist, kann die Schnittfrequenz gesteigert werden. Zusätzlich besteht die Möglichkeit auf Impulssteuerung umzuschalten, d.h. der Schneidkopf reagiert nur solange ein Druckimpuls gegeben ist. Auf Wunsch ist die Schere auch mit einem zusätzlichen Sicherheitssystem ausstattbar, welches Schnittverletzungen und das Durchschneiden von Drähten vermeidet. Bei den Elektroscheren von Pellenc und Felco kann über die Anziehlänge des Abzughebels die Schneidkopföffnung reguliert und an jedem Punkt gestoppt werden.

Pneumatische Scheren haben im Vergleich zu Elektroscheren eine etwas höhere Schnittfrequenz, dafür ist aber die Durchschneideleistung bei einigen Elektroscheren besser. Bei der neuen Generation von Elektroscheren sind bei einigen Fabrikaten die Unterschiede zu den Luftdruckscheren hinsichtlich der Arbeitsleistung nur noch sehr gering. Berücksichtigt man bei pneumatischen Schneidanlagen die höheren Rüstzeiten, den höheren Wartungsaufwand und den Zeitbedarf für das Aufrollen der Schläuche bei handbetriebenen Schlauchhaspeln, so haben sie gegenüber Elektroscheren keine arbeitswirtschaftlichen Vorteile.

Tabelle 23: Arbeitszeitvergleich (nur Anschnitt der Stöcke) verschiedener Rebschnittverfahren (ohne Wege-, Rüst- und Wartungszeiten bei 1,80 m Gassenbreite und 1,20 m Stockabstand)

Pneumatische Schneidanlage (automat. Rückholtrommel für Schlauch)	28 bis 34 Akh / ha
Elektroscheren	31 bis 38 Akh / ha
Handschere	35 bis 41 Akh / ha

Die wesentlichen Vor- und Nachteile der Elektroscheren können im Vergleich zu den anderen Scheren wie folgt zusammengefasst werden:

Vorteile	Nachteile
• Arbeitserleichterung durch Schonung der Handgelenke • kurze Rüstzeiten und geringer Transportaufwand • geräuscharm, abgasfrei und kein Schmierölbedarf • keine langen Versorgungsleitungen • geringe Betriebskosten (ca. 30 – 35 Cent/Ladung) • geringes Verletzungsrisiko, Schnittvorgang kann bei Scheren mit Impulssteuerung an jedem Punkt gestoppt werden • hohe Schnittkraft	• höheres Scherengewicht • regelmäßiges Aufladen • begrenzte Lebensdauer der Akkus • geringere Schnittfrequenz als Luftdruckscheren

Tabelle 24: *Technische Merkmale und Preise von elektrischen Rebscheren (Stand 2006)*

Firma	INFACO	Pellenc	Felco	Makita	HISPAES (HPS)
Typ	Electrocoup F 3005	Lixion	Felco 800	4604 DW	Master Tall TE 25
Scherengewicht	860 g	787 g	820 g	1000 g	930 g
Gewicht Batterie	2,4 kg	1,1 kg	1,1 kg	2,6 kg	3,5 kg
Batterie Zellen	Nickel - Metall – Hydrid	Lithium - Ion	Lithium – Ion	Nickel – Cadmium	Nickel - Cadmium
Max. Schnittstärke	ca. 40 mm	ca. 35 mm	ca. 30 mm	ca. 30 mm	ca. 30 mm
Mindestarbeitsdauer	1 Tag	1 Tag	1 Tag	4 - 5 h	1 Tag
Ladezeit	5 h	5 h	5 h	1 h	8 h
ca. Preise € o. MwSt.	1 380	1 250	1 250	1 256	1 300
Vertrieb	R. Albrecht, 67305 Ramsen	Auer, 55296 Lörzweiler Fischer, 67150 Niederkirchen Mayer, 55450 Langenlonsheim	H. Müller, 65343 Eltville Ebinger, 76835 Rhodt	Elektrofachhandel	Tiger GmbH, 79346 Endingen

Die Übersicht erhebt keinen Anspruch auf Vollständigkeit

4.5 Rebenvorschneider und Entranker

Eine Teilmechanisierung des Rebschnitts ist mit Hilfe von Rebenvorschneidern möglich. Die Vorschneider sind in der Lage, die einjährigen Triebe in der gewünschten Höhe auf längere Zapfen, Strecker oder Ruten abzuschneiden. Sie können deshalb sowohl für den Bogenschnitt als auch für den Zapfenschnitt eingesetzt werden. Beim Vorschnitt auf Bogen wird lediglich das Holz aus dem oberen Drahtbereich herausgeschnitten bzw. entrankt, je nach System. Das Ausheben wird dadurch erleichtert und beschleunigt. Bei Erziehungen mit zwei Flach- bzw. zwei kürzeren Halbbögen kann dieser Vorschnitt auf Bogen gut angewendet werden. Bei stark rankenden Rebsorten sind Arbeitseinsparungen von 15 bis 25 Akh/ha möglich. Bei schwach rankenden Rebsorten bringt der Vorschnitt auf Bogen keine großen Einsparungen. Darüber hinaus ist durch das leichtere Ausheben des Altholzes eine deutliche physische Entlastung der Arbeitsperson gegeben.

Beim Vorschnitt auf Zapfen wird das Rebholz bis kurz oberhalb des Biegdrahtes rausgeschnitten. Anschließend erfolgt ein manueller Nachschnitt auf Zapfen, für den nur noch 40 bis 50 Akh/ha benötigt werden. In der Praxis hat sich der sogenannte „Wechselkordonschnitt" bewährt, d.h. nach ein- bis dreimaligem Zapfenschnitt erfolgt wieder ein Anschnitt von Bogreben. Bei mehrjährigem Kordonschnitt wird die Schnitttechnik schwieriger, was sich in einer höheren Arbeitszeit niederschlägt. Zudem nehmen die Probleme hinsichtlich Verkahlung des Kordons und Schwarzfleckenkrankheit zu. Das Biegen und Binden entfällt beim Kordonschnitt; es sind lediglich Nachbindearbeiten erforderlich. Bei einem mehrjährigen Kordon empfiehlt es sich, dauerhafte Bindematerialien einzusetzen. Bewährt hat sich der kunststoffummantelte Bindedraht, der in der Regel mehrere Jahre hält. Dadurch sind nur wenige

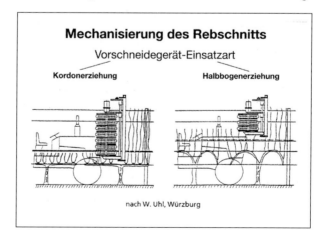

Abbildung 42:
Vorschnitt für
Bogenschnitt
(rechts) und
Kordonschnitt
(links)

99

Nachbindearbeiten erforderlich. Oft genügt es auch den Kordonarm mit dem letzten Zapfen unter dem Biegdraht einzuhängen.

Bauformen

Derzeit werden auf dem deutschen Markt Rebenvorschneider bzw. Entranker der Firmen Binger Seilzug, Pellenc, KMS-Rinklin und Ero angeboten. Die meisten Systeme werden frontangebaut und hängen vorne seitlich am Schlepper. Die Vorschneider von Binger Seilzug, Pellenc und KMS arbeiten mit Schneidwalzen und sind in ihrem Aufbau ähnlich. Sie sind nach dem Baukastenprinzip aufgebaut und können entsprechend den Anwenderwünschen variabel in der Schnittlänge ausgelegt werden. Einige Typen sind recht schwer, weshalb Gegengewichte am Heck und Wasserfüllung der Reifen diagonal zum Gerät hilfreich sind. Das Gerät von Ero und eine Eigenkonstruktion des Winzers Hundinger aus der Pfalz haben, neben einer vorschneidenden auch eine entrankende Wirkung.

Die Firma **Binger Seilzug** bietet zwei Typen an. Der Standardtyp (S) hat nur eine Schneidwalze, die je nach Rahmengröße und Korbabstand aus 3 bis 7 übereinander gestapelten Schneidscheiben bestehen kann. Der Korbabstand kann wahlweise 9 oder 12 cm betragen. Daraus ergibt sich eine Schneidlänge von 18 bis maximal 72 cm bei einem Gewicht von 175 bis 260 kg. Die eigentlichen Schneidwerkzeuge sind hydraulisch angetriebene Kreissägen, die in mit Schlitzen versehenen Schutzkörben laufen. Die radialen Schlitze der Körbe sind so gewählt, dass das Rebholz gut eindringen kann, nicht jedoch der Draht oder die Pfähle. Der Schneidwalze gegenüberliegend befinden sich ebenfalls hydraulisch angetriebene Andruckscheiben, die das Rebholz gegen die Kreissägen pressen, wo es klein geschnitten wird. Für sehr starkes Holz bietet Binger Seilzug auch eine Ausführung mit zwei Schneidwalzen (Typ D) an. Über einen Mengenteiler wird die Umdrehungsgeschwindigkeit den jeweiligen Bedingungen sowie der Fahrgeschwindigkeit angepasst. Zum Einfahren in die Zeile oder an den Zeilenpfählen kann der Vorschneider per Knopfdruck elektrohydraulisch geöffnet werden. Es ist aber auch ein magnetischer oder optischer Öffnungsmechanismus möglich.

Im Gegensatz zum Binger Vorschneider arbeitet das Gerät von **Pellenc** mit zwei hydraulisch angetriebenen Schneidwalzen. Jede Walze besteht aus 3 bis maximal 8 Schneidscheibenpaaren, die als Häckselscheiben bzw. Feinschnittmesser am unteren Ende der Walze ausgebildet sind. Auf die am unteren Ende der Walzen angebrachten Feinschnittmesser kann verzichtet werden, da der Schnitt wegen des noch durchzuführenden Nachschnittes in diesem Bereich unsauber sein kann. Die Schneidwalzen sind pendelnd aufgehängt. Durch Scheiben unter dem unteren Schneidpaar, die versetzt zueinander stehen und einen etwas größeren Durchmesser als die Schneidscheiben haben, können die Vorschneiderwalzen an den Pfählen automatisch geöffnet werden. Die sonstigen technischen Ausführungen entsprechen weitgehend dem Vorschneider der Firma Binger Seilzug. Eine Besonderheit ist die mögliche Ausstattung des Vorschneiders mit dem optischen Erkennungssystem "Visio". Damit werden Pfähle automatisch erkannt (Visio 1) und der Vorgang des Öffnens und Schließens der Schneidwalzen am Pfahl automatisiert bzw. das Trägerfahrzeug hält unabhängig von der Beschaffenheit der Bodenoberfläche immer eine eingestellte Schnitthöhe über dem Kordonarm ein (Visio 2).

Der **KMS – Rinklin** Vorschneider besitzt zwei gegenüberliegende rotierende Walzen bestehend aus Zahnscheibenpaaren, mit denen das zu entfernende Rebholz in den Zahnöffnungen abgedrückt wird. Mittels Distanzringe lässt sich der Abstand zwischen den Zahnscheiben von 5 bis 10 cm variabel einstellen. Es können bis zu 10 Zahnscheibenpaare installiert werden. Das Gerät ist in einer leichteren Alu- und einer schwereren Stahlvariante erhältlich. Der Schneidkopf ist zum Schutz der Pfähle frei pendelnd aufgehängt. Im Vergleich zu dem Pellenc- und Binger Seilzug Vorschneider ist der KMS Vorschneider technisch einfacher konstruiert, leichter und preisgünstiger.

Abbildung 43:
Vorschneider von
Binger Seilzug

Anders aufgebaut ist der **Ero-Vorschneider.** Er besitzt drehbare Stäbe, die durch den Drahtrahmen geführt werden und die festgerankten Triebe von den Ranken lösen. Vor den Stäben befindet sich ein waagrechtes Doppelmesserschneidwerk, welches vorher die Rebtriebe in der gewünschten Höhe abschneidet. Anschließend werden die abgeschnittenen Triebteile durch die Stäbe entrankt und fallen teilweise aus dem Drahtrahmen, teilweise werden sie bis vor den nächsten Pfahl geschoben, wo sie entfernt werden können.

Das Ein- und Ausschwenken des Vorschneiders an den Pfählen erfolgt per Knopfdruck vom Schlepper aus. Die Schnitthöhe lässt sich über den Hubmast oder das Versetzen des Schneidwerkes (Austausch gegen Stäbe) einfach verändern. Vorteilhaft ist, dass unterhalb des Schneidwerkes noch Stäbe installiert werden können. Dadurch werden auch an den unteren Drähten festgerankte Triebe noch gelöst. Konzipiert wurde der Ero Vorschneider in erster Linie, um den oberen Drahtbereich freizuschneiden und das Ausheben zu erleichtern. Die verbleibende Trieblänge ist in der Regel für zwei Flach- oder Halbbögen ausreichend. Mit dem Ero Vorschneider kann jedoch auch der Einbogenschnitt durchgeführt werden. Hierbei werden die Ruten kurz oberhalb oder unterhalb des obersten Drahtes abgeschnitten. Die unter dem Messer installierten Stäbe sorgen für die Entrankung der Triebe. Für den Vorschnitt auf Kordon und das Abräumen von Altanlagen kann der Vorschneider auch mit zwei Schneidwerken ausgestattet werden.

Neu ist ein **Entranker** des Winzers Hundinger aus der Pfalz. Er besteht aus einem speziell geformten Schieberelement, welches unter den obersten Draht geschoben wird. Durch die Vorwärtsfahrt gleiten die Ruten an dem „Schieber" entlang, werden dabei entrankt und seitlich von den Drähten weggedrückt. Das Ein- und Ausfahren an den Pfählen erfolgt elektrohydraulisch per Knopfdruck vom Schlepper aus. Über dem entrankenden Schieber befinden sich rotierende Laubschneidemesser mit denen die Rutenspitzen über dem obersten Draht bzw. Drahtpaar abgeschnitten werden. Die Vorschnittwirkung ist dadurch geringer als bei anderen Systemen, die auch zwischen den Drähten Ruten abschneiden können. Der Anbau des Entrankers erfolgt vorzugsweise im Zwischenachsbereich an einem Pfahlrammenmast, aber auch die Schlepperfront kann als Anbauraum genutzt werden. Die Drahtrahmengestaltung hat einen großen Einfluss auf die Arbeitsqualität. Sehr gut und schonend entrankt das Gerät bei Drahtrahmen mit nur zwei beweglichen Heftdrahtpaaren, wovon das untere Paar beim Rebschnitt abgelegt wird. Unter solchen Bedingungen kann das Altholz nach dem Entranken mühelos und schnell entfernt werden, da alle Ruten vom Drahtrahmen gelöst sind. Schlechter ist die Entrankungswirkung, wenn oben noch zusätzlich feste Drähte eingebracht sind, da der Schieber nur das obere Drahtpaar bzw. den oberen Draht entranken kann. Die Fahrgeschwindigkeit ist mit 5 bis 6 km/h relativ hoch.

Abbildung 44:
Ero-Vorschneider
System KH

Tabelle 25: *Vergleich der verschiedenen Vorschneidersysteme*

Walzenvorschneider (Binger Seilzug, Pellenc, KMS)	Vorschneider mit Entranker (Ero)
+ Variabel durch modularen Aufbau + Rebholz wird klein gehäckselt + Gut geeignet für Vorschnitt auf Kordon, Zweibogenerziehung und Abräumen von Altanlagen - Wenig geeignet für Vorschnitt bei Einbogenerziehung - Hohes Gewicht bei einigen Typen – teilweise Gegenballastierung erforderlich - Hoher Anschaffungspreis bei einigen Typen - Es bleiben kleine Holzstücke an den Drähten hängen	+ Stäbe entranken unter der Schnittzone noch Triebe, dadurch kann relativ hoch vorgeschnitten werden (z.B. Einbogenerziehung) + Bei Abbau des Messerbalkens ausschließlich als Entranker nutzbar - Vor den Pfählen bilden sich kleine Holzbündel, die manuell entfernt werden müssen - Wird mit den Stäben tief entrankt, kommt es gelegentlich zum Abreißen von Trieben - Eine stabile Unterstützungsvorrichtung mit intakten, nicht durchhängenden oder sich überkreuzenden Drähten ist Voraussetzung für einen störungsfreien Einsatz

Entranker mit Vorschneider (Hundinger)
+ Sehr gutes und schonendes Entranken der Triebe + Schnelle Fahrgeschwindigkeit (5 - 6 km/h) + Es verbleiben keine Holzstücke an den Drähten - Die rotierenden Messer können nur über dem Darhtrahmen schneiden, deshalb nur geringe Vorschnittwirkung - Der „Schieber" entrankt nur unter dem oberen Draht bzw. oberen Drahtpaar, deshalb für Drahtrahmensysteme mit mehreren Drähten im oberen Bereich wenig geeignet.

Tabelle 26: Arbeitszeitvergleich beim Rebschnitt und Biegen (Akh/ha)

Hersteller	Typ	Anzahl Körbe / Messerscheiben		Schneidlänge cm	Messer-abstand	Gewicht kg	ca. Preise € o. MwSt	Schnittsystem / Besonderheiten
Binger Seilzug	VS 98 S 13. 09 / 12 VS 98 S 15. 09 / 12 VS 98 S 17. 09 / 12	3 5 7		18 oder 24 36 oder 48 54 oder 72	9 oder 12 cm	175 225 260	6 570 7 985 9 395	Typ VS 98 S: 1 Schneidtrommel, gegenüberliegend Andruckwalze
		Innen	Außen					
	VS 98 D 4 + 3. 7 VS 98 D 5 + 4. 7 VS 98 D 6 + 5. 7 VS 98 D 7 + 6. 7	3 4 5 6	4 5 6 7	42 56 70 84	7 cm	250 270 305 325	10 650 11 785 13 130 14 265	Typ VS 98 D: 2 Schneidtrommeln
Pellenc	TCV 00 (ohne Rahmen) TCV 15 TLV 15 MD	3 3 8 Scheibenpaare		bis 35 bis 35 bis 90	6 cm	130 310 545	7 380 11 100 17 525	Beidseitig Häckselscheiben. Auf Wunsch optisches Erkennungssystem „Visio" für Pfähle oder Kordon
KMS – Rinklin	KMS Vorschneider	5 oder 10 Scheibenpaare		50 80	5 bis 10 cm	60 oder 95 95 oder 131	3 500 bis 6 000	Beidseitig gezahnte Scheiben. Drückender Schnitt
Ero	Vorschneider	1 oder 2 Doppelmesser-schneidwerke		Abhängig von Anordnung des Schneidwerks	-	60	4 100 bis 5 600	Doppelmesserschneidwerk zum Vorschnitt, kombiniert mit Stäben zum Entranken. Für Kordon auch mit zwei Schneidwerken ausstattbar
System Hundinger	System Hundinger	2 rotierende Messerpaare, die über dem Drahtrahmen laufen		Kein Vorschnitt	-	-		Entranken des oberen Drahtes oder Drahtpaares. Messer schneiden oberhalb des Drahtrahmens

Die Übersicht erhebt keinen Anspruch auf Vollständigkeit

Arbeitswirtschaft und Kosten

Für den maschinellen Vorschnitt bzw. das maschinelle Entranken werden je nach Gassenbreite und Verfahren 1,5 bis 3 Akh/ha benötigt. Beim Freischneiden bzw. Entranken des oberen Drahtbereichs mit anschließendem Bogenschnitt können bei gut rankenden Rebsorten 15 bis 25 Akh/ha eingespart werden, da das Ausheben dadurch erheblich erleichtert und beschleunigt wird. Daneben spielen auch die Wüchsigkeit der Reben und die Rankmöglichkeiten im Drahtrahmen bei den möglichen Arbeitszeiteinsparungen eine wichtige Rolle. Je mehr Rankmöglichkeiten (z.B. Rankdrähte) vorhanden sind und je wüchsiger die Anlage ist, desto größer sind die arbeitswirtschaftlichen Vorteile bei einem Freischneiden des oberen Drahtbereiches. Arbeitszeitstudien haben auch gezeigt, dass die Arbeitszeiteinsparungen stark personenabhängig sind. Besonders hohe Einsparungen werden bei Aushilfskräften erreicht, die im Rebschnitt nicht geübt sind. Sie ziehen die verrankten Triebe mit viel körperlicher Kraftanstrengung aus dem Drahtrahmen, was zu einer schnellen Ermüdung und damit Verlangsamung des Arbeitstempos führt. Auch bei älteren Personen und Frauen ist durch die Arbeitserleichterung beim Ausheben mit größeren Zeiteinsparungen zu rechnen.

Viele Betriebe, die den maschinellen Vorschnitt auf Zapfen durchführen, praktizieren den sogenannten „Wechselkordonschnitt", d.h. für ein bis max. drei Jahre wird der Kordonschnitt angewandt, dann wird wieder für ein Jahr auf den Bogenschnitt umgestellt. Dadurch umgeht man die Nachteile des Kordonschnittes wie Verkahlung oder Hochbauen des Stockes, und auch das Risiko eines zu starken Ertragsabfalles aufgrund der geringeren Fruchtbarkeit der basalen Augen wird gemindert, da immer ein gewisser Prozentsatz der Rebfläche auf dem herkömmlichen Bogenschnitt steht.

Beim mechanischen Vorschnitt auf Kordon werden für den manuellen Nachschnitt auf Zapfen nur 40 bis 50 Akh/ha benötigt. Außerdem entfällt auch das Biegen und bei Vorschneidern mit Schneidwalzen die Rebholzzerkleinerung. Dafür sind aber intensivere Ausbrecharbeiten erforderlich, da sich beim Kordonschnitt mehr Doppeltriebe und Achseltriebe bilden, die entfernt werden müssen, will man Laubwandverdichtungen vermeiden.

Unterstellt man einen Wechselkordonschnitt mit einem jährlichen Wechsel auf den herkömmlichen Bogenschnitt, so liegt die durchschnittliche Arbeitszeit insgesamt bei rund 67 bis 85 Akh/ha, was gegenüber dem Normalschnitt eine Einsparung von 16,5 bis 19,5 Akh/ha bedeutet.

Tabelle 27: *Arbeitszeitvergleich beim Rebschnitt und Biegen (Akh/ha)*

Arbeiten	Normalschnitt	Vorschneider		
		Kordonschnitt einjährig	Wechselkordon jährl. Wechsel	Bogenschnitt [1]
maschineller Vorschnitt	-	2 - 3	1 – 1,5	2 - 3
Rebschnitt / Nachschnitt	70 - 80	40 - 50	55 - 65	50 - 65
Rebholzhäckseln	1,5	- [2]	1	1,5
Biegen / Nachbinden und Mehraufwand Ausbrechen bei Kordon	15 - 20	5 - 15	10 - 17,5	15 - 20
Gesamt	86,5 – 101,5	47 - 68	67 - 85	68,5 - 89,5
Einsparung gegenüber Normalschnitt	-	33,5 - 39,5	16,5 - 19,5	12 - 18

[1] Bei stark rankenden Rebsorten   [2] Entfällt nur bei Walzenvorschneidern

Aufbauend auf den Arbeitszeiten der verschiedenen Schnittverfahren lässt sich ein Kostenvergleich erstellen (Tabelle 27). Dabei wird deutlich, dass mit einem maschinellen Vorschnitt nicht nur Arbeitszeit, sondern auch Kosten eingespart werden können. Die Kostendifferenz zum herkömmlichen Normalschnitt fällt beim Kordonschnitt besonders hoch aus.

Tabelle 28: *Kostenvergleich beim Rebschnitt und Biegen (€/ha)*

Kostenstelle	Normalschnitt		Vorschnitt auf Kordon		Vorschnitt auf Bogen[1]	
	Luftdruckschere A = 3 000 €		Binger Vorschneider A = 10 000 €		Ero Vorschneider A = 4 500 €	
	10 ha	20 ha	10 ha	20 ha	10 ha	20 ha
Feste Maschinenkosten (€/ha)[2]	20	40	130	65	72	36
Variable Maschinenkosten (€/ha)	30		15		10	
Schlepperkosten (20 €/h)	-		50		50	
Lohnkosten						
• Schlepperfahrer (15 €/h)	-		37,5		37,5	
• Manueller Rebschnitt						
70 h x 7,50 €	525		-		-	
45 h x 7,50 €	-		337,5		-	
55 h x 7,50 €	-		-		412,5	
Summe Rebschnitt	575	595	570	505	582	546
Rebholz häckseln	55		-		55	
Biegen 18 h x 7,50 €	135				135	
Kosten Bindematerial	25		-		25	
Mehrarbeit für Ausbrechen bei Kordon 10 h x 7,50 €	-		75		-	
Gesamtkosten € / ha	790	810	645	580	797	761

1) Bei stark rankenden Rebsorten   2) Nutzungsdauer 10 Jahre, Zinssatz 6%

106

Pflanzenbauliche Aspekte beim Kordonschnitt

Der Kordonschnitt bietet nicht nur die Mögichkeit, durch den maschinellen Vorschnitt die Arbeitszeit zu reduzieren und die Kosten zu senken, sondern auch stärker als bei dem Normalschnitt den Ertrag zu regulieren und damit die Qualität zu beeinflussen. Dadurch, dass die basalen (unteren) Augen an einem Trieb eine geringere Fruchtbarkeit haben, ist eine positive Wirkung sowohl auf die Menge-Güte-Beziehung als auch auf das Blatt-Frucht-Verhältnis möglich. Neben der geringeren Fruchtbarkeit besitzen die Triebe der basalen Augen bei vielen Rebsorten auch kleinere Trauben. Allerdings besteht hinsichtlich der Fruchtbarkeit und des Traubengewichts basaler Augen eine starke Sorten- und Jahrgangsabhängigkeit. Ein nicht zu unterschätzendes Problem beim Kordonschnitt ist der stärkere Austrieb von Achselaugen und Beiaugen. Dies kann dazu führen, dass sich aus einem zweiäugigen Zapfen drei oder gar vier Triebe entwickeln. Es kommt dann leicht zu stärkeren Laubwandverdichtungen mit den bekannten negativen Folgen. Will man dies vermeiden, so müssen bei den Ausbrecharbeiten überzählige Triebe entfernt werden. Optimal sind 10 bis 12 Triebe pro laufenden Meter Zeile, mehr als 15 Triebe führen zu stärkeren Verdichtungen. Bei Rebsorten, die zu einer größeren Triebbildung beim Kordonschnitt neigen, ist mit einem zeitlichen Mehraufwand für das Ausbrechen von 5 bis 15 Akh/ha zu rechnen.

__Merke:__ Kordonschnitt erfordert mehr Fachkompetenz.
- *Nicht mehr Augen anschneiden als beim Normalschnitt.*
- *Die Zapfen sollen gleichmäßig auf dem Bogen verteilt sein.*
- *Intensivere Ausbrecharbeiten erforderlich, um Laubwandverdichtungen zu vermeiden.*

Abbildung 45: Prozentualer Erntevergleich zwischen Normal- und Kordonschnitt (einjährig) bei verschiedenen Rebsorten und gleicher Augenzahl/Stock (Mittelwerte aus mehreren Jahren)

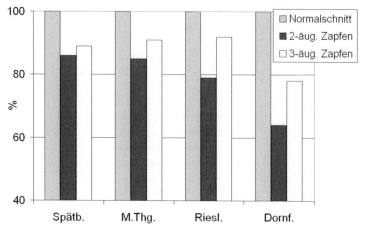

Abbildung 46: Vergleich der Mostgewichte zwischen Normal- und Kordonschnitt (einjährig) bei verschiedenen Rebsorten und gleicher Augenzahl/Stock (Mittelwerte aus mehreren Jahren)

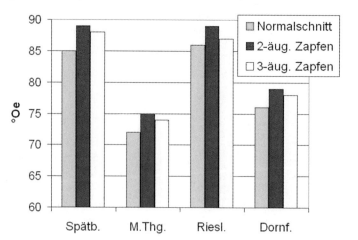

4.6 Drahtablegegeräte

Das Herablegen der Heftdrähte nach der Lese bzw. vor dem Rebschnitt erfolgt in den meisten Betrieben von Hand. Aber auch diese Arbeit ist mit Hilfe von **Drahtablegegeräten** mechanisierbar. Meist handelt es sich bei den Geräten um Eigenbauten. Als Aufnahmevorrichtung für die Heftdrähte dienen Scheiben oder Rollen, die beidseitig oder überzeilig an einem Rahmen montiert sind. Die Anordnung ist dabei recht unterschiedlich, meist befinden sie sich am Heck oder unmittelbar vor der Schlepperkabine. Es muss in jedem Fall sichergestellt sein, dass sich die Drähte vom Fahrersitz aus ein- und aushängen lassen. Der Rahmen ist hydraulisch in der Höhe und meist auch in der Neigung verstellbar, was das Ein- und Aushängen erleichtert. Nach dem Einhängen der Drähte wird der Rahmen angehoben, sodass die Drähte straff gespannt sind. Durch die Spannung und die Fahrgeschwindigkeit werden die Ranken an den Drähten abgerissen. Dabei sind Fahrgeschwindigkeiten um 10 km/h möglich. Nach dem Ablegen der Heftdrahtpaare kann das Altholz mühelos entfernt werden.

Bisher sind Drahtablegegeräte im Weinbau wenig verbreitet, denn sie haben auch einige Nachteile. Leider lassen sich bei den meisten Hakensystemen die Drähte nicht automatisch aus den Haken aushängen, sondern müssen vorher manuell aus den Drahtstationen gelegt werden. Dies erfordert einen Zeitaufwand von rund 2,5 bis 3 Akh/ha. Lediglich bei Metallpfählen mit Schleuderhaken oder außenliegenden offenen Haken (vgl. Abbildung 28) können die Heftdrähte maschinell ausgehängt werden, sofern Letztere nicht durch den Traubenvollernter zugeschlagen sind. Weiterhin besteht bei zwei abgelegten Heftdrahtpaaren die Gefahr, dass diese beim späteren Heften vertauscht werden. Auch hat das Altholz nach Ablegen beider Heftdrahtpaare keinen Halt mehr und es kann bei starker Windeinwirkung in die Zeile kippen. Zudem muss beachtet werden, dass beim Abreißen der Ranken starke Zugkräfte auf die Drähte wirken, die sich bis zum Endpfahl fortsetzen. Dadurch ergeben sich erhebliche Belastungen auf die Heftkettchen bzw. die Hefthaken oder Kettennägel am Endpfahl. Diese können unter den Spannungen leicht abreißen. Deshalb werden häufig die Heftdrähte am Endpfahl fest installiert und mit Drahtspannern zum Nachspannen versehen.

Am DLR Rheinhessen-Nahe-Hunsrück wurde ein Drahtablegegerät konstruiert, welches in Kombination mit einem Vorschneider gefahren wird und einige Verbesserungen bringt. So werden die Scheiben von dem Ölrücklauf des Vorschneiders hydraulisch angetrieben und über einen Mengenteiler die Scheibengeschwindigkeit reguliert. Damit wird ein ziehender Schnitt erreicht und die Ranken am Draht werden nicht mehr abgerissen sondern abgeschnitten, was die Zugbelastungen auf die Endpfähle und Heftkettchen erheblich reduziert. Dadurch dass mit dem Vorschneider der obere

Drahtbereich freigeschnitten bzw. auch entrankt wird (bei Ero-Vorschneider), braucht nur das untere Heftdrahtpaar abgelegt zu werden, sodass die Gefahr des Vertauschens der Drahtpaare beim Heften nicht besteht und auch das verbliebene Altholz bei Windeinwirkung nicht in die Zeile kippt.

Abbildung 47: *Drahtablegegerät (Eigenkonstruktion)*

Abbildung 48: *Drahtablegegerät überzeilig kombiniert mit Messerbalken an der Front (nicht sichtbar) zum Abschneiden des Holzes über dem oberen Draht (Eigenkonstruktion)*

Abbildung 49: *Drahtablegegerät überzeilig mit
hydraulisch angetriebe-
nen Scheiben kombiniert
mit Ero Vorschneider
(Prototyp des DLR Rhein-
hessen-Nahe-Hunsrück)*

Verzeichnis von Hersteller und Vertreibern

Hersteller/Vertreiber	Typ	Preisspanne (€ ohne MwSt.)
E. Korb, 67157 Wachenheim Leckron – Schmiscke & Beyer, 67256 Weisenheim/Sand	Drahtablegegerät für Front oder Heck	500 bis 750

Literatur

FOX, R., FRISCH, M.: Bogen oder Kordon? Das Deutsche Weinmagazin 4/1996, 17 – 22.

MAUL, D.: Den Rebschnitt rationalisieren, Der Deutsche Weinbau 25 - 26/1997, 12 – 14.

MAUL, D.: Mechanisierung des Rebschnittes und des Biegens oder Gertens, ATW-Bericht Nr. 56.

PFAFF,F.: Technischer Fortschritt beim teilmechanisierten Rebschnitt, DWZ 1/1996, 24 – 25.

WALG, O.: Elektrische Rebscheren. Das Deutsche Weinmagazin 25/2004, 26 – 27.

WALG, O.: Rebschnitt. KTBL-Arbeitsblatt Nr. 90, 2005.

WALG, O.: Vorschneider und Entranker in der Praxis. Der Deutsche Weinbau 25-26/2005, 18 – 19.

WALG, O.: Rebenvorschneider und Entranker. Der Badische Winzer 1/2006, 27 – 28.

WALG, O.: Rebenvorschneider und Entranker im Praxiseinsatz. DWZ 1/2006, 28 – 30.

WALG, O.: Drahtrahmengestaltung und Rebenerziehung. ATW-Bericht 137, 2006.

5 Maschinelle Rebholzzerkleinerung

Nach dem Rebschnitt müssen je Hektar Ertragsrebfläche etwa 25 bis 30 dt nicht zum Anschnitt benötigtes Rebholz beseitigt werden. Man sollte nach Möglichkeit dieses Holz im Weinberg belassen, um es zu zerkleinern und als organischen Dünger zu nutzen. Ein Holzertrag von 30 dt Frischholzgewicht enthält 13 dt organische Substanz (Humus). Dies entspricht 60 Ballen Torf, 100 dt Stallmist oder 10 m³ Rindenmulch. Außerdem befinden sich im Rebholz noch wertvolle Nährstoffe, die über die Mineralisierung freigesetzt werden und der Rebe wieder zur Ernährung dienen.

Tabelle 29: *Durchschnittliche Humus- und Nährstoffgehalte des Rebholzes von 1 ha Rebfläche*

Frischgewicht (dt/ha)	Trockengewicht (dt/ha)	organische Substanz (dt/ha)	Nährstoffe in der Trockenmasse (kg/ha)			
			N	K_2O	P_2O_5	Mg
30	15	13	14	12	4	3

Das Rebholz von 1 ha Rebfläche (30 bis 40 dt/ha Frischmasse) deckt den jährlichen Humusbedarf zu etwa 30 Prozent und den Nährstoffbedarf zu etwa 20 Prozent. Der Humus- und Düngerwert liegt bei ca. 90 €/ha. Diese Zahlen verdeutlichen, wie wichtig das Rebholz für die Fruchtbarkeit der Weinbergsböden ist. Auch in schlecht mechanisierten Anlagen sollte man deshalb das Rebholz im Weinberg belassen. Das Kleinschneiden des Rebholzes im Weinberg ist nicht viel arbeitsintensiver wie das Heraustragen und Verbrennen.

5.1 Rebholzzerkleinerungsgeräte

Zur Rebholzzerkleinerung können unterschiedliche Geräte eingesetzt werden:
- **Rebholzhäcksler** sind ausschließlich für die Zerkleinerung des Rebholzes konzipiert.
- **Schlegelmulcher** und **Kreiselmulcher** eignen sich sowohl zum Zerkleinern von Rebholz als auch zum Mulchen von Bodenbewuchs und Begrünungen.
- Mit **Weinbergsfräsen** und **Scheibeneggen** lässt sich Rebholz grob zerkleinern und leicht einarbeiten.

Rebholzzerkleinerungsgeräte für den Steilhang sind in Kap. 19 beschrieben.

Bei **Rebholzhäckslern** wird das Rebholz mit einer Einzugswelle vom Boden aufgenommen und zu einer rotierenden Schlagwelle gefördert, die dann die Zerkleinerung vornimmt. Der Vorteil dieser Arbeitsweise liegt darin, dass beim Arbeiten auf Böden mit hohem Gesteinsanteil der Zerkleinerungsbereich (Schlegel oder Messer) keinem besonderen Verschleiß unterliegt.

Im Aufbau etwas anders ist der "Rebwolf". Er arbeitet mittels zweier gegeneinander-laufender Brechwellen, die das Rebholz aufnehmen und zugleich durch gefederte Gegenplatten durchschlagen und es gleichmäßig zerstückeln. Eine andere Bauart sind "Walzenhäcksler". Sie bestehen aus zwei gegenläufigen, mit scharfkantigen Leisten versehenen Walzen, durch die das Rebholz geführt und dabei zerkleinert wird. Auch stärkere Rebtriebe werden dabei gut zerkleinert.

Obwohl Rebholzhäcksler die beste Zerkleinerungsqualität liefern, haben sie ihre Bedeutung im Weinbau zugunsten von Mehrzweckgeräten wie Schlegelmulcher oder Fräse verloren. Sie werden deshalb vom Handel kaum noch angeboten.

Abbildung 50: *Walzenhäcksler*

Schlegelmulcher sind die gebräuchlichsten Geräte zur Rebholzzerkleinerung. Sie arbeiten im Gegensatz zu den Rebholzhäckslern mit höheren Drehzahlen und ohne Aufnahmewelle. Zur Rebholzzerkleinerung müssen zusätzlich Rechenzinken ange-bracht werden, die das Rebholz aufnehmen und den Schlegeln zuführen, die es zerkleinern (Abbildung 138). Die Zerkleinerungsqualität der Schlegelmulcher ist recht gut. Der Aufbau und die Arbeitsweise von Schlegelmulchern sind in Kap. 9.3.2.1 beschrieben.

Kreiselmucher (Sichelmulcher) werden in Betrieben mit hohem Dauerbegrünungsanteil eingesetzt, da sie bei hoher Arbeitsgeschwindigkeit eine gute Mulchqualität liefern. Sie können darüber hinaus auch zur Rebholzzerkleinerung eingesetzt werden, jedoch sind bei diesen Mulchern die Schlagmesser horizontal angeordnet, was für die Aufnahme des Rebholzes vom Boden und somit für die Zerkleinerung nicht ideal ist. Da aber die Rebanlagen mehrmals im Jahr gemulcht werden, wird übers Jahr gesehen eine zufriedenstellende Zerkleinerungsqualität erreicht. Für die Zerkleinerung sind besonders Mulcher mit Zwillingsmessern, mit zwei gegenläufig rotierenden Messerpaaren oder mit zwei übereinander angeordneten Messern (Mulchmesser und Schnittholzmesser) geeignet. Der Aufbau und die Arbeitsweise von Kreiselmulchern sind in Kap. 9.3.2.2 beschrieben.

Die **Weinbergsfräse** kann auf offenen Böden zur Rebholzzerkleinerung eingesetzt werden. Im Gegensatz zur Bodenbearbeitung, wo mit niedrigen Umdrehungsgeschwindigkeiten gefahren werden soll, sind für die Rebholzzerkleinerung höhere Umdrehungsgeschwindigkeiten (mind. 180 U/min) vorteilhaft. Die Fräse hinterlässt einen höheren Langholzanteil, weshalb es bei einem nachfolgenden Einsatz eines Grubbers zu Verstopfungen kommen kann. Bei zweimaligem Einsatz der Fräse ist die Zerkleinerungsqualität jedoch recht gut. Auf steinigen Böden unterliegen die Fräsmesser einem größeren Verschleiß. Der Aufbau und die Arbeitsweise der Fräse sind in Kap. 9.1.2.1 beschrieben.

Die Scheibenegge ist ein Gerät, das mit hoher Fahrgeschwindigkeit gefahren wird und das Rebholz nur grob zerkleinert. Dort, wo die Weinberge jedoch mehrmals im Jahr mit der Scheibenegge bearbeitet werden, ergibt sich eine zufriedenstellende Zerkleinerungsqualität.

Arbeitswirtschaft

In der weinbaulichen Praxis wird das Rebholz in der Regel nur in jeder zweiten Gasse abgelegt. Dies erspart Arbeitszeit beim späteren Zerkleinern. Gehäckselt wird das Rebholz meist an Frosttagen, da der Boden dann gut befahrbar ist und das Holz gut bricht. Wer mit dem Rebholzhäckseln bis April wartet, kann diesen Arbeitsgang auch gut mit einer chemischen Unterstockbehandlung kombinieren. Spritzgestänge mit Behälter und Elektropumpe werden dabei an der Schlepperfront angebaut. Gleichzeitig wird mit der Zerkleinerung auch die Gassenmitte bearbeitet bzw. gemulcht.

Tabelle 30: Arbeitszeitbedarf (Akh/ha) für die Rebholzbeseitigung bei 1,80 m Gassenbreite

Heraustragen von Hand und Verbrennen vor Ort	35
Verbrennen im Karren beim Rebschnitt	22
Kleinschneiden im Weinberg	50
Häckseln bei Ablage des Holzes in jeder 2. Gasse	
mit Rebholzhäcksler	2
mit Schlegelmulcher	1,5
mit Fräse (2x gefahren)	3
mit Seilzughäcksler	12

5.2   Energetische Rebholzverwertung

Aufgrund der stetig steigenden Preise für Heizöl und Gas, hat das Interesse an der energetischen Verwertung von Rebholz zugenommen. Die Schnittholzgewichte schwanken zwischen 700 und 1.400 g / Stock. Bei 4 000 bis 5 000 Stock pro ha ergeben sich Frischgewichte von etwa 30 bis 40 dt/ha. Der Wassergehalt bei frischem Rebholz liegt bei rund 50%, weshalb eine Lagerung mit Trocknung notwendig ist. Im lufttrockenen Zustand liegt der Feuchtegehalt bei 20 bis 25%.

Die Technik der energetischen Rebholzverwertung
Bereits Anfang der 80er Jahre wurden technische Lösungen zur Rebholzbergung mit dem Ziel der energetischen Verwertung entwickelt. Zwei unterschiedliche Verfahren werden angeboten:

- Rebholzbündelgeräte (Ballenpressen) und
- Hackschnitzelsammelgeräte

Eine Rebholzballenpresse der italienischen Firma CAEB wird in Deutschland von der Fa. Lipco (77880 Sasbach) vertrieben. Die Presse ist in Arbeitsbreiten von 93 und 123 cm lieferbar und arbeitet nach dem Prinzip der Großballenpressen für Stroh. Über eine Einzugswalze (pick up) wird das in den Rebgassen liende Rebholz aufgenommen und in einem Sammelraum durch umlaufende Walzen zu einem Bündel gewickelt und eingenetzt. Durch hydraulisches Ausheben des Sammelraumes wird das Rebholzbündel abgelegt.

Die gewickelten Ballen haben einen Durchmesser von 40 cm und eine Länge von 60 cm. Das Ballengewicht schwankt in Abhängigkeit von der Holzfeuchte zwischen 20 und 35 kg. Aufgrund der Sperrigkeit der Rebholzbündel sind großvolumige Feststoffbrennkessel mit großen Beschickungstüren erforderlich. Unter Berücksichtigung von Verlustzeit sowie Weg- und Rüstzeiten kann das Rebholz je Hektar Rebfläche in etwa 2,5 bis 3,5 Stunden maschinell geborgen werden. Das Gerät ist zapfenwellengetrieben und wird am Schlepperheck angebaut. Das Gewicht liegt bei 445 bzw. 498 kg. Der Preis ist mit 11 200 bzw. 11 680 € ohne MwSt. veranschlagt (Stand 2006).

Die italienische Firma Berti hat ein **Hackschnitzelsammelgerät** entwickelt. Auch bei diesem Gerät wird über eine Pick up das Rebholz aufgenommen, aber nicht gebündelt, sondern mit Hilfe von Schlegelmessern zu Holzschnitzeln zerhäckselt und direkt in einen aufgebauten Sammelbehälter befördert, der dann auf einen Anhänger entleert wird. Der "Picker" ist in Arbeitsbreiten von 100 bis 180 cm erhältlich und kostet 12 500 bis 14 650 € ohne MwSt. Der Sammelbehälter hat ein Fassungsvermögen von 0,9 bis 1,3 m^3. Ein Vertrieb in Deutschland erfolgt durch die Firma Herzenberger Technik (35447 Reiskirchen-Burkhardsfelden).

Energiegehalte und Bewertung

Um die Wirtschaftlichkeit der energetischen Verwertung von Rebholz beurteilen zu können, muss man sich die Heizwerte im Vergleich zu den alternativen Brennstoffen anschauen. Bei der Verbrennung von Holz verdampft zunächst das enthaltene Wasser. Die dazu benötigte Energie beträgt 0,68 kWh je kg Wasser (Verdampfungswärme). Zieht man die für die Verdampfung des Wassers benötigte Energie von der in der verbleibenden Trockenmasse enthaltenen Energie ab, errechnet sich der Heizwert.

Heizwert der Trockenmasse - Verdampfungswärme des Wasseranteils = Heizwert

Beispiel: Buchenholz mit 20 % Wassergehalt
(80 % x 5 kWh) - (20 % x 0,68 kWh) = 3,86 kWh/kg

Überschlägig liegt der Heizwert von absolut trockenem Holz (Wassergehalt 0 %) bei 5 kWh/kg. Lufttrockenes Holz (Wassergehalt 15 – 20 %) besitzt einen durchschnittlichen Heizwert von 4 kWh/kg. Für Rebholz sind bei 20 % Feuchte rund 3 kWh/kg anzuhalten. Dies bedeutet, dass 3,3 kg lufttrockenes Rebholz dem Heizwert von 1 Liter Heizöl entsprechen. Bei 30 bis 40 dt Frischmasse pro ha ergeben sich etwa 20 bis 28 dt lufttrockenes Rebholz. Dies entspricht einem Heizwert von 600 bis 850 Liter Öl. Da Rebholz einen Festbrennstoffofen benötigt, ist der Vergleich mit Laubholz zutreffender. Ein Festmeter Buche (20 % Feuchte, 560 kg TM/Festmeter) hat einen Heizwert von 2.700 kWh. Demgegenüber stehen 6.000 bis 8.500 kWh für 1 ha lufttrockenen Rebholzes (3 kWh/kg x 20 bis 28 dt). Der Heizwert von 1ha Rebholz entspricht demnach 2,2 bis 3,1 Festmeter lufttrockenen Buchenholzes. Bei einem unterstellten Festmeterpreis von 28 € entstehen dafür Kosten von 62 bis 87 €. Für ofenfertig geschnittenes Holz liegt der Festmeterpreis bei ca. 43 bis 50 ¤ (incl. Anlieferung, Stand 2006). Die für einen Hektar Rebholz adäquaten Heizwertkosten liegen demnach bei 95 und 155 €. Daraus ergibt sich, dass der Zukauf von Holz derzeit noch eine recht preisgünstige Heizquelle darstellt. Allerdings sind aufgrund der stetig steigenden Nachfrage zukünftig höhere Preise zu erwarten. Bei der energetischen Verwertung des Rebholzes könnte man zwar die Kosten des Holzes auf Null setzen, obwohl es einen Humus- und Düngewert von rund 90 €/ha hat. Auch bei den Kosten für den Schlepper und den Schlepperfahrer sind nur evtl. anfallende Mehrkosten gegenüber dem konventionellen Rebholzhäckseln zu veranschlagen. Aufgrund der vergleichbaren Arbeitsleistung der Rebholzballenpresse mit einem Rebholzhäcksler ist jedoch nicht mit nenneswerten Mehrkosten zu rechnen. Allerdings fallen Kosten für das Pressen und die Bergung des Rebholzes an. Geht man von einer jährlichen Festkostenbelastung der Rebholzballenpresse von 1.400 € aus (A = 13.000 €, Zins = 5 %, Afa 12 Jahre) und Materialkosten (Netze) in Höhe von 25 bis 30 €/ha, so wird deutlich, dass eine Wirtschaftlichkeit dieses Verfahrens gegenüber dem Zukauf von Holz nur gegeben sein kann, wenn relativ große Flächen gepresst werden, um insbesondere die hohe Festkostenbelastung der Presse zu senken (10 ha = 140 €/ha Festkosten, 50 ha = 28 €/ha Festkosten). Deshalb kommt dieses Verfahren in erster Linie für Lohnunternehmer oder Betriebsgemeinschaften in Frage. Zudem muss noch gewährleistet sein, dass die Arbeitskosten für das Aufladen, den Transport und das Abladen relativ gering sind.

In Steillagen, wo keine Mechanisierungsmöglichkeit des Rebholzhäckselns in den Anlagen besteht und das Rebholz gesammelt und rausgetragen wird, kann die energetische Verwertung eine sinnvolle Alternative darstellen. Die einfachste und kostengünstigste Lösung ist die Verarbeitung zu Hackschnitzeln. Entsprechende Holzhäcksler können gemietet werden. Eine weitere Brikettierung oder Pelletierung der Hackschnitzel ist auch möglich, erfordert aber höhere Investitionskosten, sodass relativ große Mengen verarbeitet werden müssen, damit sich dieses Verfahren rechnet. Werden Investitionen für eine Pelletier- oder Brikettieranlage getätigt, so sollte man auch über die Möglichkeit der energetischen Verwertung von Trestern nachdenken. Der Heizwert von lufttrockenen Trestern liegt bei etwa 3,3 kWh/kg. Die energetisch wertvollsten Bestandteile stellen die ölhaltigen Kerne dar, die einen Heizwert von ca. 21 000 KJ/kg Trockensubstanz besitzen.

Tabelle 31: *Heizwert von Brennstoffen*

Brennstoff	Heizwert	
	KJ/kg	KWh/kg
Heizöl	42 000	10
Koks	30 000	7
Laubholz (20 % Feuchte)	16 000	3,9
Rebholz (20 % Feuchte)	12 600	3,0
Trester (20 % Feuchte)	13 800	3,3

Abbildung 51: *Rebholzballenpresse von Lipco beim Auswerfen eines Rebholzballens*

Abbildung 52: *Rebholzhäcksler mit Hackschnitzelsammelbehälter von Berti*

6 Bindematerialien und -geräte

Bei der Bogenerziehung ist das Biegen eine jährlich notwendige Maßnahme, bei der die einjährige Fruchtrute in die gewünschte Form gebracht und gleichzeitig fest mit dem Biegdraht des Drahtrahmens verbunden wird. In Abhängigkeit von der Gassenbreite, der Erziehungsart und dem eingesetzten Bindematerial bzw. -gerät werden für diesen Arbeitsgang etwa 15 bis 40 Akh/ha benötigt, wobei rund 4000 bis 20 000 Bindungen/ha durchgeführt werden. Zum Anbinden der Ruten gibt es mittlerweile eine Vielzahl von Materialien und Geräten.

6.1 Bindematerialien

Die verschiedenen Bindeartikel unterscheiden sich in ihrem Material, z.B. Kunststoff, Metall oder Naturprodukte (Weide, Hanf), sowie in ihrer Haltbarkeit, z.B. einmalig oder mehrjährig verwendbar.

Bindematerial - einmalig verwendbar für Ruten

Einmalig verwendbar sind die **Materialien der Bindegeräte** sowie die **Bindeweiden** und der papierummantelte **Bindedraht** (Rebbindegarn). Der Bindedraht war früher das verbreitetste Bindematerial. Mittlerweile gibt es aber preiswertere und schnellere Alternativen, weshalb seine Verwendung rückläufig ist. Der Draht wird um den Biegdraht und die Rute gelegt und von Hand zugedreht. Da er keinen Korrosionsschutz besitzt, rostet er und lässt sich beim nächsten Rebschnitt relativ leicht entfernen. Beständiger ist der kunststoffummantelte Bindedraht, der sich deshalb besonders für mehrjährige Bindungen (z.B. Kordon) eignet.

Die Weide als Naturprodukt hat noch eine gewisse regionale Bedeutung (z.B. Mosel). Häufig besitzen die Winzer selbst Weiden, die sie in der arbeitsarmen Zeit schneiden und herrichten. Gekaufte Bindeweiden sind im Vergleich zu anderen Bindematerialien relativ teuer. Das Binden mit Weiden erfordert einige Übung, da der Bindevorgang schwieriger ist.

Bindematerial - mehrjährig verwendbar für Ruten

Für die Bindung der Bogreben mehrjährig verwendbar sind **Kunststoff- und Metallklammern.** Sie werden einmal am Biegdraht befestigt und verbleiben dort dauerhaft. Ohne Aushängen kann man bei Bedarf die Klammern am Draht verschieben. Die Ruten werden jährlich neu an den Klammern befestigt. Verbreitete Kunststoffklammern sind die **Diana-Heftklammern** und die **Rema-Rebstar** und **Rebix-Klammern.** Sie werden mit Haken in den Draht eingehängt. Zwischen Klammer und Draht wird die Rute fest eingeklemmt. Sie eignen sich für die Halb- und Pendelbogenerziehung. Geignet für den Flach- und Halbbogen ist der **Streckerclip.** Er wird mit einer

Öse am Biegdraht befestigt, und der Bogen wird beim Biegen einfach in den Clip hineingedrückt. Eine Stopphaut verhindert ein Verrutschen am Draht.

Metallklammern sind in der Anschaffung etwas teurer, dafür aber auch haltbarer. Sie bestehen aus verzinktem Stahl oder aus Edelstahl. Wichtig ist, dass die Klammern einen guten Halt am Draht haben und nicht durch den Vollernter gelöst werden und in das Erntegut gelangen. Bewährt für den Halb- und Pendelbogen hat sich in der weinbaulichen Praxis die **Vinclip Klammer**. Für den Flachbogen wird die **Wirex Klammer** angeboten. Bei längeren Flachbögen empfiehlt es sich, den Bogen einmal um den Draht zu wickeln, um einen festeren Halt zu bekommen. Wie bei den Kunststoffklammern werden auch hier die Ruten einfach in die Klammer hinein-gedrückt.

6.2 Bindegeräte

Bindegeräte liefern einmalig verwendbare Bindungen für Rutenbindungen, teilweise auch für Stammbindungen. Der Bindevorgang ist sehr schnell und ohne Kraftaufwand durchführbar. Nachteilig bei Bindegeräten ist, dass der Biegevorgang mit nur einer Hand vorgenommen werden kann, da in der anderen Hand das Gerät gehalten wird. Neben einer leichten Handhabung sollte man auf Wartung, Ersatzteilbeschaffung und Haltbarkeit achten. Das Bindematerial ist bei den meisten Geräten recht preisgünstig, jedoch lohnt es sich, vor dem Kauf eines Gerätes die Kosten pro Bindung zu vergleichen. Für den Weinbau werden folgende Bindegeräte angeboten:

Die Beli-Bindezange ist wohl das verbreiteste Bindegerät für die Rutenbindung. Die Beli-Zange wird zur Bindung über das Rutenende und den Biegdraht geführt. Durch ein erstes Zusammendrücken der Zange wird der Draht vom oberen Ende der Zange mit dem unteren Ende der Zange verbunden. Die Zange wird nun über das Rutenende und den Biegdraht zurückgezogen. Durch ein zweites Zusammendrücken und schnel-les Zurückziehen der Zange wird der Draht abgeschnitten und die Drahtenden miteinander verdrillt. Als Bindematerial wird auf Spulen aufgewickelter, verzinkter Draht mit einer Stärke von 0,4 mm benutzt. Mit einer vollen Spule können rund 800 bis 1000 Bindungen gemacht werden. Preisgünstig ist es, den Draht auf größeren Rollen zu kaufen (3 oder 7 kg) und selbst auf die Spulen aufzuwickeln. Von einem kg Draht (ca. 6,60 €) erhält man rund 11 Spulen. Der Materialpreis pro Spule liegt dann nur bei etwa 0,60 €. Einige Winzer nehmen das Beli-Bindegerät auch zum Zusammen-klammern der Heftdrahtpaare. Dabei wird die Bindung mit einem Abstand von 8 bis 10 cm zwischen den beiden Heftdrähten angebracht. Durch ein ruckartiges Ziehen lassen sich die Bindungen leicht lösen, was beim Ablegen der Heftdrähte vorteilhaft ist. Es wird auch ein Binder mit engerem Griff für Personen mit kleineren Händen angeboten.

Die **Ligatex- Bindezange** ist in ihrem Arbeitsprinzip mit dem Beli-Binder vergleichbar. Sie besitzt aber keinen Schaltgriff, der zusammengedrückt werden muss, um den Draht zu verbinden. Bei der Ligatex-Bindezange wird die zu bindende Rute in eine bogenförmige Öffnung gedrückt, dabei verbindet sich der Draht vom oberen Ende der Zange mit dem unteren Ende der Zange. Anschließend wird die Bindezange bis zu einem gekrümmten Anschlag (Bügel) angezogen und die Rute gebunden und durch den Endanschlag der Bindedraht abgeschnitten. Danach erfolgt das Hochheben des Bindezangenkopfes, wobei der Bindedraht ausgehängt wird und Bindekopf und Spule mit Hilfe einer Feder zurückschnellen. Das Gerät ist etwas gewöhnungsbedürftig, aber wer mit dem Binder zurecht kommt, ist in der Lage, sehr schnell zu binden. Wichtig ist jedoch die regelmäßige Wartung, insbesondere muss die Bindezange bei Gebrauch ein- bis zweimal am Tag eingeölt werden, um Störungen zu vermeiden. Wie beim Beli-Binder kann man auch bei der Ligatex-Bindezange den Draht auf Rollen kaufen und selbst aufspulen, was die Kosten der Bindungen senkt.

Die Bindezangen **Max-Tapener HT-B** und **Simes Tapetool** werden vorwiegend in Junganlagen zur Stammbindung eingesetzt, sind aber auch bei Verwendung eines nicht dehnbaren Bindebandes (z.b. PHT 15) oder eines Papierbandes für die Rutenbindung geeignet. Das Kunststoff-Bindeband befindet sich auf einer Rolle und wird in die Zange eingelegt. An der Spitze der Zange befinden sich Heftklammern. Zum Binden wird die Zange vor der Rute geschlossen, ein Haken greift das Bindeband und zieht es von der Rolle. Mit der Zange werden dann die Rute und der Biegdraht umfasst. Durch das Schließen der Zange hinter der Rute wird das Bindeband zusammengeklammert und abgetrennt.

Bei der **Bindezange C50** (Rocagraf) werden Metallklammern als Bindematerial verwendet. Die Klammern befinden sich in einem Magazin (Fassungsvermögen 50 Klammern). Auch mit dieser Bindezange umfasst man die Rute und den Biegdraht und fixiert die 1 mm starke Klammer an der Rute durch Zusammendrücken der Zange. Nachteilig ist, dass das Magazin bereits nach 50 Bindungen nachgeladen werden muss, was einen zusätzlichen Zeitaufwand von 30 bis 40 Sekunden pro Ladevorgang erfordert. Außerdem sind die Klammern, verglichen mit anderen Bindematerialien, recht teuer.

Bei dem **Fix-Rebenbinder (Ligapal)** befindet sich der Bindedraht auf einer Rolle, die an einem Gürtel um die Hüfte befestigt wird. Von dort aus wird kontinuierlich Draht entnommen und in einer Schlaufe um die Rute und den Biegdraht gelegt. Mit einem Haken an der Bindeschere wird der Bindedraht durch Anziehen verdrillt. Anschließend wird der Draht mit einer am Bindegerät befindlichen Schere abgeschnitten. Andere im Handel befindliche Drillgeräte (z.B. Uni-Driller, Mini Blitz) arbeiten nach dem gleichen Prinzip. Drillgeräte können neben der Rutenbindung auch für die Stammbindung in Junganlagen eingesetzt werden. Als Bindematerialien können papierummantelter Bindedraht oder die preiswertere Hanfdrahtschnur verwendet werden.

Das **Pellenc AP 25** ist ein batteriebetriebenes Bindegerät, welches mit Hilfe eines kunststoffumhüllten (Polypropylen) oder papierummantelten Stahldrahtes die Ruten bindet. Mittlerweile werden auch Edelstahl- und Biobänder angeboten. Zur Energieversorgung dient ein an einem Gürtel auf dem Rücken getragener Akku. An den Akku eingehängt, befindet sich das Spulengehäuse, welches 200 m Bindedraht enthält. Beim Binden mit dem Gerät hält eine Hand die Rute, die andere Hand hakt mit dem Gerät Rute und Biegdraht ein. Bei Betätigung des Auslösers wird der Bindedraht in nur 0,2 Sekunden um Rute und Biegdraht verdrillt und abgeschnitten. Die Anzahl der Verdrillungen und damit die Festigkeit der Bindung lassen sich an einem Schalter am Gerät einstellen. Während des Bindevorgangs wird die Kunststoffhülle des Drahtes perforiert, damit Feuchtigkeit eindringen kann und der Draht bis zum nächsten Winter rostet. Mit einer Spule können bis 1500 Bindungen mit dem kunststoffumhüllten und etwa 1200 Bindungen mit dem papierumhüllten Draht durchgeführt werden. Letzterer ist etwas teurer und erfordert einen höheren Wartungsaufwand am Bindegerät. Der Akku ist, wie bei der Pellenc-Elektroschere, aufladbar und hält einen Arbeitstag. Das Gewicht von Akku und Spule beträgt 2,3 kg.

Das Bindegerät A3M ist ebenfalls akkugetrieben und wird zum Anbinden, ähnlich wie die Ligatex-Bindezange, in die bogenförmige Öffnung des Knüpfkopfes gedrückt. Dabei schließt sich der Kopf und der Draht verbindet sich vom oberen Ende der Zange mit dem unteren Ende. Durch Anziehen des Binders und Drücken des Schalters erfolgen das Binden und Abschneiden. Durch mehrmaliges Drehen des Knüpfkopfes wird der Draht verdrillt. Der Bindedraht befindet sich auf ähnlichen Spulen wie beim Ligatex-Gerät. Auch hier ist ein Selbstaufspulen von Drahtrollen möglich. Das Gewicht des Bindegerätes liegt bei 650 g plus 120 g für die volle Spule. Der Akku wiegt 620 g, und mit einer Akku-Ladung können ca. 8 000 Bindungen durchgeführt werden. Die Aufladezeit beträgt 5 h.

Abbildung 53: *Vorrichtung zum Selbstaufwickeln der Spulen*

Abbildung 54: *Beli- und Ligatex Bindezange*

Tabelle 32: Übersicht Arbeitszeiten und Materialkosten (€ ohne MwSt.) bei der Rutenbindung (Stand 2006) (Berechnet auf 4500 Stock/ha mit 2 Bogen/Stock)

Bindegerät	ca. Preis € ohne MwSt.	Bindematerial	ca. Preis / Einheit € ohne MwSt.	ca. Bindungen / Einheit	ca. Kosten / Bindung	Hersteller / Vertreiber
Beli Bindezange	200	0,4 – 0,5 mm verzinkter Draht	1,30 / Spule, 5,68 / kg Rolle	ca. 900 /Spule	0,15 ct. bei gekauften Spulen 0,06 ct. bei Selbstaufwicklung von Rollen	Seibert Gerätebau, 76889 Barbelroth
Ligatex Bindezange	120	0,4 od. 0,46 mm verzinkter Draht	2,44 / Spule 5,68 / kg Rolle	ca. 1200 / Spule	0,20 ct. bei gekauften Spulen 0,06 ct. bei Selbstaufwicklung von Rollen	Albrecht – Elektrotechnik, 67305 Ramsen
A3M Elektrobinder	620	0,4 od. 0,46 mm verzinkter Draht	2,44 / Spule 6,60 / kg Rolle	ca. 1200 / Spule	0,20 ct. bei gekauften Spulen 0,06 ct. bei Selbstaufwicklung von Rollen	Albrecht – Elektrotechnik, 67305 Ramsen
Pellenc AP 25 Elektrobinder	710	Kunststoffumhüllt, papierummantelt, Edelstahl od. Bioband	3,57 / Spule (kunststoffumhüllt) 4,43 / Spule (Bioband)	ca. 1450 / Spule	0,25 ct. (kunststoffumhüllt) 0,31 ct. (Bioband)	Auer, 55296 Lörzweiler Fischer, 67150 Niederkirchen
Fix-Rebenbinder (Ligapal)	19	Hanfdrahtschnur od. papierumhüllter Draht (1,0/0,5)	2,40 / Rolle (190 m) bzw. 3,58 / Rolle (220 m)	ca. 1400 / Rolleca. 1600 / Rolle	0,17 ct. bei Hanfdrahtschnur 0,22 ct. bei papierumh. Draht	KME – Agromax, 79346 Endingen
Max HT – B Bindezange	36	Kunststoffband PHT 15 (26 m/R.) Papierband P12. (30 m/R)	5,30 / 10 Rollen 2,40 / Pack. mit 4800 Klammern	ca. 380 / Rolle (Kunststoffband) ca. 440 / Rolle (Papierband)	0,19 ct.	KME – Agromax, 79346 Endingen
Simes Tapetool Bindezange	43	Kunststoffband weiß, blau grün (25 m/Rolle)	9,95 / 18 Rollen 3,21 / Pack. mit 5040 Klammern	ca. 365 / Rolle	0,22 ct.	Albrecht – Elektrotechnik, 67305 Ramsen
Stella Bindezange C 50 (Rocagraf)	39	Metallklammern 1 mm	16,56 / Pack. mit 4200 Klammern	50 / Magazinfüllung	0,40 ct	Raiffeisen, Landhandel

Das Verzeichnis erhebt keinen Anspruch auf Vollständigkeit

Tabelle 33: Übersicht Bindeklammern und Bindedraht

Bindeklammern / -draht	Material - Art	ca. Preis / Einheit € ohne MWSt.	ca. Kosten / Bindungen	Haltbarkeit	Hersteller / Vertreiber
Rebstar Klammer	Kunststoff	24 / 1000 Stück	0,33 ct.	ca 6 – 8 Jahre	Rema – Kunststoffteile, 74376 Gemmrigheim
Rebfix Klammer	Kunststoff	23 / 1000 Stück	0,32 ct.	ca 6 – 8 Jahre	Rema – Kunststoffteile, 74376 Gemmrigheim
Streckerclip	Kunststoff	25 / 1000 Stück	0,28 ct.	ca 8 – 10 Jahre	Rema – Kunststoffteile, 74376 Gemmrigheim
Diana Heftklammer	Kunststoff	25 / 1000 Stück	0,34 ct.	ca 6 – 8 Jahre	Maidhof, 67316 Carlsberg
Wirex Klammer	Stückverzinkt	49 / 1000 Stück	0,16 ct.	Standdauer der Rebanlage	Mowein, 54331 Pellingen
Vinclip Klammer	Verzinkt oder Edelstahl	41 oder 60 / 1000 Stück	0,14 ct. oder 0,20 ct.	Standdauer der Rebanlage	Mowein, 54331 Pellingen
Bindedraht (Rebbindegarn)	Papierumhülter Draht 12 cm Länge	6 / 1 kg (0,5 mm) 2,04 /1000 Stück	0,20 ct.	1 Jahr	Landhandel

Das Verzeichnis erhebt keinen Anspruch auf Vollständigkeit

Arbeitswirtschaft und Kosten

Wichtige Beurteilungskriterien der verschiedenen Bindetechniken sind die Kosten pro Bindung und der Arbeitszeitbedarf. Mit Bindegeräten und –klammern lassen sich die Ruten recht schnell befestigen. Die zügige Handhabung der verschiedenen Bindesysteme ist jedoch stark personenabhängig. Die Unterschiede in den Material-kosten pro Bindung sind recht hoch und reichen von 0,06 bis 0,40 Cent. Bei den Gesamtkosten pro Hektar, die neben den Materialkosten die Geräte- und Arbeits-kosten berücksichtigen, liegen die Unterschiede zwischen 122 € und 190 €. Außer den Arbeitszeiten und den Materialkosten ist noch wichtig, wie schnell und gut sich die Bindungen beim Rebschnitt lösen. Vorteilhaft sind Bindungen, die mit einem Ruck gelöst werden können, wie z.B. der Bindedraht einiger Bindegeräte. Ungünstiger zu beurteilen sind Materialien, die erst noch mit der Rebschere gelöst werden müssen, wie z.B. der papierumhüllte Bindedraht.

Tabelle 34: *Arbeitszeiten bei der Rutenbindung*
(Berechnet auf 4 500 Stock/ha mit 2 Bögen / Stock)

Gerät / Material	Akh/ha bei Flachbogen mit 2 Bindungen / Rute	Akh/ha bei Halbbogen mit 1 Bindung / Rute
Papierumhüllter Bindedraht	30 – 40	20 – 25
Bindeweiden	45 – 55	30 – 35
Beli – Bindezange	19 – 23	14 – 16
Ligatex – Bindezange	19 – 23	14 – 16
A3M Elektrobinder	19 – 23	14 – 16
Pellenc AP 25 Elektrobinder	18 – 21	13 – 15
Bindezange Stella C50	21 – 25	15 – 18
Fix Rebenbinder (Ligapal)	27 – 31	19 – 22
Max HT–B, Simes – Bindezange	20 – 25	15 – 17
Rebstar, Rebfix, Diana - Klammern	-	19 – 21
Streckerclip	24 – 30	14 – 16
Vinclip Klammer	-	14 – 16
Wirex Klammer	24 – 30	-

Tabelle 35: *Kostenvergleich (€ ohne Mwst.) verschiedener Bindematerialien- und geräte (2-Bogen Erziehung mit Halbbogen, 9.000 Bindungen/ha, ohne Wege- und Rüstzeiten)*

Gerät/Material	Anschaffungs-preis - Gerät	Gerätekosten /ha (Einsatzumf. 8 ha/Jahr)	Material-kosten/ha	Arbeitskosten Akh/h x 7,50 €/h	Gesamtkosten €/ha
Pellenc AP 25 Elektrobinder	710	15	22	14 x 7,50 105,00	141
A3M Elektrobinder	620	14	18 oder 6[1]	15 x 7,50 112,50	144,50 oder 132,50
Beli Bindezange	200	4	13 oder 6[1]	15 x 7,50 112,50	129,50 oder 122,50
Ligatex Bindezange	120	4	18 oder 6[1]	15 x 7,50 112,50	134,50 oder 122,50
Bindezange C50	39	1	36	16,5 x 7,50 123,50	159,50
Fix – Rebenbinder	19	1	15,50	20,5 x 7,50 154	170,50
Max HT – B/ Simes Tapetool	36 / 43	1	17 oder 20	16 x 7,50 120,00	138 oder 141
Papierumhüllter Bindedraht	-	-	18	23 x 7,50 172,50	190,50
Rebstar, Rebfix, Diana-Klammern	-	-	29[2]	20 x 7,50 150,00	179
Streckerclip	-	-	23[2]	15 x 7,50 112,50	135,50
Vinclip	-		13 oder 18[2]	15 x 7,50 112,50	125,50 oder 130,50

1 = Bei Selbstaufwicklung der Spulen von Rollen ohne Berechnung von Arbeitskosten
2 = Haltbarkeit von 6 – 8 Jahren bei Kunststoffklammern und 25 – 30 Jahre bei Metallklammern unterstellt.

6.3 Bindematerialien und -geräte für Stammbindungen

Um einen geraden Stamm zu bekommen, müssen in Junganlagen die zur Stamm-bildung vorgesehenen Triebe an den Pflanzpfählen angebunden werden. Auch hierfür bietet der Handel den Winzern eine Reihe unterschiedlicher Materialien und Geräte an.

Im Pflanzjahr werden die Triebe meist mit dehnbaren Bändern, die sich beim Dickenwachstum leicht lösen, angebunden. Dies erfolgt in der Regel mit Hilfe von Bindezangen, wie der **Max HT-B** oder die **Simes Tapetool**. Sie liefern schnelle und kostengünstige Bindungen. Die Funktionsweise der Bindezangen ist in Kap. 6.2 beschrieben. Ab dem ersten Standjahr werden dauerhaft haltbare Materialien bevorzugt. Verbreitet sind Kunststoffbänder, wie das **Römerband,** das **Elasticband** oder der Bindeschlauch. Die Bänder sind recht elastisch und dehnen sich beim Dickerwerden des Stammes. Sie lassen sich gut verarbeiten und sind preisgünstig. Zur Erleichterung und Beschleunigung der Anbindearbeiten gibt es für den Bindeschlauch Klammerzangen, wie die Max Tapener HR-F oder die Simes Mod. 110.

Kunststoff-Rebbänder, -Kettenbänder und **-Rasterbänder,** die in verschiedenen Längen (ca. 20 bis 40 cm) im Handel erhältlich sind, liefern ebenfalls mehrjährig haltbare Bindungen. Beim Dickenwachstum des Stammes dehnt sich das Rebband etwas, es kann aber auch leicht verstellt werden. Das Rasterband dagegen verstellt sich bei Druck selbständig. Reb- und Rasterbänder sind zwar relativ teuer, dafür aber recht lange haltbar. Alle Kunststoffbänder eignen sich auch gut zum Anbinden von Kordonarmen.

Der **Stammfix** besteht aus weichem, elastischem Kunststoff und wird mit der Öse auf den Pflanzstab gesteckt. Die Befestigung des Stämmchens erfolgt durch Verdrillen der beiden Enden. Er ist für Pflanzstabgrößen von 5,2 bis 8 mm und von 10 bis 15 mm erhältlich.

Der **Blitzbinder** besteht aus einem Spezialgummi und ist in mehreren Größen (4 bis 30 cm Länge) erhältlich. Er ermöglicht schnelle, dauerhafte und elastische Stammbindungen, ist aber relativ teuer. Die Haltbarkeit wird mit 8 bis 10 Jahren angegeben.

Auch der **papier- und kunststoffummantelte Bindedraht** (Rebbindegarn) ist zur Stammbindung geeignet. Hierfür werden etwas längere Bindedrähte angeboten (16 bis 25 cm). Der papierummantelte Draht ist allerdings nicht sehr dauerhaft, meist ist er nach zwei Jahren durchgerostet.

Der **Reblon-Kunstbast** ist das preiswerteste Bindematerial, hat aber den Nachteil, dass er unelastisch ist. Er muss deshalb jährlich erneuert werden, sonst kommt es zum Abschnüren der Stämmchen.

Drillgeräte wie der **Fix Rebenbinder (Ligapal)** oder der **Uni-Driller** arbeiten mit Hanfdrahtschnur oder papierummanteltem Bindedraht, der von einer Rolle abgewickelt wird. Auch sie liefern keine mehrjährig haltbaren Bindungen.

Arbeitswirtschaft und Kosten

Auch bei den Stammbindungen gibt es größere Unterschiede hinsichtlich des Arbeitsaufwandes und der Materialkosten. Allerdings muss bei einem Vergleich der verschiedenen Materialien und Geräte die Haltbarkeit der Bindungen mit berücksichtigt werden. Bei wenig dauerhaften und unelastischen Materialien sollten die Bindungen nach einem, spätestens nach zwei Jahren erneuert werden. Dies ist in dem nachfolgenden Arbeitszeit- und Kostenvergleich nicht berücksichtigt.

Tabelle 36: *Übersicht Arbeitszeiten und Materialkosten bei der Stammbindung (Stand 2006) (Berechnet auf 4 500 Stock / ha mit 2 Bindungen / Stämmchen an Wellstäben)*

Gerät / Material		Akh / ha	ca. Materialkosten (€ ohne MwSt.)		
			pro Einheit	Pro Bindung	€ pro ha
Kunststoff-Rebband, Kettenband		26 - 28	23,5 cm, 8,80 € / 250 Stück	3,5 ct.	315
Kunststoff-Rasterband		26 - 28	19 cm, 11,40 € / 500 Stück	2,3 ct.	207
Stammfix		16 - 18	18 € / 1000 Stück	1,8 ct.	162
Römerband		30 - 33	2,15 € / 100 m Rolle	0,43 ct.	39
Elasticband (6 mm breit)		30 - 33	10[1] - 15[2] € / 250 m	0,8 - 1,1 ct.	72 - 99
Bindeschlauch (4 bis 6 mm)		30 - 33	4 – 8 € / 100 m Rolle	0,7 -1,4 ct.	63 - 126
Bindeschlauch + Simes Zange Mod 110		-	Schlauch 4,70 € / 100 m Klammern 13 € / 3000 St. Preis Zange: 38 €	-	-
Bindeschlauch + Max HR-F Heftzange		-	Schlauch 4,10 € / 100 m Klammern 2,65 €/1000 St. Preis Zange: 46 €	-	-
Papierumhüllter Bindedraht		21 - 24	7 € / kg = 1700 Drähte (0,5 x 20 mm)	0,41 ct.	37
Bindebast		30 - 33	1,75 € / 400 m Rolle	0,08 ct.	7,20
Blitzbinder (7, 9 od. 11 cm)		16 - 18	16 € / 490, 300 od. 250 Stück	3,2; 5,3 od.6,4 ct.	288 – 576
Fix Rebenbinder (Ligapal)		20 - 23	2,50 €[3]/ 190 m Rolle 4,30 €[4]/ 250 m Rolle Preis Rebenbinder: 23 €	0,20 ct. 0,26 ct.	18 – 23
Max HT-B Bindezange		14 - 16	Band 5,30 € /10 Rollen á 26 m Klammern 2,40 € / 4800 St. Preis Zange: 36 €	0,19 ct.	17
Simes Tapetool		14 - 16	Band 10,00 € /18 Rollen á 25 m Klammern 3,25 € / 5040 St. Preis Zange: 43 €	0,21 ct.	19

1) schwarzes Elasticband   2) grünes Elasticband   3) Hanfdrahtschnur   4) papierummantelter Flachdraht
Das Verzeichnis erhebt keinen Anspruch auf Vollständigkeit

6.4 Sonstige Befestigungsmaterialien und -geräte

Die Befestigung der Rebstämme am Draht kann mit Hilfe von **Stockklammern** erfolgen. Sie werden am Biegdraht fest montiert und lassen sich entsprechend dem Dickenwachstum des Stockes verstellen und sorgen für einen dauerhaften Halt.

Zum Befestigen von Pflanzpfählen am Biegdraht dienen **Kunststoff- und Metallklammern**, die es in verschiedenen Ausführungen und Größen gibt. Auch mit **Ösendrähten**, die mit Hilfe von Drillgeräten (z.B. Uni-Driller oder Mini Blitz) verrödelt werden, lassen sich die Pflanzpfähle gut am Draht befestigen.

Für das Zusammenklammern der Heftdrähte werden unterschiedliche **Heftklammern** und Clips aus verschiedenen Materialien angeboten. Kunststoff- und Metallklammern werden beim Ablegen der Heftdrähte entfernt und eingesammelt. Biologisch abbaubare Klammern können im Weinberg verbleiben, sind aber auch wiederverwendbar. Für ein zügiges Zusammenheften der Drahtpaare sollten sich die Klammern im Gebinde nicht so leicht verhaken. Klammern, die dauerhaft am Draht verbleiben, sind auf einer Seite mit einem Haken am Draht befestigt. Neben Klammern werden für das Zusammenheften der Drähte auch noch der papierumhüllte Bindedraht oder Bindegeräte wie beispielsweise die Beli-Bindezange oder die Bindezange C 50 in der Praxis eingesetzt.

Das **Druckluft-Heftgerät** dient der Befestigung der Rebstöcke am Biegdraht. Der Rebstamm wird mit einer Klammer am Biegdraht angeschossen. Der Stamm bekommt dadurch Halt und kann sich nicht mehr verziehen. Das Heftgerät kann an die Kompressoren von Rebschneideanlagen angeschlossen werden. Ein späteres Einwachsen des Drahtes in den Stamm oder die eingeschossene Klammer schädigen den Stock nicht. Nachteilig ist, dass beim Abräumen von Anlagen der Biegdraht nicht mit der Drahthaspel herausgezogen werden kann, sondern von Hand herausgeschnitten werden muss.

Abbildung 55:
Druckluft-Heftgerät

Tabelle 37: *Übersicht Befestigungsmaterialien für Rebstämme, Pflanzpfähle und Heftdrähte (Stand 2006)*

Bezeichnung		Verwendung	Material	ca. Preise (€ ohne MwSt.)	Hersteller/Vertrieb
Stockklammern		Befestigung von Rebstämmen am Draht bzw. Wellstab	Kunststoff	20 / 250 Stück	Maidhof, 67316 Carlsberg Rema, 74376 Gemmigheim
Kettenband mit Feststeller für Drahtbefestigung		Befestigung von Rebstämmen am Draht	Kunststoff	35 / 100 Stück	Rema, 74376 Gemmigheim
Wellstabklammern		Befestigung von Wellstäben am Draht	Kunststoff	14 – 15 / 500 Stück	Maidhof, 67316 Carlsberg Rema, 74376 Gemmighei
Drillgerät + Ösendraht		Befestigung von Pflanzstäben am Draht Längen 80 bis 300 mm	Kunststoffummantelt Edelstahl	10 – 14 /1 000 Stück 22 – 38 / 1 000 Stück Drillgerät: 16 – 18	Schriever, 58762 Altena-Dah Weis, 67487 Maikammer
Stabfix		Befestigung von Pflanzpfählen am Draht	Kunststoff	23 / 1 000 Stück	Rema, 74376 Gemmighe
Befestigungsklammern		Befestigung von Pflanzpfählen am Draht (∅ Pfahl 6 – 14 mm)	verzinkter Federstahl	29 – 34 / 1 000 Stück	Seibert, 76889 Barbelroth
Heftdrahtklammern		Zusammenklammern von Heftdrähten	Metall, verzinkt	3,80 / 500 Stück	Schriever, 58762 Altena-Dah Weis, 67487 Maikamme
Heftdrahtklammern Raffklammern Drahthaken Drahtclips		Zusammenklammern von Heftdrähten	Kunststoff	9 – 10 / 1 000 Stück 18 / 1 000 Stück (UV-stabil) 25 /1 000 Stück (Clips)	Maidhof, 67316 Carlsberg Rema, 74376 Gemmighe
Doppelclip (2 Abstände)		Zusammenklammern von Heftdrähten	Polypropylen (abbaubar)	9 / 1 000 Stück	Rema, 74376 Gemmigh
Vitagraf, Unigraf		Zusammenklammern von Heftdrähten	Polypropylen (abbaubar)	24 / 2 500 Stück	Albrecht, 67305 Ramsen
Holzklammer Fenox		Zusammenklammern von Heftdrähten	Holzfaser (abbaubar)	6 / 500 Stück	Mowein, 54331 Pellingen

Das Verzeichnis erhebt keinen Anspruch auf Vollständigkeit

Literatur

GANGL, H., LEITNER, FLAK, W.: Bindedraht, Kunststoff oder Klammern. Der Winzer 12/1996, 6 – 8.

MAUL, D.: Bindematerialien und -geräte zum Biegen und Gerten. KTBL-Arbeitsblatt Nr. 30.

MICHELSFELDER, U., BIHLMAYER, E.: Neues Bindegerät - Alternative zum Beli-Binder? Rebe und Wein 3/1998, 98 – 99.

WALG,O.: Die gute Bindung. Das Deutsche Weinmagazin 9/10, 2001, 48 – 49.

WALG,O.: Biegen und Binden – auf was sollte der Praktiker achten? Das Deutsche Weinmagazin 4/2002, 26 – 29.

WALG,O.: Bindematerialien und Bindegeräte. KTBL-Arbeitsblatt Nr. 89, 2005.

WALG,O.: Bindematerialien und –geräte für die Stammbindungen. KTBL-Arbeitsblatt Nr. 92, 2006.

WEISSENBACH, P.: Effizientes Anbinden von Streckern und Doppelstreckern. Schweizer Zeitschrift für Ost- und Weinbau 3/1997, 65 – 66.

7 Mechanisierung der Laubarbeiten

Unter unseren klimatischen Bedingungen ist sehr häufig die Lichtmenge der begrenzende Faktor bei der Assimilation. Der Lichtgenuss hängt nicht nur von der Witterung und dem Standort, sondern auch wesentlich von der Standraumgestaltung, der Höhe

und Beschaffenheit der Laubwand sowie der Art und Weise der Erledigung der Laubarbeiten ab. Optimale Assimilationsraten lassen sich nur in einer gut besonnten und belüfteten Laubwand erreichen. Deshalb muss der Triebwuchs der Rebe während der Vegetationszeit gesteuert werden. Die Laubarbeiten umfassen das Ausbrechen, das Heften, den Laubschnitt und die Teilentblätterung der Traubenzone.

7.1 Ausbrechen

Die Laubarbeiten beginnen mit dem Ausbrechen der überflüssigen wilden Triebe (Wasserschosse), weil diese die Gefahr von Pilzinfektionen erhöhen, in Nährstoffkonkurrenz zu den Trieben der Fruchtrute stehen, im nächsten Jahr den Rebschnitt erschweren und am Stamm zu verstärkten Wundenbildungen führen. Das Ausbrechen wird dann vorgenommen, wenn die Triebe sich noch leicht abstreifen lassen, ohne große Wunden zu hinterlassen. Ein frühzeitiges Ausbrechen der Wasserschosse im Stammbereich der Rebstöcke und die Entfernung von Doppel- und Kümmertrieben an der Bogrebe wirken sich günstig auf die Rebenentwicklung aus. Für die Erzeugung einer guten Traubenqualität sind 10 bis 12 Langtriebe pro Meter Rebzeile anzustreben. Das Ausbrechen wird in vielen Betrieben noch von Hand durchgeführt. Eine Mechanisierung am Stammbereich ist durch den Einsatz von Rebstammputzern (Stockputzern, Stammbürsten) und neuerdings auch chemisch mit dem Mittel „Shark" möglich.

7.1.1 Stammputzer, Stammbürsten

Der Rebstammputzer der Firma Braun, der Anfang der 80er Jahre auf den Markt kam, war das erste Gerät mit dem ein maschinelles Entfernen der Wasserschosse möglich war. Das Ausbrechen erfolgt mit Hilfe von schmalen Gummilappen, die an einer vertikal rotierenden Welle befestigt sind und die Wasserschosse abschlagen. Dabei wird der Stammputzer nicht aktiv in den Unterstockbereich geführt, sondern er läuft an den Stöcken entlang und kann um wenige Zentimeter pendeln. Zur Anpassung an unterschiedliche Stammhöhen können die Geräte mit einer oder zwei lappenbesetzten Wellen ausgestattet werden. Mittlerweile wird diese Bauform des Stammputzers auch von anderen Herstellern angeboten.

Die **Rotorbürste** der Firma Clemens ist von dem Aufbau und der Arbeitsweise mit dem Rebstammputzer vergleichbar. Die Arbeitswelle kann wahlweise mit verschiedenen Spezialkunststoffschnüren, Gummilappen oder einer Kombination beider Materialien bestückt werden. Der Arbeitswinkel ist variabel und kann in 7,5 Grad-Schritten von waagerecht (0°) über diagonal bis senkrecht (90°) verstellt werden. Dadurch ist eine Arbeitshöhe von 365 mm bis 590 mm einstellbar.

Ausbrechgeräte auf der Basis von Geräten mit horizontal rotierenden Spezialbürsten, wie sie im kommunalen Bereich für die Straßenreinigung eingesetzt werden, haben sich aufgrund der sehr hohen Staubentwicklung im Weinbau nicht bewährt und werden deshalb auch nicht mehr angeboten.

Einsatz und technische Merkmale
Mit dem Einsatz von Stammputzern/-bürsten sollte rechtzeitig begonnen werden, d.h. wenn die Triebe eine Länge von 10 bis 15 cm erreicht haben. Die Stämme sollten gerade sein und eine Mindesthöhe von 60 cm haben. Für eine optimale Arbeitsleistung sind Gassenbreiten ab 1,80 m erforderlich. Auf eine einwandfreie Ölversorgung des Antriebmotors ist ebenfalls zu achten.
Neben dem Ausbrechen eignen sich Stammputzer/-bürsten auch zur Unterstockbodenpflege (siehe Kap. 9.5.1.6). Vorteilhaft dabei ist, dass sie sich gut mit anderen Bodenpflegegeräten wie Mulcher, Grubber oder Fräse kombinieren lassen und auch die Bewuchsinseln am unmittelbaren Stammbereich erfassen. Sie können auch dazu

genutzt werden, Erddämme im Unterstockbereich zu entfernen oder Rebholz in die Gassenmitte zu befördern. Mit Stammputzern/-bürsten kann das Ausbrechen verkürzt und erleichtert werden, da das anstrengende Bücken entfällt. Nachteilig ist jedoch, dass im oberen Stammbereich, im Stockgerüst und in den Stammgabeln die Wasserschosse nach wie vor von Hand entfernt werden müssen. Eine gewisse Staubentwicklung lässt sich auf trockenen Böden beim Einsatz der Geräte nicht vermeiden. Um die Staubentwicklung in Grenzen zu halten, sollten Stammputzer bei feuchtem Boden (z.B. morgens bei Tau) gefahren werden bzw. sollte man den Bewuchs nicht unmittelbar an der Bodenfläche, sondern etwas höher abschlagen. Auch durch eine Kombination mit einem Düsengestänge am Stammputzer, das durch ein mitgeführtes Pflanzenschutzgerät mit Wasser versorgt wird, kann die Staubentwicklung reduziert werden. Stammverletzungen lassen sich beim Einsatz der Geräte nicht ganz vermeiden. Das Ausmaß lässt sich aber über Fahrgeschwindigkeit und Drehzahl beeinflussen und ist im Allgemeinen gering.

Anbau

Die Stammputzer/-bürsten können im Zwischenachsbereich, an der Front oder am Heck angebaut werden. Auch ein beidseitiger Anbau am Grubber oder Mulcher ist möglich. Die beste Arbeitsqualität liefert ein beidseitiges Bearbeiten der Rebzeile mit Überzeilengeräten, die an der Schlepperfront angebaut werden. Das Überzeilengestänge kann dabei auch mit einer Rollenführung versehen werden. Dadurch werden abgelegte Drähte angehoben, sodass die Geräte auch bei abgelegten Drähten eingesetzt werden können. Ist diese Ausführung nicht vorhanden, muss dafür gesorgt werden, dass sich keine Drähte im Arbeitsbereich befinden.

Arbeitswirtschaft und Kosten

Zwar kann durch Stammputzer und -bürsten auf das Ausbrechen von Hand nicht ganz verzichtet werden, da der obere Stammbereich und das Stockgerüst nicht erfasst werden, jedoch kann damit eine Arbeitszeitersparnis von bis zu 40 Prozent erreicht werden. Die Höhe der Zeitersparnis ist in erster Linie vom Alter der Anlage und der Rebsorte abhängig. Bei Sorten mit starkem Austrieb (z.B. Silvaner) ist die Einsparung deutlich höher als bei Sorten mit schwachem Austrieb (z.B. Portugieser). Darüber hinaus bringt das maschinelle Ausbrechen auch eine Arbeitserleichterung, da weniger in gebückter Haltung gearbeitet werden muss.

Der Einsatz von Stammputzern bringt nur bei Sorten mit starker Wasserschossbildung größere Arbeitszeitersparnisse. Der einseitige Anbau erfordert für eine saubere Arbeitsqualität ein gegenläufiges Befahren jeder Reihe. Beim Vergleich zwischen ein- und zweiseitig arbeitenden Geräten sind die Zeiteinsparungen nicht sehr groß (ca.

Tabelle 38: *Arbeitszeitbedarf beim Ausbrechen (Akh/ha)*
(ohne Rüst- und Verlustzeiten, Zeilenbreite 1,80 m, Stockabstand 1,20 m)

Verfahren	Portugieser	Müller-Thurgau	Riesling	Silvaner
Manuell				
1. Ausbrechen	4,5	7,5	10,0	12,0
2. Ausbrechen	-	3,0	6,5	7,0
Summe	4,5	10,5	16,5	19,0
Maschinell				
Stammputzer einseitig	4,5	4,5	4,5	4,5
Nacharbeit von Hand	2,0	4,5	5,5	6,5
Summe	6,5	9,0	10,0	11,0
Stammputzer zweis.	3,0	3,0	3,0	3,0
Nacharbeit von Hand	2,0	4,5	5,5	6,5
Summe	5,0	7,5	8,5	9,5

1,5 Std.). Zweiseitig arbeitende Geräte (insbesondere Überzeilengeräte) erfordern etwas geringere Fahrgeschwindigkeiten und haben etwas höhere Wendezeiten.

Die Arbeit der Stammputzer oder –bürsten beschränkt sich nicht nur auf das Entfernen der Wasserschosse, sondern sie beseitigen auch den Unterstockbewuchs und es verbleiben keine Stockinseln. In Kombination mit einem Grubber oder Mulcher können in einem Arbeitsgang die Bodenpflege und das Ausbrechen erledigt werden. Will man das Ausbrechen mit der Bodenpflege der Gassen kombinieren, so sind zweiseitige oder überzeilig arbeitende Geräte zu bevorzugen. Da mit den Stammputzern/ -bürsten kein Eingriff in den Boden stattfindet, ist meist nur ein kurzfristiges Unterdrücken des Bewuchses zu erzielen. Insbesondere schmalblättrige Gräser werden oft nur niedergeschlagen und richten sich wieder auf. Dies ist, neben der starken Staubentwicklung, ein wesentlicher Grund dafür, weshalb die Geräte nur eine begrenzte Verbreitung gefunden haben.

7.1.2 Ausbrechhacke, Ausbrecheisen

Erleichterung beim Ausbrechen bieten auch Ausbrechhacken. Mit einem Abstreifer an der Hacke werden die Wasserschosse am Stamm entfernt. Dadurch entfällt das beschwerliche Bücken und zusätzlich kann mit der Hacke unerwünschter Bewuchs im Unterstockbereich beseitigt werden. Praxisüblicher ist jedoch die Verwendung eines Ausbrecheisens, mit dem die Wasserschosse am Stamm abgedrückt werden.

Abbildung 56: *Stammputzer, überzeilig*　　**Abbildung 57:** *Ausbrecheisen*

Abbildung 58: *Rotorbürste derFirma Clemens*

Verzeichnis von Herstellern und Vertreibern von Stammputzern und Tunnelspritzen (Stand 2006)

Hersteller / Vertreiber	Typ / Ausführung	Preisspanne (€ ohne MwSt.)
Fehrenbach, 76831 Billigheim	Stammputzer einseitig, zweiseitig, überzeilig	einseitig ohne Anbaukonsole und Aushebung: 1 250 bis 1 400
Röll, 36166 Haunetal-Wherda	Stammputzer einseitig, zweiseitig	zweiseitig an Mulcher oder Grubber: 2 500 bis 2 900
Clemens, 54516 Wittlich	Rotorbürste einseitig, zweiseitig, überzeilig	Überzeilig mit Rahmen und Verstellungen: 4 800 bis 6 000
Sauerburger, 79241 Ihringen, Wasenweiler	Stammputzer Einseitig, zweiseitig	
Braun, 76835 Burrweiler	Stammputzer einseitig, zweiseitig, überzeilig 1 oder 2 Arbeitswellen	
KMS Rinklin, 79427 Eschbach	Stammputzer einseitig, zweiseitig, überzeilig	
Clemens, 54516 Wittlich	Tunnelspritze	Tunnel: 1 390, Adapter: 135
Braun, 76835 Burrweiler	Tunnelspritze	Überzeilenrahmen: 1 220

Das Verzeichis erhebt keinen Anspruch auf Vollständigkeit

7.1.3 Chemisches Ausbrechen

Neben dem manuellen und maschinellen Ausbrechen ist seit 2007 auch ein chemisches Ausbrechen mit dem Mittel **Shark** möglich. Das Mittel mit dem Wirkstoff Carfentrazone-ethyl hat eine reine Kontaktwirkung, d.h. es bringt nur die benetzten, grünen Pflanzenteile zum Absterben. Ein Transport des Wirkstoffes in der Pflanze erfolgt nicht. Von daher sind auch Folgeschäden an den Rebstöcken ausgeschlossen. Mit der Applikation auf die Wasserschosse kann gleichzeitig die herbizide Wirkung des Mittels zur Beseitigung von Unkräutern im Unterstockbereich genutzt werden. Allerdings ist aufgrund der fehlenden Tiefenwirkung keine nachhaltige Unkrautunterdrückung vorhanden und einige Weinbergsunkräuter werden mit Shark nicht ausreichend bekämpft. Zudem sollte beim Einsatz des Mittels der unmittelbare Stammbereich nicht von größeren Unkräutern besiedelt sein, damit die Wasserschose nicht beschattet werden. Dies setzt in der Regel eine vorherige chemische oder mechanische Unterstockbodenpflege voraus. Bei ausreichender Benetzung ist ein sicheres Absterben der Wasserschosse gegeben. Diese sollten beim Einsatz des Mittels eine Länge von ca. 2 bis maximal 15 cm haben, aber auch längere Wasserschosse sterben bei guter Benetzung ab. Bei sachgerechter Applikation und Terminierung ist das chemische Ausbrechen mit Shark qualitativ mit dem manuellen Ausbrechen vergleichbar und besser als die Arbeit von Rebstammputzern zu bewerten.

Voraussetzung für die Applikation sind abdriftmindernde Düsen und es muss mit einem Spritzschirm zum Schutz vor Drift gearbeitet werden. Technisch realisierbar ist die Ausbringung mit einer Rückenspritze oder einer Spritzpistole mit Schlauchleitung. Für letztere Möglichkeit können bestehende Bandspritzgeräte genutzt werden. Es sind lediglich die beiden Schläuche unterhalb der zwei Teilbreitenhebel zu entfernen und durch zwei Schlauchleitungen mit angeschlossenen Spritzpistolen zu ersetzen. Die eine Spritzpistole kann bei langsamer Fahrt vom Schlepperfahrer bedient werden, für die andere Spritzpistole ist eine zweite Person erforderlich (vgl. Kap. 9.5.2).

Eine **spezielle Tunnelspritze** für die Ausbringung von Shark zeigt die Abbildung 59. Das Gerät besteht aus zwei Wänden, die auf der Innenseite mit je zwei Injektor- oder Antidrift - Flachstrahldüsen bestückt sind. Die Wände sind schwenkbar an einem Überzeilenrahmen an der Schlepperfront aufgehängt. Für die Abdichtung nach oben und nach der Seite sorgen elastische Bürsten, die mit Kunststofflappen abgedeckt sind. Zum Boden hin ist das Gerät ebenfalls mit Kunststofflappen abgedichtet. Die Brühe wird, wie bei einem konventionellen Herbizidgerät, von einem Behälter am Heck mittels einer Pumpe den Düsen zugeführt. Eine geringe Drift auf Blätter und Triebachse der Bogrebentriebe kann nicht ganz ausgeschlossen werden, ist aber tolerierbar, da es nur zu kleinen, punktförmigen Nekrosen kommt und das weitere Blatt- und Triebwachstum davon nicht negativ beeinflusst wird. Für ein sicheres Fahren sind Führungsschienen (Taster) am Tunnel vorteilhaft.

Die Tunnelspritze kann mit 5 bis 6,5 km/h gefahren werden, sodass in ca. 1 bis 1,5 h ein Hektar abgespritzt werden kann. Für eine Behandlung mit der Herbizidspritze und angeschlossenen Spritzpistolen benötigt man etwa 3,5 h (2 Ak) und mit der Rückenspritze rund 4,5 h/ha.

***Abbildung 59:** Tunnelspritzgerät für chemisches Ausbrechen der Fa. Belchim*

***Abbildung 60:** Mit Shark behandelte Wasserschosse*

7.2 Heften

Unter Heften versteht man das Hochheben und Befestigen der Sommertriebe, damit diese Halt bekommen und nicht umfallen und in die Gasse hängen. Dies geschieht meist manuell durch Hochlegen der Heftdrähte und Einklemmen der Triebe zwischen dem Heftdrahtpaar. Die termingerechte Durchführung dieser Arbeit ist wichtig, weil durch das Hochhängen und Sichern der Triebe bessere Luft- und Lichtverhältnisse für die Trauben geschaffen werden und sowohl die Sommerbodenbearbeitung als auch der Pflanzenschutz ohne Behinderung durch herunterhängende Rebtriebe erfolgen kann. In der Regel muss das Aufheften der Rebtriebe zwei- bis dreimal durchgeführt werden. Da das Heften stark termingebunden ist, wird es bei zunehmender Betriebsgröße immer schwieriger, den steigenden Arbeitsbedarf mit Familienkräften zu bewältigen. Verfahren zur Senkung des Arbeitsaufwandes beim Heften sind deshalb für die weinbaulichen Betriebe von besonderem Interesse.

7.2.1 Heftdrahthalter (Ausleger, Abstandhalter, Heftdrahtfedern)

Bereits Ende der 60er Jahre wurden in Versuchen Querjoche zum Hochlegen der Heftdrähte in die Weinberge eingebracht, um einen problemlosen Einsatz von Stockräumgeräten zu gewährleisten. Dabei erkannte man, dass die Querjoche auch arbeitswirtschaftliche Vorteile bringen können. Mittlerweile werden eine Reihe verschiedener Typen mit hochklappbarem oder drehbarem Bügel auf dem Markt angeboten. In Kap. 3.5.2 sind die einzelnen Ausführungen beschrieben.

Arbeitswirtschaft

Untersuchungen ergaben, dass durch Heftdrahthalter, im Vergleich zum Heften mit vier beweglichen Heftdrähten, Einsparungen von 1 bis 4 Akh/ha möglich sind. Erfolgt das Heften mit den beweglichen Heftdrähten nicht termingerecht, so können die Einsparungen bis 8 Akh/ha betragen. Wegen der Triebstabilisierung durch die gespreizten Heftdrähte können mit Heftdrahthaltern ausgestattete Anlagen bis zu 10 Tage später aufgeheftet werden. Um einen guten Auffangeffekt sowie eine ausreichende Stabilität der Rebtriebe zu erreichen, sollten die Heftdrähte gut gespannt sein. Zwischen den verschiedenen Fabrikaten (siehe Tabelle 17) gibt es keine nennenswerten Unterschiede bezüglich des Arbeitsaufwandes. Beim Anbringen von zwei übereinanderliegenden Heftdrahthaltern (einer über dem Biegdraht, der andere ca. 20 cm unter dem Pfahlende) können weitere 2 bis 4 Akh/ha eingespart werden. Diese Einsparung ist darauf zurückzuführen, dass die Drähte im Drahthalter verbleiben können und nicht nach unten und später wieder nach oben bewegt werden müssen. Diese Art des Heftens bringt besonders für kleinere Personen große Erleichterungen, da sie nicht mehr in der für sie unangenehmen Höhe von 1,70 bis 1,80 m die Drähte bewegen müssen.

Folgende Vorteile sind beim Einsatz von Heftdrahthaltern zu nennen:

- Die Drähte bieten den Trieben Halt, deshalb geringe Windbruchgefahr.
- Der Zeitpunkt des Heftens ist weniger termingebunden, da die Triebe in den gespreitzten Heftdrähten gehalten werden.
- Arbeitserleichterung und bei spätem Heften auch Zeitersparnis.

Bei Heftdrahtfedern verbleiben die Heftdrähte dauerhaft in den Federösen. Ein Aushängen und Ablegen der Drähte ist zu aufwändig. Dies führt zu Arbeitserschwernissen beim Ausheben des Altholzes (z.B. bei stark rankenden Sorten) und beim Biegen. Dafür wird aber das Ablegen der Drähte eingespart, wodurch der erhöhte Zeitaufwand beim Rebschnitt und Biegen weitgehend wieder ausgeglichen wird.

Abbildung 61: Draht-Abstandhalter mit drehbarem Bügel

Tabelle 39: *Arbeitszeitvergleich beim manuellen Heften (Akh/ha) (ohne Rüst- und Verlustzeit, Gassenbreite 1,80 m, Zeilenlänge 100 m)*

Verfahren	4 bewegliche Drähte	Heftdrahthalter (nur unten)	Heftdrahthalter (unten und oben)
Drähte ablegen	5 - 7	5 - 7	5 - 7
1. und 2. Heften	16 - 21	15 - 18	11 - 14
Gesamtheftzeit	21 - 28	20 - 25	16 - 21

7.2.2 Laubhefter (Heftmaschinen)

Um die Arbeitsspitze zu brechen, werden in größeren Betrieben oft Laubhefter zum Aufheften der Rebtriebe eingesetzt. Auf dem Markt befinden sich derzeit zwei unterschiedliche Systeme. Die Laubhefter der Firmen Ero und KMS arbeiten mit Kunststoffschnüren, die eingezogen werden und das Laub zusammenhalten. Auch technisch einfache Eigenkonstruktionen von Winzern arbeiten nach diesem System. Beim Pellenc-Hefter werden die vorhandenen abgelegten Heftdrähte angehoben und in der gewünschten Höhe mit Klammern fixiert.

Bau und Arbeitsweise

Der Anbau der Laubhefter erfolgt an der Schlepperfront, wobei die zu heftende Zeile übergrätscht wird. Bei den **Ero-** bzw **KMS-Laubheftern** werden die Triebe von zwei elektrisch oder hydraulisch getriebenen Förderschnecken (Ero) bzw Aufnahmebändern (KMS) nach oben gezogen und aufrecht gestellt. Gleichzeitig wird links und rechts der Rebzeile aus einem Behälter eine Kunststoff-Heftschnur durch Führungsösen zu einer Bremse geführt, die der Schnur eine leichte Spannung gibt. Von hier aus läuft die Schnur in Höhe der Klammerschlitze am Klammerautomat, der in verschiedenen Größen erhältlich ist, vorbei. Per Handauslösung wird der Klammerautomat aktiviert. Daraufhin wird in die Laubwand eine Lücke gerafft, und gleichzeitig werden die zwei Schnüre mit einer Klammer zusammengeheftet. Die Klammerung ist wichtig, da erst sie der Laubwand die nötige Stabilität gibt und das Herausrutschen der Triebe verhindert. Pro Stickellänge müssen zwei bis drei Klammern eingesetzt werden. Ein bis zwei Meter vor Zeilenende wird die Bremse geschlossen und die Schnur damit blockiert. Durch Weiterfahrt mit dem Schlepper wird die ausgebrachte Schnur gespannt. Mit einer Feststellzange wird die Schnur am Zeilenende fixiert und etwa einen halben Meter hinter den Endpfahl abgeschnitten. Danach werden die zwei Schnüre verknotet und die Zange wieder gelöst. Das Schnurmaterial gibt es in verschiedenen Stärken, für windarme oder windexponierte Lagen. Ein verrottbares Öko-Heftgarn, das beim Ausheben des Rebholzes entfernt und anschließend mit dem Rebholz gehäckselt werden kann, befindet sich noch in der Erprobung.

Die Laubhefter sind zusätzlich auch mit einem Gipfelgerät ausstattbar, damit können beim zweiten Heften gleichzeitig die Triebspitzen entfernt werden. Im Normalfall sind zwei Heftungen pro Saison ausreichend. Das Einziehen der Heftschnur ist zwar mechanisch gelöst, aber das Entfernen geschieht häufig noch von Hand. Beim Entfernen von Hand werden die beiden Heftschnurpaare im Abstand von etwa 10 m durchgeschnitten und die jeweiligen Schnurstücke herausgezogen und eingesammelt. Gelegentlich wird auch eine Drahthaspel zum Herausziehen der Schnüre benutzt. Diese Arbeit sollte direkt nach der Lese geschehen, wenn die Ranken noch nicht zu sehr verholzt sind.

Der Zeitbedarf für das Entfernen der Heftschnüre liegt bei etwa 7 bis 10 Akh/ha. Für das maschinelle Heften werden rund 2,5 bis 3,5 Akh/ha benötigt.

Ein Ablegen der Heftschnüre in vorhandene Hefthaken oder Heftprofile ist beim Ero- und KMS-Laubhefter nicht möglich. Die eigenlichen Halterungsorgane für die leichten Kunststoffschnüre sind die vielen Geiztrieb- und Blattstielwinkel der grünen Rebteile. Aus diesem Grund kann der Drahtrahmen einfacher und damit kostengünstiger aufgebaut sein. Es werden abgesehen von den Biegdrähten nur zwei Rankdrähte benötigt.

Eigenkonstruktionen von Winzern arbeiten nach dem gleichen Prinzip. Dabei wird aber auf das technisch aufwändige Klammern der Schnüre und das Hochziehen der Triebe verzichtet. Entspechend termingerecht (Trieblänge 30 bis 40 cm) muss das Einziehen der Heftschnüre erfolgen. Der Hefter besteht lediglich aus einem, meist zweiseitigen Überzeilengestänge direkt vor der Kabine. Damit können die Schnüre für zwei Zeilen eingezogen werden. Die vier Schnüre werden aus einem Kasten am Frontbereich über Schläuche und PE-Verrohrungen an der Zeile vorbeigeführt. Vor der Einfahrt in die Zeile werden die Schnüre am Pfahl zusammengebunden, sodass der Einzug unter Zug erfolgt. Am Ende der Zeile werden die Schnüre vom Fahrer aus der Kabine abgeschnitten und abgelegt. Die Fahrgeschwindigkeit liegt bei 7 bis 8 km/h. Nach dem Einziehen aller Schnüre werden sie von Hand aufgenommen, festgezogen und am Endpfahl verzurrt. Bei der Flachbogen-Erziehung werden auf diese Weise fast alle Triebe zwischen den Schnüren eingefangen. Etwas kürzere Triebe können noch in die leicht anliegenden Schnüre einwachsen. Bei der späteren Heftung werden lediglich nicht eingewachsene Triebe eingesteckt, und mit einem Beli-Binder die Schnüre zusammengebunden, sodass die Triebe fest im Drahtrahmen eingebunden sind. Bei gut rankenden Rebsorten in Verbindung mit festen Rankdrähten oben und nicht allzu hohen Laubwänden, kann bei diesem System auf ein zweites Heften verzichtet werden. Es sind lediglich geringe Nacharbeiten und das Einstecken einzelner Triebe im oberen Bereich erforderlich. Das Herausziehen der Schnüre im Spätherbst oder Winter kann mit einer angetriebenen Drahthaspel erfolgen. Da sich die Beli-Bindungen leicht lösen, können bis zu 3 Zeilen miteinander herausgezogen werden. Um den Rebschnitt zu erleichtern, empfiehlt sich der Einsatz eines Entrankers zum Lösen der Triebe von den Rankdrähten (vgl. Kap. 4.5). Unter günstigen Voraussetzungen sind die Heftarbeiten inkl. Herausziehen der Schnüre mit diesem System in ca. 12 Akh/ha zu bewältigen.

Im Gegensatz zu den Ero- und KMS-Laubheftern handelt es sich bei der **Pellenc-Heftmaschine** um ein schnurloses Heftsystem. Die vorhandenen Heftdrähte werden automatisch über Transportfingerscheiben in die Heftmaschine eingeführt, auf die gewünschte Hefthöhe angehoben, gespannt und mittels Kunststoffklammern paarweise fixiert. Dafür müssen die Drähte vorher auf dem Boden abgelegt werden. Pro Stickellänge werden bei normalem Wuchs zwei Klammern eingesetzt. Der Heftvorgang kann mittels Knopfdruck per Hand ausgelöst werden oder es kann eine Umschaltung auf Automatik erfolgen, sodass in Abhängigkeit von der Fahrgeschwindigkeit in bestimmten Zeitintervallen der Klammerautomat ein- und ausgeschaltet wird. Das Heftaggregat ist auf einem hydraulischen Hubmast befestigt und kann in Höhe, seitlicher Ausschiebung, Neigung und Auspendelung der jeweiligen Weinbergslage

Abbildung 62: Ero-Laubhefter

angepasst werden. Zusätzlich ist die Heftmaschine mit einem Bürstenverteiler ausstattbar, der für eine saubere Aufreihung der Triebe sorgt. Auch ein Sternmesser für das Entspitzen der Triebe ist anbaubar. Bisher hat das schnurlose Heftsystem von Pellenc in Deutschland keine größere Verbreitung gefunden. Ein Grund dafür ist sicherlich der hohe Anschaffungspreis und die Tatsache, dass die Drähte vorher auf den Boden abgelegt werden müssen.

Abbildung 63: KMS-Laubhefter mit Gipfelgerät

Abbildung 64: *Laubhefter (Eigenkonstruktion) des Winzers Kuhnen aus Bekond*

Abbildung 65: *Herausziehen der Heftschnüre mit einer Drahthaspel*

Arbeitswirtschaft und Kosten

Bei einem zweimaligen Heften können durch den Laubhefter rund 15 Akh/ha eingespart werden. Tabelle 40 zeigt den entsprechenden Vergleich zum manuellen Heften mit 2 beweglichen Heftdrahtpaaren.

Tabelle 40: *Arbeitszeitvergleich (Akh/ha) zwischen manuellem und maschinellem Heften (System Ero, KMS), (Gassenbreite 1,90 m, Stockabstand 1,25 m, Zeilenlänge 100 m)*

Verfahren	manuell	maschinell
Drähte ablegen bzw. Schnüre entfernen	5,5	8
1. und 2. Heften	24	5,5
Gesamtheftzeit	29,5	13,5

Aufbauend auf den Arbeitszeiten lässt sich ein Kostenvergleich erstellen. Dabei wird deutlich, dass das maschinelle Heften aufgrund der hohen Material- und Maschinenkosten um einiges teurer ist als das manuelle Heften.

Tabelle 41: *Kostenvergleich (€/ha) zwischen manuellem und maschinellem Heften*

Kostenstelle	manuelles Heften	Laubhefter 10 ha	Laubhefter 20 ha
Feste Maschinenkosten - Hefter (€/ha)[1]	-	130	65
Variable Maschinenkosten – Hefter (5 €/h)	-	27,50	27,50
Schlepperkosten (var. 11 €/h, fix 9 €/h)	-	110	110
Lohnkosten			
• Schlepperfahrer (15 €/h)	-	82,50	82,50
• Handarbeit (7,50 €/h)	221	60	60
Materialkosten (Klammern, Schnur)	5	90	90
Gesamtkosten (€/ha)	226	500	435

1) Anschaffungspreis 10 000 €, Nutzungsdauer 10 Jahre, Zinssatz 6%

Ergänzende Betrachtungen

Viele Betriebsleiter und Lohnunternehmer senken die hohen Materialkosten beim maschinellen Heften, indem sie das preiswertere Pressengarn aus der Landwirtschaft verwenden oder bei größerem Mengenbezug Preisnachlässe erhalten und auch billigere Klammern einsetzen. Dadurch können die Materialkosten reduziert werden. Allerdings ist zu berücksichtigen, dass zu dünne Schnüre an den Pfählen schneller durchscheuern und reißen.

Weiterhin arbeitszeit- und kostensenkend kann sich auswirken, dass nur ein einfacher Drahtrahmen ohne Heftdrähte und mit nur zwei Rankdrähten erforderlich ist. Dadurch werden die Erstellung und Wartung der Drahtanlage preiswerter. Auch kann durch den Anbau eines Gipfelgerätes das Vorentspritzen der Triebe beim 2. Heften erfolgen, wodurch u.U. ein Durchgang mit dem Laubschneider eingespart wird. Durch eine weitere Kombination mit einem Mulcher oder Grubber lässt sich ein Arbeitsgang bei der Bodenpflege einsparen. Die Kostenersparnis liegt bei ca. 70 € pro eingespartem Arbeitsgang.

Das maschinelle Heften ist für Betriebe intressant, die mit dem termingerechten Heften Probleme haben und diese Arbeitsspitze auch nicht mit preiswerten Aushilfskräften bewältigen können oder wollen. Allerdings muss auch das maschinelle Heften termingerecht erfolgen, ansonsten sind manuelle Nacharbeiten erforderlich. Das

Fahren und Bedienen des Laubhefters erfordert besondere Aufmerksamkeit und muss deshalb von Fachkräften durchgeführt werden.

Hersteller bzw. Vertreiber und Preise von Laubheftern (Stand 2006)

Hersteller / Vertreiber	Typ	Preisspanne (€ ohne MwSt.)
Ero, 55469 Niederkund	250 u. 4000	7 500 bis 12 500
KMS, 79427 Eschbach	DL 3000 M Tandem, H Duo Maxi u. H Vario	5 000 bis 9 000
Pellenc: Fischer, 67150 Niederkirchen Auer, 55296 Lörzweiler	RVE	12 000 bis 14 000

Das Verzeichnis erhebt keinen Anspruch auf Vollständigkeit

7.3 Laubschnitt (Gipfeln)

Der Laubschnitt setzt sich aus den Arbeitsgängen "Vorentspitzen" (Einkürzen) und "Gipfeln" zusammen. Das Vorentspitzen beginnt, wenn der größte Teil der Triebe den obersten Draht deutlich überragt hat. Beim späteren Gipfeln werden auch die seitlich aus dem Drahtrahmen herausragenden Triebteile abgeschnitten (gegipfelt). Mit dem Laubschnitt werden folgende Ziele verfolgt:

- Die Sommerbodenpflege und der Pflanzenschutz werden nicht durch überhängende Triebe behindert.
- Die Anlagerung von Pflanzenschutzmitteln wird verbessert.
- Die Laubwand ist besser belüftet und trocknet schneller ab, wodurch der pilzliche Infektionsdruck vermindert wird.
- Die Einlagerung von Zucker in die Beeren wird durch Entfernen der Triebspitze gefördert.
- Ein weiteres Triebwachstum wird verhindert.
- Die Holzreife wird begünstigt.

Beim Termin für den Laubschnitt muss ein Kompromiss zwischen den pflanzenbaulichen Bedürfnissen und den technischen Anforderungen gefunden werden. Ein früher Einkürztermin fördert das Dickenwachstum der Beeren, was sich in kompakteren Trauben und höheren Erträgen niederschlägt. Ein spätes Laubschneiden erhöht die Selbstbeschattung, beeinträchtigt die Belüftungsverhältnisse und behindert die anstehenden Pflegearbeiten.

Das Laubschneiden ist heute voll mechanisierbar. Auch für den Steilhang stehen Aufbaulaubschneider sowie motorgetriebene Laubscheren zur Verfügung, sodass auch dort auf das anstrengende manuelle Gipfeln mit Sichel oder Heckenschere verzichtet werden kann (siehe Kap.19.2).

Aufbau und Funktion von Laubschneidern
Laubschneider gliedern sich in drei wesentliche Bauelemente:

*   Am Schlepper befestigte Anbaukonsole.
*   Hub- und Schwenkvorrichtung.
*   Schneidwerkzeuge mit Antriebselementen.

Als Antriebsquelle der Schneidwerkzeuge dienen Ölmotoren, die von der Schlepperhydraulik gespeist werden. Der Antrieb der einzelnen Messer erfolgt über Keil- oder Flachriemen, die die Messer miteinander verbinden. Die Laubschneider sind in Höhe, Breite und Neigung verstellbar. Die Verstellung erfolgt hydraulisch oder elektrisch. Als Anbauraum für den Laubschneider ist das Heck oder die Front des Schleppers geeignet. Wegen der besseren Übersicht werden Laubschneider aber fast ausnahmslos an der Front angebracht. Je nach Bauart unterscheidet man zwischen einseitigen, zweiseitigen und mehrreihigen Systemen, die in L-Form, U-Form (überzeilig) oder als Spazierstock ausgeführt sein können.

In der weinbaulichen Praxis geht der Trend immer mehr zu den überzeilig schneidenden Geräten (U-Form). Besonders bei Begrünung jeder zweiten Gasse sind Überzeilenlaubschneider vorteilhaft, weil der Arbeitseinsatz grundsätzlich in der begrünten Gasse ablaufen kann. Auch für weite Reihenabstände und Terassen ist ein Überzeilengerät gut geeignet.

Abbildung 66: *Bauarten von Laubschneidern (von links nach rechts): Überzeilig einseitig und zweiseitig, Spazierstock einseitig und zweiseitig, L-Form einseitig und zweiseitig Schnittsysteme*

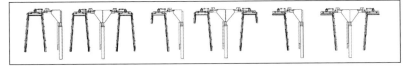

Nach der Ausführung der Schneidwerkzeuge kann man zwischen **Messerbalken** und **Geräten mit rotierenden Messern** unterscheiden. Beide Gerätesysteme können auch miteinander kombiniert werden, z.b. waagrechtes Schneidwerk (Querbalken) mit rotierenden Messern, senkrechtes Schneidwerk mit Messerbalken. Mit diesen "Kombigeräten" werden die Vor- und Nachteile der Schnittsysteme teilweise ausgeglichen. Innerhalb desselben Schnittsystems gibt es bei den verschiedenen Herstellern kaum Unterschiede in der Praxistauglichkeit der Geräte. Die Unterschiede bestehen im Wesentlichen in der Verarbeitungsart, im Material und in den Messerausführungen.

Messerbalkengeräte arbeiten nach dem Mähbalkenprinzip mit gegenläufigem Doppelmesserschneidwerk. Die Verbreitung dieses Systems ist aufgrund des höheren Pflegebedarfs und der geringeren Fahrgeschwindigkeit im Weinbau relativ gering. Die Vor- und Nachteile können wie folgt zusammengefasst werden:

Vorteile
• Sauberer und glatter Schnitt.
• Abgeschnittenes Laub wird nicht auf den Fahrer geschleudert.
• Bei bestimmten Erziehungsarten ist der Einsatz auch für einen Vorschnitt beim Rebschnitt möglich (z.B. Vertico).

Nachteile
• Langsameres Arbeiten.
• Da das Laub bündelweise abfällt, besteht Verstopfungsgefahr bei nachfolgender Bodenbearbeitung mit einem Grubber oder Stockräumer.
• Auf dem oberen Teil der Laubwand bleiben Laubreste vom Querschneidbalken liegen. Diese Laubreste bilden einen Nährboden für Botrytis. Um dies zu vermeiden, wird der Querbalken meist mit rotierenden Messern ausgestattet (Kombigeräte).
• Messerbalkengeräte unterliegen im Vergleich zum System mit rotierenden Messern einem höheren Verschleiß und sind wartungsintensiver.

Geräte mit **rotierenden Messern** arbeiten mit drei bis sechs Messern am Seitenschneidbalken und ein bis zwei Messern am Querschneidbalken. Die Anordnung der Messer ist so gewählt, dass sie sich überlappen und ein Durchrutschen von Triebteilen nicht möglich ist. Sie sind dabei in einem Winkel von 180° gegenübergesetzt. Die Messerform ist bei den verschiedenen Herstellern unterschiedlich. Der Querschneidbalken befindet sich in der Regel auf Höhe des Seitenschneidbalkens, es gibt aber auch Ausführungen, bei denen er vor oder hinter den Seitenschneidbalken angebracht ist. Die große Anzahl der verschiedenen Ausführungen und Verstellmöglichkeiten erlauben das Zusammenstellen eines den individuellen Gegebenheiten angepassten Gerätes. Selbst für Terrassen und Spitzzeilen gibt es technische Lösungen. Die Vor- und Nachteile von Geräten mit rotierenden Messern können wie folgt zusammengefasst werden:

Vorteile
- Zügiges Arbeiten auch bei dichtem Laub.
- Es bleiben kaum Laubreste in der Laubwand hängen, da die rotierenden Messer die Blattreste wegschleudern.
- Die abgeschnittenden Triebteile werden gut zerkleinert und führen bei der Bodenbearbeitung nicht zu Verstopfungen.

Nachteile
- Der Fahrer kann beim Fahren von Laubresten getroffen werden.
- Wird zu dicht an der Traubenzone gefahren, können einzelne Trauben beschädigt werden.

Zur besseren Bedienbarkeit und Steuerung der Laubschneider bieten einige Hersteller spezielle Lösungen an. Mit Hilfe einer Komfortsteuerung, die aus mehreren hydraulischen, elektromagnetisch bedienten Proportionalsteuerventilen besteht, können mehrere Steuerfunktionen über einen Joy-Stick bedient werden. Die Memory-Steuerung von Binger Seilzug verfügt über ein elektronisches System, das mit Hilfe von Lagesensoren die jeweiligen Positionen des Laubschneiders erfasst und abspeichern kann. Die Positionen können dann immer wieder aufgerufen und reproduziert werden. Entlastungen bringt dieses System vor allem bei zweireihigen Überzeilenlaubschneidern, wo bei Wendemanövern und für Straßenfahrten die Stellung des Laubschneiders regelmäßig verändert werden muss. Eine automatische Zeilensteuerung (Draht-Pilot-System der Fa. Ero) befindet sich noch in der Erprobungsphase. Dabei wird um den obersten Draht der Rebanlage ein strahlungsarmes Magnetfeld gelegt. Mittels zweier am Laubschneider angebauter Sensoren wird das am Draht konzentrisch verlaufende Magnetfeld erfasst, und über ein Steuerungsmodul und eine hydraulische Verstelleinrichtung wird der Laubschneider in einem gewissen Sollabstand entlang des Drahtes geführt.

Abbildung 67: Verschiedene rotierende Messerformen bei Laubschneidern

Abbildung 68: *Einseitig schneidender Laubschneider mit Messerbalken*

Abbildung 69: *Überzeiliger Laubschneider mit rotierenden Messern*

Abbildung 70: *Zweiseitig überzeiliger Laubschneider mit rotierenden Messern und zwei verstellbaren Hubrahmen*

Arbeitswirtschaft und Kosten

Mit der Entwicklung der Laubschneider konnte der Arbeitsaufwand beim Laubschnitt drastisch reduziert werden. Pro Arbeitsgang werden nur noch 1 bis 3 Akh/ha benötigt. Mit zweiseitig überzeilig schneidenden Laubschneidern kann bei günstigen Gelände-voraussetzungen 1 ha in etwa 40 bis 45 Minuten geschnitten werden.

Laubschneider lassen sich auch gut mit Grubber oder Mulcher kombinieren, wodurch separate Arbeitsgänge und Kosten (ca. 70 ¤/Arbeitsgang) bei der Bodenpflege eingespart werden können.

Tabelle 42: *Arbeitszeitvergleich (h/ha) verschiedener Laubschneider-Gerätsysteme (Ohne Rüst- und Wegezeiten; 1,80 m Zeilenbreite, 100 m Zeilenlänge)*

Verfahren	1. Laubschnitt		2. Laubschnitt	
	km/h	h/ha	km/h	h/ha
Messerbalkengerät				
• einseitig	6 - 7	2,5 - 2,7	5,5 - 6,5	2,6 - 2,9
• überzeilig	6 - 7	1,3 - 1,4	5,5 - 6,5	1,4 - 1,5
Geräte mit rot.Messern				
• einzeilig	7 - 9	2,1 - 2,4	6,5 - 8	2,3 - 2,6
• überzeilig	7 - 9	1,1 - 1,3	6,5 - 8	1,2 - 1,4
• zweiseitig überzeilig	7 - 9	0,6 - 0,8	6,5 - 8	0,8 - 0,9
Laubschneider in Kombination mit Grubber / Mulcher				
• einseitig	5,0 - 6,5	2,6 - 2,9	5,0 – 6,5	2,6 – 2,9-
• überzeilig	5,0 - 6,5	1,4 - 1,5	5,0 – 6,5	1,4 – 1,5
motorgetr. Laubschere	-	7 - 9	-	9 – 11
Heckenschere	-	14 - 18	-	18 – 22
Sichel	-	20 - 26	-	28 – 33

Die Tabelle 43 zeigt einen Kostenvergleich in Abhängigkeit von der Einsatzfläche. Schon bei etwa 3 ha Einsatzumfang sind preiswerte einseitig schneidende Laubschneider (L-Form) rentabel einsetzbar. Für Betriebsgrößen ab 5 ha ist ein überzeiliger Laubschneider zu empfehlen, ab etwa 15 ha Rebfläche rentiert sich ein Überzeilenlaubschneider.

Tabelle 43: *Kostenvergleich (€/ha) verschiedener Laubschneide-Systeme*

Kostenstelle	Manuell	Laubschneider			
	Heckenschere oder Sichel	überzeilig (A=7 000 €)		zweiseitig überz. (A=14 000 €)	
		10 ha	20 ha	10 ha	20 ha
Arbeitszeit (Akh/ha u. Jahr)	40	4	4	3	3
Feste Maschinenkosten (€/ha)[1]	-	90	45	180	90
Variable Maschinenkosten (€/ha) (3,80 bzw. 6,60 €/h)	-	15	15	20	20
Schlepperkosten (20 €/h) (var. 11 €/h + fix 9 €/h)	-	80	80	60	60
Lohnkosten • Schlepperfahrer (15 €/h) • Handarbeit (7,50 €/h)	- 300	60 -	60 -	45 -	45 -
Gesamtkosten (€/ha)	300	245	200	305	215

1) Nutzungsdauer 10 Jahre, Zinssatz 6 %

Hersteller bzw. Vertreiber und Preise von Laubschneidern (Stand 2006)

System	Hersteller / Vertrieb	Typ	Preisspanne (€ ohne MwSt.)
Rotierende	Fehrenbach, 76831 Billigheim	Kreisellaubschneider	einseitig: 2 500 bis 5 000
Schneidemesser	Ero, 55469 Niederkumbd	Laubkreisel	zweiseitig: 5 000 bis 8 000
	Binger Seilzug, 55411 Bingen	AL, AC, AU, ALL, AU3P	überzeilig: 4 000 bis 8 500
	KMS Rinklin, 79427 Eschbach	Standard, Profi, Krim	
	Schmiscke & Beyer (Leckron), 67256 Weisenheim/Sand	LRV, LRÜV, LRV-O; LRÜV D	zweiseitig überzeilig: 9 000 bis 15 000
	Lahr, 55546 Frei-Laubersheim	DD, W, WR	Anbaukonsole: 150 bis 300
	Stockmayer, 67489 Kirnweiler	Laubkreisel	
	Kopf, 76829 Landau-Mörzheim	Kreisel	
Messerbalken	Ero, 55469 Niederkumbd	Messerbalken	einseitig: 2 000 bis 3 000
u. Kombigeräte	Fehrenbach, 76831 Billigheim	Messerbalken LB	zweiseitig: 4 000 bis 5 500
	Kopf, 76829 Landau-Mörzheim	Messerbalken	überzeilig: 3 300 bis 5 000
	Stockmayer, 67489 Kirnweiler	Messerbalken	Anbaukonsole: 150 bis 300
	Pellenc:	Messerbalken	
	• Fischer, 67150 Niederkirchen		
	• Auer, 55296 Lörzweiler		
	Siegwald, 79424 Auggen	HS	

Das Verzeichnis erhebt keinen Anspruch auf Vollständigkeit

7.4 Entblättern

Vor dem Hintergrund eines qualitätsorientierten und zunehmend auch umweltorientierten Weinbaus ist eine Teilentblätterung der Traubenzone für viele Winzer interessant geworden. Mit der Entfernung von Blättern aus der Traubenzone zum geeigneten Zeitpunkt können bestimmte Weininhaltstoffe sowie die Gesundheit der Trauben positiv beeinflusst werden. Zusätzlich ergeben sich Arbeitserleichterungen in Anlagen, die später ausgedünnt bzw. mit der Hand gelesen werden. Auch ist mit einigen Geräten in frühen Entwicklungsstadien (kurz vor der Blüte bis Schrotkorngröße) eine gewisse Ertragsreduzierung möglich.

Mögliche positive Effekte einer Entblätterung

Hohe Weinqualität setzt gesunde Trauben mit optimalen Aroma-, Farbstoff- und Phenolgehalten voraus. Dies muss unter unseren klimatischen Verhältnissen in aller Regel mit einer späten Lese einhergehen. Da viele wertgebende Inhaltsstoffe in der Beerenschale gebildet werden und dafür eine gute Besonnung förderlich ist, kommt einer luftigen Traubenzone eine große Bedeutung zu. Hierfür ist eine gezielte Entblätterung sehr dienlich. Neben der besseren Belichtung und Belüftung kommt es bei einem frühen Teilentblättern der Traubenzone zu einem Abhärtungseffekt der Epidermiszellen, was später eine geringere Botrytis- und Sonnenbrandanfälligkeit zur Folge hat.

Die bessere Besonnung der Trauben führt auch zu einer stärkeren Erwärmung der Beeren. Dadurch wird der Abbau der Äpfelsäure gefördert. Bereits bei Temperaturen von über 20°C kommt es in reifenden Beeren zu einer Umwandlung von Äpfelsäure in Zucker. Diese Temperaturen treten an den direkt besonnten Trauben am häufigsten und am längsten auf. Mit den höheren Temperaturen ist auch eine leicht erhöhte Wasserverdunstung verbunden, was eine zusätzliche Konzentrierung der Inhaltsstoffe bewirkt. Die Weinsäuregehalte werden davon kaum beeinflusst. Erst bei Temperaturen von über 30°C kann es zum Abbau von Weinsäure kommen. Bei uns sind diese Temperaturen in der Reifephase in der Regel nicht vorhanden. Wahrscheinlicher ist unter unseren klimatischen Bedingungen die Ausfällung von Weinstein in der Traube in kühlen Herbstnächten.

Eine gute Belichtung der Trauben fördert auch die Bildung der phenolischen Substanzen oder Gerbstoffe in der Beerenhaut. Sie umfassen die roten Farbstoffe oder Anthocyane sowie die Tannine und spielen für den Weincharakter und die Farbausprägung bei roten Rebsorten eine ganz bedeutende Rolle. Ebenso wird auch die Bildung traubeneigener Aromastoffe durch eine gute Besonnung der Trauben positiv beeinflusst. Andere Faktoren wie Rebsorte, Ertragsniveau, Reifegrad, Gesundheitszustand der Trauben und Lesezeitpunkt haben aber ebenfalls einen sehr großen Einfluss auf die Ausprägung dieser wichtigen traubeneigenen Stoffe. In der weinbaulichen Praxis werden häufig die Wirkungen einer Teilentblätterung der Traubenzone auf die Aroma- und Farbbildung sowie den Äpfelsäureabbau überschätzt. Meist sind nur sehr geringe bis gar keine Unterschiede zu einer Nichtentblätterung feststellbar. Der Hauptvorteil einer Entblätterung ist in der **phytosanitären Wirkung** zu sehen. Die verbesserte Belüftung, Belichtung und Abhärtung der Beeren führen zu einem deutlich geringeren Botrytisbefall. Dadurch kann der Lesezeitpunkt heraus gezögert werden, was beträchtliche Qualitätsverbesserungen bringen kann. Darin ist der wesentliche qualitative Vorteil einer Teilentblätterung der Traubenzone zu sehen. Dieses Verfahren kommt der Forderung nach gesundem aber gleichzeitig hochreifem Lesegut sehr entgegen. Die Abbildung 71 zeigt den positiven Einfluss einer Entblätterung auf den Botrytisbefall sehr deutlich.

Abbildung 71: Einfluss der Entblätterung auf den Botrytisbefall beim Weißburgunder (2006)

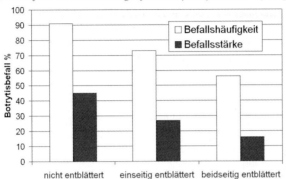

Entblätterung verbessert die Anlagerung von Pflanzenschutzmitteln
Bisher wurde der stark botrytismindernde Effekt einer Entblätterung immer der besseren Belüftung und dem schnelleren Abtrocknen der Trauben zugesprochen. Daneben dürfte aber auch die verbesserte Anlagerung von Pflanzenschutzmitteln einen nicht zu unterschätzenden Einfluss auf die Traubengesundheit haben. Die Abbildung 72 zeigt einen prozentualen Vergleich der Belagsmassen an den Beeren mit und ohne Entblätterung der Traubenzone. Durch eine Teilentblätterung kann die Mittelanlagerung um rund 30 bis 50 % erhöht werden. Dabei wird insbesondere der Anteil Trauben mit nur sehr geringer Wirkstoffbeladung deutlich reduziert. Beim Befahren nur jeder zweiten Zeile bringt eine Teilentblätterung der Traubenzone eine nicht unerhebliche Risikominderung.

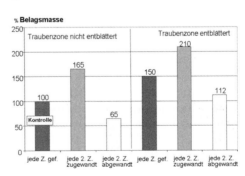

Abbildung 72: Prozentualer Vergleich der Belagsmassen an Beeren mit und ohne Entblätterung

157

Zeitpunkt der Entblätterung entscheidender als die Technik
Die Hersteller von Entlaubungsgeräten haben sich sehr bemüht, möglichst schonende Geräte zu entwickeln, die Verletzungen an den Beeren weitestgehend ausschließen. Die Bemühungen resultieren in zum Teil technisch sehr aufwändigen Geräten mit entsprechend hohem Anschaffungspreis. Dabei hatte man immer eine Entblätterung in den ES Erbsengröße bis Weichwerden im Auge. Die Versuche der letzten Jahre zeigten jedoch, dass ein später Entblätterungstermin mitunter recht nachteilig sein kann. Insbesondere die starken Sonnenbrandschäden erweisen sich zunehmend als großes Problem. Eine frühe Entblätterung im ES Blühbeginn bis Schrotkorngröße hat gegenüber einem späteren Termin deutliche Vorteile. Die frühe Freistellung der Beeren führt zu einer stärkeren Wachsschicht und dickeren Beerenhaut, was die Abhärtung gegen Sonnenbrand und Botrytis erhöht. Deshalb wird heute in der weinbaulichen Praxis ein möglichst früher Entblätterungstermin bevorzugt. Ein früher Termin benötigt auch keine aufwändige, traubenschonende Ent-blätterungstechnik und bietet sogar die Möglichkeit einer moderaten Ertragsregulierung. Eine Teilentblätterung kurz vor der Blüte fördert die Verrieselung und sorgt somit für eine lockerere Traubenstruktur, was besonders bei kompakten Traubensorten erwünscht ist. Voraussetzung dafür ist aber, dass die Rebanlagen gut aufgeheftet sind, damit keine Triebspitzen in die Entblätterungsgeräte gelangen. Nachteilig beim frühen Entblättern ist lediglich der schlechtere Schutz vor Hagel. Allerdings bieten bei einem starken Hagelschlag die Blätter keinen hinreichenden Schutz, sodass dieser Effekt oft überschätzt wird.

Blatt-Frucht-Verhältnis
Neben diesen vielfältigen Vorteilen muss bei der Entblätterung aber auch bedacht werden, dass Assimilationsfläche entfernt wird. Daraus ergibt sich die Gefahr, dass weniger Zucker produziert werden kann und geringere Mostgewichte erreicht werden. Viele Untersuchungen haben gezeigt, dass im Allgemeinen etwa 18 bis 20 cm^2 Blattfläche pro Gramm Ertrag vorhanden sein müssen, um das maximal mögliche Mostgewicht erreichen zu können. Dieser Wert wird erreicht, wenn bei Sorten mit mittlerem Traubengewicht (z.B. Riesling) 6 bis 7 Haupttriebblätter mit ausreichender Geiztriebblattbildung pro Traube vorhanden sind. Bei Sorten mit hohen Traubengewichten (z.B. Dornfelder) werden 8 bis 9 Haupttriebblätter benötigt. Die für ein optimales Blatt-Frucht-Verhältnis erforderliche Trieblänge erhält man, wenn die erforderliche Blattzahl pro Traube mit der durchschnittlichen Traubenzahl pro Trieb mulipliziert wird und dieses Ergebnis anschließend mit der mittleren Internodienlänge multipliziert wird. Ein fast völliges Freistellen der Trauben, wie es beim manuellen Entblättern in der Praxis häufig zu beobachten ist, wirkt sich aufgrund des nicht mehr optimalen Blatt-Frucht-Verhältnisses eher qualitätsmindernd aus. Auch ist es falsch, zu glauben, dass die Blätter in der Traubenzone nur noch eine geringe Assimilationsleistung haben und deshalb entfernt werden können, ohne dass sich dies nachteilig auf

die Qualität auswirkt. Mit Ausnahme der basalsten Blätter bringen die Blätter der Traubenzone bis in den Oktober eine hohe Assimilationsleistung. Deshalb sollten bei gesundem Laub nicht mehr als zwei Blätter je Trieb entfernt werden. Versuche ergaben, dass mit Entlaubungsgeräten in Abhängigkeit von der Technik und der Intensität 1 bis 2,5 Blätter pro Trieb entfernt werden, wogegen beim manuellen Entblättern meist 3 bis 4 Blätter weggenommen werden.

Ausdünnen mit Entlaubern

Über die Möglichkeit einer Ertragsreduzierung mit Hilfe von Entlaubern war in der Vergangenheit wenig bekannt. Dabei bietet dieses Verfahren bei richtiger Anwendung sehr viele Vorteile (siehe Kap. 8.1.7). Zum Ausdünnen eignen sich in erster Linie Saugluftgeräte, die zum Abweisen der Trauben mit Gitterstäben ausgestattet sind. Bei einem frühen Entblättern (Blüte bis Schrotkorngröße) sind die Trauben noch sehr klein und haben sich noch nicht geneigt, sodass sie teilweise durch die Gitterstäbe gelangen und von den rotierenden Messern abgeschnitten werden. Zum besseren Ausdünnen sollten die Abstände der Stäbe möglichst weit sein. Deshalb bieten die Firmen Ero und Clemens ein Schutzgitter mit weiten Stababständen speziell zum Ausdünnen an. Bei einem frühen Ausdünntermin besteht auch keine erhöhte Botrytisgefahr, da an den kleinen Beeren kein Saft austritt und die verletzten Stellen sehr schnell eintrocknen. Vorteilhaft bei diesem Verfahren ist auch, dass oft nur Traubenteile – meist Traubenspitzen – von den rotierenden Messern abgetrennt werden und man dadurch teilweise die gleichen positiven Effekte wie beim manuellen Traubenteilen bekommt. Das Traubengerüst wird lockerer, was wiederum der Botrytisgefahr entgegenwirkt. Mit einer maschinellen Entlaubung werden in Abhängigkeit von der Technik und der Intensität etwa 1,0 bis 2,5 Blätter pro Trieb entfernt, wodurch sich das Blatt-Frucht-Verhältnis verschlechtert. Wird gleichzeitig mit dem Entlauber ausgedünnt, so führt dies zu einer Traubenreduktion von etwa 10 bis 25 Prozent. Das Blatt-Frucht-Verhältnis wird also aufgrund der zusätzlichen Ausdünnmaßnahme nicht wesentlich verändert. Die zu erzielende Ausdünnrate ist abhängig von der Technik (z.B. Gitterstababstand), der Fahrweise (z.B. Geschwindigkeit), der Rebsorte (z.B. Traubengröße) und dem Zeitpunkt. Im Mittel der Jahre wurde in den Versuchen am DLR Rheinhessen-Nahe-Hunsrück eine Ertragsreduzierung von 20 Prozent und eine Mostgewichtserhöhung von 3° Oe erreicht (gleicher Lesetermin wie Kontrolle). Der große qualitative Vorteil einer Entlaubung liegt in dem deutlich geringeren Botrytisrisiko und damit verbunden der Chance einer längeren Reifeentwicklung.

Eine noch größere Ertragsreduzierung kann mit einer Entblätterung kurz vor der Blüte erzielt werden, weil dadurch die Verrieselungsneigung gefördert wird. Da ein maschinelles Entblättern eine gut geheftete Drahtanlage voraussetzt, scheitert der Termin kurz vor der Blüte häufig an den noch nicht vollständig abgeschlossenen Heftarbeiten.

Tabelle 44 gibt einen Überblick, basierend auf den Erfahrungen am DLR Rheinhessen-Nahe-Hunsrück, über die zu erwartende Ertragsreduzierung und den Mostgewichtsanstieg in Abhängigkeit von der Größe des Traubengerüstes.

Abbildung 73: Maschinell entblättert und ausgedünnt nach der Blüte

Tabelle 44: Zu erwartende Ausdünnrate und Mostgewichtserhöhung mit Entlaubern (Sauggebläse mit weitem Gitterabstand, Einsatzzeitpunkt: Schrotkorngröße)

Traubengerüst	Ausdünnrate	Mostgewichtserhöhung*
langes Gerüst, z.B. Portug. Dornf., Weißburg., Spätburg.	18 – 25 %	2 – 8 °Oe
mittleres Gerüst, z. B. Riesling	12 – 20 %	1 – 5 °Oe
kurzes Gerüst, z. B. Silvaner	7 - 12 %	0 – 5 ° Oe

*bei gleichem Lesetermin wie Kontrolle

160

Tabelle 45: *Vor- und Nachteile einer Teilentblätterung*

Vorteile einer moderaten und zeitigen maschinellen Teilentblätterung	Nachteile einer zu starken und/oder zu späten (maschinellen) Teilentblätterung
• Keine erhöhte Botrytisgefahr durch Beerenverletzungen	• Verletzte Beeren erhöhen die Fäulnisgefahr
• Gewerbeabhärtung, Verstärkung der Kuticula, dadurch kaum erhöhte Sonnenbrandgefahr	• Hohe Sonnenbrandgefahr
• Blatt-Frucht-Verhältnis wird nicht wesentlich verändert, bei gleichzeitigem Ausdünnen	• Mangelnde Blattfläche
• Möglichkeit einer Ertragsregulierung mit bestimmten Geräten	• Mostgewichtsverluste
• Bessere Anlagerung von Pflanzenschutzmitteln	• Starker Säureabbau möglich
• Verbesserung der Belichtung, Besonnung und Abtrocknung der Trauben	• Erhöhte Phenolgehalte bei Weißweinen möglich
• Bessere Traubengesundheit, dadurch spätere Lese und entsprechende Qualitätsverbesserung möglich	• Schlechtere N-Versorgung der Moste möglich
• Gesünderes Lesegut ergibt geringere kellerwirtschaftliche Probleme	
• Förderung der Aromenbildung bei weißen, der Farbausprägung und Phenolstruktur bei roten Sorten	
• Kaum negative Einflüsse auf die N-Versorgung der Moste	
• Keine Gefahr von Mostgewichtsverlusten	
• Keine zu hohen Phenolgehalte bei Weißweinen	
• Arbeitszeitersparnis bei der Handlese (30 bis 40 Akh/ha) und bei nachfolgenden manuellen Ausdünnmaßnahmen	

7.4.1 Entblätterungsgeräte

Häufig wird das Entblättern noch manuell durchgeführt und ist damit eine arbeitsintensive Zusatzmaßnahme. Das zunehmende Interesse der Winzer an einer Entlaubung der Traubenzone hat in den letzten Jahren zu einer beachtlichen technischen Entwicklung im Bereich der Gerätesysteme geführt.

Vom Arbeitsprinzip her lassen sich Entlauber in Geräte, die mit **Druckluft,** und Geräte, die nach dem **Saugluftverfahren** arbeiten, einteilen. Die **thermische Entlaubung** mit Hilfe von Infrarot-Strahlung hat bisher im Weinbau keine Bedeutung erlangt.

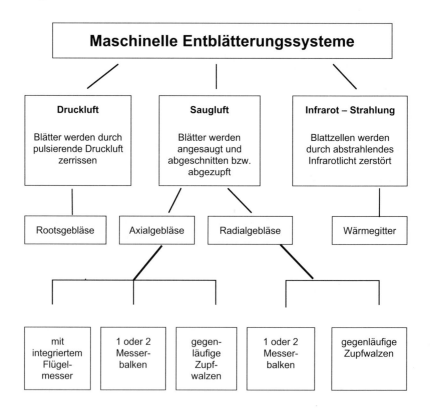

7.4.1.1 Druckluft-Entlaubung

Bei der **Druckluft-Entlaubungstechnik** wird ein heckseitig montierter Kompressor (440 m³/h) über die Zapfwelle angetrieben und erzeugt einen Arbeitsdruck von 0,7 bis 1,2 bar (je nach gewünschter Entlaubungsintensität). Der kompremierte Luftstrom wird über flexible Druckluftschläuche zu einem oder zwei Entlaubungsköpfen geleitet und über rotierende Düsen (nach außen gebogene Luftröhrchen) als Luftstrom mit hoher Strömungsgeschwindigkeit ausgeblasen. Die Düsen rotieren unter einer Abdeckscheibe mit schmalen halbkreisförmigen Schlitzen. Über die Drehung der Schlitze lässt sich die Arbeitshöhe einstellen. Durch die vertikale Rotation der Düsen wird die Luft durch die Schlitze gegen die Rebblätter geführt. Damit die vom Luftstrahl getroffenen Blätter nicht einfach zur Seite gedrückt werden, wird der Luftstrom in kurzen Intervallen unterbrochen. Dies geschieht an den Schlitzbrücken der Abdeckscheibe. Dadurch entstehen starke, pulsierende Luftschläge, die zum Zerreißen der Blätter führen. Im Idealfall wird das ganze Blatt abgerissen, größtenteils bleiben jedoch Teile der Blattspreiten übrig. Dieser Umstand brachte den Geräten den Namen "Hagelmaschine" ein. Die Entlaubungsköpfe können sowohl im Front-, Heck- und Zwischenachsbereich montiert werden und stehen in einseitiger, zweiseitiger und überzeiliger Ausführung zur Verfügung. Systembedingt eignen sich Druckluftentlauber in erster Linie für eine frühe Entblätterung (Blüte bis Schrotkorngröße). Dann besteht nicht die Gefahr, dass Beeren verletzt werden und Fäulnis ausgelöst wird. Bei einem frühen Einsatz werden auch einzelne Beeren samt Beerenstiel weggerissen, was eine lockere Traubenstruktur bewirkt. Ein weiterer wesentlicher Vorteil ist das "Putzen der Trauben" durch den starken Luftstrom. Um eine gute Arbeitsqualität zu erzielen, muss allerdings auf eine exakte Einstellung des Luftstroms geachtet werden. Nachteilig sind die starke Lärmentwicklung der Geräte, die geringe Fahrgeschwindigkeit von 1,5 bis 2 km/h und der relativ hohe Anschaffungspreis von ca. 15 000 € bis 20 000 €

7.4.1.2 Saugluft-Entlaubung

Das Arbeitsprinzip der Saugluftgeräte ist recht einfach. Ein Saugluftstrom bewirkt, dass die Blätter in den Arbeitsbereich der Geräte gezogen werden und mittels einer Schneideinrichtung abgetrennt werden. Die abgetrennten Blätter werden in der Gasse verteilt. Die Geräte der verschiedenen Hersteller unterscheiden sich im Wesentlichen durch den Ansaug- und den Abschneidemechanismus. Es gibt technisch einfache und damit kostengünstige Geräte (Binger Seilzug, Clemens, Stockmayer oder Ero) und aufwändige und damit verhältnismäßig teure Konstruktionen (Avidor, Pellenc).

Der Entlauber der Firma **Clemens** besitzt zwei hintereinander angeordnete Axialgebläse. Der Antrieb der Ventilatoren, die den Sog erzeugen, erfolgt durch einen Ölmotor. Die Messer sind auf den Ventilatoren montiert und erzielen neben der Schneidarbeit noch eine zusätzliche Sogwirkung. Die Befestigung erfolgt durch den

Anbau am Hubmast. Mittels einer Rasterscheibe lässt sich der Winkel der beiden Gebläse verändern, sodass ein Schnittbereich von 40 bis 75 cm möglich ist. Die Anpassung an die Laubwand wird mit Hilfe einer horizontalen Parallelogrammführung bewerkstelligt. Die Reaktionsempfindlichkeit der Parallelogrammführung kann über eine Feder eingestellt werden. Die Entlaubungsintensität lässt sich zusätzlich durch Veränderungen am Schutzgitter beeinflussen. Sowohl der Abstand der Abweisstäbe zu den Messern als auch der Winkel zur Laubwand sind variierbar. Bei sachgerechter Einstellung eignet sich der Entlauber auch zum Ausdünnen von Trauben bis zum ES Schrotkorngröße. Für einen Aufpreis ist das Gerät mit einer hydraulischen Schwenkvorrichtung erhältlich. Dadurch ist ein einseitiges Entblättern ohne Leerfahrten möglich. Für Steillagen wird ein leichteres Gerät mit nur einem Axialgebläse angeboten.

Beim **Ero-Entlauber** werden die Blätter nur von einem Axialgebläse, das von einem Hydromotor angetrieben wird, angesaugt. Sie werden von einem auf den Ventilator sitzenden zweiflügeligen Messer abgeschnitten und nach hinten in die Rebzeile abgelegt. Gitterstäbe vor dem Messer dienen als Abweiser für die Trauben. Die Stäbe haben einen lichten Abstand von 4 oder 6 cm. Soll mit dem Entlauber auch ausgedünnt werden, ist das Gitter mit weitem Stababstand zu wählen. Der Entlaubungskopf ist nicht schwenkbar und hat einen Durchmesser von 60 cm. Die Einstellung der Arbeitshöhe und der Geräteneigung erfolgt über den Hubmast hydraulisch vom Schleppersitz aus. Weitere Möglichkeiten zur Steuerung der Entblätterungsintensität bieten das verstellbare Schutzgitter und die elektrisch verstellbare Seitenneigung des Entlaubungskopfes. Damit ist auch bei schwierigen Geländeverhältnissen eine gute Anpassung an die Traubenzone gewährleistet. Kleinere Fahrunebenheiten und Lenkfehler werden sehr gut mit Hilfe einer Pendel-Parallelogrammführung ausgeglichen. Zusätzlich kann der Abstand zwischen Entlauber und Rebzeile mit einer Führungskufe geregelt werden.

Beim **Entlauber EB 490** der Firma Binger Seilzug werden im Gegensatz zu dem Ero und Clemens Entlauber die Blätter nicht abgeschnitten sondern abgezupft. Dies geschieht mit Hilfe zweier vertikal rotierender Walzen. Eine Walze ist glatt gummiert und elastisch gelagert, die andere ist mit zahlreichen umlaufenden Nuten versehen. Ein Axialgebläse saugt durch die Nuten die Blätter an, dabei werden diese von der gummierten Walze abgezupft und über ein schräg nach unten gerichtetes Edelstahlblech auf den Boden abgeleitet. Der Antrieb des Ventilators und der genuteten Walze erfolgt über zwei in Reihe geschaltete Hydraulikmotoren. Die glatte gummierte Walze ist an der genuteten angefedert und wird dadurch ebenfalls angetrieben. Das Arbeitsfenster ist 50 cm hoch und kann mit Schiebern verkleinert werden. Je eine Kufe oben und unten am Gerät sorgt für eine Anpassung an die Laubwand und verhindert, dass

Trauben abgequetscht werden. Der Anbau erfolgt an der Front am Hubmast. Auf Wunsch kann der Entlauber mit einer Drehkranzvorrichtung am Rahmen ausgestattet werden, wodurch das Gerät auf die andere Seite gelangt. Damit vermeidet man Leerfahrten, falls nur eine Seite entblättert werden soll. Als Option wird eine automatische Zeilenabtastung angeboten.

Nach dem gleichen Funktionsprinzip arbeitet auch der **Stockmayer-Entlauber**. Bei diesem Gerät wird der Sog durch ein Radialgebläse erzeugt, wodurch die Blätter an einer speziell gelochten Walze anhaften. Diese Lochwalze läuft gegenläufig zu einer Metallwalze. Am Berührungspunkt beider Walzen werden die Blätter erfasst und abgezupft. Eine rotierende Bürste hinter den Walzen streift die Blätter ab, die dann an den Zeilenrand fallen. Der Schlepper wird nicht von Blättern verschmutzt. Die abzupfende Arbeitsweise ist, wie beim Binger Entlauber sehr traubenschonend, weshalb diese Entlaubersysteme auch noch kurz vor der Ernte zur Erleichterung der Handlese eingesetzt werden können. Die Anpassung an die Laubwand wird mit einer horizontalen Parallelogrammführung und einer Führungskufe bewerkstelligt. Der Entlauber kann über Drehung des seitlichen Anbaumastes auf die andere Seite gedreht werden, was eine einseitige Entblätterung ohne Leerfahrten ermöglicht. Die Entlaubungszone beträgt 50 cm.

Der **Pellenc-Entlauber** besitzt zwei Drehtrommeln mit einem Durchmesser von je 45 cm und einer Höhe von 38 cm. An den Mantel der Trommeln werden die Blätter angepresst. Dies geschieht mittels Turbinen auf den hohlen Trommeln, die einen Unterdruck (Vakuum) erzeugen, sodass die Blätter an den Trommeln ankleben. Das Vakuum befindet sich immer halbseitig an der zur Laubwand gerichteten Trommelseite. Der Druck kann vom Fahrerstand aus elektrisch eingestellt werden. Durch das Drehen der Trommel werden die Blätter leicht angezogen und zu einem Messerbalken geführt und abgeschnitten. Auf der Rückseite der Trommel, wo kein Unterdruck erzeugt wird, fallen die abgeschnittenen Blätter auf den Boden. Der Mantel der Trommel besteht aus einem flexiblen und rostfreien Edelstahlgeflecht, das die Trauben nicht beschädigt. Dadurch ist eine schonende Entblätterung in allen Entwicklungstadien möglich. Die Drehzahl der Trommeln wird proportional zur Fahrgeschwindigkeit geregelt. Innerhalb der Trommeln befinden sich drei Taster, mit denen der Anpressdruck gemessen wird und damit die Entlaubungsintensität angeglichen wird. Ein stärkerer Anpressdruck auf die Taster bedeutet eine stärkere Entblätterungsintensität. Der Drehtrommel-Entlauber wird in Kopplung an den Arm der Pellenc-Vollernter und mit Dreipunktkupplung an einen Schmalspurschlepper angeboten. Im Lohnverfahren werden derzeit 4,5 Cent pro Meter Zeilenlänge verlangt, was Hektarkosten von rund 220 bis 250 € entspricht.
Die Entlaubungsmaschine der Schweizer Firma **Avidor** ist ein- oder zweiseitig

arbeitendes Heckanbaugerät mit einer gut funktionierenden Laubwandanpassung. Mittels eines zapfwellengetriebenen, zentral angeordneten Radialgebläses wird ein beachtlicher Saugluftstrom erzeugt. Zwei flexible Schlauchleitungen bilden die Verbindung zu den beidseitig angeordneten Saug-Schneid-Organen. Die Blätter werden über einen schmalen Kanal an einer Walze angesaugt und dahinter mit einem senkrecht stehenden Messerbalken abgeschnitten. Die Laubteile werden anschließend nach hinten ausgeblasen. Die Abtastung entlang der Laubwand erfolgt elektrohydraulisch. Der Arbeitsbereich liegt bei 60 cm.

Ein Entlauber auf der Basis eines rückentragbaren Motorgerätes mit biegsamer Antriebswelle hat die Firma **Tiger** entwickelt. Der Entlaubungskopf wird auf die biegsame Welle aufgesteckt und ist damit einsatzbereit. Die Ansaugung der Blätter erfolgt nicht über ein Gebläse, sondern mit Hilfe einer entsprechenden Krümmung an den rotierenden Messerenden wird eine Sogwirkung herbeigeführt. Auch bei diesem Gerät hilft ein Schutzgitter, Verletzungen von Beeren in Grenzen zu halten. Der große Vorteil des Tiger-Entlaubers besteht darin, dass der Benutzer über Schrittgeschwindigkeit, Entfernung zur Laubwand und Schwenkhöhe sehr gut die Arbeitsintensität und den Arbeitsbereich steuern kann. Bei einer frühen Entblätterung besteht zusätzlich die Möglichkeit, einen Teil der Trauben auszudünnen. Allerdings führt die Arbeit mit dem Entlauber durch das Motorgeräusch, das Gewicht des Motors und die Verschmutzung mit Blattresten zu einer nicht unbeträchtlichen Anwenderbelastung. Deshalb ist das Gerät eher für kleine Flächen und Steillagen konzipiert. Ein weiterer Vorteil besteht darin, dass das rückentragbare Antriebsaggregat auch mit anderen Anbaugeräten, wie Heckenschere, Laubschere, Motorsense u.a., ausstattbar ist.

7.4.1.3   Thermische Entlaubung

Die thermische Entlaubung ist heute nicht mehr verbreitet. In den 70er Jahren wurde sie in einigen Betrieben unmittelbar vor der Handlese durchgeführt, um das Blattwerk der Traubenzone zu zerstören und die Ernte zu erleichtern. Auf dem Markt angeboten wird derzeit ein thermischer Entlauber des französischen Herstellers **Souslikoff**, der mit Infrarot-Strahlung arbeitet. Dabei wird durch Energiezufuhr (Flüssiggas) ein Infrarot-Wärmegitter zum Strahlen gebracht. Das abstrahlende Infrarotlicht trifft auf die Blätter und bringt dabei die Blattzellen zum Zerplatzen, was ein unmittelbares Verwelken der betroffenen Blätter zur Folge hat. Die Blätter rollen sich und werden nekrotisch, fallen aber größtenteils nicht ab. Das Gerät besteht aus einem Grundrahmen, an dem seitlich ein 30 cm breiter Infrarot-Strahler angebaut ist, der mit geringer Geschwindigkeit (2 bis 3 km/h) an der Laubwand entlang gleitet und Infrarotlicht abstrahlt. Die Einstellung des Strahlers wird mit Hilfe eines Bedienpultes elektronisch gesteuert. Der Abstand zur Laubwand kann durch einen waagerechten

Taster (Schiene) eingestellt werden. Der Entlauber verfügt über zwei Flüssiggas-flaschen mit jeweils 11 kg Nennvolumen. Die Gaszufuhr wird am Schlepper elektro-nisch gesteuert und gezündet. Der Gasverbrauch liegt beim einseitigen Entblättern bei ca. 9 bis 10 kg/ha. Dies entspricht etwa 17 bis 20 € an Gaskosten pro Hektar für eine einseitige Entblätterung (Stand 2006).

Tabelle 46: *Technische Merkmale und Preise von Entlaubungsgeräten (Stand 2006) Arbeitswirtschaft und Kosten*

Hersteller/Typ		Entlau-bungs-bereich	Arbeitsweise	Geschwindig-keit	Anbau	ca. Preise (€ o. MwSt.)
Cemens – Entlauber		40 – 75 cm	Axial-Sauggebläse mit Flügelmesser	3,5 – 6 km/h	Front oder Heck, einseitig oder zweiseitig, Schwenkvorrichtung möglich	ab 4 500
Ero – Entlauber		60 cm	Axial-Sauggebläse mit Flügelmesser	3,5 – 6 km/h	Front, einseitig oder zweiseitig	ab 4 500
Binger Seilzug EB 490		50 cm	Axial-Sauggebläse mit gegenläufigen Zupfwalzen	3,5 – 6 km/h	Front oder Heck, einseitig oder zweiseitig, Schwenkvorrichtung möglich	ab 3 500
Stockmayer Entlauber		50 cm	Radial-Sauggebläse mit gegenläufigen Zupfwalzen	3,5 – 6 km/h	Front, einseitig mit Schwenkvorrichtung	ab 3 900
Pellenc Entlauber		38 cm	Axial-Sauggebläse mit Drehtrommel und Messerbalken	4 – 7 km/h	Front, zweiseitig oder einseitig	14 500 (für Vollernter)
Avidor		60 cm	Radial-Sauggebläse mit Messerbalken	2,5 – 3,5 km/h	Heck, zweiseitig	17 500
Tiger Entlauber		variabel schwenkbar	Saugend – rotierendes Flügelmesser	2 - 2,5 km/h	rückentragbares Motorgerät	750
Kalvit, Siegwald, Olmi, Collard, Sabourain		50 cm	Druckluft-Rootsgebläse	1,5 – 2 km/h	Front, Heck, zweiseitig oder überzeilig	15 000 – 20 000
Souslikoff		30 cm	Infrarot-Strahlung über Wärmegitter	2 – 3 km/h	Heck, einseitig	11 000

Preise ohne Anbaurahmen   Die Übersicht erhebt keinen Anspruch auf Vollständigkeit

Abbildung 74: *Entlauber der Firma Ero mit Gipfelgerät*

Abbildung 75: *Druckluft-Entlauber der Firma Siegwald*

Abbildung 76: *Entlauber der Firma Stockmayer*

Abbildung 77: *Entlauber der Firma Pellenc*

Abbildung 78: Zweiseitiger Entlauber der Firma Binger Seilzug

Abbildung 79: Motorgetriebener rückentragbarer Entlauber der Firma Tiger

In der weinbaulichen Praxis werden die Zeilen sowohl einseitig als auch beidseitig entblättert. Bei einseitiger Entblätterung ist die weniger belichtete und dichtere Ost- bzw. Nordseite zu bevorzugen, da diese im Windschatten liegt und weniger gut abtrocknet. Auch bieten die Blätter auf der Wetterseite (Westseite) einen guten Schutz vor Starkregen, leichtem Hagel und Sonnenbrand. Die größten Vorteile im Hinblick auf die Traubengesundheit und die Möglichkeit einer gewissen Traubenausdünnung bietet eine frühe, beidseitige Entblätterung der Traubenzone (ES Blüte bis Schrotkorn- größe). Die nachfolgenden Tabellen zeigen den Arbeitsaufwand und die Kosten bei den verschiedenen Verfahren.

Abbildung 80: Entlauber der Firma Clemens

Tabelle 47: *Arbeitszeitbedarf beim Entblättern der Traubenzone
(ohne Rüst- und Wegezeit, 1,80 m Gassenbreite, 100 m Zeilenlänge)*

Verfahren	Akh/ha
manuell schwach entblättert	
einseitig	18 - 22
zweiseitig	35 - 40
manuell stark entblättert	
einseitig	30 - 35
zweiseitig	55 - 70
maschinell entblättert mit einseitigem Saugluft-Entlauber	
einseitig	2
zweiseitig	4
maschinell entblättert mit rückentragbarem Motorgerät	
einseitig	10 - 12
zweiseitig	20 - 23

Tabelle 48: *Kostenvergleich (€/ha) zwischen manuellem und maschinellem zweiseitigem Entblättern der Traubenzone*

Kostenstelle	Anbau-Entlauber (A = 5 000 €)		Manuelles Entblättern
	10 ha	20 ha	
Arbeitszeit (Akh/ha)	4	4	40
Feste Maschinenkosten[1]	65	33	-
variable Maschinenkosten (3 €/h)	12	12	-
Schlepperkosten (var. und fest 20 €/h)	80	80	-
Lohnkosten			
• Schlepperfahrer (15 €/h)	60	60	-
• Handarbeit (7,50 €/h)	-	-	300
Gesamtkosten (€/ha)	217	185	300

1) Nutzungsdauer 10 Jahre, Zinssatz 6 %

Der Kostenvergleich zeigt, dass bei einem angenommenen Lohnniveau von 7,50 €/h für das manuelle Entlauben die maschinelle Entlaubung wesentlich günstiger ist. In Betrieben, die keine preiswerten Aushilfskräfte einsetzen, und wo das Entblättern von Familienmitgliedern durchgeführt wird, ist ein deutlich höheres Lohnniveau anzusetzen, was die finanzielle Vorzüglichkeit der maschinellen Entlaubung weiter verbessert. Mittlerweile lassen viele Betriebe die maschinelle Teilentblätterung durch Lohnunternehmer durchführen.

Literatur

FOX, R.: Förderung der Weinqualität durch sachgerechte Auslichtung der Traubenzone. Rebe & Wein, 6/2001, 28 – 32.

FOX, R.: Entblätterung – Tipps für Riesling und Burgunder. Der Deutsche Weinbau, 10/2006, 12 – 15.

HILLEBRAND, W., SCHULZE,G., WALG, O.: Weinbau-Taschenbuch. Fachverlag Dr. Fraund GmbH Mainz, 9. Auflage, 1993.

MAUL, D.: Mechanisierung der Laubarbeiten. ATW-Bericht Nr. 85, 1997, KTBL Darmstadt.

MAUL, D.: Laubarbeiten - Intensiv oder Extensiv? Der Deutsche Weinbau 11/1997, 12 – 17.

MÜLLER, E.: Qualitätssicherung durch weinbauliche Maßnahmen, Das Wichtigste 1997, 7 – 23.

PETGEN, M., GÖTZ, G.: Entlaubungstechnik: Wohin geht der Trend? Der Deutsche Weinbau 15/2004, 24 – 27.

PETGEN, M., GÖTZ, G.: Entblätterung: Immer wieder aktuell. Der Deutsche Weinbau 11/2005, 20 – 24.

PORTEN, M.: Der Low-Cost Hefter. Das Deutsche Weinmagazin 1472005, 9 – 12.

PFAFF, F., BECKER, E.: Stämme putzen ohne Staub. Das Deutsche Weinmagazin 2/1998, 20 – 21.

PFAFF, F.: Ordungsgemäße Laubarbeit unterstützt die Leistung des Rebstocks. Der Deutsche Weinbau, 17/1991, 666 – 671.

SCHNECKENBURGER, F., HUBER, G.: Maschinelle Entblätterung der Traubenzone. Der Badische Winzer, Nr. 10/1990, 448 – 449.

SCHULTZ, R.: Entblätterung der Traubenzone keine Muss-Maßnahme. Das Deutsche Weinmagazin 19/1998, 21 – 26.

UHL, W.: Entblätterung - Moderne Geräte erleichtern die Arbeit, Das Deutsche Weinmagazin 11/1997, 12 – 17.

WALG, O.: Entblätterung - was der Winzer wissen sollte. Das Deutsche Weinmagazin 14/1998, 28 – 33.

WALG, O.: Immer weniger Handarbeit. Das Deutsche Weinmagazin 13/1995, 35 – 41.

WALG, O.: Maschinelle Entblätterung zur Arbeitserleichterung bei Ausdünnung und Handlese, DWZ 8/1994, 18 – 20.

WALG, O.: Qualitätsoptimierung durch maschinelle Entblätterung. DWZ 7/2005, 31-33.

WALG, O.: Technik der Entblätterung- was der Winzer wissen sollte. Das Deutsche Weinmagazin 9-10/2004, 56 – 60.

WALG, O.: Entblätterungstechnik im Weinbau. KTBL-Arbeitsblatt Nr. 91/2006.

8 Ertragsregulierung

Die Ziele der Ertragsregulierung sind unterschiedlich. In erster Linie geht es um die Reduzierung des Ertrages, wodurch das Blatt-Frucht-Verhältnis positiv verändert und damit die Traubenreife gefördert wird. Eine Ertragsregulierung kann aber auch die Traubengesundheit beeinflussen und zwar sowohl positiv als auch negativ. Neben diesen qualitativen Faktoren unterscheiden sich die verschiedenen Verfahren der Ertragsregulierung in ihrem Zeit- und Kostenaufwand.

In der weinbaulichen Praxis sind das manuelle und arbeitsintensive Ausdünnen von Trauben und das Traubenteilen die bekanntesten Maßnahmen zur Ertragsregulierung. Technische Verfahren zur Steuerung des Ertrages gewinnen aber zunehmend an Bedeutung.

Die Notwendigkeit ertragsregulierender Maßnahmen
Seit Anfang der 90er Jahre rückt in der weinbaulichen Forschung und im Versuchswesen die Ertragsregulierung immer stärker in den Vordergrund. Davor waren eher die Sicherung des Ertrages und Verbesserungen in der Arbeitswirtschaft und der Mechanisierung wichtige Versuchsziele. Auch jetzt tun sich noch viele Winzer schwer, die Notwendigkeit von ertragsregulierenden Maßnahmen einzusehen. Aus folgenden Gründen muss aber heute in ertragsstarken Rebanlagen der Ertrag korrigiert werden:

1. Die gute Fruchtbarkeit der Rebstöcke bringt Mengenerträge, die ohne ertragsregulierende Eingriffe die Hektarhöchsterträge recht deutlich überschreiten.
2. Reifes Lesegut ist die Voraussetzung für die Erzeugung hochwertiger Weine. Hohe Mengenerträge wirken sich negativ auf die physiologische Reife der Trauben aus.
3. Die Verbraucher sind kritischer und qualitätsorientierter geworden.
4. Die deutschen Weine müssen International konkurrenzfähig bleiben und mit internationalen Standards mithalten können.

Verantwortlich für das hohe Ertragsniveau sind in erster Linie der Klimawandel, die Klonenselektion und die Züchtung sowie die mittlerweile recht sicheren und wirksamen Bekämpfungsmöglichkeiten von Krankheiten und tierischen Schädlingen. Daraus ergeben sich seit Anfang der 90er Jahre im Vergleich zu den Jahrzehnten davor folgende Veränderungen:

- Geringere Ausfälle durch Frost.
- Bessere Holzreife.
- Höhere Austriebsraten.
- Höhere Durchblühraten.

- Höhere Trauben- und Beerenzahl und höhere Traubengewichte.
- Weniger Verluste durch Krankheiten und tierische Schädlinge.

Diese Veränderungen führten zwangsläufig zu einem höheren Ertragspotenzial, weshalb die Ertragsregulierung mittlerweile zu einer zentralen Arbeitsmaßnahme im Qualitätsweinbau geworden ist. Dabei kann sie mehrere Funktionen erfüllen.

1. Gesunderhaltung der Trauben (z.B. Traubenteilen, Gibberellin, Teilentblätterung der Traubenzone, Ausdünnen mit dem Vollernter).
2. Qualitätsverbesserung durch Reifeförderung (z.B. Mostgewicht, Farbe, Phenole, Extraktgehalte, Aromapotenzial).
3. Entlastung der Rebstöcke (z.B. Stressminderung bei Trockenheit).
4. UTA – Vermeidung durch Reifeförderung, Gesunderhaltung der Trauben und Stockentlastung.

8.1 Verfahren der Ertragsregulierung

8.1.1 Reduzierung der Augenzahl beim Rebschnitt

Der Rebschnitt bietet die erste Möglichkeit zur Steuerung des Ertrages. In der weinbaulichen Praxis wird meist eine geringe Augenzahl pro Stock angestrebt. Mit der Reduzierung des Anschnittniveaus geht zwar eine Verringerung des Ertrages einher, jedoch nicht in dem Umfang wie die Augenzahl reduziert wird. Versuche ergaben, dass die Absenkung des Anschnittniveaus um rund 30 Prozent im Mittel der Jahre und Sorten eine Ertragsverringerung von 18 Prozent brachte. Die Mostgewichte stiegen meist nur um 1° bis 4° Oe. Mit dem Rebschnitt ist nur eine Grobkorrektur des Ertragsniveaus zu erreichen. Wichtig ist, dass durch den Anschnitt eine harmonische Stockbelastung entsteht. Sowohl ein zu geringer als auch ein zu starker Anschnitt können sich negativ auf die Rebengesundheit und die Traubenqualität auswirken.

Die Vor- und Nachteile dieser Maßnahme können folgendermaßen zusammengefasst werden:

Vorteile
- Arbeitsersparnis bei Rebschnitt, Biegen und Ausbrechen von 15 bis 20 Akh/ha (beim Übergang von zwei auf einen Bogen).
- Um 1° bis 4° Oe höheres Mostgewicht.
- Ertragsreduzierung von rund 10 bis 20 Prozent.

Nachteile
- Zum Zeitpunkt des Rebschnittes ist das spätere Ertragsniveau nicht abschätzbar.
- Gefahr, dass bei zu geringem Anschnitt die Rebanlage zu mastig wird.

8.1.2 Anschnitt basaler Augen (Zapfenschnitt)

Auch mit dem Anschnitt basaler Augen in Verbindung mit der Kordonerziehung lässt sich bei sachgerechter Durchführung eine Ertragsreduzierung erreichen, da die unteren Augen am Trieb weniger fruchtbar sind und bei vielen Sorten kleinere Trauben hervorbringen. Diese Art der Erziehung hat aber im Weinbau, trotz ihrer arbeitwirtschaftlichen Vorteile, bisher keine große Bedeutung erlangt. Das Verfahren ist in Kap. 4.5 beschrieben. Wichtig ist, dass man nicht mehr Augen anschneidet als beim herkömmlichen Bogenschnitt und auf eine gleichmäßige Verteilung der Zapfen auf dem Bogen achtet. Da sich häufig Doppeltriebe bilden, muss beim Ausbrechen eine entsprechende Triebzahlkorrektur vorgenommen werden. Auch besteht beim Zapfenschnitt eine starke Sorten- und Jahrgangsabhängikeit. Beim Anschnitt einäugiger Zapfen liegt die Ertragsreduzierung bei etwa 20 bis 50 Prozent bei einer Mostgewichtssteigerung von 3 bis 9 °Oe. Der Anschnitt zweiäugiger Zapfen bringt eine Reduzierung von etwa 15 bis 40 Prozent und 1 bis 6 °Oe mehr.

Vorteile
- Arbeits- und Kostenersparnis bei maschinellem Vorschnitt und entfallenden Biegearbeiten.
- Bei sachgerechter Durchführung ist eine gute Mostgewichtssteigerung bei entsprechender Ertragsreduzierung möglich.

Nachteile
- Zum Zeitpunkt des Rebschnittes ist das spätere Ertragsniveau nicht abschätzbar.
- Ertragsreduzierende Wirkung stark sorten- und jahrgangsabhängig.
- Triebzahlkorrektur wichtig, um Verdichtungen zu vermeiden.
- Anschnitt erfordert mehr Fachkompetenz

8.1.3 Ausdünnen von Gescheinen

Das Entfernen von Gescheinen stellt eine arbeitsextensive Alternative zu dem späten Ausdünnen von Trauben dar. Bei dieser Methode werden die zweiten und dritten Gescheine, sobald sie gut sichtbar sind, mit den Fingern abgeknipst. Da noch wenig Laubmasse vorhanden ist, sind die Gescheine leicht zu entfernen, weshalb diese Form des Ausdünnens schnell und einfach durchführbar ist und auch mit dem Ausbrechen von Trieben gut kombiniert werden kann. Hierin ist der wesentliche Vorteil zu sehen. Wie beim späten Ausdünnen nehmen der Packungsgrad der Trauben und das Beerenvolumen zu. Die ertragsreduzierende Wirkung und die Mostgewichtssteigerung sind i.d.R. etwas geringer als bei dem späten Ausdünnen auf eine Traube pro Trieb. Überlegenswert ist diese Maßnahme bei einem überdurchschnittlichen Gescheinsansatz.

Vorteile
- Vertretbarer Arbeitsaufwand.
- Kombinierbar mit dem Ausbrechen.
- Verbesserung des Blatt-Frucht-Verhältnisses
  → Positive Wirkung auf die physiologische Reife.

Nachteile
- Das Ertragsniveau ist bei dem frühen Ausdünnzeitpunkt schlecht abschätzbar.
- Die Einzelbeeren werden dicker
  → Ertragsreduzierende Wirkung wird teilweise wieder kompensiert
  → Fäulnisgefahr steigt (Botrytis, Essigfäule)
  → Schlechteres Beerenhaut-/Beerenvolumenverh. (Aroma, Phenole, Farbstoffe).

8.1.4 Reduzierung der Triebzahl

Eine weitere Alternative zum herkömmlichen Ausdünnen mit einem vertretbaren Arbeitsaufwand ist das Ausbrechen von Trieben auf der Bogrebe. Der Umfang der Triebzahlreduktion richtet sich nach der Austriebsrate und der Wüchsigkeit der Rebanlage. In der Regel können 30 bis 50 Prozent der Triebe entfernt werden. Vorzugsweise sollten Schwach- und Doppeltriebe weggenommen werden. Eine frühe Triebzahlreduktion bewirkt eine Auflockerung der Laubwand und damit auch eine bessere Belichtung und Belüftung. Andererseits führt die geringere Stockbelastung zu dickeren Beeren und kompakteren Trauben und somit zu einer höheren Botrytisgefahr. Besonders in wüchsigen Rebanlagen besteht die Gefahr eines zu mastigen Wuchses.

Vorteile
- Relativ geringer Arbeitsaufwand.
- Kombinierbar mit dem Ausbrechen.
- Bessere Belichtung und Belüftung der Trauben.
- Positive Wirkung auf die physiologische Reife.

Nachteile
- Das Ertragsniveau ist bei frühem Ausbrechen schlecht abschätzbar.
- Rebanlage kann zu mastig werden.
- Die Einzelbeeren werden dicker
  → Ertragsreduzierende Wirkung wird teilweise wieder kompensiert
  → Fäulnisgefahr steigt (Botrytis, Essigfäule)
  → Schlechteres Beerenhaut-/ Beerenvolumenverhältnis (Aroma, Phenole, Farbstoffe).

8.1.5 Einsatz von Gibberellinsäure

Der Einsatz von Bioregulatoren, wie Gibberellinsäure, zur Regulierung des Ertrages ist, eine interessante Alternative zur manuellen Ausdünnung zu sein. Durch die Applikation in die Blüte wird eine Verrieselung induziert, was eine lockere Traubenstruktur bewirkt. Als Folge davon wird die Entstehung von Botrytis- und Essigfäule vermindert und die Reifeentwicklung begünstigt. Die ertragsreduzierende Wirkung ist jedoch nicht kalkulierbar und hängt sehr stark von den Witterungsbedingungen während der Blüte ab. In Praxisversuchen liegt sie zwischen 0 und 50 Prozent. Dementsprechend unterschiedlich fallen auch die Steigerungen im Mostgewicht aus. Da bei einigen Rebsorten Folgewirkungen in Form von Austriebsschäden und geringem Gescheinsansatz auftreten, sind die Zulassungsbedingungen genau zu beachten.

Vorteile
- Geringer Arbeitsaufwand und vertretbare Kosten.
- Lockere Traubenstruktur.
- Weniger Botrytis- und Essigfäule.
- Frühere Reife, höhere Mostgewichte.

Nachteile
- Ertragsreduzierende Wirkung nicht vorhersehbar.
- Die Einzelbeeren werden dicker.
- Beeinträchtigung in Folgejahren bei einigen Rebsorten, deshalb Zulassung beachten!

Abbildung 81:
Verrieselung beim Spätburgunder durch Gibb 3

8.1.6 Ausdünnen durch Abstreifung

Trauben können manuell aufgelockert und damit besser vor Botrytis geschützt werden, indem man Einzelbeeren "abstreift". Dazu wird die Traube zwischen Daumen und Zeigefinger gelegt und durch Ziehen wird ein Teil der Beeren abgerissen. Manche Betriebe benutzen auch einen Kamm zum Abstreifen. Am besten funktioniert die Methode unmittelbar nach der Blüte bis Schrotkorngröße. Die Intensität des Abstreifens bestimmt die Höhe der Ertragsreduzierung und damit auch die Mostgewichtssteigerung. Der Eingriff in die Traubenstruktur ist in etwa vergleichbar mit dem Einsatz von Gibberellinen.

Vorteile
- Vertretbarer Arbeitsaufwand.
- Lockere Traubenstruktur.
- Weniger Botrytis- und Essigfäule.
- Verbesserung des Blatt-Frucht-Verhältnisses.
- Positive Wirkung auf die physiologische Reife.

Nachteile
- Das Ertragsniveau ist unmittelbar nach der Blüte schlecht abschätzbar.
- Die Einzelbeeren werden dicker.

8.1.7 Ausdünnen mit einem Entlauber

Der termin- und sachgerechte Einsatz von Entlaubungsgeräten bietet in der weinbaulichen Praxis sehr viele Vorteile (siehe Kap. 7.4). Zum Ausdünnen eignen sich in erster Linie Geräte, die nach dem Saugverfahren arbeiten und mit einem Flügelmesser sowie einem weiten Schutzgitter versehen sind. Mit diesen Entlaubertypen kann bei beidseitiger Entblätterung in den frühen Entwicklungsstadien Blüte bis Schrotkorngröße eine moderate Ertragsreduzierung in der Größenordnung von 10 bis 30 % erreicht werden. Wird vor der Blüte entlaubt, was allerdings beim maschinellen Entlauben eine gut geheftete Anlage voraussetzt, wird die Verrieselung gefördert und die Ertragsreduzierung kann noch etwas höher ausfallen. Vorteilhaft ist auch, dass die Beeren bei diesem Verfahren nicht größer werden und oft nur die Traubenspitzen oder die Schultern von dem rotierenden Messer abgetrennt werden. Dadurch bekommt man teilweise die gleichen Effekte wie beim Traubenteilen. Die geringere Fäulnisanfälligkeit kann eine spätere Lese ermöglichen. Dies kann sich positiv auf die physiologische Reife auswirken und damit zu einer Qualitätssteigerung führen.

Vorteile
- Geringer Arbeitsaufwand und akzeptable Kosten.
- Wesentlich bessere Anlagerung von Pflanzenschutzmitteln an den Beeren.
- Weniger Botrytis und Essigfäule.
- Bessere Besonnung der Trauben (Aroma, Farbstoffe).
- Beeren werden nicht dicker.
- Kein Risiko von zu starken Ertragsverlusten.

Nachteile
- Schlechterer Schutz vor Hagel und Sonnenbrand (bei frühem Einsatz Sonnenbrandgefahr nur unwesentlich höher, bei starkem Hagel bieten auch die Blätter keinen Schutz).
- Nur begrenzte Ertragsreduzierung von 10 bis 30 %. (höhere Reduzierung durch Verrieselung bei Vorblüteeinsatz möglich).
- Mostgewichtserhöhungen fallen - bei gleichem Lesezeitpunkt - meist geringer aus als bei Verfahren mit stärkerer Ertragsreduzierung. Der bessere Gesundheitszustand birgt geringere kellerwirtschaftliche Risiken und erlaubt eine spätere Lese, was sich qualitativ sehr positiv auswirken kann.

Abbildung 82:
Entlauber mit weiten Gitterabständen zum Entblättern und Ausdünnen

Abbildung 83: Traubenspitzen durch Entlauber abgeschnitten

8.1.8 Ausdünnen mit dem Vollernter

Von allen ertragsregulierenden Verfahren ist der Vollernter mit Abstand die aggressivste Methode zur Ausdünnung und birgt deshalb auch das höchste Risiko. Die recht starke mechanische Beanspruchung führt zwangsläufig dazu, dass einzelne Triebe abgeschlagen bzw. angeschlagen werden. Insgesamt sind diese Schäden bei den modernen Schüttlersystemen jedoch tolerierbar. Problematischer sind dagegen die Verletzungen an den Trauben und Beeren. Viele der angeschlagenen Trauben und Beeren sterben im Nachhinein ab. Leider lässt sich dieser Anteil nicht vorhersehen, sodass immer das Risiko von extremen Ertragsverlusten besteht. Der Anteil der an den Stöcken verbliebenen, aber noch absterbenden Trauben und Beeren, kann ähnlich hoch sein wie der Anteil der abgeschlagenen Trauben und Beeren. Deshalb sollte man nicht mehr als 20 bis 25 Prozent der Trauben ausdünnen. Werden viele Einzelbeeren herausgeschlagen, so sind die verbliebenen Beeren an der Traube meist so stark beschädigt, dass sie ebenfalls noch absterben. Deshalb ist die Frequenz so einzustellen, dass möglichst ganze Trauben und Traubenteile abgeschlagen werden. Nach dem Ausdünnen ist die Beerenentwicklung zunächst stark gehemmt. Selbst zu Beginn der Reifephase scheinen die Trauben noch etwas unreifer zu sein. Mit zunehmender Reife wird dies aber kompensiert.

Zeitpunkt und Intensität des Ausdünnens

Das Ausdünnen mit dem Vollernter sollte in den ES 75 bis 77 (Erbsengröße bis Beginn des Traubenschlusses) erfolgen. Die Beeren müssen zum Ausdünnen eine gewisse Größe haben, aber noch hart sein und keinen Zucker enthalten, damit verletzte Beeren nicht Infektionen von Botrytis fördern. Das Ausdünnen sollte bei sonnigem, warmem Wetter durchgeführt werden, um ein schnelles Eintrocknen beschädigter Beeren sicherzustellen. Weiterhin ist nach dem Ausdünnen ein Botrytisschutz mit einem Spezialbotrytizid zu empfehlen. Deshalb ist die Maßnahme am besten vor einer anstehenden Pflanzenschutzbehandlung durchzuführen.

Hauptproblem beim Ausdünnen mit dem Vollernter ist die Realisierung des angestrebten Ertrages durch die richtige Ausdünnquote. Die vom manuellen Ausdünnen bekannte Tatsache, dass eine Ausdünnquote von 50 Prozent aufgrund des größeren Dickenwachstums der Beeren nicht zu einer Ertragshalbierung führt, kann beim Vollernter nicht bestätigt werden. Das größte Problem ist, dass sich die Ertragsreduzierung nicht allein aus der Menge der abgelösten Trauben ergibt, sondern in hohem Maße angeschlagene Trauben oder Beeren nachträglich noch absterben.

Folgende Faustregel kann angehalten werden:

Ausgedünnte Traubenmenge x 2 = zu erwartende Ertragsreduzierung

Daraus ergibt sich, dass die ausgedünnte Traubenmenge bei 20 bis 25 Prozent liegen und keinesfalls 30 Prozent überschreiten sollte.

Beerengröße und Botrytis
Ein besonderes Phänomen beim Ausdünnen mit dem Vollernter stellt die Beerengröße dar. Während bei den manuellen Verfahren die Beerengröße zunimmt und sich dadurch die Botrytisgefahr erhöht und das Verhältnis von Fruchtfleisch zu Schale negativ verändert, bleiben die Beeren beim Ausdünnen mit dem Vollernter klein und bekommen eine dickere Beerenhaut. Möglicherweise kommt es zu einer Emboliebildung in den Xylembahnen aufgrund der Schüttlereinwirkung. Es bilden sich dort Luftblasen, die zumindest teilweise die Wasserversorgung der Beeren unterbrechen. Die Trauben reagieren darauf ähnlich wie bei Trockenheit mit der Bildung einer dickeren Beerenhaut, kleineren Beeren und einer vermehrten Einlagerung von Phenolen. Insbesondere für Rotweinsorten ist diese Reaktion sehr qualitätsfördernd. Die kleineren Beeren, aber insbesondere die dickere Beerenhaut bewirken zudem ein sehr geringes Botrytisrisiko. Abquetschungen von Beeren und Saftaustritt kommen praktisch nicht vor. Damit ergibt sich die Möglichkeit, den Lesetermin relativ spät zu wählen, was sich positiv auf die physiologische Reife auswirkt und zu einer nicht zu unterschätzenden Qualitätssteigerung führen kann. Deshalb ist dieses Verfahren besonders zur Erzeugung von Rotweinen im Super Premium Segment interessant.
Vorteile
• Geringer Arbeitsaufwand.
• Lockere Trauben.
• Weniger Bortytis und Essigfäule.
• Positive Wirkung auf Aromen, Phenole und Farbstoffe.

Nachteile
• Sehr hohes Verlustrisiko.
• Vereinzelt Beschädigungen an den Trieben.
• Bisher wenig Erfahrungen hinsichtlich Ausdünnquote, Einsatzzeitpunkt und Rebsorteneignung.

182

Abbildung 84: *Ausdünnen mit dem Traubenvollernter*

Abbildung 85: *Vergleich der Traubenstruktur und der Beerengröße zwischen nicht ausgedünnt (mittlere Traube) und Vollernter ausgedünnten Trauben (links und rechts) beim Portugieser*

8.1.9   Ausdünnen durch Traubenreduktion

Die gebräuchlichste Maßnahme der Ertragsregulierung ist das manuelle Ausdünnen von ganzen Trauben nach der Blüte bis Reifebeginn, auch grüne Lese genannt. In der Praxis wird der späte Ausdünntermin kurz vor oder nach Reifebeginn bevorzugt, obwohl er deutlich arbeitsintensiver ist als eine frühe Ausdünnung. Zu diesem Zeitpunkt ist das Risiko, noch Ertragsverluste durch bestimmte Krankheiten oder Hagel zu bekommen, relativ gering. Auch glaubt man, dass die Rebe die Ertragsreduzierung nicht mehr so stark durch Dickenwachstum kompensieren kann wie bei einem frühen Termin. Jedoch führt, bei guter Wasserversorgung, auch ein spätes Ausdünnen zu dickeren Beeren und dichteren Traubenpackungsgraden. Dies kann sich, besonders wenn Witterungseinflüsse die Infektionsgefahr von Botrytis- und Sauerfäule begünstigen, negativ auf die Gesundheit und die Traubenqualität auswirken.

Vorteile
*   Ertragsniveau ist in etwa abschätzbar (bei später Traubenreduktion).
*   Keine großen Risiken, mehr Ertragsverluste z.b. durch Hagel, Oidium oder Peronospora zu erleiden (bei später Traubenreduktion).
*   Reifeunterschiede bei roten Sorten erkennbar (bei später Traubenreduktion).
*   Verbesserung des Blatt-Frucht-Verhältnisses
    → positive Wirkung auf die physiologische Reife.

Nachteile
*   Hoher Arbeitsaufwand mit entsprechender Kostenbelastung.
*   Die Einzelbeeren werden dicker (besonders bei früher Traubenreduktion)
    → Ertragsreduzierende Wirkung wird teilweise wieder kompensiert
    → Fäulnisgefahr steigt (Botrytis, Essigfäule)
    → Schlechteres Beerenhaut-/Beerenvolumenverhältnis (Aroma, Phenole, Farbstoffe).

8.1.10   Ausdünnen durch Traubenteilen

Als Alternative zum Ausdünnen ganzer Trauben (grüne Lese) wird zunehmend das Teilen von Trauben durchgeführt. Dabei wird mit der Traubenschere die Traube kurz oberhalb der Mitte horizontal durchgeschnitten, sodass nur die obere Traubenhälfte verbleibt. Damit wird die klassische Abdrückzone beseitigt und die engstehenden Beeren bekommen mehr Platz an den "nach unten offenen Trauben". Dies führt zu einem geringeren Botrytis- und Essigfäulebefall. Einige Betriebe entfernen bei stark geschulterten Trauben auch Teile der Schulter. Dies ist notwendig, um eine entsprechende Ertragsreduzierung zu bekommen, da die verbleibenden Beeren im Dickenwachstum zunehmen. Der Arbeitsaufwand ist, neben der Intensität der Durchführung, stark von dem Ausdünntermin abhängig. Je früher das Teilen vorgenommen wird, desto geringer ist der Akh-Bedarf. Die Maßnahme sollte vor Reifebeginn durchgeführt werden, da zu einem späteren Termin verletzte Beeren das Botrytisrisiko erhöhen. Folgende Werte können für das Traubenteilen angehalten werden:

ES Schrotkorngröße bis Erbsengröße: 50 bis 65 Akh/ha
ES Traubenschluss: 00 bis 100 Akh/ha

Der Arbeitsaufwand für das Traubenteilen und die Traubenreduktion kann durch eine vorherige Teilentblätterung der Traubenzone um ca. 25 bis 30 Prozent gesenkt werden.

Vorteile
* Lockere Trauben.
* Weniger Bortytis, Essigfäule und Stiellähme.
* Verbesserung des Blatt-Frucht-Verhältnisses
  →Positive Wirkung auf die physiologische Reife.

Nachteile
* Hoher Arbeitsaufwand mit entsprechender Kostenbelastung bei intensivem und spätem Traubenteilen.
* Die Einzelbeeren werden dicker
  →Ertragsreduzierende Wirkung wird teilweise wieder kompensiert
  →Schlechteres Beerenhaut-/Beerenvolumenverhältnis (Aroma, Phenole, Farbstoffe).

Abbildung 86:
Durchführung
des Traubenteilens

8.2 Anwendungsstrategien

Die Vielzahl der Verfahren und Bewertungskriterien lassen keine einheitlichen Empfehlungen zu. Vielmehr sind betriebsindividuell unterschiedliche Anwendungsstrategien zu verfolgen. Diese sind im Wesentlichen von folgenden Faktoren abhängig zu machen:

- Betriebsstruktur (Größe, Mechanisierbarkeit der Rebanlagen, technische Ausstattung).
- Kosten der Ertragsregulierung.
- Rebsortenspektrum (Ertragsniveau der Sorten, Bepackungsgrad der Trauben, Doppeltriebbildung).
- Vermarktungsmöglichkeiten und Preisniveau des Betriebes (Anteil Basis-, Premium- und Superpremium-Weine).
- "Jahrgangseinflüsse" (Krankheitsdruck, Reifeentwicklung).

Die Jahrgangswitterung hat einen großen Einfluss auf wichtige Bewertungsparameter, aber leider sind die Auswirkungen meist erst im Nachhinein genauer zu bilanzieren. Insbesondere das Ausmaß der Reifeförderung muss differenziert betrachtet werden. Bei Rotweinsorten ist dies bei uns generell erwünscht. Farbintensive, vollmundige, dichte Rotweine lassen sich so besser erzeugen. Beim Weißwein kann in einem Jahr mit überdurchschnittlichem Reifevorsprung, wie 2003, eine weitere Reifeförderung auch negative Auswirkungen haben. Als Ergebnis können breite, wuchtige Weine mit hohem Alkoholgehalt und geringer Säure zustande kommen. Ein Resultat, das nicht unbedingt erwünscht ist.

Maßnahmen, Zeitpunkte, Arbeitsaufwand und Kosten
Wie die Tabelle 49 zeigt, unterscheiden sich die verschiedenen ertragsregulierenden Verfahren in wichtigen Bewertungsparametern. Dazu gehören u.a. der Zeitpunkt der Durchführung, der Arbeitsaufwand und die Kosten. Bei den manuellen Verfahren führen frühe Eingriffe in das Ertragspotenzial zwar zu einem geringeren Arbeitsaufwand, aber dafür sind sie mit einem größeren Risiko behaftet, da noch ein sehr hohes witterungs- und krankheitsbedingtes Ausfallrisiko besteht. Dies ist sicherlich der Hauptgrund, weshalb frühe Maßnahmen – abgesehen von einem geringen Anschnitt – bisher wenig Akzeptanz in der weinbaulichen Praxis gefunden haben. Spätere Maßnahmen senken zwar das Verlustrisiko, erhöhen aber bei den manuellen Verfahren den Arbeitsaufwand erheblich. Erschwerend kommt noch hinzu, dass von Mitte Mai bis Anfang August eine allgemeine Arbeitsspitze herrscht. Technische Verfahren, können dazu beitragen den Arbeitsaufwand und die Kosten zu senken. Geeignet sind dafür Entblätterungsgeräte mit Druckluft- oder Sauggebläsen, mit denen während oder kurz

Tabelle 49: Übersicht ertragsregulierender Maßnahmen

Maßnahme	Arbeitsaufwand /ha[1]	ca. Kosten €/ha[2]	Traubenstruktur / Beerengröße	Botrytis-reduzierung	Mostgew.-steigerung	Ertrags-reduzierung	Qualitätsbewertung
geringer Anschnitt	kein erhöhter Aufwand	-	kompaktere Trauben, dickere Beeren	-	+	+	geringer Qualitätseffekt, Fäulnisprobleme in feuchten Herbsten
Anschnitt einäugiger Zapfen	30-40 Akh Einsparung bei masch. Vorschnitt	100 – 200 € Einsparung bei masch. Vorschnitt	kompaktere Trauben, dickere Beeren	-	+/++	++	mittler bis guter Qualitätseffekt, Fäulnisprobleme in feuchten Herbsten, Triebzahlkorrektur wichtig
Anschnitt zweiäugiger Zapfen	30-40 Akh Einsparung bei masch. Vorschnitt	100 – 200 € Einsparung bei masch. Vorschnitt	kompaktere Trauben, dickere Beeren	-	+	+	geringer bis mittlerer Qualitätseffekt, Fäulnisprobleme in feuchten Herbsten, Triebzahlkorrektur wichtig
Gescheine abknipsen (6-8 Blätter entfaltet)	mittel 22-30 Akh	165 – 225	kompaktere Trauben, dickere Beeren	-	++	++	guter Qualitätseffekt, Fäulnisprobleme in feuchten Herbsten
Triebzahlreduktion (6-8 Blätter entfaltet)	mittel 18-25 Akh	135 – 188	kompaktere Trauben, dickere Beeren	-	+ / ++	+ / ++	mittler bis guter Qualitätseffekt, Gefahr von zu mastigem Wuchs, Fäulnisprobleme in feuchten Herbsten
Gibberelline (Blüte)	sehr gering 1,5 Akh	150	lockerere Trauben, dickere Beeren	++	0/ + /++	+ /++	guter Qualitätseffekt, wenn spätere Lese aufgrund der besseren Traubengesundheit. Zulassung beachten!
Ausdünnen mit Entlauber (Blüte–Schrotkorngröße)	gering 4 Akh	180 – 250	normale bis lockerere Trauben und normal dicke Beeren	++	- /0/ + /++	+	guter Qualitätseffekt, wenn spätere Lese aufgrund der besseren Traubengesundheit. Ausdünnquote mit bestimmten Sauggebläsen 10 bis 25 %
Handabstreifung (Nachblüte – Schrotkorngröße)	mittel-hoch 30-40 Akh	225 – 300	lockerere Trauben, dickere Beeren	++	++	++	guter Qualitätseffekt
Ausdünnen mit Vollernter (Erbsengröße)	sehr gering 2 Akh	140 – 360	lockerere Trauben, kleinere Beeren mit dicker Haut	+/++	++ /++ /+++	++ /+++	guter bis sehr guter Qualitätseffekt, besonders bei roten Sorten. Spätere Lese aufgrund der guten Traubengesundheit möglich. Hohes Ertragsrisiko!

Ausdünnen auf 1-1,5 Traube/Trieb (Erbsengröße)	hoch 50-65 Akh	375 – 488	kompaktere Trauben, dickere Beeren	-	+ + /+ + +	+ +	guter bis sehr guter Qualitätseffekt, Fäulnisprobleme in feuchten Herbsten
Ausdünnen auf 1-1,5 Traube/Trieb (Reifebeginn)	Sehr hoch 70-100 Akh	425 – 750	Traubenstruktur und Zunahme der Beerengröße abhängig von Wasserversorgung im Spätsommer/Herbst	0/-	+ + /+ + +	+ + /+ + +	guter bis sehr guter Qualitätseffekt, Fäulnisprobleme in feuchten Herbsten
Traubenteilen (Schrotkorngröße - Erbsengröße)	hoch 60-75 Akh	450 – 563	lockerere Trauben, dickere Beeren	+ +	+ + /+ + +	+ +	guter bis sehr guter Qualitätseffekt. Spätere Lese aufgrund der besseren Traubengesundheit möglich
Traubenteilen (Traubenschluss)	sehr hoch 80-100 Akh	600 – 750	lockerere Trauben, dickere Beeren	+ +	+ + /+ + +	+ +	guter bis sehr guter Qualitätseffekt. Spätere Lese aufgrund der besseren Traubengesundheit möglich

0 = kein Einfluss, + = gering, + + = hoch, + + + = sehr hoch, - = negativ (steigend)

1) Arbeitsaufwand abhängig von Rebsorte, Behang und Standraum.   2) 7,50 €/Akh für manuelle Ausdünmverfahren

Merke: _Die Mostgewichtssteigerungen bei der Ertragsregulierung hängen sehr stark vom Blatt-Frucht-Verhältnis und der Menge-Güte-Relation ab. Bei einem schlechten Blatt-Frucht-Verhältnis bringt eine Ertragsreduzierung höhere Mostgewichts-steigerungen als bei einem guten Blatt-Frucht- Verhältnis vor. Ebenso führt eine Ertragsreduzierung bei einem niedrigeren Ertragsniveau, - nicht stressbedingt-, zu geringeren Mostgewichtssteigerungen als eine Reduzierung bei einem hohen Ertragsniveau. In Jahren mit überdurchschnittlichem Lichtgenuss sind die Steigerungen beim Mostgewicht geringer als in Jahren mit unterdurchschnittlicher Sonneneinstrahlung._

Merke: Eine Ertragsreduzierung um 4 bis 5 Prozent bringt im Mittel eine Mostgewichtssteigerung von 1 °Oe.

nach der Blüte eine moderate Ertragsreduzierung (10 bis 25%) möglich ist. Auch der Traubenvollernter stellt eine interessante Alternative zur herkömmlichen Handausdüngung dar. Zwar birgt er das höchste Verlustrisiko, aber dafür ist es das einzige Verfahren, bei dem die Beeren kleiner bleiben. Lockere Trauben mit geringerem Fäulnisrisiko sind bei den technischen Verfahren als besondere Vorteile hevorzuheben. Dies trifft auch für den Einsatz von Bioregulatoren zu. Bisher (2007) hat aber nur "Gibb 3" eine Zulassung für Burgundersorten, Portugieser und Schwarzriesling.

Traubenstruktur, Beerengröße und Traubengesundheit
Ertragsregulierende Maßnahmen beeinflussen auch den Bepackungsgrad der Trauben und die Beerengröße. Die Traubendichte ist ein Indikator für die natürliche Widerstandsfähigkeit gegen Botrytis und Essigfäuleinfektionen. Eine geringe Trauben – oder Triebzahl führt zu kompakteren Trauben und dickeren Beeren. Dadurch besteht die Gefahr, dass die Beerenhaut vorzeitig Risse bekommt bzw. Beeren durch Nachbarbeeren abgequetscht werden. Als Folge davon tritt Saft aus und bildet einen idealen Nährboden für Fäulniserreger.

Eine Lockerung der Traubenstruktur ist durch mechanische oder biotechnische Eingriffe möglich. Recht verbreitet ist das Traubenteilen. Da kompakte Trauben meist in der Mitte zu faulen beginnen, teilt man die Traube quer. So erhalten die Beeren in diesem Bereich mehr Raum und die Traube wird besser belüftet. Einen ähnlichen Effekt mit einem geringeren Arbeitsaufwand erhält man beim Abstreifen kleiner Beeren kurz nach der Blüte. Eine weitere Möglichkeit die Traubenstruktur zu lockern ist der Einsatz von Bioregulatoren, die ein Verrieseln des Fruchtansatzes verursachen. Bei diesen ertragsregulierenden Verfahren werden zwar eine Auflockerung und dadurch ein geringerer Botrytisbefall erreicht, aber die Einzelbeeren werden dicker.

Auch mit bestimmten Entlaubungsgeräten (Druckluftgeräte und Sauggebläse mit weitem Gitterabstand) können bei einer frühen Teilentblätterung (Blüte bis Schrotkorngröße) eine moderate Ertragsreduzierung (10 bis 25 %) und eine Auflockerung der Traubenstruktur erreicht werden. Aufgrund der gleichzeitigen Wegnahme von Blättern und Trauben bzw. Traubenteilen ändert sich das Blatt-Frucht-Verhältnis wenig und die Beeren entwickeln sich zu normaler Größe. Die gute Belichtung und Belüftung der Traubenzone in Verbindung mit der Auflockerung und auch einer besseren Anlagerung der Pflanzenschutzmittel führen zu einer Verringerung des Botrytisbefalls. Noch recht wenig verbreitet ist das Ausdünnen mit dem Vollernter. Bei diesem Verfahren werden Trauben, Traubenteile und Einzelbeeren abgeschlagen. Dies führt bei den verbleibenden Trauben zu einer Auflockerung. Ein weiteres besonderes Phänomen beim Vollernter ist die Beerenentwicklung. Im Gegensatz zu allen anderen Verfahren bleiben die Beeren kleiner und bekommen eine dickere Beerenhaut. Erklärbar ist dies durch eine vorübergehende Emboliebildung in den Xylembahnen aufgrund der Schüttlereinwirkung. Die Trauben bleiben einige Tage in der Entwicklung stehen und reagieren mit geringerem Dickenwachstum und dickerer Beerenhaut, wodurch sich eine gute Widerstandsfähigkeit gegenüber Fäulniserreger ergibt. Damit kommt die Ausdünnung mit dem Vollernter dem Idealbild, von lockerbeerigen, kleinbeerigen Trauben mit hohem Schalenanteil sowie guter Belichtung der Beerenschale bei guter Abhärtung, am nächsten. Allerdings birgt die Vollernterausdünnung auch das höchste Verlustrisiko, da ein Teil der angeschlagenen Trauben und Beeren nachträglich noch absterben. Dieses Verfahren erfordert die größte Erfahrung, kann aber besonders bei roten Sorten sehr große Qualitätsverbesserungen bringen.

Verfahrenskombinationen kommen dem Idealziel am nächsten

Aufgrund der Vielzahl unterschiedlicher Bewertungsparameter ist es nicht möglich mit nur einem Verfahren alle Vorteile einer Ertragsregulierung zu nutzen. Deshalb ist es sinnvoll, in Abhängigkeit von dem geplanten Qualitätsziel verschiedene Verfahren miteinander zu kombinieren. Dabei kommt der **frühen maschinellen Teilentblätterung** eine besondere Schlüsselfunktion zu. Folgende Vorteile machen die maschinelle Teilentblätterung zu einem wichtigen Baustein bei der Ertragsregulierung.

- Geringer Arbeitsaufwand.
- Akzeptable Kosten (ca. 200 €/ha bei beidseitiger Entblätterung).
- Moderate Ausdünnung mit bestimmten Geräten möglich.
- Geringes Verlustrisiko.
- Höhere Anlagerungsrate von Pflanzenschutzmitteln..
- Bessere Traubengesundheit.
- Verbesserung der Basic-Weine durch längere Reife.
- Erzeugung von Premium- und Superpremium-Weinen durch Kombination mit anderen ertragsregulierenden Verfahren.
- Arbeitszeitersparnis bei nachfolgenden manuellen Ausdünnmaßnahmen und bei der Handlese.

Abbildung 87: *Einfluss ertragsregulierender Maßnahmen auf den Botrytisbefall beim*
Dornfelder (2006)

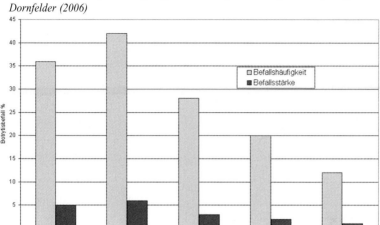

Literatur

FOX, R.:Ertragsregulierung auch 2005 ein Thema? Der Deutsche Weinbau 10/2005, 32 – 35.

FOX, R.:Ertragsregulierung ein Dauerthema? Das Deutsche Weinmagazin 3/2005, 16 – 19.

PETGEN, M.: Was bringen alternative Ausdünnmöglichkeiten? Der Deutsche Weinbau 9/2005, 14 – 18.

PETGEN, M.: Möglichkeiten und Grenzen der Ertragsregulierung. Der Winzer 5/2005, 13 – 15.

PRIOR, B.: Qualität durch Laubarbeiten und Traubenreduktion. Das Deutsche Weinmagazin 10/2003, 22 – 27.

PRIOR, B.: Qualitätssteigerung im Weinbau. Das Deutsche Weinmagazin 11/2005, 22 – 27.

WALG, O.: Neue Verfahren – Chance oder Risiko? Das Deutsche Weinmagazin 8/2004, 24 – 30.

WALG, O.: Ausdünnen mit dem Traubenvollernter – funktioniert dies? Das Deutsche Weinmagazin 12/2005, 22 – 25.

191

9 Bodenpflege

Eine sachgerechte Bodenpflege erfordert nicht nur Kenntnisse über die in Frage kommenden Geräte und Arbeitsverfahren, sondern muss auch die klimatischen und bodenkundlichen Gegebenheiten berücksichtigen. Deshalb können auch keine Patentrezepte für die Pflege gegeben werden. Was für den einen Standort richtig ist, kann auf einem anderen Standort negative Auswirkungen haben, und was sich in einem Jahr bewährt hat, kann im nächsten Jahr zu intensiv oder zu extensiv sein. Deshalb muss man in der Lage sein, entsprechend den klimatischen und bodenkundlichen Gegebenheiten flexibel zu reagieren. Neben einer guten und steten Befahrbarkeit der Rebanlagen ist das wichtigste Ziel der Bodenpflege, für eine ausreichende Wasser- und Nährstoffversorgung zu sorgen. Dabei besteht ein enger Zusammenhang zwischen Bodenfeuchte und Nährstoffverfügbarkeit.

Die Möglichkeiten der Bodenpflege im Weinbau sind vielfältig. Folgende **Bodenpflegesysteme** können unterschieden werden:

- mechanische Bodenbearbeitung,
- Bodenbegrünung,
- Bodenabdeckung und
- chemische Bodenpflege.

In der Praxis werden diese Möglichkeiten häufig miteinander kombiniert. Weiterhin kann noch zwischen der Bodenpflege in der Gasse und der Bodenpflege unter den Stöcken unterschieden werden.

9.1 Mechanische Bodenpflege

Bei der mechanischen Bodenpflege hat sich seit den 80er Jahren ein Wandel zugunsten einer größeren Bewuchstoleranz vollzogen. Dadurch hat die Intensität der Bodenbearbeitung abgenommen und in vielen Betrieben wird ab Ende Juli, Anfang August keine Bodenbearbeitung mehr durchgeführt. Herbst- bzw. Winterbodenbearbeitung haben da noch ihre Berechtigung, wo Bodenlockerungsmaßnahmen zur Behebung von oberflächlichen Verdichtungen notwendig sind und eine gute Befahrbarkeit der Rebanlage wieder hergestellt werden soll. Die Frühjahrs- und Sommerbodenbearbeitung haben in erster Linie die Beseitigung unerwünschten Pflanzenbewuchses sowie die Bodenwasserregulierung durch Kapillarzerstörung zum Ziel.

Bei den im Weinbau verwendeten Bodenbearbeitungsgeräten lassen sich Geräte mit **gezogenen** und mit **angetriebenen Werkzeugen** unterscheiden. In Abhängigkeit vom Einsatzziel unterscheidet man noch zwischen einer flachen und einer tieferen Bodenbearbeitung.

Abbildung 88: Art und Einsatzgebiet der Bodenbearbeitungsgeräte im Weinbau

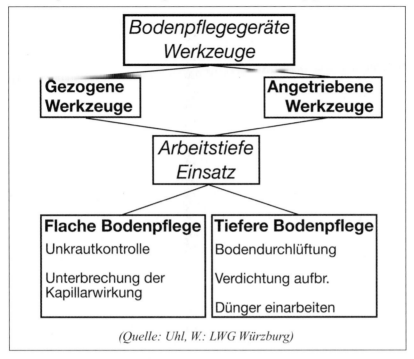

(Quelle: Uhl, W.: LWG Würzburg)

9.1.1 Gezogene Geräte

Gezogene Geräte dienen vornehmlich der Bodenlockerung, der Kapillarzerstörung und der Bewuchskontrolle. Der Leistungsbedarf entspricht dabei dem Zugwiderstand. Die Schleppertriebräder müssen durch eine ausreichende Umfangskraft, die sich am Boden in horizontaler Richtung abstützt, den Zugwiderstand überwinden. Das hat zur Folge, dass der Boden außer der Radgewichtskraft (Schleppermasse) durch eine höhere Stützkraft, die auf der nachfolgenden Abbildung 89 als Resultierende definiert ist, zusätzlich belastet wird. Besonders in Hanglagen, wo zusätzlich während der Bergfahrt die Hangabtriebskraft zu überwinden ist, kann beim Einsatz gezogener Werkzeuge überhöhter Schlupf und damit eine gewisse Schädigung des Bodens in den Fahrspuren auftreten. Dadurch ergeben sich für den Einsatz von Geräten mit gezogenen Werkzeugen in den Hanglagen physikalisch bedingte Einschränkungen.

Die Wirkung der meisten gezogenen Werkzeuge (mit Scharen) besteht darin, dass der Boden unterschnitten, nach hinten gleitend angehoben und über die Scharkante abgebrochen wird. Eine Beeinflussung der Arbeitsintensität ist nur in gewissem Umfang über die Fahrgeschwindigkeit, die Anzahl und den Anstellwinkel der Werkzeuge möglich.

Abbildung 89: *Bodenbelastung durch die Schleppertriebräder bei gezogenen und angetriebenen Geräten (Quelle: Uhl, W.: LWG Würzburg)*

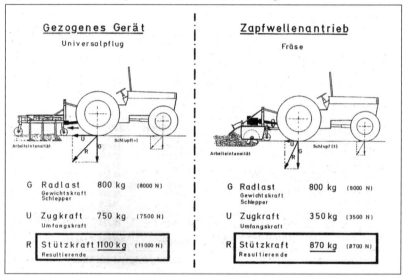

9.1.1.1 Pflug

Noch bis in die 70er Jahre war es ein Zeichen anständiger Weinbergswirtschaft, wenn nach der Traubenernte der sogenannte Winterbau durchgeführt wurde. Hierbei wurde der Boden unter den Stöcken angehäufelt (zugepflügt). In der Gassenmitte blieb eine Rinne zurück, weshalb das Verfahren auch die Bezeichnung "Winterfurche" trug. Jedes im Weinberg noch so sichtbare Grün war damals ein Zeichen schlechter Pflugarbeit. Neben der Unkrautbekämpfung erhoffte man sich von der Winterbodenbearbeitung ein besseres Ausfrieren des Bodens (Frostgare) und eine schnellere Verlagerung der Nährstoffe in den Wurzelbereich der Reben. Außerdem erwartete man, dass in richtig zugepflügten Weinbergen die Stöcke bei harten Winterfrösten nicht völlig ausfielen, da die Veredlungsstellen durch die Bodenabdeckung geschützt waren. Diese Winterpflugarbeit war Teil einer ständig wiederholten Verlagerung des Bodens - aus der Gasse unter die Zeile und wieder zurück.

Die Winterfurche führt aber zu ernsthaften Problemen. So unterliegt ein bewuchsfreier Boden in Hanglagen erhöhter Erosionsgefahr, welche durch das Grabenprofil der Furche noch verstärkt wird. Weiterhin wird durch ein tieferes Wenden die wertvolle, belebte Oberkrume in tiefere Bodenschichten vergraben. Die intensive Durchlüftung des Bodens beschleunigt zudem den Humusabbau und die Freisetzung von Nitratstickstoff, der über Winter leicht ausgewaschen werden kann. In gepflügten Anlagen ist auch das Begehen zum Rebschnitt oder das Befahren zur Düngung erheblich erschwert und die mechanische Rebholzzerkleinerung schlecht möglich. Aufgrund dieser Nachteile hat der klassische Winterbau mit Pflug heute keine Bedeutung mehr.

Aufbau

Für die Pflugarbeit können verschiedene Werkzeuge verwendet werden. Bis zu einer Gassenbreite von 1,30 m kann ein ungeteilter Doppelscharpflug, welcher nach beiden Seiten arbeitet, eingesetzt werden. Bei größeren Gassenbreiten müssen außen zusätzlich Einzelschare (Anpflugschare) angebracht werden. Wegen der bereits beschriebenen Nachteile der Winterfurche wird das Doppelschar heute kaum noch eingesetzt. Lediglich in Seilzuglagen wird zum Einbringen von organischen Düngern (Kompost, Stallmist) gelegentlich noch ein Doppelschar am Sitzpflug zum Furchenziehen verwendet. Dort, wo heute noch Rebanlagen vorm Winter zugepflügt werden (z.B. in Junganlagen zum Schutz der Veredlungsstelle vor Frost), wird meist nur mit seitlich angebrachten Anpflugscharen gearbeitet. Zum Abpflügen (Abräumen) im Frühjahr werden Räumschare eingesetzt (vgl. Abbildung 97). Die Bearbeitung der Gassenmitte erfolgt mit Grubberscharen. Pflug- und Grubberschare können am selben Rahmen angebaut werden. Häufig werden die Räumschare im Zwischenachsbereich an den Träger des Stockräumers angebaut (vgl. Kap. 9.5.1.1), weil damit ein genaueres Fahren möglich ist.

Abbildung 90:
Plug mit Doppelschar
und seitlichen Anhäufel-
scharen

195

9.1.1.2 Grubber (Kultivator, Universalpflug)

Der Grubber, je nach Bauart auch Universalpflug oder Kultivator genannt, ist das am häufigsten verwendete Gerät zur mechanischen Bodenbearbeitung in der Gasse. Er wird vornehmlich zur Frühjahrs- und Sommerbodenbearbeitung eingesetzt und hat die Aufgabe, den Boden zu lockern, die Kapillare zu zerstören und damit die Verdunstung zu vermindern, sowie den Unkrautbewuchs zu beseitigen.

Aufbau

Je nach Hersteller ist die Konstruktion der Grubber verschieden. Der Rahmen ist einbalkig oder mehrbalkig. In der einbalkigen Ausführung dient er meist als **Vorgrubber** für Fräse oder Kreiselegge. In kurzen ein- oder zweibalkigen Ausführungen wird er auch als **Kurzgrubber** bezeichnet. Am Rahmen befestigt sind die Zinken, die starr oder gefedert sein können. Sie sind mit verschiedenen Scharformen ausstattbar, die sich je nach Ausformung für unterschiedliche Einsatzmöglichkeiten eignen.

Die leichteren Geräteausführungen **(Kultivator, Leichtgrubber)** sind vorwiegend für eine flache Bodenbearbeitung mit geringen Arbeitsbreiten und niederem Motorleistungsbedarf beim Schlepper ausgelegt. Der Rahmen ist in der Regel mehrfach verstrebt mit Parallelbreitenverstellung, kleingehaltenen Materialquerschnitten, Federzinken und Stützrädern zur Tiefenführung. Beim Einsatz werden sie mit der Freiganghydraulik in Schwimmstellung gefahren.

Die schwereren Grubber sind meist etwas kürzer gebaut und zur Gewichtsübertragung im Aufsattelverfahren mit dem Schlepper verbunden. Sie werden ohne Stützräder eingesetzt. Die Tiefenführung oder Einstellung der Arbeitstiefe erfolgt über die Zugwiderstandsregelung in Verbindung mit einer verstellbaren Krümelwalze am Rahmenende. Es handelt sich dabei um typische Geräte für Weinbauschlepper mit Regelhydraulik. Die größere Arbeitshöhe in Verbindung mit einer besseren Stabilität durch entsprechende Materialquerschnitte ermöglicht es, diese Grubber sowohl für eine flache als auch eine tiefere Bodenbearbeitung mit starren Zinken einzusetzen. Dadurch sind spezielle Tiefengrubber nicht mehr notwendig. Die meisten Hersteller verwenden ihre **Vor- bzw. Kurzgrubber** als Grundgeräte und vervollständigen sie durch kuppelbare Zusatzteile zum **"Universalgrubber bzw. Variogrubber"**. Andere Bodenbearbeitungsgeräte wie Fräse, Kreiselegge oder Scheibenegge können ebenfalls an diese Grubberrahmen angebaut werden (siehe Abbildung 100).

Werkzeughalter und Werkzeuge

Die Arbeitsintensität des Grubbers ergibt sich aus der Fahrgeschwindigkeit, der

Abbildung 91:
Grubberrahmen im Aufsattelverfahren für flache und tiefe Bodenbearbeitung

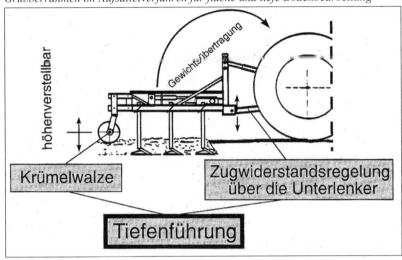

Abbildung 92:
Vorgrubber erweitert zum Universalgrubber mit Meißel- und Flügelscharen

Abbildung 93:
Konvetioneller Kultivator mit Federzinken und schmalen Gänsefußscharen

Abbildung 94: *Kurzgrubber Hexagon mit Gänsefußscharen*

Abbildung 95: *Grubber mit Druckfedern (halbstarre Zinken)*

Arbeitstiefe sowie der Anzahl und Art der verwendeten Werkzeuge. **Federzinken** ergeben eine bessere Mischwirkung und Krümelung und benötigen eine geringere Zugkraft, jedoch ist ihre Tiefenführung ungleichmäßig und bei hartem Boden und leichtem Grubber ist der Einzug schwierig. **Starre Zinken** dagegen haben einen gleichmäßigeren Tiefgang, benötigen aber mehr Zugkraft. **Halbstarre Zinken** besitzen eine **Druckfeder,** deren Federwirkung einstellbar ist. Dadurch wird ein wirksamer Überlastschutz auf verhärteten oder steinigen Böden erreicht. Die Arbeitstiefe ist auf wechselnden Böden aber ungleichmäßig. Je nach Anordnung der Druckfedern unterscheidet man zwischen einer Innen- und einer Außenfederung.

Abbildung 96: Zinkenarten, von links nach rechts: Starrer Zinken, Zinken mit Außenfederung, Zinken mit Innenfederung, Federzinken

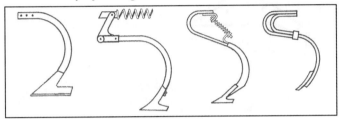

Je nach Einsatzzweck stehen dem Winzer unterschiedliche Werkzeuge (Schare) zur Auswahl. Für die Unkrautbekämpfung haben sich breite Werkzeuge (Gänsefußschare, Flügelschare) mit starren Zinken bewährt. Starre Zinken sind notwendig, damit der Scharanstellwinkel nicht variiert. Mit diesen Scharen wird eine flächendeckende Bodenbearbeitung erreicht. Soll das Arbeitsziel vorwiegend eine flache Bodenlockerung und eine Kapillarzerstörung sein, so können schmälere Werkzeuge (Meißel- oder Schmalschare, Doppelherzschare oder schmale Gänsefußschare) mit gefederten Zinken eingesetzt werden. Sie reißen den Boden stärker auf und haben einen besseren Mischeffekt, jedoch erfassen sie Wurzelunkräuter oft nur unzureichend. Die gelockerte Fläche hängt sehr stark von der Bodenart ab. Entsprechend muss der Zinkenabstand den jeweiligen Bodenverhältnissen angepasst werden, um keine unbearbeiteten Flächen zu hinterlassen. So benötigen harte, schwere Böden in der Regel einen engeren Zinkenabstand als leichte Böden.

Mit den schwereren Grubberrahmen werden auch veränderte Werzeugformen angeboten, die auf die Belange des Weinbaus besser abgestimmt sind. Die geänderten Werkzeuge unterscheiden sich zu den üblichen Ausführungen durch folgende Merkmale:

- Starre, schmale Haltestiele mit austauschbaren Scharformen für flache und tiefere Bodenbearbeitung sowie zum Unterfahren und Lockern von Dauer begrünungen (Meißel- oder Schmalschare und Flügelschare).
- Größere wirksame Arbeitsbreiten (35 bis 70 cm bei Flügelscharen).
- Flachere Anstellwinkel.

Durch die neueren Werkzeugformen ergeben sich bei der Bodenpflege einige Vorteile:

- Geringere Erdverlagerung und Rillenbildung.
- Weniger Verstopfungen durch geringere Werkzeuganzahl.
- Ausreichende Überschnittmaße und breitere Scharformen.
- Reduzierte Zugkraftaufnahme bei flacher Bodenbearbeitung.
- Tiefenlockerung und Lüften offener und begrünter Anlagen durch flaches Unterfahren mit Flügelscharen.
- Einbringen von flüssigen Düngern, z.B. als AHL (Ammoniumnitrat-Harnstoff-Lösung) Unterflur-Depotdüngung mit Flügelschar (siehe Abb. 176 und 177).

Für das Lockern und Unterfahren dauerbegrünter Anlagen sind nicht alle Scharformen geeignet. Eine gute Arbeitsqualität wird in der Regel mit Flügelscharen mit relativ flachem Anstellwinkel (15 bis 20 Grad) erreicht (herkömmliche Schare haben 25 bis 40 Grad). Spezielle Begrünungslockerer sind in Kap. 9.3.2.4 beschrieben.

Neben den verschiedenen Scharformen können an den Grubberrahmen auch andere Werkzeuge wie Pflugkörper, Scheibenseche, Striegel, Stockräumgeräte und Stammputzer angebaut werden. Dadurch sind vielfältige Kombinationsmöglichkeiten gegeben.

Abbildung 97: *Scharformen und deren Einsatzmöglichkeiten*

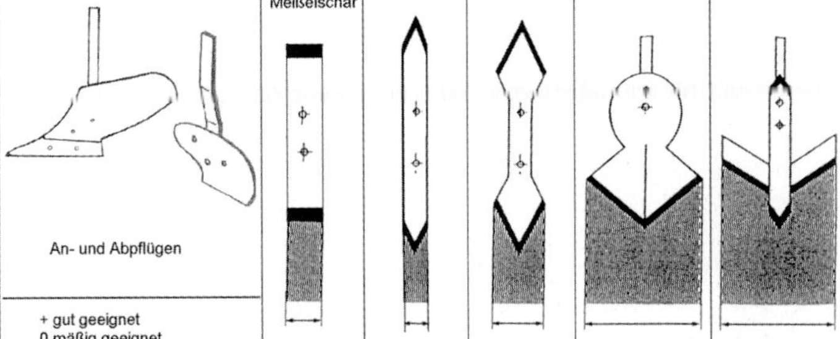

Anpflugschar und Räumschar	Schmal- oder Meißelschar	Spitz- oder Reißerschar	Doppelherz-schar	Gänsefußschar	Flügelschar
An- und Abpflügen					
+ gut geeignet 0 mäßig geeignet - wenig geeignet	6- 10 cm	2- 6 cm	13- 18 cm	15- 30 cm	30- 60 cm
Unkrautbekämpfung	-	0	+	+	0
Aufreißen harter Böden	+	+	+	0	0
Aufreißen von Begrünung	+	+	0	0	-
Vorgrubber vor Fräse oder Kreiselegge	+	-	-	-	+
Unterfahren von Begrünungen	0	-	0	-	+
Tiefere Bodenlockerung	+	-	0	-	+

Abbildung 98:
Bewuchsunterbrechung einer Dauerbegrünung durch Flügelschare

201

Abbildung 99:
Rillenerosion durch
Grubberschare

Verschleißschutz durch Panzerung

Auf skeletthaltigen und sandigen Böden ist der Verschleiß an den Werkzeugen relativ hoch. Hier schafft eine nachträgliche Panzerung der Schare mit Terra Dur Verschleiß-schutz mit Wolfram - Carbid Abhilfe. Dies kann sehr einfach im Autogen- oder Elektroschweißverfahren durchgeführt werden. Das Verfahren ist praxisgeprüft und senkt den Verschleiß auf ein absolutes Minimum. Selbstverständlich können auch andere Werkzeuge, wie z.b. Mulchmesser oder Fräsmesser, so nachgebessert werden. (Anbieter: Fa. Weldit Schweißmaterial GmbH, 74189 Weinsberg).

9.1.1.3 Scheibenegge

In ebenen Weinbergen, die weitgehend steinfrei sind und schnell durchfahren werden können, wird die Scheibenegge sehr gerne für die Frühjahrs- und Sommerbearbeitung eingesetzt. Sie dient der Lockerung und der Krümelung des Bodens, zerschneidet das Unkraut und arbeitet es ein. Auch Rebholz kann sie grob zerkleinern. Da sie nicht verstopft und mit ihr hohe Arbeitsgeschwindigkeiten möglich sind, eignet sie sich sehr gut als Kombinationsgerät zum Laubschneider.

Arbeitsweise

Die Scheibenegge bearbeitet den Boden mit Hilfe von gewölbten Scheiben, die sich auf schräg zur Fahrtrichtung angeordneten Achsen befinden. Die konkave Seite der Scheiben weist in Fahrtrichtung nach vorn. Die abrollenden Scheiben fördern inner-halb der Wölbung den Boden nach oben und quer zur Fahrtrichtung. Mit zunehmen-dem Anstellwinkel wird die krümelnde und mischende Wirkung verbessert, damit einhergehend steigt der Zugleistungsanspruch. Damit die Scheiben sich besser in den

Boden einziehen, werden oft Zusatzgewichte angebracht. Die Eindringtiefe wird im Wesentlichen von dem Winkel der Scheiben, dem Gerätegewicht und dem Bodenzustand bestimmt.

Aufbau

Auf einer Welle, die in einen Rahmen eingehangt ist, sitzen schräg verstellbare Scheiben. Damit kein Seitenzug entsteht, arbeiten immer zwei entgegengesetzt schräggestellte Wellen zusammen. Sie sind deshalb paarweise in V-Form, seltener auch zu viert in X-Form angeordnet, was ein ausgeglicheneres Kräfteverhältnis bewirkt. Die Schrägstellung der Wellen in Fahrtrichtung kann geändert werden und somit der Winkel der Scheiben zur Fahrtrichtung eingestellt werden. Ein Mindest-Fahrtrichtungswinkel von 20° ist nötig, damit sich die Scheiben nicht auf dem gewölbten Rücken abstützen, sondern auf der Schneide selbst laufen und das Eindringen in den Boden nicht behindert wird. Mit der Vergrößerung des Fahrtrichtungswinkels steigt der Seitentransport des Bodens. Diese Tatsache wird auch ausgenutzt, um den Boden unter die Gassen zu befördern und auflaufendes Unkraut zu unterdrükken. Die gewölbten, schräg gestellten, selbstschärfenden Stahlscheiben können einen glatten oder gezackten Rand haben.

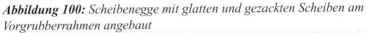

Abbildung 100: *Scheibenegge mit glatten und gezackten Scheiben am Vorgrubberrahmen angebaut*

9.1.1.4 Spatenrollegge

Die Spatenrollegge ist im Weinbau wenig verbreitet und wird meist nur in Kombination mit der Scheibenegge gefahren. Sie hat ihre Einsatzberechtigung vorwiegend auf extremen Böden. Die Messersterne dringen selbst in sehr steinige und feste Böden ein und ermöglichen das Aufbrechen und Durcharbeiten. Bei der Spatenrollegge muss die Arbeitsgeschwindigkeit sehr hoch sein, um eine ausreichende Bearbeitungsintensität der Messersterne zu erreichen. Die Bodenoberfläche bleibt grob, und besonders Wurzelunkräuter werden nicht ausreichend erfasst.

Abbildung 101: Spatenrollegge

Arbeitsweise

Die Spatenrollegge bearbeitet den Boden auf ähnliche Weise wie die Scheibenegge. Anstelle von Scheiben dienen aber Messersterne als Bearbeitungswerkzeuge.

Die in Fahrtrichtung hintereinander angeordneten Messersterne werfen - wie die Scheiben der Scheibenegge - den Boden abwechselnd nach rechts und links. Auch im Aufbau gleicht sie der Scheibenegge.

9.1.1.5 Wälzeggen und Walzen

Wälzeggen und Walzen werden im Weinbau hinter gezogenen oder angetriebenen Geräten geführt. Sie dienen dazu, den Boden einzuebnen, helfen in der Führung der Arbeitstiefe und sorgen bei der Einsaat von Begrünungen für die notwendige Rückverdichtung des Bodens und einen guten Aufgang. Im Weinbau kommen vorzugsweise folgende Bauformen zum Einsatz:

- Wälzeggen oder Krümelwalzen
- Rauhwalzen

Die leichteren Wälzeggen, oder kurz Krümler genannt, werden vorwiegend als **Zahnkrümler (Zahnwälzeggen)** und **Flachstegkrümler (Schrägstabwalzen)** eingesetzt. Flachstegkrümler bestehen aus gewendelten, hochkant stehenden Flachstahlstäben mit rechteckigem Querschnitt. Sie sind recht universell einsetzbar. Zahnkrümler lassen sich ebenfalls sehr vielseitig einsetzen, da auf leichten Böden mehr eine verfestigende und auf schweren Böden mehr eine krümelnde Wirkung auftritt. Sie werden in zwei Ausführungen angeboten:

- mit gewendelten Zahnleisten
- mit geraden Krümelstäben

Nachteilig bei Krümelwalzen ist, dass sie auf feuchtem Boden leicht verstopfen. Rauhwalzen sind hier weniger empfindlich. Für die Rückverfestigung des Saatbettes bei der Aussaat von Begrünungen haben sich Rauhwalzen, wie die **Cambridge-** und **Prismenwalze**, gut bewährt. Sie sind Glattwalzen vorzuziehen, da sie eine rauhere Oberfläche hinterlassen und damit die Erosionsgefahr verringern. Bei der Cambridge-Walze sind auf der Welle abwechselnd glatte Ringe und Zackenscheiben angeordnet. Dadurch wird eine gute verdichtende, aber gleichzeitig auch zerdrückende Wirkung erzielt. Die Prismenwalze (Sternwalze) besitzt sternförmige Rippen, wodurch außer dem Zerdrücken der Schollen auch eine aufrauhende Wirkung der Bodenoberfläche erzielt wird.

***Abbildung 102:** Zahnkrümler (links) und Flachstegkrümler (rechts)*

Abbildung 103: *Cambridgewalze*

Abbildung 104: *Prismenwalze*

Hersteller bzw. Vertreiber und Preise von gezogenen Geräten (Stand 2006)

Gerät	Hersteller / Vertreiber	Typ / Bezeichnung	Preisspanne (€ ohne MwSt.)
Grubber und Kultivatoren	Schmischke & Beyer, 67256 Weisenheim am Sand	Vorgrubber Kurzgrubber	Leichte bzw. kurze Ausführung
	Fehrenbach, 76831 Billigheim-Ingenheim	Vorgrubber Kultivator Tiefengrubber	1 200 bis 3 300 schwere Ausführung 3 000 bis 4 500
	Sauerburger, 79241 Ihringen-Wasenweiler	Vorgrubber Kurzgrubbver Tiefengrubber	
	Clemens, 54516 Wittlich	Hexagon, FR 5, 7, 9	
	Braun, 76835 Burrweiler	Vorgrubber Vario, Einbalken Kultivator	
	Röll, 36166 Haunetal-Wehrda	Vorgrubber, Kultivator, Tiefenkultivator	
	Rust, 67149 Meckenheim	Vorgrubber Tiefengrubber	
	Mayer, 55440 Langenlonsheim	Universalgrubber	
	Krieger, 76835 Rhodt	400	
	Dexheimer, 55578 Wallertheim	Kombipflug	
	Danzeisen, 79356 Eichstetten	WBU	
Scheibeneggen	Röll, 36166 Haunetal-Wehrda		
	Braun, 76835 Burrweiler		2 000 bis 4 500
	Rust, 67149 Meckenheim		
	Schmischke & Beyer, 67256 Weisenheim am Sand		
Wälzeggen und Walzen	Rust, 67149 Meckenheim	Cambridge, Prismen	Krümelwalzen
	Braun, 76835 Burrweiler	Krümler	200 bis 500
	Röll, 36166 Haunetal-Wehrda	Krümler	
	Kress, 74196 Neuenstadt-Stein	Cambrigde, Prismen	Rauhwalzen
	Clemens, 54516 Wittlich	Krümler	1 000 bis 2 000
	Danzeisen, 79356 Eichstetten	Krümler	
	Schmischke & Beyer, 67256 Weisenheim am Sand	Krümler	

Das Verzeichnis erhebt keinen Anspruch auf Vollständigkeit

9.1.2 Zapfwellengetriebene Geräte

Als zapfwellengetriebene Geräte kommen im Weinbau vorwiegend die Fräsen und Spatenmaschinen mit vertikal rotierender sowie die Kreiseleggen mit horizontal rotierender Werkzeugbewegung zum Einsatz. Hydraulische Antriebe sind meist auf Steillagen-Mechanisierungssysteme (SMS, Kleinraupen) beschränkt. Die angetriebenen Werkzeuge sind dadurch gekennzeichnet, dass der Leistungseintrag für die Bearbeitung nahezu vollständig durch die Gelenkwelle erfolgt. Dies bedeutet im Vergleich zu den gezogenen Werkzeugen eine deutlich reduzierte Umfangs- und Stützkraft an den Schleppertriebrädern (vgl. Abbildung 89). Die Motorleistung des Schleppers wird mit hohem Wirkungsgrad (80-90%) auf den Boden übertragen (gezogene Geräte ca. 50%). Dies bedeutet eine verbesserte Steigleistung des Schleppers in Hanglagen und einen geringeren Schlupf. Angetriebene Werkzeuge bieten darüber hinaus mehr Möglichkeiten, die Arbeitsintensität unabhängig von der Fahrgeschwindigkeit den jeweiligen Erfordernissen (z.B. Saatbettbereitung, Einarbeitung von Düngern, Bodenlockerung, Zerkleinerung von Pflanzenresten) anzupassen. Dadurch besteht aber auch die Gefahr einer falschen Geräteeinstellung, was besonders in Hanglagen die Bodenerosion begünstigen kann. Fahrgeschwindigkeit und Eigengeschwindigkeit der Werkzeuge bestimmen im Wesentlichen die Arbeitsintensität. Ein Vorteil ist auch die gute Kombinierbarkeit mit anderen Bearbeitungsgeräten (z.B. Vorgrubber) oder Sägeräten.

Nachteilig gegenüber Geräten mit gezogenen Werkzeugen sind der etwas höhere Anschaffungspreis, die geringere Arbeitsgeschwindigkeit und der höhere Verschleiß.

9.1.2.1 Fräse

Das verbreitetste Bodenbearbeitungsgerät mit angetriebenen Werkzeugen ist die Fräse. Sie wird oft als "Feuerwehr" im Weinbaubetrieb bezeichnet, weil sie sehr vielseitig einsetzbar ist und mit ihr auch dann noch gearbeitet werden kann, wenn andere Bodenbearbeitungswerkzeuge versagen. Ihre Anwendung deckt folgende Bereiche ab:

- Bodenlockerung,
- Unkrautbekämpfung,
- Einarbeitung von Düngern, Stroh und Begrünungspflanzen,
- Umbruch von Dauerbegrünungen,
- Saatbettvorbereitung,
- Rebholzzerkleinerung und
- Bewuchsstörung dauerbegrünter Rebanlagen

Die vielfältigen Einsatzmöglichkeiten können dazu verführen, die Fräse allzu oft einzusetzen. Bei zu häufigem Fräseinsatz zur Bodenbearbeitung besteht jedoch die Gefahr von Bodenstrukturschäden wie Frässohle oder Erosion.

Arbeitsweise und Aufbau

Die Fräse bearbeitet den Boden mit Hilfe rotierender Messerkränze, die sich an der horizontal angeordneten Fräswelle befinden. Die Drehrichtung der Fräswelle entspricht derjenigen der Schlepperräder.

Auf der horizontalen, quer zur Fahrtrichtung angeordneten Fräswelle sind an einem Kranz die Fräsmesser spiralförmig montiert. Durch das nacheinander erfolgende Eindringen der Werkzeuge in den Boden werden ein gleichmäßiger Lauf gewährleistet und Drehmomentspitzen vermieden. In der Regel werden vier oder sechs Messer pro Kranz eingesetzt. Für die vielseitige Verwendung ist es zweckmäßig, dass die Fräse über ein Wechselradgetriebe oder Schaltgetriebe zur Änderung der Messerdrehzahl verfügt. Die Umdrehungsgeschwindigkeit bei verstellbaren Getrieben mit zwei Zahnradpaaren liegt in der Regel zwischen 150 und 280 Umdrehungen pro Minute. Der Antrieb erfolgt über die Zapf- und Gelenkwelle auf ein Kegelradgetriebe, welches die Kraft entweder direkt (bei Mittenantrieb) oder über einen Seitenantrieb mit Ketten oder Zahnrädern auf die Fräswelle überträgt. Den Mittenantrieb findet man bei leichten Fräsen, wie sie im Gartenbau eingesetzt werden. Im Weinbau werden aus Stabilitätsgründen schwerere Fräsen mit Seitenantrieb verwendet. Die Einstellung der Arbeitstiefe erfolgt über Schleifkufen oder Stützräder. Letztere sind den preiswerteren Schleifkufen vorzuziehen. Zur Gerätesicherung und zum Abbau von Drehmomentspitzen im Antriebsstrang muss eine Überlastsicherung (z.B. Rutschkupplung) vorhanden sein.

Abbildung 105: *Bauteile einer Fräse*

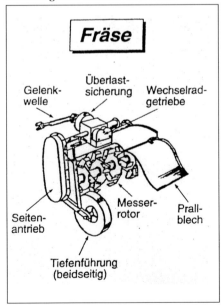

Arbeitswerkzeuge

Bei den Fräsmessern kann zwischen **Sichel- und Winkelmessern** unterschieden werden. Bedingt durch die Form neigen die Winkelmesser eher zur Bildung einer Frässohle, weil sie den Boden waagerecht abschneiden und einen ebenen, abgegrenzten Bearbeitungshorizont hinterlassen. Die Zerkleinerungs- und Mischwirkung ist sehr intensiv. Bei Sichelmessern ist der Bearbeitungshorizont weniger exakt abgegrenzt und weist quer zur Arbeitsrichtung Spurrillen auf. Sie schneiden schmäler und arbeiten weniger intensiv.

Fräsen mit Rillenmesser (Rotorzinken) werden als **Zinkenrotor** bezeichnet. Die Rotorzinken fräsen lediglich schmale Rillen in die Bodenoberfläche. In der Landwirtschaft werden diese Fräsrillen gleichzeitig als Saatrillen verwendet, sodass diese Messerform vor allem für die umbruchlose Grünland Neuansaat eingesetzt wird. Im Weinbau können sie zum Lüften und Lockern von Begrünungen verwendet werden. Die Rillenmesser schneiden 2 bis 3 cm breite Rillen in die Begrünungsnarbe. Der Reibungswiderstand an den Messern hat zur Folge, dass die dazwischen liegenden Streifen ohne Sohlenbildung mehr oder weniger stark gelockert werden. Dabei ist die Intensität stark von der Bodenart und der Bodenfeuchte abhängig. Mit zunehmender Trockenheit erhöht sich zwar der Lockerungseffekt, aber die Grasnarbe wird durch Aufwerfungen auch stärker geschädigt. Bei der offenen Bodenpflege sollten die Rillenmesser mit Flügelscharen kombiniert werden, um eine befriedigende Beikrautkontrolle und Kapillarzerstörung zu erreichen.

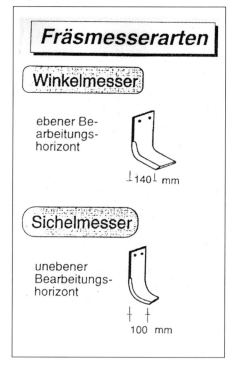

Abbildung 106: *Messerarten für die Weinbaufräse*

Arbeitsintensität
Die Bearbeitungswirkung der Fräse wird von vielen Faktoren, wie Messer-Umfangsgeschwindigkeit,

Abbildung 107:
Fräse mit
Rillenmesser
(Zinkenrotor)

Messerzahl pro Flansch, Bissenlänge, Messerform (Winkel- oder Sichelmesser) und Prallblecheinstellung, beeinflusst. Die vielseitigen Verwendungsmöglichkeiten im Weinbau machen es notwendig, dass die Arbeitsintensität den jeweiligen Einsatzbedingungen angepasst wird. Dazu ist ein Wechselradgetriebe sinnvoll. Häufig wird die Fräse zur Frühjahrs- und Sommerbearbeitung eingesetzt. Hierbei muss eine möglichst schonende Bearbeitung des Bodens gewährleistet sein. Neben der Bodenfeuchte und der Form der Bearbeitungswerkzeuge ist die Art der Bodenablage von großer Bedeutung. Im Weinbau ist, abgesehen von der Saatbettbereitung, ein grobscholliger Bodenzustand erwünscht. Wird der Boden zu fein gekrümelt, erhöht sich die Verschlämmungs- und Erosionsgefahr. Über die Bissenlänge (= Abstand zwischen zwei aufeinanderfolgenden Fräsmessereinschlägen) lässt sich die Arbeitsintensität steuern. Sie wird nach folgender Formel berechnet:

$$\text{Bissenlänge} = \frac{\text{Fahrgeschwindigkeit (m/min)}}{\text{Messerwellendrehzahl (U/min)} \times \text{Messerzahl je Träger}} \quad \text{(m)}$$

(Arbeitsintensität)

Die Bissenlänge wird ausschließlich von der Fahrgeschwindigkeit, der Messerwellendrehzahl und der Zahl der Messer je Messerträger bestimmt. In der Praxis wird meist mit Bissenlängen von 7 bis 8 cm gearbeitet. Anzustreben sind aber Bissenlängen von mindestens 10 cm. Dies lässt sich am einfachsten über die Fahrgeschwindigkeit oder die Änderung der Messerdrehzahl am Wechselradgetriebe erreichen. Zur Bewuchsstörung dauerbegrünter Rebanlagen ist eine hohe Fahrgeschwindigkeit bei niedriger Drehzahl unabdingbar, sonst besteht die Gefahr, dass die Grasnarbe zu stark beschädigt wird. Eine ebenfalls wichtige Einflussgröße für einen bodenschonenden

Einsatz ist die Anstellung des Prallblechs am Heck der Fräse. Eine hohe Anstellung hinterlässt einen grobscholligen Boden. Wird das Prallblech auf den Boden abgelegt, erfolgt eine intensivere Zerkleinerung und bessere Einebnung des Bodens.

Merke: Um Strukturschäden (Frässohle) am Boden zu vermeiden, sollte dieser abgetrocknet sein, sonst verschmieren die Messer den Boden (ausgenommen leichte Böden) und verhindern so das Einsickern von Niederschlagswasser. Schmäler schneidende Sichelmesser sind auf schweren Böden Winkelmessern vorzuziehen. Außerdem

Abbildung 108: *Einfluss der Fahrgeschwindigkeit auf die Bissenlänge (oben 3,5 km, unten 7,0 km)*

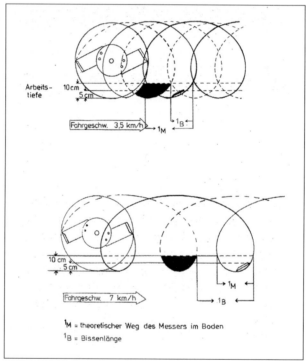

Abbildung 109: *Einfluss der Messer-*
wellendrehzahl und Prallblechein-
stellung auf die Krümelung (links:
hohe Drehzahl bei geschlossenem
Prallblech, rechts: geringe Drehzahl
bei geöffnetem Prallblech)

Abbildung 110:
Wechselradgetriebe
an einer Fräse

Abbildung 111:
Fräse mit Sichelmesser

sollte die Bearbeitungstiefe abgewechselt werden. Ein Vorgrubber vor der Fräse ist zu empfehlen, denn er erleichtert das Eindringen der Fräse, vermindert dadurch den Verschleiß und hilft alte Frässohlen aufzubrechen. Außer zur Saatbettbereitung sollte der Boden nicht zu stark zerkleinert, sondern grobschollig abgelegt werden, sonst kommt es leicht zur Erosion und Verschlämmung. Dies ist über langsame Messerwellendrehzahl oder schnellere Fahrgeschwindigkeit zu erreichen.

9.1.2.2 Kreiselegge

Auch die Kreiselegge ist mittlerweile im Weinbau recht verbreitet. Sie ist in erster Linie ein Gerät für Bodenpflegemaßnahmen, die eine feine Bodenstruktur zum Ziel haben, wie die Saatbettbereitung. Durch die intensive Schlagwirkung der aktiv bewegten Werkzeuge kann bei nahezu sämtlichen Bodenarten und –zuständen ein ausreichend feines Saatbett vorbereitet werden. Darüber hinaus kann sie bei entsprechender Messerwellendrehzahl zur Unkrautbekämpfung und bedingt auch zur Einarbeitung von Düngern, Umbruch von Begrünungen oder bei höherer Fahrgeschwindigkeit auch zur Bewuchsstörung von Dauerbegrünung eingesetzt werden. Die ursprüngliche Schichtung im Boden (z.B. abgestorbenes Material oben, feuchtere Bodenteile darunter) bleibt erhalten, weshalb sie zum tieferen Einarbeiten von z.B. pflanzlichen Materialien nicht gut geeignet ist. Günstig ist dies bei Strohabdeckungen, die von Unkraut durchwachsen sind. Bei der Überfahrt wird das Unkraut beseitigt und das Stroh als Verdunstungsschutz auf dem Boden belassen. Vorteilhaft gegenüber der Fräse wirkt sich aus, dass die gegenläufigen Zinkenpaare keine feste Sohle im Boden bilden und auch eine geringe Verstopfungsneigung haben, da sie sich selbst reinigen. Durch die Vorfahrt des Schleppers beschreiben die Zinken eine zykloide Bahn. Wie bei der Fräse bestimmen Fahrgeschwindigkeit und Umdrehungsgeschwindigkeit der Kreisel die Arbeitsintensität.

Abbildung 112: Einfluss der Fahrgeschwindigkeit auf die Bewegungsbahnen der Zinken

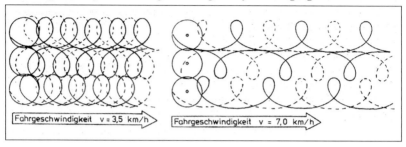

Arbeitsweise und Aufbau

Die Kreiselegge bearbeitet den Boden mittels horizontal rotierender Zinkenpaare (Kreisel), die über vertikal angeordnete Achsen angetrieben werden. Die Zinken bewegen sich bei der Arbeit entlang einer horizontalen Kreisbahn, wobei sich die Bahnen benachbarter Kreisel geringfügig überschneiden und die Drehrichtung derselben entgegengesetzt ist. Dies geschieht dadurch, dass der Antrieb über Stirnzahnräder erfolgt, die über den Kreisel in einer Ölbadwanne laufen. Über dem mittleren Zahnrad sitzt das Getriebe, das von der Zapf- und Gelenkwelle angetrieben wird. Die Kraftübertragung erfolgt über alle Zahnräder von innen nach außen. Da sowohl Kräfte in axialer als auch radialer Richtung auf die Kreiselträgerwellen wirken, sind diese häufig in Kegelrollenlagern gelagert, um diese Kräfte auszugleichen. Auch für die Kreiselegge empfiehlt sich ein Untersetzungsgetriebe oder Wechselzahnräder zur Verstellung der Umdrehungsgeschwindigkeit. Zur Führung der Arbeitstiefe sind Kreiseleggen mit einer nachlaufenden Walze ausgestattet.

Die Zinken sind aus Spezialstahl gefertigt, mit besonderer Widerstandsfähigkeit gegen Abnutzung. Sie sind gerade mit Vierkant-, Dreikant-, Rauten- oder Rundquerschnitt. Im Weinbau kommen meist **messerförmige Zinken** (Zinkenmesser) zum Einsatz. Sie arbeiten mehr schneidend und sind deshalb zum Umbruch oder zur Bewuchsstörung von Begrünungen sowie zur Unkrautbekämpfung besser geeignet als stumpfe Zinken. In der Regel sind die Zinken schleppend angeordnet, d.h. zwischen Bodenoberfläche und Werkzeug beträgt der Winkel in Fahrtrichtung weniger als 90°. Vereinzelt sind Ausführungen erhältlich, die zwischen Zinken und Bodenoberfläche einen Winkel größer 90° aufweisen. Bei dieser Anordnung spricht man davon, dass die Zinken "auf Griff stehen". Vor allem unter harten und trockenen Bodenverhältnissen ist es so einfacher, eine flache Bearbeitung zu realisieren.

Kreiseleggen besitzen eine größere Steinempfindlichkeit, deshalb ist eine Überlastsicherung in Form einer Rutschkuppel oder eines Scherstifts an der Gelenkwelle wichtig. Die seitlichen Abgrenzungen der Kreiselegge sind beweglich und mit Federn befestigt, damit es bei eingeklemmten Steinen nicht zu Beschädigungen kommen kann.

Abbildung 113: Kreiselegge mit Zinkenmesser

Eine breitenverstellbare Kreiselegge bietet die Fa. Sauerburger an. Dabei sind die Zinkenpaare der äußeren Kreisel so angeordnet, dass sie weiter gestellt werden können und sie dadurch einen größeren Kreis bearbeiten. Die Gesamtarbeitsbreite kann um 10 cm pro Seite vergrößert werden.

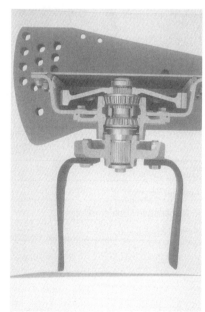

Abbildung 114: Schnittbild eines Rotorlagers

Abbildung 115: Kreiselegge (Schnittbild), 1= Mittelgetriebe, 2 = Getriebewanne, 3 = Stirnzahnräder mit Zinkenhalter, 4 = Zinkenmesser

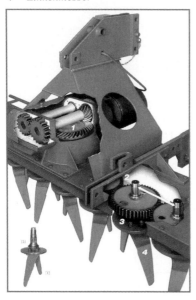

9.1.3 Werkzeug-kombinationen

Da in der Regel bei allen Befahrungen der Rebanlage immer in derselben Spur gefahren wird (Multi-Pass-Effekt), sind Verdichtungen in den Schlepperspuren fast unvermeidbar. Hier können Werkzeugkombinationen, wie zusätzlich im Spurbereich angebrachte, etwas tiefer eingestellte, gezogene Werkzeuge, auch bei den flachen Bodenpflegemaßnahmen sehr wirkungsvoll sein. Für die Zweischichtenbearbeitung kann die Fräse oder Kreiselegge mit einem Vorgrubber ausgerüstet werden. Der oberste Bereich des Bodens wird von den rotierenden Werkzeugen gelockert und durchmischt, während die starren Meißel- oder Flügelschare des Vorgrubbers für ein Aufreißen und Lüften der tieferen Bodenschicht sorgen.

Tabelle 50: Arbeitszeitvergleich (Akh/ha) bei der Gassenbearbeitung (ohne Rüst- und Wegezeit, 1,80 m Zeilenbreite, 100 m Zeilenlänge, 1 Durchfahrt je Gasse)

Gerät	km/h	Akh/ha
Grubber	5 - 7,5	1,3 - 1,8
Scheibenegge / Spatenrollegge	7,5 – 10	1,0 - 1,3
Fräse / Kreiselegge	3,5 – 7	1,4 - 2,3

Hersteller bzw. Vertreiber und Preise von angetriebenen Geräten (Stand 2006)

Gerät	Hersteller / Vertreiber	Typ	Ausstattung	Preisspanne (€ ohne MwSt.)
Fräsen	Christian Schwarz & CO agromec, I - Bozen	AG1/2 F-105, AG1/2 Г 125	Kettenantrieb	
	Tortella - H. Mayer, 55440 Langenlonsheim	T3 - 120, 135	Zahnradantrieb	Arbeitsbreite 90 bis 100 cm: 1 800 bis 2 300 105 bis 125 cm: 2 100 bis 2 500 130 bis 155 cm: 2 400 bis 3 400
	Maschio, 91177 Thalmässing	Modell A, H, NC	Kettenantrieb, Wechselgetriebe bei NC	
	Sauerburger, 79241 Ihringen	Picolo Panda	Ketten- oder Zahnradantrieb, Wechselgetriebe	
	Howard, 64720 Michelstadt	Rotavator 200, 300, 400	Kettenantrieb, Wechselgetriebe	
	Kuhn, 77694 Kehl	EL 35, 50 N EL 80 N	Zahnradantrieb Schaltgetriebe	
Kreisel- eggen	Maschio, 91177 Thalmässing	Modell DL-W, Lupo	ohne Wechselgetriebe	
	Sauerburger, 79241 Ihringen	SKE 1000, 1150, 1300 SKE 1000V, 1200V	ohne Wechselgetriebe	Arbeitsbreite 100 bis 120 cm: 2 500 bis 3 400 130 bis 150 cm: 2 400 bis 4 600 mit Walze
	Clemens, 54516 Wittlich	TK 130, 150	ohne Wechselgetriebe	
	Kuhn, 77694 Kehl	HRB 122	ohne Wechselgetriebe	
	Howard, 64720 Michelstadt	HK 10	ohne Wechselgetriebe	
	Braun, 76835 Burrweiler	Braun-Kreiselegge	ohne Wechselgetriebe	
	Tortella - H. Mayer, 55440 Langenlonsheim	ES 110, 130, 150	Schaltgetriebe als Zubehör	
	Christian Schwarz & CO agromec, I - 39100 Bozen	PI-100, PI-120, PI-135	Schaltgetriebe als Zubehör	

Das Verzeichnis erhebt keinen Anspruch auf Vollständigkeit

219

Literatur

ESTLER, M., KNITTEL, H.: Praktische Bodenbearbeitung, 2. Auflage, Verlags Union Agrar.

HAUSER, R.: Maschinen und Geräte für die Bodenbearbeitung und Grüneinsaat. Der Deutsche Weinbau, 14/1987, 623 - 628.

MAUL, D.: Boden schonen und entlasten. Das Deutsche Weinmagazin 12/1996, 28 - 31.

MAUL, D.: Bodenbearbeitungsgeräte in Direktzulagen. KTBL-Arbeitsblatt Nr. 64, Der Deutsche Weinbau 18/1991.

PFAFF, F.: Moderne Geräte zur Bodenpflege. Das Deutsche Weinmagazin 8/1997, 14 – 19.

STRAUSS, M.: Bodenbearbeitung – Welche Geräte kommen in Frage? Das Deutsche Weinmagazin 4/2006, 22 – 25.

UHL, W.: Ein Pflug für alle Fälle. Das Deutsche Weinmagazin 4/1995, 27 – 30.

UHL, W.: Wahl der Werkzeuge. Der Deutsche Weinbau 15/1992, 672 – 682.

UHL, W.: Die Fräse im Weinbaubetrieb. Rebe & Wein 7/1998, 283 – 287.

UHL, W.: Neue Werkzeugformen. Der Deutsche Weinbau 22/1993, 19-22

UHL, W.: Die Fräse mausert sich. Das Deutsche Weinmagazin 25/1999, 23 – 25.

WALG, O.: Technik der Bodenbearbeitung. Der Winzer 4/2003, 17 – 22.

ZIEGLER, B.: Winterbodenbearbeitung - ein alter Zopf? Weinwirtschaft 7/1989, 18 – 20.

9.2 Tiefenbodenbearbeitung

Mit der zunehmenden Mechanisierung der Weinbergsarbeiten kommt es zu einer stärkeren Bodenbelastung und dadurch auch zu tieferen Verdichtungen. Dies kann bereits in Ertragsanlagen eine Tiefenlockerung erforderlich machen. Zumindest aber vor dem Pflanzen eines neuen Weinbergs sollte auf eine tiefere Bodenbearbeitung, Rigolen genannt (= tief Pflügen oder Umgraben), nicht verzichtet werden.

Jede Tiefenlockerung und -bearbeitung bedeutet aber einen Eingriff in das Bodengefüge und fördert die Stickstofffreisetzung. Als Folge davon können höhere Nitratverluste durch Auswaschung auftreten, die das Grundwasser belasten können. Insbesondere nach dem Rigolen werden hohe Stickstoffmengen freigesetzt. Deshalb sollte anschließend unbedingt eine Brachebegrünung oder zumindest eine Winterbegrünung eingesät werden.

Grundsätze einer Tiefenlockerung

In feuchten Böden ist der Reibungswiderstand zwischen den einzelnen Bodenteilchen herabgesetzt, und diese lassen sich dann entsprechend leicht gegeneinander verschieben. Finden Bewirtschaftungsmaßnahmen unter nassen Bedingungen statt, sind die stabilisierenden Kräfte im Boden kaum noch vorhanden. Vertikale Gewichtskraft und horizontale Antriebskräfte können eine Verformung des Bodengefüges bewirken, die mit einer höheren Lagerungsdichte verbunden ist. Für die Stabilität eines Bodengefüges sind daneben noch sein Lagerungszustand und die vorliegende Bodenart von Bedeutung. In diesem Zusammenhang ist darauf hinzuweisen, dass jede Tiefenlockerung einen Eingriff in das Bodengefüge bedeutet und ein zunächst sehr labiles und für die Wiederverdichtung anfälliges Bodengefüge entsteht. Es ist daher wichtig, Lockerungsmaßnahmen nur dort durchzuführen, wo sie unumgänglich sind.

Spezielle Lockerungseinsätze sind in folgenden Fällen anzuraten:

- Bodenvorbereitung vor Neu- oder Wiederanpflanzung von Weinbergen. Die Lockerungstiefe sollte 50 bis 70 cm betragen. Vorzugsweise sind Spaten maschine oder Rigolpflug einzusetzen.
- Behebung von Spurverdichtung. Als Geräte sind starre und bewegliche Lockerer geeignet.
- Sohlenverdichtungen im Ertragsweinberg. Leichtere Sohlenverdichtungen können mit Spatengeräten oder mit Meißel- oder Flügelscharen behoben werden. Bei massiveren Sohlenverdichtungen sind Wippschar- oder Hubschwenklockerer oder der Parapflug einzusetzen.
- Staunasse Stellen. Schlitzdränung mit dem Parapflug.
- Verdichtungen in dauerbegrünten Anlagen. Ohne die bestehende Begrünung

zu zerstören, können bei weniger mächtigen Verdichtungen Flügelschare eingesetzt werden. Bei tieferen Verdichtungen ist der Parapflug zu empfehlen.

Vor einer Bodenlockerung ist Folgendes zu beachten:

- Vor dem Einsatz von Tiefenlockerungsgeräten sind die Lockerungs bedürftigkeit und das Ausmaß der Verdichtung auszuloten (Spaten, Bohrstock).
- Von einer regelmäßigen, tieferen Lockerung ist abzusehen (Humusabbau, unproduktive Nitratfreisetzung).
- Nur bei ausreichend abgetrocknetem Boden lockern (besonders wichtig bei beweglichen Lockerern). Je trockener der Boden, umso besser die Lockerungs- wirkung.
- In Ertragslagen in einem Jahr nur jede zweite Gasse lockern (Abschneiden von Rebwurzeln).
- Die Lockerung sollte während der Vegetationsruhe (vorzugsweise Spät- herbst) durchgeführt werden. Werden frisch gelockerte Böden nicht geschont, verdichten sie oft stärker als vor der Lockerung (instabiles Gefüge).
- Zur Stabilisierung des Bodengefüges sollten tieferwurzelnde Begrünungs- pflanzen eingesät werden. Auch eine entsprechende Humusversorgung und Kalkung unterstützen die Gefügestabilisierung.

Lockerung dauerbegrünter Rebanlagen
Die Lockerung von Dauerbegrünungen stellt etwas andere Ansprüche an die Technik, da die Grasnarbe möglichst wenig beschädigt werden soll und auch bei nachfolgenden Arbeiten, wie dem Mulchen, keine Störungen auftreten dürfen. Deshalb sind nur wenige Geräte und Werkzeugformen zur Begrünungslockerung geeignet. Für eine Untergrundlockerung ist der Parapflug zu empfehlen, bei oberflächlichen Verdich- tungen können Universalgrubber mit flach angestellten Flügel- oder Meißelscharen eingesetzt werden. Um größere Beschädigungen der Grasnarbe zu vermeiden, emp- fiehlt sich ein vorweglaufendes Scheibensech. Hinter dem Lockerungsgerät sollte eine schwere Walze, vorzugsweise Prismen- oder Cambridgewalze, den Boden wieder andrücken, damit ein späteres Mulchen problemlos möglich ist. Aus diesem Grunde sollte die Lockerung möglichst im Herbst vorgenommen werden, damit der Boden sich über Winter wieder setzen und stabilisieren kann. Auch sollte in einem Jahr nur jede zweite Gasse gelockert werden.

Technik der Tiefenlockerung

Grundsätzlich lassen sich die Geräte zur Tiefenlockerung in zwei Verfahrensgruppen unterteilen:

- Hublockerungsverfahren und
- Abbruchlockerungsverfahren

9.2.1 Hublockerungsverfahren

Bei der Hublockerung wird der Boden von unten her mit starren oder aktiv bewegten Scharen angehoben und gebrochen, ohne dass es zu einer stärkeren Vermischung von Bodenschichten kommt. Voraussetzung für einen guten Brecheffekt ist eine ausreichende Abtrocknung des Unterbodens. Man unterscheidet bei den Geräten zwischen starren und beweglichen Lockerern.

9.2.1.1 *Starre Lockerer*

Starre Lockerer sind technisch einfache Geräte und wenig störanfällig. Der Brecheffekt des Bodens wird über angewinkelte Schare erreicht.

Tiefengrubber, Schwergrubber

Die Arbeitswerkzeuge bestehen aus einem flachen Schwert, welches an seinem unteren Ende meist ein schräg angestelltes Meißel- oder Spitzschar besitzt. Von ihm wird der Boden nach oben aufgebrochen und gelockert. Die Intensität der Lockerung ist abhängig von der Anzahl der Werkzeuge bzw. der Anzahl der Überfahrten. Die Lockerungstiefe hängt vom Bodenzustand und der Schlepperleistung ab. In der Regel werden 30 bis 40 cm erreicht.

Vorteile
- Geringer Geräteaufwand, wenig störanfällig.

Nachteile
- Schmale Lockerungsfurchen, geringe Lockerungsintensität, hoher Zugkraftbedarf.

Abbildung 116: Tiefengrubber von Röll

Universalgrubber mit Meißel- oder Flügelscharen

Neben speziellen Tiefengrubbern eignen sich auch die Universalgrubber (vgl. Kap. 9.1.1.2) für eine tiefere Lockerung. Neben den schmalen Meißelscharen werden bevorzugt breitere Flügelschare eingesetzt. Letztere sind auch gut zum Unterfahren und zur Lockerung von Grasbegrünungen geeignet. In Arbeitsleistung und -qualität sind sie mit dem Tiefengrubber vergleichbar. Die Universalgrubber lassen sich auch gut mit zapfwellengetriebenen Bearbeitungsgeräten kombinieren, die gleich für eine Einebnung des Bodens sorgen.

Parapflug

Der Parapflug besteht aus bogenförmig gekrümmten, 70 cm langen Zinken, an die meißelartige Schare montiert sind. Diese heben den Boden an und brechen ihn, ohne die natürliche Schichtung zu zerstören. An den Meißeln können auch noch Leitbleche angebracht werden, die den Brecheffekt verstärken sollen. Bei feuchten Boden-verhältnissen tritt durch die Meißel eine Tunnelbildung auf, die eine gewisse Drainage-wirkung haben. Die Lockerungstiefe beträgt 40 bis 55 cm. Der Parapflug ist durch Veränderung der Zinkenstellung (nebeneinander oder hintereinander) vielseitig ver-wendbar. Er kann sowohl in begrünten als auch in offenen Rebanlagen zur Lockerung

224

der Schlepperfahrspur und der Gassenmitte eingesetzt werden.

Vorteile
- Gutes Einziehen auch in härtere Böden.
- Vielseitig verwendbar.
- Auch geeignet zur Untergrundlockerung in Dauerbegrünungen.
- Durch abgewinkelte Zinken werden Rebwurzeln nicht in Stocknähe abgeschnitten.
- Guter, intensiver Brecheffekt des Bodens
- Untergrund wird mit Lockerung gleichzeitig drainiert.
- Verschleißarm und robust.
- Auch in feuchteren Böden einsetzbar.

Nachteile
- Hoher Zugkraftbedarf (15 kW / Zinken).

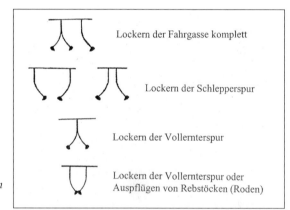

Lockern der Fahrgasse komplett

Lockern der Schlepperspur

Lockern der Vollernterspur

Lockern der Vollernterspur oder Auspflügen von Rebstöcken (Roden)

Abbildung 117:
Einsatzmöglichkeiten
des Parapflugs

Abbildung 118:
Parapflug

Abbildung 119:
Parapflug bei der Lockerung der
Fahrspur (von außen nach innen)
in einer Grasbegrünung

9.2.1.2 Bewegliche Lockerer

Geräte mit starren Lockerungsscharen weisen einen hohen Zugkraftbedarf auf. Deshalb kommen häufig Geräte mit zapfwellengetriebener aktiv lockernder Schar- oder Schwertschneide zum Einsatz. Diese erzielen eine intensivere Lockerung ohne größere Vermischung der Bodenschichten. Allerdings belasten zapfwellengetriebene Tiefenlockerungsgeräte das Schleppergetriebe stärker und erlauben keine hohen Fahrgeschwindigkeiten. Im Allgemeinen gilt für diese Art von Tiefenlockerer, je trockener der Boden, desto besser ist die Lockerungswirkung. Auf feuchten Böden besteht häufig die Gefahr zusätzlicher Verdichtung.

Wippscharlockerer

Der bekannteste bewegliche Lockerer im Weinbau ist der Wippscharlockerer. Er besitzt ein feststehendes Schwert, das zapfwellengetriebene Schar ist jedoch gelenkig gelagert und wird durch Exzenterantrieb auf und ab bewegt. In der Regel wird er mit einem Schar angeboten, was in Normalanlagen nur eine Lockerung der Zeilenmitte ermöglicht, aber auch Ausführungen mit zwei Werkzeugen sind erhältlich. Die Arbeitstiefe liegt bei 45 bis 60 cm.

Vorteile
• Gutes Eindringen in verhärtete Böden.
• Konstanter Tiefgang.
• Hohe Lockerungsintensität.

Nachteile
* Technisch aufwändiger als starre Lockerer.
* Langsame Fahrgeschwindigkeit, hoher Zugkraftbedarf.
* Größere Unebenheiten machen u.U. Oberbodenbarbeitung erforderlich.
* Lockerungserfolg ist von ausreichendem Abtrocknungsgrad des Bodens abhängig.

Abbildung 120: Wippscharlockerer   *Abbildung 121: Hubschwenklockerer*

Hubschwenklockerer

Beim Hubschwenklockerer sind Schar und Schwert fest miteinander verbunden. Durch einen Exzenterantrieb wird das gesamte Werkzeug in Fahrtrichtung in periodische Vor- und Rückwärtsbewegungen versetzt. Je nach Bodenzustand können stärkere ruckartige Stöße auf den Schlepper einwirken. Das Gerät verfügt meist über zwei Werkzeuge. Die Arbeitstiefe liegt bei 40 bis 50 cm.

Vorteil
- Geringer Zugkraftbedarf.

Nachteile
- Schwieriges Eindringen in verhärtete Böden.
- Stärkere Schwingungsbelastung des Schleppers und Schlepperfahrers.

Stechhublockerer

Der Stechhublockerer ist ein Spezialgerät für ca.1 Meter tiefe und intensive Lockerung ohne wesentliche Vermischung der Bodenschichten. Das Schar ist beweglich an einem beweglichen Gelenk angebracht. Über einen hydraulischen Antrieb führt das Schar so eine stechend hebende Bewegung aus. Das Gerät wird an Raupen angebaut und meist nur in größeren Flurbereinigungsverfahren eingesetzt.

Vorteil
- Großer, konstanter Tiefgang, robustes Gerät.

Nachteile
- Hoher Kraftbedarf für Zug und Antrieb.
- Nur wenige Geräte vorhanden.

Abbildung 122: Schema von Lockerungsfurchen verschiedener Werkzeuge

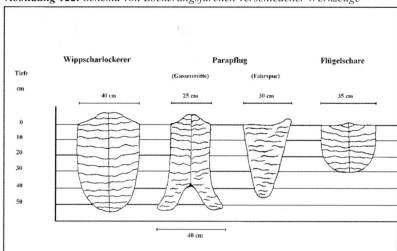

Tabelle 51: *Vergleich von Tiefenlockerungsgeräten für die Gassenlockerung*

Gerät	Universalgrubber mit Meißel- oder Flügelscharen	Tiefengrubber	Parapflug	Hubschwenk-lockerer	Wippschar-lockerer	Spatengeräte
Lockerungsart	Hublockerung	Hublockerung	Hublockerung	Hublockerung	Hublockerung	Abbruchlockerung
Arbeitstiefe	20 bis 35 cm	25 bis 40 cm	40 bis 55 cm	40 bis 50 cm	45 bis 60 cm	20 bis 35 cm
Zugkraftbedarf	hoch	hoch	hoch	mittel	hoch	gering
Schlepperbe-lastung durch Erschütterungen	gering	gering	gering	sehr hoch	hoch	hoch
Fahr-geschwindigkeit	4[1] bis 7 km/h	5 bis 7 km/h	4[1] bis 8 km/h	3 bis 4 km/h	3 bis 4 km/h	2 bis 3 km/h
Bodenzustand (Unterboden)	darf nicht zu feucht sein	darf nicht zu feucht sein	kann feucht sein	weitgehend trocken	weitgehend trocken	kann feucht sein
Einsatzmöglich-keiten	• weniger mächtige Spur- und Sohlenver-dichtungen • Lockern, Lüften und Unterfahren von Begrünungen • mit Meißel-scharen auch für steinige Böden	• weniger mächtige Spur- und Sohlen-verdichtungen • Winterboden-bearbeitung • für steinige Böden geeignet	• stärkere Spur-, Sohlen- und Allgemeinver-dichtungen • tieferes Lockern von Begrünungen • für steinige Böden geeignet	• stärkere Spur- und Sohlver-dichtungen	• stärkere Sohlen- und Allgemeinver-dichtungen, mit zweiarmigen Geräten auch Spurver-dichtungen	• vorwiegend für Spurverdicht-ungen im Oberboden
Einarbeiten von mineralischen oder organischen Düngern	wenig	wenig	nein	nein	nein	gutes Einmischen
Anschaffungspreis (€ ohne MwSt.)	2 800 bis 4 000	1 800 bis 2 400	2 500 bis 3 000	3 500 bis 4 000	2 800 bis 3 500	4 500 bis 5 500

[1]Geschwindigkeit für Lockerung von Dauerbegrünungen

9.2.2 Abbruchlockerungsverfahren

Bei der Abbruchlockerung geschieht die Beseitigung der Bodenverdichtung nicht durch Anheben, sondern durch Abbrechen. Dieser Vorgang erfolgt je nach Gerät mehr wendend oder mehr mischend. Das Einarbeiten von Pflanzenrückständen oder Düngern ist dabei möglich.

9.2.2.1 Rigolpflüge

Das Tiefpflügen, als wendende Abbruchlockerung, erfolgt im Weinbau vor einer Neu-oder Wiederanpflanzung. Mit ein- oder zweischarigen Spezialpflügen wird der Boden auf 45 bis 60 cm Tiefe gelockert. Die Arbeitsweise ist, wie beim konventionellen Pflügen, vorwiegend wendend bis schwach mischend, wobei keine stärkere Zerklei-nerung der Bodenaggregate erfolgt. Es wird ein Erdbalken abgeschnitten und in

Abhängigkeit von der Streichblechform um ca. 135 ° gewendet. Der Einsatz kann mit oder ohne Vorschäler (um oberflächlichen Bewuchs einzulegen) erfolgen. Wegen der starken Bodenumschichtung (humusreiche Krume wird teilweise in den Unterboden verbracht) und des scholligen Aufbruchs findet das Verfahren im Direktzug immer weniger Anklang. Im Seilzug ist das Lockern mit dem Rigolpflug nach wie vor die einzige Möglichkeit der Tiefenbodenbearbeitung.

Vorteile
- Geringe Störungsanfälligkeit.
- Verhältnismäßig hohe Arbeitsgeschwindigkeit.
- Einarbeiten von Düngern und Pflanzenresten möglich.

Nachteile
- Vergraben des belebten Oberbodens.
- Gefahr von Sohlenverdichtungen (Pflugsohle) auf bindigen, feuchten Böden.
- Schollige Oberfläche und Pflugfurche erfordern eine Einebnung.

Abbildung 123: Rigolpflug

9.2.2.2 Spatenmaschinen

Die Spatenmaschinen lassen sich nach dem Funktionsprinzip in **Rotationsspatenmaschinen** und Maschinen, die nach dem **Stech-Wurf-Prinzip** arbeiten, unterscheiden. Der Antrieb erfolgt über die Zapfwelle.

Spatenmaschinen werden in größeren Bauformen für das Tiefenlockern (Rigolen) vor einer Neu- oder Wiederanpflanzung eingesetzt. Bei einem Tiefgang von 40 bis 70 cm lockern sie den Boden intensiv und homogen, was für das maschinelle Rebensetzen erwünscht ist. Die bearbeitete Oberfläche ist verhältnismäßig eben, wodurch nur wenige Nacharbeiten anfallen. Die Arbeitsgeschwindigkeit der Geräte ist gering

Für die Bearbeitung in Ertragsweinbergen gibt es kleinere Bauformen. Sie werden vorzugsweise bei stärkeren Verdichtungen des Oberbodens, insbesondere bei Fahrspurverdichtungen eingesetzt. Neben einer tieferen Lockerung auf 25 bis 35 cm können mit Spatengeräten auch organische und mineralische Dünger eingearbeitet, sowie Begrünungen umgebrochen werden. Der Einsatz stellt aber keine Regelbearbeitung dar und sollte jeweils nur jede zweite Gasse erfolgen. Eine intensive Nutzung der Spatengeräte führt zu stärkeren Beschädigungen am Wurzelwerk der Rebe und höheren Stickstofffreisetzungen und damit auch zu unproduktiven und umweltschädigenden Nitratverlusten.

Rotationsspatenmaschinen (Spatenfräsen)

Bei den Rotationsspatenmaschinen sind auf einer horizontalen, rotierenden Welle, quer zur Fahrtrichtung, Spatenarme mit Einzelspaten angebracht. Da der Aufbau der Bodenfräse ähnelt, werden sie alternativ auch als Spatenfräsen bezeichnet. Die Spatentrommel (Durchmesser bis 1 200 mm) dreht sich in Fahrtrichtung und sticht je nach Drehzahl und Arbeitsgeschwindigkeit 10 bis 20 cm lange Erdbalken ab, die nach hinten geworfen werden. Durch die geringe Drehzahl der Trommel soll ein zu starkes Vermischen von Ober- und Unterboden vermieden werden. Der Einsatz ist auf weitgehend steinfreie Böden begrenzt. Eine Überlastsicherung an den Haltestielen der Spaten in Form von Abscherbolzen schützt vor einem zu hohen Verschleiß.

Vorteile
- Intensive und homogene Lockerung.
- Keine weiteren Bearbeitungsmaßnahmen vor der Pflanzung erforderlich.
- Bodenschichtung bleibt weitgehend erhalten.

Nachteile
- Gefahr von Sohlenverdichtungen bei feuchten, bindigen Böden.
- Höherer Verschleiß auf steinigen Böden.

Stech-Wurf-Spatenmaschinen

Spatenmaschinen, die nach dem Stech-Wurf-Prinzip arbeiten, versuchen den Arbeitseffekt des Spatens von Hand nachzuahmen. Hierfür sind auf einer quer zur Fahrtrichtung arbeitenden gekröpften Welle die Einzelspaten angebracht. Diese führen durch eine Kurbel beim Auf- und Abwärtsbewegen eine in Fahrtrichtung kreisende Bewegung aus. Die Kurbellänge begrenzt die maximale Arbeitstiefe des Gerätes. Bei dieser Arbeitsweise wird mit den Spaten nahezu senkrecht in den Boden eingestochen und die Erdbalken werden nicht herausgeschnitten, wie bei dem Rotationsprinzip, sondern herausgebrochen und entgegen der Fahrtrichtung leicht nach oben gerichtet weggeworfen. Die Arbeitsintensität kann durch Anbringen eines Prallblechs oder Rechens erhöht werden. Ebenso besteht bei einigen Bautypen die Möglichkeit, über ein Wechselradgetriebe den Spateneinstechabstand im Verhältnis zur Fahrgeschwindigkeit zu verändern. Abgesehen von einigen Sonderbauarten hat sich im Weinbau für die Bearbeitung in den Zeilen die einstufige Spatenmaschine durchgesetzt. Die Geräte sind mit vier oder sechs Spaten ausgestattet, die in einstellbaren Einstechabständen den Boden erfassen, anheben und grobschollig nach hinten ablegen. Dadurch kommt es, unter mäßiger Mischwirkung, zu einer intensiven Lockerung und Durchlüftung des Bodens und Zerkleinerung der Bodenaggregate. Die stechende Bewegung der Spaten bewirkt am Bearbeitungshorizont einen Abbrucheffekt und verhindert die Sohlenbildung, weshalb auch feuchtere Böden gelockert werden können. Aufgrund dieser absetzigen Arbeitsweise kommt es zu einem starken Schütteln der Maschine, besonders auf trockenen Böden. Diese Schüttelbewegung überträgt sich auf den Schlepper und den Fahrer und ist aus technischer und ergonomischer Sicht ungünstig zu bewerten.

Eine Sonderbauform für das Arbeiten im Unterstockbereich bietet die Fa. Gramegna (Italien) an (Abbildung 15). Sie wird für das Ausgraben von Einzelstöcken bzw. für das Lockern zum Nachpflanzen von Stöcken eingesetzt. Die zapfwellengetriebene Seitenspatenmaschine mit einer Breite von 40 oder 63 cm läuft parallel zur Zeile und gräbt mit Hilfe der Spaten zu entfernende Stöcke aus bzw. schafft eine intensive Lockerung für das Nachsetzen von Stöcken.

Vorteile
- Keine stärkere Wendung des Bodens.
- Befriedigende Arbeit noch bei feuchtem Boden.
- Nur geringe Gefahr einer Sohlenverdichtung.
- Intensive Lockerung.

Nachteile
- Pflanzenreste werden nicht immer völlig eingearbeitet.
- Belastung von Schlepper und Fahrer durch Schüttelbewegungen.

Abbildung 124: Spatenmaschine beim Rigolen (große Bauform)

Abbildung 125:
Spatenmaschine bei der Gassenbearbeitung (kleine Bauform)

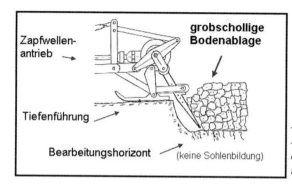

Abbildung 126:
Aufbau einer stechend
arbeitenden Spaten-
maschine

Mehrzweck- Meliorationsgeräte (MM 100 / MM 50)

Das Mehrzweck- Meliorationsgerät (MM 100 zum Rigolen, MM 50 zur Gassenbearbeitung) ist ein intensiv arbeitendes Spezialgerät mit vorwiegend stechender
Arbeitsweise. Das Arbeitsprinzip besteht darin, dass die angetriebenen spatenähnlichen
Werkzeuge von oben in den Boden einstechen, den erfassten Bereich schräg nach
hinten anheben und auf die gesamte Arbeitstiefe lockern, ohne die Bodenschichten zu
mischen oder zu wenden. Der Lockerungseffekt des Meliorationsgerätes ist quer und
längs zur Fahrrichtung auf die gesamte Arbeitstiefe ohne Sohlenbildung sehr intensiv
und einheitlich. Dabei hat der Feuchtigkeitsgehalt des Bodens nur einen untergeord-
neten Einfluss auf die Arbeitsqualität. Die spatenähnlichen Werkzeuge bearbeiten nur
ca. 1/3 der Arbeitsbreite, die Bodenschicht der dazwischen liegenden Bereiche bleibt
erhalten, wird aber bei abgetrocknetem Boden ausreichend gelockert. Die Lockerungstiefe beträgt je nach Werkzeugwahl 40 bis 70 cm. Die Arbeitsweise verursacht große
Drehmomentspitzen und einen ständigen Wechsel von Zug- und Schubkräften in den
Anlenkungspunkten der Zugmaschine. Somit ist eine starke Belastung des Schleppers
gegeben.

Vorteile

- Geringe Gefahr der Sohlenbildung.
- Stärkere Zerstörung der Aggregate nur im unmittelbaren Bereich der Arbeits-
  werkzeuge.
- Befriedigende Lockerung auch bei feuchten Böden.
- Durch Erhaltung der Bodenschichten geringere Neigung zur Wieder-
  verdichtung.
- Bei Aufbau eines Düngerstreuers ist gleichzeitig eine Tiefendüngung möglich.

Nachteile
- Vorhandener Pflanzenbewuchs oder Pflanzreste werden nur unzureichend untergearbeitet.
- Die nicht unmittelbar bearbeiteten Zonen können die Arbeitsweise der Rebenpflanzmaschine stören.
- Hohe Schlepperbelastung durch Erschütterungen, daher auch als Anhängegerät angeboten.
- Relativ hoher Anschaffungspreis.

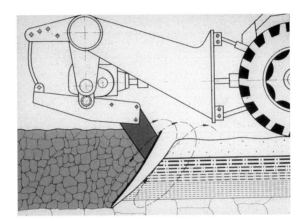

Abbildung 127:
Arbeitsweise des
Mehrzweck-
Meliorationsgerätes

Abbildung 128:
MM 100

235

Tabelle 52: *Kosten für die Tiefenbodenbearbeitung durch Lohnunternehmer (Stand 2006)*

Verfahren	Preisspanne €/ha

Rigolpflug
   – zweischarig
   – einscharig
Seilzugrigolen
	600 bis 800
	900 bis 1200
	2 000 bis 4 000

Spatenmaschine
   – bis 40 cm
   – über 50 cm
	600 bis 750
	800 bis 1 000

MM 100
   – bis 50 cm
   – über 60 cm
	900 bis 1 100
	1 000 bis 1 300

Wippscharlockerer (70 – 100 cm)	500 bis 700

Hersteller und Vertreiber von Tiefenbodenbearbeitungsgeräten

Gerät	Hersteller / Vertreiber
Tiefengrubber, Tiefenzinken-, Tiefenmeißelgerät	Clemens, 54516 Wittlich
	Röll, 36166 Hannetal-Wehrda
	Rabewerk, 49152 Bad Essen
	Rust, 67149 Meckenheim
Parapflug	Clemens, 54516 Wittlich
	Rust, 67149 Meckenheim
	Braun, 76835 Burrweiler
	Sauerburger, 79241 Wasenweiler
	Röll, 36166 Haunetal-Wehrda
	Fehrenbach, 76831 Billigheim
Universalgrubber	Clemens, 54516 Wittlich
	Röll, 36166 Hannetal-Wehrda
	Rabewerk, 49152 Bad Essen
	Braun, 76835 Burrweiler
	Fehrenbach, 76831 Billigheim
Wippscharlockerer	Clemens, 54516 Wittlich
	Röll, 36166 Hannetal-Wehrda
	Braun, 76835 Burrweiler
	Brenig, 53175 Bonn-Bad Godesberg
Hubschwenklockerer	Brenig, 53175 Bonn-Bad Godesberg
Rotationsspatenmaschinen	Imants, A5540 Reusel-Niederlande
	Farmax üb. Mayer, 55545 Langenlonsheim
Stech-Wurf-Spatenmaschinen	Pape, 30900 Wedemark
	Frieg, 97320 Sulzfeld
	Dröppelmann, 47608 Geldern
	Tortella üb. Mayer, 55545 Langenlonsheim
	Gramegna üb. OF Weinbaumaschinen, 74245 Löwenstein
	Celli, 30900 Wedemark
Mehrzweck- Meliorationsgerät	Odenwald Werke, 74834 Elztal-Rittersbach

Das Verzeichnis erhebt keinen Anspruch auf Vollständigkeit

Literatur

MAUL, D.: Geräte zur Tiefenlockerung. Weinwirtschaft Anbau 11/1987, 16 - 18.

MAUL, D.: Tiefenlockerung der Weinbergsbögen. Weinwirtschaft Anbau 8/1990, 14 – 16.

MAUL, D.: Tiefenbearbeitung und Tiefenlockerung. KTBL-Arbeitsblatt Nr. 41.

SCHULTE-KARRING, H.: Fachgerechte Bodenbearbeitung vor Neuanpflanzungen. Der Deutsche Weinbau 6 / 1988, 282 - 284

STRAUSS, M.: Die Tiefenlockerung im Weinbau aus technischer Sicht. DWZ 3/ 2005, 18 – 19.

UHL, W.: Verfahren zur Lockerung begrünter Rebflächen. Der Deutsche Weinbau 3/ 1998, 12 – 15.

UHL, W.: Der nächste Winter kommt bestimmt. Das Deutsche Weinmagazin 21/ 2002, 10 – 14.

WALG, O.: Bodenlockerung auch bei Dauerbegrünung? Das Deutsche Weinmagazin 20 / 1998, 20 – 24.

WALG, O.: Verdichtungen lockern unter der Begrünung. Das Deutsche Weinmagazin 29/1994, 12 – 15.

WALG, O.: Bodenverdichtungen in Ertragsanlagen analysieren und beheben. DWZ 11/2003, 27 – 29.

ZIEGLER, B.: Spätjahr - Zeit für eine tiefere Bodenlockerung. Winzerkurier 11/1986, 12 – 15.

ZIEGLER, B.: Bodenvorbereitung vor der Wiederanpflanzung von Weinbergen in Direktzuglagen. KTBL-Arbeitsblatt. Der Deutsche Weinbau 29/1990.

ZIEGLER, B., BRECHT, N., STEPP, G.: Bodenbearbeitung vor dem Pflanzen. Der Deutsche Weinbau 25-26/1989, 1146 – 1149.

9.3 Bodenbegrünung

Die Bodenbegrünung hat sich seit Anfang der achtziger Jahre in Direktzuglagen immer stärker verbreitet. Dort, wo aufgrund zu geringer Niederschläge keine ganzflächige Begrünung möglich ist, wird meist jede zweite Gasse begrünt oder mit Winterbegrünung gearbeitet. Die Begrünung bietet gegenüber der offenen Bodenpflege aus ökologischer, produktionstechnischer und arbeitswirtschaftlicher Sicht zahlreiche Vorteile:

*   Verbesserung der Bodenstruktur.
*   Reduzierung der Nitratauswaschung.
*   Bessere Befahrbarkeit der Weinberge.
*   Verminderung von Bodenerosion.
*   Bessere Infiltration und Speicherung von Niederschlagswasser.
*   Förderung der biologischen Aktivität der Böden.
*   Verminderung von Chlorose, Stiellähme, Verrieselungen und Bodentrauben.

Aus verfahrenstechnischer Sicht müssen bei der Begrünung zwei Arbeitsverfahren getrennt voneinander betrachtet werden; die Begrünungsaussaat (außer bei einer natürlichen Begrünung) und die Begrünungspflege.

9.3.1 Saatgutausbringung

Das Ausbringen des Saatgutes zur Begrünung beinhaltet folgende zwei Arbeitsgänge:

*   Saatbettbereitung und
*   Aussaat

Zur Saatbettbereitung eignen sich im Grunde alle Bodenbearbeitungsgeräte, die eine möglichst ebene, flache und krümelige Bearbeitung des Bodens zulassen, also Fräse, Kreiselegge und Grubber. Zapfwellengetriebene Geräte, wie Fräse oder Kreiselegge haben den Vorteil, dass die Arbeitsintensität über die Fahrgeschwindigkeit oder die Umdrehungsgeschwindigkeit der Werkzeuge gut steuerbar ist (siehe Kap. 9.1.2). Zur Saatbettbereitung müssen höhere Drehzahlen gewählt werden, damit eine feine Krümelung erreicht wird, weshalb Geräte mit einem Wechselgetriebe vorteilhaft sind. Bei Verwendung von gezogenen Geräten wie Grubber oder Scheibenegge sollten die Rebanlagen nicht so stark verunkrautet sein. Gefederte Zinken am Grubber krümeln den Boden besser als starre Zinken. Eine nachlaufende Walze erleichtert die Tiefenführung und ebnet den Boden ein. Folgende Anforderungen sind an die Saattechnik für Weinbergsbegrünungen zu stellen:

*   Krümeliges, höchstens 4 bis 5 cm tief gelockertes Saatbett.
*   Möglichst ebene Gassenoberfläche.

- Saatmenge je nach Mischung und Bodenart auf 3,5 bis 10 g/m² einstellbar.
- Gleichförmiges Verteilen des Saatgutes. Möglichst keine Entmischung in Saatgutbehälter oder bei Saatgutablage (Wind)
- Konstante Saattiefe, bei Gräsern und Klee ca. 1 cm.
- Saatbreite mindestens 20 bis 30 cm über Schlepperbreite - in der Regel 65 bis 75 Prozent der Gassenbreite.
- Kräftiges Anwalzen des Saatbeetes, möglichst mit Rauhwalze.

Es gibt verschiedene Verfahren und Systeme der Aussaat. Je nach Art der Samenablage im Boden kann man zwischen **Breitsaat** und **Drillsaat** unterscheiden. Die folgende Tabelle zeigt eine Gegenüberstellung dieser beiden Aussaatverfahren.

Tabelle 53: Gegenüberstellung von Breit- und Drillsaat

Verfahren	Breitsaat	Drillsaat
Geräte	meist einfache, preiswerte Geräte, z.B. Kasten- und Pendelstreuer, Sämaschine ohne Säschar	aufwändigere Drillmaschinen
Saatgutverteilung	gleichmäßig	in Reihen
Saatgutaufwand	10-20% höher als Drillsaat, da die Tiefenablage ungleichmäßig ist.	durch exakte Saattiefe geringerer Saatgutaufwand
Einarbeitung des Saatgutes	erforderlich	nicht erforderlich
Probleme	Windverwehungen bei feinen Sämereien möglich konstante Fahrtgeschwindigkeit erforderlich	Rillenerosion, besonders in Hanglagen

Im Weinbau werden vorwiegend Geräte zur Breitsaat eingesetzt, da sie billiger sind und nicht die Gefahr der Rillenerosion besteht, wie bei der Drillsaat.

Ein wichtiges Unterscheidungsmerkmal bei den Sägeräten ist das Säsystem. Je nach Art der Saatgutaustragung und Saatgutablage kann man zwischen Sägeräten mit wegstreckengesteuerter Saatgutablage und Geräten ohne gesteuerte Saatgutablage unterscheiden.

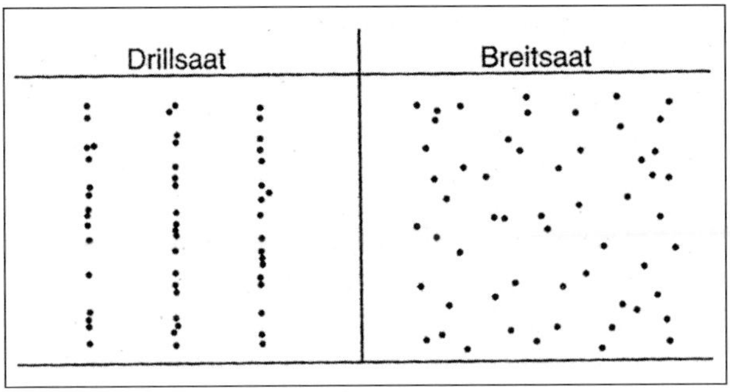

Drillsaat	Breitsaat

Abbildung 129:
Kornverteilung
über die Fläche bei
Breit- und
Drillsaat

9.3.1.1 Sägeräte ohne gesteuerte Saatgutablage

Diese Form der Austragung findet man bei einfachen Breitsaatgeräten, wie **Kastenstreuern** und **Pendelstreuern**. Hierbei wird das Saatgut mittels einer Rührwelle oder Taumelscheibe, wie bei den Düngerstreuersystemen (siehe Kap.10.1), direkt aus dem Saatgutbehälter, ohne steuernde Fördereinrichtung, ausgetragen. Die Dosierung der Anpassung an die Korngrößen des Saatgutes erfolgt bei diesem Säsystem durch Veränderung der Auslauföffnungen am Behälterboden. Funktionell handelt es sich dabei um zwei Lochschienen, die in sich verschoben werden und zugleich zum Ein- und Ausschalten des Sävorganges dienen. Angetrieben wird die Säwelle über einen Elektro- oder Hydraulikmotor und zwar **unabhängig von der Arbeitsgeschwindigkeit**. Unterschiedliche Arbeitsgeschwindigkeiten und Schlupf wirken sich direkt auf die Saatstärke aus. Dies ist besonders in Hanglagen ungünstig. Eingestellt und abgedreht werden die Streuer nach der Zeit und nicht wie die wegstreckengesteuerten Sägeräte über die Fläche. Beim Ausbringen von Gemengen mit unterschiedlicher Korngröße kann es durch die Rührwelle und die Lochschienen zu Entmischungen und ungleichmäßigem Austrag kommen. Außerdem genügt es nicht, wenn bei leicht fließbarem Saatgut, wie z.B. Raps, zum Wenden der Säwellenantrieb unterbrochen wird, um den Saatgutnachfluss zu stoppen. Dazu ist es notwendig, dass auch die Lochschienen geschlossen werden.

Die Saatstärke ist, neben der Schieberöffnung am Saatgutbehälter, von Fahrgeschwindigkeit, Erschütterungen des Gerätes, Körnung und Spelzigkeit des Saatgutes abhängig. Das Saatgut fällt auf den Boden und muss eingearbeitet werden. Überall dort, wo mit konstanter Geschwindigkeit gefahren werden kann, leisten diese preiswerten Geräte mit etwas Übung eine befriedigende Arbeit.

Sägeräte nach dem Kastenstreuersystem

In verhältnismäßig einfacher Weise werden hierfür vorgesehene Kastendüngerstreuer (siehe Kap. 10.1.1) zu Sägeräten umgerüstet. Die Säbreite der Geräte entspricht ihrer Kastenbreite. Diese verfügen meist nicht über Särohre. Da bereits ein geringer Luftzug zu erheblichen Verwehungen oder Entmischungen der leichten Begrünungssaaten führen kann, sollten diese Geräte mit Windschützern ausgerüstet werden.

Sägeräte nach dem Pendelstreuersystem (siehe Kap. 10.1.2)

Durch Verstellung des Pendelschlages kann die Saatbreite bestimmt werden. Zur Ausbringung von Feinsämereien sind sie nicht so gut geeignet, da stärkere Windverwehungen auftreten können.

Einstellung der Saatstärke

Zur Mengeneinstellung ist eine konstante Fahrgeschwindigkeit zugrunde zu legen. Beim Probelauf wird die ausgeworfene Saatgutmenge in einer bestimmten Zeiteinheit ermittelt. Die Berechnung erfolgt nach folgender Formel:

$m = Q \times b \times v \times 16{,}67$
m = Saatgutauswurf in einer Minute (g/min)
Q = Saatstärke (g/m^2)
b = Saatbreite des Sägerätes (m)
v = Fahrgeschwindigkeit (km/h)

Beispiel: 6 g/m^2 (= 60 kg/ha) x 5 km/h x 1,6 m x 16,67 = 800 g/min
Folglich müssen in einer Minute 800 g unter dem Gerät aufgefangen werden.

9.3.1.2 Sägeräte mit wegstreckengesteuerter Saatgutablage

Auch bei dieser Form der Austragung lassen sich zwei Gerätetypen unterscheiden, nämlich **Drillmaschinen** und **Sämaschinen zur Breitsaat**. Die Saatgutzuteilung wird durch eine außenliegende Säwelle mit Nocken- oder Schubrädern gesteuert (indirekte Austragung). Wegen der besseren Eignung für Feinsämereien wird im Weinbau das Schubrad bevorzugt. Der Antrieb der Säwelle erfolgt **abhängig von der Fahrgeschwindigkeit** schlupffrei über ein Bodenrad oder eine angebaute Walze.

Neben der im Weinbau üblichen Saatgutzuteilung durch Säräder, vorzugsweise Schubräder, kann die Zuteilung auch pneumatisch erfolgen. Hierfür ist ein trichterförmiger, mittig angeordneter Saatgutbehälter erforderlich. Die Dosierung des Saatgutes erfolgt bei **pneumatischen Sägeräten** zentral über eine Dosierwalze, meist ist dies ein Zellenrad. Angetrieben wird die Dosierwalze von einem Bodenrad. Ein von einem

Radialgebläse erzeugter Luftstrom erfasst die eingestellte Saatgutmenge unterhalb der Dosierwalze und transportiert sie zu den Saatleitungen. Bei pneumatischen Sägeräten können die Samen in beliebiger Richtung gefördert werden.

Drillmaschinen

Das Saatgut gelangt über Saatleitungen zu den höhenverstellbaren Drillscharen, deren Tiefgang mittels Federdruck regulierbar ist. Bei manchen Geräten besteht die Möglichkeit, die Säbreite über den eigentlichen Geräterahmen hinaus durch seitlich angebrachte Außenschare zu erweitern. Abstellstützen an den Scharen verhindern das Verstopfen der Ausläufe beim Rückwärtsrollen, außerdem streichen sie die Saatfurche zu.

Sämaschinen zur Breitsaat

Abgesehen vom Fehlen der Drillschare entspricht dieser Gerätetyp den oben genannten Drillmaschinen. Hier fallen die Samen aus der Saatleitung direkt auf den Boden und werden durch eine Krümelwalze (gleichzeitig Bodenantrieb der Säwelle) leicht eingearbeitet. Die Sämaschinen werden in der Regel als Säkombination in Verbindung mit Saatbettbereitungsgeräten, wie Fräsen oder Grubber, angeboten. Da hiermit Saatbettbereitung und Aussaat in einem Arbeitsgang erfolgen, muss die Gassenoberfläche bereits vorher ausreichend eben sein.

Einstellung der Saatstärke

Das Einstellen der Saatmenge und die Anpassung an unterschiedliche Korngrößen sind bei der wegstreckengesteuerten Saatgutablage vielseitiger und exakter möglich. Diese Geräte sind zwar teurer, aber der Umbau bestimmter Altmodelle (z.B. Hassia) aus der Landwirtschaft bietet eine billige Alternative. Es muss dazu die dem Getriebe abgewandte Seite bis auf die gewünschte Länge abgetrennt und die Seitenwand wieder angeschweißt werden.

Die notwendige Geräteeinstellung für die Aussaatmenge kann zwar einer Sätabelle entnommen werden, doch sollte man sicherheitshalber eine **Abdrehprobe** mit der Maschine durchführen, da die Saatgutkörner je nach Jahr und Partie unterschiedliche Größen haben. Die Saatstärke wird durch seitliche Verstellung der Schubräder und teilweise durch Änderung der Säwellendrehzahl eingestellt. Hierzu wird durch Drehen am Bodenantrieb (Laufrad oder Walze) oder an einer Handkurbel eine bestimmte Saatfläche simuliert. Die ausgetragene Saatmenge wird aufgefangen, abgewogen und auf die Fläche umgerechnet. Die Umrechnung erfolgt nach folgender Formel:

m = Q x b x U x n
m = Saatgutmenge der simulierten Fläche (g)
Q = Saatstärke (g/m^2)
b = Saatbreite des Gerätes (m)
U = Umfang des Antriebrades (Laufrad) oder der Walze (m);
Berechnung: U = Durchmesser x 3,14
n = Anzahl der Umdrehungen des Antriebrades oder der Walze.
Bei Abweichungen zur Sätabelle muss die Geräteeinstellung korrigiert werden.

Ermittlung der tatsächlich ausgebrachten Saatgutmenge
Die Ermittlung der tatsächlich ausgebrachten Saatgutmenge (kg/ha) geschieht am besten durch eine Einsatzprobe in einem Weinberg (Arbeitsprobe). Dazu wird das Saatgut durch das Anbringen von Plastiktüten an den Saatleitrohren während der Gassenfahrt aufgefangen.

1. Die Gesamtlänge der Gassen (m) je ha erhält man durch die Division der Gesamtfläche (10 000 m^2) durch die Gassenbreite (m).
2. Die Division der dabei aufgefangenen Saatgutmenge (g) durch die gefahrene Strecke (m) ergibt die Auslaufmenge (g/m).
3. Damit lässt sich mit der folgenden Formel die tatsächlich ausgebrachte Saatgutmenge (kg/ha) leicht berechnen.
4. Saatgut [kg/ha] = $\dfrac{\text{Auslaufmenge [g/m] x Gassenlänge je ha [m]}}{1\ 000}$

Diese Art der Einstellung berücksichtigt einen wesentlichen Teil der Einflussgrößen auf die Saatmenge, die sich im praktischen Einsatz ergeben. Dies gilt insbesondere für Geräte ohne gesteuerte Saatgutablage.

Beispiel: Einsaat von Winterraps:
empfohlene Saatgutmenge = 15 kg/ha, Gassenbreite = 2 m, Saatgutbreite = 1,6 m
→ auszubringende Saatgutmenge = (1,6 m / 2 m) x 15 kg/ha = 12 kg/ha

1. *Gesamtlänge der Gassen je ha = 10 000 m^2/ 2 m = 5.000 m*
2. *ermittelte Auslaufmenge = $\dfrac{230\ g\ aufgefangenes\ Saatgut}{100\ gefahrene\ m}$ = 2,3 g/m*
3. *Saatmenge = $\dfrac{2,3\ g/m\ x\ 5.000\ m}{1\ 000}$ = $\dfrac{11.500\ g/ha}{1\ 000}$ = 11,5 kg/ha*

In dem berechneten Beispiel liegen die tatsächlichen Saatgutmengen (11,5 kg/ha) geringfügig unter der auszubringenden Saatgutmenge (12 kg/ha). Am Gerät ist die Aussaatmenge geringfügig zu korrigieren.

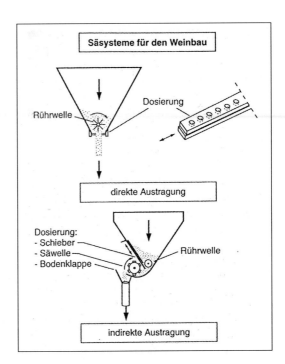

Abbildung 130:
Säsysteme: nicht gesteu-
erte, direkte Austragung
(oben); durch Säwelle
gesteuerte, indirekte
Austragung (unten)

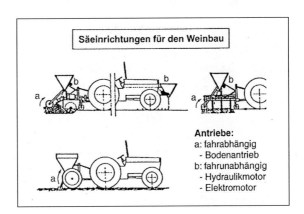

Abbildung 131:
Unterschiedliche
Antriebs- und
Anbauarten für
Sägeräte

9.3.1.3 Anbauarten und Kombinationen

Von den Herstellern werden Sägeräte als **Nachlauf-** und **Aufbaugeräte** mit und ohne Säschare angeboten. Die Nachlaufgeräte sind in der Regel vollständig ausgebildete Drillmaschinen mit Laufrädern, Säschare, Federdruckeinrichtung und Zustreichern. Die Verwendung von Nachlaufgeräten setzt eine getrennte Saatbettvorbereitung voraus und hat damit die absätzige Durchführung der Saatbettbereitung zur Folge.

Die Aufbaugeräte bieten eine Reihe von Kombinationsmöglichkeiten mit Geräten zur Saatbettbereitung, was arbeitswirtschaftliche Vorteile bringt. Neben dem Frontanbau, wo nur der fahrunabhängige Antrieb möglich ist, hat sich der direkte Aufbau auf das Bodenbearbeitungsgerät (z.B. Fräse, Kreiselegge oder Grubber) bewährt. Für die Auflaufrate ist es von Vorteil, wenn der Sägeräteaufbau so erfolgt, dass die Saatgutablage den Bodenbearbeitungswerkzeugen nachgeschaltet ist. Im umgekehrten Fall wäre die Einarbeitung für viele Saatgutarten zu tief. Für ein gutes Auflaufen ist die Rückverfestigung des Saatbettes durch Walzen wichtig. Dabei sind Rauhwalzen (Cambridge- oder Prismenwalzen), die die Bodenoberfläche im rauhen Zustand hinterlassen (geringere Erosion) anderen Walzen vorzuziehen.

Abbildung 132: Gerätekombination mit Vorgrubber, Fräse, Sägerät für Breitsaat und Krümelwalze

Abbildung 133:
Pneumatisches Sägerät der Firma Braun

Abbildung 134: Drillmaschine

9.3.2 Pflege der Begrünung

Die Hauptpflegemassnahme bei der Begrünung ist das Mulchen. In erster Linie wird gemulcht, um den Wasserverbrauch der Begrünungspflanzen einzuschränken, aber auch wegen erhöhter Krankheitsgefahr und Spätfrostgefahr sowie der problemlosen Durchführung der Bewirtschaftungsmaßnahmen ist höherer Aufwuchs nicht tolerierbar. Gemulcht werden sollte bei einer Bewuchshöhe von 15 bis 20 cm (ausgenommen Teilzeitbegrünungen). Je nach Standort, Niederschlägen und Begrünungszusammensetzung muss drei- bis siebenmal im Jahr gemulcht werden.

Die Schnitthöhe richtet sich nach der Pflanzenzusammensetzung. Bei Schwingelarten oder Wiesenrispengras beträgt die Mulchhöhe 3 bis 5 cm. Ist deutsches Weidegras verstärkt vorhanden, sollte der Schnitt 1 bis 2 cm höher angesetzt werden. Soll Weißklee in einem Bestand erhalten werden, darf nicht unter 6 bis 7 cm geschnitten werden. Zur Gewährleistung einer guten Pflanzenentwicklung sind neue Begrünungseinsaaten 1 bis 3 cm höher zu mulchen. Wichtig ist ein möglichst gleich hoher und sauberer Schnitt. Wird das Schnittgut unregelmäßig verteilt oder ist die Auflage zu massiv, besteht Fäulnisgefahr unter der Auflage, worunter der Pflanzenbewuchs leidet.

Neben einer ausreichenden Schnittgeschwindigkeit der Geräte (Umdrehung pro Minute) ist auf scharfe, sich langsam abnutzende Schneidwerkzeuge (Messer) zu achten. Unscharfe sowie langsam rotierende Mulcher liefern keinen sauberen Schnitt und können die Grasnarbe beschädigen. Für das Mulchen der Begrünung stehen Schlegelmulchgeräte, Kreisel- oder Sichelmulcher und Mähbalkengeräte zur Verfügung.

9.3.2.1 Schlegelmulchgeräte

Durch seinen Aufbau und seine Arbeitsweise ist der Schlegelmulcher auf eine Mehrzweckverwendung ausgerichtet. Er eignet sich neben dem Mulchen von Dauer- und Teilzeitbegrünungen auch gut zum Rebholzhäckseln. Wegen ihrer Robustheit werden Schlegelmulcher auch in der Landschaftspflege und in der Forstwirtschaft eingesetzt.

Aufbau und Arbeitsweise

Das Arbeitsprinzip des Schlegelmulchers ist ähnlich dem der Fräse. Um eine horizontal gelagerte Welle rotieren beweglich aufgehängte Schlegel vertikal mit hoher Drehzahl. Diese Art der Schlegelaufhängung führt zu einer gewissen Steinunempfindlichkeit. Mittlerweile bieten einige Hersteller neben der herkömmlichen Schlegelaufhängung mittels Schraubenbolzen auch eine Aufhängung mit Schäkel an.

Damit haben die Schlegel neben der radialen auch eine axiale Bewegungsmöglichkeit, was eine geringere Steinempfindlichkeit und ein ruhigeres Laufverhalten des Gerätes bewirkt. Die geringere kinetische Energie der Messer bei der Schäkelaufhängung kann sich beim Rebholzhäckseln als ungünstig erweisen. Abhilfe kann eine höhere Wellendrehzahl schaffen.

Von der Schlegelform lassen sich **Universalschlegel** (Hammer- und Zahnschlegel) und **Messerschlegel** (Winkelmesser, Y-Messer und Schaufelmesser) unterscheiden. Universalschlegel sind stumpf und haben mehr eine brechende, zerschlagende Arbeitsweise als eine schneidende. Sie eignen sich vorwiegend zur Zerkleinerung von Rebholz und Teilzeitbegrünungen. Für das Mulchen von Dauerbegrünungen sind sie nicht so gut geeignet, da sie die Bewuchsnarbe schädigen können. Hierfür sollten Messerschlegel eingesetzt werden.

- Hammerschlegel: Das Gewicht sorgt für eine hohe Fliehkraft und die scharfe Schneide in Verbindung mit der Sogwirkung durch die gewölbte Form bzw. L-Form ergibt einen sauberen Schnitt.
- Zahnschlegel: Ähnlich wie Hammerschlegel, die gezahnte Schneide bringt eine bessere Zerkleinerung von Gestrüpp und Schnittholz.
- Y-Messer: Sie haben einen geringeren Leistungsbedarf und eine gute Zerkleinerungswirkung bis ca. 4 cm Holzdurchmesser. Durch doppelten Überschnitt der Messer auf der Schlegelwelle werden Begrünungen fein zerhäckselt und gleichmäßig abgelegt. Die Schnitthöhe variiert aufgrund der Abwinkelung. Die geschärften Schneiden sind wendbar.
- Schaufel- oder Löffelschlegel: Sie haben eine gute Sogwirkung und ergeben einen gleichmäßigen und sauberen Schnitt. Geeignet zum Mulchen und Holzzerkleinern. Sie werden häufig mit Y-Messern kombiniert.

Aufgrund der kleinen Messerkreisbahn erreichen Schlegelmulcher bei 1500 U/min nur eine Schnittgeschwindigkeit von 30 bis 50 m/sec. Um eine befriedigende Schnittqualität zu erreichen, können diese Mulcher deshalb nicht so schnell wie Kreiselmulcher gefahren werden. Durch die Messerabwinkelung bei den Y-Messern auf 120 bis 140° variiert die Schnitthöhe um 2 bis 5 Zentimeter. Eine stärkere Abwinkelung (Winkelmesser) bewirkt zwar einen gleichmäßigeren Schnitt, jedoch ist die Selbstreinigung der Messer nicht mehr gewährleistet. Neben den Y-Messern haben sich besonders Schaufelmesser bewährt. Durch die gewölbte Form wird eine Sogwirkung erreicht, sodass auch in der Fahrspur des Schleppers noch eine gute Mulch- bzw. Häckselleistung erreicht wird.

Die Ablage des Mulchgutes erfolgt beim Schlegelmulcher gleichmäßig über die gesamte Arbeitsbreite. Die Regelung der Schnitttiefe kann über höhenverstellbare Stützräder oder eine Laufwalze vorgenommen werden. Der Antrieb der Schlegelwelle erfolgt seitlich über Keilriemen, die von einem Winkelgetriebe angetrieben werden. Dadurch ist die Arbeitsbreite etwas geringer als die Gerätegesamtbreite.

Bauvariationen
Neben den konventionellen Grundgeräten für die Gassenpflege gibt es verschiedene Bauvariationen. Gegen Aufpreis bieten einige Hersteller eine mechanische oder hydraulische Seitenverschiebung an. Auch gibt es, wie bei den Kreiselmulchern, Geräte mit hydraulischer Breitenverstellung. Hierbei sind zwei Bauformen unterscheidbar:

1. Zwei hintereinander angeordnete Schlegelmulcher, die durch einen gemeinsamen Schieberahmen verbunden sind und damit eine stufenlose Veränderung der Arbeitsbreite zulassen. Dabei ist die Gerätezuordnung so gewählt, dass die Seitenantriebe im Überlappungsbereich liegen und dadurch die Arbeitsbreite der Gerätebreite entspricht. Der stufenlose Verstellbereich von ca. 70 cm ist relativ groß. Das Gewicht beträgt etwa 630 kg.

2. Linear verstellbar, vergleichbar den Kreiselmulchern. Dazu ist der Schlegelmulcher mit einer Schlegelwelle ausgestattet, die aus teleskopartig ineinander verschiebbaren Rohren zusammengesetzt ist. Die Schlegeltragrohre sind an Endscheiben gleichmäßig verteilt befestigt. Die Endscheiben sind ihrerseits mit je einem der Achsrohre verschweißt. Dadurch entsteht eine stabile Wellenkonstruktion, die hohe Kräfte zu übertragen vermag. Die Arbeitsbreite kann um 40 bis 50 cm variiert werden. Das Gewicht ist mit 290 bis 350 kg relativ günstig.

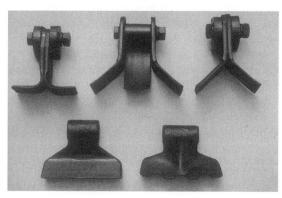

Abbildung 135:
Schlegelformen: oben:
Winkelmesser, Y-
Messer komb. mit
Schaufelmesser,
Y-Messer, unten:
Hammerschlegel,
Zahnschlegel

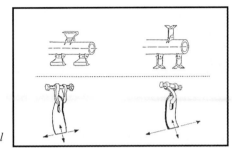

Abbildung 136:
Schlegelaufhängungen; oben mit
Schraubenbolzen, unten mit Schäkel

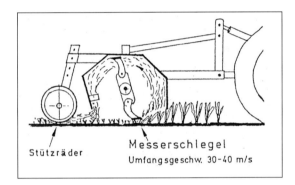

Abbildung 137:
Arbeitsweise des
Schlegelmulchers

Stützräder

Messerschlegel
Umfangsgeschw. 30-40 m/s

Abbildung 138:
Schlegelmulcher beim
Häckseln von Rebholz

251

9.3.2.2 Kreiselmulchgeräte (Flach- oder Sichelmulcher)

Kreiselmulcher sind aufgrund ihrer verhältnismäßig hohen Arbeitsgeschwindigkeit und ihrer sauberen Schnittführung besonders gut für das Mulchen von Dauerbegrünungen geeignet. Die Drehzahl liegt bei rund 1 000 U/min, die Schnittgeschwindigkeit beträgt 60 bis 80 m/sec. Damit erlauben sie eine Arbeitsgeschwindigkeit bis 10 km/h bei ausreichend scharf trennendem Schnitt. Die eingestellte Schnitthöhe wird relativ gleichmäßig gehalten. Die Mulchschicht sollte sich möglichst gleichmäßig über die gesamte Arbeitsbreite verteilen. Typisch für Kreiselmulcher ist jedoch, in Abhängigkeit von der Drehrichtung der Messer, eine mehr schwadförmige Ablage des Schnittguts in der Gassenmitte oder der Schlepperspur. Unerwünschte Haufenbildung entsteht oft in Verbindung mit einem starken Aufwuchs.

Durch die horizontale Lage der Messer erfassen Kreiselmulcher das Rebholz schlechter als Schlegelmulcher. Da aber dauerbegrünte Rebanlagen mehrmals im Jahr gemulcht werden, ist übers Jahr gesehen die Rebholzzerkleinerung zufriedenstellend. Eine bessere Zerkleinerung des Holzes wird mit Zwillingsmessern, mit gegenläufig rotierenden Messerpaaren oder zwei übereinander angeordneten Messern (Mulchmesser und Schnittholzmesser) erreicht. Der Zerkleinerungsgrad des Rebholzes auf Dauerbegrünungen spielt aber bei weitem nicht die Rolle wie auf offen gehaltenen Böden.

Aufbau und Arbeitsweise
Beim Kreiselmulcher rotieren ein, zwei oder drei Messer (Kreisel) horizontal um die eigene Achse. Es handelt sich dabei um dasselbe Prinzip wie beim Rasenmäher. Dabei wird, je nach Hersteller, als Antrieb ein Getriebe mit festen Verbindungen zu den

Messern oder ein Keilriemenantrieb verwendet. Bei den festen Verbindungen der Messer, außer bei den Variogeräten, sind sie auf gleicher Höhe angebracht. Eine Berührung zwischen den Messern kann nicht zustande kommen. Bei den Keilriemenantrieben sind die Messer in der Höhe etwas versetzt, da die Messer nicht synchron laufen. Die Schnitthöheneinstellung kann über Gleitkufen oder eine Laufwalze erfolgen. Gegen Mehrpreis ist auch hier eine Seitenverschiebung erhältlich.

Neben den einfachen Gassengeräten gibt es breitenverstellbare Kreiselmulcher (Variomulcher) und Kreiselmulcher mit Schwenkarmen (Unterstockmulchgeräte).

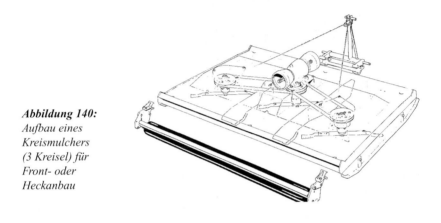

Abbildung 140:
Aufbau eines
Kreismulchers
(3 Kreisel) für
Front- oder
Heckanbau

Abbildung 141: Arbeitsweise des Kreiselmulchers

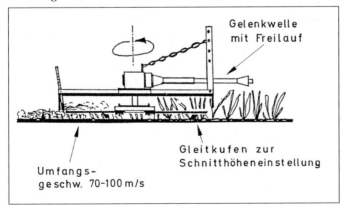

Breitenverstellbare Kreiselmulcher

Die Breitenverstellung am Kreiselmulcher kann entweder durch eine lineare Verschiebung der Messerrotoren (Variomulcher) oder durch stufenlos verstellbare Ausleger erfolgen.

Variomulcher können an die unterschiedlichen Gassenbreiten genau angepasst werden, indem ihre Arbeitsbreite über doppelt wirkende Gleichlaufzylinder während der Arbeit stufenlos linear um etwa 40 bis 45 cm verändert werden kann. Dabei wird je ein Messerrotor mit Gehäuseteil nach rechts und links über Trag- und Führungswellen stufenlos bewegt. Durch diese Variation der Breite kann praktisch die ganze Fahrgasse gemulcht werden. Es bleibt nur ein schmaler Bewuchsstreifen unter den Stöcken stehen, der mit Herbiziden oder Stammputzern beseitigt werden kann. Durch den Verzicht auf eine Unterstock-Mulcheinrichtung sind höhere Arbeitsgeschwindigkeiten möglich. Die systembedingte Verringerung des Sicherheitsabstandes zwischen dem Mulchgerät und den Rebstöcken erhöht allerdings die Gefahr der Stockverletzung. Dies gilt insbesondere für Rebanlagen mit Seitenhang oder ungleichmäßigen Gassenbreiten. Einige Hersteller bieten deshalb Variomulcher mit seitlich angebrachter hydraulischer Tastersteuerung an. Sie korrigiert ständig die Arbeitsbreite, was bei Lenkfehlern und sich ändernden Gassenbreiten zur Schonung der Stöcke beiträgt und eine höhere Fahrgeschwindigkeit zulässt.

Der Antrieb der Messerträger erfolgt über robuste Getriebe, meist von einem feststehenden Winkelgetriebe mit Durchtrieb und zwei weiteren auf einer Mehrkantwelle verschiebbaren Getrieben. Die Messer laufen übereinander oder stehen in einem bestimmten Winkel zueinander, was ein Aufeinanderschlagen verhindert. Die Reinigung der Geräte nach jedem Mulcheinsatz ist für einen störungsfreien Betrieb wichtig. Die meisten Hersteller haben zwei oder drei Typen im Programm mit Arbeitsbreiten ab etwa 1,10 m bis etwa 2,10 m. Ebenso ist ein zusätzlicher Anbau von Stammputzern zur Pflege des Unterstockbereichs möglich. Nachteilig bei den Variomulchern ist das hohe Eigengewicht von rund 500 bis 600 kg.

Kreiselmulcher mit Auslegern können stufenlos in einem gewissen Schwenkbereich horizontal nach außen verstellt werden. Eine Abtastung oder Einschwenkung in den Unterstockbereich ist nicht vorgesehen, um möglichst hohe Arbeitsgeschwindigkeiten zu erzielen. Bei Stockberührung können die Ausleger federbelastet nach innen einschwenken. Der Antrieb erfolgt einzeln über Keilriemen. Vorteilhaft bei den Kreiselmulchern mit Auslegern ist der große Verstellbereich von 70 bis 75 cm von der minimalen zur maximalen Arbeitsbreite. Sie verfügen über drei oder vier Messerkreisel, wodurch eine gute Überlappung und eine saubere Schnittführung möglich sind. Im Aufbau und in der Arbeitsweise sind sie mit den Unterstockmulchern mit Schwenkarmen vergleichbar.

Abbildung 142:
Breitenverstellbarer
Kreiselmulcher mit
Stammputzer

Abbildung 143: *Aufbau eines Variomulchers*

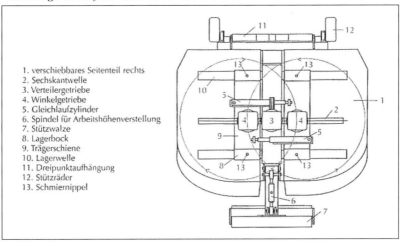

1. verschiebbares Seitenteil rechts
2. Sechskantwelle
3. Verteilergetriebe
4. Winkelgetriebe
5. Gleichlaufzylinder
6. Spindel für Arbeitshöhenverstellung
7. Stützwalze
8. Lagerbock
9. Trägerschiene
10. Lagerwelle
11. Dreipunktaufhängung
12. Stützräder
13. Schmiernippel

Kreiselmulcher mit Schwenkarmen (Unterstockmulcher)

Kreiselmulcher mit Schwenksystem ermöglichen es mit Hilfe ausschwenkbarer Teller, die Arbeitsbreite zu variieren und auch den Unterstockbereich zu erfassen. Lediglich am unmittelbaren Stamm- und Stickelbereich bleiben Bewuchsinseln stehen. Hierbei besteht jedoch die Möglichkeit, diese Bewuchsinseln mit einer Punktspritze oder einem Rebstammputzer zu entfernen.

Aufbau und Arbeitsweise
Der Unterstockmulcher besteht aus einem Zweikreisel-Mittelgerät mit Arbeitsbreiten von etwa 1,10 m bis 1,40 m. Hinten angebaut sind zumeist beidseitig Einkreisel-Mulchteller. Ein Abweisteller soll die Schwenkscheiben gleichmäßig über den Boden führen und Bodenkontakt vermeiden. Die horizontale Zapf-Drehleistung der Zapfwelle wird bei den meisten Fabrikaten von zwei Winkelgetrieben über Keilriemenantriebe an die Mulchmesser weitergegeben. Ausführungen mit drei Winkelgetrieben bzw. nur einem Getriebe sind seltener. Der Unterstockauslegerantrieb erfolgt über Keilriemen, lediglich beim Siegwald-Mulcher über bewegliche Wellen. Die eigentlichen Arbeitswerkzeuge, die Mulchmesser oder Messerklingen, sind in ihrer Stärke und Form verschieden. Die Messerklingen sind beweglich mit einer gesicherten Schraube aufgehängt. Durch die Fliehkraft der sich drehenden Messer werden die Messerklingen waagerecht gestellt und können beim Auftreffen auf ein Hindernis (z.B. Stein) zum Schutz des Gerätes nachgeben.

Etwas anders aufgebaut ist der Siegwald-Mulcher HS 1200. Bei diesem Gerät sitzen die Schwenkscheiben vorne und die Bürsten (Stammputzer) hinten. Angetrieben werden sie über bewegliche Wellen. Das Gerät besitzt eine mechanische Abtastung, wobei die Schwenkscheiben sehr eng um den Stock geführt werden. Eine Besonderheit ist der Bürstenkopf, bestehend aus horizontal arbeitenden Lappenpaaren, an die zwei kurze Metalldorne angeschraubt sind, die einen Reißeffekt (Vertikutiereffekt) bewirken. Der Mulcher kommt auch durch die höhenschwenkbaren Scheiben gut mit Bodenunebenheiten zurecht und erlaubt Fahrgeschwindigkeiten bis etwa 5 km/h.

Von der Abtastung her lassen sich Kreiselmulcher mit Schwenkarmen in Typen mit mechanischer und hydraulischer Abtastung unterscheiden. Bei der mechanischen Abtastung werden die Ausleger durch Federzug geführt und schwenken durch den Widerstand der Stickel oder Rebstämme ein. Sie sind deshalb mit einer Gummipolsterung oder Kunststoffleiste zur Pufferung zwischen Ausleger und Rebstämmen ausgerüstet. Nachteilig bei diesem System ist, dass bei Berg- oder Talfahrt nicht der gleiche Auslösedruck auf den Rebstämmen lastet. Bei der hydraulischen Abtastung wird durch ein Tasterimpuls der Ausleger möglichst ohne Berührung um den

Rebstamm geführt. Dadurch ist der Anpressdruck an den Rebstämmen gering und auch Junganlagen können schonend gemulcht werden.

Nachteilig bei den Schwenkarmmulchern sind die hohe Reparaturanfälligkeit und die geringe Fahrgeschwindigkeit von nur 3 bis 3,5 km/h (Ausnahme Siegwald HS 1200). Deshalb ist seit Einführung der Variomulcher die Nachfrage nach Schwenkarmmulchern stark zurückgegangen. Zudem wird in den meisten Betrieben der Unterstockbereich mechanisch offen gehalten oder mit Herbiziden abgespritzt.

Abbildung 144: Aufbau eines Schwenkarmmulchers

Abbildung 145:
Schwenkarmmulcher
mit biegsamer Welle
und Stammbürsten
(Siegwald HS 1200)

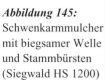

9.3.2.3 Mähbalkengeräte

Mähbalkengeräte werden nur vereinzelt in ökologisch wirtschaftenden Betrieben eingesetzt. Sie besitzen ein Doppelmessermähwerk und werden an der Schlepperfront angebaut. Der Antrieb der Messer erfolgt mechanisch über Frontzapfwelle oder hydraulisch.

Tabelle 54: *Vergleich der Mulchgerätesysteme*

System	Kreiselmulcher	Schlegelmulcher mit		Mähbalkengeräte
		Messerschlegel	Universal-schlegel	
Arbeitsgeschwindigkeit	++ / +1) / -2)	+	0	0
Schnittqualität	++	+	-	+
Schnittgutzerkleinerung	0	+	+	-
Mulchgutablage	schwadweise	gleichmäßig	gleichmäßig	gleichmäßig
Eignung zum Mulchen von:				
Dauerbegrünung	++	0	-	+
Gründüngung	+	+	+	0
Rebholzzerkleinerung	0	+	+	-
Steinschlaggefahr	-	0	0	+
Eignung zum Frontanbau	0	+	+	+

++ = sehr gut, + = günstig / geeignet, 0 = mittel, - = ungünstig / ungeeignet
1) Variomulcher   2) Schwenkarmmulcher

258

Tabelle 55: *Arbeitszeitvergleich für Aussat und Pflege von Begrünungen (ohne Rüst- und Wegezeit; 1,80 m Gassenbreite, 100 m Zeilenlänge)*

Verfahren	Akh/ha
Säen der Begrünung	
• Saatbettvorbereitung mit Fräse	2,0
• Säen mit Sämaschine	2,0
• Anwalzen	1,5
Säkombination mit Fräse, Sägerät und Walze	2,4
Mulchen der Begrünung	
Mähbalkengerät	1,6
Schlegelmulcher	1,8
Kreiselmulcher (Gassengeräte)	1,4
Kreiselmulcher mit Schwenkarmen	3,0
Kreiselmulcher mit Schwenkarmen und Stammputzern	3,5

9.3.2.4 Begrünungslockerer

Die technischen Möglichkeiten der Bewuchsstörung und der Begrünungslockerung sind teilweise bereits in den Kapiteln \r \h 9.1 und \r \h 9.2 beschrieben. Für eine flache Lockerung der Begrünung wurden spezielle Begrünungslockerer entwickelt. Die Geräte werden auch als "Gründeckenlüfter" oder "Mulchbodenlockerer" bezeichnet. Sie besitzen drei bis fünf flach angestellte Flügel- oder Meißelschare mit denen die Begrünung flach unterfahren wird, ohne die Grasnarbe zu zerstören. Zum Schutz der Grasnarbe laufen vor den Scharen Scheibensesse, die die Begrünung einschneiden, damit es nicht zum Schollenaufwurf kommen soll. Die Geräte können mit einem Kastendüngerstreuer kombiniert werden, der die Dünger über Särohre unmittelbar hinter den Zinken ablegt. Für eine begrünungsschonende Arbeitsweise ist ein gutes Eindringen der Schare in den Boden wichtig, was nicht bei jedem Bodenzustand bzw. jeder Bodenart gewährleistet ist. Auch sollten die Schare nicht im Schlepperspurbereich lockern, denn durch späteres Überfahren kann durch Stollenabrieb der Räder die Begrünung in diesem Bereich aufgerissen werden, was gerade in der Fahrspur nicht erwünscht ist.

In Deutschland sind diese Begrünungslockerer bisher kaum verbreitet, dagegen kommen sie in Österreich häufiger zur Anwendung.

9.3.2.5 Walzen

Das Walzen von krautigen Begrünungen wird vorwiegend in ökologisch arbeitenden Betrieben durchgeführt. Dafür werden Rauh- oder Glattwalzen eingesetzt. Die Walzen sind in Kap. 9.1.1.5 beschrieben.

Abbildung 146: Mulchbodenlockerer (Gründeckenlüfter)

Hersteller, Vertreiber und Preise von Sägeräten und Mulchgeräten (Stand 2006)

System	Hersteller / Vertreiber	Typ	Preisspanne (€ ohne MwSt.)
Sägeräte	Rauch, 76547 Sinzheim	Kastenstreuer	
	Danzeisen, 79356 Eichstetten	Sämaschine für Breit-, Drill- und Übersaat	einfache Kastenstreuer 1 000 bis 1 300
	Hassia, 35510 Butzbach	Drillmaschine	Sämaschine für Breitsaat
	Schmischke & Beyer, 67256 Weisenh.	Sämaschine für Breitsaat	1 300 bis 2 000
	KMS Rinklin, 79427 Eschbach	Drillmaschine	Sämaschine für Drillsaat
	Rust, 67149 Meckenheim	Drillmaschine	2 200 bis 3 000
	Schneider, 77955 Ettenheim	Sämaschine für Breitsaat	
	Braun, 76835 Burrweiler	Pneumat. Sämaschine	
	Clemens, 54516 Wittlich	Kastenstreuer	
	Lederer, 71723 Großbottwar	Kastenstreuer	
	Ebinger, 76835 Rhodt	Kastenstreuer	
Mähbalkengerät	Kunzelmann, 79235 Vogtsburg	Doppelmesser	2 500 bis 3 000
Schlegelmulcher	Fischer, 74376 Gemmrigheim	DW, DU, RMW	
	Maschio, 91177 Thalmässing	Terranova BC	Arbeitsbreite 90 bis 110 cm:
	Mayer, 55445 Langenlonsheim	Tortella TR 8 – 10, RE 10	2 100 bis 2 700
	Sauerburger, 79241 Ihringen	HGM, UMN, DUO	Arbeitsbreite 120 bis 140 cm:
	Schmischke & Beyer, 67256 Weisenh.	SIM	2 500 bis 3 100
	Fehrenbach, 76831 Billigheim	P, K, Super Power, „04" (breitenverstellbar)	
	Howard, 64720 Michelstadt	HR, HMS	
	Humus, 88697 Bermatingen	WM 85 - 125	
	K-L-Bendorf, 54516 Wittlich	Seppi SMWA, SMO	
	Christian, 55566 Bad Sobernheim	Agrimaster KL	
	Röll, 36166 Haunetal-Wehrda	SM	
Kreiselmulcher	Siegwald, 79424 Auggen	HS[3]	1 Messerkreisel
	Braun, 76835 Burrweiler	Avant[1], Alpha 2000[2]	Arbeitsbreite 90 bis 135 cm:
	Clemens, 54516 Wittlich	1 und 2 Kreisel[1], Varius[2]	1 600 bis 2 400
	Fischer, 74376 Gemmrigheim	Bingo[1], WSC,WS[1], BV[2], Targa[2] Terra[2]	2 Messerkreisel Arbeitsbreite 125 bis 155 cm:
	Sauerburger, 79241 Ihringen	GM[1], Castor[2], Phoenix[3]	2 400 bis 3 100
	Röll, 36166 Haunetal-Wehrda	Compact[2], Contur[3]	Variomulcher 4 300 bis 5 500
	Humus, 88697 Bermatingen	HKN[1], LV[2], AF[3]	Schwenkarmmulcher 4 500 bis 5 500
	Schmischke & Beyer, 67256 Weisenh.	KM[1], KMK[1]	Aufpreis für hydraulische Stockabtastung
	Fehrenbach, 76831 Billigheim	LB[1], LBV[1], Turbo Power[2], Mulchmeister[3]	1 350 bis 1 550

1) einfache Gassengeräte (Ein- Zweimesserkreisel), 2) Variomulcher, 3) Schwenkarmmulcher
Das Verzeichnis erhebt keinen Anspruch auf Vollständigkeit

Literatur

EICHHORN, H.: Landtechnik, Verlag Eugen Ulmer, Stuttgart, 6. Auflage 1985.

HAUSER, R.: Maschinen und Geräte für die Bodenbearbeitung und Grüneinsaat. Der Deutsche Weinbau 14/1987, 623 - 628.

HILLEBRAND, W., SCHULZE, G., WALG, O.: Weinbau-Taschenbuch, 9. Auflage, 1992.

MAUL, D.: Maschinen und Geräte zur Aussaat und Pflege. Weinwirtschaft-Anbau 3/ 1988, 29 - 32.

SCHNECKENBURGER, F., HUBER, G.: Bodenpflege in begrünten Direktzuglagen.

UHL, W.: Geräte für die Saat und Pflege der Begrünung im Weinbau. Der Deutsche Weinbau 14/1987, 613 - 617.

UHL, W.: Mulchen - schlegeln oder kreiseln. Das Deutsche Weinmagazin 24/1999, 12 - 17.

ZIEGLER, B., MAUL, D.: Technik der Weinbergsbegrünung: KTBL-Arbeitsblatt. Das Deutsche Weinmagazin 9/1998.

ZUBERER, E.: HS 1200 - Ein neues Gerät verändert die Mulchwirtschaft im Weinbau. Der Badische Winzer 2/98, 22 - 24.

ZIEGLER, B.: Dauerbegrünung im Weinbau: Der Deutsche Weinbau 14/1985, 651 – 656.

9.4 Bodenabdeckung

Um den Boden zu schonen, Erosion, Verschlämmung und Austrocknung zu mindern, besteht die Möglichkeit der Bodenabdeckung. Als Materialien können Rindenmulch, Stroh oder Grasmulch eingesetzt werden.

Rindenmulch hat sich zwar als Abdeckmaterial bewährt, nicht zuletzt weil es schwer verrottet und auch eine gewisse herbizide Wirkung hat, jedoch ist der Preis für eine Abdeckung mit Rinde in der Regel relativ hoch.

Grasmulch zur Abdeckung des Unterstockbereiches in begrünten Anlagen ist wohl das billigste und am einfachsten auszubringende Material. Es wird einfach über die seitliche Auswurföffnung am Mulchgerät unter die Zeile abgelegt. So fallen keinerlei Materialkosten an. Grundbedingung ist allerdings ein Kreiselmulcher mit zwei Kreiseln, der beidseitig Auswurföffnungen besitzt. Eine ausreichende Abdeckung ist aber nur in Gebieten mit hohen Niederschlägen zu erzielen. Nachteilig ist, dass bei schwächerem Graswuchs die Abdeckung lückenhaft bleibt und das Mulchgut auch recht schnell verrottet. Außerdem ist mit stärkerem Wühlmausbefall zu rechnen.

Stroh ist das wohl verbreitetste Abdeckmaterial. Insbesondere auf Standorten, die maschinell schwer zu bearbeiten sind, wie Steillagen, wird die Strohabdeckung noch häufiger angewandt.

Biokomposte wären zwar ebenfalls geeignete und preiswerte Abdeckmaterialien, allerdings sind nach der Bioabfall-Verordnung nur max. 30 to. Trockenmasse innerhalb von 3 Jahren erlaubt. Eine Menge, die nicht annähernd für eine ganzflächige Abdeckung ausreicht.

9.4.1 Mechanisierung der Strohausbringung

Die Anwendung von Stroh im Weinbau umfasst die Arbeitsbereiche Strohbeschaffung und -bergung, Einbringen und Verteilen im Weinberg sowie bei der Strohdüngung die Einarbeitung.

Strohbergung
Zur Anwendung kommen Hochdruckballen mit ca. 8 bis 13 kg Gewicht (ca. 71 kg/m³), Quaderballen (eckige Großballen) mit einem Querschnitt von etwa 120 cm x 70 bis 80 cm, einer Länge von 180 bis 200 cm und einem Gewicht von ca. 400 kg (ca. 185 kg/m³) sowie Rundballen, vorzugsweise kleinere Rundballen mit einem Achsmaß von max. 1,2 m und 1,6 bis 1,7 m Durchmesser. Letztere haben ein Gewicht von ca. 220 - 250 kg (ca 95 kg/m³). Für den Weinbau sollten Rundballen verwendet werden, die

mit einem harten Kern hergestellt sind (Vermeer-Verfahren), da diese sich gleichmäßiger abrollen. Hochdruckballen werden manuell oder mit einer Ballenschleuder
geladen. Rundballen und Quaderballen können im Einmannverfahren mit dem Frontlader aufgeladen werden.

Abdeckung

Für eine ganzflächige Abdeckung werden 80 - 120 dt Stroh pro Hektar benötigt. Dies
entspricht einem Strohaufwand von etwa 40 Rundballen, 35 Quaderballen oder 800
Hochdruckballen. Für eine Strohdüngung genügen 40 bis 50 dt/ha.

Von einem Hektar Getreidefläche erhält man etwa: 400 Hochdruckballen

                                                          20 Rundballen oder

                                                           17 Quaderballen

                                                      (eckige Großballen)

9.4.1.1 Stroheinbringung und Verteilung

Für den Direkt- und Seilzug gibt es mehrere verfahrenstechnische Möglichkeiten der
Einbringung und Verteilung von Stroh.

Schmalspurschlepper mit Anbauplattform

Die verfahrenstechnisch einfachste Möglichkeit im Direktzug ist das Einbringen von
Hochdruckballen auf einer Anbauplattform am Schmalspurschlepper. Eine zweite
Arbeitskraft ist zum Entladen der Plattform und für das manuelle Verteilen der
Hochdruckballen erforderlich.

Kompoststreuer (Schmalspurstreuer)

Auch der Kompoststreuer (vgl. Kap. 10.3) kann mit verschiedenen Zusatzeinrichtungen
(Strohhäckselwalze / Strohmesser) zur Ausbringung von Hochdruckballen eingesetzt
werden. Dabei wird das Stroh in Streifen mit etwa 1,2 bis 1,4 m Breite mehr oder
weniger gleichmäßig verteilt. Auch hier empfiehlt es sich, eine zweite Arbeitskraft,
die zum Beladen ohnehin gebraucht wird, zur manuellen Nachverteilung hinter dem
Schmalspurschlepper herlaufen zu lassen. Einige Hersteller bieten auch ein Querförderband zur seitlichen Ablage von Stroh oder Kompost an. Stufenlos bewegte
Stirn- oder Schiebewände sind durch den gleichmäßigen Nachschub gegenüber dem
Kratzboden im Vorteil. Besonders beim Einsatz in Hanglagen ist dieser Aspekt
wichtig.

Abbildung 147: Kompoststreuer mit Querförderband zur seitlichen Ablage

Biso-Strohstreuer

Ein Spezialgerät zur Ausbringung von Hochdruckballen ist der Biso-Strohstreuer. In einem Arbeitsgang wird das Stroh zerkleinert und gleichmäßig verteilt. Die Ladekapazität beträgt 15 - 18 Hochdruckballen, wobei der Strohdurchsatz bei 2 bis 6 Ballen pro Minute liegt. Die Streudichte ist regulierbar durch Abstufung in der Fahrgeschwindigkeit und Austausch von Kettenrädern. Die Stroh- und Häcksellänge ist durch Auswechseln von Gegenmessern möglich. Für einen Hektar abzudecken (ca. 200 - 300 Hochdruckballen), beträgt die reine Streuzeit etwa 2 Stunden, wobei zwei Arbeitskräfte erforderlich sind, und zwar 1 AK als Schlepperfahrer und eine weitere als Strohballeneinleger. Das Gerät ist nicht mehr im Handel.

Strohstreuer für Rundballen

Der Strohstreuer ist ein einachsiges Schlepperanbaugerät für Rundballen im Einmannverfahren. In der Grundfunktion kann der Strohstreuer mit dem Kompoststreuer verglichen werden. Das Gerät besteht aus den Hauptbauteilen Anhängung, Streuwerk, Ladefläche und Ladeschwinge. Die Anhängung ist als Kurzwendedeichsel ausgebildet. Abweichend von den üblichen Streuerkonzepten ist das Streuwerk schlepperseitig angeordnet, um heckseitig die Voraussetzung für eine hydraulich beaufschlagte Ladeeinrichtung zu schaffen. Das Streuwerk besteht aus zwei gleichlaufenden waagerechten Schneckenwalzen, die mit Klingenmessern bestückt sind. Den oberen Abschluss des Streuwerkes bildet eine langsam aber gegenläufig drehende Schlägerwelle. Eingebaute Strohleitbleche lassen eine Veränderung der Streubreite zu. Die eigentliche Ladefläche bildet ein endlos umlaufender Kratzboden mit aufgeschweißten Mitnehmern. Der Kratzboden ist unabhängig vom Streuwerk durch einen Hydraulikmotor angetrieben und kann mit Vorschub vom Schleppersitz aus stufenlos verändert werden. Die derzeitige Auslegung des Streuwerks hat eine geringe Häckselwirkung. Das Stroh wird mehr oder weniger in seiner Ausgangslänge verteilt. Beim Streuen wird der Ballen durch den Kratzboden in Drehung versetzt und in Richtung Streuwerk abgerollt. Dazu muss der Ballen entsprechend seiner Abrollrichtung aufgeladen werden. Durch den Kratzbodenvorschub bestimmt der Schlepperfahrer die Abrollgeschwindigkeit und damit auch die Streumenge. Bei der Gesamtbreite von 1,35 m kann der Rundballenstreuer ab 1,80 m Gassenbreite eingesetzt werden. Breitere Ausführungen von 1,50 bis 1,60 m werden vorwiegend in anderen Sonderkulturen eingesetzt.

Von der Firma Rohn wird ein **Ballenabwickelgerät** mit verschiebbarem Querförderband vertrieben. Damit kann Stroh links und rechts verteilt werden. Die Baubreite von 1,45 m benötigt allerdings Gassenbreiten ab 2,00 m.

Abbildung 148: Aufbau und Funktion eines Strohstreuers für Rundballen

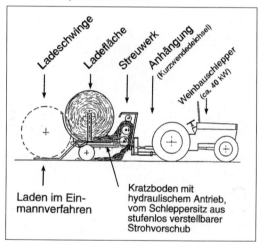

Strohstreuer für Quaderballen

Für großvolumige Quaderballen und die kleineren Hochdruckballen bietet die Firma Limbacher einen **Vierkantballenhäcksler** an. Das Gerät mit einer Breite von 1,15 m wurde speziell für den Weinbau konstruiert. Ein hydraulisch angetriebender Kratzboden führt das Stroh einer Messerwelle zu und zerkleinert es auf 15 bis 20 cm Länge. Anschließend wird das Stroh auf einer Breite von etwa 1,20 m unterhalb der Maschine abgeworfen. Der Kraftbedarf für den Häcksler liegt bei etwa 30 kW.

Auch der Schmalspurstreuer der Firma Fischer ist durch Erweiterung des Streuwerks von drei auf fünf Streuwalzen, den Einbau einer Gegenmesserleiste, Erhöhung der Ladefläche, Änderungen an der Schiebewand und Verstärkung der Antriebsteile für die Ausbringung von Quaderballen geeignet. Die Gesamtbreite des Streuers beträgt 1,35 m.

266

Abbildung 149:
Vierkantenballenhäcksler für
Quader- und Hochdruckballen

Strohdüngung in Seilzuglagen

Für die Strohausbringung in Seilzuglagen stehen keine speziellen Verfahren zur Verfügung. Als Transporteinrichtung für die kleinen Hochdruckballen können seilgetriebende Förderschlitten verwendet werden. Das mobile Fördergebläse zur Strohausbringung in Seilzuglagen hat sich nicht bewährt.

Tabelle 56: Arbeitszeitbedarf (Akh/ha) für Strohbergung, Einbringen und Verteilen bei 40 dt/ha

Strohbergung	Akh / ha
HD-Ballen aufladen	
• von Hand	15 -20
• mit Ballenschleuder	3,5
• mit Ballensammelwagen	2,5
Rundballen mit Frontlader	1,0
Quaderballen mit Frontlader	1,0
Einbringen und Verteilen	
Einbringen mit Schlepper Verteilen von Hand (HD-Ballen, 2 Akh)	37
Streuer mit Kratzboden/Schiebewand (HD-Ballen, 2 Akh)	10 -13
Streuer mit Kratzboden + 5 Streuwalzen (Quaderballen, 2 Akh)	3,8
Rundballenstreuer (1 Akh)	2,5
Quaderballenstreuer (1 Akh)	2,5
Einziehen im Seilzug mit Schlitten (2 Akh)	13
Verteilen von Hand	32
Fördergebläse und Schlepper (2 Akh)	
• Hochdruckballen	15
• Rundballen	9

Tabelle 57: *Kostenpositionen einer Strohdüngung (Stand 2006)*

Kaufpreis 1 ha Getreidestroh (ca. 40-60 dt)	Pressen 1 ha	Laden + Transport + Entladen	Ausbringen Rundballen mit Rundballenstreuer	Ausbringen HD-Ballen mit Streuer
ca. 65 – 75 €	ca. 60 – 70 €	ca. 60 – 65 €	ca. 100 €	ca. 180 – 220 €

Hersteller und Vertreiber und Preise von Strohstreuern (Stand 2006)

System	Hersteller / Vertreiber	Typ	Preisspanne (€ ohne MwSt.)
Kompoststreuer für Hochdruckballen	Fischer, 71723 Großbottwar	WS, WSB	4 500 bis 8 500
	Rink, 88279 Amtzell	WSB 15, WSB 20	Aufpreis für Querförderband
	Löffler, 79282 Ballrechten-Dottingen	WSB 1,6 , WSB 2, WSB 2,5	1 900 bis 2 200
Rundballenstreuer	Rohn, 91610 Insingen	BR 145 D	7 500 bis 9 500
	Limbacher, 91572 Bechhofen	Rundballenauflöser	
	Hammerschmied, A 2100 Kronenburg	RST-VL2	
	Landwehr, 97232 Giebelstadt-Eßfeld	-	
Quaderballenstreuer	Limbacher, 91572 Bechhofen	Vierkantballenhäcksler	8 500 bis 9 500
Hochdruckballenstreuer	Fischer, 71723 Großbottwar	WSQ	

Das Verzeichnis erhebt keinen Anspruch auf Vollständigkeit

Literatur

PFAFF, F.: Die Strohverwertung im Weinbau, Der Landbote 32/1978.

UHL, W.: Strohdüngung in Direktzuglagen, KTBL-Arbeitsblatt. Der Deutsche Weinbau 32/1983, 1730 - 1732.

UHL, W.: Strohdüngung in Seilzuglagen, KTBL-Arbeitsblatt Nr. 31.

UHL, W.: Mechanisierung der Strohdüngung in Seilzuglagen. Der Deutsche Weinbau 32/1983, 1730 - 1732.

UHL, W.: Neues Mechanisierungsverfahren zur Strohdüngung in Seilzuglagen. Der Deutsche Weinbau 11/1983, 489 - 492.

UHL, W.: Strohstreuer für den Weinbau. Das Deutsche Weinmagazin 22/1994, 12 – 15.

UHL, W.: Rund oder eckig. Das Deutsche Weinmagazin 22/1999, 18 – 22.

9.5 Unterstockbodenpflege

Auch bei der Unterstockbodenpflege werden im Weinbau verschiedene Verfahren praktiziert. Sowohl für den offenen als auch den begrünten Unterstockbereich gibt es eine Reihe technischer Möglichkeiten. Je nach Bewirtschaftungssystem, Betriebsstruktur, Bodenart, Bodenzustand und Hangneigung muss der Betriebsleiter das für ihn geeignete System auswählen. Folgende Kriterien sollten bei der Auswahl des Unterstockpflegeverfahrens beachtet werden:

- Arbeitsgeschwindigkeit.
- Arbeitsqualität (besonders am unmittelbaren Stamm- und Pfahlbereich).
- Verletzungsgefahr der Rebstöcke durch Geräte.
- Umweltverträglichkeit der Maßnahme.
- Verschleiß und Störanfälligkeit der Geräte.
- Nachhaltigkeit der Maßnahme.
- Kosten der Maßnahme.

Die folgende Übersicht zeigt die verschiedenen Möglichkeiten. Die Abdeckung ist bereits in Kap. 9.4 beschrieben.

Unterstockbodenpflegeverfahren		
mechanisch	chemisch	abdecken
Flachschar	Bandspritze	Gras
Räumschar	ULV/CDA-Sprühgeräte	Stroh
Scheibenkreisel	Punktspritze	Rindenmulch
Zinkenkreisel		
Unterstockkreiselkrümler		
Unterstockkreiselegge		
Tournesol		
Unterstockmulcher		
Scheibenpflug		
Stammputzer, Stockbürste		
Hacke		

9.5.1 Mechanische Unterstockbodenpflege

Bei der mechanischen Unterstockpflege unterscheidet man zwischen Geräten, die einen offen gehaltenen Unterstockbereich schaffen und Unterstockmulchgeräten (vgl. Kap. 9.3.2.2), die eine dauerhafte Begrünung auch im Unterstockbereich zulassen. Die verschiedenen Geräte werden einzeln oder auch in Kombination eingesetzt.

Steuerung

Die Arbeitswerkzeuge von Unterstockgeräten sind meist quer zur Fahrtrichtung beweglich angebaut und damit in der Lage, die Rebstämme und Pfähle zu umfahren. Die Ausweichbewegung wird meist durch einen vor dem Werkzeug angeordneten Taster ausgelöst. Dieser wird durch Hindernisse (Stämme, Pfähle) zurückgedrängt. Das Ausschwenken des Tasters zurück in den Unterstockbereich erfolgt meist durch Federdruck. Die Bewegung des Tasters steuert über Hydraulikventile die Bewegung eines Hydraulikzylinders, der die Arbeitsgeräte mit ganz geringer zeitlicher Verzögerung so ein- und ausschwenkt, dass diese beim Umfahren von Hindernissen (Rebstämmen) genau dem Bewegungsablauf des Tasters folgen. Diese sogenannte Wegsteuerung hat sich im Gegensatz zur Vollhubsteuerung (Einziehen des Werkzeuges über den vollen Hub) durchgesetzt. Die Wegsteuerung hat den Vorteil, dass der seitliche Sicherheitsabstand zwischen Werkzeug und Stock beim Umfahren des Stockes immer der gleiche ist. Das Werkzeug wird also nur so weit eingeschwenkt, wie es die Position des Stockes erfordert, deshalb ist die unbearbeitete Fläche außerhalb der erforderlichen Sicherheitszone kleiner als bei der Vollhubsteuerung.

Neben der verbreiteten mechanisch-hydraulischen Abtastung besteht auch die Möglichkeit einer elektrisch-hydraulischen Abtastung und einer tasterlosen Steuerung durch einen Rotlichtsensor. Manche Geräte, wie beispielsweise einige Unterstockmulcher, arbeiten nur mit Federdruck und kommen deshalb ohne Tastersteuerung aus (vgl. Kap. 9.3.2.2).

Rebstammputzer und Scheibenpflug arbeiten parallel zu den Rebstöcken und werden nicht in den Unterstockbereich geführt. Deshalb ist für diese Geräte keine spezielle Steuerung erforderlich.

Anbaumöglichkeiten
Als Anbaumöglichkeiten am Schlepper bieten sich Front-, Zwischenachs- und Heckanbau an. Der Frontanbau wird seltener praktiziert. Er kommt hauptsächlich bei Schlepperbauarten in Betracht, die nicht für Zwischenachsanbau geeignet sind, wie z.B. Kettenschlepper und Schmalspurschlepper mit Knicklenkung. Unter dem Kriterium der Übersteuerung (Ausmaß der Ausschwenkung bei Lenkbewegungen) weist der Frontanbau die größeren Nachteile auf. Außerdem beansprucht er den größeren Material- und Kostenaufwand für die Anbau- und Aushebeeinrichtung.

Beim Zwischenachsanbau ist das Unterstockgerät an einer Konsole aufgehängt, die dem jeweiligen Schleppertyp angepasst ist. Der Vorteil von Zwischenachsgeräten besteht darin, dass sie unmittelbar im Blickfeld des Schlepperfahrers liegen. Auf diese Weise lassen sich Lenkkorrekturen leicht durchführen, sodass ein dichtes Heranfahren an die Stockreihe ermöglicht wird. Die Gefahr der Übersteuerung ist hier am geringsten. Dadurch wird ein besserer Arbeitseffekt erzielt als beim Front- oder Heckanbau. Ein weiterer Vorteil beim Einsatz von Zwischenachsgeräten besteht darin, dass das Heck des Schleppers für andere Anbaugeräte frei ist. Zu berücksichtigen sind jedoch die Platzansprüche speziell bei Schleppern mit integrierter Fahrerkabine. Eine raumsparende Lösung stellt die von den Herstellern angebotene Steilaushebung dar.
Der Heckanbau kann mit einem Geräterahmen direkt an der Dreipunktaufhängung oder an einem Arbeitsgerät erfolgen. Der Hauptvorteil besteht in der einfachen Montage. Da das Gerät nicht im Blickfeld des Schlepperfahrers liegt, ist es kaum

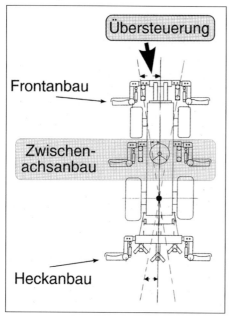

Abbildung 150: *Anbaumöglichkeiten für Unterstockgeräte*

möglich, auf unmittelbaren Kontakt zur Rebreihe zu fahren. Da sich der Schlepper ohnehin in der Zeilenmitte bewegt, bietet sich ein beidseitiger Anbau von Unterstockgeräten an. Der einzuhaltende Sicherheitsabstand ist im Allgemeinen größer als bei Front- und Zwischenachsgeräten. Die theoretisch mögliche doppelte Flächenleistung wird bei beidseitigem Heckanbau aufgrund geringerer Fahrgeschwindigkeit in der Praxis nicht erzielt. Allerdings ist der Heckanbau die billigste Lösung, zum Beispiel in Verbindung mit dem Rahmen eines Universalgrubbers. Der Grubberrahmen übernimmt die Aushebung und die Gerätetiefenführung, und es besteht kein zusätzlicher Zeitaufwand für An- und Abbau der Geräte.

9.5.1.1 Stockräumer

Ausgehend von ihrer funktionalen Arbeitsweise kann man beim Stockräumer unterscheiden zwischen dem Flachschar und dem Räumschar. Bei den herkömmlichen Räumscharen werden für das Ein- und Ausschwenken doppelt wirkende Hydraulikzylinder verwendet. Dadurch laufen die Scharbewegungen in beiden Bewegungsrichtungen zwangsweise unter Druck ab, wobei der Rücklauföldruck auf den Funktionsablauf keinen Einfluss hat. Die Flachscharstockräumer arbeiten bis auf eine Ausnahme, mit einfach wirkenden Hydraulikzylindern. Dabei erfolgt das Ausschwenken und Halten der Arbeitsposition des Flachschars zwangsweise unter Druck. Für die Gegenbewegung zum Umfahren der Rebstöcke wird über den Taster der Steuerschieber auf Ölrücklauf aus dem Zylinder freigegeben, und das Schar schwenkt durch den Bodenwiderstand und einer schwachen Federwirkung aus der Arbeitsposition zurück. Deshalb sind solche Steuersysteme zur störungsfreien Funktion auf einen möglichst drucklosen Ölrücklauf am Schlepper angewiesen. Der Scharanstelldruck kann mit einem Druckbegrenzungsventil verändert und den Einsatzbedingungen angepasst werden. Diese Einrichtung dient zugleich als Überlastungssicherung. Für die genaue

272

Einstellung sind die Angaben der Bedienungsanleitung und die Einsatzbedingungen zu beachten.

Neben der gängigen mechanisch-hydraulischen Abtastung gibt es noch die Möglichkeit einer elektro-hydraulischen Abtastung über einen Induktivtaster und einer tasterlosen elektrohydraulischen Rotlichtsensorsteuerung. Bei Letzterer wurde die Auswertung und Optik so optimiert, dass es nach Herstellerangaben (Fa. Clemens) keine Probleme mehr mit Ankerdrähten und Pflanzstäbchen gibt, weshalb auch Junganlagen problemlos gefahren werden können.

Hydraulikanforderungen

Für die Drucköversorgung als Kreislauf eines ein- oder zweiseitigen Stockräumers werden am Schlepper ein arretierbares, einfach oder doppelt wirkendes Zusatzsteuergerät mit Anschluss, ein Ölstrommengenteiler und ein Rücklaufanschluss benötigt. Zusätzliche Steuergeräte können für die Aushebung und Breitenverstellung notwendig werden. Der Ölleistungsbedarf für ein zweiseitiges Gerät liegt bei etwa 12 l/min.

Geräteeinstellung

Für den rebstockschonenden Einsatz des Stockräumers muss die Einstellung als wichtigste Maßnahme angesehen werden. Die Einstellung erstreckt sich beim Flachschar auf den Tastervorlauf (A), Tasterüberstand (B) und die Arbeitstiefe (C) (siehe Abbildung 151).

Die Einflussgrößen Tastervorlauf und Tasterüberstand werden ausschließlich am Taster verändert, wozu bei allen Fabrikaten entsprechende Möglichkeiten vorgesehen sind. Hier kann die Bedienungsanleitung hilfreich sein. Häufig zu wenig berücksichtigt wird der Tasterüberstand. Er ist für den Zeitpunkt der Scharrückschwenkung verantwortlich und sollte deshalb bei langsamer Fahrgeschwindigkeit entsprechend vergrößert werden. Je größer die Abstände gewählt werden, umso größer ist auch die verbleibende Restfläche an den Rebstöcken und umgekehrt. Analog dazu verhält sich die Gefahr der Stockverletzung. Schwierige Einsatzbedingungen verlangen deshalb größere Abstände. Das gilt besonders in Hanglagen, wo die Rebstämmchen zwar senkrecht stehen, die Zuordnung von Taster und Flachschar aber von der Oberflächensteigung bestimmt wird. Beim Bergauffahren muss der Taster weiter nach vorne gestellt werden, sonst werden Rebstämme verletzt oder gar abgeschnitten, bevor der Taster den Stock erreicht. Beim Bergabfahren kann der Taster zurückgestellt werden, da sonst je nach Gefälle eine größere unbearbeitete Fläche zurückbleibt. Auch die Verringerung der Abstandshöhe zwischen Taster und dem Flachschar ist eine gute Lösung, insbesondere in Anlagen mit krummen Stämmen.

Abbildung 151: *Einstellkenngrößen beim*
Flachschar

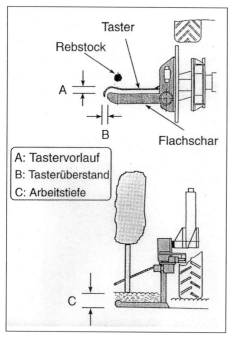

Abbildung 152:
Einstellung des Tasters in Hanglage

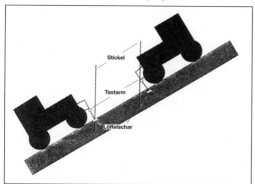

Räumschar

Die älteste mit Maschinen ausgeführte Unterstockbearbeitung ist das Anpflügen und das Stockräumen (vgl. Kap. 9.1.1.1). Diese traditionelle Methode der Bearbeitung wird heute nicht mehr so häufig durchgeführt, weil ein manuelles Nacharbeiten an den Rebstöcken mit der Hacke erforderlich ist, wozu etwa 15 Akh/ha benötigt werden. Das Abpflügen (Räumen) sollte im späten Frühjahr erfolgen, sodass die aufgelaufenen und noch keimenden Unkräuter erfasst und in den Gassenbereich verlagert werden. Dadurch erreicht man eine nachhaltige Unkrautunterdrückung im Unterstockbereich. Nach dem Abpflügen sollten die Gassen wieder eingeebnet werden, um ein zügiges Durchfahren bei Pflanzenschutzmaßnahmen und Laubarbeiten zu gewährleisten. Das Abpflügen erfolgt mit Räumscharen. Im Aufbau ähneln sie Pflugscharen, jedoch ist die Scharspitze abgerundet und das Streichblech steiler angestellt, Sohle und Anlage fehlen, da die Führung hauptsächlich über die Aufhängung erfolgt. Häufig werden die Räumschare noch mit einem Schwänzler kombiniert, um die Nacharbeit an den Stöcken möglichst gering zu halten.

Abbildung 153: Räumschare mit Schwänzler

Flachschar (Löffelschar)

Die bekanntesten Geräte für die offene Unterstockbodenpflege im Weinbau sind Flachschare. Gegenüber den Räumscharen haben sie den Vorteil, den Boden nicht zu verlagern, sondern nur zu unterfahren, wobei die Unkrautwurzeln abgeschnitten werden. Beim Flachschar ist ein flaches Messer an einer senkrechten Welle montiert, welches in die Reihe hineingedreht wird. Das Messerschar ist schwach nach unten geneigt und besitzt am Ende eine leichte löffelartige Wölbung, weshalb es auch als Löffelschar bezeichnet wird. Das Schar wird durch eine Feder in den Boden gedrückt, und durch die Vorwärtsbewegung des Schleppers wird dieser flach (5 - 8 cm) unterfahren. Die Arbeitstiefe des Flachschars ist über Stützräder oder andere vom Anbausystem abhängige Tiefenführungen einstellbar. In begrünten Anlagen läuft dem Schar ein Scheiben- oder Hohlsech voraus, um den zu bearbeitenden Unterzeilenbereich von der begrünten

Gasse abzutrennen. Die Arbeitsgeschwindigkeit des Flachschars beträgt etwa 4 bis 5 km/h.

Nachteilig beim Flachschar ist, dass es die Wurzeln der Unkräuter nur abschneidet und nicht herauszieht. So kann es bei ausreichender Bodenfeuchtigkeit passieren, dass flach wurzelnde Unkräuter weiterwachsen. Deshalb werden verschiedene Zusatzeinrichtungen angeboten, welche die Wurzeln aus dem Bodenverband herauslösen sollen. Die einfachste und preiswerteste Lösung ist der Aufbau von dreieckigen Flügeln oder Rüttelkämmen am Schar. Diese leisten allerdings nur in mäßig verunkrauteten, lockeren Böden eine befriedigende Arbeit. Für stärker verunkrautete Böden werden Zusatzgeräte mit hydraulisch angetriebenen Rotationswerkzeugen über dem Flachschar angeboten. Weitere Nachteile beim Flachschar sind die relativ geringe Fahrgeschwindigkeit, die höhere Erosionsgefahr, die zusätzlich durch die Laubwandtraufe gefördert wird, und die mangelnde Beseitigung von Unkräutern unmittelbar an den Stöcken und Pfählen.

Zusätzliche Ausstattungsmöglichkeiten
Zur besseren Unkrautbeseitigung werden Zusatzgeräte, wie Kreiselkrümler oder Unkrautrotor, zum Flachschar angeboten. Sie haben einen hydraulischen Antrieb und verfügen über rotierende Zinken oder Walzen, die in der Lage sein müssen, sich ständig freizuarbeiten, um nicht zu verstopfen. Nachteilig ist der zusätzliche Ölbedarf der Geräte.

Kreiselkrümler (Unkrautkreisel) verfügen über gegenläufig rotierende Zinken, die das Unkraut aus dem Bodenverbund trennen. Dabei wird gleichzeitig der Unterstockstreifen gekrümelt. Sie werden an der Schwenkwelle des Flachschars angebracht.

Unkrautrotoren (Scheibenwalzen) werden oberhalb des Flachschars, etwas nach hinten versetzt, angebaut. Der Unterstockstreifen wird durch das Flachschar gelockert und das Unkraut von der rotierenden Walze aufgenommen und zerkleinert. Dadurch wird ein Weiterwachsen verhindert.

An das Stockräumer-Grundgerät können bei einigen Herstellern (z.B. Clemens, Braun) alternativ zu den Räum- und Flachscharen weitere Unterstockpflegegeräte, wie Scheibenkreisel, Zinkenkreisel oder Scheibenmäher, angebaut werden. Der **Scheibenkreisel** besteht aus 3 hydraulisch angetriebenen Scheiben, die asymmetrisch zur Mitte und vertikal unten ausgeneigt sind. Da der Dreischeibenkreisel relativ viel Erde aus dem Unterstockbereich fördert, ist er nur für das Abräumen, das oft mit Räumscharen geschieht, vorgesehen. Für eine flache Unterstockbearbeitung sorgt der

Zinkenkreisel. Das Gerät besitzt abgewinkelte Messer, die das Unkraut aus dem Boden reißen und die Oberfläche flach lockern. Für den begrünten Unterstockbereich kann ein **Scheibenmäher** angebaut werden.

Der **Geräteträger ITC** (Independent-Tool-Carrier) von Clemens dient dem Anbau von Geräten, ohne auf die hydraulische Ausstattung des Schleppers angewiesen zu sein. Er wird über die Zapfwelle angetrieben und hat eine eigenständige Ölversorgung mit zwei Zahnradpumpen und einem 50 Liter Ölvorratsbehälter, einem elektromagnetischen Steuerventilblock, einem Öl-Luftkühler und einer Joystickbetätigung. An den Geräteträger können ein- oder zweiseitig unterschiedliche Arbeitsgeräte, wie Stockräumer, Scheibenkreisel, Messerkreisel, Stockbürsten, Scheibenmulcher oder Entlauber, angebaut werden.

Abbildung 154: Flachschar mit Kreiselkrümler

Abbildung 155:
Bauteile eines Stockräumers

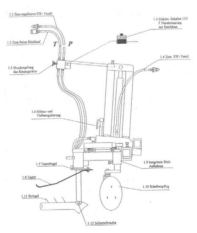

***Abbildung 156:** Stockräumer-Anbaugeräte; von links nach rechts: Flachschar, Räumschar, Scheibenkreisel, Zinkenkreisel, Scheibenmäher*

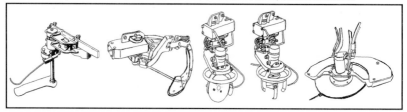

9.5.1.2 Unterstockkreiselegge

Zur offenen Unterstockbodenpflege werden auch Unterstockkreiseleggen angeboten, die am Heck, im Zwischenachsbereich oder an der Front angebaut werden können. Die Geräte ziehen den Bewuchs samt Wurzeln aus dem Boden, sodass kein Wiederanwachsen möglich ist. Es kommt zu keiner Erdverlagerung aus dem Unterstockbereich. Durch die gegenläufigen Kreisel besteht keine Verstopfungsgefahr, weshalb die Geräte auch bei höherem Bewuchs gut einsetzbar sind. Bisher ist die Verbreitung von Unterstockkreiseleggen relativ gering.

***Abbildung 157:** Unterstockkreiselegge der Firma Lipco*

9.5.1.3 Tournesol

Der Tournesol der Firma Pellenc arbeitet ohne Taster. Er wird alleine durch den Widerstand des Rebstammes um diesen herumgeführt. Dies geschieht mit Hilfe der sternförmig, selbsttätig angetriebenen Glocke, die sich um Hindernisse steuert und gleichzeitig als Abweiser und Schutz dient. Unter der Glocke befinden sich zwei messerförmige Werkzeuge, die je nach Einsatzzweck in unterschiedlichen Ausführungen angeboten werden. Der Andruckwiderstand kann durch Veränderung der Vorspannung einer Drehfeder eingestellt werden. Die Arbeitsbreite von 50 cm ist eher nachteilig, da bei einer Gassenbreite bis 2,00 m bei beidseitigem Einsatz in begrünten Zeilen auch die Schlepperspur zumindest teilweise bearbeitet wird. Der Tournesol hinterlässt eine ebene Arbeitsfläche und auch der Stockbereich wird sehr sauber geräumt. Die Arbeitstiefe liegt bei ca. 5 cm. Angeboten wird der Tournesol als einseitiges Gerät mit Antrieb über die Schlepperölversorgung und als zweiseitiges Gerät mit eigenständiger Ölversorgung und Zapfwellenantrieb. Das zweiseitige Gerät verfügt über eine Selbstzentrierung mit Taster, sodass das Gerät immer mittig läuft.

Abbildung 158: Tournesol

9.5.1.4 Scheibenpflug

Der Scheibenpflug ist ein preiswertes, schnelles und leistungsfähiges Gerät für die mechanische Unterstockpflege. Das besondere Merkmal des Scheibenpflugs ist die gekröpfte Scheibe mit Einkerbungen. Die Einkerbungen sorgen für einen zusätzlichen Vortrieb der Scheibe, was zu einem besseren Eindringen und einer Bodenverschiebung in den Unterstockbereich führt. Je nach gewähltem seitlichem Anstellwinkel der Scheibe und der Fahrgeschwindigkeit kann mehr oder weniger Boden bewegt werden. Mit einem flachen Anstellwinkel kann auch eine stärkere Anhäufelung im Unterstockbereich wieder abgefahren werden. Die Einkerbungen verursachen keine gerade Furche, was die Erosionsgefahr mindert, und verhindern auch Verletzungen an den Rebstöcken bei dichter Vorbeifahrt. Der Scheibenpflug ist vielseitig einstellbar und kann bis dicht an die Stöcke gefahren werden, wodurch keine Inselbildung entsteht. Die Fahrgeschwindigkeit muss für den seitlichen Bodentransport relativ hoch sein und liegt zwischen 6,5 und 12 km/h, wodurch eine entsprechend hohe Flächenleistung möglich ist. Damit begrünte Gassen befahrbar bleiben, wird auch ein Prallblech angeboten. Meist wird der Scheibenpflug an einen Stockräumträger mit senkrechter Aushebung angebaut. Ein Anbau ist aber auch an andere Grundrahmen (z.B. Grubber) möglich. Der Scheibenpflug ist auf nahezu allen Böden einsetzbar. Begrenzungen entstehen lediglich bei starkem Seitenhang und sehr harten Böden. Mit der Bearbeitung sollte im Frühjahr begonnen werden, damit kein zu hoher Bewuchs vorhanden ist. Aufgrund der hohen Fahrgeschwindigkeit kann die Scheibe auch in Kombination mit Laubschneidern, Mulchern, Scheibeneggen oder Grubbern gefahren werden. Die Vorteile des Scheibenpflugs (geringe Anschaffungskosten, hohe Schlagkraft und saubere Arbeitsweise ohne Inselbildung) haben dazu geführt, dass dieses Gerät zunehmend an Bedeutung im Weinbau gewinnt.

Abbildung 159: *Scheibenpflug*

9.5.1.5 *Unterstockmulcher*

Unterstockmulcher (Schwenkarmmulcher) als Kompaktgeräte für die Gassen- und Unterstockpflege sind in Kap. 9.3.2.2 beschrieben. Darüber hinaus gibt es aber auch separat anzubauende Unterstockkreiselmulcher, die meist im Zwischenachsbereich an die Welle von Stockräumern montiert werden (siehe Kap. 9.5.1.1; Abbildung 156). Um Unkrauthorste an den Stämmen und Pfählen zu vermeiden, wird der Unterstockmulcher häufig mit einem Stammputzer kombiniert.

9.5.1.6 *Stammputzer (Stockbürsten)*

Die Stammputzer sind, wie in Kap. 7.1.1 beschrieben, primär zum Entfernen der Wasserschosse gedacht. Darüber hinaus können diese Geräte aber auch zur Bewuchseindämmung im Unterstockbereich eingesetzt werden. Bei krautigen Begrünungen ist die Arbeitsqualität recht gut, während bei Grasbegrünungen, besonders wenn sie schon etwas höher sind, das Gras oft nur niedergeschlagen wird und sich nach einigen Tagen wieder aufrichtet. Dazu kommt, dass das Gras auch leicht auf der Welle aufgerollt wird. Da ein Eingriff in den Boden nicht stattfindet, ist mit Stammputzern nur ein kurzfristiges Unterdrücken des Bewuchses zu erzielen. Weitergehende Angaben über Aufbau, Funktion und Arbeitsweise sind in Kap. 7.1.1 enthalten.

9.5.2 Chemische Unterstockbodenpflege

Trotz eines breiten Angebotes von Geräten zur mechanischen Unterstockbodenpflege wird in vielen Betrieben der Herbizideinsatz im Unterstockbereich praktiziert. Gegenüber den mechanischen Verfahren haben sie einige Vorteile. Die gängigen Blattherbizide sind recht preisgünstig und bieten einen sicheren und lang anhaltenden Bekämpfungserfolg. In aller Regel kommt man mit zwei Behandlungen pro Jahr aus, während mechanische Verfahren einen drei- bis fünfmaligen Einsatz erforderlich machen. Dies führt bei der mechanischen Unterstockpflege in der Regel nicht nur zu höheren Arbeits- und Maschinenkosten, sondern auch zu einer stärkeren Luft- und Bodenbelastung. Auch haben Blattherbizide eine konservierende Wirkung auf die mikrobielle Biomasse und den Humusgehalt des Bodens. Zudem ist im Vergleich zu den mechanischen Verfahren eine größere Stabilität der Bodenoberfläche gegenüber Erosion vorhanden.

Nach der Art der Herbizidausbringung unterscheidet man folgende Verfahren und Ausbringmöglichkeiten.

Spritzverfahren	ULV/CDA - Sprühverfahren	Streichverfahren	Streuverfahren
• Rückenspritzen • Schlepperanbauspritzen (Bandspritzgeräte) • Spritzung durch Schlauchleitung • Punktspritze • Bandspritze mit optischer Chlorophyllerkennung	• Handsprühgeräte • Schlepperanbau-sprühgerät	• Handgeräte • Schlepperanbau-geräte	• manuell

Das Streuverfahren hat mangels zugelassener Streugranulate derzeit keine Bedeutung im Weinbau. Auch das Streichverfahren wird im Weinbau selten angewandt. Zur Bekämpfung von Unkrauthorsten eignen sich Handgeräte wie Dochtstreichstäbe oder Unkrauttupfer. Praxistaugliche Schlepperanbaugeräte gibt es derzeit für den Weinbau nicht. Aus ökologischer (keine Abtrift, keine Bodenkontamination) und betriebswirtschaftlicher (geringer Mittelverbrauch) Sicht ist jedoch das Streichverfahren recht interessant.

> **_Beachte:_**
>
> _Herbizidgeräte müssen, mit Ausnahmen von Geräten, die von einer Person getragen werden können, wie die Pflanzenschutzgeräte im zweijährigen Turnus geprüft und mit einer gültigen Kontrollplakette versehen sein._

9.5.2.1 Rückenspritzen

Die gängige Methode zur Ausbringung von Herbiziden ist das Spritzen. In Seilzuglagen und in Jungfeldern werden häufig Rückenspritzen zur chemischen Bodenpflege eingesetzt. Dabei unterscheidet man zwischen Kolbenrückenspritzen (Rückenspritzen mit Pumpenhebel), Druckspritzgeräten und Motorrückenspritzen.

Bei den **Kolbenrückenspritzen** wird der notwendige Druck durch Pumpen erzeugt. Eine Luftkammer gleicht den Druck während des Pumpens aus. Nachteilig bei diesen einfachen und preiswerten Geräten ist, dass der Spritzdruck und damit der Brüheausstoß großen Schwankungen unterworfen ist.

Druckspritzgeräte werden max. zu zwei Dritteln mit Spritzbrühe gefüllt. In den verbleibenden Freiraum wird mit Hilfe einer Handpumpe Luft komprimiert. Während der Behandlung nimmt der Anfangsdruck ständig ab, sodass auch hier die Ausstoß-menge und Tropfengröße stark variieren.

Motorrückenspritzen werden durch einen kleinen Zweitaktmotor angetrieben. Die Spritzflüssigkeit wird mit Hilfe einer Kreisel- oder Membranpume zu den Düsen befördert. Der Druck lässt sich über die Motordrehzahl oder mit Hilfe eines Reduzier-ventils zwischen ca. 0,5 und 9 bar variieren. Nachteilig ist das höhere Gewicht und der Motorlärm. Prinzipiell ist bei handgeführten Spritzrohren (Rückenspritzen, Schlauch-spritzen) der Einbau eines Manometers in Verbindung mit einstellbarem Druck-reduzierventil empfehlenswert.

Abbildung 160: *Kolbenrückenspritze*

9.5.2.2 Schlepperanbau-Bandspritzgeräte

Bandspritzgeräte bestehen, wie alle schleppergetriebenen Pflanzenschutzgeräte, aus den Hauptbauteilen Behälter, Pumpe, Armatur und Düsen. Die herkömmlichen Anbauspritzen sind mit einem Unterstockspritzgestänge zur Bandspritzung ausgerüstet, welches an der Schlepperfront oder im Zwischenachsbereich angebaut ist. Bei einigen Fabrikaten ist über dem Spritzgestänge eine Spritzhaube angebracht, die eine Abdrift nach oben verhindert. Bei höherem Unkrautbewuchs empfiehlt es sich, kurze Stäbe (Finger) vor die Düsen zu setzen, die das Unkraut spritzgerecht unter die Düsen beugen. Eine elektrische oder hydraulische Seiten- und Höhenverstellung wird von vielen Herstellern als Zusatzausrüstung angeboten. In kleineren Betrieben ist es vorteilhaft, den Spritzbehälter an die Front anzubauen und über eine Elektropumpe die Spritzbrühe zu fördern. Dadurch kann das Heck zum Anbau von Grubber, Mulcher oder anderen Geräten zusätzlich genutzt werden. Zur Anwendung kommen elektrisch getriebene Vierfach-Membranpumpen aus dem Caravanbereich mit 12 Volt Spannung. Die Förderleistung beträgt vier, sieben oder neun Liter pro Minute bei bis zu 4,5 bar Druckleistung. In größeren Betrieben werden meist Behälter, Pumpe und Dosiereinrichtung von Pflanzenschutz-Sprüh- oder Spritzgeräten für die Herbizidausbringung genutzt, um eine entsprechende Flächenleistung zu bekommen.

Abbildung 162:
Hauptbauteile einer Bandspritzeinrichtung
(Quelle: W. Uhl)

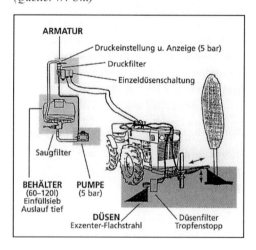

9.5.2.3 Spritzung über Schlauchleitung

In Seilzuglagen können vorhandene Spritzgeräte mit Schlauchleitung und Spritzpistole benutzt werden. Dabei ist der Einbau eines Manometers in Verbindung mit einem einstellbaren Druckreduzierventil an dem Spritzrohr empfehlenswert.

In Direktzuglagen können bestehende Sprühgeräte umgerüstet werden. Hierzu sind lediglich die beiden Druckschläuche unterhalb der zwei Teilbreitenhebel für die linke und rechte Düsenseite zu entfernen und durch zwei Schlauchleitungen mit angeschlossenen Spritzpistolen zu ersetzen. Die eine Spritzpistole kann bei langsamer Fahrt vom Schlepperfahrer bedient werden, für die andere Spritzpistole ist eine zweite Person erforderlich.

Abbildung 161: Bandspritzgerät mit Spritzhaube und Finger

9.5.2.4 Punktspritze

Die größte Reduzierung des Herbizidaufwands im Weinbau kann mit einer Punktspritzeinrichtung erreicht werden. Die Applikation der Wirkstoffe beschränkt sich auf den Bewuchs um die Rebstöcke und Pfähle. Die Steuerung der Punktspritze wurde bei den ersten Geräten in Verbindung mit dem Taster des Stockräumers oder des Unterstockmulchers durchgeführt, was eine gewisse Festlegung bei der Gerätekombination zur Folge hatte. Mittlerweile sind Punktspritzen mit einem optischen Sensor ausgestattet. Durch diesen berührungslos arbeitenden Lichtsensor ergibt sich für die Punktspritzung eine weitgehend unabhängige Anwendung. Ein Anbau ist an der Schlepperfront, im Zwischenachsbereich und am Heck problemlos möglich. Der Lichtsensor erkennt durch Lichtreflektion die Objekte, z.B. Pfähle oder Rebstöcke, und löst dann einen Spritzimpuls aus. Die Dauer der Spritzimpulse kann in Abhängigkeit von der Fahrgeschwindigkeit mit einem Potentiometer variiert werden. Auch eine manuelle Dauerbetätigung, beispielsweise bei größeren Unkrauthorsten, ist ebenso möglich wie ein manuelles Abschalten, beispielsweise bei nachgepflanzten Rebstöcken. Der Brüheaufwand pro Hektar ist mit rund 15 bis 20 Litern recht gering, wobei nur 0,2 bis 0,3 Liter Mittelmenge benötigt werden. Ein besonderer Vorteil besteht darin, dass mechanische Unterstockgeräte zur Schonung der Rebstöcke in ihrem Wirkungsbereich auf größeren Stockabstand eingestellt werden können. Das Verfahren hat im Weinbau bisher keine große Verbreitung gefunden.

Abbildung 163: Punktspritzeinrichtung
mit optischem Sensor

Abbildung 164: Funktion der Punktspritzeinrichtung mit optischer Steuerung

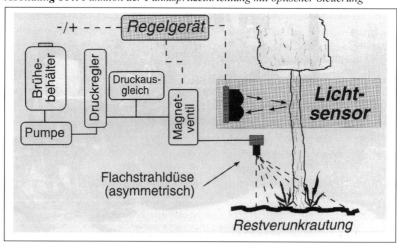

9.5.2.5 Bandspritze mit optischer Chlorophyllerkennung

Relativ neu ist die Bandspritzeinrichtung mit zusätzlicher optischer Chlorophyller-kennung. Die Funktion besteht darin, dass auf optischem Weg gesteuert nur dort gespritzt wird, wo Chlorophyll - also Unkraut - vorhanden ist. Genutzt wird hier die Tatsache, dass sich grüne Pflanzen bezüglich der Reflektion von Licht anders verhalten als der Boden oder andere Gegenstände. Über eine am Schaltkasten vorgesehene stufenlose Veränderung der Empfindlichkeit des optischen Sensors besteht die Möglichkeit, einen gewissen Anteil an Unkraut zu belassen oder aber die totale Unkrautbeseitigung anzustreben. Wie bei der Punktspritzung werden die Düsen über Magnetventile geöffnet bzw. geschlossen. Auch dieses Verfahren ist bisher im Weinbau nicht verbreitet.

Abbildung 165: Fubktion einer opoelektronischen Unkrauterkennung zur Steuerung eines Bandspritzgerätes (Quelle: Uhl, W.)

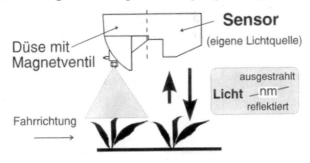

9.5.2.6 ULV und CDA – Sprühgeräte

Bei einer Applikation von Herbiziden im Sprühverfahren besteht aufgrund der kleineren Tröpfchengröße und der geringen Brühemengen die Gefahr der Abdrift und damit einer Schädigung der Reben. Deshalb müssen bei dieser Technik die Düsen entsprechend abgeschirmt sein. Die Verteilung der Brühe erfolgt mit speziellen Rotationszerstäuberdüsen, die elektrisch (z.B. Akku) angetrieben werden. Dabei sorgt eine Rotationsscheibe mit hoher Umdrehungsgeschwindigkeit für ein feines Tropfenspektrum. Der besondere Vorteil besteht darin, dass Herbizide im unverdünn-ten bzw. gering verdünnten Zustand ausgebracht werden können. Damit entfällt der aufwändige Brühetransport. Nachteilig dabei ist, dass man die kleinen Tröpfchen bei der Ausbringung nicht sieht und somit Störungen an den Geräten oft nicht gleich bemerkt werden. Geräte mit Rotationszerstäuberdüsen gibt es zumeist als Handgeräte, aber auch Schlepperanbaugeräte werden angeboten.

In Abhängigkeit von der Umdrehungsgeschwindigkeit der Düsen und der Tröpfchengröße kann zwischen **ULV** (ultra low volume) und **CDA** (controlled droplet application) – **Sprühgeräten** unterschieden werden. Bei dem ULV-Verfahren sorgt die Rotationsscheibe mit einer Umdrehungsgeschwindigkeit von 4500 bis 6000 U/min für ein sehr feines Tropfenspektrum von etwa 30 Mikrometer (1 Mikrometer = 1/1000 mm) und eine feine Verteilung des Herbizids. Der Wirkstoff wird dabei pur, d.h. ohne Wasserverdünnung ausgebracht. Beim CDA-Verfahren ist die Umdrehungsgeschwindigkeit der Rotationsscheibe mit ca. 2500 U/min geringer. Dadurch ergeben sich wesentlich größere Tröpfchen mit durchschnittlich 250 Mikrometer. Diese Tröpfchen sind weniger abdriftgefährdet, allerdings ist die Benetzung des zu bekämpfenden Bewuchses ungleichmäßiger. Bei systemisch wirkenden Blattherbiziden, wie Roundup ist jedoch keine gleichmäßige und vollständige Benetzung erforderlich. Einige wenige Tröpfchen pro Pflanze mit dem reinen bzw. schwach verdünnten Wirkstoff genügen, um diese zum Absterben zu bringen.

Vorteilhaft bei dem Verfahren ist, dass durch den Verzicht auf Wasser die Geräte leicht und handlich gehalten werden können. Besonders im Steillagenweinbau bringen die leichten Handgeräte (Gewicht 2 bis 3 kg) eine Arbeitserleichterung. Nachteilig ist, dass der Anwender nur wenige Möglichkeiten hat, die Gerätefunktion während des Einsatzes zu kontrollieren, da die kleinen Tropfen kaum sichtbar sind. Dies dürfte auch der Hauptgrund sein, warum diese Technik sich bisher nicht durchsetzen konnte.

Abbildung 166: Handgeräte zur Herbizidausbringung im ULV und CDA -Sprühverfahren

Abbildung 167: ULV - Anbausprühgerät Varimant auf MAF Trägersystem

9.5.2.7 Düsen

Zur Bandspritzung des Unterstockbereiches werden fast ausschließlich Excenter-Flachstrahldüsen (OC-Düsen = off center) mit 80 bis 90° Spritzwinkel verwendet. Zur Vermeidung von Abdrift darf der Druck 3 bar nicht überschreiten. In Abhängigkeit vom Druck und Brüheaufwand stehen unterschiedliche Düsengrößen zur Verfügung.

Tabelle 58: Ausstoßmenge von Standard Excenter-Flachstrahldüsen (asymmetrische Flachstrahldüsen)

Düsengröße	Ausstoßmenge l/min bei bar			
	0,7	1,0	1,5	2,0
OC - 01	0,18	0,22	0,27	0,31
OC - 02	0,38	0,46	0,55	0,64
OC - 03	0,55	0,70	0,85	1,00
OC - 04	0,75	0,90	1,10	1,30
OC - 06	1,10	1,40	1,60	1,80
OC - 08	1,60	1,80	2,20	2,50

Für eine abdriftarme Streifenspritzung werden asymmetrische Flachstrahldüsen auch als Injektordüsen (siehe Abbildung 207) angeboten. Diese Düsen erfordern bei der Ausbringung der Brühe einen Druck von 3 bis 5 bar. Nicht alle Pumpen an den handelsüblichen Bandspritzgeräten bringen diesen Druck. Aufbau und Funktion von Injektordüsen sind in Kap. 11.5.7.1 beschrieben.

Tabelle 59: *Düsenausstoß in l/min bei asymmetrischen Flachstrahl-Injektordüsen*

Druck	TurboDrop-TDOC, AVI-OC (Agrotop)						IS Schrägstrahldüse (Lechler)					
bar	01	015	02	025	03	04	80-02	80-025	80-03	80-04	80-05	80-06
3	0,4	0,6	0,80	1,0	1,20	1,60	0,60	0,86	1,05	1,36	1,51	1,67
4	0,46	0,69	0,92	1,15	1,38	1,85	0,69	0,90	1,21	1,57	1,74	1,93
5	0,51	0,77	1,03	1,29	1,55	2,07	0,77	1,13	1,35	1,75	1,95	2,16

Zur Vermeidung von Nachtropfverlusten müssen nach dem gültigen Pflanzenschutzgesetz die Düsenstationen mit Tropfstoppeinrichtungen (z.B. Membranabschließventil oder Düsenfilter mit Rückschlagventil) ausgestattet sein. Beide Systeme öffnen bei einem Druck von ca. 0,5 bar und schließen bei einem Druckabfall unter diesen Wert. Bei den Bandspritzen sind die Düsenstationen für die Anpassung an unterschiedliche Zeilenabstände in vertikaler und horizontaler Richtung verstellbar. Entsprechende vom Schleppersitz aus bedienbare, elektrische oder hydraulische Breiten- und Höhenverstellungen werden angeboten. Um Anfahrschäden zu vermeiden, sind die Düsenstationen schwenkbar gelagert und werden durch Rückhaltefedern in Position gehalten.

Bei den ULV- und CDA-Sprühgeräten dagegen sind die Rotationszerstäuberdüsen für eine optimale Funktion auf eine vorgegebene Halteposition angewiesen. Die Düsen bestehen aus einem Elektromotor und dem Düsengehäuse mit innenliegender Rotationsscheibe.

Abbildung 168:
Aufbau einer Düsenstation für eine Bandspritzung

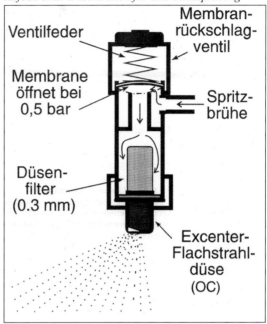

Abbildung 169: *Rotationszerstäuberdüse in einem ULV -Handgerät*

9.5.2.8 Reinigung der Geräte

Alle Geräte sind nach der Spritzung gründlich mit Wasser durchzuspülen. Bei der Verwendung von Wuchsstoffen wurde früher empfohlen, dem Reinigungswasser 0,1% (100 g / 100l Wasser) Aktivkohle zuzusetzen. Dieses Gemisch sollte man etwa 12 Stunden im Gerät und den Leitungen stehen lassen, dann das Gerät entleeren und nochmals gründlich mit Wasser nachspülen. Heute werden vom Handel Spezialreinigungsmittel (z.b. Agro-Clean, Agroquick, All-clear-extra, P3-trital, Limex pur) angeboten.

Bei ULV- und CDA -Sprühgeräten wird Spiritus zum Durchspülen der Leitungen empfohlen.

Beachte:

* *Herbizidreste und Spülwasser dürfen nicht ins Kanalnetz oder offene Gewässer gelangen. Sie sind in den Weinbergen zu verspritzen.*
* *Zur Vermeidung von Schäden an den Reben sollten für Rebschutzmaßnahmen und Unkrautbekämpfung getrennte Geräte benutzt werden.*

9.5.2.9 Berechnung der Aufwandsmengen

Auf Herbizidpackungen ist die pro Flächeneinheit (ha oder m^2) bei ganzflächiger Behandlung auszubringende Produktmenge angegeben. Von wenigen Ausnahmen abgesehen wird jedoch nur eine Unterstockstreifenbehandlung durchgeführt. Dementsprechend reduziert sich die tatsächliche Ausbringmenge pro ha. Auf alle Fälle muss sie aber in der Relation der vorgeschriebenen Aufwandmenge pro ha entsprechen. Ist die tatsächliche Ausbringmenge zu gering, leidet darunter die Wirkung. Ist sie zu hoch, sind damit unnötige Umweltbelastungen, Kosten oder eventuell auch Schäden an den Reben verbunden. Die folgenden Berechnungsschritte sind Voraussetzung für eine den Empfehlungen entsprechende Ausbringung bei der Bandspritzung mit Schlepperanbaugeräten.

1. Ermittlung der effektiv zu behandelnden Fläche (bei Streifenbehandlung):

$$\frac{\text{Spritzbandbreite [m] x Parzellengröße [ar]}}{\text{Gassenbreite [m]}} = \text{zu behandelnde Fläche [ar]}$$

2. Ermittlung der notwendigen Brühemenge:

$$\frac{\text{gewünschte auszubringende Brühemenge [l/ha] x zu behandelnde Fläche [ar]}}{100 \text{ ar}} = \text{Brühebedarf [l]}$$

3. Ermittlung der notwendigen Mittelmenge:

$$\frac{\text{empfohlene Mittelmenge/ha [l oder kg] x zu behandelnde Fläche [ar]}}{100 \text{ ar}} = \text{Mittelbedarf [l oder kg]}$$

4. Ermittlung des notwendigen Brüheausstoßes je Düse und Minute:

$$\frac{\text{Brühebedarf [l] x Fahrgeschwindigkeit [km/h] x Arbeitsbreite [m]}}{\text{Flächengröße [ar] x 6 x Anzahl offener Düsen}} = \text{Brüheausstoß je Düse [l/min]}$$

5. Ablesen des für die Erreichung des errechneten Brüheausstoßes erforder-
    lichen Drucks in der Einstelltabelle.

Beispiel:
Vorgegeben sind folgende Daten:

- *zu behandelnde Fläche*   *: 80 ar*
- *Gassenbreite*   *: 2,0 m*
- *gewünschter Brüheaufwand*   *: 300 l/ha*
- *Spritzbandbreite*   *: 0,5 m*
- *Fahrgeschwindigkeit*   *: 5 km/h*
- *empfohlener Mittelaufwand*   *: 5 l/ha*
- *beidseitige Spritzung*

1.   zu behandelnde Fläche: $\dfrac{0,5\ m \times 80\ ar}{2,0\ m} = 20\ ar$

2.   Brühebedarf: $\dfrac{300\ l \times 20\ ar}{100\ ar} = 60\ l$

3.   Mittelbedarf: $\dfrac{5\ l \times 20\ ar}{100\ ar} = 1,0\ l$

4.   Brüheausstoß/Düse: $\dfrac{60\ l \times 5\ km/h \times 4\ m}{80\ ar \times 6 \times 2} = 1,25\ l/min$

5.   Ablesen der Einstellung aus der Düsentabelle

Weicht der tatsächliche Aufwand vom rechnerisch ermittelten Brüheaufwand stark ab, so sind folgende Ursachen denkbar:

- Die angezeigte Fahrgeschwindigkeit des Tachometers stimmt mit der tatsächlichen Fahrgeschwindigkeit nicht überein.
- Die Düsen sind ausgefahren (=> tatsächlicher Ausstoß ist höher als in der Einstelltabelle angegeben).
- Die Druckanzeige ist ungenau.

Für die Ausbringung von Herbiziden mit der **Rückenspritze** oder **Schlauchspritze** ist ein anderes Rechenschema notwendig. Eine exakte Ausbringung wie beim Schlepperanbaugerät kann bei diesem Verfahren nicht erfolgen, da die Gehgeschwindigkeit des Anwenders Schwankungen unterworfen ist. Dies gilt bei manuell betriebenen Rückenspritzen auch für den Spritzdruck.

Um die im jeweiligen Einzelfall optimale Aufwandmenge pro Rückenspritze zu ermitteln, ist es unumgänglich, zu klären, wie hoch der Brüheaufwand für einen ha zu behandelnde mit Unkraut bewachsene Fläche liegt. Dieser Wert lässt sich leicht ermitteln, wenn mit Wasser eine Testfläche (z.B. trockenes Pflaster) von 50 m^2 mit der gleichen Gehgeschwindigkeit und dem gleichen Druck abgespritzt wird, wie man dies auch im Weinberg tun würde. Aus dem dabei ermittelten Wasserverbrauch wird mit der folgenden Formel auf den Brüheverbrauch pro ha hochgerechnet:

1.   Ermittlung des Wasserverbrauches pro ha:

$$\frac{\text{Wasserverbrauch auf der Testfläche [l] x 10.000}}{\text{Größe der Testfläche (m}^2)} = \text{Brüheverbrauch [l/ha]}$$

Die Ermittlung des Brüheverbrauchs pro ha behandelter Fläche ist immer dann erforderlich, wenn eine andere Düse oder eine andere Rückenspritze zum Einsatz kommt. Mit Hilfe des errechneten Brüheverbrauchs pro ha lässt sich nun leicht der Mittelbedarf pro Rückenspritze errechnen:

2.   Berechnung des Mittelbedarfs pro Rückenspritze [l oder kg]:

$$\frac{\text{empf. Mittelaufwand pro ha [l oder kg] x Spritzeninhalt [l]}}{\text{Brüheverbrauch pro ha [l]}} = \text{Mittelbedarf pro Rückenspritze [l]}$$

Beispiel:
Vorgegeben sind:
- *empfohlener Mittelaufwand*   : *5 l/ha*
- *Testfläche*   : *50 m²*
- *ermittelter Wasserverbrauch für die Testfläche*   : *2 l*
- *Spritzeninhalt*   : *15 l*

1.   *Ermittlung des Wasserverbrauches:*

$$\frac{2\ l\ x\ 10.000}{50\ m^2} = 400\ l\ Br\ddot{u}he/ha$$

2.   *Berechnung des Mittelbedarfs pro Rückenspritze*

$$\frac{5\ l\ x\ 15\ l}{400\ l} = 0,19\ l\ Mittel\ pro\ Spritze$$

Bei dem gegebenen Brüheverbrauch von 400 l pro ha effektiv behandelter Fläche wären bei dem empfohlenen Mittelaufwand von 5 l/ha auf eine Rückenspritze von 15 l Inhalt 190 ml des Mittels zu dosieren.

Die Ausbringung bei der Punktspritze errechnet sich aus der Ausstoßmenge je Impuls und der Impulszahl je ha nach folgender Formel:

$$\frac{ml\ /\ Spritzimpuls\ x\ Impulszahl\ /\ ha}{1000} = Br\ddot{u}hemenge\ [l/ha]$$

9.5.3 Vergleich verschiedener Unterstockbodenpflege verfahren

Die verschiedenen Verfahren der Unterstockbodenpflege, angefangen beim Herbizideinsatz über die Bearbeitung bis hin zum Mulchen, unterscheiden sich wesentlich durch die Intensität des maschinellen Einsatzes, die Kosten des Einsatzes, der Qualität und Nachhaltigkeit der Unkrautkontrolle und dem Arbeitsaufwand. Daneben bestehen technische Unterschiede, welche die Qualität des einzelnen Verfahrens beeinflussen.

Tabelle 60: *Vergleich verschiedener Unterstockbodenpflegeverfahren*

Vergleichs-faktoren	Bandspritze (Blattherbizide)	Stammputzer	Flachschar	Tournesol / Zinkenkreisel	Scheibenpflug	Unterstock-mulcher
erforderliche Einsätze / Jahr	2 - 3	3 - 5	3 - 5	3 - 4	3 - 4	3 - 5
Qualität der Bewuchs-kontrolle	sehr gut	Gräser werden schlecht erfasst, wenig nachhaltig	Stockinseln und Weiter-wachsen bei feuchtem Wetter	gut, kaum Stockinseln	gut, kaum Stock-inseln	Stockinseln
Fahrge-schwindigkeit (km/h)	5 – 7	4 - 5	4 - 5	4 - 5	6,5 - 10	3 - 3,5
Verschleiß / Wartung	gering	mittel	mittel	mittel	gering	hoch
Einsatz-möglichkeiten im Gelände	keine Einschränkung	keine größere Ein-schränkung	begrenzt bei Seitenhang	begrenzt bei Seitenhang	begrenzt bei starkem Seiten-hang	begrenzt bzw. nicht bei Seiten-hang
Sonstige Besonder-heiten	Gefahr der Abdrift	Stockver-letzungen und starke Staub-entwicklung	Stockver-letzung und Erosion, die durch Laubwand-traufe verstärkt wird	Erosionsge-fahr, die durch Laubwand-traufe verstärkt wird	Erosions-gefahr, die durch Laubwand-traufe verstärkt wird	in trockenen Jahren / trockenen Standorten hoher Wasserstress durch Unterstock-begrünung

Im Rahmen einer Ökobilanz, die vom rheinland-pfälzischen Ministerium für Wirtschaft, Verkehr, Landwirtschaft und Weinbau in Auftrag gegeben wurde, wurden die verschiedenen Verfahren der Unterstockbodenpflege hinsichtlich ihrer ökologischen Belastung miteinander verglichen. Als Herbizide wurden die Wirkstoffe Glufosinat (Basta) und Glyphosat (z.B. Roundup) zugrunde gelegt. Die Ergebnisse und Empfehlungen der Ökostudie können wie folgt zusammengefasst werden:

1. Beim Vergleich des Einflusses unterschiedlicher Bodenpflegemaßnahmen unter der Rebzeile auf die Umwelt ist der Kraftstoffverbrauch dominierender Faktor. Vor diesem Hintergrund ist das umweltgefährdente Potenzial der Herbizide Glufosinat (Basta) und Glyphosat (Roundup) und der Geräteherstellung von untergeordneter Bedeutung.

2. Die Bemühungen um eine umweltschonende Weinbergbewirtschaftung müssen sich daher verstärkt auf die Verringerung der den Kraftstoffverbrauch bestimmenden Befahrungen konzentrieren.

3. Arbeitsverfahren, die es erlauben, mehrere Arbeiten bei einer Befahrung vorzunehmen, ist größte Beachtung zu schenken.

4. Die Ausbringung der genannten Herbizide im Unterzeilenbereich oder die mechanische Unterzeilenbearbeitung sollte mit anderen Arbeiten, wie Rebenhäckseln, Bodenpflege in der Gasse oder Laubschneiden, kombiniert werden. Die Ausbringung von Herbiziden in einem eigenen Arbeitsgang, aber auch alleinige mechanische Unterzeilenbearbeitung sollte auf schwierige Lagen (z.B. Seitenhang, Terrassen) oder hartnäckige Unkräuter begrenzt bleiben.

5. Insgesamt sind bei Anwendungen dieser Verfahren möglichst geringe Herbizidaufwandmengen anzustreben. Dies kann geschehen durch: geeignete Geräte, Begrenzung bei der Streifenbehandlung auf max. 20 cm Breite oder die Anwendung der Punktspritzung am Stamm und Pfahl in Verbindung mit mechanischer Bearbeitung.

Es muss ausdrücklich betont werden, dass sich die im Vergleich zu den mechanischen Unterstockbodenpflegeverfahren nicht höheren Umweltbelastungen ausschließlich auf die Blattherbizide mit den Wirkstoffen Glufosinat und Glyphosat beschränken und nicht pauschal auf andere Herbizide übertragbar sind.

Hersteller, Vertreiber und Preise von Unterstockpflegegeräten (Stand 2006)

System	Hersteller / Vertreiber	Typ	ca. Preise (€ ohne MwSt.)
Stammputzer		siehe Kap. 7.1.1.	
Flachschar	Braun, 76835 Burrweiler	LUV, ZUV, UV	Schar (einseitig): 900 bis 1 500
Räumschar	Clemens, 54516 Wittlich	Radius NG	Kreiselkrümler (einseitig): 1 055
Kreiselkrümler	Röll, 36166 Haunetal-Wherda	Stock-Kopier-Gerät	Zinken-/Scheibenkreisel: 500
Unkrautrotor			Steuerung: 330 bis 450
	Müller, 65343 Eltville	RPM	Stützrad/Sech: 160 bis 280
			Senkrechtaushebung: 450 bis 750
Tournesol (Pellenc)	Auer, 55296 Lörzweiler		einseitig: 3 500
	Fischer, 67150 Niederkirchen	-	zweiseitig: 9 950 (mit Hydraulik)
Scheibenpflug	Braun, 76835 Burrweiler		500 bis 600
	Clemens, 54516 Wittlich		
	Röll, 36166 Haunetal-Wherda		
	Rust, 67149 Meckenheim	-	
	Fehrenbach, 76831 Billigheim		
Unterstockkreisel-egge	Sauerburger, 79241 Ihringen	Hydra	zweiseitig: 7 500
	Lipco, 77880 Sasbach	BP	einseitig: 3 800
Rückenspritzen	Solo, 71069 Sindelfingen	422, 457, 425, 435, 475, 485	Kolben-, Druckrückenspritzen: 130 bis 170
	Geizhals, 78056 Villingen-Schwenningen	V18, Avarus, M 23	Motorrückenspritzen 500 bis 800
Anbauspritzen	Müller, 65343 Eltville	Herbika	1 000 bis 1 800 (incl. Spritzfaß)
	Binger Seilzug, 55411 Bingen	Fragö	elektr. Breiten-,Höhen- oder Neigungsverstellung: 160 bis 550
	RWZ, 55268 Nieder-Olm	MAF-Spritzgestänge	hydr. Aushebung: 350
	Lahr, 55546 Frei-Laubersheim	H-Spritzgestänge	Punktspritzeinrichtung: 750 bis 1 000
	Lederer, 71723 Großbottwar	Unterstockspritze	
Anbausprühgerät (ULV/CDA)	Ebinger, 76835 Rhodt	Varimant 2003	1 450 bis 2 350
	Eissler, 68229 Mannheim	Puri-Sektor CDA	1 300 bis 2 000
Handgeräte (ULV/CDA)	Ebinger, 76835 Rhodt	Mini Mantra	290 bis 380
	Eissler, 68229 Mannheim	Micro Plus Pur oder Circular	210 bis 260

Das Verzeichnis erhebt keinen Anspruch auf Vollständigkeit

Literatur

MINISTERIUM für WIRTSCHAFT, VERKEHR, LANDWIRTSCHAFT und WEIN-
BAU, RHEINLAND PFALZ: Ökobilanz - Beikrautbekämpfung im Weinbau, 1998
Verlag Köster, Eylauer Str. 3, 10965 Berlin.

PORTEN, M.: Bewegung auf dem Scheibenmarkt. Das Deutsche Weinmagazin 9/
2005, 10 – 12.

PORTEN, M.: Die Wunderscheibe. Das Deutsche Weinmagazin 9 - 10/2004, 62 – 64.

UHL, W.: Sparen lautet die Devise. Das Deutsche Weinmagazin 9/1998, 30 – 39.

UHL, W.: Die Punktspritze im Weinbau. Das Deutsche Weinmagazin 9/1997, 34 – 38.

UHL, W.: Geräte zur Unkrautkontrolle im Unterstockbereich, Der Deutsche Weinbau, 9/1995, 32 – 34.

UHL, W.: Eisenwurm hat sich bewährt. Das Deutsche Weinmagazin 18/1997, 20 – 24.

UHL, W.: Anmerkungen zum Bandspritzgerät. Rebe & Wein 12/2003, 17 – 20.

WALG, O.: Neue Techniken in der Herbizidausbringung. Das Deutsche Weinmagazin
4/1997, 15 – 17.

WALG, O.: Herbizidausbringung - Wassersparende Techniken im Praxistest. Das
Deutsche Weinmagazin 9/1998, 40 – 46.

WALG, O.: Die Technik der Unterstockbodenpflege. Die Winzerbörse 5/2003, 9 – 14.

ZUBERER, E.: Die mechanische Unterstockpflege. Der Badische Winzer 11/2004,
24 – 27.

10 Düngerausbringung

Die Versorgung der Weinbergsböden mit organischen oder mineralischen Düngemitteln ist heute in Direktzuglagen voll mechanisierbar und stellt kein Problem mehr dar. Für Seilzuglagen gibt es zwar auch technische Lösungen (siehe Kap.19.2und 19.5), jedoch ist dort das Ausbringen, insbesondere von organischen Düngern, teilweise noch mit einem relativ hohen Arbeitsaufwand und hohen physischen Beanspruchungen verbunden.

Für die Ausbringung von organischen und mineralischen Düngern ergeben sich aus pflanzenbaulichen und ökologischen Gründen drei wichtige Forderungen:

1.   Die Düngeraufwandmenge muss auf der Grundlage einer Bodenanalyse und unter Beachtung der Dünge- bzw. Bioabfall-Verordnung richtig bemessen sein.

2.   Der Düngungszeitpunkt muss stimmen. Dies glit besonders für alle stickstoffhaltigen Dünger, da dieser Nährstoff einer hohen Auswaschung unterliegt.

3.   Die Dünger müssen möglichst gleichmäßig auf der Rebfläche verteilt werden.

Nach der Düngeverordnung müssen Geräte zum Ausbringen von Düngemitteln den allgemein anerkannten Regeln der Technik entsprechen und eine sachgerechte Mengenbemessung und Verteilung sowie eine verlustarme Ausbringung gewährleisten. Diese Forderungen gelten sowohl für Mineraldünger als auch für Wirtschafts- und Sekundärrohstoffdünger.

10.1 Düngerstreuer für feste, mineralische Düngemittel

Bei den im Weinbau vorrangig verwendeten Mineraldüngern handelt es sich in erster Linie um Einzel-oder Mehrnährstoffdünger in gekörnter, granulierter oder kristalliner Form. Die Anwendung von flüssigen Mineraldüngern, wie AHL (Ammonnitrat-Harnstoff-Lösung), als Unterflur oder Unterstockdüngung gewinnt aber immer mehr an Bedeutung.

Für die Ausbringung der Mineraldüngung stehen Kastenstreuer und Schleuderdüngerstreuer (Zentrifugaldüngerstreuer) zur Verfügung. Bei den Schleuderdüngerstreuern sind zwei unterschiedliche Streuorgane bekannt. Die horizontal rotierende Streuscheibe (**Scheibenstreuer**) und das Pendelrohr (**Pendelrohrstreuer**)

300

Die Ausbringung in flüssiger Form ist mit einer Bandspritzeinrichtung für den Unterstockbereich möglich. Die Unterflurdüngung erfordert die Kopplung der Ausbringdüse mit einem Bearbeitungswerkzeug (z.B. Flügel- oder Meißelschar).

10.1.1 Kastenstreuer

Kastenstreuer sind altbewährte, einfach konstruierte Geräte, bei denen der Dünger im freien Fall aus dem Kasten herabrieselt. Sie bestehen aus dem Behälter, der Rührwelle und dem verstellbaren Streuboden. Die Baubreite des Kastens entspricht dabei der Arbeitsbreite, weshalb nur ein einreihiger Einsatz möglich ist. Die Auslauf- und Streumenge wird durch stufenlos verstellbare Auslauföffnungen am Streuboden bestimmt. Da die Kastenstreuer von gut regulierbaren- und exakt einstellbaren Elektro- oder Hydraulikmotoren angetrieben werden, eignen sie sich neben dem Ausbringen mineralischer Dünger auch noch zur Aussaat von Gründüngungs- und Dauerbegrünungssamen (vgl. Kap. 9.3.1.1). Aufgrund der relativ geringen Staubentwicklung der Geräte bei der Ausbringung, lassen sich mit ihnen auch staubförmige Düngemittel gut streuen. Das Anbringen eines Staubtuches ist jedoch zu empfehlen.

Kastenstreuer eignen sich gut als Kombinationsgeräte mit Grubber, Fräse, Kreisel- oder Scheibenegge zum Ausbringen und gleichzeitigem Einarbeiten von Düngern. Durch ein einfaches Prallblech ist es möglich, den Dünger auch im Unterstockbereich abzulegen.

Abbildung 170: Schematische Darstellung eines Kastendüngerstreuers (links) und eines Zweischeibenstreuers (rechts)

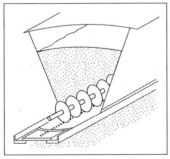
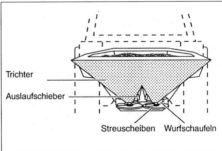

Trichter

Auslaufschieber

Streuscheiben   Wurfschaufeln

Abbildung 171: Universal Kastenstreuer bei der Kalkausbringung

10.1.2 Schleuderdüngerstreuer (Zentrifugaldüngerstreuer)

Beim Schleuderstreuer erfährt das Streugut durch das Streuorgan (Scheibe oder Pendelrohr) eine Beschleunigung.

Scheibenstreuer

Die Scheibenstreuer benutzen eine oder zwei waagerecht liegende Scheiben (Einscheiben - bzw. Zweischeibenschleuderstreuer) mit annähernd radial angeordneten Wurfleisten zum Breitverteilen des Düngers. Der Dünger fließt nahe dem Mittelpunkt auf die rotierende Scheibe, wird von den Wurfleisten erfasst, auf die Umfangsgeschwindigkeit der Scheibe von 15 bis 30 m/sec beschleunigt und fortgeschleudert. Für hygroskopische Dünger und Feuchtkalke sollte ein Rührwerk im Trichter vorhanden sein, damit die Dünger zur Auslassöffnung nachrutschen.

Der Weinbau als Reihenkultur erfordert geringere Arbeitsbreiten als Flächenkulturen, deshalb verfügen Schleuderdüngerstreuer über spezielle Einrichtungen zur Einstellung der angestrebten Arbeitsbreite. Beim Scheibenstreuer sind dies in der Regel mit Lochleisten verstellbare Prallbleche.

Pendelrohrstreuer

Beim Pendelrohrstreuer besorgt anstelle von Streuscheiben ein hin- und herschwenkendes Rohr das Querverteilen des Düngers. Die Pendelfrequenz entspricht der Zapfwellendrehfrequenz. Die Arbeitsbreite kann über unterschiedliche Pendelrohrlängen, Veränderung des Pendelrohrausschlagwinkels (38°, 48°, 56°) sowie durch Drehzahl- oder Lageänderung der Streuorgane beeinflusst werden. Das Streubild des Pendelrohrstreurs zeigt eine recht gute Symmetrie beider Streubahnhälften. Sie ist beim Pendelrohrstreuer besser als beim Einscheibenstreuer.

Abbildung 172: Zweischeibenstreuer

Abbildung 173: Schematische Darstellung des Pendelrohrstreuers

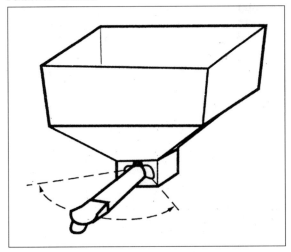

Bei allen Schleuderstreuern (Zentrifugalstreuern) erfolgt die Einstellung des Dünger-
zulaufes je Zeiteinheit zum Streuorgan über die Größe der Auslauföffnungen am
Behälterboden. Diese lassen sich über einen Einstellhebel mit Skala regulieren. Der
im Behälter vorrätige Dünger wird, durch das Rührwerk unterstützt, über den
Auslaufschieber dosiert, auf das Streuorgan übergeben und von dort mehr oder
weniger weit in der Form eines Sektors beschleunigt. Das Streubild gleicht einer
abgeflachten Pyramide, d. h. die Streumenge nimmt von der Mitte gesehen nach links
und rechts ab. Deshalb ist durch die jeweilige Anschlussfahrt eine Überlappung
erforderlich, um eine gleichmäßige Düngerverteilung zu erreichen. Falls die Bedienungsanleitung keine anderen Hinweise gibt, ist die Anschlussfahrt dort vorzunehmen, wo die Streubreite (Wurfweite) endet. Die tatsächliche Arbeitsbreite ergibt sich
demnach aus der maximalen Wurfweite minus der notwendigen Überlappung. In der
weinbaulichen Praxis werden die Dünger bei einem Arbeitsgang in der Regel über
maximal 3 Gassen verteilt. Die üblichen Arbeitsbreiten für Schleuderdüngerstreuer
bewegen sich demnach zwischen etwa 3 und 7 m.

Der übliche Streuwinkel beträgt etwa 120°. Die Wurfweite steigt mit der Scheibenum-
fangsgeschwindigkeit und vor allem mit der Korngröße des Düngers. Aus der
maximalen Wurfweite und dem Streuwinkel ergibt sich die Streubreite. Eine gleichbleibende Verteilgenauigkeit setzt eine konstante Zapfwellendrehzahl und eine konstante Fahrgeschwindigkeit voraus.

Gegen Aufpreis werden bei Schleuderdüngerstreuern von den Herstellern Sonder-
ausrüstungen angeboten. Sie umfassen eine
elektrische oder hydraulische Fernbedienung zum Öffnen und Schließen des Aus-
laufschiebers beim Wenden sowie eine
Grenzstreueinrichtung und eine Reihen-
streueinrichtung.

Abbildung 174: *Arbeitsprinzip eines Schleuderstreuers*

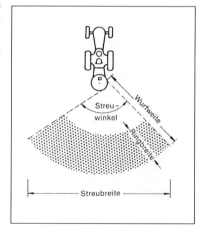

304

Düngerstreuereinstellung

Die Bedienungsanleitung und die teilweise mitgelieferten Rechenschieber oder Rechenscheiben dienen als wichtige Einstellungsgrundlagen. Sie geben auch wesentliche Hinweise über Anbau des Gerätes und Pflegemaßnahmen am Düngerstreuer.

• Regelhydraulik auf "Lageregelung" stellen.
• Düngerstreuer waagerecht zur Schlepperlänge und –querachse ausrichten.
• Düngerstreuer auf die notwenige Höhe über dem Boden einstellen (Wurfweite!).
• Zapfwelle auf 540 min^{-1} vorwählen und die Länge der Gelenkwelle prüfen.

Da die Mineraldüngerarten unterschiedliche Fließeigenschaften aufweisen, empfiehlt es sich, für die Einstellung des Düngerstreuers auf die gewünschte Dünger-Ausbringmenge eine Abdrehprobe vor dem Einsatz vorzunehmen. Als Grundlage dazu dient der in folgender Rechenformel dargestellte Zusammenhang:

$$\frac{\text{Dünger-Ausbringmenge (kg/ha)} \times \text{Arbeitsbreite (m)} \times \text{Fahrgeschwindigkeit (km/h)}}{600} = \text{Auszuwerfende Düngermenge beim Probelauf (kg/min)}$$

Notwendige Daten für die Ermittlung der Soll-Auswurfmenge bei der Abdrehprobe:
• Angestrebte Dünger-Ausbringmenge in kg/ha (nach Nährstoffbedarf).
• Genaue Fahrgeschwindigkeit in km/h (Berechnung nach Testfahrt auf 100 m Strecke).
• Arbeitsbreite in m (siehe Abbildung 175).

Abbildung 175: *Arbeitsbreite, Streubreite und Überlappung beim Schleuder- und Kastenstreuer*

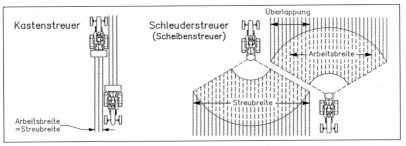

Praktische Durchführung der Abdrehprobe

Der Probelauf des Schleuderdüngerstreuers erfolgt im Stand, wobei der Dünger aufgefangen und anschließend gewogen wird. Einzelne Firmen bieten dazu spezielle Einrichtungen an.

Durchführung: Düngerstreuer nach der Streutabelle oder dem Rechenschieber auf die vorgesehene Dünger-Ausbringmenge (kg/ha) einstellen, etwa halb füllen, mit einer Zapfwellendrehzahl von 540 min^{-1} für zwei oder drei Minuten laufen lassen, aufgefangenen Dünger wiegen und die Auswurfmenge in kg/min berechnen. Bei festgestellter Abweichung von der nach obiger Formel errechneten Soll-Auswurfmenge muss die Abdrehprobe wiederholt werden, bis das gewünschte Ergebnis erzielt wird.

Bei einreihig arbeitenden Düngerstreuern (z.B. Kastenstruer) können die Formeln im Kap. 9.3.1.1 (bei fahrunabhängigem Antrieb) bzw. 9.3.1.2 (bei fahrabhängigem Antrieb) für die Einstellung der Düngermenge zugrunde gelegt werden.

Tabelle 61: *Technische Merkmale und Preise von Düngerstreuern (Stand 2006)*

Hersteller / Vertreiber	Typ	Streusystem	Steu-breite (m)	Behälter größe (Liter)	Nutz-last (kg)	Zubehör	Preis-spanne (€ ohne MwSt., ohne Zubehör)
Rauch, 76547 Sinsheim	WB 250	Einscheiben	0,8 – 9	250	500		1 100
	MDS 41	Zweischeiben	5 – 18	400	800	RG, GD, FB	
	MDS 61	Zweischeiben	5 – 18	600	800		bis
	SPS 100	Kastenstreuer	1,00	185	350	RG, GD, FB	
	SPS 120	Kastenstreuer	1,20	210	350		2 500
	UKS 100	Universal Kastenstreuer	1,00	200	500		
	UKS 120	Universal Kastenstreuer	1,20	240	500		
Amazone, 49202 Hasbergen	EK-W 250	Einscheiben	10	215	300	FB	
	EK 400	Einscheiben	10	375	400		
	ZA-XW 502	Zweischeiben	2 - 18	500	1 000	RG, GD, FB	
Vicon, 37697 Lauenförde	PS 303	Pendelrohr	1 - 14	275	300	RG, GD, FB	
	PS 403	Pendelrohr	1 - 14	400	500	RG, GD, FB	
Lederer, 71723 Großbottwar	S/D - E (elektrisch)	Kastenstreuer	1,00 bis 1,25	97 - 121	250	-	
Lehner, 89198 Westerstetten	Mini Vario	Einscheiben (12 Volt Antrieb)	0, – 5	105	-	-	
Kuhn: Fischer, 67150 Niederkirchen	Baugleich mit Rauch Dünger-streuer	Techn. Daten siehe Rauch					

RD = Reihendüngung, GD = Grenzdüngung, FB = Fernbedienung

Das Verzeichnis erhebt keinen Anspruch auf Vollständigkeit

10.2 Flüssige Ausbringung mineralischer Dünger

Die Ausbringung flüssiger mineralischer N-Dünger gewinnt in der weinbaulichen Praxis zunehmend an Bedeutung. Dabei erfolgt die N-Düngung nach dem sogenannten **Cultan-Verfahren.** Den Begriff "CULTAN" prägte Prof. Dr. K. Sommer von der Universität Bonn. Das Wort ist eine Abkürzung für den englischen Ausdruck: Controlled Uptake Long Term Ammonium Nutrition. Er beinhaltet, dass gegenüber Nitrat bei konventioneller N-Düngung das Ammonium beim Cultan-Verfahren die dominierende N-Quelle für die Pflanzen ist.

Das Prinzip des CULTAN - Verfahrens beruht auf der Platzierung von überwiegend NH_4-haltigen flüssigen N-Düngemitteln (z.B. AHL = Ammonnitrat-Harnstoff-Lösung) im Wurzelraum der Pflanzen, sodass der benötigte Stickstoff in einer pflanzenverfügbaren, aber nicht verlagerbaren Form angeboten wird.

Gegenüber der konventionellen N-Düngung mit gleichmäßiger Düngerverteilung auf der Fläche erfolgt die N-Versorgung in Form von wurzelnah platzierten, räumlich konzentrierten Ammonium-Depots, weshalb man auch von einer **Ammonium-Depotdüngung** spricht. Die Düngung erfolgt punkt- oder bandförmig, wobei im Weinbau aus verfahrenstechnischer Sicht eine bandförmige Platzierung einfacher durchführbar ist. Die Pflanzenwurzeln müssen an das Ammonium als Stickstoffquelle heranwachsen und es von den Randflächen her erschließen. Dabei bildet sich ein dichtes Wurzelgeflecht um das Ammoniumdepot. Die Aufnahme des Ammoniums reguliert die Pflanze selbst durch den Kohlenhydratstoffwechsel. Eine Stabilisierung des Depots wird weiterhin erreicht, weil Ammonium im Boden wenig beweglich ist und nicht in tiefere Schichten verlagert wird und die hohen Ammoniumkonzentrationen auf nitrifizierende Bakterien toxisch wirken. Zusätzlich besteht die Möglichkeit, Nitrifikationshemmer einzusetzen. Dadurch werden Nitrifikationsvorgänge über einen längeren Zeitraum unterbunden und Stickstoffverluste aus dem Depot vermieden.

Während die N-Wirkung breitflächig ausgebrachter Ammoniumdünger als mäßig schnell eingestuft wird, erweist sich das im Wurzelraum konzentriert angebotene Ammonium als rasch wirksame und pflanzenverträgliche N-Quelle. Das Verfahren der Cultandüngung ist nicht zu verwechseln mit der Anwendung stabilisierter breitflächig und oberflächlich auszubringender Mineraldünger. Bei der Düngung mit stabilisierten N-Mineraldüngern ist die Wirkung stark witterungsabhängig. Bei warmen Bodentemperaturen erfolgt die Nitrifizierung sehr schnell und die Pflanzen sind weitgehend nitraternährt.

Ablage der NH$_4$-Depots und Ausbringungstechnik

Im Weinbau eignen sich zur Ablage der Ammonium-Depots vorwiegend die Gassenmitte und der Unterstockbereich. Die Schlepperfahrspur ist nicht geeignet, da dort die stärksten Verdichtungen auftreten und somit die geringste Wurzeldichte vorhanden ist. Die günstigste Form der Ablage ist eine Injektion Unterflur unmittelbar an die Rebstöcke. Da hierbei aber die Gefahr der Beschädigung der Wurzeln besteht, ist diese Art der Lokalisierung technisch schwer zu realisieren. Einfach dagegen ist eine oberflächliche Ablage in Form einer Bandspritzung in den Unterstockbereich. Diese kann mit Herbizid-Bandspritzgeräten erfolgen. Der Vorteil bei diesem Verfahren besteht in der Möglichkeit, zusätzlich ein Blattherbizid beizumischen und somit neben der N-Düngung gleichzeitig eine Beikrautbekämpfung vorzunehmen. Um eine gute Depotwirkung sicher zu stellen, sollte das Band möglichst schmal appliziert werden. Der größte Nachteil bei diesem Verfahren ist die korrosive Wirkung von AHL, weshalb ein direkter Kontakt der Flüssigkeit mit Metallpfählen vermieden werden muss. Bei Anlagen mit Holzpfählen ist diese Ausbringtechnik unproblematisch.

Sehr gut geeignet ist auch eine Unterflur-Depotdüngung in der Gassenmitte. Dabei wird das Depot als schmales Band linienförmig injiziert. Für die Platzierung der Flüssigkeit im Boden ist man auf bestimmte Scharformen angewiesen. In dauerbegrünten Rebanlagen haben sich Flügelschare bewährt. Das Schar hat einen flachen Anstellwinkel und unterfährt den Boden, ohne ihn zu verlagern oder aufzuwerfen. Es verfügt über einen guten Bodeneinzug und leitet den unterfahrenen Erdstrom leicht über den Scharkörper hinweg. Diese Schartechnik ermöglicht das Unterfahren begrünter Rebgassen, ohne die Grasnarbe stark zu beschädigen.

Das Flügelschar ist innerhalb des geschützten Scharbereichs mit einer Flachstrahldüse ausgestattet, die den dosierten Volumenstrom fächerförmig bis an die seitlichen Begrenzungen des Schar-Hohlraumes verteilt. Die Ablagetiefe beträgt 15 bis 25 cm. Die Zuleitung befindet sich, von einem Rohr geschützt, am Stielrücken des Schars. Behälter und Armatur entsprechen der herkömmlichen Ausstattung von Herbizid-Bandspritzgeräten. Geräteeinheiten zur Unterflur-Depotdüngung können selbst zusammengestellt oder von Herstellern von Bodenbearbeitungsgeräten (z.B. Braun, Röll, Rust, Clemens) bezogen werden.

Tabelle 62: *Eignung unterschiedlicher Lokalisierung beim CULTAN – Verfahren*

Art des NH₄-Depots	Lokalisierung	
	Unterflur (Injektion)	Oberfläche (Band)
Unterstock	sehr gut geeignet, aber technisch schwer realisierbar	gut geeignet Ausnahme: Metallpfähle
Gasse – Schlepperspur	nicht geeignet	nicht geeignet
Gassenmitte – begrünt	gut geeignet	wenig geeignet
- offen	wenig geeignet	wenig geeignet

Wegen der korrosiven Wirkung ist darauf zu achten, dass "flüssigdüngerfeste" Ausbringgeräte eingesetzt werden. Messing, Kupfer, einfacher Stahl und verzinkte Teile werden von AHL angegriffen. Alle flüssigkeitsführenden Teile – speziell Düsen, Armaturen und Manometer – sollten daher aus beständigen Materialien wie z.B. Edelstahl, Keramik oder Kunststoffen hergestellt sein. Herbizid- und Pflanzenschutzgeräte erfüllen in der Regel diese Forderungen.

Abbildung 176: *Geräteeinheit zur Unterflur- Ammonium- Depotdüngung*

Abbildung 177: *Unterflur-Depotdüngung in der begrünten Zeilenmitte*

Ablage in offene oder begrünte Gasse ?

Viele Rebanlagen sind in jeder zweiten Gasse dauerbegrünt, die andere Gasse wird offen gehalten. Soll in solchen Anlagen eine N-Düngung nach dem Cultan-Verfahren in die Gassenmitte erfolgen, so ist die begrünte Gasse vorzuziehen. Das NH_4-Depot sollte mit der beschriebenen Technik unter die Grasnarbe (Unterflur) abgelegt werden.

Folgende Gründe sprechen für eine Injektion in die begrünte Gassenmitte:

- In offenen Gassen besteht die Gefahr, dass sich durch die regelmäßige Bearbeitung kein dichtes Feinwurzelgeflecht um das Depot bilden kann und somit keine effektive N-Aufnahme gegeben ist.

- Jede Bearbeitung regt die Mineralisierung an und führt damit zu einer stärkeren N-Freisetzung. Bei einem Humusgehalt von 2 bis 3 % und ausreichender Bodenfeuchte werden bei ganzflächiger Bearbeitung pro Arbeitsgang ca. 30 bis 40 kg N/ha freigesetzt. Deshalb ist in offen gehaltenen Gassen meist keine zusätzliche N-Versorgung notwendig.

- In begrünten Gassen ist die N-Versorgung dagegen wesentlich schlechter. Gründe hierfür sind, neben der starken Nährstoff- und Wasserkonkurrenz der Begrünungspflanzen, die geringere Mineralisierung aufgrund fehlender Lockerung und einer niedrigeren Bodenfeuchte.

- Bei einer NH_4-Unterflurdüngung wird die Begrünungsnarbe unterfahren. Die Begrünungspflanzen vertrocknen zunächst im unterfahrenen Bereich. Damit besteht nicht die Gefahr, dass die Begrünungspflanzen das Depot angreifen können. Zudem wird durch das Unterfahren die Infiltration von Niederschlagswasser verbessert. Die Rebwurzeln können ungehindert an das Depot heranwachsen und es von den Randzonen her erschließen. Erst zu Ende der Vegetation hat sich die Begrünung so weit regeneriert, dass sie an dem Depot zehren kann. Dies hat den Vorteil, dass kein Reststickstoff mehr zu Vegetationsende im Boden verbleibt und die Auswaschungsgefahr von Nitrat verringert wird.

Bei der Unterflur-Depotdüngung ist darauf zu achten, dass die Ablage jedes Jahr in derselben Gasse erfolgt, da es eine gewisse Zeit braucht, bis die Wurzeln an das Depot herangewachsen sind. In Normalanlagen ist es ausreichend, wenn das Depot in jeder zweiten Gasse in der Mitte abgelegt wird. Die Düngungshöhe sollte bei etwa 50 kg N/ha liegen, was 140 Liter AHL 28 entspricht. Für die Unterflurausbringung ist eine größere Bodenfeuchte vorteilhaft. Dies ist bei einer Düngung nach dem Austrieb, also Anfang bis Mitte Mai, in der Regel gegeben.

10.3 Düngerstreuer für organische Dünger

Bei den organischen Düngemitteln unterscheidet man von der Ausbringung her zwischen Handelshumusdüngern (z.b. Hornspäne, Rizinusschrot) und Massendüngemitteln (z.b. Stallmist, Trester, Kompost). Die Handelshumusdünger können in der Regel mit Kasten- oder Schleuderdüngerstreuern ausgebracht werden.

Die Massendüngemittel wurden früher mit Schlitten oder Einachsanhängern am Schlepper ausgebracht. Dabei lief eine Person hinter dem langsam fahrenden Schlepper her und zog mit einer Harke den Dünger von der Ladefläche. Dieses Verfahren wird heute noch im Steilhang mit seilgezogenen Schlitten praktiziert. Im Direktzug erfolgt die Ausbringung mittlerweile überwiegend mit Kompoststreuern. Auf kleineren Flächen kann die Ausbringung organischer Dünger auch mit einer **Lade- oder Erdschaufel** an einem Anbau-Hubstabler erfolgen.
Die Technik der Strohausbringung ist in Kap. 9.4.1 beschrieben.

10.3.1 Kompoststreuer (Schmalspurstreuer)

Die Mehrzahl der angebotenen Kompoststreuer arbeitet mit Kratzboden und/oder Schubwand sowie angebautem oder integriertem Streuwerk, die hydraulisch oder über die Zapfwelle angetrieben werden. Die Ausbringmenge kann über die Vorschubgeschwindigkeit des Kratzbodens oder Schiebeschildes sowie der Fahrgeschwindigkeit reguliert werden. Eine gleichmäßige Längsverteilung im Weinberg wird bei Streuern mit Schubwand eher erreicht als bei Geräten mit reiner Kratzbodenförderung, bei denen meist stark abfallende Streumengen im Verlauf der Fahrstrecke festzustellen sind. Eine Schubwand ist besonders bei der Ausbringung von leichterem Streugut in steileren Anlagen vorteilhaft. Nach der Form des Streuaggregats unterscheidet man zwischen Streuern mit Walzen und Streuern mit Scheiben.

Streuwalzen- Kompoststreuer

Das Streuaggregat besteht aus zwei bis drei waagerecht eingebauten Streuwalzen oder Streuschneckenwalzen, die meist mit Flachstegen versehen sind. Die Streubreite entspricht in etwa der Arbeitsbreite des Gerätes.

Scheiben- Kompoststreuer

Diese Streuer verfügen über eine oder zwei Streuscheiben, die das Streugut verteilen. Je nach Beschaffenheit des Materials sind Streubreiten von 2 bis 6 m möglich. Neben der Ausbringung von organischen Düngern sind die Scheiben- Kompoststreuer auch gut zum Streuen von Kalk geeignet.

Zusatzausstattungen

Je nach Hersteller und Fabrikat werden verschiedene Zusatzeinrichtungen angeboten, welche die Einsatzmöglichkeiten der Streuer erweitern.

* Strohhäckselwalze oder Strohmesser zum Ausbringen von Stroh.
* Querförderband oder –schnecke zur Verteilung in den Unterstockbereich.
* Aufsatzwände, zur Erhöhung der Ladekapazität um 20 bis 50 %.
* Hydraulische Schubwand für steilere Anlagen.

Darüber hinaus sind die Kompoststreuer auch als Transportfahrzeuge einsetzbar.

10.3.2 Großgeräte zur Kompostausbringung

In erster Linie wird hierfür das Vollernterfahrgestell als Geräteträger genutzt, auf welches der Kompoststreuer aufgebaut ist. Der Vorteil dieser Geräte besteht in der großen Ladekapazität und der Tatsache, dass zwei Zeilen auf einmal gedüngt werden können. Nachteilig ist die Ladetechnik. Durch die hohe Ladekante der Streugutbehälter sind die Geräte auf ebenem Gelände nicht mit einem Frontlader zu beladen, sondern nur mit Radlader oder Bagger. Das Material wird auch hier mittels Kratzboden gefördert. Als Streuaggregat dient entweder eine waagerechte hydraulisch betriebene Streuwelle mit an Ketten aufgehängten Schlägern (Fa. Ochs) oder nur eine Schiebeklappe als Auswurföffnung (Fa. Müller). Letztere Version ist für klumpiges Material nicht besonders geeignet.

Abbildung 179: Scheiben-Kompoststreuer beim Ausbringen von Bio-Kompost

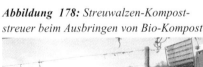

Abbildung 178: Streuwalzen-Kompoststreuer beim Ausbringen von Bio-Kompost

Abbildung 180: Aufbau eines Kompoststreuers mit Streuwalze

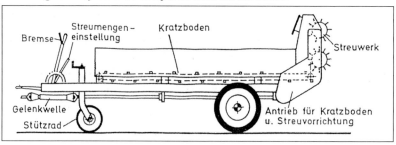

Abbildung 181: Kompoststreuer auf Braud-Fahr-gestell (Firma Müller)

Tabelle 63: *Technische Merkmale und Preise von Kompoststreuern (Stand 2006)*

Hersteller	Typ	Ladevol. (m³)	Streuaggregat	Streu-breite (cm)	Preisspanne (€ ohne MwSt. ohne Zubehör)
Rink, 88279 Amtzell	WBS 15 Typ A	1,5	Kratzboden mit Streuwalzen	95	von
	WBS 20 Typ A	2,0	Kratzboden mit Streuwalzen	120	4 000
	WBS 30 Typ A	2,7	Kratzboden mit Streuwalzen	120	bis
	WBS 15 Typ B	1,5	Schubwand mit Streuwalzen	95	10 000
Löffler, 79282 Ballrechten – Dottingen	WBS 2	1,3	Kratzboden mit Streuwalzen	110	
	WBS 2 L	1,5	Kratzboden mit Streuwalzen	110	
	WBS 2,5	2,1	Kratzboden mit Streuwalzen	140	
Fischer, 71723 Großbottwar	WS	1,5	Schubwand mit Streuwalzen	140	
	WSB	2,0	Schubwand mit Streuwalzen	160	
Hufgard, 63768 Hösbach-Rottenberg	HGS 2000 SK	1,5	Förderband mit Streuscheiben	bis 1 000 (bei Kalken)	
Drück, 65326 Aarbergen-Rückershausen	Typ 2200	2,1	Kratzboden mit Streuwalzen oder Streuscheiben	Walzen: 100 – 120 Scheiben: 80 - 800	
	Typ 2500	2,4			
	Typ 2700	2,9			
	Typ 3000	2,9			
Striegel 79341 Kenzingen	-	1,2	Kratzboden mit Streuwalzen	70	
Bähr, 76831 Göcklingen	KS 2500	2,3	Kratzboden mit Streuscheiben	65 - 800	
	KS 3000	3,0			
N.J. Güter, 97828 Marktheidenfeld - Altfeld	L / 35 Seitenkompost - Streuer	2,0	Kratzboden mit seitlicher Streuscheibe	-	
Kremer, 65346 Erbach	K 1800, K 2000 K 3000, KS 1800 KS 2000, KS 2500	1,8; 2,1 3,0; 1,65 2,1; 3,0	Typ K nur Kratzboden Typ KS Kratzboden mit Streuwalzen	105 - 120	

Das Verzeichnis erhebt keinen Anspruch auf Vollständigkeit

315

10.3.3 Verblasetechnik

In schlecht mechanisierbaren Rebanlagen ist auch ein Verblasen von Biokomposten oder Kalken möglich. Die Ausbringung erfolgt mittels eines speziellen Anhängers, der ein Gebläse gleichmäßig mit Kompost oder Kalk beschickt. Das auszubringende Streugut wird mit hoher Geschwindigkeit in einem konzentrierten Luftstrom ausgetragen. Durch die besondere Beschaffenheit des Auslaufrades mit einem speziell entwickelten Auslasskanal wird das Streugut über große Entfernungen ausgetragen. Der Arbeitsbereich lässt sich stufenlos von 1 bis ca. 60 m einstellen und kann an jedes Gelände angepasst werden. Bei Komposten ist eine gewisse Entmischung (leichtes Material fliegt weiter als schweres) nicht vermeidbar. Die Kosten für die Ausbringung (Beladen + Verblasen) liegen bei rund 15 €/t (ohne MwSt., Stand 2006). Angeboten wird das Verfahren von der Fa. Schneider Verblasetechnik in 79697 Wies.

Abbildung 182: Verblasen von Biokompost

10.4 Arbeitsverfahren, Arbeitszeitbedarf und Verfahrenskosten

Bei der mineralischen Düngung werden, mit Ausnahme der Vorratsdüngung und der Kalkung, nur relativ kleine Mengen ausgebracht, sodass hierbei kein großer Aufwand für Anlieferung, Lagerung, Laden und Verteilen entsteht. Dagegen ist die Ausbringung organischer Substanzen aufwändiger und die Verfahrensabläufe von der Anlieferung bis zur Ausbringung bieten vielfältige Kombinationsmöglichkeiten (Abbildung 183). Der Betriebsleiter hat dabei die Verfahrensauswahl bei den einzelnen Verfahrensschritten nach den einzelbetrieblichen Vorgaben zu treffen. Hierzu zählen die Verfügbarkeit entsprechender Maschinen (Lade- und Streugeräte), der zeitliche Anfall des Materials, die Zwischenlagerungsmöglichkeiten, die innere und äußere Verkehrslage sowie die Verfügbarkeit von Arbeitskräften.

Arbeitswirtschaft

Durch die Abhängigkeit von zahlreichen Randbedingungen kann der Arbeitszeitbedarf, besonders bei der Ausbringung organischer Substanzen, sehr unterschiedlich sein. Variable Randbedingungen, welche die Arbeitszeit, stark beeinflussen sind z.b. die Zeilenlängen und Reihenabstände, die Ladekapazität des Streuers, die Entfernung zwischen Ladeplatz und Weinberg sowie die Ladetechnik.

Tabelle 64: *Arbeitszeitbedarf beim Ausbringen mineralischer und organischer Dünger (Akh/ha), Zeilenlänge 100 m, Gassenbreite 1,80 m)*

Verfahren	Akh / ha (Füllen, Laden und Verteilen)
Kastenstreuer	2,4
Schleuderdüngerstreuer	1,4
Kompoststreuer (2 m³ Fassungsvermögen, 300 dt / ha)	5 - 7
2-reihige Kompoststreuer auf Vollernterfahrgestell	2,4

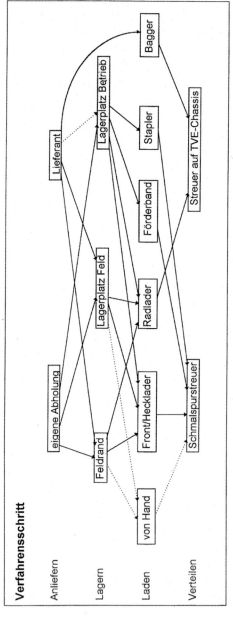

Abbildung 183: Verfahrensabläufe beim Ausbringen organischer Substanzen (nach Rebholz, F.)

Verfahrensschritt

Anliefern

Lagern

Laden

Verteilen

= sinnvolle Verknüpfung

= arbeitswirtschaftlich wenig praktikable Verknüpfung

Verfahrenskosten

Die Tabelle 63 und Tabelle 64 zeigen die Kostenkalkulationen verschiedener einzel- und überbetrieblicher Verfahren der Ausbringung von organischem Material am Beispiel von Kompost. Danach ist die Ausbringung im Lohnverfahren die preisgünstigste Lösung. Die Anschaffung eines eigenen Streuers lohnt sich nur, wenn größere Flächen jährlich mit organischen Düngern versehen werden bzw. ein überbetrieblicher Einsatz möglich ist.

Tabelle 65: *Preise, Transport- und Ausbringkosten (€/t) von Kompost (Stand 2005, RPS Altvater)*

Frischkompost ab Werk (€/t)	Kompost inkl. Anlieferung (€/t)			Kompost inkl. Anlieferung und Ausbringung von Lohnunternehmer (€/t)		
	Bis 10 km	bis 20 km	bis 30 km	bis 10 km	bis 20 km	bis 30 km
bis 100 t: 3,50	bis 100 t: 5,50	7,00	8,00	bis 100 t: 13,50	15,00	16,00
100 – 250 t: 3,00	100 - 250 t: 5,00	6,50	7,50	100 - 250 t: 13,00	14,50	15,50
250 – 500 t: 2,50	250 - 500 t: 4,50	6,00	7,00	250 - 500 t: 15,00	14,00	15,00

Tabelle 66: *Ausbringkosten (€/t) von Kompost (30 t TS/ha) mit betriebseigenem Schmalspur- Kompoststreuer bei einem jährlichen Einsatzumfang von 5 bzw. 10 ha*

Verfahren	Maschinenkosten Schmalspur-Kompoststreuer		Schlepper-kosten	Schlepper-fahrer	2. AK zum Beladen	2. Schlepper mit Frontlader	Gesamtkosten (ohne Kosten Kompost)
	variabel (3 €/h)	fest (660 €/ha) 5 ha / 10 ha	(20 €/h)	(15 €/h)	(7,50 €/h)	(3 €/h)	(€/ha bzw. €/t) 5 ha / 10 ha
(30 t/ha)							
1 AK für Beladen und Streuen (=6,5 Akh/ha)	19,50 €/ha 0,65 €/t	132 €/ha / 66 €/ha 4,40 €/t / 2,20 €/t	130 €/ha 4,33 €/t	97,50€/ha 3,25 €/t	-	19,50 €/ha 0,65 €/t	398,5 €/ha / 325,5 €/ha 13,28 €/t / 11,08 €/t
1 AK für Beladen 1 AK für Streuen (2 x 6 Akh/ha)	18 €/ha 0,60 €/t	132 €/ha / 66 €/ha 4,40 €/t / 2,20 €/t	120 €/ha 4,00 €/ha	90 €/ha 3,00 €/ha	45 €/ha 1,50 €/ha	18 €/ha 0,60 €/t	423 €/ha / 357 €/ha 14,10 €/t / 11,90 €/t

Der Dünger- und Humuswert von Kompost liegt bei rund 20 €/t.

Literatur

HUBER, G.: Düngemittel exakt verteilen. Der Badische Winzer 5/1997, 26 -29.

KOHL, E.: Kompostausbringung in Steillagen. DWZ, 2/2002, 29.

MAUL, D.: Ausbringung von organischen und mineralischen Düngern. Der Deutsche Weinbau 6/1992, 220 - 222.

REBHOLZ, F.: Ausbringung organischer Reststoffe im Weinbau, ATW-Bericht 71/ 1996, KTBL Darmstadt.

SCHWINGENSCHLÖGL, P.: Kompostausbringung im Weinbau, Rebe u. Wein 9/ 1996, 289 - 293.

UHL, W.: Einsatz mehrreihiger Mineraldüngerstreuer im Weinbau. Der Deutsche Weinbau 19/1984, 878 - 882.

UHL, W.: Minimierte Düngeraufwandmengen im Weinbau. Der Deutsche Weinbau 6/1996, 18 - 21.

UHL, W., REBHOLZ, F.: Ausbringtechnik für mineralische und organische Düngemittel. KTBL Arbeitsblatt Nr. 81, 2000.

WALG, O.: Stickstoffversorgung. Das CULTAN-Verfahren. Das Deutsche Weinmagazin 7/2004, 30 - 35.

11 Pflanzenschutztechnik

11.1 Wichtige gesetzliche Bestimmungen für Pflanzenschutzgeräte

§ 24 Pflanzenschutzgesetz regelt das Inverkehrbringen von Geräten:

"Pflanzenschutzgeräte dürfen nur in den Verkehr gebracht werden, wenn sie so beschaffen sind, dass ihre bestimmungsgemäße und sachgemäße Verwendung beim Ausbringen von Pflanzenschutzmitteln keine schädlichen Auswirkungen auf die Gesundheit von Mensch und Tier und auf Grundwasser sowie keine sonstigen schädlichen Auswirkungen, insbesondere auf den Naturhaushalt hat, die nach dem Stand der Technik vermeidbar sind."

Bevor ein Hersteller ein Gerät in Verkehr bringt (Kleingeräte ausgenommen), hat er der Biologischen Bundesanstalt (BBA) eine **Erklärung** abzugeben, aus der der Gerätetyp, der Verwendungsbereich, Name des Herstellers etc. hervorgeht. Der Erklärung ist eine detaillierte Beschreibung des Gerätes beizufügen, die eine eingehende Beurteilung des Gerätes durch die BBA ermöglicht.

Die Anforderungen an ein Pflanzenschutzgerät sind in der Pflanzenschutzmittelverordnung (Anlage 1) festgelegt.

§ 4 der Pflanzenschutzmittelverordnung regelt die gesetzlichen Anforderungen an Pflanzenschutzgeräte. Danach müssen Pflanzenschutzgeräte so beschaffen sein, dass

- sie zuverlässig funktionieren,
- sie sich bestimmungsgemäß und sachgerecht verwenden lassen,
- sie ausreichend genau dosieren und verteilen,
- das Pflanzenschutzmittel am Zielobjekt ausreichend abgelagert wird,
- Teile, die sich bei Gebrauch des Gerätes erhitzen, beim Befüllen oder Entleeren von Pflanzenschutzmitteln nicht getroffen werden,
- sie sich sicher befüllen lassen,
- sie gegen Verschmutzung so gesichert sind, dass ihre Funktion nicht beeinträchtigt wird,
- Über- und Unterschreitungsgrenzen der zu befüllenden Behälter leicht erkennbar sind,
- ein ausreichender Sicherheitsabstand zwischen Nenn- und Gesamtvolumen der zu befüllenden Behälter vorhanden ist,
- Pflanzenschutzmittel nicht unbeabsichtigt austreten können,
- der Vorrat an Pflanzenschutzmitteln leicht erkennbar ist,
- sie sich leicht, genügend genau und reproduzierbar einstellen lassen,
- sie ausreichend mit genügend genau anzeigenden Betriebsmesseinrichtungen ausgestattet sind,
- sie sich vom Arbeitsplatz sicher bedienen, kontrollieren und sofort abstellen lassen,
- sie sich sicher, leicht und völlig entleeren lassen,
- sie sich leicht und gründlich reinigen lassen,
- sich Verschleißteile austauschen lassen,
- Messgeräte zu ihrer Prüfung angeschlossen werden können.

Sind die Anforderungen erfüllt, so werden die Geräte in die sogenannte Pflanzenschutzgeräteliste eingetragen.

Neben diesem Registrierverfahren, das für jeden Hersteller verpflichtend ist, gibt es das freiwillige **BBA-Anerkennungsverfahren**. Hier muss der Gerätehersteller die Prüfung beantragen. Das Gerät wird dann prüfstandsmäßig getestet und im Laufe einer Saison in einem Praxisbetrieb eingesetzt. An Hand der Testergebnisse wird entschieden, ob das Gerät die Anerkennung bekommt. Die freiwillige Geräteprüfung ist Voraussetzung für die Eintragung in das BBA-Verzeichnis "Verlustmindernde Geräte". Im Verfahren der freiwilligen Geräteprüfung können auch Geräteteile, wie

Pumpen oder Düsen, geprüft und anerkannt werden.

Die registrierten (erklärten) und damit vertriebsfähigen Gerätetypen und die BBA-anerkannten Geräte können auf der BBA-Homepage (www.bba.de) eingesehen werden.

Gerätekontrolle

Die Pflanzenschutzmittelverordnung wurde im November 2001 geändert und dabei auch eine Kontrollpflicht für Sprühgeräte in Raumkulturen festgeschrieben. Was für Feldspritzgeräte seit 1993 gilt, ist auch seit dem 1.Mai 2002 für Sprühgeräte notwendig. Im zweijährigen Turnus müssen sie in anerkannten Kontrollbetrieben auf ihren technischen Zustand geprüft werden. Die erfolgreiche Kontrolle wird durch eine Prüfplakette dokumentiert. Vorrangiges Ziel der Kontrolle ist es, Mängel, Undichtigkeiten und Verschleiß an den Sprühgeräten zu erkennen und zu beheben, um so vermeidbare Umweltbelastungen zu unterbinden. Bei Nichtbeachtung der Pflichtkontrolle können die zuständigen Kontrollbehörden die Geräte stilllegen und zudem ein Bußgeld in Höhe bis zu 50.000 Euro verhängen.

Regelungen und Fristen für den Weinbau
- Im Gebrauch befindliche Sprüh- und Spritzgeräte müssen im zweijährigen Turnus geprüft werden und mit einer gültigen Kontrollplakette versehen sein.
- Bei neuen Sprühgeräten sollte darauf geachtet werden, dass sie ab Werk mit einer gültigen Prüfplakette versehen sind. Andernfalls müssen sie spätestens 6 Monate nach Inbetriebnahme kontrolliert werden. Wird ein Gerät ohne Plakette verkauft, sollte sich der Käufer vertraglich eine Überprüfung des Gerätes durch den Verkäufer noch vor Ablauf der 6-monatigen Kontrollfrist zusichern lassen.
- Übrigens: Altgeräte dürfen nur weiter veräußert werden (auch Rücknahme durch den Händler), wenn sie kontrolliert sind.
- Prüfpflichtig sind alle Schlepper getriebene und selbstfahrende Sprüh- und Spritzgeräte, inkl. Herbizidspritzen und Schlauchspritzen. Ausgenommen von der Pflichtprüfung sind personengetragene Geräte, wie z.B. die Rückenspritze.

Neben diesen gesetzlichen Anforderungen an Pflanzenschutzgeräte beinhaltet das Pflanzenschutzgesetz auch Anforderungen an den Anwender. Danach muss jeder Anwender von Pflanzenschutzmitteln dafür die erforderliche Zuverlässigkeit sowie die entsprechenden fachlichen Kenntnisse und Fertigkeiten haben. Als sachkundig gelten gemäß der Pflanzenschutz-Sachkundeverordnung Praktiker mit:

323

- bestandener Abschlussprüfung (Landwirt, Winzer, Gärtner, Forstwirt, LTA),
- Studium Agrar-, Weinbau-, Gartenbau- oder Forstwirtschaft,
- bestandene Fortbildungsprüfung zum Fachagrarwirt Landtechnik.

Der Sachkundenachweis kann auch in Form einer Sachkundeprüfung vor einem Prüfungsausschuss des amtlichen Pflanzenschutzdienstes erbracht werden.

Abbildung 184: Anerkennungszeichen

11.2 Aufgaben eines Pflanzenschutzgerätes

Pflanzenschutzgeräte müssen eine bestimmte Pflanzenschutzmittelmenge
- gleichmäßig konzentriert und
- gleichmäßig verteilt unter
- geringsten Abdrift- und Abtropfverlusten

auf die Zielfläche ausbringen.

Die Zielfläche ist die zu benetzende Oberfläche der Rebe (Blätter, Trauben, Triebe, Holz). Sie vergrößert sich mit dem Triebwachstum während des Sommers und bestimmt die auszubringende Flüssigkeits- und Wirkstoffmenge. Pflanzabstände, Gassenbreite, Erziehungsart, Anschnitt, Rebsorte und Intensität der Laubarbeit haben ebenfalls einen Einfluss auf die Größe der Zielfläche.

Tabelle 67: Gesamtoberfläche (Zielfläche) bei 2 m Zeilenbreite und 8 Augen/m²

Rebsorte	nach Austrieb m²/ha	Blüte m²/ha	Reifebeginn m²/ha
Müller-Thurgau	1.500	49.500	81.900
Silvaner	1.300	46.500	88.400
Kerner	1.500	47.300	99.900
Riesling	1.400	50.900	97.500

Aus der Tabelle wird verständlich, warum die optimale Brühe- und Wirkstoffmenge keine konstante Größe ist, sondern in Abhängigkeit von den o.a. Einflussfaktoren zu betrachten ist.

11.3 Grundlagen der Applikationstechnik

11.3.1 Tropfenaufbereitung

Bei allen Spritz- und Sprühverfahren des Pflanzenschutzes dient Wasser als Trägerstoff für die Pflanzenschutzmittel. Um die Spritzflüssigkeit zu zerstäuben sind folgende drei Systeme bekannt:

- Hydraulische Tropfenaufbereitung
- Pneumatische Tropfenaufbereitung
- Mechanische Tropfenaufbereitung (Rotationszerstäubung)

Abbildung 185: Tropfenaufbereitungssysteme im Weinbau

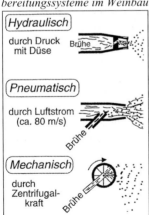

Hydraulische Tropfenaufbereitung

Die größte Bedeutung im Weinbau hat die hydraulische Zerstäubung. Durch eine Pumpe wird die Flüssigkeit in einer Leitung vor einer Düse unter Druck gesetzt und durch eine Düsenöffnung gepresst. Durch die vom Pumpendruck erzeugte hohe Austrittsgeschwindigkeit und die dabei im Mündungsbereich der Düse entstehenden Turbulenzen zerfällt der Flüssigkeitsstrahl in viele kleine Tröpfchen. Bei vielen Düsen wird die Tröpfchenbildung und -verwirbelung durch einen der Düsenöffnung vorgelagerten Drallkörper (Hohlkegeldüse) unterstützt. Die Tropfengröße hängt in entscheidendem Maß vom Durchmsesser und der Gestaltung der Düsenöffnung, dem Drallkörper und dem Flüssigkeits-

325

druck (entscheidend für Austrittsgeschwindigkeit) ab. Dieser Form der Tropfenerzeugung begegnen wir bei der Schlauchspritzung und bei den meisten Schlepperanbausprüh- und Spritzgeräten.

Abbildung 186: Hydraulische Zerstäubung

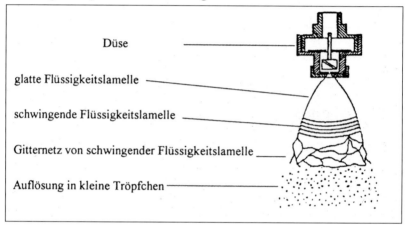

Pneumatische Tropfenaufbereitung

Die Spritzflüssigkeit wird mit geringem Druck zu einer Austrittsöffnung, die sich an einem Luftkanal befindet, befördert. Ein von einem Radialgebläse erzeugter Luftstrom strömt mit sehr hoher Geschwindigkeit (70 bis 80 m/s) an der verengten Austrittsöffnung vorbei und zerreißt dabei an einer Abreißkante die Spritzbrühe in viele relativ kleine Einzeltröpfchen. Der Luftstrom dient zugleich zum Transport der Tropfen an die Zielfläche. Wichtig ist dazu ein druck- und strömungsstabiler Luftstrom. Die Vorteile der pneumatischen Zerstäubung liegen in dem niedrigem Betriebsdruck (0,5 bis 2 bar) und den geringen Brühemengen von nur 80 bis 200 l/ha. Nachteilig sind die schwierigere Anlagerung der kleinen Tropfen und die höhere Abdrift durch den Anteil kleinster Tropfen (kleiner als 100 mm). Die pneumatische Zerstäubung ist an Radialgebläse gekoppelt, häufig mit Luftverteilung über mehrere Teilbreiten. Verbreitet ist dieses System in Ländern wie Frankreich oder Italien. In Deutschland wird die pneumatische Zerstäubung wegen des hohen Abdriftpotenzials sehr kritisch beurteilt.

Abbildung 187: Abdrift bei hydraulischer und pneumatischer Zerstäubung (nach W. Uhl)

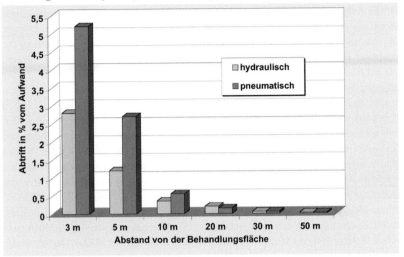

Abbildung 188: Funktion der pneumatischen Tropfenaufbereitung

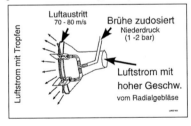

MechanischeTropfenaufbereitung durch Rotationszerstäuber

Mit geringem Druck wird die Brühe auf die Oberfläche eines mit hoher Drehzahl rotierenden Körpers (Scheibe, Zylinder oder Kegel) transportiert. Durch die Zentrifugalbeschleunigung gelangt die Brühe an den meist gezahnten Rand des Körpers und wird dort in kleine Tröpfchen zerrissen und weggeschleudert. Die Tröpfchen sind stark abdriftgefährdet und ihre Anlagerung ist schwierig. Das Tropfenspektrum ist im Vergleich zu den anderen Systemen sehr eng und kann über Drehzahl und Aufwandmenge verändert werden. Die Rotationszerstäubung wird im Weinbau zur Ausbringung von unverdünnten oder schwach verdünnten Herbizidpräparaten (ULV/CDA-Sprühen) genutzt (siehe Kap. 9.5.2.6). Lediglich in Australien wurde ein auf Lesemaschinen gestütztes System für den Pflanzenschutz zur Praxisreife entwickelt (Cropland Quantum Mist Sprayer).

327

11.3.2 Bedeutung der Spritztropfengröße

Der Durchmesser der Spritztröpfchen ist von großer Bedeutung für ihre applikations-technischen Eigenschaften. Grundsätzlich lässt sich feststellen, dass die Brühemenge, die man für die vollständige Benetzung einer Oberfläche braucht, umso geringer ist, je kleiner die Tröpfchen sind. So erbringt eine Halbierung des Tropfendurchmessers die achtfache Tropfenzahl. Die damit abdeckbare Fläche verdoppelt sich. Daher arbeiten Feinsprühverfahren mit relativ geringen Tropfengrößen, die zudem den Vorteil haben, dass sie einen gleichmäßigeren Belag ergeben. Allerdings haben Feintropfen mit einer Größe von unter 100 μm fast keinen Fall, sondern sie schweben nahezu und können somit leicht verdriften. Zudem sind bei höheren Temperaturen und geringer Luftfeuchte die Existenzzeiten feiner Tropfen sehr gering. Große Tropfen sind weniger anfällig gegen Windgeschwindigkeit und werden weniger stark ver-frachtet. Allerdings können diese abdriftmindernden Eigenschaften zu Lasten der Bedeckung gehen. Große Tropfen erzielen, bezogen auf die gleiche Flächengröße, einen schlechteren Bedeckungsgrad als feine Tropfen und sind abtropfgefährdeter. Das Tropfenspektrum der im Weinbau meist eingesetzten Düsen liegt deshalb zwi-schen 100 und 300 μm (Mittlerer Volumetrischer Durchmesser MVD). Der Anteil der Feintropfen kleiner 100 μm soll möglichst gering sein, was bei Injektordüsen und im Niederdruckbereich bei Antidriftdüsen der Fall ist (siehe Kap. 11.5.7.1 und 11.5.7.2).

Tabelle 68: Bedeutung der Tropfengröße bei der Ausbringung von Pflanzenschutzmitteln

Ausbringverfahren	Nebeln[1]	Sprühen	Spritzen	Spritzen mit Schlauchleitung
Tropfengröße in μm[2]	1 - 15	100 - 300	100 - 400	400 - 600
Abdrift	sehr stark	gering bis stark[3]	gering bis stark[4]	gering
Trägerluftstrom	ja	ja	nein	nein
Regenbeständigkeit	gut	befriedigend	befriedigend	ausreichend
Abtropfen	nein	abhängig von der ausgebrachten Brühemenge[5]	abhängig von der ausgebrachten Brühemenge[5]	stark

1) nur in Unterglas-Kulturen üblich   2) 1 μm = 1 Mikrometer = 1/1000 mm
3) Abhängig von Gebläsebauart, Gebläse- und Düseneinstellung, Düsenbauart und –kaliber.
4) Abhängig Düseneinstellung, Düsenbauart und –kaliber.
5) Bei voller Belaubung beginnen in Normalanlagen oberhalb 600 l/ha die Abtropfverluste. Ab 800 l/ha ist mit stärkeren Abtropfverlusten zu rechnen. Deshalb sollten maximal 800 l/ha Brühe bei voller Belaubung ausgebracht werden.

Merke: Je kleiner die Tropfen, desto

- geringer die Brühemenge zur Benetzung,
- geringer die Abtropfverluste,
- höher die Abdrift,
- geringer die Existenzzeit.

Nach den Regeln der guten fachlichen Praxis soll die Applikation von Pflanzenschutzmitteln mit grobtropfigen Düsen bei einer Windgeschwindigkeit von bis zu 5 m/s, einer Temperatur von bis zu 25 °C und einer Luftfeuchtigkeit von nicht unter 60% erfolgen. Die Einhaltung dieser Eckdaten ermöglicht eine Applikation mit geringem Abdriftrisiko.

Durchmesser (μm)	Volumen (mm³)	Tropfenanzahl
500	0,0655	○
250	0,00819	○○○○ ○○○○
125	0,000127	64
62,5		512
31,25		4096
15,625		32768

Abbildung 189: *Abhängigkeit der Tropfenzahl von der Tropfengröße*

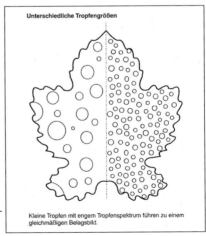

Unterschiedliche Tropfengrößen

Kleine Tropfen mit engem Tropfenspektrum führen zu einem gleichmäßigen Belagsbild.

Abbildung 190: *Einfluss der Tropfengröße auf das Belagsbild*

Abbildung 191: *Einteilung der Tropfengröße*

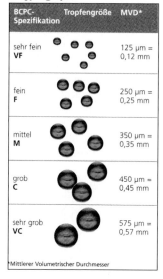

Abbildung 192: *Existenzzeiten von Tropfen in Abhängikeit von der Größe, der Temperatur und der Luftfeuchte*

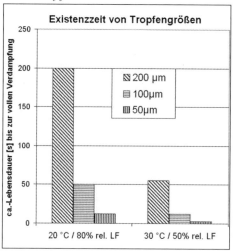

11.4 Verfahren zur Ausbringung von Pflanzenschutzmitteln

Je nach Form des Pflanzenschutzmittels werden verschiedene Ausbringungsverfahren angewandt:

Streuen - Stäuben - Spritzen - Sprühen - Nebeln

Zur Zeit sind keine Streu- oder Stäubemittel im Weinbau zugelassen. Das Nebeln ist nur in Unterglas-Kulturen üblich. Daneben gibt es noch Sonderformen der Ausbringung wie z.B. das Aushängen von Dispensern (Konfusionsmethode gegen Traubenwickler).

Bei der Ausbringung flüssiger Mittel muss die zerstäubte Spritzbrühe an die Rebteile angelagert werden. Dies erfolgt im Spritz- oder Sprühverfahren.

11.4.1 Das Spritzverfahren

Beim Spritzen werden die Tropfen durch hohen Druck stark beschleunigt. Es wird ohne Trägerluftstrom gearbeitet. Die kinetische Energie (Bewegungsenergie) der Spritztröpfchen muss so groß sein, dass die abbremsende Wirkung des Luftwiderstands überwunden wird. Das Spritzverfahren wird im Direktzug bei Gestängespritzgeräten und im Steilhang bei der Schlauchspritzung (vgl. Kap. 11.15.1) verwendet.

Bei der Schlauchspritzung werden mit Hilfe sogenannter Spritzpistolen große Tropfen erzeugt, um eine Entfernung von 1 - 4 m zu den Rebstöcken zu überwinden. Durch den damit verbundenen hohen Brüheaufwand ergeben sich als Hauptnachteil des Verfahrens entsprechend **hohe Abtropfverluste.** Die Reichweite des Spritzstrahls ist umso größer, je stärker er gebündelt ist, je größer die Tropfen sind und je höher deren Austrittsgeschwindigkeit (abhängig vom Druck) ist.

Beim Spritzen mit Gestängen entscheidet, wie beim Sprühen, die ausgebrachte Brühemenge, die stark vom Düsenkaliber abhängig ist, über die Höhe der Abtropfverluste. Das Spritzverfahren findet außerdem bei der Unkrautbekämpfung Verwendung, da hierbei die geringe Abdriftgefahr der großen Tropfen positiv zu bewerten ist.

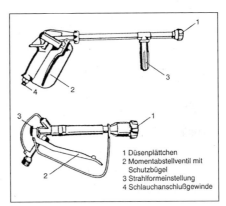

1 Düsenplättchen
2 Momentabstellventil mit Schutzbügel
3 Strahlformeinstellung
4 Schlauchanschlußgewinde

Abbildung 193: Spritzpistolen für den Weinbau

11.4.2 Das Sprühverfahren

Beim Sprühen werden die erzeugten Tropfen von einem Luftstrom zur Zielfläche getragen. Sie können daher kleiner bleiben als bei der Schlauchspritzung, wodurch der Brüheaufwand pro Flächeneinheit sinkt. Durch die höhere Schwebefähigkeit steigt allerdings die Gefahr der Abdrift. Dem versucht man durch möglichst exakt geführte Luftströmungen entgegenzuwirken. Zusätzlich kann durch die Düsenwahl (Injektordüsen, Antidriftdüsen) das Abdriftpotenzial erheblich reduziert werden (vgl. Kap. 11.5.7.1).

11.5 Ausstattung von Pflanzenschutzgeräten

11.5.1 Gebläsetechnik

Da die Pflanzenschutzmittelapplikation im Weinbau fast ausschließlich im Sprühverfahren, d.h. mit Luftunterstützung, erfolgt, stellt das Gebläse neben den Zerstäubern die wichtigste Komponente des Sprühgerätes dar und bestimmt damit entscheidend die Applikationsqualität. Nach ihrem Aufbau lassen sich Radial-, Axial- und Tangentialgebläse unterscheiden. Bauartbedingt weisen diese erhebliche Unterschiede in der Luftstromgeometrie auf. Dabei stellen Luftgeschwindigkeit (m/sec), Luftmenge (m³/h) und Ausbreitungsrichtung die wichtigsten Unterscheidungskriterien dar. Weitere Kriterien sind die Vertikalverteilung, das Penetrationsverhalten (Durchdringung), die Abdriftdisposition, die Bodenkontamination sowie die Handhabungsmöglichkeiten, der Leistungsbedarf und die Geräuschentwicklung während des Betriebes. Der Vergleich kulturartbezogener Gebläse-Leistungsparameter zeigt die Unterschiede zwischen den Gebläsebauarten.

Tabelle 69: *Vergleich kulturartbezogener Gebläse-Leistungsparameter (Quelle: Bäcker, G.)*

Gebläse-Leistungsparameter		TU50 veraltetes Axialgebläse mit unzureichendem Luftleitsystem	ZA24 modernes Axialgebläse mit geschlossenem Luftleitsystem	QU14 Tangentialgebläse horizontaler Luftaustritt überarbeitete Version	460/T6 modernes Radialgebläse mit optimalen Einstellungsm öglichkeiten
Technische Leistungsparameter					
Luftgeschwindigkeit	(m/s)	25	30	27	60
Luftvolumen	(m³/h)	22 000	28 000	20 000	14 000
Zielobjektbezogene Leistungsparameter					
Luftgeschwindigkeit	(m/s)	10	12	12	16
Ges.-Luftvolumen	(m³/h)	30 000	44 000	40 000	52 000
Nutzb. Luftvolumen	(m³/h)	21 000	35 000	34 000	49 000
Effizienzfaktor		0,71	0,80	0,85	0,94

Bei der sehr hohen Laubwanddichte des Rebbestandes spielt der Gebläseluftstrom eine wichtige Rolle und erfüllt dabei folgende Funktionen:

- Öffnung der dichten Laubwand.
- Transport der Tropfen in das Zielgebiet.
- Anlagerung der Tropfen an Blätter und Trauben.
- Mechanische Reinigung der Traubengerüste.

11.5.1.1 Axialgebläse

Seit der Einführung der Sprühverfahren spielen Axialgebläse im Weinbau die dominierende Rolle. Gebräuchlich sind heute Axialgebläse mit 18.000 – 26.000 m³/h Luftfördermenge auf der 1. Schaltstufe und 28.000 – 35.000 m³/h Luftfördermenge auf der 2. Schaltstufe. Die Luftaustrittsgeschwindigkeit liegt bei 20 - 35 m/s. Es sind Propellergebläse mit festen Leitschaufeln, welche die Luft meist von hinten ansaugen und über das Propellergehäuse in axialer Richtung beschleunigen. Von hinten ansaugende Gebläse führen immer einen gewissen Teil der ausgeblasenen Luft wieder zurück und saugen dabei auch Spritztropfen wieder an. Durch Luftleitbleche wird der Luftstrom auf der Ausgangsseite meistens rechtwinklig zur Laubwand abgeleitet. Da die Leitbleche älterer Gebläsetypen nur über eine begrenzte Wirksamkeit verfügen, ist es mit dieser Gebläsebauart kaum möglich, einen gezielten und exakt auf die Laubwandabmessungen begrenzten Luftstrom zu erzeugen. Ein hoher Luftanteil wird deshalb ungenutzt am Zielobjekt vorbeigeblasen. Ein weiteres Problem bei Axialgebläsen resultiert aus der Drehrichtung des Propellers, die auf beiden Seiten unterschiedliche Strömungsbedingungen (Dralleffekt) bewirkt. Die Hersteller versuchen diesen störenden Effekt durch eine gezieltere Luftführung zu verringern oder zu beseitigen. Die technisch einfachste und preiswerteste Lösung ist der Einbau eines zusätzlichen **Stators** hinter dem Rotor. Dadurch wird die Luftsymmetrie zwar verbessert, aber aufgrund der niedrigen Anordnung des Rotors muss der Luftstrom immer noch schräg nach oben geführt werden, weshalb eine höhere Abdrift kaum vermeidbar ist. Eine gute Luftsymmetrie zwischen beiden Teilbreiten liefert das **Doppelaxialgebläse**, das mit zwei in entgegengesetzter Richtung rotierenden Läufern ausgestattet ist. Die größte Abdriftminderung ist jedoch mit **geschlossenen Luftleitsystemen**, die im Innern mit entsprechend ausgeklügelten Leitelementen ausgestattet sind, zu erzielen. Dabei muss besonders im oberen Bereich der Laubwand die Luft möglichst horizontal austreten und im Bereich der Gipfelzone möglichst exakt abgegrenzt sein (Querströmer). Neben dem geschlossenen Luftleitsystem spielt in diesem Zusammenhang auch die Höhenposition des Rotors eine entscheidende Rolle. Bei Geräten, bei denen der Läufer zu niedrig angeordnet ist, lässt sich ein steil aufwärts gerichteter Luftsrom im Bereich der Gipfelzone kaum vermeiden. Damit ist bei diesen Geräten von vornherein mit erhöhtem Wirkstoffaustrag und mit einem hohen Abdriftpotential zu rechnen.

Eine Sonderbauform, die Anfang der 80er Jahre entwickelt wurde, stellen die **Umkehraxialgebläse** dar. Die Luft wird von vorn angesaugt und über ein hinter dem Rotor angeordnetes Luftleitsystem in Form eines mehr oder weniger fächerförmigen Strahles ausgeblasen. Der Luftstrom kann, wie bei normalen Axialgebläsen, rechtwinklig zur Laubwand abgeleitet werden oder schräg nach hinten. Erfolgt der

Luftausstoß schräg nach hinten, bezeichnet man die Geräte auch als **Schrägstrom-geblase**. Bei einem Typ kann der Anströmwinkel des Luftstroms verändert und damit der Gassenbreite besser angepasst werden (enge Zeilen: mit spitzem Winkel schräg nach hinten; breite Zeilen: annähernd rechtwinklige Anströmung). Gegenüber einfachen Axialgebläsen wird das Wieder-Ansaugen von Brühe und Pflanzenteilen vermieden, die Abdrift zum Schlepper vermindert und damit eine Kontamination des Fahrers verringert. Zwar stellt das Umkehraxialgebläse einen Fortschritt gegenüber den einfachen Axialgebläsen ohne Luftleitsystem dar, aufgrund ihrer strömungstechnischen Nachteile werden sie heute jedoch kaum noch nachgefragt. Insbesondere bei Schrägstromgebläsen besteht bei unsachgemäßer Handhabung (z.B. schnelle Fahrgeschwindigkeit, zu weite Arbeitsbreiten bei zu spitzem Winkel) die Gefahr, dass der schräg nach hinten austretende Gebläsestrom zu stark abgelenkt wird.

Abbildung 194: Axialgebläse fördern ein großes Luftvolumen mit relativ geringer Luftgeschwindigkeit

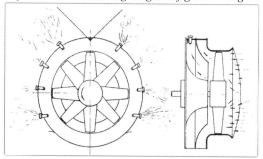

11.5.1.2 Tangentialgebläse (Querstromgebläse)

Das Tangentialgebläse (Querstromgebläse) unterscheidet sich strömungstechnisch grundlegend von anderen Gebläsebauarten. Die Luftansaugung und Beschleunigung erfolgen durch zwei senkrechte, walzenförmige Trommelläufer, die mit Schaufellamellen ausgerüstet sind. Sie saugen die Luft von der Vorderseite an und lenken sie zur Seite hin um. Die Luft wird nicht verengt oder kanalisiert und kann somit störungsfrei und laminar austreten. Die vertikal angeordneten Läufer erzeugen einen horizontal ausgerichteten Luftstrom der im oberen Bereich scharf abgegrenzt ist. Da keine aufwärts gerichtete Strömungskomponente existiert, kommt es über der Gipfelzone kaum zu einem Wirkstoffaustrag. Das mit zwei Lüftereinheiten ausgestattete Gerät bewirkt auf beiden Seiten absolut symmetrische Strömungsverhältnisse. Damit bildet das Tangentialgebläse wegen des horizontal gerichteten Luftstroms eine ideale Basis für eine abdriftarme Applikation. Die Segmentbauweise und die Zwischenlagerung des Läufers führen zu ruhigem Lauf und einer guten Anpassung an die Höhe der Kultur. Durch Verschwenken der Lüftereinheit um die Vertikalachse kann die den jeweiligen Einsatzbedingungen angepasste Ausrichtung des Luftstromes zur Zeile eingestellt und damit die Voraussetzung für die bestmögliche Wirkstoffverteilung geschaffen werden. Zur weiteren Optimierung der Luftstromgeometrie wurden die Düsen an vertikal beweglichen Stationen außerhalb des Luftstromes platziert. Beide Lüfter verfügen über eine separate Drehzahlregelung, mit der besonders im frühen Vegetationstadium bei wenig Belaubung dem Einfluss von Seitenwind begegnet werden kann. Darüber hinaus bietet das Tangentialgebläse auch die technischen Voraussetzungen zur Anwendung des elektronischen Systems zur Luftstrom-optimierung (EOL). Hierbei werden Umgebungswind und Fahrtwind erfasst und das Gebläse so geregelt, dass in der Zeile stets dieselbe Luftgeschwindigkeit und somit gleiche Anlagerungsbedingungen herrschen. In einem weiteren Entwicklungsschritt wurde die Lüftereinheit vertikal geteilt, d.h. jede Teilbreite besteht aus zwei überein-ander angeordneten Gebläsehälften mit separatem Antrieb. Auf diese Weise lässt sich nicht nur die Gebläsedrehzahl und damit die Luftstromintensität, sondern auch die Strömungsrichtung den unterschiedlichen Laubwandbedingungen in der Trauben-zone und der Gipfelzone anpassen. Neben der Verbesserung des Anlagerungs-verhaltens, der Verringerung der Wirkstoffverluste und der Verminderung der An-wenderbelastung besteht ein weiterer Vorteil der Tangentialtechnik in ihrer besonde-ren Eignung zur Kombination mit der Zweiphasentechnik, der Recyclingtechnik und der mehrreihigen Applikation. Die inzwischen in Leichtbauweise ausgeführten Ge-bläse tragen zu einer Gewichtsverminderung und damit zu einer etwas günstigeren Schwerpunktlage bei. Die Leistungsdaten liegen bei 22.000 m^3/h Luftförderstrom und 27 m/s Luftaustrittsgeschwindigkeit.

11.5.1.3 Radialgebläse

Bei diesen Gebläsen wird die Luft in axialer Richtung von hinten angesaugt und nach außen (in radialer Richtung) beschleunigt. Nach der Passage des Rotors formiert sich die Luft im Gebläsemantel zu einer Strömung mit hoher kinetischer Energie (Bewegungsenergie), die nach außen über Luftkanäle abgeführt wird. Dabei können je nach Form der Austrittsöffnung unterschiedliche Strahlformen erzeugt werden. Im Vergleich zu Axialgebläsen fördern Radialgebläse bei gleicher Leistung geringere Luftmengen mit höherer Luftgeschwindigkeit. Der höhere statische Druck von Radialgebläsen ermöglicht eine Weiterleitung des Luftstromes und damit eine Frei-setzung an beliebiger Stelle. Besonders für eine mehrreihige Applikation ist dies vorteilhaft, da der zentral erzeugte Luftstrom über Rohre den äußeren Teilbreiten zugeführt werden kann.

Aufgrund der hohen Luftaustrittsgeschwindigkeit geht von dieser Gebläsebauart in der Regel ein höheres Abdriftpotenzial aus, insbesondere in Verbindung mit einer pneumatischen Zerstäubung und/oder aufwärts gerichteten Luftaustrittsöffnungen. Deshalb sollten im Weinbau nur Bauarten, die über ein auf die Rebkultur exakt abgestimmtes Luftleitsystem verfügen, zum Einsatz kommen. Durch eine horizontale Ausrichtung des Sprühstrahles wird bereits eine erhebliche Abdriftminderung erreicht. Technisch realisiert ist dies in Radialgeräten, bei denen die Luft durch Rohre den über die Laubwandhöhe verteilten Düsenstationen zugeführt wird, oder durch 3 fächerförmige, vertikal verschwenkbare Luftaustrittsöffnungen auf jeder Seite. Bei diesem System kann durch Verstellung der sich überlappenden Sprühfächer die Vertikalverteilung variiert und entsprechend der Laubwandgeometrie optimiert werden. Ist der obere Sprühkopf leicht nach unten und der untere leicht nach oben ausgerichtet, können die Wirkstoffverluste durch Abdrift und Bodenkontamination auf ein Minimum reduziert werden. Vorteilhaft ist die, im Vergleich zu anderen Gebläsen, deutlich höhere Penetrationsfähigkeit (Durchdringung), wodurch auch schwer zugängliche Stellen besser erreicht werden. Es steigt aber die Gefahr einer unkontrollierten Durchdringung der Laubwand, was die Abdrift erhöht. Deshalb ist die zielgerichtete Ausrichtung des Sprühstrahls sehr wichtig. Nachteilig gegenüber Axialgebläsen ist der höhere Leistungsbedarf der Gebläse.

Tabelle 70: Leistungsdaten von Radialgebläsen

Gerät	Luftförderleistung (m³/h)	Luftgeschwindigkeit (m/s)
Rückentragbare Sprühgeräte	600 – 1 300	70 - 100
Selbstfahrende Sprühgeräte	3 500	85 - 100
Schlepperanbaugeräte	11 000 – 14 000	60 – 80

Ein anderes Radiallüfterkonzept hat die Firma Holder mit dem Typ OVS 25 entwickelt. Die Gebläseeinheit besteht aus zwei identischen, separat schwenkbaren Radial-Trommelläufern, die nach beiden Seiten hin einen symmetrischen Luftstrom erzeugen. Durch Verdrehen der beiden Gebläse um die Mittelachse kann der Luftstrom unterschiedlichen Geländeverhältnissen, zum Beispiel in terrassierten Anlagen, angepasst werden. Auch der Randzeilenbehandlung kommt dieses Gebläse sehr entgegen, wobei sogar die Möglichkeit besteht, beide Gebläse nach einer Seite hin auszurichten. Die beiden Trommelläufer mit vorwärts geneigten Lamellen erzeugen nach Herstellerangabe zusammen ein Luftfördervolumen von 22.000 m³/h bei einer für Radialgebläse niedrigen Luftgeschwindigkeit.

Die neueste Entwicklung auf dem Radialgebläsesektor ist der Typ PSV 30 von Holder. Wie bei Radialgebläsen üblich, wird die Luft von hinten in axialer Richtung angesaugt und in radialer Richtung beschleunigt. Oberhalb des Läufers geht der Gebläsemantel in einen nach oben gerichteten Luftleitkanal mit rechteckigem Querschnitt über, an dessen oberen Ende die Luft um 180 Grad nach unten umgelenkt wird. Erst jetzt wird der

Abbildung 195: Radialgebläse fördern ein relativ kleines Luftvolumen mit hoher Luftgeschwindigkeit

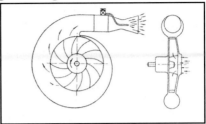

Luftstrom aufgeteilt und tritt über seitliche, mit Leitblechen versehene Öffnungen aus. Das Gebläse erzeugt einen nahezu horizontalen und in vertikaler Richtung sehr homogenen Luftstrom mit ähnlichen Eigenschaften, wie beim Tangentialgebläse. Die Ausblassegmente können im Winkel verstellt und somit der Laubwandhöhe gut angepasst werden.

Abbildung 196: Aufbau und Funktion verschiedener Gebläsearten

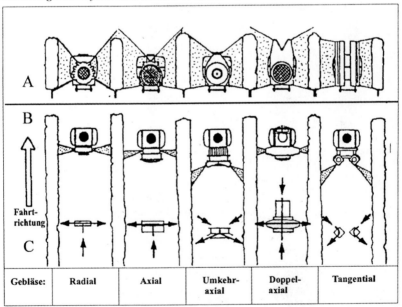

Gebläse:	Radial	Axial	Umkehr-axial	Doppel-axial	Tangential

A = Ansicht von hinten
B = Ansicht von oben
C = ➝ Luftstrom (schematisch von oben)

Abbildung 197: *Axialgebläse mit geschlossenem Luftleitsystem und Überzeilenspritzgestänge (Myers)*

Abbildung 198: Doppelaxialgebläse

Abbildung 199: Umkehraxialgebläse

Abbildung 200: *Radialtrommelläufer PSV von Holder*

Abbildung 201: *Radialgebläse mit verstellbaren Sprühköpfen*

11.5.2 Pumpenbauarten

Die Pumpe muss den erforderlichen Brüheausstoß liefern und das hydraulische Rührwerk ausreichend versorgen. Die Kenndaten einer Pumpe sind:

- der maximale Förderstrom (l/min)
- und der maximale Druck (bar)

Für die hydraulische Zerstäubung werden je nach Verwendungsbereich der Pumpe Drücke von maximal 15 bar (Sprühen) bis maximal 60 bar (Spritzen mit Schlauchleitung) benötigt. Dabei sollte bei steigendem Druck der Förderstrom annähernd konstant bleiben. Diese Anforderungen werden nur von bestimmten Pumpenbauarten erfüllt, die dem Typ der Verdrängerpumpe entsprechen.

Bei der pneumatischen Zerstäubung wird nur ein sehr geringer Pumpendruck benötigt, der im Wesentlichen lediglich dazu dient, die Brühe bis zu der Zerstäubungsvorrichtung zu fördern.

Kolbenpumpen

Bei Kolbenpumpen erfolgt eine taktweise Förderung und Druckerhöhung der Flüssigkeit. Je geringer die Kolbenzahl (üblich sind heute Zwei- oder Dreikolbenpumpen; höhere Kolbenzahlen würden die Pumpe unverhältnismäßig verteuern), desto größer sind die Druck- und Förderschwankungen. Um diese auszugleichen, verfügen Kolbenpumpen über einen Druckausgleichsbehälter (Windkessel). Bei älteren Pumpen ist dies ein Metallkessel in den sich die Brühe hineindrückt und die darin befindliche Luft zu einem Luftpolster komprimiert. Bei neueren Pumpen erfüllt diese Funktion eine aufblasbare Gummimembran (Fülldruck 2 - 5 bar). In beiden Fällen dämpft das schwingende Luftpolster die stoßweise Förderung. Kolbenpumpen erhalten ihre Schmierung durch die Spritzbrühe, dürfen also nicht trocken laufen. Sie erreichen Drücke bis 70 bar. Dieser hohe Druckbereich ist bei der Schlauchspritzung mit Spritzpistolen erforderlich.

Membran- und Kolbenmembranpumpen

Bei Membranpumpen ist der Pumpkolben durch eine Gummi- oder Kunststoffmembran ersetzt. Durch Hin- und Herbewegen der Membran wird Unterdruck zum Saugen bzw. Überdruck zum Fördern erzeugt. Membranpumpen sind aufgrund ihrer Bauart robust, erzeugen jedoch nur einen Druck von ca. 20 bar, was aber zum Sprühen ausreichend ist.

Um die Vorteile von Membranpumpen (unempfindlicher gegen aggressive Flüssigkeiten, preiswerter, kaum trockenlaufempfindlich) mit denen von Kolbenpumpen (hohe Drücke, konstanter Volumenstrom) zu kombinieren, entwickelte man Kolbenmembranpumpen. Hier wird die Membran durch einen Kolben abgestützt und hin und her bewegt. Alle gleitenden Teile laufen in einem abgeschlossenen Kurbelgehäuse und können somit nicht mit der Spritzbrühe in Berührung kommen. Dagegen ist die Membran höherem Verschleiß unterworfen. Sie sollte deshalb öfters auf ihre Beschaffenheit kontrolliert werden. Ist sie porös, muss sie ausgetauscht werden. Im Fall einer Rissbildung gelangt Spritzflüssigkeit schlagartig ins Getriebe und kann Schäden hervorrufen. Kolbenmembranpumpen erzeugen Drücke bis etwa 40 bar.

Die Mindestfördermenge einer Pumpe muss noch eine Rührwerkleistung von mindestens 5 % des Behältervolumens erbringen. D.h. für einen 1000er Nachläufer müssen mindestens 70 l/min gefördert werden. In Verbindung mit einem Überzeilenspritzgestänge erhöht sich diese Menge um den zusätzlichen Düsenausstoß auf rund 90 bis 100 l/min.

Kreiselpumpen

Neben den vorgenannten Bauarten, die alle den Typ der Verdrängerpumpe darstellen, wird bei Geräten mit pneumatischer Zerstäubung (Kap.11.3.1) auch noch die Kreiselpumpe in Form der Seitenkanalpumpe oder Zentrifugalpumpe eingesetzt. Diese kleinen, leichten und wesentlich billigeren Pumpen können nur einen geringen Druck aufbauen (ca. 2 - 10 bar). Dies reicht jedoch bei Geräten mit pneumatischer Zerstäubung völlig aus.

Abbildung 202: Pumpenbauarten

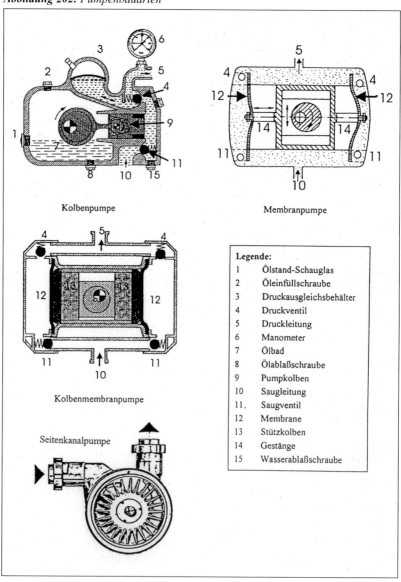

Kolbenpumpe

Membranpumpe

Kolbenmembranpumpe

Seitenkanalpumpe

Legende:

1	Ölstand-Schauglas
2	Öleinfüllschraube
3	Druckausgleichsbehälter
4	Druckventil
5	Druckleitung
6	Manometer
7	Ölbad
8	Ölablaßschraube
9	Pumpkolben
10	Saugleitung
11.	Saugventil
12	Membrane
13	Stützkolben
14	Gestänge
15	Wasserablaßschraube

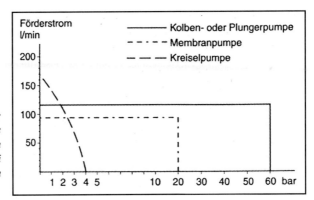

Abbildung 203:
Abhängigkeit des Förderstroms vom Förderdruck bei verschiedenen Pumpenbauarten

11.5.3 Behälter und deren Befüllung

Brühebehälter bestehen heute meist aus Kunststoff (Polyäthylen oder GFK). Die Vorzüge liegen in der hohen Widerstandsfähigkeit gegen aggressive Medien, der leichten Reinigung, dem geringen Gewicht und der Durchsichtigkeit des Materials.

An die Behälter müssen folgende Forderungen gestellt werden:
- Sie müssen innen glatt sein. Dies erleichtert das Aufrühren und Reinigen.
- Sie sollen eine große Einfüllöffnung mit einem Einfüllsieb aufweisen und eine Vertiefung am Boden, an der sich der Ablauf befindet. Eine vollständige Entleerung muss auch in nicht waagerechter Lage möglich sein.
- Sie müssen unempfindlich gegen aggressive Materialien, widerstandsfähig gegen Stöße und reparierbar sein.
- Es muss ein leistungsfähiges Rührwerk vorhanden sein, um Absetzvorgänge in der Spritzbrühe zu vermeiden.
- Die Behälter müssen Volumenmarkierungen aufweisen.
- Die technische Restmenge darf bei Geräten bis 400 l Fassungsvermögen nicht mehr als 4 %, bei größeren Behältern nicht mehr als 3 % des Behälterinhaltes betragen.
- Im Idealfall ist eine Einspülvorrichtung (wirksame Anwenderschutzmaßnahme speziell bei Spritzpulvern) vorhanden. Größere Geräte sind des Öfteren mit Einfüllschleusen ausgestattet, die zusätzlich ein Ausspülen der leeren Pflanzenschutzmittelverpackungen ermöglichen.
- Frischwasserbehälter und Behälter-Innenreinigungsdüsen gehören mittlerweile zur Pflichtausstattung (ausgenommen sind Anbaugeräte bis 400 l).

Der Frischwasservorrat muss mindestens 10 % des Behälterinhaltes oder das Zehnfache der technischen Restmenge betragen. Das Frischwasser dient zum Verdünnen der Restmenge und zur Gerätereinigung. Außerdem können damit Pumpe, Leitungen, Bedienungsarmatur und Düsen unabhängig vom Behälterfüllstand gespült werden.

- Es muss die Möglichkeit zum Anschluss eines Schlauches für die Außenreinigung vorhanden sein, damit die Reinigung bereits auf der Behandlungsfläche geschehen kann.

Beim Befüllen der Brühebehälter ist dafür Sorge zu tragen, dass keine Spritzbrühe in Gewässer, in die Kanalisation oder in das Wasserversorgungsnetz gelangt.

Beim Befüllen des Behälters aus dem öffentlichen Leitungsnetz müssen Vorkehrungen getroffen werden, die verhindern, dass bei Unterdruck in der Wasserleitung Flüssigkeit aus dem Behälter zurückgesaugt wird. Geräte der neuen Generation verfügen dazu über einen Schlauchanschluss mit freier Fließstrecke. Bei älteren Geräten wird der Wasserzulauf so weit über den Spritztank angebracht, dass er auch bei maximaler Füllung des Spritztanks nicht mit der Flüssigkeit in Berührung kommt. Besser ist allerdings die Montage einer zugelassenen Rohrtrenneinrichtung, die wandseitig vor dem Wasserhahn installiert wird. In jedem Fall ist der Füllvorgang zu beaufsichtigen.

Die Höhe der Mittelzugabe hängt vom Flüssigkeitsaufwand, vom Wirkstoffaufwand und der Wassermenge im Behälter ab. Spritzpulver werden vorher in einem geeigneten Gefäß angeteigt, um Verklumpungen zu vermeiden und die Anwenderbelastung auf ein Minimum zu begrenzen. Granulate und flüssige Präparate können direkt über die Einspülvorrichtung bzw. über die Einfüllöffnung zugesetzt werden. Die Verpackungen werden vollständig entleert und Kunststoffbehälter mit Wasser gut gereinigt. Die gereinigten Kunststoffbehälter können bei Sammelstellen abgegeben werden, die von den Pflanzenschutzmittelherstellern eingerichtet wurden. Ansonsten sind die gereinigten Behältnisse zum Haushaltsmüll zu geben. Folienbeutel und -säcke (Kunststoff, kunststoffbeschichtete Aluminiumfolie etc.) sind auszuspülen und zum Hausmüll zu geben. Papier- und Kartonverpackungen sind restlos zu entleeren und dann ebenfalls mit dem Hausmüll zu entsorgen. Das Verbrennen von leeren Verpackungen ist nicht erlaubt.

11.5. Rührwerke

Um im Behälter eine homogene Brühekonzentration herzustellen und ein Absetzen der Pflanzenschutzmittel zu verhindern, muss eine Rühreinrichtung vorhanden sein. Dafür werden mindestens 5 % des Behältervolumens an Pumpenleistung je Minute benötigt. Bei einem 1000 l Behälter sind dies 50 l/min. Bei Behältern über 2.000 l sollten es mindestens 3 % sein. Zur Anwendung kommen fast ausschließlich **hydraulische Rührwerke**. Die Pumpleistung ist bei Geräten mit dieser Rühreinrichtung so hoch dimensioniert, dass der überwiegende Teil der geförderten Brühe in den Rücklauf geht und über ein im unteren Teil des Behälters befindliches Rohr mit seitlichen Öffnungen austritt. Die austretende Brühe führt zu einer ständigen Umwälzung des Behälterinhalts.

Bei größeren Behältern (z.B. für Schlauchspritzung) werden häufig **mechanische Rührwerke** eingesetzt. Hier ist im Behälter eine Welle mit Flügeln, Propellern oder Taumelscheiben eingebaut. Die Welle wird mechanisch vom Pumpenabtrieb oder über einen Ölmotor angetrieben.

Reicht die Pumpenleistung für die Durchmischung und Umwälzung der Brühe nicht aus, so kann zusätzlich ein **Injektorrührwerk** an den Rücklauf angeschlossen werden. Diese Bauteile sind sehr preisgünstig (10 bis 30 €) im Zubehörhandel erhältlich. Durch den Injektor, der ähnlich wie eine Wasserstrahlpumpe funktioniert, wird die Rücklaufleistung um den Faktor 4 bis 5 erhöht. Für Behälter mit kleinen Einfüllöffnungen hat die Firma Jacoby (2006 von Fa. Krieger übernommen) ein Injektorrührwerk konstruiert, das an der Tankoberseite verschraubt werden kann.

Abbildung 204: Mechanisches Rührwerk (links), hydraulisches Rührwerk (rechts) und Injektorrührwerk (unten)

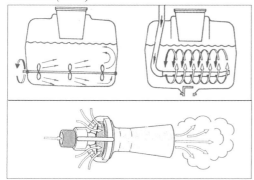

11.5.5 Filtereinrichtungen

Um Abweichungen in der Aufwandmenge und Arbeitsunterbrechungen durch verstopfte Düsen zu vermeiden, müssen die Geräte mit Filtereinrichtungen ausgestattet sein, die vom Einfüllsieb bis zu den Düsen zunehmend feinere Maschen aufweisen. Das **Einfüllsieb** in der Einfüllöffnung des Brühebehälters hat

die Aufgabe, grobe Teile bei der Herstellung der Spritzbrühe zurückzuhalten. Bei modernen Geräten ist das Einfüllsieb kombiniert mit einer **Einspülvorrichtung**. Pulverförmige Mittel und Granulate werden in das Sieb gegeben. Danach wird der Deckel verschlossen und die Einspülvorrichtung, die von der Pumpe gespeist wird, löst die Mittel auf, ohne dass es zur Staubentwicklung kommt.
Zwischen Brühebehällter und Pumpe ist im Bereich der Saugarmatur ein **Saugfilter** angeordnet, der Grobteile (z.B. im Behälter abgeplatzte Spritzmittelkrusten) von der Pumpe fernhalten soll.

Auf der Druckseite des Leitungssystems (vor, in oder nach der Armatur) ist der **Druckfilter** eingebaut. Druckfilter sind in der Regel mit einem Spülventil ausgestattet, was eine schnelle Reinigung ermöglicht.

In den Düsenkörpern finden sich die sog. **Düsenfilter,** die Düsenverstopfungen vermeiden sollen. Ihre Maschenweite muss daher kleiner sein als der Durchmesser der Düsenbohrung.
Die Maschenweiten bzw. Durchgangsöffnungen der Filterflächen werden durch die Anzahl der Maschen pro Zoll (Mesh = M) angegeben. Die gebräuchlichsten Filter im Druck- und Düsenfilterbereich sind die Größen 50 M mit 0,3 mm und 80 M (Druckfilter) mit 0,2 mm Durchgangsöffnung.

11.5.6   Einstellarmaturen (Druckarmaturen)

Die Einstellarmatur eines Sprühgeräts erfüllt folgende wichtige Funktionen:

- Einstellung und Überwachung des Spritzdruckes (Manometer).
- Öffnen oder Verschließen der Druckleitungen zu den Düsen (ein- oder beidseitig).
- Rückführung der überschüssigen Brühe über den Rücklauf (oft gleichzeitig hydraulisches Rührwerk).
- Überdrucksicherung.

Die Einstellarmatur sollte gut erreichbar und möglichst im ständigen Sichtbereich des Fahrers liegen. Für die ordnungsgemäße Bedienung der Armatur ist die Bedienungsanleitung der Gerätehersteller zu beachten.

Die Einstellarmatur setzt sich aus verschiedenen Bauteilen mit verschiedenen Aufgaben zusammen. **Das Druckregel- und Sicherheitsventil mit Manometer** dient der Einstellung des gewünschten Spritzdruckes und verhindert die Überschreitung des zulässigen Höchstdruckes.
Die **Schließventile (Gleichdruckventile)** für das rechte und linke Düsenrohr ermög-

lichen das Zu- und Abschalten eines oder beider Düsenkränze, um auch einseitige oder einreihige Behandlungen durchführen zu können.

Das **Zentralabstellventil mit Rücksaugeinrichtung** ermöglicht ein gleichzeitiges Ein- und Abstellen aller Düsen. Durch die Rücksaugeinrichtung wird beim Abstellen des Zentralabstellventils die Spritzflüssigkeit aus den beiden Düsenleitungen zurückgesaugt, was ein Nachtropfen verhindert.

Weitere Ventile können zur Bedienung eines Rührwerks, einer zentralen Einfüllvorrichtung oder Einspülschleuse, einer Injektorrücksaugeinrichtung oder der Außenreinigung vorhanden sein.

Durch den als Sonderausstattung möglichen Einbau **elektronischer Mess- und Steuereinrichtungen** wird die Einstellung des zur Ausbringung der erforderlichen Brühemenge notwendigen Druckes automatisiert und schwankenden Fahrgeschwindigkeiten angeglichen. Je nach Ausstattung werden noch weitere Funktionen und Informationen automatisiert. Fernbedienungen ermöglichen die Betätigung der Einstellarmaturen vom Fahrersitz aus. Sie sind mechanisch (über Bowdenzüge) oder elektrisch (durch Stellmotore und Magnetventile) zu bedienen.

Das **Manometer** dient zur Überwachung des eingestellten Spritzdruckes. Es gibt Manometer für unterschiedliche Einsatzgebiete und mit verschiedenen Skalen (Druckbereichen). Zum Messen pulsierender Förderströme, wie sie beim Einsatz von Kolben- oder Membranpumpen auftreten, eignen sich Manometer mit Glycerinfüllung. Diese Füllung dämpft die Schwingungen. Bei geeichten Manometern wird eine Güteklasse (= zulässige Abweichung in % bezogen auf den Skalenendwert oder einen Fixpunkt) angegeben.

Beispiel: Güteklasse 1,6 bei Manometer mit Skalenendwert 60 bar = max. Abweichung von 1,6 % bei 60 bar = 0,96 bar.

Die Manometer müssen "gespreizt" sein, d.h. der untere Skalenbereich (z.B. 0 - 20 bar) ist weiter auseinandergezogen als der obere Druckbereich. Damit ist eine exaktere Einstellung möglich, da auch geringe Druckunterschiede von Bedeutung für den Brüheausstoß sind. Der Anzeigebereich des Mannometers muss größer sein als die maximale Druckleistung der Pumpe.

Abbildung 205: *Fernbedienungsarmatur; Links: Bedieneinheit mit elektronischer Druck-regelung, Manometer mit Dosierkompass und Fernbedienung über Bowdenzüge für Haupt-und Teilbreitenhebel. Rechts: Zentralarmatur mit Haupthebel und Rücksaugeinrichtung, Teilbreitenhebel, Gleichdruckarmatur und Druckfilter mit Umlaufspülung*

Abbildung 206: *Funtionsschema eines Weinbau-Sprühgeräts*

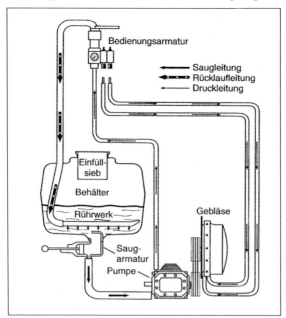

11.5.7 Düsen

Aufgabe der Düsen ist es, das kompakte Flüssigkeitsvolumen in Tröpfchen zu zerteilen. Die Tröpfchen werden dann durch ihre Bewegungsenergie, die sie durch den Arbeitsdruck und den Luftstrom erhalten, zu den Zielobjekten transportiert. Düsen erzeugen grundsätzlich ein Tropfenspektrum von unterschiedlicher Größe. Während bei den herkömmlichen Flachstrahl- und Hohlkegeldüsen der Druck am Düseneingang und an der Düsenöffnung gleich hoch ist, kommt es bei Düsentypen mit Dosierblende (Antidriftdüsen) und den Injektordüsen zu einem deutlichen Druckabbau im Düsenkanal. Der Düsenausstoß hängt vom Überdruck und vom Querschnitt der Dosieröffnung ab. Verschiedene Düsengrößen einer Typenreihe unterscheiden sich ausschließlich im Querschnitt der Dosieröffnung.

Die Tropfenerzeugung erfolgt bei allen Düsenbauarten am Düsenmundstück. Hier entsteht ein fächer- oder hohlkegelförmiger Flüssigkeitsfilm, der sich in Strahlrichtung ausbreitet und dabei immer dünner wird. Ist der Punkt erreicht, an dem die inneren Anziehungskräfte der Flüssigkeit den Film nicht mehr zusammenhalten können, reißt er auf und zerfällt zu Fäden, die sich zu Einzeltropfen zerteilen (siehe hydraulische Tropfenaufbereitung, Kap. 11.3.1).

11.5.7.1 Düsenbauarten

Je nach Einsatzgebiet werden im Pflanzenschutz unterschiedliche Düsenbauarten eingesetzt. Aufgrund der Abstandsauflagen der Pflanzenschutzmittel zum Schutze von Gewässern und Saumkulturen hat der Einsatz grobtropfiger Düsen mit geringem Feintropfenanteil (kleiner 100 µm) an Bedeutung gewonnen.

Hohlkegeldüsen (Dralldüsen)

Hohlkegeldüsen stellen als Zerstäuber im Sprühgerät einen Standard dar und werden in Druckbereichen von 7 – 15 bar eingesetzt. Bei den Hohlkegeldüsen befindet sich im Düsenmundstück integriert ein Drallkörper mit zwei schrägen Bohrungen. Die Flüssigkeit tritt durch diese durch und wird dabei nach dem Passieren in Rotation versetzt. Die Durchflussgeschwindigkeit erhöht sich und unmittelbar nach dem Austritt der Flüssigkeit aus dem Düsenauslass kommt es zur Zerstäubung der Flüssigkeit. Das Spritzbild hat die Form eines Hohlkegels. Es wird ein feines Tropfenspektrum erzeugt, mit dem Nachteil einer höheren Abdrift im Vergleich zu grobtropfigen Düsen, wie Injektor- oder Antidriftdüsen. Bedingt durch die Rundlochbohrungen am Düsenmundstück sind die Fließquerschnitte der Düse auch bei kleinen Düsenkalibern ausreichend groß, um Verstopfungen zu verhindern.

Flachstrahldüsen

Sie werden im Weinbau, neben der Herbizidausbringung im Niederdruckbereich (vgl Kap. 9.5.2.7), zunehmend auch für Rebschutzmaßnahmen eingesetzt. Bei dieser Bauart entsteht durch die spezielle Form der Düsenöffnung (geschlitzte Bohrung) ein Spritzfächer. Der fächerförmige Sprühstrahl entspricht besser als bei Hohlkegeldüsen der Geometrie des Luftstrahls am spaltförmigen Gebläseaustritt. Somit werden auch schwerere Tropfen frühzeitig vom Luftstrom erfasst und zur Laubwand hin beschleunigt. Deshalb sind sie gut für eine grobtropfige Applikation geeignet. Der Winkel des Spritzfächers sollte 80 bis maximal 90° betragen. Bei größeren Spritzwinkeln, wie sie bei Feldspritzen üblich sind, kommt es zu einer zu starken Überlappung.

Injektordüsen

Die Besonderheit der Injektordüse besteht darin, dass der Spritzbrühe über eine Luftansaugöffnung vor der Tropfenausbringung Luft zugesetzt wird. Dazu wird der Flüssigkeitsstrom unter Druck durch ein Dosierplättchen in eine Kammer mit größerem Querschnitt gespritzt und ein Unterdruck erzeugt, wodurch Luft durch die seitlichen Ansaugöffnungen mitgerissen wird (Venturi-Prinzip). In der Mischkammer werden Luft und Spritzflüssigkeit vermischt, was auch zu einem Druckabbau führt. Das entstehende Gemisch wird durch das Düsenmundstück verteilt. Durch den Druckabbau in der Mischkammer und den großen Düsenauslass wird der Feintropfenanteil nahezu vollständig eliminiert. Spritznebel ist daher bei der Applikation kaum sichtbar und die Abdrift kann erheblich vermindert werden. Die Ausstoßmenge hängt bei den Injektordüsen von der Öffnungsgröße des Dosierplättchens und dem Arbeitsdruck ab. Das Düsenmundstrück hat auf die Ausstoßmenge keinen Einfluss, sondern erzeugt nur die Tropfen. Insofern sind Dosierung und Tropfenerzeugung getrennt. Je nach Größe des Düsenmundstücks und des Arbeitsdrucks lässt sich die Größe der Tropfen verändern.

Die biologische Wirksamkeit der Injektordüsen wurde in vielen Versuchen abgesichert und kann bei sachgerechtem Einsatz mit den Standarddüsen gleichgesetzt werden. Nachteilig ist, neben der etwas längeren Bauform, eine höhere Verstopfungsneigung, insbesondere bei sehr kleinem Düsenkaliber (z.B. 01). Daher sind die Anforderungen an Vorfilter und Düsenfilter höher und der Winzer muss häufiger den Düsenausstoß am Gerät kontrollieren.

Injektordüsen werden als Hohlkegel- und Flachstrahldüsen angeboten. Zum Einsatz kommen aber vorwiegend Injektor-Flachstrahldüsen, da sie die Tropfen ohne Randstrahleffekte – bei Hohlkegeldüsen der Fall – in den Luftstrom einführen.

Antidriftdüsen

Antidriftdüsen unterscheiden sich äußerlich kaum von den üblichen Flachstrahldüsen. Durch eine eingebaute Dosierblende wird die Flüssigkeit in die Vorkammer der Düse dosiert eingeleitet. Durch den Druckabbau in der Vorkammer wird am Düsenauslass eine Reduzierung des unerwünschten Feintropfenanteils beim Zerstäubungsprozess bewirkt. Gegenüber herkömmlichen Flachstrahldüsen haben Antidriftdüsen einen bis zu 50 % größeren Austrittsquerschnitt. Sie sind somit weniger verstopfungsanfällig. Weiterer Vorteil gegenüber den Injektordüsen ist die kompakte Bauweise.

Antidriftdüsen zeichnen sich durch ein Tropfenspektrum in Abhängigkeit des Druckes von grob bis fein aus. Im niederen Druckbereich (2 bis 4 bar) erzeugen sie ein ähnlich grobes Tropfenspektrum wie Injektordüsen. Bevor man sich für diese Düse entscheidet sollte man prüfen, ob sich mit dem vorhandenen Sprühgerät Drücke bis 4 bar reproduzierbar einregeln lassen. Oberhalb von 5 bar nimmt der Feintropfenanteil der Antidriftdüsen wieder zu. Beiden Düsen (Antidrift und Injektor) ist gemeinsam, dass mit bestimmten Geräten und unter definierten Verwendungsbestimmungen die Abdrift um bis zu 90 % vermindert werden kann. Die aktuellen Eintragungen in das Verzeichnis "Verlustmindernde Geräte für Flächen- und Raumkulturen" sind auf der BBA-Hompage (www.bba.de) abrufbar.

Bei allen grobtropfig zerstäubenden Düsen wird der Druck infolge der besonderen Konstruktion des Düsenkanals innerhalb des Mundstückes abgebaut. Bei Injektordüsen geschieht dies um den Faktor 4 bis 6 und bei Antidriftdüsen um den Faktor 1,5 bis 2,5. Dies bedeutet, wenn der eingestellte Druck bei einer Injektordüse 10 bar aufweist, dann beträgt der Druck an der Austrittsöffnung nur noch rund 2 bar. Bei einer Antidriftdüse reduziert sich ein eingestellter Druck von 4 bar ebenfalls auf etwa 2 bar. Der niedrige Druck an der Düsenöffnung ist für den Tropfentransport nicht so entscheidend, weil der Transport vom Luftstrom vorgenommen wird (Ausnahme Spritzgestänge).

Abbildung 207: Aufbau von Düsen, von links nach rechts: asymetrische Injektorflachstrahldüse (Bandspritzung), symetrische Injektorflachstrahldüse, Antidriftdüse, Standard-Hohlkegeldüse, Standard-Flachstrahldüse

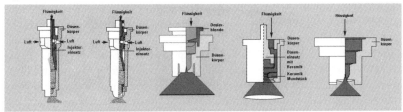

351

Abbildung 208:
Sprühnebelvergleich an einem Überzeilenspritzgestänge mit Führung, links herkömmliche Hohlkegeldüse, rechts Injektordüse

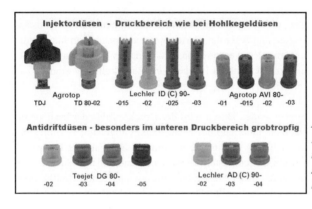

Abbildung 209:
Düsen für verlustmindernde Pflanzenschutzgeräte im Weinbau (Bild: H. Knewitz)

11.5.7.2   Tropfengröße / Tropfenspektrum

Jede Düse erzeugt bei einem bestimmten Druck Tropfen unterschiedlicher Größe. Das Tropfengrößenspektrum gibt dabei die Häufigkeitsverteilung der entsprechenden Tropfenfraktion wieder. Die wichtigste Kenngröße ist der Mittlere Volumetrische Durchmesser (MVD). Von diesem Wert abgeleitet, werden Düsen nach der für Flachstahldüsen üblichen internationalen Tropfengrößenklassifizierung eingestuft. Der 10%-Volumendurchmesser (VD10) gibt die Tropfengröße an, unterhalb derer 10 % des Flüssigkeitsvolumens liegen. Er gibt Aufschluss über das Abdriftpotenzial einer Düse. Eine Erhöhung des Spritzdruckes an der Düse bewirkt eine Reduzierung des MVD und VD10 (das Feintropfenvolumen nimmt zu). Je größer das Düsenkaliber, desto größer sind MVD und VD10 (das Feintropfenvolumen nimmt ab). Die mittlere volumetrische Tropfengröße der Injektorflachstrahldüsen aller Leistungsgrößen liegt im empfohlenen Druckbereich von 8-15 bar bei über 300 µm. Je nach Leistungsgrößen der Hohlkegeldüse bewegen sich diese z. B. bei einem Druck von 10 bar zwischen 100 und 215 µm. Die abdriftmindernde Wirkung von Injektordüsen stellt sich somit anhand der Tropfengröße über den gesamten Druckbereich deutlich dar. Die biologische Wirkung ist den konventionellen feintropfigen Hohlkegeldüsen trotz der visuell gröber strukturierten Beläge ebenbürtig.

Bei der pneumatischen Zerstäubung liegt das mittlere Tropfenspektrum (MVD) unter 100 µm und die VD10-Werte sind extrem niedrig (Abbildung 211). Dies bewirkt nicht nur eine höhere Adrift (vgl. Abbildung 187), sondern hat auch eine höhere Anwenderbelastung (inhalative Exposition) zur Folge.

Abbildung 210: Tropfengröße bei pneumatischer und hydraulischer Zerstäubung (Quelle: G. Bäcker)

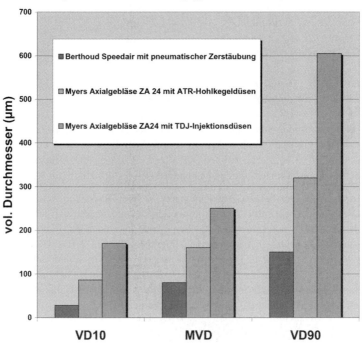

Abbildung 211: Abgrenzung der Tropfenklassen und Einordnung der Düsentypen

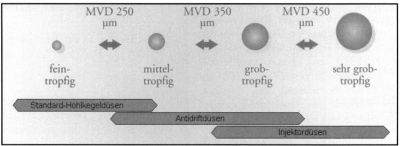

11.5.7.3 Düsenkennzeichnung

Die Leistungsdaten von Düsen werden gemäß internationalen Standards angegeben und enthalten folgende Angaben:

- Düsentyp
- Spritzwinkel
- Leistungsgröße

Die Düsenkennzeichnung ist in der Regel folgendermaßen aufgebaut:

ID 90-015C (Lechler)
TD 80-02 (Agrotop)

Die Anfangsbuchstaben ID bzw. TD bezeichnen den Düsentyp. Die nächsten beiden Zahlen (80 bzw. 90) geben den Spritzwinkel der Düse in Grad an. Die folgenden Zahlen (015 bzw. 02) stehen für die Leistungsgröße (Düsenkaliber). Der Schlussbuchstabe steht für den eingesetzten Werkstoff, z.B. C für Keramik.

Neben den spezifischen Bezeichnungen ist den Düsen zur Kennzeichnung des Düsenkalibers ein Farbcode zugeordnet. Zunehmend beginnt sich der Farbcode nach der ISO-Norm durchzusetzen, daneben gibt es aber noch den EURO-Code. Leider stimmen die beiden Codierungen nicht überein (vgl. Tab. 72). Das Düsenkaliber nach ISO-Norm bestimmt die Durchflussmenge nach amerikanischem Maßstab. Genormt werden die Düsen nach dem Volumenstrom in Gallonen bei rund 3 bar Druck. So steht beispielsweise 015 für einen Volumenstrom von 0,15 US-Gallonen/min und entspricht umgerechnet 0,59 l/min bei 3 bar (Farbe grün).

Tabelle 71: *Verbreitete Düsentypen im Weinbau*

Düsentyp	Hersteller	Farbcode	Bauart
Albuz ATR	Agrotop	Euro	Hohlkegeldüse
Albuz APE	Agrotop	Euro	Flachstrahldüse
Albuz API	Agrotop	ISO	Flachstrahldüse
Lechler TR	Lechler	ISO	Hohlkegeldüse
Conejet TX	Spraying Systems	ISO	Hohlkegeldüse
Turbodrop TD	Agrotop	Euro	Injektor - Hohlkegeldüse
Turbodrop TDF	Agrotop	Euro	Injektor – Flachstrahldüse
Turbodrop TD	Agrotop	ISO	Injektor – Flachstrahldüse
Albuz AVI	Agrotop	ISO	Injektor – Flachstrahldüse
Lechler ID	Lechler	ISO	Injektor – Flachstrahldüse
Lechler AD	Lechler	ISO	Antidrift - Flachstrahldüse
Teejet DG	Spraying Systems	ISO	Antidrift - Flachstrahldüse

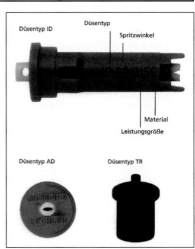

Abbildung 212:
Beispiel für Düsenkennzeichnung

Tabelle 72: Vergleich Injektordüsen

Injektordüsen z.B. AVI 80 (Fa. Agrotop), ID 90 (Fa.Lechler)			Standarddüse z.B. Albuz ATR (Fa. Agrotop)	
Kaliber	Farbcode ISO	Ausstoß bei 10 bar	Farbcode Euro	Ausstoß bei 10 bar
01	Orange	0,73 l/min	Braun	0,66 l/min
015	Grün	1,09 l/min	Gelb	1,02 l/min
02	Gelb	1,46 l/min	Orange	1,34 l/min
025	Lila	1,83 l/min	Rot	1,91 l/min
03	Blau	2,19 l/min	Grün	2,44 l/min

11.5.7.4 Düsenwerkstoffe

Der Düsenkörper wird aus produktionstechnischen Gründen und aufgrund der günstigen Gebrauchseigenschaften inzwischen ausschließlich aus Kunststoff gefertigt. Die Düsenöffnung besteht je nach Einsatzgebiet aus Edelstahl, Kunststoff oder Keramik, wobei die unterschiedlichen Materialien unterschiedliche Verschleißeigenschaften aufweisen. Für Sprühgeräte werden ausschließlich Mundstücke aus Keramik empfohlen.

11.6 Zweiphasenapplikation

Die hohen Mittelkosten für Botrytizide und Insektizide machen eine Zweiphasenapplikation für den Weinbau interessant. Da diese Präparate nur in die Traubenzone appliziert werden, sind gegenüber der Behandlung der ganzen Laubwand Mitteleinsparungen von 40 bis 60 % möglich.

Bei der Zweiphasenapplikation wird von einer Phase die Grundbrühe über die gesamte Laubwand appliziert. Die zweite Phase enthält somit nur die Zusatzpräparate (Insektizid/Botrytizid) für die Traubenzone. Dazu müssen beide Flüssigkeitsphasen getrennt gefördert und unabhängig voneinander dosiert werden können. Dies erfordert auch zwei Gerätekreisläufe, d.h. Pumpen. Bedienungsarmatur und Leitungssystem müssen in zweifacher Ausführung vorhanden sein. Zwei verschiedene Zuordnungen der beiden Flüssigkeitsphasen zu den Düsenstationen sind technisch möglich.

1. Die technisch einfachste und preiswerteste Möglichkeit ist ein Anbau eines zweiten Behälters an die Schlepperfront oder das Heck. Eine Elektro- oder Hydraulikpumpe fördert die Brühe zu den zusätzlich am Düsengestänge des Gebläses montierten Düsen. Nachteilig ist, dass der Behälter aus Gewichts- und Platzgründen nur ein Fassungsvermögen von 100 bis 200 l haben kann. Will man eine mit dem Nachläufer vergleichbare Flächenleistung erreichen, müssen kleine Düsenkaliber eingesetzt werden. Da die Zielflächen mit der Grundbrühe bereits ausreichend benetzt sind, reicht für die zweite Phase auch ein kleineres Düsenkaliber aus. Dieses System ist ab 2200 € im Handel erhältlich (z.B. Wanner, Vicar, Krieger).

2. Technisch aufwändiger und damit auch teurer sind Zweiphasengeräte, die über einen geteilten Brühebehälter verfügen. Diese Lösung wird beispielsweise von der Fa. Wanner angeboten.

Abbildung 213:
Zweiphasenapplikation mit zwei getrennten Behältern

11.7 Recycling- und Sensortechnik

Trotz des hohen Entwicklungsstandes in der Gerätetechnik verfehlt ein mehr oder weniger hoher Tropfenanteil die Zielfläche und schlägt als Wirkstoffverlust zu Buche. Dieser nicht angelagerte Wirkstoffanteil belastet Boden, Wasser und Atmosphäre. Durch Rückgewinnung der nicht angelagerten Brühe bzw. der Aussparung von Bestands- lücken kann deshalb in erheblichem Umfang Wirkstoff eingespart und das Ausmaß der Umweltbelastung drastisch reduziert werden. Dies geschieht mit Hilfe der Recycling-

und Sensortechnik, wobei folgende Verfahren zur Anwendung kommen können:

- Infrarot-Sensorsteuerung
- Tunnelspritzverfahren
- Kollektorverfahren
- Reflektorverfahren

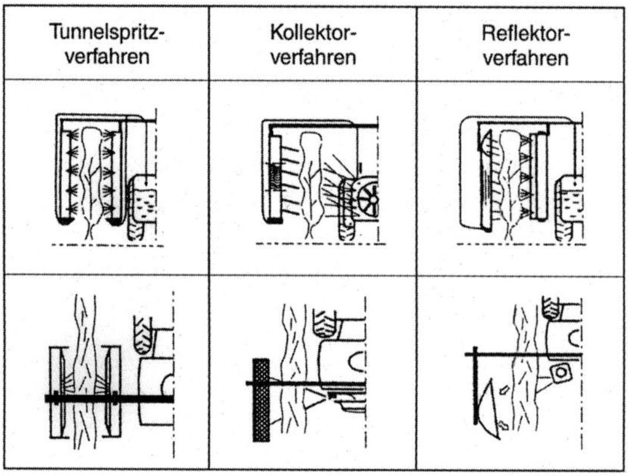

Abbildung 214:
Schematische
Darstellung der
Grundverfahren
zum Mittel-Recy-
cling im Weinbau

11.7.1 Tunnelspritzverfahren

Die einfachste und verbreitetste Möglichkeit der Rückgewinnung bietet das Tunnel-spritzgerät. Die Behandlung erfolgt dabei ohne Gebläseluftstrom im Spritzverfahren. Die Spritztunnel umgeben die Laubwand dreiseitig und sind durch Kunststoff-elemente und flexible Abdeckungen zu den Rebstöcken hin abgedichtet.

Die auf die Tunnelwand auftreffenden Flüssigkeitspartikel laufen in eine darunter-liegende Auffangrinne und werden mit Hilfe einer Injektorpumpe über eine Filteran-lage in den Brühebehälter zurückgefördert. Die in die Tunnelwände integrierten Spritzrohre sind mit je 5 Düsenstationen ausgestattet und behandeln die Rebzeile von beiden Seiten. Vorrangig werden 80° Flachstrahldüsen eingesetzt, die zum besseren Eindringen in einem Winkel von ca. 30° nach oben ausgerichtet werden. Die Anpas-sung des Tunnels an unterschiedliche Laubwandbreiten und Zeilenabstände erfolgt hydraulisch.

Tunnelspritzgeräte werden in verschiedenen Ausführungen angeboten. Anbau- und Anhängegeräte arbeiten in der Regel mit zwei, Geräteträger und Überzeilenschlepper mit drei Tunneleinheiten. Neuerdings werden auch Anhängegeräte und Geräteträger mit vier oder fünf Tunneln angeboten.

11.7.2 Kollektorverfahren (Tropfenabscheider)

Die Rückgewinnung des nicht angelagerten Brüheanteils bei Sprühgeräten erfordert eine Technik, die es ermöglicht, Sprühteilchen, die von der Laubwand nicht aufgefangen werden und auf der anderen Seite wieder austreten, aus dem Gebläseluftstrom abzutrennen. Die Recyclingelemente bestehen aus zwei auf der gebläseabgewandten Seite der Rebzeile geführten Kollektorwänden, die an einem Trägerrahmen mit den entsprechenden hydraulischen Verstellmöglichkeiten aufgehängt sind. Beim Durchströmen des Kollektors wird der Resttropfenanteil an entsprechend geformten Abscheideprofilen getrennt, in einer Auffangrinne gesammelt und wie beim Tunnelspritzgerät von Injektorpumpen über ein entsprechendes Filtersystem erneut dem Gerätekreislauf zugeführt. Die Abscheideelemente bestehen aus vertikal angeordneten Kunststoffprofilen. Der Vorteil des Kollektorverfahrens besteht darin, dass keine speziellen Anforderungen an die Art der Luftströmung gestellt werden. Damit ist dieses Verfahren zwar nicht an eine bestimmte Gebläsebauart gebunden, gleichwohl ist die Rückgewinnungsrate jedoch umso höher, je gezielter der Luftstrom auf die Kollektorwand ausgerichtet ist. Das Kollektorverfahren bietet somit die Möglichkeit, vorhandene Sprühgeräte zu Recyclinggeräten umzurüsten.

11.7.3 Reflektorverfahren

Das Reflektorverfahren erfordert im Gegensatz zum Kollektorverfahren einen horizontal, entgegen der Fahrtrichtung ausgerichteten Luftstrom. Damit bietet sich vorrangig die Kombination mit dem Tangentialgebläse an. Der Reflektor besteht aus einer gewölbten Prallfläche. Der Sprühstrahl, der aus der Laubwand austritt, trifft im vorderen Drittel auf die Reflektorfläche, wobei der Luftstrom umgelenkt und erneut auf die Rebzeile gerichtet wird. Die im Sprühstrahl befindlichen Flüssigkeitspartikel schlagen sich dabei zum größten Teil an der Reflektorwand nieder und laufen schlierenartig nach unten in eine Auffangwanne. Eine vertikale Rinne am hinteren Ende der Reflektorwand verhindert, dass Flüssigkeitsschlieren vom Luftstrom mitgerissen werden. Ein geringer Anteil an feinen Tropfen wird nicht abgeschieden und gelangt mit dem umgelenkten Luftstrom erneut auf die Rebzeile.

Kollektor- und Reflektorverfahren haben mangels Nachfrage bisher im Weinbau keine nennenswerte Verbreitung gefunden.

Recyclingrate

In der Höhe der **Rückgewinnungsrate (Recyclingrate)** bestehen nur geringe Unterschiede zwischen den genannten Verfahren. Im Vorblütestadium können 50 bis 70 %, bei voller Belaubung immerhin noch 15 bis 30 % zurückgewonnen werden. Über die gesamte Spritzsaison können so 30 bis 40 % Pflanzenschutzmittel eingespart werden.

Unter umwelthygienischen Aspekten stellt die drastische Verminderung der Abdrift den entscheidenden Vorteil dar. Alle Recyclinggeräte sind deshalb in die Abdriftminderungsklasse 90 % eingestuft. Nachteilig sind die höheren Anschaffungskosten, die sich jedoch bei entsprechender Einsatzfläche amortisieren, sowie die höheren Anforderungen an die Einsatzbedingungen (z.B. größerer Platzbedarf beim Vorgewende).

Abbildung 215:
Tunnelspritzgerät

Abbildung 216:
*Axialgebläse mit
Kollektorwänden*

11.7.4 Sensortechnik

Eine weitere Möglichkeit zur Einschränkung der Wirkstoffverluste bei der Behandlung von Raumkulturen besteht in der Erkennung und Aussparung von Lücken im Pflanzenbestand. Dies kann mit Hilfe der Sensortechnik geschehen. Das komplette System besteht aus optischen Sensoren, einem Messwertaufnehmer zur Ermittlung der Fahrgeschwindigkeit, dem Controller, je einem Magnetventil pro Düsenstation und dem Bedienungsterminal. Die Sensoren arbeiten nach dem Reflexlichtprinzip. Der einstellbare Empfindlichkeitsbereich ermöglicht die Abtastung von Zielobjekten bis zu einem Meter Abstand. Die Sensoren tasten die Rebzeilen ab und über Magnetventile wird der Flüssigkeitsausstoß der Düsen gestoppt, wenn sich Lücken in der Laubwand zeigen. Dabei ist jeder einzelnen Düsenstation ein Sensor zugeordnet, der auf den von der betreffenden Düse abzudeckenden Streifen der Laubwand ausgerichtet ist. Die Steuersignale der Sensoren werden in einem Mikroprozessor (Contoller) verarbeitet.

Unter Berücksichtigung der Fahrgeschwindigkeit, die von einem induktiven Impulszähler am Vorderrad des Schleppers oder am Rad des Nachläufers kontinuierlich erfasst wird, werden die Magnetventile mit einer dem zeitlichen Abstand zwischen Düse und Sensor entsprechenden Verzögerung geschaltet. Bei Unterbrechung der Fahrt werden sämtliche Düsen geschlossen. Der Hauptvorteil des Sensorsystems besteht darin, dass beim Ein- und Ausfahren aus der Gasse sowie an Durchgängen und Fehlstellen alle Düsen geöffnet oder geschlossen werden. Weiterhin bewirkt die Unterbrechung des Flüssigkeitsstroms einzelner Düsen die Aussparung von Lücken im Bestand, was insbesondere im oberen und unteren Grenzbereich der Laubwand zu größeren Einsparungen an Brühe und zur Vermeidung von Wirkstoffaustrag führt. Die Einsparrate ist sehr unterschiedlich. In lückigen Beständen und frühen Entwicklungsstadien werden Einsparraten von 20 bis 35 % erreicht. Bei voller Belaubung und in dichten Beständen sinkt die Einsparung auf 10 bis 15 %.

Die Handhabung der Sensortechnik gestaltet sich außerordentlich einfach. Das Öffnen und Schließen der Düsen am Zeilenanfang und -ende erfolgen automatisch. Damit sind Wirkstoffverluste während des Wendevorgangs ausgeschlossen. Ein Display am Bedienungsteil zeigt dem Anwender nach jeder Arbeitsfahrt die Höhe der Einsparungsrate an, womit die exakte Bemessung der Brühemengen und die Vermeidung von Restmengen erleichtert werden. Für eine sichere Applikation muss mit Sensorgeräten bei allen Behandlungen jede Gasse gefahren werden.

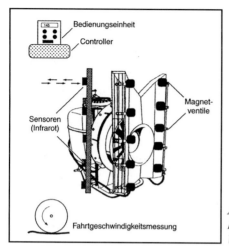

Abbildung 217: *Aufbau eines Sensor-Pflanzenschutzgerätes für den Weinbau*

Abbildung 218: *Axialgebläse mit Sensotechnik*

11.8 Empfohlener Wasseraufwand und Mittelaufwand

Vor der richtigen Einstellung eines Sprühgerätes steht die Überlegung, welche Brüheaufwandmenge pro Flächeneinheit ausgebracht wird und wie hoch die anzuwendende Mittelmenge sein soll. Grundsätzlich steht die Brüheaufwandmenge nicht im Zusammenhang mit der biologischen Wirksamkeit der Spritzung. Entscheidend ist vielmehr, dass eine bestimmte Wirkstoffmenge gleichmäßig auf der Zielfläche verteilt wird.

362

Ein ausgewachsener Rebbestand ist bei optimaler Benetzung in der Lage, maximal 800 l Brühe/ha ohne allzu große Abtropfverluste zu halten. Bei höheren Brühemengen sind starke Abtropfverluste unvermeidbar. Die bei der Schlauchspritzung aufgewendeten Brühemengen sind in Anbetracht dieser Tatsache kritisch zu bewerten. Allerdings ist es mit dieser Technik nicht möglich, mit geringen Brühemengen zu spritzen, da mit der dazu notwendigen feineren Düse die Reichweite des Spritzstrahls zu stark zurückgeht und die Gehgeschwindigkeit insbesondere im Steilhang begrenzt ist.

Bei Sprühgeräten nimmt bei sehr geringen Brühemengen (unter ca. 100 l/ha bei voller Belaubung) die Abdrift wegen der sehr kleinen Tropfengröße stark zu. Außerdem können nicht alle Mittel so hoch konzentriert werden (Probleme hinsichtlich Schwebefähigkeit, Verträglichkeit, biologische Wirksamkeit, etc.). Demnach zeigt sich, dass sowohl sehr niedrige als auch sehr hohe Brüheaufwandmengen die sachgerechte Ausbringung der Mittel zunehmend problematisch machen. Beim Einsatz von Sprühgeräten ist bei voller Belaubung und Befahren jeder Zeile eine Flüssigkeitsmenge von 250 bis maximal 800 l/ha anzustreben. Bei zu niedrigen Wassermengen und kleineren Tropfen wird die Anlagerung schwieriger und die Gefahr von Abdriftverlusten steigt. Oberhalb von 800 l ist mit höheren Abtropfverlusten zu rechnen, weshalb spätestens ab abgehender Blüte (Stadium 68) die Spritzbrühe zu konzentrieren ist.

Im Zuge der EU-Harmonisierung erfolgte eine Änderung der Angaben zu den Mittelaufwendungen. Die bisherigen relativen Konzentrationsangaben in %, bezogen auf die Wasserberechnungsgrundlage von 400 bis 1600 l/ha, wurden auf absolute Größen (kg oder l Mittelaufwand je ha) umgestellt. Als Grundlage dient dazu der Basisaufwand (kg oder l/ha), der in der Regel auf die erste Vorblütebehandlung (früher 400 l/ha als Berechnungsgrundlage) bezogen wird. Durch Division des Basisaufwands mit dem Faktor 4 erhält man die alte Konzentrationsangabe (z.B. Polyram WG: Basisaufwand 0,8 kg/ha, Konzentration 0,2 %). Der Basisaufwand ist im Verlauf der Vegetationsperiode an das Entwicklungsstadium der Rebe und die damit verbundene Vergrößerung der Zielfläche anzupassen (Abbildung 219). Dazu wird der Basisaufwand je nach Entwicklungsstadium mit einem Faktor zwischen 1,5 und 4 multipliziert. Die Angaben zum Mittelaufwand sind Bestandteil der Zulassung und müssen in der Gebrauchsanleitung und auf der Verpackung deutlich sichtbar aufgeführt werden. Fließende Übergänge zwischen zwei Entwicklungsstadien sind möglich. So multipliziert man für die abgehende Blüte (BBCH 68 bis 69) den Basisaufwand mit dem Faktor 2,5.

Abbildung 219: *Mittelaufwand (kg oder l/ha) und empfohlener Wasseraufwand (l/ha) bei unterschiedlichen Entwicklungsstadien der Reben in Direktzuglagen*

Entwicklungsstadien nach der BBCH-Skala	00 - 09	11 – 16	19 – 55	57-65	68	71	73-75	77-81
	00 Vegetationsruhe 09 Knospenaufbruch	11 1. Blatt entfaltet 16 6 Blätter entfaltet	19 9 Blätter entfaltet 55 Gescheine vergrößern sich	57 Gescheine voll entwickelt 65 Vollblüte: 50% der Blütenkäppchen abgeworfen	68 80% der Blütenkäppchen abgeworfen	71 Fruchtansatz: Fruchtknoten vergrößern sich	73 Beeren sind schrotkorngroß 75 Beeren sind erbsengroß 77 Begin Traubenschluß 81 Beginn der Reife: Beeren werden hell	
Behandlungstermin:	Austrieb	1. Vorblüte	2. Vorblüte	3. Vorblüte	abgehende Blüte	2. Nachblüte	ab 3. Nachblüte, je nach Laubwanddichte	
Empfohlene Wassermenge [l/ha]	100-400	100-400	200-800	200-800	250-800	300-800	400-800	
Basisaufwand [kg bzw. l]	x 1	x 1	x 1,5	x 2	x 2,5	x 3	x 3,5	x 4
	Mittelaufwand kg bzw. l pro ha zum jeweiligen Entwicklungsstadium							
0,05 (0,0125%)	0,05	0,05	0,075	0,1	0,125	0,15	0,175	0,2
0,06 (0,015%)	0,06	0,06	0,09	0,12	0,15	0,18	0,21	0,24
0,08 (0,02%)	0,08	0,08	0,12	0,16	0,2	0,24	0,28	0,32
0,16 (0,04%)	0,16	0,16	0,24	0,32	0,4	0,48	0,56	0,64
0,2 (0,05%)	0,2	0,2	0,3	0,4	0,5	0,6	0,7	0,8
0,24 (0,06%)	0,24	0,24	0,36	0,48	0,6	0,72	0,84	0,96
0,3 (0,075%)	0,3	0,3	0,45	0,6	0,75	0,9	1,05	1,2
0,4 (0,1%)	0,4	0,4	0,6	0,8	1,0	1,2	1,4	1,6
0,5 (0,125%)	0,5	0,5	0,75	1,0	1,25	1,5	1,75	2
0,6 (0,15%)	0,6	0,6	0,9	1,2	1,5	1,8	2,1	2,4
0,8 (0,2%)	0,8	0,8	1,2	1,6	2,0	2,4	2,8	3,2
1,0 (0,25%)	1,0	1,0	1,5	2,0	2,5	3	3,5	4
2,0 (0,5%)	2,0	2,0	3,0	4,0	5,0	6	7	8
4,0 (1,0%)	4,0	4,0	6,0	8,0	10,0	12	14	16
8,0 (2,0%)	8,0	8,0	12,0	16,0	20,0	24	28	32

Bemerkung: Spätestens ab Stadium 68 (Abgehende Blüte) ist die Spritzbrühe zu konzentrieren, da die max. Wassermenge, die an eine volle Laubwand angelagert werden kann, 800 l/ha beträgt.

Abbildung 220: Einfluss der Brühemenge (l/ha) auf die Belagsstruktur im Innern der Laubwand im Bereich der Traubenzone

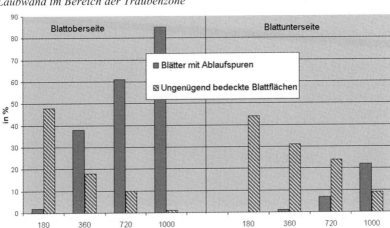

Bei der Schlauchspritzung sollten die Brüheaufwandmengen in Abhängigkeit vom Entwicklungsstadium bei 1 000 bis max. 2 500 l/ha liegen. Höhere Aufwandmengen sind nicht zu vertreten. Die Spritzung soll eine effektive und möglichst umweltschonende Pflanzenschutzmaßnahme sein. Als günstig hat sich die Verwendung eines Düsenplättchens von 1,2 mm Durchmesser bei einem Druck von 50 bar erwiesen.

11.9 Einstellung eines Sprühgerätes und Berechnungen beim Rebschutz

Die exakte Einstellung eines Sprühgerätes ist Voraussetzung für die Ausbringung der gewünschten Mittel- und Brühemenge, für eine hohe biologische Wirksamkeit der eingesetzten Mittel und möglichst geringe Abdrift- und Abtropfverluste.

- Fahrgeschwindigkeit,
- Arbeitsbreite,
- Anzahl offener Düsen,
- Brüheausstoß pro Düse und Zeiteinheit

365

müssen aufeinander abgestimmt werden, damit die gewünschte Brühemenge ausgebracht werden kann. Das folgende Rechenschema leistet dazu Hilfestellung:

1. Ermittlung der tatsächlichen Fahrgeschwindigkeit (Traktometer oft ungenau!) bei Zapfwellendrehzahl (540 U/min) auf einer Teststrecke mit bekannter Länge.

$$\frac{\text{gefahrene Teststrecke (m)} \times 3,6}{\text{benötigte Zeit (sec)}} = \text{km/h}$$

Beispiel: $\dfrac{100\ m \times 3,6}{60\ sec} = 6,0\ km/h$

2. Berechnung des notwendigen Brüheausstoßes (l/min) pro Düse:
Der in Abhängigkeit vom Vegetationsstand und der Konzentration erforderliche Brüheaufwand kann aus der Abbildung 219 abgelesen werden:

$$\frac{\text{Brüheaufwand (l/ha)} \times \text{Fahrgeschw. (km/h)} \times \text{Arbeitsbreite (m)}}{600 \times \text{Anzahl offener Düsen}} = \text{notwendiger Brüheausstoß pro Düse (l/min)}$$

Beispiel:
In einer Anlage mit 2,0 m Zeilenbreite (=Arbeitsbreite) sollen beim Befahren jeder Gasse 400 l/ha ausgebracht werden. (2. Nachblütespritzung, 3-fache Konzentration). Dabei sollen bei einer Geschwindigkeit von 6,5 km/h 8 Düsen geöffnet sein.

$$\frac{400\ l/ha \times 6,5\ km/h \times 2,0}{600 \times 8} = \frac{5\ 200}{4\ 800} = 1,08\ l/min\ pro\ Düse$$

3. Ablesen des notwendigen Drucks in der Einstelltabelle:

In der Einstelltabelle ist der Ausstoß einer Düse in l/min in Abhängigkeit vom Druck angegeben. Der dem notwendigen Brüheausstoß entsprechende Spritzdruck ist am Gerät einzustellen.

Bei Verwendung der grünen Injektordüse (Kaliber 015) müsste für den errechneten Ausstoß von 1,08 l/min ein Druck von etwa 9,7 bar eingestellt werden.

366

Beim Befahren jeder zweiten Gasse - was nach der Blüte nicht mehr empfehlenswert ist - würde sich die Arbeitsbreite auf 4 m verdoppeln. Dies würde auch eine Verdoppelung des Brüheausstosses auf 2,16 l/min und Düse bedeuten. Um die gleiche Mittelkonzentration/ha auszubringen, müsste die lila Düse (Kaliber 025) bei 14 bar genommen werden, was aber aufgrund des hohen Ausstoßes größere Abtropfverluste zur Folge hätte. In diesem Falle wäre es besser, die grüne Düse zu belassen und mit dieser, die in dem Entwicklungsstadium empfohlene Mittelmenge auszubringen (vgl. Tabelle 70). Dies führt zu einer Verdoppelung der Brühekonzentration, da beim Befahren jeder zweiten Zeile nur die halbe Fahrstrecke zurückgelegt wird, aber die Mittelmenge/ha gleich bleiben muss.

Tabelle 73: Brüheausstoß je Düse (l/min) in Abhängigkeit vom Druck bei AVI 80-Injektordüsen

Druck (bar)	ISO-Farbkennzeichnung, Kaliber						
	orange, 01	grün, 015	gelb, 02	lila, 025	blau, 03	rot, 04	braun, 05
4	0,46	0,69	0,92	1,15	1,39	1,85	2,31
5	0,52	0,77	1,03	1,29	1,55	2,07	2,58
6	0,57	0,85	1,13	1,41	1,70	2,26	2,83
7	0,61	0,92	1,22	1,53	1,83	2,44	3,06
8	0,65	0,98	1,31	1,63	1,96	2,61	3,27
9	0,69	1,04	1,39	1,73	2,08	2,77	3,46
10	0,73	1,10	1,46	1,83	2,19	2,92	3,65
12	0,80	1,20	1,60	2,00	2,40	3,20	4,00
14	0,86	1,30	1,73	2,16	2,59	3,46	4,32
16	0,92	1,39	1,85	2,31	2,77	3,70	4,62
18	0,98	1,47	1,96	2,45	2,94	3,92	4,90
20	1,03	1,55	2,07	2,58	3,10	4,13	5,16

4.   Der berechnete Ausstoß bei der ermittelten Motordrehzahl und dem ermittelten Druck sollte Auslitern überprüft werden.

Auslitern

Das Auslitern kann nach zwei verschiedenen Methoden erfolgen. Der Arbeitsdruck und die Zapfwellendrehzahl müssen dabei dem Praxiseinsatz entsprechen. Das Gebläse bleibt ausgeschaltet. Die flüssigkeitsführenden Teile (Pumpe, Leitungen,

Filter, Düsen) müssen mit Wasser gefüllt sein.

I. Auslitern durch direktes Auffangen und Messen.

Dazu werden auf die Düsen Schläuche gesteckt und die Flüssigkeit eine Minute lang in einem Messgefäß aufgefangen (siehe Abbildung 221).

II. Auslitern durch Nachfüllen

Behälter randvoll füllen und Gerät mindestens drei Minuten laufen lassen. Den Behälter wieder randvoll auffüllen und die gemessene Nachfüllmenge durch die Spritzzeit teilen. Das Ergebnis ist die Ausstoßmenge in l/min.

Stimmt der tatsächliche Brüheaufwand nicht mit dem geplanten Brüheaufwand überein, so kann dies verschiedene Ursachen haben:

* geplante Fahrgeschwindigkeit nicht eingehalten.
* Traktometer ungenau.
* Starker Schlupf.
* Manometer geht ungenau.
* tatsächlicher Brüheausstoß der Düsen stimmt mit dem Ausstoß in Einstelltabelle nicht überein.
* Zwischen Einstellarmatur und Düsen befindlicher Druckfilter oder Düsenfilter sind verstopft. In diesem Fall ist der Druck an den Düsen geringer als am Manometer angezeigt.
* Undichtigkeit am Gerät.

Abbildung 221: Richtiges Auslitern

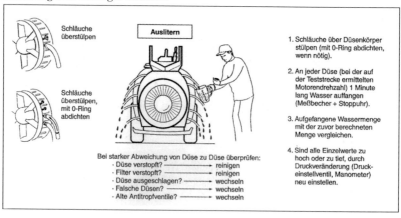

5. Geräteeinstellung an die Laubwand

Während der Pflanzenschutzsaison nimmt die Laubwand der Rebanlage erheblich zu, deshalb sollte die Einstellung grundsätzlich in der Rebanlage durchgeführt werden. Die Geräteeinstellung umfasst das Ausrichten der Luftleitbleche (nur bei Axialgebläsen) und der Düsen an die jeweilige Laubwandhöhe. Luftleitbleche und Düsen sind auf die untere (untere Laubwandgrenze) und obere Behandlungsgrenze (Handbreit unter der momentanen Wuchshöhe) auszurichten. Die dazwischenliegenden Düsen sind gleichmäßig auf die restliche Laubwandzone auszurichten. Eine ausreichende Überlappung ist notwendig, um eine Streifenbildung zu vermeiden. Die Ausrichtung der Düsen und Luftleitbleche muss ständig der Laubwandentwicklung angepasst werden. Zum gleichen Spritztermin können in Abhängigkeit von der Wüchsigkeit und der Anlageform (Stammhöhe) unterschiedliche Laubwandhöhen vorhanden sein. Eine visuelle Kontrolle des Sprühbereiches zu Beginn jeder Behandlung in der Zeile ist deshalb wichtig.

Schritt 2, 3 und 5 sind immer dann durchzuführen, wenn Laubwandhöhe oder Gassenbreite sich ändern. Schritt 1 und 4 sind zumindest einmal zu Beginn der Spritzsaison und bei technischen Veränderungen am Sprühgerät (z. B. Düsenwechsel oder Manometerwechsel) durchzuführen. Auch wenn sich zwischen errechnetem Brüheaufwand und tatsächlichem Verbrauch deutliche Abweichungen ergeben, sollten zwecks Korrektur Fahrgeschwindigkeit (Schritt 1) und Ausstoß (Schritt 4) überprüft werden.

Abbildung 222: Einstellen der Düsen (links) und der Luftleitbleche (rechts)

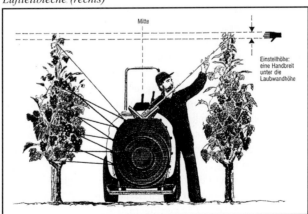

Abbildung 223: Optimale Düseneinstellung zur Vermeidung von Abdrift und Bodenkontamination (Quelle: Bäcker, G.)

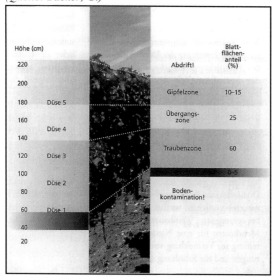

11.10 Allgemeine Maßnahmen zur Verbesserung der Pflanzenschutzmittelanlagerung und Verlustminderung

Bei der Ausbringung von Pflanzenschutzmitteln kann mit einer richtigen Geräteeinstellung bzw. –bedienung die Anlagerung der Wirkstoffe an die Rebe verbessert werden. Folgendes ist zu beachten:

*   Flüssigkeitsmenge an die Entwicklung der Laubwand anpassen.
*   Korrekte Fahrgeschwindigkeit einhalten (genau ermitteln, max. 6,5 km/h). Bei höheren Fahrgeschwindigkeiten führt der stärkere Fahrtwind zu einer größeren Ablenkung des Gebläseluftstroms und der Tröpfchen nach hinten, was ein schlechteres Eindringen in die Laubwand bewirkt.
*   Düsenkaliber und Betriebsdruck so wählen, dass keine Abtropfverluste entstehen.
*   Je höher der Feintropfenanteil ist, desto mehr Abdrift entsteht. Die Verwendung grobtropfiger Düsen (siehe Kap. 11.5.7) ist eine einfache Möglichkeit, die Abdrift zu verringern.

- Die Luftleitbleche sowie die Anzahl der geöffneten Düsen und die Düsenanstellwinkel müssen sich an der Laubwandhöhe und dem Laubwandabstand zum Gerät orientieren. Falsche Einstellungen können schnell zu Verlusten von 20 bis 25 % der ausgebrachten Spritzbrühe führen.
- Beim Gebläseluftstrom sind Luftleistung, Luftgeschwindigkeit und Strahlrichtung von ausschlaggebender Bedeutung. Je mehr die Luftströmungsrichtung nach oben gerichtet ist, desto höher ist die Abdrift. Daher sind Gebläse mit horizontalem oder im oberen Laubwandbereich nach unten gerichtetem Luftstrom zu bevorzugen.
- Generell sollten Pflanzenschutzmaßnahmen bei Windgeschwindigkeiten über 5 m/sec und Lufttemperaturen über 25°C unterbleiben. Leider ist diese Forderung wegen der starken Termingebundenheit von Pflanzenschutzmaßnahmen in der Praxis nicht immer realisierbar.
- Spätestens nach der Blüte sollte jede Gasse gefahren werden. Bei Winter- und Austriebsbehandlungen Gebläse abstellen und spritzen statt sprühen.
- Laubarbeiten termingerecht und möglichst vor Pflanzenschutzmaßnahmen durchführen.
- Teilentblätterung der Traubenzone verbessert Anlagerung um bis zu 50 % (vgl. Kap. 7.4).

Applikation jeder zweiten Zeile und Luftleistung

In vielen Betrieben wird nach der Blüte nur in jede zweite Gasse gefahren. Diese Art der Applikation führt zu einem ungleichmäßigen und nicht ausreichenden Belag auf den zu schützenden Rebteilen. Besonders die dem Sprühgerät abgewandte Seite (freie Zeile) erhält eine deutlich geringere Wirkstoffanlagerung im Vergleich zur befahrenen Zeile.

Viele Winzer versuchen, durch sehr hohe Luftleistung (35.000 m³/h und mehr) die Anlagerung in der nicht befahrenen Zeile zu verbessern. Zu starke Gebläse können sich auf die Verteilung und Anlagerung jedoch negativ auswirken, da sich Blätter im Wind waagerechter ausrichten und mehr Tröpfchen durch die Laubwand geblasen werden. Dadurch verschlechtert sich die Anlagerung in der gefahrenen Zeile. Zudem erhöhen zu hohe Luftleistungen die Abdrift. Beim Befahren jeder Zeile ist bei Axial- und Tangentialgebläsen in Normalanlagen eine Luftleistung von 20.000 bis 25.000 m³/h vollkommen ausreichend.

Ein Sonderfall ist die Austriebsspritzung. Um die Belastung der Umwelt durch Abdrift und Bodenkontamination nicht unnötig zu erhöhen, muss das Gebläse abgeschaltet werden. Das Befahren jeder Gasse ist bei abgeschaltetem Gebläse eine Grundvoraussetzung und sollte unbedingt eingehalten werden.

11.11 Möglichkeiten zur Steigerung der Flächenleistung

Vor dem Hintergrund wachsender Betriebsgrößen kommen die Winzer zunehmend in Schwierigkeiten, den Pflanzenschutz termingerecht und sachgerecht durchzuführen. Der Wunsch der Betriebe zur Steigerung der Flächenleistung ist daher verständlich. Prinzipiell gibt es derzeit drei Möglichkeiten, die Flächenleistung zu steigern:

- Erhöhung der Fahrgeschwindigkeit.
- Befahren jeder zweiten Zeile.
- Geräte für eine mehrreihige Ausbringung.

Die ersten beiden Möglichkeiten sind in der weinbaulichen Praxis zwar weit verbreitet, gehen aber zu Lasten der Applikationsqualität und können deshalb nicht empfohlen werden. Bei beiden Verfahen geht der Anwender im Hinblick auf den Behandlungserfolg ein größeres Risiko ein, da eine schlechtere Mittelanlagerung gegeben ist (vgl. Abbildung 223). Leider gibt es Bedingungen, wie beispielsweise starke Niederschläge vor einer anstehenden Behandlung oder schwer zu bewältigende Arbeitsspitzen im Betrieb, die nicht immer eine sachgerechte Applikation jeder Zeile nach der Blüte zulassen. In diesen Fällen sollte der Winzer Vorsorge treffen, um das Behandlungsrisiko möglichst gering zu halten. Gebläse mit horizontaler Luftstromausrichtung und starker Durchdringung der Laubwand sind, im Hinblick auf die Anlagerung in der nicht gefahrenen Zeile, anderen Systemen überlegen. Sehr wichtig in diesem Zusammenhang ist eine lichte Traubenzone. Eine frühe Teilentblätterung kann die Anlagerung der Pflanzenschutzmittel um bis zu 50 % erhöhen (vgl. Kap. 7.4).

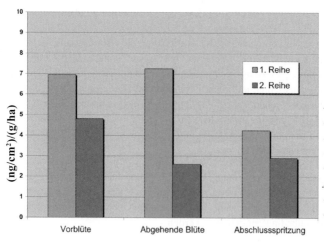

Abbildung 224: Schlechtere Mittelanlagerung bei der Applikation jeder zweiten Zeile (Quelle: Syngenta)

11.12 Mehrreihige Applikation

Als Geräte für eine mehrreihige Applikation kommen Überzeilenspritz- und Überzeilensprühgeräte zur Anwendung. Bei den Überzeilensprühgeräten kann der Luftstrom zentral oder dezentral erzeugt werden.

Überzeilengestänge ohne Luftunterstützung

Im Weinbau recht verbreitet sind Überzeilenspritzgestänge, mit denen zusätzliche Teilbreiten ohne Luftunterstützung abgedeckt werden (siehe Abbildung 197). Der zusätzliche konstruktive Aufwand ist gering und auch handhabungstechnische Gründe sprechen für die Überzeilenspritzgestänge. Es handelt sich dabei um einfache Metallrahmenkonstruktionen, an denen einseitig fünf Düsen angebracht sind. Die Nachrüstung eines Sprühgeräts mit Überzeilenspritzgestänge kostet ca. 3500 €. Von einigen Herstellern wird eine Pumpe, die über einen zweiten Kreislauf verfügt, angeboten (z.B. Fa. Wanner). Dadurch kann gleichzeitig mit unterschiedlichen Drücken (Spritzgestänge höherer Druck, Gebläse geringerer Druck) gearbeitet werden.

Die Bewertung dieser Technik ist eher negativ. Die Aufteilung der verabreichten Wirkstoffmenge zwischen Gebläse und Spritzgestänge bewirkt, dass die Hälfte des Wirkstoffes dem effizienteren Anlagerungsweg über Trägerluftstrom entzogen wird und über das Spritzgestänge auf der geräteabgewandten Seite vorwiegend im äußeren Laubwandbereich angelagert wird. Die Benetzung der Trauben ist bei normaler Belaubung nicht optimal. Ein sinnvoller Einsatz von Überzeilenspritzgestängen im Nachblütestadium erfordert eine lichte Traubenzone, was am besten durch eine Teilentblätterung erreichbar ist. Während der Vorblütebehandlungen besteht keine Notwendigkeit zum Einsatz von Überzeilenspritzgestängen, da mit einem Gebläse beim Befahren jeder zweiten Gasse zu diesem Zeitpunkt eine zufriedenstellende Applikationsqualität erreicht wird. Vorteile bieten Spritzgestände bei der Austriebsbehandlung. Da in diesem Stadium keine Blattmasse zu durchdringen ist, sollte auf die Luftunterstützung verzichtet werden. Im Gegensatz zum abgeschalteten Gebläse kann das Spritzgestänge dichter an die Rebzeile herangeführt und besser auf den eng begrenzten Zielflächenbereich ausgerichtet werden. Mit abdriftarmen Düsen (z.B. Injektordüsen) können ein besseres Anlagerungsverhalten erzielt und Wirkstoffverluste durch Abdrift und Bodensedimentation stark verringert werden.

Überzeilensprühgeräte

Das Überzeilensprühen ist in Ländern wie Frankreich schon lange verbreitet, was teilweise auch auf die niedrigeren Erziehungsformen zurückzuführen ist. Mit der Überzeilensprühtechnik wird jede Zeile der Laubwand beidseitig abgedeckt. Die erforderliche Luftunterstützung kann **zentral** oder **dezentral** erzeugt werden.

Zentrale Luftstromerzeugung

Mehrreihige Verfahren mit zentraler Luftstromerzeugung basieren grundsätzlich auf dem **Radialgebläse**. Sie erzeugen einen konstanten, druckstabilen Luftstrom, der sich einfach vom Trägerfahrzeug über Schlauch- oder Rohrsysteme zu den äußeren Teilbreiten führen lässt, wo er über ein entsprechendes Verteilersystem austritt. Die Ausleger können in der Bauweise leicht gehalten werden, was die Fahrstabilität wesentlich verbessert. Bei schleppergezogenen Geräten lassen sich bis zu sechs, bei zeilenüberfahrenden Trägerfahrzeugen acht bis zehn Teilbreiten realisieren.

Die Zerstäubung kann **pneumatisch** oder **hydraulisch** erfolgen. Bei der pneumatischen Zerstäubung, die vorwiegend im Ausland zur Anwendung kommt, wird der Flüssigkeitsstrom durch den starken Luftstrom zerrissen und ein unkontrolliertes, teilweise sehr feines Tropfenspektrum entsteht (vgl. Kap. 11.3.1). Dadurch ist eine hohe Abdriftgefährdung gegeben (siehe Abbildung 187), weshalb die hydraulische Tropfenaufbereitung zu bevorzugen ist.

Radialgebläse haben einen hohen Leistungsbedarf und erfordern entsprechend leistungsstarke Schlepper.

Dezentrale Luftstromerzeugung

Bei der dezentralen Luftunterstützung haben sich bisher nur **Tangentialgebläse** auf Grund ihrer günstigen Eigenschaften durchgesetzt. Die Gebläse werden an Auslegern in unmittelbarer Nähe der äußeren Teilbreiten positioniert. Der Antrieb der Gebläse erfolgt hydraulisch. Auf Grund der vergleichsweise hohen Ausladungsgewichte ist dieses Konzept je nach Anzahl der Teilbreiten an Trägerfahrzeuge mit entsprechender Kippstabilität gebunden. Bei mehr als 4 Teilbreiten kommen deshalb nur zeilenübergrätschende Trägerfahrzeuge in Betracht. Für den Schlepperanbau wird von den Firmen Freilauber und Gepperth ein an die Dreipunktaufhängung anbaufähiges Trägergestell angeboten. Die Luftunterstützung erfolgt dezentral nur an den Auslegerarmen; in der Fahrgasse übernimmt dies das angehängte Sprühgerät. An jedem Auslegerarm ist ein Tangentialgebläse angebaut, welches verstellbar ist. Dadurch ergeben sich unterschiedliche Applikationsvarianten. Sind die Überzeilenlüfter nach innen gestellt, werden zwei Zeilen beidseitig behandelt (z.B. Nachblütespritzungen). Stellt man die Lüfter nach außen werden vier Zeilen von einer Seite angesprüht (z.B. Vorblütebehandlungen). Die Ausleger sind hydraulisch schwenkbar (Transport- oder Arbeitsstellung) und über Gleitschienen ein- und ausziehbar. Anfahrsicherungen dienen dem Schutz vor Beschädigungen.

Überzeilen-Axialgebläse lassen sich nur auf zeilenübergrätschenden Trägerfahrzeugen (z.B. Vollernterrahmen) anbauen. Die Firma Wanner bietet ein solches Konzept mit 4 Axial-Lüftern zur Behandlung von 6 Teilbreiten an.

Abbildung 225: *Überzeiliges Radialgebläse mit Tandemachse für 4 Teilbreiten*

Abbildung 226: *Tangentialgebläse für überzeilige Applikation*

Abbildung 227: *Tangentialgebläse für mehrreihige Applikation auf einem Geräteträger*

Abbildung 228: *Axialgebläse für mehrreihige Applikation auf einem Geräteträger*

Einsatzbedingungen und Flächenleistung

Wichtig für den Einsatz der Überzeilentechnik ist, neben guten Geländeverhältnissen, vor allem eine maschinengerechte Gestaltung der Vorgewende. Diese sollten für ein zügiges Wenden mindestens eine Breite von 5 Metern aufweisen. Beim Einsatz mehrreihiger Geräte müssen immer gewisse Zugeständnisse an das Fahrverhalten und die Manövrierfähigkeit gemacht werden. Voraussetzung ist, dass die Geräte auch in hängigerem Gelände und unter den auf offenen und begrünten Böden herrschenden Fahrbahnverhältnissen handhabungsmäßig beherrschbar sind. Nur so ist gewährleistet, dass durch die erweiterte Teilbreitenzahl entsprechende Zeitvorteile erzielt werden. Handhabungstechnische Vorteile bietet hier die **Tandemachse** (siehe Abb. 225), die vor allem bei kritischen Fahrbahnbedingungen die Kippstabilität deutlich verbessert. Unter optimalen Einsatzbedingungen geht mit zunehmender Arbeitsbreite der Arbeitszeitbedarf fast im selben Maße zurück. So kann der Zeitaufwand je nach Verfahren um mehr als die Hälfte gesenkt werden. Bei der zentralen Luftstromerzeugung mit Radialgebläsen muss der hohe Leistungsbedarf berücksichtigt werden.

Abbildung 229: Flächenleistung verschiedener Gerätevarianten (Quelle: G. Bäcker)

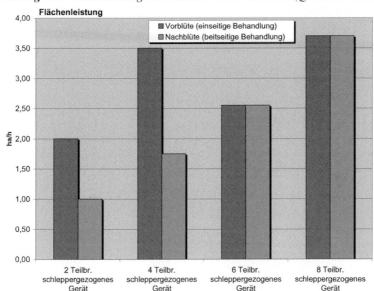

11.13 Gerätewartung und Reinigung
11.13.1 Gerätewartung

Damit die einwandfreie Funktion eines Pflanzenschutzgerätes auf Dauer gewährleistet ist, sind die regelmäßige Gerätereinigung und Wartung unerläßlich. Grundvoraussetzung dafür ist, dass zwischen zwei Behandlungen keine Spritzflüssigkeitsreste im Gerät verbleiben. Nach der Innenreinigung durch mehrmaliges Spülen und Ausbringen der Spülflüssigkeit im Weinberg werden Düsen, Filter und sonstige von Mittelablagerungen betroffene Teile entfernt und im Wasserbad einer zusätzlichen manuellen Reinigung unterzogen (Handschuhe anziehen!).

Folgende Arbeiten sind regelmäßig durchzuführen:

*   Kontrolle der Leitungen auf Knickstellen und Beschädigungen.
*   Kontrolle des Ölstands von Pumpe und Getriebe sowie des Drucks im Windkessel (falls vorhanden).
*   Ölwechsel entsprechend den Wartungsintervallen.
*   Schmieren der Antriebsteile (Ketten, Gelenkwellen usw.).
*   Kontrolle der Pumpe auf Leckwasserbildung.
*   Reinigung der Düsen mit einer Düsenbürste oder Druckluft.

Zur Vorbeugung empfiehlt sich nach jeder Saison ein Austausch der Membranen von Pumpe und Druckspeicher. Regelmäßige Ölstandskontrollen und Ölwechsel sowie die Versorgung der Schmierstellen nach Bedienungsanleitung sind, wie bei allen Landmaschinen, selbstverständlich.

Zusätzliche Sicherheit für eine einwandfreie Gerätefunktion gibt die Gerätekontrolle im anerkannten Fachbetrieb.

11.13.2   Einwinterung

Die Pflanzenschutzgeräte gehören zu den wichtigsten Arbeitsgeräten in den weinbaulichen Betrieben. Damit die Geräte die arbeitsfreie Winterzeit gut überstehen und im Frühjahr wieder einsatzbereit sind, bedarf es der richtigen Pflege.

Grundsätzlich ist nach der letzten Behandlung das komplette Gerät gründlich zu reinigen. Diese Arbeit sollte im Weinberg stattfinden. Das Leitungssystem muss durchgespült werden und alle flüssigkeitsführenden Teile sind zu entleeren. Im Einzelnen sind folgende Arbeiten durchzuführen:

- Entleerung der Pumpe über Ablassstopfen.
- Düsen, Düsenfilter und Membranventile ausbauen und reinigen.
- Leitungen auf Beschädigungen kontrollieren und mit Druckluft durchblasen.
- Filter reinigen und auf Beschädigungen kontrollieren.
- Gereinigte Metallteile leicht mit Korrosionsschutzöl einölen.
- Monometer frostfrei aufbewahren.
- Pumpe und angeschlossene Geräteteilen sollen mit einer Mischung aus Frostschutzmittel (Glysantin) und Wasser im Verhältnis 1:1 gefüllt werden. Diese Mischung lässt man im Gerät kurz zirkulieren. Dann öffnet man die Teilbreiten bis die Wasser-Frostschutzmischung an den Düsen austritt. Die Mischung schützt nicht nur vor Frost, sondern hält auch alle Gummiteile (z.B. Membrane bei Membranpumpen) geschmeidig. Der Zusatz einer AGRO-QUICK-Lösung (20 ml auf 1 l Wasser und 1 Liter Frostschutzmittel) schützt zusätzlich vor einem Austrocknen der Gummidichtungen. Die Mischung wird im Frühjahr abgelassen, in verschließbare Behälter gefüllt und kann wieder verwendet werden.
- Pflanzenschutzgeräte sollten im Winter in einem trockenen, möglichst frost geschützten Raum abgestellt werden.

Meist wird die Einwinterung dazu genutzt, nach Gebrauchsanweisung an der Pumpe den Ölwechsel durchzuführen und bei Membranpumpen die Membranen zu wechseln.

11.13.3 Gerätereinigung

Jegliche Spül- und Restmengen dürfen auf keinen Fall in die Kanalisation oder in Gewässer gelangen. Ein Tropfen Spritzflüssigkeit verunreinigt eine Wassermenge von 240 m³ im Sinne des Trinkwassergrenzwertes. Die Restmengen sind daher mit sauberem Wasser im Verhältnis 1:10 zu verdünnen und auf der bereits behandelten Fläche auszubringen. Für Behälter über 300 Litern ist ein Zusatzwasserbehälter vorgeschrieben. Ist kein Zusatzbehälter (Altgeräte) vorhanden, kann das Wasser auch in Kanistern mitgeführt werden. Für einen Behälterinhalt von 400 Litern reichen 20 Liter aus. Einige Hersteller (z.b. Agrotop oder Lederer) bieten auch Nachrüstbausätze (z.B. Frischwassersäcke) für Altgeräte an.

Nach dem Pflanzenschutzgesetz darf bei Sprühgeräten mit Behältergrößen bis 400 Liter Fassungsvermögen die technische Restmenge 4 % des Behältervolumens bzw. 3 % bei größeren Behältern nicht übersteigen.

Innenreinigung

Damit die Brühereste nicht antrocknen können, sollte unmittelbar nach Beendigung der Applikation die Innenreinigung des praktisch leeren Gerätes erfolgen. Dabei wird die technische Restmenge (= verbleibende Flüssigkeit am Behälterboden, in der Pumpe und in den Leitungen) mit der zehnfachen Wassermenge verdünnt. Behälter, Pumpe, Leitungen, Armaturen und Düsen sind gut durchzuspülen. Spezielle Düsen zur Innenreinigung erleichtern bei neueren Geräten die Reinigung der Behälterwände, ansonsten kann beim Einfüllen des Wassers mittels Schlauch die Behälterinnenwand abgespritzt werden. Die Spülflüssigkeit wird anschließend in einer Rebanlage auf die Laubfläche verteilt. Dieser Vorgang ist zu wiederholen. Wahlweise kann im Weinbau die Reinigungsflüssigkeit der zweiten Spülung im Behälter bis zur nächsten Behandlung verbleiben und dann zusammen mit Frischwasser zum Anrühren der Behandlungsflüssigkeit verwendet werden.

Außenreinigung

Da bei Sprühgeräten die Außenflächen stark mit Pflanzenschutzmitteln kontaminiert werden, müssen die Geräte von Zeit zu Zeit auch außen gereinigt werden. Auch dies muss auf der Behandlungsfläche geschehen. Dazu wird in den Behälter Frischwasser gefüllt und an die Seitensperrventile ein Schlauch mit einer Reinigungsbürste angeschlossen. Für schlecht zugängliche Stellen kann eine Spritzpistole genutzt werden. Im Weinberg können damit der Behälter, das Pumpenaggregat und das Gebläsegehäuse von außen gereinigt werden. Die Reinigungsflüssigkeit darf nicht auf eine befestigte Fläche oder in einen Graben gelangen. Bei Regen besteht ansonsten die Gefahr der Abschwemmung in offene Gewässer.

> **Beachte:** *Ungereinigte Geräte sind nur unter einem Dach abzustellen, damit bei Regen abgewaschene Pflanzenschutzmittel nicht in die Kanalisation oder in Gräben gelangen können.*

11.14 Entsorgung von Pflanzenschutzmitteln, Pflanzenschutzmittelresten und Verpackungen

Zum Schutz der Umwelt gehört auch die ordnungsgemäße Entsorgung von Pflanzenschutzmitteln, Pflanzenschutzmittelresten, Brüheresten, Spülwässern und Verpackungen.

Pflanzenschutzmittel, die nicht mehr zugelassen sind, deren Zulassung widerrufen wurde bzw. deren Aufbrauchfrist abgelaufen ist, sind als Sondermüll zu entsorgen.

Die anfallenden leeren Pflanzenschutzmittel-Verpackungen sollten zur sicheren Entsorgung zurückgegeben werden. Die Industrie hat die kostenlose Rücknahme von Verpackungen und Behältnissen unter dem Stichwort PAMIRA (**PA**ck**MI**ttel **R**ücknahme **A**grar) organisiert. Sammelstellen sind im Internet unter <u>www.pamira.de</u> zu ersehen.

Tabelle 74: *Entsorgung von Spritzmittelresten in Geräten und Verpackungen*

Art der Reste	Entsorgungsmethode	Zuständigkeiten
Unverbrauchte Spritzmittel	Pflanzenschutzmittel sind als Sondermüll zu entsorgen.	a) ggf. Rücknahme durch den Handel b) durch Problemabfall-Sammlungen; zuständig dafür ist Gemeinde- oder Kreisverwaltung c) bei größeren Mengen Anlieferung an Sondermülldeponie
Reste in entleerten Verpackungen (Tüten, Kanister u.a.)	Sofort nach dem Entleeren spülen, Spülwasser in die Spritzbrühe geben	Anwender
Brühereste	Brühereste durch richtige Bemessung der Brühemenge möglichst gering halten; unvermeidbare Reste im Verhältnis 1:10 verdünnen und im Weinberg ausbringen	Anwender
Spülwasser (vom Inneren des Gerätes)	im Weinberg ausbringen	Anwender
Reinigungswasser (Außenreinigung)	Gerät im Weinberg reinigen	Anwender
Pflanzenschutzver-packungen	Entleeren, spülen	Behälter und Verpackungen sollten an Sammelstellen der Pflanzenschutzmittelhersteller abgegeben werden. (**PA**ck**MI**ttel **R**ücknahme **A**grar, PAMIRA).

Hersteller, Vertreiber und Preise von Pflanzenschutzgeräten (Stand 2006)

Hersteller / Vertreiber	Typ	Gebläse / Spritze	Preisspanne (€ ohne MwSt.)
Schmischke & Beyer, 67256 Weisenheim/Sand	Sorarui	Axial	
Lochmann: RHG, 67269 Grünstadt, RHG, 55268 Nieder-Olm, Hoffmann, 54498 Piesport	RA, AP, BP, RAS, APS	Axial	Aufsattel-Sprühgeräte 3 500 bis 7 000
Myers Wanner, 88239 Wangen	SZA, SE, S GF, GH DGR 40 NR6-3 ÜBZ	Axial Radial 2-Phasen Applik.	Nachläufer-Sprühgeräte 7 500 bis 13 000
Florida: Fischer, 67150 Niederkirchen	PLN	Axial	
Unigreen: Theilmann, 76889 Schweigen Hoffmann, 54498 Piesport	V9, Mignon Laser	Axial	
Krieger (Jacoby), 76835 Rhodt	Turbomat G, K Turbo G, K	Axial Doppelaxial	
Holder, 72545 Metzingen	TL, TU, QU OVS, PSV 30	Axial Tangential, Radial	
Lahr, 55546 Frei-Laubersheim	Überz.-sprayer, Öko-Sprayer TX-6	Überzeilen-Tangential	Überzeilen-Tangentialgebläse 8 000 bis 9 000
Gepperth, 67125 Waldsee	Überz.-Gebläse	Überzeilen-Tangential	
Tifone: Harth, 55271 Stadecken-Elsheim	Storm, VRP	Axial	
Vicar: Sexauer, 79235 Bischoffingen	NTU T 460, Quattro, Maxi	Axial Radial 2-Phasen Applik.	Überzeilen-Radialgebläse 15 000 bis 20 000
Hardi: Raiffeisen, 67269 Grünstadt	321 Maxi	Radial	
Unigreen: Theilmann, 76889 Schweigen	Airtrop	Radial	
Krumm, 79364 Malterdingen	Gamma 600, Gamma 1000	Radial	
Berthoud: Herfs, 55758 Kernpfeld	Speedair Sprintair	Radial	
Pellenc: Auer, 55296 Lörzweiler Fischer, 67150 Niederkirchen	Eole Sprayer	Radial	

Schmischke & Beyer (Leckron), 67256 Weisenheim/Sand	-SG2, SG4, SG6	Spritzgestänge	Überzeilenspritzgestänge 3 000 bis 4 000
Leckron, 67098 Bad Dürkheim			
Myers Wanner, 88239 Wangen	UZ		
Krieger (Jacoby), 76835 Rhodt	-	-	Sensorsystem Jacologic Mehrpreis ca. 5 000
Lipco, 77880 Sasbach	TSG-A,TSG-N, TSG-U, TSG-AN, TSG-S3	Tunnelspritzverfahren	Tunnelgeräte Aufsattel einzeilig 8 400 zweizeilig 11 000
			Nachläufer einzeilig 14 600 zweizeilig 18 000
Myers Wanner, 88239 Wangen	-	Kollektorverfahren	Kollektorwände beidseitig 8 000

Das Verzeichnis erhebt keinen Anspruch auf Vollständigkeit

11.15 Applikationstechnik in Steillagen

Der Pflanzenschutz in Steillagen war lange Zeit nur im Spritzverfahren oder mit dem Hubschrauber möglich. Erst in den 90er Jahren sind auch für den Steillagenweinbau Mechanisierungssysteme entwickelt worden, die die Sprühtechnik mit Gebläseunterstützung nutzen. Diese Geräte sind im Kapitel "Steillagenmechanisierung" beschrieben (Kap. 19).

11.15.1 Schlauchspritzung

Beim Spritzverfahren mit Schlauch und Spritzpistole (vgl. Kap. 11.4.1) werden die Pflanzenschutzmittel bei einfacher Konzentration mit Brüheaufwandmengen von ca. 600 l/ha bei der Austriebsspritzung und bis zu 2500 l/ha bei der Abschlussbehandlung ausgebracht. Aufgrund des sehr hohen Brüheaufwands wird in der Praxis nicht selten das Doppelte der erforderlichen Wirkstoffmenge ausgebracht. Es muss dann davon ausgegangen werden, dass der überwiegende Teil der Spritzbrühe und damit auch des Wirkstoffs letztendlich auf dem Boden landet. Die Ursache ist häufig in der Verwendung zu weiter Düsenplättchen zu finden, mit denen man eine befriedigende Reichweite des Spritzstrahls zu erreichen sucht. Durch mitunter jahrelangen Gebrauch des Düsenplättchens haben sich die Düsenbohrungen häufig geweitet.

383

In der Praxis lässt sich eine Reduzierung des Brüheaufwands dadurch erreichen, dass engere Düsenplättchen bei höheren Spritzdrücken verwendet werden. Ein Düsenplättchen mit 1,25 mm Durchmesser bringt bei 50 bar Druck eine Reichweite, die durchaus mit der Reichweite des Spritzstrahls aus einem Düsenplättchen von 1,75 mm bei einem Druck von 30 bar vergleichbar ist. Hinsichtlich der Ausbringmenge ergeben sich jedoch erhebliche Unterschiede: In der ersten Variante werden ca 3,9 l Brühe pro Minute ausgebracht, während bei der zweiten Variante der Brüheausstoß bei ca. 7,5 l/min liegt.

In den frühen Entwicklungsstadien können links und rechts der Rebzeile je 3 Zeilen behandelt werden, bei voller Belaubung 2 Zeilen. Dabei sollten leistungsfähige Hochdruckspritzen (30 bis 60 bar) und Drehgriffpistolen eingesetzt werden. Für einen Hektar benötigt man beim Austrieb rund 3,5 Akh und bei der Abschlussspritzung bis 7 Akh.

Nachteile der Schlauchspritzung sind:

- Hohe Brüheaufwandmengen und hohe Abtropfverluste.
- Starke physische Beanspruchung, besonders bergauf durch das Hochziehen des Schlauches. Automatische Schlauchaufroller können diese Arbeit erleichtern. Auch eine Funkfernsteuerung wird von der Fa. Niko angeboten.
- Starke Kontamination mit dem Spritznebel, deshalb sollte auf die notwendigen Schutzmaßnahmen (Schutzanzug, Schutzmaske) nicht verzichtet werden.

Abbildung 230:
Schlauchspritzung

11.15.2 Hubschrauberspritzung

Der Hubschrauber nimmt eine Sonderstellung bei den im Rebschutz eingesetzten Verfahrenstechniken ein. Sein Einsatz ist derzeit die einzige Alternative zum Schlauchspritzverfahren in nicht flurbereinigten Steil- und Terrassenlagen.

Da die Hubschrauberspritzung einzelner Parzellen die Ausnahme und eine Spritzung größerer überbetrieblicher Flächen (mindestens 1 ha) die Regel sein sollte, ist es zunächst erforderlich, ein Gremium zu konstituieren, das die Spritzung organisiert (Ausflaggung des Gebiets, Festlegung der Anwendungszeitpunkte, Mittelauswahl. Heranschaffen von Wasser, Abrechnung etc.) und die Interessen der im Hubschraubergelände vertretenen Winzer gegenüber dem Flugunternehmen, Behörden etc. vertritt.

Der Einsatz ist nur in der Zeit zwischen der zweiten "Rote-Brenner-Spritzung" und je nach Triebwuchs der ersten bzw. der zweiten Nachblütespritzung zu empfehlen. Austriebsbehandlungen können nicht durchgeführt werden, da sie eine gute Benetzung erfordern. Spritzungen nach der zweiten Nachblütespritzung sind ebenfalls nicht sinnvoll, da die Anlagerung der Spritztröpfchen in der Traubenzone wegen der dichten und hohen Laubwand zu diesem Zeitpunkt unbefriedigend ist. Zum Schutz der Trauben muss der Winzer eine bzw. zwei Nachblütebehandlungen vom Boden aus durchführen, da insbesondere eine Botrytisbekämpfung mit dem Hubschrauber nicht sinnvoll ist.

Beim Einsatz sind verschiedene Vorsichtsmaßnahmen zu beachten:
*   Start- und Landeerlaubnis durch die Luftfahrtbehörde.
*   Absprache der Spritzpläne mit der weinbaulichen Beratungsstelle.
*   Akarizide und Insektizide dürfen vom Hubschrauber nicht ausgebracht werden.
*   Mögliche Pilzinfektionsherde können mit diesem Applikationsverfahren nicht gestoppt werden.
*   Zu gefährdeten Objekten (z.B. Wohngebiet, Gartengebiet) muss ein ausreichender Sicherheitsabstand von mindestens 50 Metern eingehalten werden.
*   Durch Absperrmaßnahmen ist sicherzustellen, dass weder Kraftfahrzeuge noch Fußgänger in den Bereich des Spritznebels gelangen. Die Bevölkerung ist rechtzeitig über den Hubschraubereinsatz zu informieren.

Der Hubschraubereinsatz hat im Steillagengebiet eine Reihe von Vorteilen:
*   Behandlung großer Flächen in kurzer Zeit möglich.
*   Kontrolle des Spritzzeitpunktes (Buchführungspflicht).
*   Gute Kontrolle über Art und Menge der ausgebrachten Mittel.
*   Vermeidung von Brühe- und Präparatresten.
*   Arbeitsentlastung speziell in der Arbeitsspitze Sommer.

Zum Einsatz:
Die ausgebrachten Brühemengen liegen bei ca. 150 l/ha. Bei der Berechnung des Pflanzenschutzmttelaufwandes werden in Abhängigkeit vom Entwicklungsstadium 1500 bis 2000 l/na (einfache Konzentration) herangezogen. Bei einer angenommenen Balkenbreite von 11 m ergibt sich aus der Flughöhe von durchschnittlich 1,5 m eine Arbeitsbreite von 13 m, die zur besseren Durchdringung im Hin- und Herflug mit 6,5 m Abstand überflogen wird. Die effektive Bahnbreite liegt dann bei etwa 20 m, darüber hinaus ist die Verteilung ungleichmäßig.

Mit Injektordüsen lässt sich die Abdrift bei der Hubschrauberspritzung erheblich reduzieren. Nach Untersuchungen von BÄCKER sind die Abdriftwerte bei Verwendung von Injektordüsen durchaus mit denen von Bodengeräten vergleichbar.

Abbildung 231:
Hubschrauber-
spritzung

11.15.3   Motorrückensprühgeräte

Für kleinere Flächen eignen sich auch Motorrückensprühgeräte. Im Gegensatz zu den Rückenspritzgeräten (vgl. Kap. 9.5.2.1) haben diese Geräte ein Gebläse. Die Flüssigkeit wird über eine separate Leitung in den Luftstrom eingeleitet, entweder durch Schwerkraft oder durch eine zusätzliche Flüssigkeitspumpe. Die Dosierung erfolgt durch Veränderung der Durchflussöffnung (Dosierhülse, Dosierschraube) und kann von 0 bis 4 l/min eingestellt werden. Durch Aufsetzen verschiedener Verteilerköpfe kann der Sprühstrahl verändert werden. Die Reichweite beträgt maximal 8 bis 11 m. Das Gebläse liefert je nach Gerätetyp 350 bis 700 m³/h mit einer Luftgeschwindigkeit von ca. 90 m/sec.

11.15.4 Großraumsprühgeräte (Sprayer)

Bei Großraumsprühgeräten wird der Wirkstoff im Freistrahl vom Weg aus in die Rebanlagen geblasen. Der Vorteil dieses Verfahrens liegt in der sehr hohen Flächenleistung. Es müssen aber erhebliche Zugeständnisse an die Applikationsqualität gemacht werden. Bei längeren Zeilen ist bei den Nachblütebehandlungen kein hinreichender Schutzbelag in die Traubenzone zu applizieren. Die Wirkstoffanlagerung ist nicht gezielt möglich, sodass die Verluste durch Bodenkontamination und Abdrift groß sind. Um die Abdrift in Grenzen zu halten, sollten die Sprayer nur gefahren werden, wenn keine Thermik herrscht, d.h. in den frühen Morgen- oder späten Abendstunden.

Großraumsprühgeräte sind als Selbstfahrer, Anhänge- und Aufsattelgeräte erhältlich. Ihre maximale Reichweite liegt bei etwa 50 bis 60 m, entsprechend hoch muss auch die Luftfördermenge sein, die bei einigen Gerätetypen bis 100 000 m³/h erreicht.

Abbildung 232: Großraumsprüh-gerät

Literatur

BÄCKER, G.: Stand der Applikationstechnik beim Rebschutz. DWZ 5/1995, 46 – 48.

BÄCKER, G.: Pflanzenschutz mit moderner Technik. Das Deutsche Weinmagazin 9/ 1996, 21 - 25.

BÄCKER, G.: Steigerung der Flächenleistung. Das Deutsche Weinmagazin 7/1999, 22 – 29.

BÄCKER, G.: Injektordüsen auf dem Vormarsch. Das Deutsche Weinmagazin 9/10/ 2001, 91 – 94.

BÄCKER, G.: Mehrreihige Verfahren im Pflanzenschutz. Das Deutsche Weinmagazin 7/2001, 14 – 20.

BÄCKER, G.: Zeitgemäße Pflanzenschutztechnik. Deutsches Weinbau-Jahrbuch 2004, 99 –113.

BÄCKER, G.: Gebläsetechnik im Überblick. Das Deutsche Weinmagazin 7/2006, 30 – 34.

BÄCKER, G., STRUCK, W.: Sprühgebläse der neuen Generation. ATW-Bericht 122, 2002.

IPACH, R.: Optimaler Pflanzenschutz. Das Deutsche Weinmagazin 15/1995, 16 – 20.

KNEWITZ, H.: Schlauchspritzgeräte im Weinbau kontrollieren. DWZ 5/2005, 35 – 36.

KNEWITZ, H.: Tröpfchen für Tröpfchen. Das Deutsche Weinmagazin 7/2006, 35 – 38.

MOHR, H.D.: Farbatlas Krankheiten, Schädlinge und Nützlinge an der Weinrebe. Eugen Ulmer KG, 2005.

Sachkunde im Pflanzenschutz -Weinbau-, Rheinland-Pfalz, 1998.

Sachgerechter Einsatz von Sprühgeräten in Raumkulturen, AID-Heft 1460, 2004.

SCHWAPPACH, P.: Abtriftmessungen beim hubschraubereinsatz. Das Deutsche Weinmagazin, 11/2006, 14 – 16.

SYNGENTA: Applikationstechnik Weinbau, Auflage 1/2004.

UHL, W.: Verfahrenstechnik für die Austriebsspritzung. Das Deutsche Weinmagazin. 7/1996, 27 – 31.

UHL, W.: Tropfen für Tropfen. Das Deutsche Weinmagazin. 15/2000, 12 -1 5.

WALG, O.: Gefahrenpunkt Applikationstechnik. Das Deutsche Weinmagazin 10/ 1996, 16 – 21.

ZUBERER, E.: Übersicht über die aktuelle Überzeilensprühtechnik. Der Badische Winzer, 4/2002, 26 - 32.

ZUBERER, E.: Neue Düsenklassen für den Rebschutz. Der Badische Winzer, 4/2003, 38 - 41.

12 Anwenderschutz

Beim Umgang mit Pflanzenschutzmitteln liegt es im Interesse des Anwenders, sich gegen schädliche Einflüsse zu schützen, indem er jeden unnötigen Kontakt mit den Mitteln vermeidet. Die aufgedruckten Gefahrensymbole informieren über die Gefährlichkeit der Präparate.

(T+) = "Sehr giftig"
(T) = "Giftig"
(Xn) = "Mindergiftig"
(C) = "Ätzend"
(Xi) = "Reizend"

Die Beachtung der folgenden Punkte trägt dazu bei, die Gefahren für den Anwender und seine Mitarbeiter so gering wie möglich zu halten:

- Kinder, schwangere Frauen, stillende Mütter oder Personen mit Verletzungen dürfen Pflanzenschutzmittel nicht anwenden. Auszubildende sind zu beaufsichtigen.

- Während des Umgangs mit Pflanzenschutzmitteln nicht essen, trinken oder rauchen. Die Einnahme von Nahrungs- und Genussmitteln ist erst nach Ablegen der Schutzkleidung und sorgfältiger Körperreinigung gestattet. Vor, während und unmittelbar nach der Arbeit keinen Alkohol trinken.

- Bei der Durchführung von Pflanzenschutzmaßnahmen ist der Gefahrenbereich von unbefugten Personen und Haustieren freizuhalten.

- Die Durchführung der Arbeiten sollte möglichst in den frühen Morgenstunden oder gegen Abend erfolgen. Bei Hitze und Schwüle besteht erhöhte Vergiftungsgefahr.

- Köder (z.B. zur Bekämpfung von Mäusen) dürfen nur so ausgelegt werden, dass sie für Kinder und nicht zu bekämpfende Tiere nicht erreichbar sind.

- Zum Abmessen der Pflanzenschutzmittel sind Messgeräte zu verwenden, die nur für diesen Zweck bestimmt sind. Die notwendige Waage oder der Messzylinder sind entsprechend zu kennzeichnen und zusammen mit den Pflanzenschutzmitteln aufzubewahren.

- Zum Anteigen der Spritzbrühe sind Geräte zu verwenden, die einen Hautkontakt vermeiden lassen.
- Um das Einatmen von Dämpfen oder Stäuben zu vermeiden, ist beim Abwiegen und Anteigen ein zugelassener Mundschutz zu tragen. Die Staubentwicklung sollte möglichst gering gehalten werden. Dem dienen die Verwendung von Granulaten anstelle pulverförmiger Mittel, der Einsatz pulverförmiger Mittel in wasserlöslichen Folienbeuteln sowie das Vorhandensein einer Einspülvorrichtung am Spritzgerät.
- Möglichst im Freien arbeiten; in geschlossenen Räumen für gute Durchlüftung sorgen.
- Spritzer auf der Haut sofort mit Wasser abwaschen; mit Pflanzenschutzmitteln durchnässte Arbeitskleidung sofort wechseln.
- Geeignete Schutzkleidung tragen! Schutzkleidung muss allen Arbeitskräften, die mit Pflanzenschutzmitteln umgehen, zur Verfügung gestellt werden. Die für den Betrieb verantwortliche Person hat darauf zu achten, dass die Schutzkleidung getragen wird.

12.1 Schutzausrüstung

Pflanzenschutzmittel können sowohl über die Atemwege (inhalatorisch) als auch über die Haut (dermal) aufgenommen werden, deshalb müssen beide entsprechend geschützt werden. Viele Pflanzenschutzmittel werden nur unter der Voraussetzung zugelassen, dass die Anwender Schutzkleidung tragen. Schutzanzug und Schutzhandschuhe müssen nach den Richlinien der Biologischen Bundesanstalt geprüft und von einer gemeldeten Stelle (z.B. Deutsche Prüfstelle für Land- und Forsttechnik) zertifiziert sein. Alle Schutzausrüstungen müssen mit der CE-Kennzeichnung (Europäisches Komitee für Normung) versehen sein.

Geprüfte und zertifizierte Schutzkleidung ist an der Bezeichnung "Universal Schutzhandschuh" (Pflanzenschutz) und "Standard Schutzanzug" (Pflanzenschutz) zu erkennen. Der Industrieverband Agrar e.V. (IVA) hat ein Logo entwickelt, mit dem diese geprüfte Schutzausrüstung gekennzeichnet werden darf (Abbildung 233).

In der Gebrauchsanleitung ist die erforderliche Schutzausrüstung genau bezeichnet. Sie kann je nach Gefährdung im Einzelfall folgendes umfassen:

- Universal-Schutzhandschuh.
- Standard Schutzanzug (Pflanzenschutz).
- Chemikalien Schutzanzug Typ I nach prEN 943 Teil 1 oder gleichwertiger Schutzanzug.

- Festes Schuhwerk (z.B. Gummistiefel).
- Gummischürze.
- Kopfbedeckung aus festem Stoff mit breiter Krempe.
- Kopfhaube mit Gesichtsschutz, Anzugkapuze.
- Dicht abschließende Schutzbrille.
- Partikelfiltrierende Halbmaske FF P2 DIN EN 149.
- Halbmaske DIN EN 140 mit Partikelfilter P2 DIN EN 143 (Kennfarbe: Weiß).
- Halbmaske DIN EN 140 mit Kombinationsfilter A1-P2 DIN EN 141 oder AX-P2 DIN EN 371 (Kennfarbe: Braun/Weiß).
- Vollmaske DIN EN 136 mit entsprechendem Gasfilter DIN EN 141 (allg. Kombi-Gasfilter), 371 (AX-Filter), 372 (SX-Filter) z.b. B2-für Blausäure und Phosphorwasserstoff, AX – für Brommethan.

12.1.1 Schutz der Hände

Untersuchungen haben ergeben, dass die Wirkstoffaufnahme über die Hände, insbesondere beim Ansetzen der Brühe, den größten Anteil (92 bis 99 Prozent) an einer Wirstoffbelastung des Körpers hat. Der Schutz der Hände ist deshalb eine der wichtigsten Körperschutzmaßnahmen, und in den meisten Fällen ist deshalb das Tragen von Schutzhandschuhen vorgeschrieben.

Handschuhe müssen undurchlässig für Wasser, Mineralöl und organische Lösungsmittel sein und daher zweckmäßigerweise aus kunststoffbeschichtetem Gewebe mit dichten (verschweißten) Nähten oder nahtlos aus Kunststoff bestehen. Lederhandschuhe und Baumwollhandschuhe mit Lederbesatz auf den Handflächen schützen die

Abbildung 233: Logo für geprüfte Schutzkleidung

Abbildung 234: Verteilung der Exposition beim Ansetzen der Spritzbrühe mit einer flüssigen Formulierung und bei der Ausbringung in einer Raumkultur (Angaben in % der Gesamtexposition)

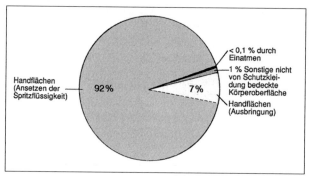

Hände nicht gegen flüssige Präparate. Verlängerte Stulpen schützen auch die sonst ungeschützten Handgelenke. Handschuhe müssen griffsicher und reißfest sein und sind beim Ansetzen der Spritzflüssigkeit immer anzuziehen. Nur ein geprüfter und zertifizierter Schutzhandschuh garantiert den optimalen Schutz der Hände. Sehr wichtig ist, dass benutzte Handschuhe vor dem Ausziehen gründlich mit Wasser abgespült werden, andernfalls kommt es leicht zu einer Kontamination der Handflächen oder der Innenhandschuhe. Das Waschwasser kann der Spritzflüssigkeit beigefügt werden.

12.1.2   Schutz des Körpers
Standard Schutzanzug (Pflanzenschutz)
Alle Produkte, die sehr giftig, giftig, ätzend oder bei Hautkontakt gesundheitsschädlich, reizend oder sensibilisierend sind, enthalten folgenden Hinweis in der Gebrauchsanleitung:

"Bei der Handhabung des unverdünnten Mittels den Standard Schutzanzug (Pflanzenschutz) und festes Schuhwerk (z.B. Gummistiefel) tragen."

Der Standard-Schutzanzug (Pflanzenschutz) besitzt unter unterschiedlichen Klimabedingungen einen guten Tragekomfort. Seine Festigkeit entspricht vorgegebenen Normen; seine Durchlässigkeit gegenüber Pflanzenschutzmitteln ist geringer als 5 %. Dieser Wert wird bei der Zulassung der Mittel berücksichtigt und erfüllt die Sicherheitsanforderungen.

Fußkleidung

Die Fußkleidung soll für Staub, Flüssigkeiten und giftige Stoffe undurchdringlich und gegen die verwendeten chemischen Präparate beständig sein (Hinweise in der Gebrauchsanweisung beachten). Lederschnürschuhe gewähren genügend Schutz, wenn sie gegen Staub und Flüssigkeit ausreichend dicht sind. Werden Lederschuhe stark verunreinigt, besteht die Gefahr, dass Chemikalien das Leder durchdringen. Diese Schuhe sollen dann nicht mehr verwendet werden. Gummistiefel bieten in dieser Hinsicht größere Sicherheit.

Gummischürze

Wird die Spritzflüssigkeit von sehr giftigen, giftigen, ätzenden oder sensibilisierenden flüssigen Mitteln angesetzt, so ist zusätzlich eine Gummischürze zu tragen.

Kopfbedeckung

Eine Kopfbedeckung aus festem Stoff mit breiter Krempe kann beim Ausbringen von Pflanzenschutzmitteln in Raumkulturen vorgeschrieben sein.

Beachte:

Kontaminierte Arbeitsschutzkleidung muss gründlich gewaschen werden, bevor sie wieder angezogen wird. Auf keinen Fall gehört kontaminierte Kleidung in den Kleiderschrank.

12.1.3   Schutz der Augen

Beim Umgang mit unverdünnten, ätzenden, sensibilisierenden, reizenden, sehr giftigen oder bei Hautkontakt giftigen Mitteln ist eine dicht abschließende Schutzbrille zu tragen. Dies kann sowohl eine übliche Laborbrille sein, die über einen seitlichen Augenschutz verfügt, als auch eine Vollsichtschutzbrille. Übliche Korrektur- oder Sonnenbrillen bieten keinen ausreichenden Schutz.

12.1.4   Schutz der Atemwege

Bei der Anwendung von Pflanzenschutzmitteln ist der Schutz der Atmungsorgane (Atemschutz) fast ausnahmslos erforderlich (siehe Gebrauchsanweisung):

*   Beim Ansetzen der Brühe (auch im Freien) aufgrund der möglichen Staubentwicklung bei pulverförmigen Mitteln sowie der möglichen Entwicklung von Dämpfen bei flüssigen Mitteln.
*   In dichten hohen Pflanzenbeständen oder bei Arbeiten mit Stäubemitteln
*   Beim Umgang mit Pflanzenschutzmitteln in geschlossenen Räumen.

Je nach den Eigenschaften des Mittels und der Ausbringungsart sind verschiedene Atemschutzgeräte vorgeschrieben. In der Praxis werden Halbmasken, Vollmasken, Atemschutzhelme und Schlepperkabinen mit Filtereinrichtung zum Schutz der Atemwege eingesetzt.

Partikelfiltrierende Halbmaske FF P2 Din EN 149

Partikelfiltrierende Halbmasken aus Papierflies sind zugelassene Partikelfilter (P2). Sie eignen sich nur zum Abwiegen pulverförmiger Mittel und zum Stäuben im Freien. Beim Ausbringen von Spritzbrühen besteht die Gefahr, dass sich das Filterflies zu rasch durchnässt und damit die Aufnahme der Spritzflüssigkeit über die Schleimhäute in Mund und Rachen möglich wird. Halbmasken aus Papierflies sind unwirksam gegen Lösungsmittel und Dämpfe. Sie dürfen nicht länger als einen Arbeitstag getragen werden und sind anschließend zu ersetzen.

Halbmaske DIN EN 140 mit Partikelfilter P2 DIN EN 143 (Kennfarbe: weiß) und Halbmaske mit Kombinationsfilter

Der Filter P2 trägt die weiße Kennfarbe und schützt vor festen und flüssigen Partikeln. Da Pflanzenschutzmittel auch einen hohen Dampfdruck haben können, empfiehlt sich ein kombinierter Filter gegen organische Gase und Dämpfe mit geringer Aufnahmekapazität und feste, flüssige Teilchen mit mittlerem Rückhaltevermögen. Die Kombinationsfilter haben die Bezeichnung A1-P2 und tragen die Kennfarbe braun/weiß.

Da Giftstoffe auch die Augen gefährden und über die unbedeckte Gesichtspartie eindringen können, reicht eine Halbmaske nicht immer aus. Sie sollte mit einer Schutzbrille kombiniert werden.

Vollmaske

Die Vollmaske schützt die Augen, die Atmungsorgane und die Gesichtshaut. Vollmasken mit Kombinationsfiltern (Schraubfilter A2 - P3) bieten einen Schutz gegen organische Gase und Dämpfe -mittlere Aufnahemkapazität- und feste, flüssige Teilchen mit großem Rückhaltevermögen.

Atemschutzhelme

Einen sehr guten Schutz bieten Atemschutzhelme. Über die Filtereinheit wird mittels eines Ventilators ständig Frischluft in den Helm gefördert, wodurch ein leichter Überdruck entsteht, der einerseits die Atmung erleichtert (kein Atemwiderstand) und andererseits verhindert, dass schadstoffbelastete Umgebungsluft in den Helm eindringen kann. Die Stromversorgung wird über die Schlepper-Elektrik oder wiederaufladbare Akkus gewährleistet.

Vollschutz-Schlepperkabine

Untersuchungen ergaben, dass in einer geschlossenen Schlepperkabine praktisch keine Belastungswerte mehr nachweisbar sind. Zwar ist beim Schlepper mit einer normal ausgestatteten Kabine ein Eintrag feiner Sprühteilchen über das Belüftungssystem nicht auszuschließen, die auf diese Weise eingetragene Schadstoffmenge ist jedoch außerordentlich gering und hinsichtlich der dermalen Belastung im Vergleich zum offenen Schlepper bedeutungslos. Da es sich jedoch um lungengängige Partikel handelt, kann hinsichtlich der inhalativen Belastung ein, wenn auch sehr geringes Restrisiko nicht ausgeschlossen werden. Deshalb werden heutzutage Vollschutzkabinen angeboten, bei denen die Zuluft über einen **Aktivkohlefilter** geleitet wird. Auf diese Weise werden nicht nur feinste Partikel, sondern auch die über die Dampfphase eingetragenen Stoffe abgeschieden. Diese Einrichtung ist sinnvoll, wenn über längere Zeiträume hinweg nur Pflanzenschutz betrieben wird und somit entsprechend hohe Expositionszeiten zustande kommen (z.b. Lohnunternehmer).

Die für den Anwender angenehmste Lösung ist eine dichte **Schlepperkabine mit filtrierender Belüftungseinrichtung.** Die Filtereinsätze werden heute als Sonderausstattung von den meisten Kabinenherstellern angeboten. Wichtig ist ein Filterwechsel bei Sätttigung desselben. Bei gesättigten Filtern können die Schadstoffgehalte in der Kabinenluft höher sein als in der Außenluft.

Merke: Atemschutzfilter dürfen nach Entfernen oder Beschädigung der Original-verpackung höchstens bis zu 6 Monaten, unabhängig von ihrer Benutzungsdauer oder Benutzungshäufigkeit, eingesetzt werden. Auf jeden Fall ist ein Filter bei zunehmendem Atemwiderstand oder einem Fremdgeruch sofort auszuwechseln.
Für alle Anwenderschutzmittel gilt:
Sicherheitsschuhe oder Stiefel, Schutzhandschuhe, Atemschutzmaske nach jedem Einsatz mit klarem Wasser abspülen, Schutzanzüge waschen.

12.2 Sonstige Möglichkeiten zur Verringerung des Belastungspotenzials

Die höchsten Anwenderbelastungen entstehen bei der Brühebereitung, wo mit unverdünnten Wirkstoffen hantiert wird. Besonders beim Umgang mit Spritzpulvern, die stark zur Staubbildung neigen, ist die Gefahr sowohl der dermalen als auch der inhalativen Belastung sehr groß. Durch neuere gerätetechnische Entwicklungen, wie Einspülschleusen und Spüleinrichtungen für Behälter und Mittelformulierungen, wie Suspensionen und wasserdispergierende Granulate, wird zwar die Brühebereitung erleichtert und die Anwenderbelastung verringert, dennoch kann dabei nicht auf das Tragen einer Schutzkleidung verzichtet werden.

Abbildung 235: *Schutzanzug mit Gebläse-*
Atemschutzsystem

Obwohl bei der Applikation von einem geringeren Belastungspotenzial ausgegangen werden kann, ist auch dort auf eine Minimierung der Anwenderbelastung zu achten. Folgende Einflüsse sind bei der Applikation gegeben:

- Die potenzielle Anwenderbelastung nimmt mit zunehmender Belaubung ab.
- Beim Einsatz gezogener Geräte ist die Anwenderbelastung weitaus geringer, als beim Einsatz von Schlepperanbaugeräten.
- Das Ausmaß der Anwenderbelastung hängt entscheidend von der Gebläsetechnik ab. Gebläse mit gezielter Luftstromführung und nach hinten gerichtetem Sprühstrahl tragen wesentlich zur Verminderung der Anwenderbelastung bei.
- Grobtropfige Applikationsverfahren mit Injektordüsen vermindern die Anwenderbelastung.
- Angemessene Schutzkleidung ist Grundvoraussetzung für niedrige Belastungswerte.
- Geschickte Wendemanöver gegen den Wind tragen entscheidend zum Anwenderschutz bei.
- Die geschlossene und klimatisierte Schlepperkabine bietet ein Höchstmaß an Anwenderschutz.

12.3 Verhalten bei Vergiftungsunfällen

Wenn sich beim Umgang mit Pflanzenschutzmitteln Kopfschmerzen, Schweißausbruch, Übelkeit oder andere auffällige Gesundheitsstörungen bemerkbar machen, muss die Arbeit umgehend beendet werden. Ein Arzt muss sofort benachrichtigt oder aufgesucht werden. Bei schweren Vergiftungen ist der Rettungswagen zu rufen, um den Vergifteten so schnell wie möglich in ein Krankenhaus zu bringen. Zusätzlich müssen **Erste-Hilfe-Maßnahmen** ergriffen werden:

* Bis zum Eintreffen des Arztes bzw. Rettungswagens ist es wichtig, den Vergifteten sofort im Freien oder in einem gut belüfteten Raum in stabile Seitenlage zu bringen.
* Dem Arzt die Pflanzenschutzmittelpackung und Gebrauchsanweisung vorlegen!
* Zu viel Bewegung oder Anstrengung vermeiden.
* Bei Bewusstlosen Atemweg freimachen (Kopf in den Nacken - überstrecken).
* Beengende oder mit Mittel behaftete Kleidung entfernen.
* Gesicht und Haut mit Wasser und Seife reinigen.
* Augen mit fließendem Wasser spülen.
* Den Vergifteten warmhalten.

Beachte: **Niemals** *bei Vergiftungsunfällen Milch, Eiweißprodukte, Rizinusöl oder Alkohol geben! Keine Hausmittel anwenden!*
Bei Vergiftungen von Haustieren sofort den Tierarzt rufen! Futterreste, Kot und die Packung des Präparates, das die Vergiftung vermutlich ausgelöst hat, aufbewahren und vorzeigen.

Hersteller, Vertreiber und Preise für Schutzkleidung (Stand 2006)

Hersteller / Vertreiber	Schutzkleidung	Preisspanne (€ ohne MwSt.)
PM Atemschutz, 41066 Mönchengladbach	Atemschutzhelme	700 bis 900
	Filter für Atemschutzhelme	14 bis 35
Fondermann, 40719 Hilden	Vollmaske	90 bis 190
	Halbmaske	22 bis 45
uba-Arbeitsschutz, 69242 Mühlhausen	Filter für Masken	8 bis 19
	Partikelfiltrierende Halbmaske	1 bis 3
BayWa AG, 85126 Münchmünster	Vollschutzbrille	6 bis 7
Maikofer, 70734 Fellbach	Einweg-Overalls	4 bis 12
	Universal-Schutzhandschuhe	5 bis 6
Pflanzenschutz Wurth, 77767 Appenweier	Schutzkleidung aus Mikrogewebe	
Gärtner Einkauf e.G., 56070 Koblenz-Lützel	• Overall	72 bis 160
	• Parka	127 bis 153
	• Latzhose	70 bis 85

Das Verzeichnis erhebt keinen Anspruch auf Vollständigkeit

Fachberater für Anwenderschutz:

Nikolaus Gregori, 55415 Weiler, Telefon 06721/992935

Heinz Seib, 64673 Zwingenberg, Telefon 06251/938625

Literatur

AID-Heft 1042/2003: Vorsicht beim Umgang mit Pflanzenschutzmitteln.

BÄCKER, G.: Geringere Anwenderbelastung. Das Deutsche Weinmagazin 7/2003, 34 – 38.

DIETZEL, E.: Umgang mit Pflanzenschutzmitteln, Weinwirtschaft Anbau 3/1990, 30 – 31.

SACHKUNDE IM PFLANZENSCHUTZ -Weinbau-. Rheinland-Pfalz, 1998.

13 Vogelabwehr

Kaum eine Situation im Rebschutz ist so schwierig wie die Abwehr von gefräßigen Vögeln. Während manche Gemarkungen auch ohne Abwehrmaßnahmen von Fraßschäden weitgehend verschont bleiben, trifft es andere umso mehr. Schäden werden nicht nur direkt durch den Fraß verursacht, sondern auch durch die Verletzung der Beeren und einer nachfolgenden Fäulnis. Besonders gefährdet sind Weinberge in der Nähe von Überlandleitungen, Bäumen und Hecken, aber auch in Ortsrandlagen. Neben den großen Schwärmen von Zugstaren können auch ortsansässige Stare, Amseln und Drosseln erhebliche Fraßschäden verursachen, insbesondere wenn die Weinberge von Büschen, Hecken oder Bäumen umgeben sind. Besonders gravierend können die Schäden sein, wenn große Schwärme von Zugstaren in die Weinberge einfallen.

Für viele Weinbaubetriebe sind deshalb Vogelabwehrmaßnahmen unbedingt erforderlich. Allerdings ist das Arsenal der zur Verfügung stehenden wirksamen Abwehrmaßnahmen bescheiden und wird oft durch örtliche Gegebenheiten noch weiter eingeschränkt.

Die rechtliche Situation
Der Betrieb von Vogelabwehrgeräten in der Landwirtschaft ist im neuen Landesimmissionsschutzgesetz vom 20. Dezember 2000 geregelt. In §7 Abs. 3 heißt es dazu:

"Der Betrieb von akustischen Einrichtungen und Geräten zur Fernhaltung von Tieren in Weinbergen oder in anderen gefährdeten landwirtschaftlichen Anbaugebieten, durch den Anwohner erheblich belästigt werden können, bedarf der Erlaubnis der zuständigen Behörde. Die Erlaubnis soll nur erteilt werden, wenn die Fernhaltung mit anderen verhältnismäßigen Mitteln nicht erreicht werden kann."

Das Gesetz stellt also Entscheidungen darüber, ob und gegebenenfalls wie, Vogelabwehrgeräte betrieben werden können in das Ermessen der örtlichen Behörden. Eine sinnvolle Regelung, da die Gemeinden, Verbandsgemeinden und Städte am ehesten die Notwendigkeit von Vogelabwehrmaßnahmen beurteilen können und häufig in die Organisation der Maßnahmen eingebunden sind. Auch die Überwachung des ordnungsmäßigen Betriebes von Vogelabwehranlagen fällt in den Zuständigkeitsbereich der jeweiligen Behörden. Um die Umsetzung der gesetzlichen Bestimmungen in die Praxis im Rahmen des Genehmigungsverfahrens zu erleichtern, wurde eine "Arbeitshilfe zur immissionsschutzrechtlichen Erlaubnis für den Betrieb akustischer Geräte zur Vogelabwehr" erstellt, die auf der Internetseite des rheinland-pfälzischen Ministeriums für Umwelt und Forsten (http://www.muf.rlp.de; Menüpunkte Lärm/Info-material/Vogelabwehr-Arbeitshilfe) eingesehen werden kann. Ziel der Arbeitshilfe ist die Vereinfachung des Genehmigungsverfahrens, ein verbesserter Schutz der Anwohner vor unzumutbarer Lärmbelästigung und die Vermeidung unnötiger Bürokratie. Die Arbeitshilfe gibt einen Überblick über den aktuellen Sachstand bei den Vogelabwehrmaßnahmen und formuliert eine Reihe von Grundsätzen zur Durchführung im Sinne einer "guten fachlichen Praxis"

13.1 Abwehrmaßnahmen

Zum Schutz vor Vogelfraß im Weinbau werden **akustische** und **visuelle Abwehrgeräte** angeboten, teilweise sind beide Abwehrmethoden miteinander kombiniert. Eine weitere Schutzmöglichkeit bietet die **Bespannung mit Netzen.** Ein Problem bei den akustischen und visuellen Abwehrgeräten besteht in dem Gewöhnungseffekt. Mit zunehmender Einsatzdauer nimmt die Angst der Vögel vor dem abschreckenden Szenario ab. Die Vögel fliegen zwar noch auf, entfernen sich aber nicht sehr weit und kehren sehr schnell wieder zum Fraßplatz zurück. Je stärker die Populationsgröße und je geringer das alternative Futterangebot, desto weniger lassen sich die Vögel abschrecken. Wesentlich besser als ein automatischer Betrieb der Abwehrgeräte wäre eine ereignisgesteuerte Auslösung, das heißt die Auslösung eines Schusses oder eines Geräusches nur bei Bedarf. Damit könnten der Gewöhnungseffekt vermieden, die Mindestabstände und die Anwohnerbelästigung verringert und die Betriebskosten gesenkt werden. Leider gibt es noch keine praxisreifen Geräte, die zuverlässig Vogelschwärme oder einzelne Vögel in den Weinbergen erkennen und dann ein Abwehrgerät gezielt auslösen können.

Geräte mit Infrarot-Bewegungsmeldern, die zur Fernhaltung von Tieren aller Art bereits auf dem Markt sind, verfügen meist nur über eine geringe Reichweite und sind wenig selektiv. Der Einsatz von Lasern zum Zweck der Vogelabwehr im Freiland wird wegen erheblicher Sicherheitsbedenken wahrscheinlich nicht zu realisieren sein.

13.1.1 Akustische Vogelabwehr

Vogelabwehr, die auf akustisch wahrnehmbaren Bedrohungsszenarien beruht, beinhaltet explosionsartige Knallentwicklung, Geräuschvermittlung oder Ultraschall.

Schussapparate

Von den akustischen Geräten zur Starenabwehr haben sich die mit Gas betriebenen Schussapparate (pyroakustische Geräte) am längsten bewährt und sind nach wie vor sehr wirkungsvoll. Es gibt zahlreiche Varianten mit unterschiedlichen Lautstärken, teilweise auch kombiniert mit optischen Signalen. Die Energie für die elektronische

Steuerung und die Schaltuhr liefert meist eine Batterie. Das Gas wird mit einem Magnetventil zudosiert und die Zündung des Gasgemisches erfolgt durch einen Hochspannungsfunken.

Wegen der hohen Schallpegel der Geräte müssen, je nach Gerätetyp und Schusszahl, unterschiedlich große Abstände zu Wohnbebauungen eingehalten werden. Da die zumeist zeitgesteuerte oder zufallsgenerierte, automatische Auslösung der Apparate eine relativ hohe Schusszahl zur Folge hat, liegt die einzuhaltende Mindestentfernung nach den Empfehlungen des Gemeinde- und Städtebundes selten unter 500 m, oft bei 800 m und mehr.

Einige wichtige Grundsätze sind hier in vereinfachter Form aufgeführt:

* Anlagen bzw. Geräte, die in einer Entfernung von mehr als 1000 m zu einer geschlossenen Wohnbebauung betrieben werden, unterliegen nicht der Erlaubnispflicht.

* Die Anzahl der Anlagen ist auf das unumgängliche Maß zu beschränken.

* Die Abstands-Richtwerte zu allgemeinen Wohngebieten (WA), reinen Wohngebieten (WR) und Mischgebieten (MI/MD) betragen:

	Art der Wohnbebauung nach BauNVO		
max. Schusszahl je Tag	MI/MD	WA	WR
bis 40	300 m	500 m	700 m
41 - 100	500 m	800 m	1000 m
über 100	keine Richtwerte, Einzelfallprüfung		

Zu einer benachbarten Schussanlage sollte mindestens der gleiche Abstand wie zur Wohnbebauung eingehalten werden. Ist dies nicht der Fall, vergrößert sich der zur Wohnbebauung einzuhaltende Mindestabstand gemäß der addierten Schusszahl beider Anlagen.

In Einzelfällen (z. B. bei besonderen Geländeverhältnissen oder beim Einsatz schallarmer Geräte) können die Abstands-Richtwerte u. U. auch unterschritten werden (Einzelfallprüfung erforderlich).

Die Mündungen der Schussrohre dürfen nicht zur Wohnbebauung hin ausgerichtet sein. Die Geräte müssen in ausreichendem Sicherheitsabstand zu Wegen aufgestellt werden. Soweit die Knallschussrohre sich frei drehen können (Karusell), sind sie entsprechend zu blockieren.

Die Nachtruhe von 22 bis 6 Uhr ist grundsätzlich einzuhalten. Darüber hinaus muss die abnehmende Taglänge berücksichtigt werden. Ein Betrieb bei Dunkelheit ist nicht zulässig und außerdem völlig sinnlos.

Eine flächendeckende Starenabwehr mit Schussapparaten wird nur während der Hauptlesezeit durchgeführt.

Abbildung 236: *Schussapparat*

Feldhüter

Im Idealfall sind Vogelabwehrmaßnahmen "ereignisgesteuert", d. h. sie werden nur dann ausgelöst, wenn auch eine Gefahr für die Weinberge durch Vögel besteht. In Ermangelung geeigneter technischer Lösungen kann dies derzeit nur durch den Einsatz von Feldhütern erreicht werden. Allerdings sind vor allem aus Kostengründen Feldhüter in den letzten Jahren immer häufiger durch automatisch knallende Schussapparate oder phonoakustische Geräte ersetzt worden. Leider hat dies auch zu einer Zunahme der Anwohnerbeschwerden geführt.

Eine Schwierigkeit beim Einsatz von Feldhütern ergibt sich eventuell durch die Novelle des Waffenrechts seit 2003. Demnach ist zum Führen (Transport und Umgang außerhalb der eigenen Wohnung, des befriedeten Besitztums oder der Geschäftsräume) von Schreckschusswaffen mit dem PTB-Zeichen der sog. "Kleine Waffenschein" erforderlich. Zwar gibt es für Winzer und von ihnen beauftragte Personen eine Ausnahmeregelung, wenn sie die Schreckschusswaffe im "nicht schussbereiten und nicht zugriffsbereiten Zustand" (also entladen und in einer Tasche verstaut) zum Einsatzort transportieren. Feldhüter, die größere Weinbergsareale zu überwachen haben, sollten diesen "Kleinen Waffenschein" aber sicherheitshalber trotzdem beim örtlichen Ordnungsamt beantragen. Voraussetzungen sind auf jeden Fall die Vollendung des 18. Lebensjahres, ein Sachkundenachweis, Zuverlässigkeit im waffenrechtlichen Sinn und die körperliche und geistige Eignung. Darüber hinaus wird von manchen Behörden auch der Nachweis einer Haftpflichtversicherung verlangt. Der "Kleine Waffenschein" kostet derzeit 50 Euro. Er ist nur in Verbindung mit dem Personalausweis gültig.

Auch die Starenschreckmunition kann nicht jeder kaufen. Man muss dazu einen Munitionserwerbschein vorlegen, der wiederum nur an Personen ausgestellt wird, die Sachkunde im Umgang mit Schreckschusswaffen nachweisen können. Der Sammelkauf von Schreckschussmunition z. B. durch Winzervereine ist jedoch geduldete Praxis. Die Munition darf aber nur an Personen mit entsprechender Sachkunde abgegeben werden. Nach einem Schreiben des rheinland-pfälzischen Innenministeriums vom 26.05.1988 kann bei Winzern mit einschlägiger Erfahrung Sachkunde als nachgewiesen gelten.

Phonoakustische Geräte

Diese Geräte erzeugen Geräusche, die Angst unter den Vögeln auslösen sollen. Zumeist verfügen die Geräte über mehrere Geräusche. Neben Angstschreien von Staren, Amseln oder Drosseln sind meist Habichts-, Bussard- oder Falkenschreie, teilweise auch Hundegebell, Hubschrauber- oder Flugzeuglärm als Geräuschkulisse vorhanden. Durch die Abwechslung der verschiedenen Geräusche soll ein Gewöhnungseffekt weitgehend vermieden bzw. abgeschwächt werden. Die Lautstärke bestimmt den Aktionsradius, aber auch den Mindestabstand vom Wohngebiet. Für große Flächen benötigt man mehrere Lautsprecher bzw. Geräte, die nach den topographischen Erfordernissen angeordnet werden müssen. Die Geräte werden in der Regel von Autobatterien betrieben. Sie werden vornehmlich auf kleineren Flächen zum Fernhalten von ortsansässigen Vögeln, wie Amseln oder Drosseln eingesetzt.

Abbildung 237:
Phonoakustisches
Vogelabwehrgerät

Ultraschall-Geräte
Die elektronische Vogelabwehr erfolgt dabei mittels einer Hochtonfrequenz und Ultraschall. Vögel hören aber im Bereich um 4 kHz und damit liegt der Schall reiner Ultraschallgeräte außerhalb des Hörvermögens der meisten Vogelarten. Deshalb wird eine dauerhaft wirkungsvolle Vogelabwehr ausschließlich mit Ultraschall angezweifelt.

13.1.2   Visuelle Vogelabwehr

Vogelscheuchen, flatternde Bänder und andere Hilfsmittel werden schon seit langer Zeit für die Vogelabwehr eingesetzt. Leider ist der Wirkungsgrad nicht besonders gut. Als alleiniger Schutz sind diese Maßnahmen nicht ausreichend, denn der Gewöhnungseffekt setzt sehr rasch ein. Daher müssen sie mit akustischen Verfahren kombiniert werden.

Drachen-Vogelscheuche
Es gibt verschiedene Ausführungen von Drachen-Vogelscheuchen. Eine Version basiert auf einer über 10 m langen Teleskoprute aus sonderlegiertem Aluminium, an deren Ende ein Drachen befestigt ist, der wie ein Raubvogel aussieht. Diese Drachen-Vogelscheuche wird mittels eines Bohrankers in die zu schützende Kultur gestellt. Der Drachen hängt immer flugbereit in der Luft und sobald ein Wind aufkommt, steigt der Drachen auf die Wirkungshöhe und soll so die Vögel aus dem Weingberg vertreiben.

Eine andere Ausführung (Helikite) schwebt als Helium gefüllter Drachenballon ständig in der Luft. Der Drachen hat einen Durchmesser von 95 cm. Da die Haut mit der Zeit durchlässig für das Heiliumgas wird, enthält der Liefersatz 5 Ersatzballons.

13.1.3 Vogelschutznetze

In Ortsrandlagen oder zum Schutz der Trauben nach Beendigung der Hauptlese kann der Einsatz von Vogelschutznetzen notwendig werden.

Für Vogelschutznetze wird mittlerweile eine Maschenweitengröße von höchstens 25 x 25 mm empfohlen. Da frühere Empfehlungen von Maschenweiten bis zu 30 Millimetern ausgingen, ist in Absprache mit der Staatlichen Vogelschutzwarte übergangsweise die weitere Verwendung noch vorhandener Netze mit Maschenweiten bis 30 mm vertretbar. Zumeist werden Seitenbespannungsnetze (Traubenzonennetze) mit Maschenweiten deutlich unter 25 mm verwendet, sodass von dieser Regelung nur wenige Betriebe betroffen sind.

Grundsätzlich können Netze aber auch über die Rebzeilen gespannt werden. Dazu sollten nur engmaschige (blaue) Abdecknetze mit einem Bodenabstand von mindestens 40 - 50 cm verlegt werden. Nur in Ausnahmefällen bei Gefahr durch seitlich einfliegende Vögel können die Netze auch bis zum Boden heruntergezogen werden, müssen dann aber straff verspannt sein.

Netze müssen möglichst oft kontrolliert und nach der Lese sofort entfernt werden.

Auch Folien schützen die Traubenzonen vor Vogelfraß, bei feuchter Witterung besteht jedoch erhebliche Fäulnisgefahr.

Hersteller, Vertreiber und Preise von Vogelabwehrgeräte (Stand 2006)

Geräte	Bezeichnung / Typ	Hersteller / Vertreiber	ca. Preise (€ o. MwSt.)
Schussapparate	Purivox Triplex V Purivox Karusell Triplex V	PURIVOX GmbH, 67308 Ottersheim	450 bis 650
	Knallschreckgerät ZON MARK 3/4	KME-Agromax GmbH 79346 Endingen	
Schussapparate kombiniert mit optischen Signalen	Purivox Spiegelpyramide Purivox Schmetterling Purivox RazzoTriplex V	PURIVOX GmbH, 67308 Ottersheim	
Phonoakustische Geräte	Bird Gard	PURIVOX GmbH, 67308 Ottersheim	220 bis 1 000
	DIRO	Wilhelm Unger – OTEC, 75392 Deckenpfronn	
	AKUTRON ATnG	Agroelec AG, CH – 8477 Oberstammheim	
	Raptor R30, R32, R35	H. Siegmund, electronic Protection, A – 7141 Podersdorf am See	
Phonoakustische Geräte kombiniert mit optischen Signalen	Effektron ETnG	Agroelec AG, CH – 8477 Oberstammheim	170 bis 700
	Vogelscheuche	Walter Wilhelms, 56235 Ransbach-Baumbach	
Ultraschall-Geräte	UltraSon	KME – Agromax, 79346 Endingen	400 bis 800
	Vitigard	EIC Industrie Consulting GmbH, 79576 Weil am Rhein	
Drachen-Vogelscheuchen	Helikite	Doris Schrievers, 41749 Viersen	200 bis 400
	Vogelscheuche Delta	ChristopfAIR, 40668 Meerbusch-Lank	

Das Verzeichnis erhebt keinen Anspruch auf Vollständigkeit

Literatur

ALTMAYER, B.: Streit um die Vogelabwehr. Landwirtschaftliches Wochenblatt 11/ 2006, 45 – 48.

ALTMAYER, B.: Die Plage aus der Luft. Das Deutsche Weinmagazin 16/2006, 10 – 15.

REGNER, F.: Maßnahmen gegen Vogelfraß im Weinbau. Der Winzer 8/200, 32 - 35.

14   Technik der Bewässerung

Der Klimawandel stellt auch den Weinbau vor schwierige Herausforderungen. Durch die klimatische Erwärmung wird es infolge höherer Temperaturen zu höheren Wasserverdunstungsraten und verringertem Wasserangebot im Boden kommen. Der Wasserstress auf die Reben wird erhöht, was sich in einem geringeren vegetativen Wachstum und schlechteren Weinqualitäten niederschlagen kann. Eine termin- und fachgerechte Zusatzbewässerung kann dazu beitragen, größere Trockenstresssituationen zu verhindern.

Rechtliche Grundlagen und Wasserbezug
Bis 2002 durften in Deutschland nur Steillagen mit mehr als 30% Hangneigung bewässert werden. Nach Änderung der rechtlichen Grundlagen konnten erstmals 2003 auch Weinberge mit weniger als 30% Neigung zur Absicherung der Qualität bewässert werden. Die rechtliche Regelung hierfür liefert die EG-Verordnung Nr. 1493/99 in Artikel 55.

Verordnung (EG) Nr. 1493/99 Artikel 55 (Anhang VI, Anbaumethoden)
Die Anbaumethoden, die zur Gewährleistung einer optimalen Qualität der Qualitätsweine b. A. notwendig sind, werden durch jeden betreffenden Mitgliedsstaat in geeigneten Bestimmungen geregelt.
In einer Weinbauzone darf nur mit Zustimmung des betreffenden Mitgliedsstaates bewässert werden. Diese Zustimmung kann nur erteilt werden, wenn die Umweltbedingungen dies rechtfertigen.

Landesverordnung Rheinland-Pfalz zur Durchführung des Weinrechts vom 18. Juli 1995 (§ 10), zuletzt geändert am 30. Oktober 2002
Die Beregnung von nicht in Ertrag stehenden Rebflächen sowie zum Frostschutz ist zulässig.
Im Ertrag stehende Rebflächen können zur Steigerung der Qualität bis zum Eintritt der Traubenreife beregnet werden, wenn die Umweltbedingungen dies rechtfertigen. Die Umweltbedingungen rechtfertigen die Beregnung, wenn der Entwicklungsstillstand der Reben durch Trockenheit droht. Vorschriften über sonstige öffentliche rechtliche Genehmigungen und Erlaubnisse bleiben unberührt.

Das größte Problem stellt für die meisten Betriebe die Beschaffung des Wassers dar. Die Entnahme aus dem öffentlichen Trinkwassernetz ist, trotz einer gewährten Befreiung von Abwassergebühren, relativ teuer. Auch wird nicht jeder Wasserversorger in trockenen Sommern, bei einem allgemein höheren Verbrauch und sinkendem Grundwasserstand, eine Entnahme zur Bewässerung von Weinbergen gestatten. Der Bezug aus Bächen oder Flüssen bedarf der Genehmigung der unteren oder oberen Wasserbehörde, je nach Gewässereinstufung. Da in Trockenzeiten auch der Wasserstand von Bächen und Flüssen stark herabgesetzt ist und zusätzlich größere Wasserentnahmen dieses Ökosystem weiter belasten würden, wird in aller Regel keine Genehmigung erteilt. Günstiger sieht es für Standorte aus, die in räumlicher Nähe zu Versorgungsleitungen eines Beregnungsverbandes liegen, wie beispielsweise in der Vorderpfalz. In diesem Fall bedarf es lediglich der Regelung der Erschließungs- und Abrechnungsmodalitäten mit dem Verband. Die Nutzung alter, stillgelegter Brunnenanlagen ist meist nur eingeschränkt möglich und erfordert zudem oft auch lange Anfahrtswege. Der Neubau eines Brunnens ist genehmigungspflichtig und kostet in Abhängigkeit von der Bohrtiefe sowie dem Antrieb und der Leistung der Pumpe etwa 10.000 bis 20.000 €. Eine weitere Möglichkeit stellt das Sammeln von Oberflächenwasser in Zisternen dar. Das Niederschlagswasser von Dach- und versiegelten Hofflächen ist zwar einfach aufzufangen, reicht aber meist nur zur Bewässerung kleinerer Rebflächen aus. Der Bau größerer Zisternen in der Gemarkung, beispielsweise am Hangfuß von Weinbergen, bedarf der Genehmigung.

Tabelle 75: Möglichkeiten der Wasserbeschaffung

Bezugsquelle	Voraussetzung
Fluss, Bach, Quelle	Genehmigung erforderlich (i. d. R. nicht möglich)
Öffentliches Trinkwassernetz	Abhängig vom Versorger
Brunnen	Genehmigung erforderlich
Zisterne auf Hoffläche Zisterne in Gemarkung	Keine speziellen Auflagen Genehmigung erforderlich
Beregnungsverband	Anschluss erforderlich

Terminierung der Bewässerung

Die Wasserversorgung hat in den verschiedenen Entwicklungsphasen der Reben sehr unterschiedliche Auswirkungen auf die vegetative und generative Leistung. Der Bewässerungszeitpunkt und die Höhe der Wassergabe sind maßgeblich dafür verantwortlich, ob die Bewässerungswirkung mehr in Richtung Wuchs- und Ertragssteigerung oder mehr in Richtung Qualitätsverbesserung geht. Zu Beginn der Beerenentwicklung (nach der Blüte) findet die erste Phase des Dickenwachstums durch Zellteilung und Zelldehnung statt. Je nach Rebsorte und Jahrgang erstreckt sich diese Phase über 3 bis 6 Wochen. In diesem Zeitraum begünstigt eine gute Wasserversorgung die Volumenzunahme der Beeren und wirkt somit ertragssteigernd, was der Qualität und der Traubengesundheit abträglich ist. Nur sehr starke Trockenheit rechtfertigt in dieser Phase eine Bewässerung. In der zweiten Entwicklungsphase (Sistierungsphase), die etwa ab Traubenschluss erfolgt und je nach Rebsorte 4 bis 21 Tage dauert, laufen in den Beeren vorwiegend hormonell gesteuerte Vorgänge ab. Äußerlich zeigen die Trauben einen Vegetationsstillstand. Wassergaben in diesem Zeitraum wirken sich deutlich weniger ertragssteigernd aus als in der ersten Phase. An die Sistierungsphase schließt sich die Reifephase an, beginnend mit dem Weichwerden der Beeren. Ihre Dauer beträgt je nach Sorte und Jahr 6 bis 10 Wochen. In dieser Phase findet nochmals ein Dickenwachstum der Beeren durch Zelldehnung infolge der Einlagerung von Wasser, Zucker und anderen Inhaltsstoffen statt. Die Wasserversorgung hat in dieser Phase bezüglich der Volumenzunahme nicht mehr den Stellenwert, wie zu Beginn der Beerenentwicklung. Sie beeinflusst vor allem die Photosyntheseleistung und Inhaltsstoffeinlagerung in den Beeren und kann somit zur Qualitätssteigerung beitragen. Eine üppige Wasserversorgung führt aber auch in der Reifephase zu einer Ertragssteigerung und u. U. zu weiteren Problemen, wie Botrytis, Essigfäule, verzögerte Reife, schlechte Farbstoff- und Aromaausbildung.

Bei der optimalen Wasserversorgung ist zwischen Rot- und Weißweinsorten zu unterscheiden. Bei Weißweinsorten sollte eine moderate Versorgung mit bestenfalls geringem Wasserstress angestrebt werden. Größerer und länger anhaltender Trockenstress erhöht die Gefahr von Gärstörungen, Fehlaromen und UTA. Für Rotweinsorten sollte die Wasserversorgung auf niedrigerem Niveau liegen. Mäßiger Wasserstress begünstigt die Farbausbildung und Tannineinlagerung und ist somit qualitätsfördernd.

Abbildung 238: Phasen der Beerenentwicklung

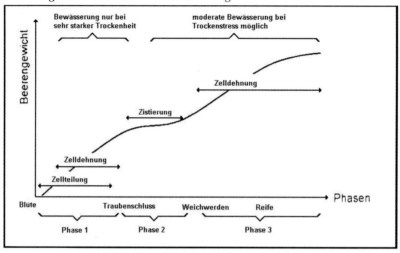

Steuerung der Bewässerung

Soll eine Bewässerung in erster Linie der Qualitätssicherung und –verbesserung dienen, so spielt nicht nur die Entwicklungsphase der Beeren, sondern auch die Dosierung des Zusatzwassers eine wichtige Rolle. Problematisch für den Praktiker hierbei ist, neben der Terminierung, die Abschätzung des Wasserbedarfs. Dieser ist abhängig von dem Wasservorrat des Bodens, insbesondere von dem pflanzenverfügbaren Bodenwasser. Entscheidend dabei ist nicht nur der aufnehmbare Vorrat, sondern die dafür erforderliche Saugspannung der Wurzeln. Ab einem Bodenwasserpotenzial (Wasserbindungskraft des Bodens) von -1,6 MPa (-16 bar, MPa = Mega-Pascal) ist der permanente Welkepunkt erreicht, d.h. die Saugspannung der Wurzeln reicht nicht mehr aus, um Wasser aufzunehmen. Trockenstress setzt jedoch schon früher ein. Man geht davon aus, dass ab einem Bodenwasserpotential von -0,25 MPa (-2,5 bar) zwar die Wuchsleistung je nach Sorte mehr oder weniger beeinträchtigt, die Photosyntheseleistung aber zunächst weniger zurückgefahren wird. Somit bleiben mehr Assimilate für die Ernährung der Trauben. Man spricht von einem moderaten Trockenstress (Bewässerungsschwellenwert), der nicht überschritten werden sollte (SCHULTZ u. STEINBERG 2002). Es wäre also naheliegend, die Bewässerungswürdigkeit über den Wassergehalt oder besser über das Wasserpotenzial des Bodens zu bestimmen. Die Tatsache, dass das durchwurzelte und demnach als Wasserspender erschlossene Bodenvolumen bei Reben in Abhängigkeit von Boden- und Untergrundbeschaffenheit, Alter der Anlage und Unterlage außerordentlich

410

variabel sein kann, ist der Grund, warum punktuelle Untersuchungen des Wasservorrats oder des Wasserpotenzials im Boden bei Reben ein wenig taugliches Instrument zur Ableitung einer Bewässerungsnotwendigkeit sind.

Die Bestimmung des **Blattwasserpotenzials** vor Sonnenaufgang mit der sogenannten **"Scholanderbombe"** ist derzeit die einzige Methode, den Wasserversorgungsstatus und damit auch die Wahrscheinlichkeit und das Ausmaß von Stressreaktionen verlässlich bewerten zu können. Da die Spaltöffnungen nachts geschlossen sind, kommt im Laufe der Nacht der Wasserstrom vom Boden in die Pflanze zum Erliegen, so dass sich das Wasserpotenzial von Boden und Blatt im Laufe der Nacht allmählich angleichen. Die Ermittlung des Blattwasserpotenzials erfasst also das gesamte für die Rebe erreichbare Wasser, egal aus welchen Bodenschichten sie dieses entzieht. Es wird also exakt der Versorgungszustand der Reben erfasst. Dies ist die Grundlage für die Entscheidung, ob momentan eine Verbesserung der Versorgung durch Bewässerung sinnvoll ist oder nicht. Das Blattwasserpotenzial sagt wenig darüber aus, welcher aufnehmbare Vorrat noch vorhanden ist. Dieser lässt sich jedoch auch mit bodengeschützten Methoden kaum quantifizieren, da das durchwurzelte Bodenvolumen kaum zu ermitteln ist. In Wetterphasen mit Trockenstressrisiken ist die Untersuchung in ungefähr wöchentlichen Abständen zu wiederholen. Für eine orientierende Untersuchung sollten etwa 10 bis 20 Blätter (Haupttriebblätter im mittleren Bereich der Laubwand) pro Parzelle untersucht werden, was eine geübte Arbeitskraft in einem Zeitraum von ca. 30 bis 60 Minuten erledigen kann. Dafür wird ein frisch abgeschnittenes Blatt in eine Druckkammer eingespannt, wobei der Blattstiel durch eine gasdicht abgedichtete Öffnung nach außen ragt. Dann wird die Druckkammer mit Pressluft unter Druck gesetzt. Am Manometer wird der Druck abgelesen, der erforderlich ist um an der Schnittfläche am Blattstiel Flüssigkeit herauszudrücken. Dieser Druck entspricht – mit umgekehrtem Vorzeichen – dem Wasserpotenzial des Blattes. Die Anschaffungskosten einer herkömmlichen Scholanderbombe sind recht hoch (ca. 4 500 €), deshalb wurden preiswertere Ausführungen entwickelt (Fa. C.A. Junk, Fa. MMM Mosler Tech Support). Nachteilig bei dieeer Methode ist vor allem die Tatsache, dass die Messung des Blattwasserpotenzials vor Sonnenaufgang erfolgen muss.

Abbildung 239: Bestimmung des Blattwasserpotenzials mit der Scholanderbombe

Blattwasserpotenzial	Versorgungssituation
> - 0,1 MPa	„Luxus" - angebot
ca. – 0,1 bis 0,25 MPa	Moderate Versorgung ohne Stress
ca. – 0,25 bis 0,6 MPa	Moderater Stress
< - 0,6 MPa	Starker Stress

Andere, weniger aufwändige Verfahren sind zur Zeit in der Entwicklung und Erprobung. So versucht man auf Basis von Bodenkennzahlen und Witterungsdaten **Wasserhaushaltsmodelle** zu entwickeln und die Bewässerungswürdigkeit zu berechnen. Auch in der Erprobung ist die Berechnung der erforderlichen Bewässerung über das Internet, welche sich auf Angaben zu Bodenkennzahlen und meteorologischen Daten des Deutschen Wetterdienstes stützt. Dieser **"Beregnungsberater"** kann wie folgt genutzt werden:

• Anmeldung unter www.agrowetter.de/produkte/beregnung/index.htm oder www.agrowetter.de.
• Auswahl der am nächsten gelegenen Wetterstation des DWD als Basisstation.
• In einer automatisch generierten Mail wird das Kennwort zugeschickt und damit der individuelle Zugang zu einem interaktiven "Online-System" ermöglicht.
• Einmalig vor der Beregnungssaison müssen Angaben zur gewünschten Kulturart und dem Boden gemacht werden. Es müssen vor allem die Eckwerte des Bodenwasserhaushalts (Feldkapazität, Totwasseranteil, Durchwurzelung) bekannt sein und
• Erfassung der örtlichen Niederschläge.

Auch **visuelle Beurteilungen** der Rebanlagen können bei der Einschätzung des Wasserversorgungszustandes hilfreich sein. So kann man aufgrund folgender Merkmale auf Wasserstress schließen.

• Einstellung des vegetativen Wachstums (aufrecht stehende Triebspitzen).
• Hängende Ranken.
• Veränderte Blattstellung (Blattrückseiten sichtbar), gefaltete Blätter.
• Einsetzende Blattvergilbungen.

Die Problematik einer sich rein auf visuelle Beurteilung stützenden Entscheidung besteht darin, dass diese Merkmale erst im fortgeschrittenen Stressstadium auftreten. Eventuelle unerwünschte physiologische Reaktionen auf knappen Wasserstatus setzen jedoch schon früher ein. Außerdem ist die Einschätzung subjektiv und stark personenabhängig. Für Rotweinsorten, auf die sich ein moderater Wasserstress qualitätsfördernd auswirken kann, ist diese Methode sicherlich geeigneter als für Weißweinsorten.

Dosierung der Bewässerung
Die auszubringenden Wassermengen und die Beregnungsintervalle werden vor allem von der Wasserspeicherfähigkeit des Bodens und der Ungewissheit der Witterung limitiert. Prinzipiell haben kleinere Gaben in kürzeren Intervallen den Vorteil, dass sie nur kurze Zeiträume mit überschaubarer Wetterprognose überbrücken. Damit sinkt dass Risiko, dass durch nicht eingeplante starke Niederschläge eine Überversorgung eintritt.

Auf leichten Böden bildet sich unter einem Tropfer eine schmale, aber tief nach unten reichende "Feuchtigkeitszwiebel". Aufgrund der stärkeren Wirkung von Kapillar- und Adsorptionskräften verteilt sich auf tonreicheren Böden das Wasser mehr in die Breite und weniger in die Tiefe.

Für Normalanlagen mit 4 000 bis 5 000 Stock/ha können folgende Empfehlungen gegeben werden:

Wassergaben ca. 1,2 bis 1,5 Liter/Rebe/Tag:

- leichte Böden ca. 6 bis 8 Liter/Rebe in ca. 5 bis 7-tägigen Abständen
- schwere Böden ca. 8 bis 12 Liter/Rebe in ca. 7 bis 10-tägigen Abständen

Daraus ergeben sich Mengen von 30 bis 40 m^3/ha/Woche bzw. ca. 130 bis 180 m^3/ha/ Monat (=13 bis 18 mm/m^2).

Tabelle 76: Auswirkung unterschiedlicher Wasserversorgungsstufen auf verschiedene Funktionen der Rebe. (nach R. Schultz, geändert von Walg)

	Wasserversorgung			
	hoch	adäquat (kein Stress)	leichter Stress	starker Stress
Wasserpotenzial der Pflanze in MPa	-0,03 bis -0,1	-01 bis -0,2	-0,2 bis -0,5	< -0,6
Assimilationsleistung	hoch	hoch	reduziert	stark reduziert
Vegetatives Wachstum	sehr stark	normal	reduziert	stark reduziert bis eingestellt
Blüteverlauf	verschlechtert	normal	normal bis gut	verschlechtert
Ertrag	erhöht	normal	etwas reduziert	stark reduziert
Zuckergehalte	etwas reduziert	normal	erhöht	etwas bis stark reduziert
Farbstoffausbildung	reduziert	reduziert	erhöht	erhöht
Säure	erhöht	normal	reduziert	reduziert
Holzausreife	verschlechtert	normal	gut	verschlechtert

14.1 Technische Möglichkeiten der Bewässerung

Die Zielsetzung einer Zusatzbewässerung kann unterschiedlich sein. In erster Linie soll sie der Qualitätssicherung und –verbesserung dienen.

In Junganlagen und jungen Ertragsanlagen kann sie aber auch als "rebenerhaltende" Maßnahme notwendig sein. Junge Rebstöcke haben noch kein tiefergehendes Wurzelwerk und sind deshalb anfällig gegenüber länger anhaltender Trockenheit. Zur Vermeidung irreversibler Schädigungen kommen in solchen Anlagen meist mobile Bewässerungssysteme zum Einsatz, während zur Qualitätsverbesserung stationäre Anlagen zu bevorzugen sind.

14.1.1 Mobile Bewässerungsverfahren

Wie schon erwähnt sind diese technischen Lösungen in erster Linie geeignet, um stärkere Schädigungen wie Vertrocknen der Blätter, vorzeitiger Blattfall oder gar das Absterben von Rebstöcken zu verhindern. Es sind einfache technische Verfahren, zumeist ohne exakte Dosierung des Wassers und demzufolge auch mit einem recht hohen Wasserverbrauch. In der Praxis werden hauptsächlich folgende Verfahren angewandt:

Wassertransport in die Anlage mittels Transporttank, Traubenwagen oder Nachläufer- Spritzbehälter

Für die Verteilung des Wassers sind unterschiedliche Techniken möglich:

* Anschließen von Verteilerschläuchen, die das Wasser beidseitig entlang der Rebzeile auslaufen lassen. Eine gleichmäßige Wasserverteilung ist damit schlecht realisierbar und zur tieferen Versickerung des Wassers sind große Wassermengen erforderlich.
* Direktes Einbringen des Wassers in den Boden mit Hilfe eines Meißelschars. Mit dem Meißelschar wird entlang der Rebzeile eine Furche gezogen, wobei gleichzeitig ein am Scharrücken befestigtes Rohr für die Wasserverteilung in dem Boden sorgt.
* Direktes Einbringen des Wassers in den Boden mit einer Wasserlanze. Damit kann das Wasser effizient bis an die Wurzeln gebracht werden. Pro Stock genügen in der Regel 3 bis 4 Liter. Auf skeletthaltigen Böden muss aber darauf geachtet werden, dass die Feinerde nicht ausgespült wird und dass keine Hohlräume entstehen.

Furchenbewässerung vom Parzellenrand

Bei dieser Methode wird mit einem Bodenbearbeitungsgerät, z.B. einer Hohlscheibe, eine Furche entlang der Rebzeile gezogen. Anschließend wird vom Parzellenrand aus das Wasser mittels eines Schlauches in die Furche geleitet. Voraussetzung dabei ist eine schwache Hangneigung und nicht allzu lange Zeilen. Das Verfahren ist zwar einfach, benötigt aber viel Wasser und bringt eine recht ungleichmäßige Wasserverteilung.

14.1.2 Stationäre Bewässerungsanlagen

Zur Anwendung können hier zwei Verfahren kommen und zwar die Überkronenberegnung und die Tropfbewässerung.

14.1.2.1 Überkronenberegnung

Die Überkronenberegnung wird noch im Obstbau eingesetzt, im Weinbau hat dieses Verfahren ausgedient. Das Wasser wird in der Regel über fest installierte Rohrleitungen zu Kreisregnern gefördert, die für eine gleichmäßige Wasserverteilung auf der Fläche sorgen. Der Wasserverbrauch ist mit 30 bis 40 l/m_ und Termin rund drei- bis viermal so hoch wie bei der Tropfbewässerung. Zudem besteht die Gefahr, dass durch die Benetzung Pilzkrankheiten, wie Peronospora und Botrytis, gefördert werden.

14.1.2.2 Tropfbewässerung

Als effizientes Bewässerungssystem kommt nur die Tropfbewässerung in Betracht. Sie bietet im Vergleich zu den anderen Verfahren folgende Vorteile:

- Geringer Wasserverbrauch und geringe Verdunstungsrate.
- Gleichmäßige Wasserversorgung aller Rebstöcke.
- Keine phytosanitären Probleme, da Grünteile nicht benetzt werden und die Luftfeuchtigkeit im Bestand nicht erhöht wird.
- Gute Kosten – Nutzen – Relation.

Aufbau einer Tropfbewässerungsanlage

Eine Tropfbewässerungsanlage besteht im Wesentlichen aus den Hauptbaugruppen Kopfstation (Versorgungs- und Steuereinheit) mit vorgeschalteter Wasserbeschaffung, Verteilerleitung und Tropferleitungen mit Tropfeinrichtungen. Die Kopfstation umfasst mindestens einen Filter und Absperrventile. Das Beregnungswasser muss weitgehend frei sein von Schmutzpartikeln (kleiner 0,1 mm), ansonsten kann es zu Störungen kommen. Sogenannte Scheibenfilter mit 150 M (mesh) Filterweite sind meistens ausreichend. Bei stark verschmutztem Oberflächenwasser muss ein Sandfilter vorgeschaltet werden. Der Eingangsdruck muss mindestens 0,5 bar betragen, damit eine gleichmäßige Verteilung über die Leitungslänge gewährleistet ist. Sofern dies nicht über den Gefälledruck oder das Leitungsnetz erfolgt, ist außerdem eine Pumpe und eine Einrichtung zur Druckbegrenzung auf 4 bar erforderlich. Die Pumpe ist entweder an der Wasserentnahmestelle installiert oder in die Kopfeinheit integriert. In der Regel werden je nach Druckbedarf ein- oder mehrstufige Kreiselpumpen eingesetzt. Die Verbindung zwischen Kopfstation und Tropferleitungen übernimmt die Verteilerleitung. Hierfür werden vorzugsweise PE – Rohre mit einer Nennweite von 50 bis 60 mm eingesetzt.

Zur Vermeidung von Beschädigungen durch Bodenbearbeitungsgeräte oder Frost ist es ratsam die Verteilerleitung in etwa 60 cm Bodentiefe zu verlegen. Ein sogenannter "Blindschlauch" der über Anschlussstücke mit der Verteilerleitung verbunden wird, stellt die Verbindung zu den Tropferleitungen her. Blindschlauch und Tropferschlauch werden am Zeilenanfang mit einem Absperrventil verbunden. So besteht die Möglichkeit einer abschnittsweisen Bewässerung. Als Tropferleitungen in der Rebanlage dienen Kunststoffrohre mit 16 bis 20 mm Innendurchmesser.

Abbildung 240: *Schematischer Aufbau einer Tropfbewässerungsanlage*

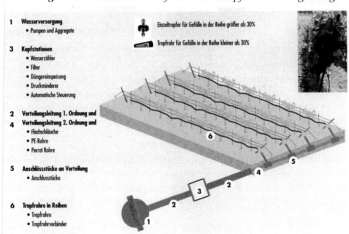

Tropfsysteme
Bei den Tropfsystemen kann zwischen außenliegenden, an den Tropferleitungen montierten **Einzeltropfern** und innenliegenden, sogenannten **"Integral-Tropfschläuchen"** unterschieden werden.
Die Installation der außenliegenden Einzeltropfen erfolgt nach dem Auslegen und Befestigen der Tropferleitungen in den erforderlichen Abständen. Mittels einer Lochzange werden dazu an den vorgesehenen Positionen der Tropfer die Einstanzungen vorgenommen. Die Tropfer können so exakt den einzelnen Rebstöcken zugeordnet werden und auch das Auswechseln defekter Tropfer ist einfach. Aufgehängt werden die Tropfleitungen am unteren Draht. Um eine Gefährdung der Leitungen bei Rebschneidearbeiten auszuschließen, hängt man sie häufig in Schlauchabstandshalter.

Bei den Tropfschläuchen mit innenliegenden Membransystemen sind die Tropfelemente in festen Abständen in die Tropfleitung integriert. Die Installation der Anlage ist zwar weniger arbeitsaufwendig, aber die Tropfstellen können nicht mehr den einzelnen Stöcken zugeordnet werden, weshalb bei der werkseitigen Montage meist geringere Abstände eingehalten werden (z.B. 30, 50 oder 75 cm). Da die Wasseraustrittsöffnung nicht deutlich vom Rohr abgesetzt ist, kann es bei hängenden Leitungen zum Ablaufen von Wasser entlang des Rohres kommen. Da infolgedessen die Wasserverteilgenauigkeit erheblich beeinträchtigt wird, werden in Hanglagen überwiegend Systeme mit Einzeltropfern eingesetzt oder Tropfschläuche im Unterstockbereich auf dem Boden oder in den Boden verlegt. Für die unterirdische Verlegung von Tropfschläuchen bietet die Fa. Clemens den "Drip-Instruder" an. Mit ihm können ein oder zwei Tropfschläuche bei der Durchfahrt mit dem Schlepper in einer Tiefe abgelegt werden, die mit dem hierzu eingesetzten Tiefengrubber (30-40 cm) oder Wippscharlockerer (bis 60 cm) erreicht werden kann. Der Schlauch wird fortlaufend von einer aufgebauten Spule abgewickelt und über ein Führungsrohr hinter dem Zinken in den Boden eingebracht. Nach Erfahrungen aus Österreich gelten unterirdisch verlegte Tropfrohre als unproblematisch hinsichtlich Verstopfungen oder Störungen.

Die Tropfer haben die Aufgabe, das Wasser gleichmäßig entlang der Tropfleitung zu verteilen. Um geodätische Höhenunterschiede oder Druckverluste in längeren Tropfleitungen auszugleichen ist eine Druckkompensierung notwendig. Mittels Membranen und Labyrinthgängen werden bei druckkompensierten Tropfern Druckunterschiede bis 4 bar ausgeglichen.

Abbildung 241: Druckkompensierter Tropfschlauch (links) und druckkompensierter Einzeltropfer (rechts)

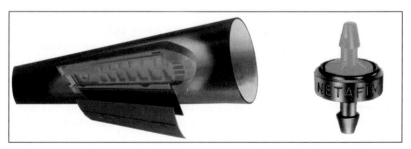

Abbildung 242: Schlauchabstandshalter und druckkompensierter Einzeltropfer

Abbildung 243: Drip-Intruder zur unterirdischen Verlegung von Tropfschläuchen

Tabelle 77: *Bewertung von Tropsystemen (DLG-Test 1/2003)*

	Einzeltropfer		Tropfrohre			
Typ	Plastro Supertif	Netafim WPC	Plastro Hydro P.C.	Netafim UNIRAM / UNIWINE 23	Netafim UNIRAM / UNIWINE 16	Netafim RAM
Eignung	Ebene und Hanglagen	Ebene und Hanglagen	Ebene*	Ebene*	Ebene*	Ebene*
Wasserausflussmenge / Wasserverteilgenauigkeit						
niedriger Druck- bereich	++ bis 200 kPa	+ bis 200 kPa	+ bis 200 kPa	+	+ bis 100 kPa	+ bis 100 kPa
höherer Druck- bereich	o	o / -	o	+	o	o / -
Druckausgleichsverhalten						
niedriger Druck- bereich	++	+ bis 150 kPa	++	+ / ++	+	+ / ++
höherer Druck- bereich	o	++	++	+/ ++	++	+ / ++

Bewertungsbereich: ++ / + / o / - / -- (o = Standard)　　　* Hangeinsatz nur mit Zusatzteilen

Wartung der Anlage

Die Wartung einer Tropfbewässerung besteht, außer einer regelmäßigen Überprüfung bzw. Reinigung der Filtereinrichtung und die Funktionsüberwachung der Tropfer darin, dass nach Saisonende alle oberirdisch installierten Bauteile restlos entleert werden. Durch das mehrmalige Öffnen der Tropferleitungen an den Enden kann auch ein Spülvorgang während der Saison erfolgen. Für die Beseitigung von Anlagerungen speziell in den Tropfern, kann ebenfalls nach Saisonende technische Salpetersäure oder Zitronensäure zur Anwendung kommen. Zu empfehlen ist auch aus Sicherheitsgründen der Abbau der Kopfstation.

Materialbedarf und –kosten

Der Materialbedarf einer Tropfbewässerung ist relativ einfach zu ermitteln. Die Länge der benötigten Tropferleitung entspricht der Gesamtzeilenlänge der Anlage und die Menge an Einzeltropfern der Stockzahl. Die Länge der Verteilerleitung richtet sich nach der Parzellenbreite zuzüglich der Entfernung zur Wasserentnahme. Für jede Zeile ist ein Anschlussstück, ein Blindschlauch und ein Absperrventil erforderlich. Dazu kommt die Kopfstation und evtl. eine Pumpe.

Während die Materialkosten und die Arbeitskosten zur Erstellung einer Tropf-bewässerung einfach zu kalkulieren sind, hängen die Kosten für die Wasserbeschaffung und –zuführung von der Bezugsquelle und den örtlichen Gegebenheiten ab, sodass hierfür keine verbindlichen Angaben gemacht werden können. Im nachfolgenden Kostenbeispiel ist eine Wasserentnahme aus dem öffentlichen Trinkwassernetz unter-stellt, wobei zwischen der Entnahme aus einem Hydranten und der Zufuhr mittels eines Tankwagens unterschieden wird.

Tabelle 78: *Kostenbeispiel für Erstellung und Betrieb einer Tropfen-bewässerungsanlage (berechnet auf 1 ha mit 4 500 Stöcken)*

Kostenart	ca. €/ha (ohne MwSt)
Anschaffungskosten Anlage	4 000
Verlegeaufwand	1 000
Summe Erstellungskosten	**5 000**
Abschreibung (10 Jahre)	500
Zinsanspruch (5 %)	125
Summe Festkosten	**625**
Variable Kosten im Bewässerungsjahr 4 Termine á 10 Liter / Stock = 180 m³/ha Wasserbezug aus dem öffentlichen Netz (keine Abwassergebühren) Wasserkosten: 1,60 €/m³ x 180 m³/ha	288
Beispiel 1: Entnahme aus einem Hydranten Arbeitskosten (6 Akh/ha x 15 €/h)	90
Gesamtkosten bei einer Bewässerung in jedem 3.Jahr 625 + (288 : 3) + (90 : 3)	**751**
Beispiel 2: Zufuhr mit Schlepper und Tankwagen (5 000 l Inhalt) 36 Fahrten á 0,5 h = 18 h Variable Schlepperkosten (5 €/h)	90
Arbeitskosten incl. Tankwagenfüllung und Lohnkosten Schlepperfahrer (30 Akh/ha x 15 €/h)	450
Gesamtkosten bei einer Bewässerung in jedem 3. Jahr 625 + (288 : 3) + (90 : 3) + (450 : 3)	**901**

Bewertung

Mit zunehmender Trockenheit steigt die Bewässerungswürdigkeit im Weinbau. Bei fachgerechter Anwendung ist eine Zusatzbewässerung eine geeignete Maßnahme zur Sicherung und Steigerung der Weinqualität. Allerdings ist es fraglich, ob jeder Winzer über die entsprechenden Kenntnisse und Instrumentarien verfügt, eine Bewässerung ausschließlich im Sinne einer Qualitätssteigerung oder –sicherung einzusetzen. Die Gefahr, dass kontraproduktive Wirkungen, wie höherer Ertrag, u. U. sogar erhöhte Wuchsleistung, mehr Botrytis, etc. aus Unkenntnis pflanzenphysiologischer und bodenkundlicher Zusammenhänge ausgelöst werden, ist groß.

Da die Wasserbeschaffung in den meisten Regionen auf Probleme stößt und mit einem zusätzlichen Arbeitsaufwand, sowie nicht unbeträchtlichen Kosten verbunden ist, sollte erst über eine Zusatzbewässerung nachgedacht werden, wenn eine an den Standort angepasste Bestandspflege nicht ausreicht. Alle Maßnahmen, die dazu beitragen können, Wasserstresssituationen an den Reben zu verhindern oder zumindest zu mindern, sollten vorher ausgeschöpft werden. In Betracht kommen hierfür folgende Möglichkeiten:

- Verbesserung der Humusversorgung.
- Bodenabdeckung.
- Kapillarzerstörung durch flache Bodenbearbeitung.
- Kurzhalten der Begrünung.
- Zeitige Bewuchsstörung der Begrünung.
- Stockbelastung reduzieren.
- Laubwandhöhe beim 2. Laubschnitt reduzieren.

Verzeichnis von Vertreibern von Tropfbewässerungsanlagen

Netafim	Clemens Aqua – Cup, 54616 Wittlich
	Gerhard Bewässerungssysteme, 55218 Ingelheim
	Gumbinger & Speyerer, 67273 Dackenheim
	Reber Bewässerungssysteme, 67227 Frankental
	Schillinger, Beregnungsanlagen, 79241 Ihringen
	Schwalenberg GmbH, 06386 Osternienburg
	Schwarz Landtechnik, 71546 Aspach-Großaspach
Ben – Jaakow	Hess, Beregnungstechnik, 67259 Grossniedesheim
	Ben – Jaakow, 97855 Lengfurt – Triefenstein
Agrodrip	Schwab GmbH, 95183 Feilitzsch
	Hubertus Wollny, 55234 Bechtolsheim
Saelens	Saelens GmbH, 61197 Florstadt
Beregnungsanlagen	Bauer GmbH, 68794 Oberhausen - Rheinhausen

Das Verzeichnis erhebt keinen Anspruch auf Vollständigkeit

Literatur

BÄCKER, G., STEINBERG, B., MOSCH, G.: Tropfbewässerungssysteme –ausgereifte Technik setzt sich durch. Deutsche Weinbau-Jahrbuch 2006.

EDER, J.: Woher das Wasser nehmen? Das Deutsche Weinmagazin 5/2004, 21 - 23.

FOX, R.: Was lehrt uns das Trockenjahr 2003? Rebe und Wein 1/2004, 18 - 22.

FOX, R.: Physiologische Reaktion der Rebe auf ein differenziertes Wasserangebot. Rebe und Wein 5/2003, 22 – 24.

MÜLLER, E.: Bewässerung - Antwort auf den Klimawandel? Das Deutsche Weinmagazin 5/2006, 10 – 17.

PRIOR, B.: Bewässerung in Rheinhessen 2003. Das Deutsche Weinmagazin 5/2004, 8 – 13.

PRIOR, B.: Tropfbewässerung als Antwort auf Trockenstress? Das Deutsche Weinmagazin 5/2006, 22 – 27.

REBHOLZ, F.: Teures Gut Wasser exakt verteilt. DWZ 8/2005, 30 – 32.

REUTHER, H.: Bewässerung in der Pfalz 2003. Das Deutsche Weinmagazin 5/2004, 24 – 27.

REUTHER et. al.: Bewässerung, Meininger Verlag GmbH 2004.

RUPP, D., STEINER, H.: Rechnet sich eine Tropfbewässerungsanlage, Rebe und Wein 12/2003, 21 – 24.

SCHULTZ, R., GRUBER, B.: Bewässerung und Terroir. Das Deutsche Weinmagazin, 1/2005, 24 – 28.

SCHULTZ, R., STEINBERG, B.: Tropfen für Tropfen zur Qualität. Das Deutsche Weinmagazin 21/2002, 20 – 35.

15 Mechanisierung der Traubenernte

Die Traubenernte stellt für viele Betriebe einen schwierig zu bewältigenden Arbeits-schwerpunkt im Winzerjahr dar. In Lagen bis etwa 35 Prozent Steigung kann die Traubenernte mit Hilfe von Traubenvollerntern voll mechanisiert werden. Für Seilzug-lagen wurde von der Firma Leible 2007 ein seilgezogener Traubenvollernter auf der Basis des Steillagenmechanisierungssystems (SMS) auf den Markt gebracht. (vgl. Kap. 19.2).

15.1 Verfahrenswege bei der Handlese

Für die Handlese werden im Direktzug rund 200 bis 250 Akh/ha und im Steilhang sogar bis zu 400 Akh/ha benötigt. Diese Arbeit verteilt sich auf folgende Tätigkeiten:

1. Abschneiden der Trauben und Sammeln in Lesebehältern
2. Quertransport der Lesebehälter zu einem Sammelbehälter
3. Transport der Trauben aus dem Weinberg
4. Transport der Trauben zum Kelterhaus

15.1.1 Abschneiden der Trauben und Sammeln in Lesebehältern

Zum Abschneiden der Trauben werden spezielle Traubenscheren verwendet, deren Schneiden im Vergleich zur üblichen Rebschere besonders lang, schmal und spitz sind. Damit ist ein gutes und schnelles Eindringen und Abschneiden bei dichtem Traubenbehang möglich.

Als Lesebehältnisse werden in erster Linie Eimer und Wannen (z.B. Binger Lese-kästen) aus Kunststoff verwendet. Sie sind leicht, einfach zu reinigen und gut stapelbar, daher platzsparend. Die vollen Lesebehälter werden üblicherweise unter mehreren Zeilen hindurch weitergereicht und von Hand in einen Sammelbehälter entleert.

15.1.2 Traubentransport aus dem Weinberg (Direktzuglagen)
Transport mit Logel

Für den Traubentransport aus dem Weinberg wurde früher ausschließlich, heute noch besonders in Steillagen, das auf dem Rücken zu tragende Logel eingesetzt. Diese Arbeit ist recht zeitaufwändig und körperlich sehr anstrengend.

Transport auf Anbauplattform

Der Transport von Logeln, Lesekübeln oder Einheitsbehältern auf Anbauplattformen für Schmalspurschlepper stellt gegenüber dem Logeltragen schon eine wesentliche

Arbeitserleichterung dar. Die Logel (4 bis 6) oder Behälter werden aus dem Weinberg gefahren und müssen in ein Transportfahrzeug entleert werden.

Transport von Einheitsbehältern oder Boxpaletten mittels Anbauhubstabler

Bei diesem Verfahren werden die am Hubstabler angebauten Einheitsbehälter bzw. Boxpaletten im Weinberg vollgeladen und anschließend aus dem Weinberg gefahren. Die gefüllten Behälter werden mittels Hubstabler auf ein Transportfahrzeug entleert. Das Auskippen der Einheitsbehälter kann auf mechanischem oder hydraulischem Wege erfolgen. Bei kurzer Entfernung zum Betrieb wird auch direkt zur Kelterstation gefahren. Die Behältergröße liegt bei 200 bis 350 l. Ausgerüstet mit Stablergabeln oder Ladeschaufel kann der Hubstabler im Betrieb auch zum Palettentransport oder Laden von Kompost genutzt werden.

Transport im Direkttransporter mit Wanne oder Einheitsbehältern

Direkttransporter sind Transportfahrzeuge, die im Weinberg gefüllt werden und anschließend die Trauben direkt, ohne Umladen, zur Kelterstation befördern. Meistens handelt es sich um Schmalspuranhänger mit aufgebauter Wanne oder Einheitsbehältern (z.B. Boxen). Da diese Fahrzeuge relativ leicht und kompakt gebaut sind, ist mit ihnen auch noch in Weinbergen mit engerer Zeilung und kürzerem Vorgewende gut zu fahren. Jedoch sollten bei diesem Transportsystem die Weinberge nicht allzuweit vom Betrieb entfernt liegen. Die Größe der Wannen für Normalanlagen liegt zwischen 1300 und 1500 l.

Transport im Direkttransporter mit Schmalspur - Traubenwagen

Auch sie werden im Weinberg mit dem Lesegut befüllt, zum Kelterhaus gefahren und dort mittels Pumpe unmittelbar auf die Kelter oder in einen Maischevorratsbehälter entladen. Die Größe der Behälter für Normalanlagen liegt zwischen 1100 und 1800 l. Traubenwagen mit 3000 l und mehr Inhalt sind nur in Weitraumanlagen einzusetzen bzw. nur für den Transport des Lesegutes vom Weinberg zur Kelterstation geeignet. Diese Art des Traubentransportes ist besonders günstig für Weinbaubetriebe, bei denen im Kelterhaus nur wenig Platz für eine Abladestation vorhanden ist.

Abbildung 244: *Anbauhubstabler mit Traubenbehälter*

Abbildung 245: *Schmalspur-Traubenwagen*

Abbildung 246: *Direktransport der Trauben mit Boxen*

15.2 Traubentransport vom Weinberg zur Kelterstation

Wird die Mechanisierung des Traubentransportes mit Direkttransportern nicht durchgeführt, müssen die Trauben auf ein Transportfahrzeug umgeladen werden. Wo Traubenvollernter eingesetzt werden, muss eine optimale Abstimmung von Ernte-, Transport- und Verarbeitungsleistung gegeben sein. In diesen Betrieben muss die Transport- und Verarbeitungskapazität der Erntekapazität angepasst sein. Die heute am meisten eingesetzten Verfahren zum Traubentransport sind:

- Anhänger mit Traubenbütten bis 2 200 Litern.
- Anhänger mit Einheitsbehältern von 250 bis 800 Litern.
- Anhänger mit Planen.
- Traubentransporter (Traubenwagen) mit integrierter Maischepumpe.
- Traubenwagen mit anhebbarem Behälter und Austragschnecke bis 6,5 t.

Anhänger mit Bütten oder Einheitsbehältern

Der Traubentransport mit Bütten ist vor allem eine in kleineren Betrieben und im genossenschaftlichen Bereich noch recht gebräuchliche Methode und kann in Verbindung mit verschiedenen Abladevorrichtungen benutzt werden.

In Betrieben, in denen die schonende Verarbeitung z.B. in Form der Ganztraubenpressung durchgeführt wird, bieten der Transport mit Einheitsbehältern und der Einsatz von Gabelstablern oder Förderbändern eine aufwändige aber akzeptable Lösung. Die Verwendung von Einheitsbehältern verzeichnet in den letzten Jahren besonders bei Betrieben mit hohen Qualitätsansprüchen einen Aufschwung.

Kippfahrzeuge mit ausgelegter Plane

Kippfahrzeuge stellen in vielen Betrieben die einfachste und preiswerteste Lösung des Traubentransportes dar. In den meisten Betrieben sind Einachs-, Zweiachs- oder Tandemkipper bereits vorhanden, die zum Erntetransport mit entsprechend zugeschnittenen Planen ausgelegt werden. Kippfahrzeuge bedürfen aber einer entsprechenden Ablademöglichkeit im Betrieb. Hier haben sich Abladewannen bzw. Kippmulden in Edelstahl- oder Kunststoffausführung mit Exzenterschneckenpumpe bewährt. Diese Verfahrenskombination ist sehr einfach und leistungsfähig. Die Abladewannen haben den Vorteil, dass sie ebenerdig aufgestellt werden können und keine baulichen Maßnahmen erforderlich machen. Da das Abladen der Anhänger mit Planen einfacher und schneller ist als die Entladung von Bütten oder Einheitsbehältern, hat sich dieses System bei Großbetrieben stärker verbreitet.

Container - Fahrzeuge

Eine weitere Möglichkeit den Traubentransport zu bewältigen, besteht im Einsatz großvolumiger Container - Fahrzeuge. Es sind Fahrwerke mit Wechselaufbauten, die sich vor allem für größere Betriebe oder für den gemeinschaftlichen Einsatz eignen. Die einzelnen Container werden vor dem Weinberg abgesetzt und nach und nach abgeholt. Das Entladen erfolgt auch hier über das Abkippen in eine Abladewanne bzw. Kippmulde.

Traubenwagen (Traubentransporter)

Traubenwagen mit integrierter Maischepumpe bieten durch die Direktabladung den Vorteil, dass sie keine eigene Traubenannahme benötigen und deshalb flexibel zu handhaben sind. In vielen Anbaugebieten hat sich deshalb der Traubenwagen mit Exzenterschneckenpumpe als wirtschaftliches und qualitativ akzeptables Transport- und Abladesystem fest etabliert. Für den Vollernteeinsatz sollten die Traubenwagen ein Fassungsvermögen von mindestens 4 000 Liter besitzen.

Aufbau

Traubenwagen besitzen einen nach unten konisch zulaufenden Behälter, der mit einer Überschwappblende versehen ist. Das Lesegut wird mittels einer Förderschnecke am Behälterboden der Förderpumpe zugeführt. Vorwiegend werden Exzenterschnecken- pumpen in Traubenwagen eingebaut, denn sie sind unempfindlich gegen Fremdkörper und bringen große Förderhöhen. Von der Förderschnecke soll exakt soviel gefördert werden, wie von der Pumpe ausgebracht wird. Im Behälter darf sich kein Rückstau bilden und keine schädliche Umwälzung stattfinden. Als Endvermaischer dienen gefederte Quetschklappen oder -scheiben mit verstellbarem Quetschspalt. Die Spalt- weite der Quetschklappe wird über eine Handkurbel stufenlos verstellt bzw. durch Einlegen von Distanzscheiben verändert. Da durch die Quetschvorrichtung die Trubbelastung stark erhöht wird, ist diese aus qualitativen Gesichtspunkten kritisch zu bewerten. Sie sollte deshalb unbedingt offen gelassen oder ausgebaut werden. Eine weitere Trubreduzierung kann durch Umstellung auf 90er Maischeschläuche erreicht werden. Der Rotordurchmesser der Exzenterschneckenpumpe hat keinen so großen Einfluss auf die Trubbelastung, wogegen aber Versuche gezeigt haben, dass Umdre- hungsgeschwindigkeiten von über 150 U/min zu deutlich ansteigenden Resttrub- und Gerbstoffgehalten führen.

Mit Hilfe der Lockerungswelle über der Förderschnecke wird das Lesegut aufgelok- kert und eine stufenlose Beschickung von Maischebehältern und Keltern ist möglich. Von einigen Herstellern werden Traubenwagen auf Wunsch mit Umkehrgetriebe ausgerüstet, sodass wahlweise Maische aus Vorratsbehältern in das Fahrzeug gesaugt und an einem anderen Ort auf die Presse o.ä. gepumpt werden kann.

Viele Traubenwagen besitzen nur einen Antrieb für die Förderschnecke und die Pumpe. Beide laufen meist gleichschnell. Die Hersteller begründeten dies in der Vergangenheit damit, eine Brückenbildung vermeiden zu wollen. In der Praxis kommt es aber dadurch zu einer gewissen Breierzeugung, weil die Förderschnecke eine größere Menge Traubenmaische fördert, als die Pumpe in aller Regel wegschaffen kann. Wird dann die Quetschvorrichtung noch auf minimalen Durchlass eingestellt, so wird der truberzeugende Effekt noch verstärkt.

Folgende technische Lösungen zur Trubreduzierung sind möglich:

- Der Einbau von Förderschnecken mit kleinerem Durchmesser, geringerer oder einstellbarer Drehzahl. Optimal wäre die Option, die Förderschnecke zuschaltbar zu gestalten.
- Der Einbau von Maischepumpen mit größeren Rotoren und somit größerer Leistung, so könnte zwischen Schnecke und Pumpe kein Maischestau entstehen. Inzwischen werden Pumpen mit 100 mm Rotordurchmesser angeboten.
- Der Ausbau der Quetschvorrichtung und die Umstellung auf 90er Maischeschläuche bringt bereits eine deutliche Trubreduzierung. Die Maischeleitungen sollten möglichst kurz gehalten werden.
- Die Nutzung des natürlichen Gefälles, da schräg nach oben fördernde Schnecken ein Maximum an Trub erzeugen.
- Der Kauf eines Traubenwagens, bei dem die Förderschnecke einen freien Austrag hat, also keine Pumpe und keine Quetsche besitzt. Hierbei ist der technologische Ablauf im Betrieb zu beachten, da eventuell weitere Investitionen, z.B. Förderbänder, notwendig sein könnten.
- Der Einsatz von Traubentransportwagen mit Bandentleerung oder mit Kippbehältern.

Neue technische Entwicklungen beim Traubenwagen

Die neuere Generation von Traubenwagen ist auf eine schonende Arbeitsweise ausgelegt. Verschiedene Bauvarianten werden auf dem Markt angeboten:
- Traubenwagen mit Schneckenaustrag ohne Pumpe und Quetsche.
- Traubenwagen mit Hubeinrichtung zur Direktbeschickung.
- Traubenwagen mit Förderband.

Die Traubenwagen mit **Hubeinrichtung** eröffnen eine Vielzahl von Möglichkeiten im Rot- und Weißweinbereich. So wird die Beschickung der Presse mit ganzen Trauben rationalisiert und die Verarbeitung von Lesegut für die Rotweinbereitung mit der Abbeermaschine erleichtert, da die Trauben auch bei ebenerdiger Aufstellung ohne Pumpvorgang in die Maschine gelangen. Sie werden auch angeboten mit luftdichtem Abschluss, sodass eine Gasüberschichtung möglich ist.

Bei Traubenwagen mit **Schneckenaustrag** bzw. **Förderband** ist, sofern die befüllende Presse oder Abbeermaschine nicht unter dem Traubenwagen steht, ein zusätzliches Förderband erforderlich.

Eine Sonderbauform sind Traubenwagen mit **eingebauter Saftwanne.** Damit soll bei dem Vollernterlesegut die Kontaktzeit des hohen Saftanteils mit den Beeren vermindert werden.

Abbildung 247: Mögliche Kombinationen bei der Neugestaltung von Trauben-transport und –verarbeitung mit Traubentransportern. Beim Einsatz von Trauben-transportern mit Schneckenaustrag ohne Hub muss noch jeweils ein Förderband zwischen geschaltet werden. Viel Saft bei Vollernterlese kann Probleme bereiten (nach Weik, B.)

Abbildung 248: *Verfahrenswege vom Weinberg bis zur Kelter (nach Pfaff, F.)*

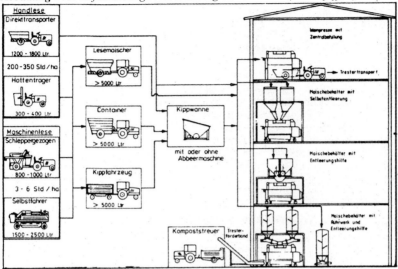

Hersteller bzw. Vertreiber und Preise von Traubentransportsystemen (Stand 2006)

System	Hersteller / Vertreiber	Preisspanne (€ ohne MwSt.)
Anbauhubstabler mit Behälter	Striegel, 79341 Hecklingen	1 850 bis 3 500
	Braun, 76835 Burrweiler	
Traubenwagen (Traubentransporter)	Chemo, 71376 Weinstadt	2 000 l: 7 000 bis 10 000
	Mörtl, 97737 Gemünden	3 000 l: 7 500 bis 11 500
	Keiper, 67823 Obermoschel	5 000 l: 8 500 bis 13 500
	Zickler, 76833 Böchingen	6 000 l: 9 500 bis 15 000
	C.A. Junk, 54498 Piesport	Lockerungswelle 1 000 bis 1 700
	Clemens, 54516 Wittlich	Umkehrgetriebe 850 bis 950
Traubenwagen mit Förderband	Freudenberger, A-7162 Tadten	17 000
Traubenhubwagen	Zickler, 76833 Böchingen	4 000 l: 13 000 bis 14 000
	Amos GmbH, 74001 Heilbronn	6 000 l: 16 000 bis 17 000
Traubenannahmewannen Kippwannen	Keiper, 67823 Obermoschel	Muldenlänge
	Amos, 74081 Heilbronn	3,0 m: 8 500 bis 10 000
	Armbruster, 74363 Gemünden	5,5 m: 13 000 bis 15 000
	Bucher, CH-8166 Niederweningen	
	Alimox, 67591 Mörstadt	

Das Verzeichnis erhebt keinen Anspruch auf Vollständigkeit

Abbildung 249:
Kipper mit Plane
bei der Entleerung
in eine
Abladewanne

Abbildung 250:
Traubenwagen mit
Schneckenaustrag
ohne Pumpe und
ohne Quetsche

Abbildung 251:
Traubenwagen mit
Förderband für
Ganztrauben-
pressung

Abbildung 252:
Traubenhubwagen
zur Direktbe-
schickung von
Presse oder Ab-
beermaschine

15.3 Maschinelle Traubenernte

Die maschinelle Traubenernte hat dazu geführt, dass die Arbeitsspitze "Traubenernte" in Direktzuglagen gebrochen wurde. Der AK-Bedarf konnte von 180 bis 300 Akh/ha auf 2 bis 4 Akh/ha reduziert werden. Aber auch die Kosten lassen sich durch die Mechanisierung spürbar senken. Müssen für die Handlese zwischen 900 und 1500 €/ha bezahlt werden, so liegen die Kosten bei der Maschinenlese zwischen 450 und 600 €/ha (4 bis 5 €/min bzw. 8,5 bis 9,5 ct. pro Meter Zeile ohne MwSt. – Stand 2006). Hinzu kommen bei der Handlese häufig noch Kosten für Verpflegung und Unterbringung des Lesepersonals.

Die Hersteller bzw. Anbieter von Traubenvollerntern haben in der Regel gezogene und selbstfahrende Ernter im Programm. Derzeit (Stand 2006) werden 6 gezogene und 21 selbstfahrende Lesemaschinentypen von vier Herstellern auf dem deutschen Markt angeboten. Die Unterscheidung innerhalb eines Herstellerangebotes liegt dabei oft nur in der Motorleistung oder dem Förder- sowie Bunkersystem.

Die maschinelle Traubenernte in Seilzuglagen ist in Kap. 19.2 beschrieben. Die technischen Möglichkeiten zur Nutzung von Vollerntern als Geräteträger sind in Kap. 17 abgehandelt.

15.3.1 Gezogener Vollernter (Nachlaufernter)

Der gezogene Vollernter kommt für mittlere und größere Weinbaubetriebe in Frage, um während der Lese unabhängig von Fremdarbeitskräften die Ernte einzubringen. Um die Wirtschaftlichkeit der Handlese zu erreichen, sind mindestens 11 ha Einsatzumfang erforderlich. Gezogene Ernter haben mittlerweile einen hohen technischen Stand erreicht und liefern eine einwandfreie Lesequalität. Wichtige Kriterien sind beim schleppergezogenen Ernter Gewicht, Schwerpunktverteilung, Bauweise, Bereifung, Triebachse, Größe der Traubenbunker sowie Förderband- und Reinigungssystem für das Lesegut. Nachteilig gegenüber Selbstfahrern sind die schlechtere Manövrierfähigkeit und die geringere Arbeitsgeschwindigkeit. Vorteilhaft ist bei modernen gezogenen Vollerntern die gute Steigfähigkeit von etwa 35 % Hangneigung. Die Arbeitsaggregate werden hydrostatisch angetrieben. Mit dem Einsatz einer Load Sensing Hydraulik, wie im LS – Traction von ERO realisiert, kann der Antrieb einzelner Aggregate optimiert werden. Bei dieser Technologie wird jeweils nur so viel Öl in den Umlauf gebracht, wie von den Verbrauchern benötigt wird. So lässt sich beispielsweise die Motordrehzahl der Antriebsmaschine ohne Einfluss auf die eingestellten Ernteparameter den jeweiligen Erfordernissen anpassen. Ein zugkräftiger Schlepper von mindestens 45 kW = 60 PS (im Hang mindestens 52 kW = 70 PS) ist allerdings Voraussetzung für den Einsatz dieser Maschinen. Fast alle gezogenen Vollernter sind heute mit zug- oder schubgesteuerten hydrostatischen Treibachsen ausgestattet.

15.3.2 Selbstfahrer

Selbstfahrer mit Allradantrieb sind sehr teure, aber auch sehr leistungsfähige Maschinen. Sie werden in sehr großen Betrieben, in Betriebsgemeinschaften sowie von Lohnunternehmern eingesetzt. Als Antriebsquelle dienen Dieselmotoren in einem Leistungsbereich von 59 bis 129 kW. Allradgetriebene Selbstfahrer besitzen im Vergleich zu schleppergezogenen Erntern eine größere Flächenleistung, bessere Wendigkeit, größere Einsatzsicherheit und mehr Fahrkomfort. Hinzu kommen größere Traubenbehälter und ein hydrostatischer Fahrantrieb, der eine optimale Geschwindigkeitsanpassung an den Behang und die Geländeverhältnisse erlaubt. Unter optimalen Verhältnissen können mit dem Selbstfahrer 0,6 bis 0,7 ha Rebfläche in einer Stunde geerntet werden. Der hohe technische Stand der Selbstfahrer beschränkt sich nicht nur auf die Arbeitsfunktionen, auch der Fahrkomfort und die Bedienungsfreundlichkeit wurden in den letzten Jahren von den Herstellern ständig verbessert.

Ein besonderes Augenmerk ist auf die Bodenbelastung zu richten. Bei Arbeitsgewichten, die durchaus über 10 t reichen können, ist eine feste, griffige Fahrbahn wichtig. Eine Lösung des Problems ist, neben der Verwendung von Breitreifen, vor allem in der Schaffung einer Schutz bzw. Polsterschicht zu sehen, die in der Lage ist, größere Drücke auf den Boden abzupuffern. Die meisten Betriebe haben mittlerweile die Vorteile einer Dauerbegrünung erkannt. Bei offener Bodenhaltung sollte man die Sommerbodenbearbeitung rechtzeitig einstellen (Ende Juli, spätestens Anfang August) und die Rebgassen einer natürlichen Verunkrautung überlassen, um so die Tragfähigkeit der oberen Bodenschichten zu erhöhen.

Abbildung 253:
Gezogener
Vollernter

Abbildung 254: Selbstfahrer Vollernter

15.3.3 Aufbau und Funktion von Traubenvollerntern

Von allen Entwicklungen zur mechanischen Traubenlese hat sich das mechanisch-dynamische Schwingschüttelverfahren durchgesetzt. Bei dieser Erntetechnik werden die Rebzeilen in Schwingungen versetzt. Die Ablösung der Beeren bzw. der Trauben tritt ein, sobald die Kraft aus der Schwingungsbeschleunigung so groß ist, dass die Haltekräfte der Früchte überwunden werden. Als Abtrennorgan fungiert ein exzenter-getriebenes Schüttlerpaar, welches an zwei Trägerleisten mit je 4 bis 8 zylindrischen Glasfiberstäben bestückt ist. Das Schüttelwerk, welches sich in horizontaler Richtung gleichmäßig bewegt, versetzt die Reben beidseitig schlagend in Schwingung und löst so den Abtrennvorgang der Trauben aus. Das Abtrennen des Ernteguts resultiert dabei weitgehend aus den erzwungenen periodischen Schwingungen und nur geringfügig durch Schlagwirkung. Die Trauben werden, im Gegensatz zu den bis Ende der 80er Jahre üblichen Schlagstäben, abgeschüttelt. Zur Anpassung an unterschiedliche Einsatzbedingungen, insbesondere die Rebsorte und den Reifegrad des Leseguts, kann die Schwingungszahl der Trenneinrichtung von ca. 350 bis 550 Schwingungen pro Minute stufenlos vom Fahrersitz aus während der Fahrt verändert werden. Zusammen mit der Fahrgeschwindigkeit ist die Schwingungszahl eine der wichtigsten Einstellmaßnahmen am Traubenvollernter, um eine optimale Arbeitsqualität zu erzielen. Deshalb verlangt die Anpassung dieser Einstellkenngröße an veränderte Bedingungen vom Fahrer entsprechende Aufmerksamkeit.

Bei den heutigen Schlagsystemen werden die Schläger an zwei Seiten geführt. Dadurch ist ein freies Durchschwingen der Schlägerenden in die Laubwand nicht mehr möglich. Die Folge ist ein sehr schonender Ablauf des Traubenabtrennvorganges. Gleichzeitig konnten die Schläger verlängert werden, was einen besseren Kontakt zur Laubwand ergibt. Das freie Schwingen der Rebzeile konnte durch diese Veränderungen deutlich reduziert werden, was sich positiv auf die Ernteverluste und die Beschädigungen an den Trieben auswirkt. Folgende zwei Schlägersysteme können unterschieden werden:

- Die landläufig als "Bananenschläger" bezeichneten, beidseitig gelagerten Schüttelstäbe (z.B. Braud, Pellenc).
- Die landläufig als "Tropfenschläger" bezeichneten, über ihre Wirkungslänge versteiften Schüttelstäbe (z.B. Ero, Gregoire). Ältere Maschinen können mit Tropfenschlägern umgerüstet werden.

Beiden Systemen ist ihre schonende Arbeitsweise gemeinsam, da das punktförmige Eindringen der Stäbe durch breite Anlageflächen an die Rebzeile ausgeschlossen wird und sie mit geringeren Schlagzahlen arbeiten als die alten Systeme. Sie passen sich besser an die Rebreihe an und weisen keine unkontrollierten Nachschwingungen auf.

Abbildung 255: *Traubentrenneinrichtung am Vollernter, altes System (links), neues System (rechts)*

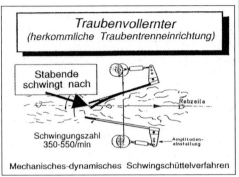

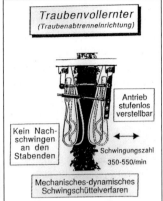

Das abgeschüttelte Erntegut wird von Bechern oder Schuppenplatten aufgefangen und über Stabförderbänder oder Becherwerke in die Sammelbehälter transportiert. Die Reinigung des Lesegutes von Blättern, Stielen und Triebteilen wird von zwei bis vier Gebläsen mit anschließenden Abkämmeinrichtungen oder Zerkleinerern bewerkstelligt. Die Entleerung der Trauben in das Erntebehältnis geschieht durch Kippen der Behälter, seitlich oder nach hinten. Zur Verteilung des Erntegutes sind die Behälter mit Verteilerschnecken ausgestattet.

Fahrwerk

Alle selbstfahrenden Erntemaschinen weisen hydrostatische, zum Teil auch automatische Lenksysteme und hydrostatische Allradantriebe auf, wodurch in Verbindung mit dem serienmäßigen Hangausgleich eine hohe Beweglichkeit und Einsatzsicherheit gewährleistet sind. Die Einschlagwinkel liegen meist bei 90°. Elektronische Regeleinrichtungen für den Fahrantrieb mit wahlweise vorprogrammierter Arbeitsgeschwindigkeit sorgen für eine bedarfsgerechte Ölversorgung jedes Antriebsrades, wodurch Schlupf vermieden und der Boden -wie auch die Bedienungsperson- geschont werden kann. Bei den Bereifungen stehen in der Regel mehrere Formate zur Verfügung. Erste Maschinen sind auf Wunsch mit einer Straßenfahrgeschwindigkeit von 40 km/h verfügbar, wodurch sich die Kampagneleistungen steigern lassen.

Kontroll- und Einstellsysteme

Um die Arbeitsqualität und die Leistung zu erhöhen, werden in Vollernter zunehmend elektronische Regel- und Kontrollelemente eingesetzt. Die Lenkung und Höhenanpassung des Ernteaggregats werden beispielsweise dem Fahrer in der Rebanlage abgenommen, die automatische Überwachung von Hangausgleich, Radschlupf, Motor und Hydraulikanlage entlasten den Fahrer weiter. Die stufenlose Verstellung der Schüttelfrequenz wurde bei neueren Ernteköpfen um die Anpassung der Schwingungsamplitude erweitert. Dies führt insbesondere bei Erntegut mit einem hohen Reifegrad zu einem schonenden Ablösen. Nach visueller Kontrolle werden die drei bis vier Reinigungsaggregate (Gebläse) gesteuert. Durch die neuen sehr schonend arbeitenden Schwingschüttler werden nur wenige Blätter abgelöst, sodass insgesamt eine handleseähnliche Erntegutfraktion mit nur sehr geringen Fremdbestandteilen vorliegt.

Die Betätigung aller Hauptfunktionen der Maschine sind heute in einem Multifunkionshebel zusammengefasst. Vergleichbar mit dem Mähdrescher erweitert ein Bordcomputer nicht nur die technischen Möglichkeiten, sondern bietet auch über eine Schnittstelle die Erfassung betriebswirtschaftlicher Daten. Dies kann beispielsweise für Rechnungsstellungen bei Lohnarbeiten durch eine vorteilhafte Übernahme in eine EDV-Anlage erfolgen. Zur Verbesserung des Maschineneinsatzes wird der Bordcomputer zur automatischen Höhenführung des Erntekopfes, zur exakten Ausrichtung der Maschine nach der Reihenbreite, zur Einstellungs- und Sicherheitskontrolle sowie zur Antischlupfregelung bereits genutzt.

Zum sicheren Fahren in Hanglagen werden für Selbstfahrer auch andere Lösungen zur Anpassung des Fahrantriebes von Vorder- und Hinterachse bei Berg- und Talfahrt ausgeführt. Eine an die jeweils sich ändernden Radlasten von Vorder- und Hinterachse angeglichene Versorgung mit Antriebsleistung verbessert die Einsatzsicherheit und erhöht die Hangtauglichkeit auf nahezu 40 Prozent Steigung.

Weitergehende ergonomische Vorteile für den Fahrer sind mit klimatisierten Kabinen zu verwirklichen, die mit aufwändiger Lagerung gleichzeitig zur Verminderung des Geräuschpegels beitragen. Ein luftgefederter Sitz, dessen schwingungsdämpfende Eigenschaften sich selbstständig nach dem Fahrergewicht optimieren, trägt ebenfalls zum Gesundheitsschutz bei.

Tabelle 79: Durchschnittliche Einstellwerte bei Vollerntern (Quelle: Rühling, W.)

Impulse (l/m)	Fahrgeschwindigkeit (km/h)	Schwingungen der Schüttelstäbe / min	Schüttelfrequenz (Hz)
8,5 – 10,5	4,5 - 6	390 - 450	7,10 - 7,45

15.3.4 Die Erntesysteme

Alle Vollerntertypen verwenden heute anlagen- und traubenschonende Schwingstäbe in einem Arbeitsbereich von 120 bis 150 cm Höhe mit unterschiedlicher Ausformung. Die Länge der Eingriffstrecke beeinflusst die erforderliche Schüttelfrequenz und damit die Beanspruchung des Erntegutes. Neben der mechanisch oder hydraulisch verstellbaren Schüttelfrequenz können auch die Schüttelamplitude und der Schüttel-abstand verstellt werden. Zur Schonung der Pfähle gibt es auch eine automatische Frequenzverringerung.

Braud / New Holland

Die Modelle von Braud arbeiten nach dem S.D.C.– Erntesystem. Dieses verfügt über bogenförmig gekrümmte Schüttelstäbe, die aus elastischem Material hergestellt werden. Die Schüttler sind bei der VL-Serie vorne auf einer senkrechten Welle befestigt. Hinten ist jeder Schüttelstab auf eine biegsame Befestigung montiert und ist somit beweglich. Diese Befestigung erlaubt auch ein schnelles Aktivieren bzw. Deaktivieren von Schüttelstäben und eine Verstellung der vertikalen Schüttelstab-position. Der Horizontalabstand der Schüttelstäbe kann elektro-hydraulisch vom Fahersitz aus eingestellt werden. Dadurch ist eine schnelle und gute Anpassung an die jeweiligen Erntebdingungen möglich.

Der Schüttelbereich besteht aus einer zusammenlaufenden Eingangszone mit großer Eingangsöffnung, einer aktiven Zone sowie einem sich öffnenden Ausgangsbereich an der Maschinenrückseite. Über einen speziellen Antriebsmechanismus werden die Krümmungsradien der Schüttelstäbe so verändert, dass der eine Schüttelstab eine maximale Krümmung aufweist, wenn der andere seine minimale Krümmung erreicht hat.

Eine weitere Besonderheit von Braud ist das Auffangsystem mit 2 Becherbändern, an denen jeweils 61 bzw. 63 Becher montiert sind. Die Becher sind aus weichem lebensmittelbeständigem Polyurethan hergestellt und werden auf einer Edelstahl-schiene geführt. Durch eine sehr hohe Flexibilität der Becher wird ein vollständiges Umschließen der Stämme gesichert. Der Saft- und Beerenverlust im Rüttelbereich kann so auf ein Minimum reduziert werden. Dadurch dass sich die Umlaufgeschwindig-keit der Becherbänder proportional zur Arbeitsgeschwindigkeit, aber in umgedrehter Fahrtrichtung verhält, und somit die Lage der Becher zum Boden bzw. der Rebstöcke unverändert bleibt, werden die Stöcke selbst bei hohen Arbeitsgeschwindigkeiten nicht beschädigt. Des Weiteren ermöglicht das Bechersystem eine sehr geringe Erntehöhe von 15 cm. Das Lesegut wird von den Bechern aufgenommen, vom Becherband nach oben auf die beiden Verteilerbänder transportiert und in den Traubenbehälter befördert. Dabei werden von jeweils einem Gebläse die Blätter abgesaugt. Nachteilig beim Becherband sind die höhere Wartung, der höhere Reparaturaufwand und die aufwändigere Reinigung. Die neuen Becher der in 2004 eingeführten VL-Serie bieten eine höhere Flexibilität und damit eine längere Lebensdauer und eine größere Aufnahmekapazität. Vorteilhaft ist die schnelle und einfache Demontage des Ernteteils, sodass die Maschine als Geräteträger genutzt werden kann. Ein Träger für Frontgeräte, der per Multifunktionshebel bedient wird und höhen- und längen-verstellbar ist, ermöglicht den Anbau von Frontgeräten, wie Entlauber, Laubhefter, Vorschneider oder Laubschneider. Die Entleerung der Behälter erfogt bei den Standard-ausführungen nach hinten. Auf Wunsch sind aber alle Modelle mit seiner seitlichen Entleerung (VL-S) erhältlich. Die Traubenbehälter können bis zu 1,5 m ausgefahren werden. Eine elektronische Fahrgeschwindigkeitsregelung erlaubt eine Regulierung bzw. Programmierung der Fahrgeschwindigkeit. Die Geschwindigkeitsregelung hält die eingestellte Fahrgeschwindigkeit in jedem Gelände konstant. Zwei Radarsensoren sorgen für die maximale Präzision. Eine Anti-Schlupf-Regelung mit integrierter Drehmomentreduzierung verhindert, dass bei schwierigen Bodenverhältnissen an den Vorderrädern Schlupf auftritt.

Abbildung 256: S.D.C.-Erntesystem von Braud

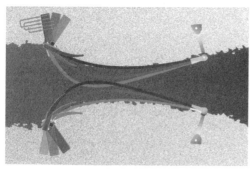

Abbildung 257: Schüttelzonen beim Braud-Ernter, von links nach rechts: Trichterförmige Eingangszone, lange aktive Mittelzone, Auslaufzone

ERO

Das Modell SF 200 von ERO befindet sich seit 2003 auf dem Markt. Die Trauben werden durch tropfenförmige Schüttelstäbe aus Polyamid, mit abgerundeten Enden und eingearbeiteter Federschleife abgelöst. Zwei einseitig abfallende, querluftunterstützte Schuppenbahnen stellen das Traubenauffangsystem der Erntemaschine dar. Ein einseitig laufendes Endlosband transportiert das Erntegut in einem geschlossenen Kanal zum rechtsseitig angebrachten Traubenbehälter. Die seitliche Anordnung des Traubenbehälters ermöglicht ein problemloses Abladen und gewährleistet eine gleichbleibende Gewichtsverteilung auf Vorder- und Hinterachse. Vier an den Schuppenbahnen angebrachte Querluftdüsen blasen Blätter aus dem Lesegut zum Blattrechen. Dieser erfasst die Blätter durch seine Drehbewegung und fördert sie seitlich aus der Maschine. Beim Weitertransport des Leseguts werden verbliebene Blätter vom unteren Sauggebläse abgesaugt. Ein Häcksler dient zur Zerkleinerung von groben Rebteilen. Ist das Lesegut oben angelangt, fällt es auf ein Querförderband und wird somit gewendet. Dadurch können auch Blätter, die zuvor unter den Trauben lagen, durch das obere Gebläse abgesaugt werden.

Die verbesserte zweite Generation einer automatischen Lenkung mittels Ultraschallabtastung umfasst auch die selbsttätige Höhenführung und den Hangausgleich der Maschine. Von diesen Aufgaben befreit, kann sich der Fahrer vermehrt den qualitätsrelevanten Maschineneinstellungen zuwenden. Die mittig angeordnete Kabine ermöglicht eine gute Rundumsicht und erleichtert das Einfahren in die Rebzeile. Durch das Hydrostat-System Twin Lock besitzt der Ernter eine gute Steigfähigkeit. Ein wesentlicher Vorteil ist die Straßenfahrgeschwindigkeit von bis zu 40 km/h. Als Geräteträger ist der SF 200 nicht nutzbar.

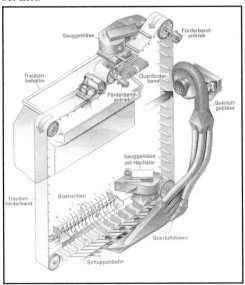

Abbildung 258: *Transport- und Reinigungssystem bei ERO*

***Abbildung 259:** Schüttelsystem bei ERO*

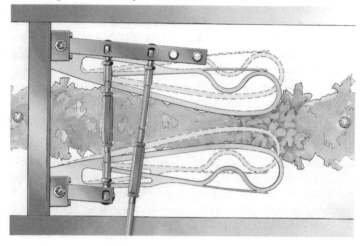

Pellenc

Die Besonderheit bei Pellenc ist das Smart System, mit dem mittels einfacher Bedientastatur die Rüttelvorrichtung elektronisch gesteuert werden kann. Es können mühelos Frequenz, Ausschlag, Abstand und die Beschleunigung vom Fahrersitz aus per Knopfdruck verstellt werden. Dies ermöglicht eine gute Anpassung an die Rebsorte und die Zeilengeometrie.

Zur schnellen Vorabstimmung ist es möglich, bis zu sechs Grundeinstellungen abzuspeichern, welche per Knopfdruck abgerufen werden können. Dadurch dass der Rüttelvorgang proportional zur Vorwärtsbewegung gesteuert wird, steht eine feste Anzahl der Schläge je laufenden Meter fest. Dies hat den großen Vorteil, dass die Reben und Pfähle bei der etwas langsameren Reiheneinfahrt und – ausfahrt nicht übermäßig strapaziert werden. Ein weiterer Vorteil des Smart Systems ist der Pfahl-schutz, welcher mit Hilfe eines Pfahlfühlers beim Pfahldurchlauf für einen sanfteren Rüttelzyklus sorgt. Der Pfahlschutz kann aber auch deaktiviert werden.

Die Ernter lesen mit dem sogenannten "Fourcade-Erntekopf". Dieser besteht aus elastischen Kunststoffstäben, welche sich durch beidseitige lose Lagerung auf Silentblöcken und ein rundes, federndes Ende gut an die Erntezone anpassen. Die abgerundeten Enden gewährleisten weiterhin einen Schutz der Rebstöcke.

Die Trauben werden auf die beiden Schuppenbahnen geschüttelt und von zwei Endlosbändern in L-Form mit Leisten weiter befördert. Zunächst wird das Lesegut nach hinten transportiert und am Ende umgelenkt. Durch das Umlenken wird verhindert, dass Blätter am Transportband kleben bleiben. Dabei passieren die Blätter und Stiele das untere Sauggebläse und werden ausgeblasen. Längere Rebteile werden über eine Öffnung seitlich ausgeworfen. Auf der unteren Seite des Förderbandes wird das Lesegut über den Transportkanal nach oben zur Sortiereinrichtung transportiert. Dort fällt es auf ein elastisches Gitterband. Dabei werden Einzelbeeren, kleine Traubenteile und freier Most schon aussortiert und fallen in den Sammelbehälter. Da austragsgefährdete Bestandteile bereits durch das Gitterband abgeschieden sind, kann das obere Reinigungsgebläse mit höherer Luftleistung betrieben werden. Damit wird ohne Erhöhung der Beeren- und Saftverluste ein sehr guter Reinigungsgrad erreicht.

Durch den Anbau eines **Multifunktionsarmes** kann der Ernter auch als universeller Geräteträger genutzt werden.

Abbildung 260: Fourcade-Erntesystem von Pellenc

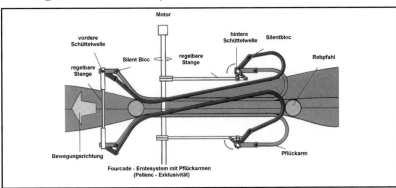

443

Abbildung 261: Transport- und Reinigungssystem bei Pellenc

Gregoire

Gregoire hat eine Vielzahl von Vollerntertypen im Angebot, die sich im Wesentlichen durch die Motorleistung, das Auffangsystem und die Anzahl und Anordnung der Traubenbehälter unterscheiden. Alle Modelle arbeiten nach dem schonenden A.R.C.-Schüttelsystem. Die bogenförmigen Schüttelstäbe sind an ihren beiden Enden im vorderen Teil des Erntetunnels befestigt, was ihnen eine gute Flexibilität verleiht. Das Lesegut wird von zwei Schuppenreihen aufgefangen und über beidseitig angebaute Förderbänder nach oben transportiert, wo die Trauben über Querbänder in die Behälter befördert werden. Einige Modelle von Gregoire haben statt den Schuppen-reihen zwei Becherbänder als Auffangsystem. Diese Modelle sind in der Funktion ihrer Transport- und Abladetechnik mit den Braud – Selbstfahrern vergleichbar.

444

Weitere Besonderheiten von Gregoire sind die programmierte Geschwindigkeits-regelung (RVP) und die hydraulische Grundeinstellung des Rüttlerabstandes (RHP). Damit kann man innerhalb weniger Sekunden mit einem Schalter die Einstellung des Rüttlerabstandes von 0 bis 180 mm vom Führerstand aus verstellen. Zur Schonung der Pfähle gibt es eine automatische Rüttelfrequenzminderung (RVS). Die mittig ange-ordnete Kabine ermöglicht eine gute Rundumsicht und erleichtert das Einfahren in die Rebzeile. Die meisten Modelle sind auch als Geräteträger nutzbar.

Abbildung 262: Gregoire Erntekopf

15.3.5 Erntegutqualität

Der größte Vorbehalt gegenüber dem Vollernter bestand und besteht immer noch in einer befürchteten Qualitätsbeein-trächtigung. Von entscheidender Bedeutung für das Ernteergebnis sind die unterschiedlichen weinbaulichen, technischen und verarbeitungsbedingten Einflussfaktoren.

Tabelle 80: Wichtige Einflussfaktoren auf die Erntegutqualität

Weinbauliche	Technische	Verarbeitungsbedingte
– Unterstützungsmaterial – Erziehung und Anschnitt – Rebsorte – Reifegrad der Trauben – Gesundheitszustand der Trauben	– Schwingschüttelsystem – Anzahl und Abstand der Schüttelstäbe – Schüttelfrequenzen und Amplitude – Fahrgeschwindigkeit – Reinigung	– Transport- und Abladesystem – Verarbeitungskapazität – Mostbehandlung und -vorklärung

Maschineneinstellung und Erntemaschine

Mit allen heute marktgängigen Vollerntern kann eine gute Lesequalität erreicht werden. Unverzichtbare Voraussetzung hierfür ist in jedem Fall, dass die Maschine mit jeweils optimierten Einstellparametern gefahren wird. Dazu gehört, neben der geometrischen Anpassung des Lesekopfes an die Rebreihe, eine von Rebsorte, Reifezustand, Ertrag und Unterstützungsform abhängige Optimierung der Trenn-, Förder- und Reinigungsorgane. Diese Anpassung erreicht man nur über eine sachgerechte Einstellung von Schüttlerfrequenz (eventuell Schüttleramplitude), Fahrgeschwindigkeit, Gebläsedrehzahl und durch die angepasste Zahl der Schüttelstabpaare.

Das schon immer mögliche stufenlose Verstellen der Parameter wird bei neuen Maschinen durch automatisch arbeitende Kontrolleinrichtungen ergänzt. Diese nehmen dem Fahrer beispielsweise die Höhenführung des Ernteaggregats oder die mittige Ausrichtung der Maschine auf die Rebreihe ab. Verbesserte Bedienungseinrichtungen, wie Multifunktionshebel u. a., bessere Sitzanpassung und Sichtverhältnisse oder der Ausgleich von Radschlupf sind weitere Merkmale, die den Fahrer entlasten. Zu seiner stetigen Information, aber auch zur betriebswirtschaftlichen Datenerfassung dienen die zum Teil serienmäßig eingebauten Bordcomputer. Wenn trotz dieser maschinenseitigen Verbesserungen schlechte Ernteergebnisse festzustellen sind, liegt dies meist am Fahrer.

Erziehungsart und Unterstützungsvorrichtung

Die bei uns vorherrschenden Spaliererziehungsformen sind gut für den Vollerntereinsatz geeignet. Dabei weist der Halb- und Pendelbogen gegenüber dem Flachbogen eine günstigere Verteilung des Ernteguts über einen größeren Höhenbereich auf. Anlagen mit Umkehrerziehung können ebenfalls mit dem Vollernter abgeerntet werden, Minimalschnittanlagen müssen mit dem Vollernter gelesen werden, da die Handlese viel zu zeitaufwändig wäre. Bei diesen Erziehungen treten etwas mehr Triebbeschädigungen und damit verbunden geringfügig höhere Fremdbestandteile im Lesegut auf.

Der erntegerechte Einsatz erfordert einen stabilen Drahtrahmen. Zu elastische und zu unelastische Unterstützungsmaterialien für den Drahtrahmen führen in Bezug auf Schwingungsübertragung und Materialbeanspruchung zu negativen Ergebnissen. Bewährt haben sich Pfähle aus Holz und Metall mit einer Einschlagtiefe von 65 - 70 cm. Harthölzer (Akazie, Bangkirai) beanspruchen die Schüttlerstäbe besonders stark, deshalb sind nur runde oder abgerundete Harthölzer für den Vollerntereinsatz geeignet. Metallpfähle mit außenliegenden Haken haben den Nachteil, dass diese leicht zugeschlagen werden. Bei den neueren Metallpfählen ist ein vollständiges Zuschlagen der Haken nicht mehr möglich (vgl. Kap. 3.1.4). Kunststoffpfähle sollten nicht zu elastisch sein. Völlig ungeeignet für den Vollernter sind Betonpfähle.

Als Pflanzpfähle haben sich 5 - 7 mm starke Metallstäbe bewährt. Sie verfügen über eine gute Elastizität und begünstigen den Erntevorgang. Ungeeignet sind Pflanzpfählchen aus Fichtenholz und Bambus, denn diese brechen sehr leicht durch die Schüttelbewegung ab und verursachen empfindliche Störungen innerhalb des Traubenvollernters und bei der Weiterverarbeitung.

Rebsorte, Reifegrad und Ernteverluste
Die Rebsorte stellt in mehrfacher Hinsicht die wichtigste Vorgabe für den Erntevorgang dar. Dies hängt mit dem spezifischen Ablöseverhalten unserer Rebsorten zusammen. Sorten, die eine geringe Abtrennkraft benötigen (z.B. Müller-Thurgau), werden sich mehr in Einzelbeeren ablösen, was wiederum mit einem stärkeren Verletzungsgrad und einer Zunahme der Saftverluste verbunden sein kann. Aber auch dünnschalige Sorten, für die eine relativ hohe Abtrennkraft notwendig ist (z.B. Morio Muskat, Grauer Burgunder), werden infolge verletzter Beeren nur mit höherem Saftanteil und -verlust zu ernten sein.

Darüber hinaus hat der Reifegrad einen erheblichen Einfluss auf die Erntegutzusammensetzung und die Saftverluste. Als optimaler Reifebereich kann eine Spanne von etwa 75 bis 90° Öchsle angesehen werden. Geringere Reife verlangt wegen des schlechteren Ablösegrades mehr Trennenergie, die ein stärker verunreinigtes und beschädigtes Erntegut nach sich zieht. Mit höherer Reife nehmen dagegen die Saftverluste zu, die maschinelle Ernte ist jedoch möglich.

Tabelle 81: *Erntegutzusammensetzung verschiedener Traubensorten in % (Quelle: Rühling, W.)*

Sorte	Trauben u. Trauben- teile	Einzel- beeren	Rappen u. Rappen- teile	Most- anteil	verletzte Beeren	Schmutz anteil	Geiz- trauben
Riesling	86,5	11,1	0,0	1,6	9,8	0,8	
Kerner	45,9	46,8	0,2	6,3	20,5	0,8	
Faber	36,7	54,2	0,3	5,6	18,7	1,4	1,9
Müller Th.	32,2	59,5	0,6	6,7	14,5	1,0	
Gr.Burgunder	22,6	45,9	0,7	20,6	40,4	2,3	7,9
Morio Musk.	17,4	51,7	0,6	26,8	43,4	3,0	0,5

Die Ernteverluste durch die Maschinenlese entstehen durch nicht abgelöste Beeren und Saftverluste. Unter ungünstigen Bedingungen können die Verluste 10 Prozent und mehr betragen. Verluste durch nicht abgeerntete Beeren treten insbesondere am Pfahlbereich auf, da der Pfahl den Schüttelimpuls des Vollernters zum großen Teil schluckt und es zu einer schlechten Aberntung kommt. Die Bogrebe sollte deshalb nicht am Pfahl vorbeigebogen werden. Nach Untersuchungen können die Verluste am Pfahl bei 300 und 400 kg Trauben/ha liegen. Werden bei der Pendelbogenerziehung die Triebe weit unter den Biegdraht gezogen, werden die dicht über dem Boden hängenden Trauben an den Schnabeltrieben von Vollerntern oft nicht erfasst, was ebenfalls zu größeren Verlusten führt.

Die Saftverluste sind abhängig vom Reifegrad, Gesundheitszustand und der Rebsorte. Es versteht sich von selbst, dass sich mit zunehmendem Fäulnisgrad die Saftverluste erhöhen, da faule Traubenbeeren leicht aufplatzen. Es empfiehlt sich deshalb, den Vollernter dann einzusetzen, wenn die Trauben vollreif und noch weitgehend gesund sind.

Die Eignung einer Rebsorte für den Vollerntereinsatz wird sehr stark von der Dicke der Beerenschale bestimmt. Je dünnschaliger die Beeren sind, desto höher sind die Saftverluste. Bei folgenden Rebsorten ist mit höheren Saftverlusten zu rechnen:

Huxelrebe, Würzer, Morio-Muskat, Ehrenfelser, Spätburgunder, Portugieser und Heroldrebe.

Obwohl bei diesen Sorten etwas höhere Saftverluste auftreten, werden auch sie heute mit dem Vollernter gelesen, da viele Betriebsleiter die Arbeits- und Kosteneinsparungen beim Vollernter höher bewerten als die Verluste. Unter günstigen Einsatzbedingungen können die Ernteverluste des Vollernters auf 1 bis 3 Prozent beschränkt bleiben.

Erntegutqualität
Zahlreiche verdeckte Kostproben ergaben bei gesundem Lesegut keine statistisch absicherbaren Qualitätsunterschiede zwischen Hand- und Maschinenlese. Differenzen im Mostgewicht entstehen allerdings bei sehr faulem Lesegut. Edelfaule Beeren haben eine dünne, mürbe Beerenhaut und platzen früher auf, was zu Saftverlusten und geringerem Mostgewicht führt. Die Mostgewichte können bei edelfaulem Lesegut um einige Grad Öchsle gegenüber der Handlese abfallen. Auch zu hoch angebrachte Schüttelstäbe und zu hoch eingestellte Schüttelfrequenzen können das Mostgewicht senken, da dann auch Geiztrauben in größerem Umfang ins Erntegut gelangen können. Maschinengelesenes Erntegut sollte infolge des verschieden hohen Mostanteils (10 bis 30 % frei ablaufender Saft) möglichst rasch verarbeitet werden. In diesem Zustand

kann es zu verstärkter Mostoxidation und Gerbstoffauslagerung kommen. Insbesondere höhere Temperaturen bewirken eine kräftige Enzymaktivität. Durch das teilweise Aufbrechen der Beeren werden die pektinabbauenden Prozesse beschleunigt. Die Schalen werden weicher und sind gegenüber mechanischer Einwirkung etwa durch Schnecken und Pumpen empfindlicher. Daher ist eine schnelle, aber schonende Verarbeitung wichtig.

Für ein qualitativ gutes Erntegut sollten beim Einsatz vom Vollerntern folgende Grundsätze beachtet werden:

- Eine schonende maschinelle Lese setzt reifes und möglichst gesundes Lesegut voraus.
- Gebläse so einstellen, dass die Blätter gut ausgeblasen werden.
- Schlagzahlen und Anzahl der Schläger müssen so eingestellt sein, dass Geiztrauben und unreife Trauben nicht mitgelesen werden.
- Sehr faule Trauben sollten möglichst nicht mit dem Vollernter gelesen werden, da es zu Saft- und Qualitätsverlusten sowie höheren Trubgehalten kommen kann.
- Eine tägliche gründliche Reinigung des Vollernters ist unvermeidlich, will man Infektionen mit Essigbakterien verhindern.
- Lesegut möglichst schnell verarbeiten.

Tabelle 82: Vergleich Vollernterlese zu Handlese

Kriterien	Vollernter	Hand
Zeitbedarf (Akh/ha)	2 - 4	180 – 300
Kosten (€/ha)	450 – 600	900 – 1 500 (ohne Verpflegung und Unterbringung)
Bodenbelastung	hoch bei nassem Boden	gering bei Logeltransport, hoch bei nassem Boden und Traubentransport aus der Zeile mit Schlepper
Flexibilität im Erntetermin	hoch	geringer, i.d.R. keine längere Unterbrechung möglich
Standzeit	kann gering gehalten werden	meist länger
Erwärmung	es kann z.T. auf Morgen- oder Abendstunden ausgewichen werden	höher bei sonnigem Wetter und längeren Standzeiten
Lesegutbeschaffenheit	ganze Trauben, Traubenteile, Einzelbeeren je nach Rebsorte und Reifezustand. Durch aufgeplatzte Beeren bis 30 % Saftanteil	ganze Trauben
Weinqualität	bei gesundem und reifem Lesegut keine statisch absicherbaren Unterschiede feststellbar	
Selektive Lese _ Nichternten von unreifen Trauben (Geiztrauben)	möglich	möglich
_ Aussondern von kranken Trauben (z.B. Sauerfäule, Stiellähme)	nicht möglich, nur manuell in separatem Arbeitsgang	nur mit geschultem Lesepersonal, meist in separatem Arbeitsgang
_ Ernten nur von sehr reifen Beeren / Trauben	technisch möglich, aber sehr hohe Verluste an den Pfählen durch schwache Impulse, deshalb nicht praktikabel	bedingt möglich, z.B. bei Edelfäule
Sonstiges	- Entrappung möglich _ begrenzte Steigfähigkeit der Vollernter	Minimalschnitt nicht mit vertretbarem Arbeitsaufwand erntbar

450

15.3.6 Abbeeren auf dem Vollernter

Abbeermaschinen (Entrapper) bestehen aus dem Grundgestell mit Antriebsmotor, dem Abbeerkorb und der Stift- oder Fingerwelle (Schlagwelle). Über die rotierende Schlagwelle, welche sich in dem drehenden, zylindrischen Abbeerkorb mit teils offener Mantelfäche bewegt, werden die Beeren von den Rappen gelöst. Die abgelösten Beeren fallen durch die offene Fläche des Abbeerkorbes in den Traubenbehälter. Je nach Bauweise der Entrapper sind die Abbeerkörbe und Schlagwellen unterschiedlich ausgestattet. Sie sind vom Fahrersitz aus zu- und abschaltbar und stufenlos in der Drehzahl verstellbar. Korb und Welle können elektrisch verschoben und in der Neigung verstellt werden.

Generell ist das Lesegut von Vollerntern bereits gut abgebeert. Auch das Entfernen von Blätten funktioniert mittlerweile recht gut. Mit dem Abbeeren kommt es zu einer Reduzierung der Rappen und damit zu einer Verlängerung der Presszeiten, da sich weniger Kanäle für den Saftabfluss bilden. Bei Weißweintrauben nimmt mit zunehmender Reife der mögliche negative Einfluss der Rappen (Gerbstoffe) ab. In aller Regel führt das Entrappen bei weißen Trauben nicht zu einer Verringerung der Gerbstoffe, dagegen erhöht sich aber der Trubgehalt im Most. Daraus ergibt sich, dass das Abbeeren von weißen Trauben nicht notwendig ist. Bei Rebsorten mit hohem Pektingehalt (z.B. Silvaner) ist ein Entrappen nicht zu empfehlen, da sonst nur mit Enzymzusatz und längerer Standzeit eine befriedigende Pressausbeute zu erreichen ist. Bei roten Sorten sind deutliche qualitative Unterschiede durch das Entrappen zu erzielen. Ohne Reduzierung der pflanzlichen Teile im Lesegut, können diese durch die alkoholische Extraktion zu grünen Noten führen.

Eine Besonderheit stellt der **Gliederbandentrapper** auf den Braud-Vollerntern dar. Er arbeitet mit einem umlaufenden gitterförmigen Band und 3 in Laufrichtung des Bandes rotierenden Abbeerfingerwellen. Die abgeernteten Trauben, die normalerweise direkt in den Traubenbehälter gefördert werden, fallen zuerst auf das Gliederband. Die losen Beeren fallen durch das gelochte Band direkt in den Behälter und nur das zu entrappende Erntegut läuft durch die Fingerwellen. Rappen, Blätter und Stiele fallen vom Ende des Bandes in die Zeilenmitte. Die Geschwindikeit von Band und Entrapperwellen können unabhängig voneinander eingestellt werden. Wechselnde Neigungsverhältnisse beeinträchtigen nicht die Wirkungsweise.

Abbildung 263: ERO-
Vollernter mit Entrapper

Abbildung 264: Braud-Vollernter
mit Bandentrapper

15.3.7 Entsaften auf dem Vollernter

2005 begann die technische Umsetzung eines Traubenentsafters auf einem Vollernter. Die Realisierung erforderte ein leistungsfähiges, kontinuierliches Entsaftungssystem, das mit der heutigen Vollerntertechnik kombinierbar ist. Dafür liefert der **Dekanter** die technischen Voraussetzungen. Entsprechende Entwicklungsarbeiten wurden seit 1999 am Fachgebiet Getränketechnologie der Hochschule Wädenswil in Kooperation mit verschiedenen Unternehmen der Getränkebranche durchgeführt. Die konkrete technische Umsetzng erfolgte mit den Firmen ERO-Gerätebau als Hersteller von Vollerntern und Westfalia Food Tec GmbH als Hersteller von Dekantern.

Beim Dekanter (horizontal liegende Schneckenzentrifuge) erfolgt die Trennung von Saft und Trester nicht mehr durch Druckdifferenz und Filtration, sondern durch Zentrifugalkraft. Dafür besitzt die Trommel eine horizontal liegende Drehachse und zylindrisch-konische Form. Trommel und innenliegende Schnecke rotieren in gleicher Richtung mit unterschiedlichen Drehzahlen, wobei die Schnecke der Trommel vorauseilt. Das zu klärende, vorher entrappte Lesegut strömt kontinuierlich durch das Einlaufrohr in die rotierende Dekantertrommel ein. Die Zentrifugalkraft presst die Trauben gegen die Wand der Trommel und trennt den Most von den festen Bestandteilen. Die Flüssigkeit fließt entlang den Schneckengängen zum größeren Trommeldurchmesser, verlässt über die auswechselbare Regulierscheibe den Separationsraum und wird in einen Tank befördert. Der abzutrennende Feststoff sedimentiert im Verlaufe dieser Wegstrecke und lagert sich an der inneren Trommelwand an. Hier wird er von der mit Differenzdrehzahl rotierenden Schnecke zum konischen Trommelteil befördert, wo er über den Feststoffschacht in den Weinberg befördert wird.

Die bisherigen Versuche (Stand 2006) mit dem Dekanter zeigen, dass sowohl die realisierten Saftausbeuten als auch die Weinqualitäten mit den konventionellen Ernte- und Entsaftungssystemen vergleichbar sind. Die Trübung der mittels Dekantertechnologie gewonnenen Moste weicht in Abhängigkeit von der Rebsorte, des Reifegrades und des Gesundheitszustandes deutlich von den konventionellen Pressverfahren ab. Die Schleudertrubkonzentration (Grobtrub) liegt dabei in den meisten Fällen niedriger, die Werte der kolloidalen Trübung (Feintrub) sind in der Regel deutlich erhöht. Dieser Feintrub enthält wertbestimmende Inhaltsstoffe aus der Beerenhaut. Bei gesundem, reifem Lesegut können Trübungswerte erreicht werden, die vor der Gärung eine weitere Mostvorklärung überflüssig machen. Zur Verminderung der Feintrubkonzentration soll zukünftig eine kontinuierliche Enzymdosierung auf dem Traubenentsafter installiert werden, um die Transportzeit zur Klärreaktion nutzen zu können.

Der Vollernter mit Entsafter (Juiceliner) soll 2009 auf den Markt kommen.

Abbildung 265: Dekanter auf einem ERO-Vollernter (Versuchsgerät 2006)

Abbildung 266: *Aufbau eines Dekanters*

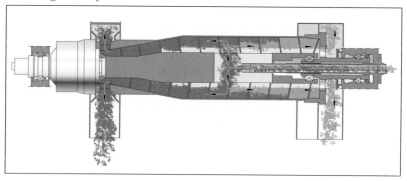

15.3.8 Reinigung und Wartung

Um der Infektionsgefahr vorzubeugen sind Vollernter grundsätzlich täglich gründlich zu reinigen. Das gleiche gilt auch für die anderen Verfahrensglieder der Traubenlese, wie Traubentransporter, Maischebehälter, Kippmulden, Maischepumpen und Transportleitungen. Zur gründlichen Reinigung der Geräte sind leistungsstarke Hochdruckreiniger geeignet. Sie werden als Kaltwasser-, Heißwasser- oder Kombinationsgeräte angeboten. Zu schwacher Druck (z.B. Wasserschlauch) bringt eine unzureichende Reinigung bzw. führt zu einem hohen Wasserverbrauch. Zu starker Druck kann elektronische Regeleinrichtungen beschädigen.

Es ist hinlänglich bekannt, dass angetrocknete Maische-, Saft- und Trubreste, welche an den einzelnen Einrichtungen etwas länger verbleiben, zu Infektionen führen können und sich negativ auf das Produkt Wein auswirken. Positiv ist eine Zentralreinigungsanlage als sinnvolle Sonderausstattung zu bewerten, die von einigen Herstellern angeboten wird. Über einen Sprüharm mit Spritzdüsen können so Förderbänder, Gebläse und Erntetunnel gereinigt werden. Allerdings darf keinesfalls auf eine gründliche Nachreinigung verzichtet werden. Die tägliche Reinigungszeit beträgt rund 1 bis 1,5 h.

Neben einem regelmäßigen Abschmieren müssen Traubenvollernter die gleichen Wartungs- und Pflegearbeiten erfahren wie Schlepper. Dies gilt insbesondere für Motor und Hydraulikanlage. Zentralschmieranlagen verringern die Wartungszeit und erleichtern die Arbeit.

15.3.9 Kostenvergleich und Rentabilitätsberechnung

Die nachfolgende Tabelle 83 zeigt einen Kostenvergleich zwischen der Handlese und selbstfahrenden und gezogenen Vollernten in Abhängigkeit vom Einsatzumfang. Bereits bei 30 ha Einatzumfang ist der Selbstfahrer günstiger als die Handlese; beim gezogenen Vollernter liegt diese Grenze bei etwa 10 ha. Dabei wurden bei der Handlese keine Kosten für Unterbringung, Verpflegung etc. berücksichtigt.

Mit steigendem Einsatzumfang sinken die festen Kosten, was sich in den geringeren Gesamtkosten niederschlägt. Ab etwa 72 ha Einsatzumfang ist im vorliegenden Rechenbeispiel der Selbstfahrer im eigenen Betrieb kostenmäßig mit dem Lohnunternehmer konkurrenzfähig. Beim gezogenen Vollernter liegt diese Grenze bei etwa 28 ha. Die Handlese ist, ohne Berücksichtigung der Unterbringung und Verpflegung des Lesepersonals, rund 500 bis 1 000 € teurer als die maschinelle Lese durch den Lohnunternehmer. Damit bietet die Vollernterlese bei vergleichbar guter Lesequalität eine Möglichkeit zur Senkung der Produktionskosten.

Tabelle 83: *Kostenvergleich zwischen manueller und maschineller Traubenernte*

Kalkulationsdaten	Selbstfahrer	gezogener Ernter	Handlese
Anschaffungspreis (A)	180 000	80 000	180 bis 250 Akh/ha x
Nutzungsdauer (N)	8 Jahre	10 Jahre	6 €/Akh =
Zinssatz (i)	5 %	5 %	1 080 bis 1 500 €/ha
Reparaturfaktor 3 % von A	bezogen auf 100 ha	bezogen auf 50 ha	
Afa : $\dfrac{A}{N}$	22 500	8 000	
Verzinsung: $\dfrac{A}{2} \times \dfrac{i}{100}$	4 500	2 000	

Kostenstellen		Handlese	Selbstfahrer			gezogener Ernter		
			50 ha	80 ha	100 ha	20 ha	30 ha	50 ha
Abschreibung (Afa)	€/ha	-	450	281	225	400	266	160
Verzinsung	€/ha	-	90	56	45	100	67	40
Betriebsstoffe bzw. + feste + var. Schlepperkosten (20 €/h)	€/ha		30	30	30	45	45	45
Reparaturkosten / Wartung / Reinigung	€/ha	-	70	70	70	60	60	60
Unterbringung / Versicherung (1,5 % von A)	€/ha	-	54	34	27	60	40	24
Lohnkosten (Fahrer 20 €/h)	€/ha	1 080 bis 1 500	35	35	35	45	45	45
Gesamtkosten	€/ha	1 080 bis 1 500	729	506	462	710	523	374
Kosten durch Lohnunternehmer : 450 bis 600 €/ha								

Die genaue Ermittlung der Rentabilitätsgrenze für einen eigenen Vollernter gegenüber dem Lohnunternehmer errechnet sich nach folgender Formel:

Berechnung der Mindesteinsatzfläche:

$$\text{Formel:} \quad \frac{\text{Feste Kosten (eigene Maschine)}}{\text{Lohnunternehmerpreis - (variable Kosten + Lohnansatz)}} = \text{Mindesteinsatzfläche}$$

Selbstfahrer: $\dfrac{22\,500\ (\text{Afa}) + 4\,500\ (\text{Zins}) + 2\,700\ (\text{Unterbringung/Versicherung})}{550\ (\text{Lohnunternehmer}) - (100 + 35 = \text{var. Kosten} + \text{Lohn})} = \dfrac{29\,700}{415}$

$$= 71,5\ \text{ha Mindesteinsatzfläche}$$

gezogener Ernter: $\dfrac{8\,000\ (\text{Afa}) + 2\,000\ (\text{Zins}) + 1\,200\ (\text{Unterbringung/Versicherung})}{550\ (\text{Lohnunternehmer}) - (105 + 45 = \text{var. Kosten} + \text{Lohn})} = \dfrac{11\,200}{400}$

$$= 28,0\ \text{ha Mindesteinsatzfläche}$$

In dem vorliegenden Rechenbeispiel rentiert sich der eigene Vollernter gegenüber dem Lohnunternehmer bei einem Mindesteinsatzumfang von 71,5 ha (Selbstfahrer) bzw. 28 ha (gezogener Ernter).

Hersteller, Vertreiber und Preise von Traubenvollerntern (Stand 2005)

Hersteller / Vertreiber	Typ	Bauart	Motorenleistung / Zugkraftbedarf kW	Grundpreis (€ ohne MwSt.)
Ero, 55469 Niederkumbd	SF 200	Selbstfahrer	121, 134, 147	170 000
	LS-Traction	gezogen	mind. 38	65 000
Gregoire: Dexheimer, 55578 Wallertheim	G 70 AL	Selbstfahrer	59	95 000
	G 70 Standart	Selbstfahrer	59	96 000
Vogel, 67376 Harthausen	G 106	Selbstfahrer/Gerätetr.	80	120 000
	G 107	Selbstfahrer/Gerätetr.	80	116 000
	G 116	Selbstfahrer/Gerätetr.	81	117 000
	G 117	Selbstfahrer/Gerätetr.	81	119 000
	G 122	Selbstfahrer/Gerätetr.	98	130 000
	G 121	Selbstfahrer/Gerätetr.	98	130 000
	G 152	Selbstfahrer/Gerätetr.	120	138 000
	G 170	Selbstfahrer/Gerätetr.	122	166 000
	G 55 H	gezogen	40	60 500
	G 50 H	gezogen	40	63 000
	G 60 H	gezogen	48	65 000
Braud/New Holland: Scharfenberger, 67098 Bad Dürkheim	VM 460	Selbstfahrer/Gerätetr.	94	142 000
	VL 600	Selbstfahrer/Gerätetr.	107	150 000
	VL 610	Selbstfahrer/Gerätetr.	107	151 700
	VL 620	Selbstfahrer/Gerätetr.	107	170 700
	VL 630	Selbstfahrer/Gerätetr.	120	162 000
	VL 640	Selbstfahrer/Gerätetr.	120	162 000
	VL 660	Selbstfahrer/Gerätetr.	129	162 000
	TB 10	gezogen	44	58 000
Pellenc: Auer, 55296 Lörzweiler	4380	Selbstfahrer/Gerätetr.	104	145 000
	4460	Selbstfahrer/Gerätetr.	104	150 000
Fischer, 67150 Niederkirchen	4560	Selbstfahrer/Gerätetr.	123	160 000
	AL 3050	gezogen	37	59 000

Das Verzeichnis erhebt keine Anspruch auf Vollständigkeit

Literatur

ACHILLES, A.: Traubenvollernter-Typentabelle 2004, KTBL-Arbeitsblatt 88/2004.

FISCHER, H.G.: Vollerntertechnik objektiv betrachtet. Der Badische Winzer 7/2006, 29 - 33.

MAUL, D.: Traubentransportgeräte, KTBL Arbeitsblatt 27/1983.

MAUL, D.: Traubenlese - Traubentransport - Verarbeitung. Das Deutsche Weinmagazin 18/1998, 14 – 18.

PFAFF, F.: Traubenernte, Transport und Verarbeitung. Das Deutsche Weinmagazin 25/26/1995, 24 – 32.

PFAFF, F.: Traubenvollernter seit 20 Jahren im Weinbau. Das Deutsche Weinmagazin 18/1997, 12 – 17.

RÜHLING, W.: Traubenvollernter-Erkentnisse aus zwei Jahrenzehnten, DWZ 9/1998, 20 – 21.

RÜHLING, W.: Neuere Entwicklungen in der Erntetechnik, DWZ 9/1995, 16 – 18.

UHL, W.: Maschinelle Traubenernte in Franken. Rebe & Wein 4/1998, 138 – 141.

WEIK, B.: Abbeermaschinen und Maischeförderung. ATW-Bericht 125, 2003.

WEIK, B.: Neue Entwicklungen bei Erntemaschinen. Der Deutsche Weinbau 13/2006, 12 -1 5.

WEIK, B.: Traubentransport und Traubenannahme. Das Deutsche Weinmagazin 14/2006, 24 – 27.

ZUBERER, E.: Qualität sichern bei der maschinellen Lese zwischen Traube und Most. Der Badische Winzer 8/2001, 22 – 26.

16 Tresterentsorgung

Bei der Traubenverarbeitung fallen 20 bis 25 Prozent der Erntemenge als Trester an. Je Hektar Ertragsweinberg liegt der Tresteranfall bei 2 000 bis 4 500 kg. Da Trester ein wertvoller organischer Dünger ist, sollte er in den Weinberg zurückgebracht werden.

Tabelle 84: Düngungsempfehlung für Trester

Material	max. Ausbringmenge		Ausgebrachte Humus- und Nährstoffmenge					
	m³/ha	(t/ha)	organ. Substanz dt/ha	N kg/ha	P_2O_5 kg/ha	K_2O kg/ha	CaO kg/ha	MgO kg/ha
Trester	30	15	60	150	60	250	80	25
Der Ausnutzungsgrad der Nährstoffe liegt im ersten Jahr bei Stickstoff zwischen 30 bis 50, Phosphat um 30, Kalium um 65, Magnesium um 50, Calcium um 50 Prozent.								

Da die Trester während der Arbeitsspitze der Traubenernte anfallen, sollte die Entsorgung gut mechanisiert sein. Dabei bieten sich verschiedene Möglichkeiten an:

1. Abwerfen der Trester von der Kelter auf den Boden bzw. in eine fahrbare Wanne und Aufladen von Hand in einen Anhänger oder Kompoststreuer. Diese relativ arbeitsaufwändige und körperlich anstrengende Methode ist vorwiegend in kleineren Weinbaubetrieben anzutreffen.

2. Hochstellen der Kelter auf ein stabiles, statisch berechnetes Gerüst. Zur Tresterentleerung wird das Transportfahrzeug unter die Kelter gefahren. Die Höhe des Aufbaus richtet sich nach den Maßen des Transportfahrzeuges. Die Bedienung der Kelter muss bei diesem Verfahren von oben erfolgen. Dies bedeutet häufiges Treppenlaufen.

3. Abwerfen der Trester in einen unter der Kelter stehenden Behälter, der dann mittels Aufzug oder Stabler in ein bereitstehendes Fahrzeug entleert wird. Ein schnelles und kostengünstiges Verfahren, da in vielen Weinbaubetrieben ein Aufzug oder Stabler vorhanden ist.

4. In größeren Betrieben, Erzeugergemeinschaften und Genossenschaften erfolgt die Tresterentsorgung meist über Förderschnecken und Förderbänder. Dieses Verfahren ist sehr leistungsfähig, erfordert aber einen höheren Aufwand für das ständige Reinigen der Fördersysteme.

Abbildung 267: *Technische Möglichkeiten des Traubentransportes*

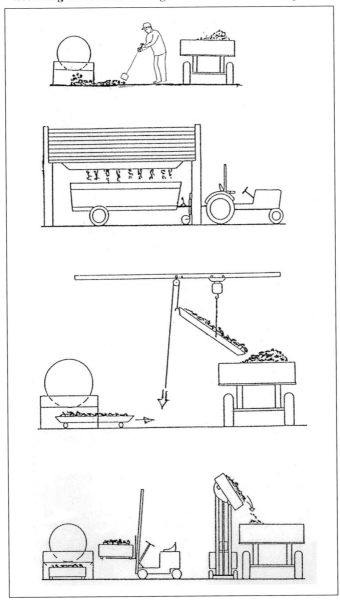

Tabelle 85: *Arbeitszeitbedarf für das Transportieren und Aufladen von Trester im Kelterhaus*

Verfahren	je Kelter	
	Akh	%
Trester von Hand aufladen		
von 1 000 Liter-Kelter	0,24	100
von 1 500 Liter-Kelter	0,42	
von 2 000 Liter-Kelter	0,44	
Trester direkt in Transportfahrzeug abwerfen		
verschiedene Keltergrößen	0,08 - 0,10	23
Trester mit Stapler aufnehmen und laden		
von 1 500 Liter-Kelter	0,20	59
von 2 100 Liter-Kelter	0,26	
von 2 300 Liter-Kelter	0,30	
Trester mit Förderschnecke und Band aufladen		
von 2 200 Liter-Kelter	0,19	43
von 4 000 Liter-Kelter	0,27	

Hersteller, Vertreiber und Preise von Tresterentsorgungssystemen (Stand 2006)

Hersteller / Vertreiber	System	Preisspanne (€ ohne MwSt.)
verschiedene Hersteller	Aufzüge	bis 1 000 kg: 1 400 bis 2 500 bis 2 000 kg: 1 700 bis 3 000
verschiedene Hersteller	Elektro-Deichselstabler	12 500 bis 21 000
	Elektro-Sitzgabelstabler	17 000 bis 24 000
Bähr, 76831 Göcklingen Keiper, 67823 Obermoschel	Förderschnecke	4 600 bis 7 000
Bähr, 76831 Göcklingen Keiper, 67823 Obermoschel	Förderbänder	4 900 bis 6 500
Mayer, 55440 Langenlonsheim	Tresterwannen	1 200 bis 1 600
Tresterstreufahrzeuge siehe Kompostausbringung (Kap. 10.3)		

Das Verzeichnis erhebt keinen Anspruch auf Vollständigkeit

Abbildung 268: Förderband zur Tresterförderung

Abbildung 269: Förderschnecke zur Tresterförderung

17   Mehrreihige Arbeitsverfahren

Auf der Suche nach Möglichkeiten zur weiteren Senkung von Arbeitszeitaufwand und Lohnkosten geraten, neben der Gerätekombination, zunehmend die mehrreihigen Bearbeitungsverfahren ins Blickfeld.

Folgende drei Möglichkeiten für mehrreihige Arbeitsverfahren im Weinbau gibt es:

1. Schmalspurschlepper mit An- und Aufbaugeräten für einen mehrreihigen Einsatz (z.b. zweireihig überzeilige Laubschneider oder Gebläse mit 4 oder 6 Teilbreiten).
2. Verwendung des selbstfahrenden Vollernters als Überzeilenschlepper (z.b. Braud, Gregoire, Pellenc).
3. Hochschlepper (z.B. Bobard).

Der Einsatz von Überzeilenschleppern als Hochschlepper oder als Vollernter-geräteträger (vgl. Kap. 20.1) ist in Deutschland, im Gegensatz zu Frankreich, noch relativ wenig verbreitet. Daraus ergibt sich das Problem der Beschaffung bzw. des Baus geeigneter An- und Aufbaugeräte. Diese müssen meist in Einzelanfertigung gebaut und angepasst werden, was die Sache relativ teuer macht.

Ein wesentlicher Unterschied zwischen den Aufbaugeräten für Hochschlepper und Erntemaschinen liegt in deren Antriebsart. Während der Hochschlepper mechanische Antriebe von der Zapfwelle aus zulässt, können alle Aufbaumaschinen vom Vollernter nur hydraulisch angetrieben werden. Die damit möglichen stufenlosen Anpassungen an die Einsatzbedingungen sind im Prinzip in der Handhabung und Arbeitsqualität vorteilhafter.

Von Interesse sind die Arbeitsgänge, die mehrreihig oder in Kombination angewandt, erhebliche Arbeitszeiteinsparungen bringen. Dazu gehören vor allem:

*   Bodenpflege in der Gasse.
*   Teilentblätterung.
*   Laubschnitt.
*   Pflanzenschutz.
*   Kompostausbringung.

Dem mehrreihigen Winterschnitt mit Vorschneidermaschinen oder dem maschinellen Heften sowie dem Anbau einer Pflanzmaschine kommen keine Bedeutung zu. Bei den Kombinationen sind gegenüber dem Schmalspurschlepper zusätzliche, neuartige Möglichkeiten gegeben. So ist beispielsweise in einer Durchfahrt in einer offenen

Gasse ein Grubber, in der begrünten Nachbargasse ein Mulcher zur Ganzflächen-bearbeitung einsetzbar.

Arbeitswirtschaftliche Bewertung von Überzeilenmaschinen

Aufgrund der durch größere Spurweite und Radabstand verbesserten Kipp- und Richtungsstabilität kann mit den Überzeilenmaschinen auch bei Gerätekombinationen schneller gefahren werden, wenn die Geschwindigkeit nicht durch ein Arbeitsgerät begrenzt wird.

Trotz ihrer relativen Größe besitzen Hochschlepper und Vollernterfahrgestelle noch weitere wichtige Vorteile gegenüber Schmalspurschleppern:

- Gute Wendigkeit und Kippstabilität.
- Keine Bodenverdichtung entlang der Rebzeilen.
- Seitenhangausgleich.

Dem gegenüber stehen auch einige Nachteile:

- Der Fahrerstand liegt häufig relativ hoch (z.B. Vollernterfahrgestelle) und bietet eine schlechte Sicht auf Geräte, die am Heck angebaut sind.
- Der An- und Abbau der meist größeren und schwereren Maschinen ist aufwändig, sodass nach Möglichkeit ein häufiges Umrüsten vermieden wird.
- Die, im Vergleich zum Schmalspurschlepper veränderten Anbauräume, bedingen andere Aufnahmevorrichtungen. Teilweise müssen die An- und Aufbaugeräte (z.B. Pflanzenschutzgeräte, Kompoststreuer) dem jeweiligen Hochschlepper angepasst werden, was höhere Kosten verursacht. Einige Vollernter bieten für den Geräteanbau spezielle Aufnahmevorrichtungen, wie z.B einen Multifunktionsarm.

In Deutschland werden derzeit vorwiegend für den Pflanzenschutz (Abbildung 226), den Laubschnitt und das Kompoststreuen (Abbildung 181) mehrzeilige An- und Aufbaugeräte zur Steigerung der Flächenleistung eingesetzt. Die nachfolgende Tabelle zeigt einen entsprechenden Arbeitszeitvergleich.

Tabelle 86: Vergleich der Arbeitszeiten (Akh/ha) von ein- und mehrreihigen Arbeitsverfahren

Pflanzenschutz			Laubschnitt			Kompoststreuen	
1-zeilig	2-zeilig	3-zeilig	1-zeilig	2-zeilig	3-zeilig	1-zeilig	2-zeilig
2,1 - 2,5	1,2 - 4,1	0,6 - 0,7	2,1 - 2,5	1,2 - 1,4	0,6 - 0,7	5 - 7	2,4

Abbildung 270:
Hochschlepper
Z 124 von Lipco

Abbildung 271:
Hochschlepper
Bobard mit
Kultivator

Literatur

MAUL, D.: Traubenvollernter - Das ganze Jahr im Einsatz. Das Deutsche Weinmagazin 13,14/1995, 42 – 27.

PFAFF, F.: Traubenvollernter - ein echter Mehrzweckschlepper. Weinbau-Jahrbuch 1997, 175 – 181.

RÜHLING, W.: Mehrreihige Arbeitsverfahren - ein Weg zur Kostensenkung. DWZ 7/94, 20 – 22.

18 Gerätekombinationen

Neben mehrreihigen Arbeitsverfahren kann auch die Kopplung mehrerer Arbeiten durch Kombination verschiedener Anbaugeräte zur Steigerung der Arbeitsproduktivität und Kostensenkung genutzt werden. Ein weiterer wichtiger Vorteil von Gerätekombinationen ist in der geringeren ökologischen Belastung zu sehen. Nach der Ökobilanz zur Beikrautbekämpfung im Weinbau (vergl. Kap. 9.5.2) ist für die ökologische Verträglichkeit eines Verfahrens die Höhe des Energieeinsatzes der entscheidende Faktor und dieser wird zu 80 bis 90 % vom Kraftstoffverbrauch bestimmt. Deshalb müssen sich die Bemühungen um eine umweltschonende Weinbergsbewirtschaftung in erster Linie auf die Verringerung der den Kraftstoffverbrauch bestimmenden Befahrungen konzentrieren. Gerätekombinationen, die es erlauben, mehrere Arbeiten bei einer Befahrung durchzuführen, sind deshalb aus ökologischer Sicht wünschenswert. Auch aus Sicht des Bodenschutzes sind sie zu begrüßen, da weniger Überfahrten helfen, die Entstehung von Spurverdichtungen (Multipass-Effekt) zu verringern.

Die Kopplung verschiedener Arbeitsgänge ist in der weinbaulichen Praxis an verschiedene Voraussetzungen gebunden:

- Der Schlepper muss über eine ausreichende Motorleistung (mind. 40 kW) und eine entsprechende Hydraulikanlage (Pumpenleistung 30 bis 40 l/min, Ölvorrat über 30 l) verfügen.
- Breite Vorgewende von 5 bis 6 m sind eine wichtige Voraussetzung für einen zügigen Arbeitsablauf.
- Die einzelnen Geräte müssen vom Fahrersitz aus gut zu bedienen und zu überwachen sein.
- Es sollten nur solche Geräte kombiniert werden, die mit etwa gleicher Geschwindigkeit gefahren werden und bei denen die Arbeitserledigung zum gleichen Zeitpunkt anfällt.
- Selbstverständlich müssen die Geräte von den Anbauräumen her miteinander kombinierbar sein.

Die nachfolgend aufgeführten Beispiele geben einen Überblick über verschiedene Möglichkeiten von Gerätekopplungen.

Tabelle 87: *Beispiele für Gerätekombinationen im Weinbau*

Arbeitsverfahren	Kombinationen und Anbauräume	Arbeits- geschwindig- keit	Zeitpunkt
Mechanischer Vorschnitt + Tiefenlockerung	Rebenvorschneider (Front) + Tiefenlockerer (Heck)	2,5 - 3 km/h	Spätherbst / Winter
Rebholz häckseln + chem. Unterstockpflege	Rebholzhäcksler (Heck) + Bandspritze (Front)	4,5 - 5,5 km/h	April
Ausbrechen + Bodenpflege (Gasse + Unterstock)	Stammputzer (überzeilig od. zweiseitig) + Mulcher, Grubber, Fräse, Kreisel- oder Scheibenegge	4 - 5 km/h	Mai
Laubheften + Bodenpflege (Gasse)	Laubhefter (Front) + Mulcher, Grubber, Fräse, Kreisel- oder Scheibenegge (Heck)	3,5 - 5 km/h	Juni / Juli
Laubschneiden + Bodenpflege	Laubschneider (Front) + Mulcher, Grubber oder Scheibenegge (Heck)	6 - 8 km/h	Juni - August
Düngerstreuen + Bodenpflege	Kastenstreuer (Front) + Mulcher, Grubber, Fräse, Kreisel- oder Scheibenegge (Heck)	5 - 6 km/h	Herbst od. Frühjahr
Bodenpflege (Gasse) + Unterstockpflege (chemisch)	Mulcher, Grubber, Fräse, Kreisel- oder Scheibenegge (Heck) + Bandspritze (Front / Zwischenachs)	5 - 6 km/h	Mai - August
Bodenpflege (Gasse) + Unterstockpflege (mechanisch)	Mulcher, Grubber, Fräse, Kreisel- oder Scheibenegge (Heck) + Stockräumer (Heck / Zwischenachs)	4 - 5 km/h	Mai - August
Säen + Einarbeiten + Walzen	Sämaschine (Front / Heck) + Grubber, Fräse, Kreisel- oder Scheibenegge (Heck) + Walze (Heck)	4 - 5 km/h	Spätsommer - Frühjahr

Durch Gerätekombinationen lassen sich 5 bis 6 Arbeitsgänge pro Jahr einsparen. Besonders die Bodenpflegearbeiten lassen sich mit anderen Arbeiten (z.B. Ausbrechen, Heften, Laubschneiden, Düngerstreuen) gut kombinieren. Durch konsequente Ausnutzung der möglichen Kombinationsverfahren können bei den mechanisierbaren Arbeiten rund 20 bis 25 Prozent an Maschinenstunden eingespart werden. Unter Einbeziehung der dabei zusätzlich zu erzielenden Energieersparnis ist in diesem Zusammenhang sowohl ein ökologischer als auch ein finanzieller Anreiz für den Einsatz von Gerätekombinationen gegeben.

468

Tabelle 88: *Arbeitszeit- und Kosteneinsparung bei 5 eingesparten Arbeitsgängen pro Jahr durch Gerätekombinationen*

Eingesparte Arbeitszeit (2 - 2,5 Akh/Arbeitsgang)	Var. Schlepperkosten (11 €/h)	Kosten Schlepperfahrer (15 €/h)	Summe (€/ha)
10 - 12,5 Akh/ha	110 bis 137	150 bis 187	260 bis 324

Abbildung 272:
*Ero-Vorschneider
kombiniert mit
Parapflug*

Abbildung 273:
*Zweiseitiger
Überzeilenlaubschneider
kombiniert mit
Variomulcher*

Literatur

MAUL, D.: Gerätekombinationen - doppelseitige Ganzreihenbearbeitung. Das Deutsche Weinmagazin 13/1999, 28 – 31.

Abbildung 274:
Einseitiger Überzeilen-
laubschneider kombi-
niert mit Vorgrubber und
Scheibenegge

19   Steillagenmechanisierung

Einige der bisher beschriebenen Mechanisierungssysteme können in Steillagen aufgrund der Hangneigung oder mangelnder Geländeerschließung oder ungünstiger Bewirtschaftungssysteme (Erziehung, Gassenbreite) nicht eingesetzt werden. Die Rationalisierung im Steillagenweinbau konnte daher mit der Rationalisierung in den ebenen und leicht hängigen Flächen nicht schritthalten. Dies ist der wesentliche Grund für die Aufgabe vieler Steillagenflächen in den letzten Jahren.

Der Einsatz moderner Technik ist eine wichtige Voraussetzung für den Erhalt des Steillagenweinbaus. Sie muss die Arbeit erleichtern und die Produktionskosten senken. Um die Möglichkeiten für den Einsatz moderner Mechanisierungssysteme zu schaffen, ist in vielen Fällen eine Abkehr von traditionellen Erziehungssystemen (z.B. Moselpfahlerziehung) und geringen Gassenbreiten notwendig.

Die Mechanisierungsmöglichkeiten sind abhängig von der Hangneigung und lassen sich in drei Hauptbereiche aufteilen:

1.   Soweit möglich, Umstellung von Seilzugbewirtschaftung auf Direktzugmechanisierung.

2.   Verbesserung der Mechanisierung in nicht direktzugfähigen Seilzuglagen.

3.   Mechanisierungslösungen für nicht flurbereinigte Steillagen, in denen auch moderne Seilzugsysteme nicht einsetzbar sind.

In der Praxis werden die Steigungen in ° (Grad) und noch häufiger in % (Prozent) angegeben. Letzteres entspricht dem mathematischen Wert des tan α. Abbildung 275 stellt den Zusammenhang zwischen diesen beiden Messgrößen dar.

Abbildung 275: *Zusammenhang zwischen dem Steigungswinkel und der Steigung in Prozent*

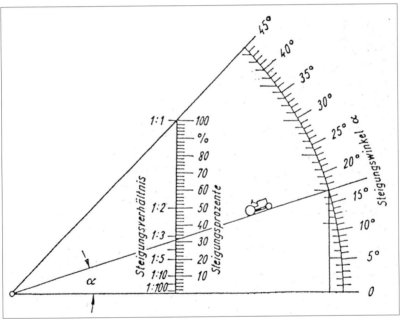

19.1 Herkömmliche Seilzugmechanisierung

In vielen Steillagen, auch solche die im Direktzug befahrbar waren, bildete jahrzehntelang das Seilzugverfahren mit Seilwinde und Sitzpflug die Basis der Mechanisierung. Diese Form der Seilzugmechanisierung hat mehrere gravierende Nachteile:

- Zweimannverfahren (1 Bedienungsperson für Schlepper und Seilwinde, 1 Bedienungsperson für Arbeitsgerät).
- Bei vielen Arbeiten starke physische Beanspruchung der Arbeitskräfte.
- Leerfahrt talwärts.

19.1.1 Seilwinden

In Steillagen werden verschiedene Windenbauarten eingesetzt. Meist handelt es sich um Eintrommelwinden mit Seilstärken von 6,5 und 8 mm. Die Seile bestehen aus verzinktem Stahldraht. Die Einzeldrähte sind zu Litzen geflochten, die um eine Fasereinlage (Hanfseile) oder um einen Kerndraht geschlagen sind. Die Ausführung der Litze ist je nach Seilstärke unterschiedlich. Im Weinbau werden die für Winden vorgeschriebenen Kreuzschlagseile verwendet, bei denen die Litze im Seil in entgegengesetzter Richtung zu den Drähten in den Litzen geflochten sind.

19.1.1.1 Windenantrieb, -schaltung und -bremse

Die im Weinbau eingesetzten Seilwinden werden über einen Zahnkranz angetrieben, der mit einer der beiden Stirnwände fest verbunden ist. Als weitere Antriebselemente finden Ketten oder Zahnräder Verwendung. Schlepperanbauwinden werden in der Regel über Wellen mit Kardangelenken angetrieben.

Die Schaltung von Winden erfolgt über Klauen- oder Scheibenkupplungen. Für Schlepperwinden werden auch elektromagnetisch betätigte Kupplungen angeboten, die unter Last schaltbar sind. Da sich eine Betätigung der Schlepperkupplung erübrigt, besitzen diese Winden einen höheren Bedienungskomfort. Die Bremsung der Winden erfolgt mit Band- oder Scheibenbremsen.

Nach den für Winden und Hebezeuge gültigen Unfallverhütungsvorschriften muss das Bedienungsteil der Winde als Totmannschaltung ausgelegt sein. Damit arbeitet die Winde nur während der Betätigung des Bedienungshebels und wird beim Loslassen sofort außer Betrieb gesetzt.

Beim Einsatz moderner Arbeitsgeräte (z.B. Sprühgeräte) kommt es darauf an, dass diese mit konstanter Geschwindigkeit talwärts bewegt werden. Da ein kontinuierlich arbeitendes Bremssystem selbst kaum in der Lage ist, dieser Forderung nachzukommen, wurden Lösungen mit hydraulischem und mechanischem Antrieb entwickelt.

Eine **hydraulische Seilwindenbremse** wird von der Firma Binger Seilzug angeboten. Da Schlepper häufig nicht die erforderliche Ölmengenleistung erbringen, verfügt die Winde über ein unabhängiges Hydrauliksystem mit zapfwellengetriebener Ölpumpe. Über entsprechende Steuerventile kann durch Umkehr der Ölstromrichtung die Winde in beiden Richtungen mit konstanter Geschwindigkeit betrieben werden. Die Funktion beruht auf einer Zahnradpumpe, die von dem Zahnkranz der Trommel angetrieben wird. Der dabei erzeugte Ölstrom wird von Hand abgedrosselt, und es ergibt sich ein ruckfreies, feinfühliges Abbremsen. Ein zusätzlicher Kugelhahn wird beim Erreichen des unteren Zeilenendes geschlossen. So bleibt die Bremse über ein Rückschlagventil auch bei plötzlichen Stopps immer im Eingriff und hält das Gerät sicher fest.

Für mehr Sicherheit besonders bei schweren Arbeitsgeräten (z.B. Schlegelmulcher) sorgt auch das von der Firma Dickenscheid entwickelte **Wendegetriebe**. Das Wendegetriebe verbindet die Seilwinde in beiden Fahrtrichtungen mit der Zapfwelle, wodurch einerseits eine gleichmäßige Fahrt erreicht wird, andererseits die Unfallgefahr reduziert ist. Eine zusätzliche Bremse sorgt dafür, dass das Gerät während der Fahrt angehalten werden kann und beim Umschaltvorgang nicht wegrollt. Die Drehrichtung wird mit Hilfe zweier Bowdenzüge geschaltet. Das Wendegetriebe wird am Kettenkasten angebaut und kann an jede Seilwinde nachgerüstet werden.

Noch relativ neu ist die Möglichkeit der **Funkfernsteuerung**. Dadurch ist die Seilzugbewirtschaftung im Einmannverfahren möglich. Die neueren Steillagenmechanisierungssysteme von Clemens und Obrecht (Kap.19.2.1) verfügen über eine Funkfernsteuerung. Dabei ist der Sender am Geräteträger montiert, der Empfänger befindet sich auf der Auffahrpritsche. Durch Proportionalfunk wird eine stufenlose Geschwindigkeitssteuerung erreicht.

19.1.1.2 Seilwindenbauarten

Verschiedene Bauformen von Seilwinden werden im Weinbau eingesetzt. Bei **tragbaren Winden** sind Winde und Kleinmotor auf ein Traggestell montiert, das beim Versetzen von zwei Arbeitskräften von Zeile zu Zeile gehoben wird. Sie sind vereinzelt noch in nicht flurbereinigten Lagen anzutreffen.

Schlepperanbauwinden sind die am stärksten verbreitete Bauart. Sie werden wegen der guten Übersichtlichkeit meist im Zwischenachsbereich angebaut. Der Anbau kann links wie rechts erfolgen. Der Antrieb erfolgt über eine Gelenkwelle von der Heckzapfwelle aus. Die Seiltrommel ist pendelnd an einer Konsole aufgehängt und gibt, durch einen Lenkarm geführt, der Zugrichtung des Seiles nach, sodass der Schlepper nicht exakt senkrecht zur Ausrichtung stehen muss. Die Seilführung erfolgt über einen einfachen Ausleger. Die Winde sollte möglichst nahe vor dem Hinterrad angebracht sein, damit der Fahrer vom Führerstand Sichtkontakt mit der Arbeitskraft im Weinberg hat. Die Winden weisen eine geringe Trommelbreite bei großem Trommeldurchmesser auf. Je nach Hersteller steht die Windentrommel waagerecht oder senkrecht. Die Standfestigkeit des Schleppers ist umso besser, je tiefer die Seilführung erfolgt und je schwerer der Schlepper ist. Die verbreitetste Anbauseilwinde ist der **Typ 85 SE von Binger Seilzug.** Sie besitzt eine elektrische Servoschaltung. Der Ein- und Ausschaltvorgang kann unter Last bei laufender Zapfwelle erfolgen. Der Einhandhebel dient zum Bremsen und Schalten. Durch leichten Fingerdruck schaltet die Winde ein und beim Loslassen sofort wieder aus. Der Windenantrieb erfolgt von der Heckzapfwelle aus. Ein Kettenantrieb, der in Baulänge und Übersetzung jedem Schleppertyp angepasst werden kann, überträgt die volle Motorkraft über eine geschützte Gelenkwelle auf die bewegliche Winde.

Abbildung 276: Zwischenachsanbau einer Schlepperanbauwinde

Bei den **Anhängerwinden** ist das Windenaggregat nicht direkt am Schlepper, sondern an einem Einheitsanhänger angebaut. Antrieb und Bedienung erfolgen vom Schlepper aus. Der Anhänger dient gleichzeitig zum Transport der Arbeitsgeräte. Der Hauptvorteil besteht darin, dass der gesamte Seilzug ohne zeitaufwändige Umbauarbeiten an jedem Schlepper angehängt werden kann. Deshalb werden die Anhängerwinden bevorzugt dann eingesetzt, wenn die Windenausrüstung von mehreren kleinen Betrieben gemeinsam genutzt werden soll. Schwere Anhängerwinden werden zum Rigolen am Steilhang eingesetzt, da man größere Trommeln und somit stärkere Seile verwenden kann.

474

Hangelwinden werden auf Rad- oder Kettenschlepper (z.B. Niko, Geier) aufgebaut und unterstützen den Radantrieb. Gelegentlich werden Hangelwinden mit einem eigenen Antriebsaggregat (Zwei-Takt-Motor) eingesetzt. Winde und Antriebsaggregat sind auf dem Arbeitsgerät aufgebaut. Das Seil wird am oberen Schlagende an einem Querseil oder einem stationären oder beweglichen Anker befestigt. Die Winde zieht sich mit dem Arbeitsgerät am Seil den Hang hinauf. Bei Talfahrt läuft das Seil von der Winde ab und wird in der Zeile ausgelegt. Zur Bedienung ist nur eine Arbeitskraft erforderlich.

Mit **Spillwinden** lassen sich von der Trommelbelegung unabhängige, absolut konstante Seilgeschwindigkeiten erzielen. Die Trommel dient bei dieser Winde nur zur Aufnahme des Seils. Die Seilkraft wird an treibenden Rillenscheiben erzeugt, die mit dem unter Spannung stehenden Seil kraftschlüssig verbunden sind. Eingesetzt war die Spillwinde im Steillagenmechanisierungssystem SMS (Kap. 19.2.1) von Clemens. Aufgrund des höheren Seilverschleißes wurde sie aber durch eine Trommelwinde ersetzt.

19.1.2 Sitzpflug

Das Grundgerät bei der Seilzugbewirtschaftung war früher der Sitzpflug, der neben Bodenbearbeitungswerkzeugen auch Anbaugeräte wie Herbizidspritze oder Düngerstreuer tragen kann. Sitzpflüge werden von den Firmen Binger Seilzug und Clemens vertrieben. Aufgrund extensiverer Bodenpflegeverfahren und modernerer Mechanisierungssysteme wird der Sitzpflug nicht mehr so häufig eingesetzt und demzufolge werden diese Geräte kaum noch nachgefragt.

Das tragende Teil des Fahrgestells besteht aus einem Mittelgrindel mit Anbauvorrichtung für Bodenbearbeitungswerkzeuge und Arbeitsgeräte sowie einem Sitz für den Bediener.
Bei dem Sitzpflug von Clemens ist der Mittelgrindel direkt am Vorderwagen angebaut und kann zur Einstellung der Arbeitstiefe durch eine Spindel in vertikaler Richtung verstellt werden. Bei den Binger Grundgeräten ist der Mittelgrindel über ein in vertikaler Richtung abknickbares Gestänge mit dem Vorderwagen verbunden. Durch mehr oder weniger starkes Abknicken dieses Gestänges wird die Tiefeneinstellung bewirkt. Gleichzeitig kann bei den Binger Geräten der Mittelgrindel einige Grad um die Längsachse verdreht werden, wodurch bei Seitenneigung ein Hangausgleich erzielt wird. Der Anbau der Werkzeuge erfolgt sowohl am Mittelgrindel selbst als auch an dem zur Anpassung an die Gassenbreite seitlich schwenkbaren oder ausfahrbaren Geräterahmen. Der Vorderwagen besteht aus zwei achsschenkelgelenkten eisen- oder gummibereiften Rädern. Die Anhängevorrichtung am Vorderwagen

erlaubt bei Gefahr ein Ausklinken des Zugseils über eine Kette vom Sitz aus. Zum Anheben des Gerätes wird das hintere Stützrad nach unten geschwenkt, sodass der Pflug angehoben wird und sich bei der Talfahrt auf dem Stützrad abstützt.

Für die Sommerbodenbearbeitung werden gefederte oder starre Zinken eingesetzt, die mit Risserscharen, Meißelscharen oder Gänsefußscharen besetzt sein können. Häufig wird auch noch an den äußeren Werkzeugen, zumeist an Meißelscharen, eine Schleppkette eingehängt, die von den Scharen nicht erfasste Unkräuter aus dem Boden ziehen soll. Häufelkörper werden bei der Winterbodenbearbeitung zum Zupflügen eingesetzt. Zum Abpflügen im Frühjahr werden Räumkörper verwendet.

Abbildung 277: Sitzpflug von Clemens (links) und Binger Seilzug (rechts)

19.1.3   Seilgezogene Spezialgeräte

Beim **Sprühpflug** (Binger Seilzug Sprühtrac ST 439) ist auf einem dem Sitzpflug ähnlichen Fahrgestell über dem Vorderwagen ein Sprühaggregat aufgebaut, das aus Baukomponenten eines fahrbaren Sprühgeräts der Fa. SOLO besteht. Den Luftstrom liefert ein Radialgebläse. Die Zerstäuberdüsen werden von einer Membranpumpe beschickt. Der Antrieb des Sprühaggregats erfolgt durch einen Zweitaktmotor mit 7 kW. Der Brühebehälter ist aus Kunststoff und fasst 50 l. Das Sprühen erfolgt während der Talfahrt. Während der Bergfahrt kann eine leichte Bodenbearbeitung durchgeführt werden.

Beim **Sprühschlitten** ist das Sprühaggregat (ebenfalls SOLO-Radialgebläse, Typ 400 mit 2-Takt Motor) auf einen Chemo-Transportschlitten aufgebaut. Für diesen Zweck wurde der Transportschlitten etwas gekürzt, sowie Bremseinrichtung und Lenkung verändert. Der Schlitten verfügt über Trittflächen zum Mitfahren bergauf. Zwei bewegliche Holme zum Umsetzen und Bergabfahren dienen gleichzeitig als Bremseinrichtung.

Der seilgezogene **Schlegelmulcher** (SMH 90, System Kiesgen) von Binger Seilzug ist mit Breitschlegel und verstellbaren Rückhaltezinken zum Rebholzhäckseln und Mulchen ausgestattet. Serienmäßig ist der Schlegelhäcksler mit einem 10 kW Dieselmotor ausgerüstet, der für den Antrieb sorgt. Der Geräteantrieb wird direkt von der Motorwelle abgenommen und mittels einer Fliehkraftkupplung über einen nach innen verlegten Keilriemenantrieb auf die Schlagwelle übertragen. Dadurch ergibt sich eine automatische, von der Motordrehzahl gesteuerte, Zu- und Abschaltung des Häckslers. Als Fahrwerk dienen, in Arbeitsrichtung gesehen, eine achsschenkelgesteuerte, arretierbare Lenkachse und ein schwenkbares Doppelrad für die Steuerung während der Bergabfahrt. Das Ausheben und Ablassen des Gerätes zur Umstellung in die Arbeitsposition erfolgt durch die geräteeigene Hydraulikanlage über einen auf das Doppelrad wirkenden Druckzylinder. Die Hubeinrichtung ist zur Sicherheit des Winzers als sogenannte Totmannschaltung ausgelegt. Die Gerätearbeitshöhe kann durch eine Gewindespindel stufenlos verändert werden. Nachteilig ist das hohe Gewicht von ca. 350 kg, was das Arbeiten mit dem Mulcher körperlich anstrengend macht. Deshalb hat das Gerät auch keine große Verbreitung gefunden.

Abbildung 278:
Sprühschlitten
Eigenkonstruktion an der
ehem. SLVA Trier

Abbildung 279:
Schlegelmulcher der
Firma Binger Seilzug

19.1.4 Seilgezogene Transportsysteme

Für den Transport von Düngern, Pfählen und insbesondere der Trauben wurden eine Vielzahl von Eigenbau-Seilzugschlitten und -wagen entwickelt. Daneben haben drei Transportsysteme eine größere Verbreitung gefunden, die insbesondere bei der Traubenernte zu einer Arbeitserleichterung und Zeitersparnis geführt haben.

Beim **Binger Lese- und Transportsystem** werden die Trauben von den Lesern in rechteckige, stapelbare Kunststoffkästen geerntet. Der Inhalt der Lesekästen beträgt 33 l. Damit die teilweise gefüllten Kästen während der Lese nicht bergauf getragen werden müssen, erfolgt die Lese von oben nach unten. So können selbst gefüllte Kästen leicht transportiert werden. Die befüllten Kästen werden wahlweise unter den Stöcken oder in den Durchgängen abgestellt. Der Transport der Trauben aus der Anlage erfolgt durch einen speziellen einachsigen Traubenwagen, der mittels eines höhenverstellbaren Handholms von der Bedienungsperson geführt wird. Die ebenfalls höhenverstellbare Stütze dient als Bremse und zur Neigungseinstellung des Transportrahmens. Volle Kästen werden auf den Wagen gestapelt und können dann je nach den örtlichen Verhältnissen mit Hilfe einer Schlepperwinde bergauf gezogen bzw. bergab abgelassen werden. Am Weg angekommen, kann der Wagen auf ebener Fahrbahn bequem von Hand zum Entleeren der Kästen an den Traubenerntewagen oder die Bütte gefahren werden.

Beim **Chemo-Weinbergmuli** besteht das Transportsystem aus mehreren 300 l Bütten, einem lenkbaren Seilzugschlitten und einem Kipplader für 3-Punkt-Anbau.
Der mit einem speziellen Aufnahmegestell ausgerüstete Schlitten wird vom oberen Weg die Zeile hinab gezogen. Das parallelogrammartige anheb- und absenkbare Aufnahmegestell wird in abgesenktem Zustand mit dem hinten offenen Büttentragrahmen unter den Büttenrand eingefahren und mittels eines Klappbügels an der Bütte befestigt.
Nach dem Einschalten der Seilwinde erfolgt zunächst durch die spezielle Seilführung das Anheben der Bütte und die Arretierung in ca. 15 cm Höhe über dem Boden. Danach fährt die Bedienungsperson sitzend oder stehend auf dem Schlitten zum oberen Weg. Je nach Bedarf (z.B. bei Seitenhang und Spitzzeilen) kann der Schlitten durch Betätigung der leichtgängigen Lenkung mühelos durch die Zeilen gelenkt werden. Auf dem oberen Weg angekommen wird er von Hand um ca. 90° gedreht und seitwärts geschoben.
Am Abstellplatz angekommen, wird dann die Arretierung der Aushebevorrichtung gelöst, die Bütte wird abgelassen, der Haltebügel wird geöffnet und der leere Schlitten kann erneut in die Zeile zum Transport weiterer Bütten eingefahren werden. Die Entleerung der am Weg abgestellten Bütten erfolgt dann mittels eines Schleppers mit einem 3-Punkt Heckkipplader bzw. durch einen Frontlader mit entsprechendem Kippbügel.

Der **Chemo-Transportschlitten** kann mit wenigen Handgriffen durch den Aufbau eines geräumigen Humusbehälters (Fassungsvermögen ca. 6 dt Stallmist) für den Transport von organischen Düngern umgerüstet werden. Das System wird von der Fa. Maihöfer vertrieben.

Beim **Motorwinden-Schlitten Könen** erfolgt im Gegensatz zu den anderen Systemen der Transport durch eine AK. Es besteht allerdings nur die Möglichkeit des kontinuierlichen Transports zum oberen Weg.

Das System besteht aus einem front- oder heckseitig anbaubarem Hubstabler, an dem sich die Schlittenaufnahmevorrichtung befindet, einem Schlitten mit aufgebautem 250-l-Behälter und einer aufsteckbaren Motorwindenkombination, deren Seil an der Schlittenaufnahme befestigt wird. Während der Fahrt zum Weinberg befindet sich der Schlitten einschließlich des Motors und der Winde auf der Aufnahmevorrichtung am Hubstapler.

Der Schlepper wird so abgestellt, dass sich der Schlitten genau vor der zu bearbeitenden Gasse befindet.

Abbildung 280: Binger Lesekasten-System

Abbildung 281:
Chemo-Weinberg-
muli bei
Traubentransport

Abbildung 282: Chemo-Weinbergmuli bei
Stallmistausbringung

19.2 Seilgezogene Mechanisierungssysteme (SMS)

Neuere Mechanisierungssysteme bringen gegenüber der herkömmlichen Seilzug-bewirtschaftung deutliche Verbesserungen. Sie führen zu Arbeitserleichterungen, Verminderung des Zeitaufwandes und einer Erhöhung der Arbeitssicherheit. Verschiedene Arbeiten konnten damit erstmals mechanisiert werden. Als praxistaugliches Seilzugmechanisierungssystem hat sich der seilgezogene Geräteträger bewährt. Die Produktion selbstlenkender Seilzuggeräte wurde aufgrund der geringen Nachfrage eingestellt.

Der seilgezogene Geräteträger wurde in den 80er Jahren von dem Winzer Obrecht in Baden entwickelt. 1991 übernahm die Fa. Clemens die Systemteile von Obrecht und fertigte das Seilzugmechanisierungssystem (SMS). 1998 trennte sich der Entwickler Obrecht von Clemens und tritt seither ebenfalls als Maschinenanbieter des SMS auf. Produziert wird das Clemens-SMS von der Firma Leible in Durbach.

Bei dem seilgezogenen Geräteträger handelt es sich um ein komplettes Steilhang-mechanisierungssystem, bestehend aus drei Hauptkomponenten:

- Seilgezogener Vierrad-Geräteträger mit Allradlenkung, schwenkbarem Führerstand und Notbremseinrichtung sowie der Funksteuerung.
- Seilwinde mit Umsetzeinrichtung für den Geräteträger.
- Aufbaugeräte für unterschiedliche Arbeitsgänge mit hydraulischem Antrieb oder leistungsangepassten Viertaktmotoren.

Geräteträger

Auf den seilgezogenen vierrädrigen Geräteträger werden die Arbeitsgeräte aufgebaut. Er trägt ferner den Geräteträgerfahrer und nimmt dessen Bedien- und Steuerelemente auf. Durch den in U-Form ausgeführten, einseitig offenen Tragrahmen können die Aufbaugeräte von einer Person mittels Führungsdornen und Schnellverschlüssen auf dem Geräteträger befestigt werden. Er besitzt eine um 180° drehbare Wendesitzein-richtung, die so ausgelegt ist, dass für die Berg- und Talfahrten die jeweilige Lenkachse der Sichtrichtung der Bedienungsperson entspricht. Es lenken also immer die in Fahrtrichtung vorderen Räder, während die jeweils andere Achse arretiert ist. Der Fahrersitz ist je nach Hangneigung verstellbar. Zur Körperschonung ist er vertikal, horizontal und an der Grundplatte gefedert. Eine gleichbleibende Sitz-Lenkungspositionierung eröffnet in den beiden Richtungen für den Fahrer vorteilhafte Abstütz- und Arbeitspositionen bei zusätzlicher Verbesserung der Achslastverteilung. Zusätzlich zur Seilwindenbremse verfügt der Geräteträger außer einem Notstopp-Schalter über zwei Fallspieße als Notbremse. Die Auslösung erfolgt per Hand oder automatisch bei Seilriss.

Der in der Vergangenheit übliche einzelmotorische Antrieb der Arbeitsgeräte wurde weitgehend durch einen Universalantrieb abgelöst, der alle Arbeitsgeräte versorgt und auch Gerätekombinationen ermöglicht. Hier handelt es sich um eine auf den Geräteträger integrierte Antriebseinheit, bestehend aus einem 15 kW Dieselmotor zum Antrieb einer Hydraulikpumpe mit 60 l/min Fördermenge und der erforderlichen Anzahl an Steuergeräten sowie deren Anschlussmöglichkeiten. Mit dem Universalantrieb ergibt sich am Geräteträger eine Gewichtserhöhung, die in Abhängigkeit vom Aufbaugerät, über 200 kg liegen kann. Die Mindestbreite des Geräteträgers liegt bei 1,05 m und ist bereifungsabhängig.

Die Firma Clemens/Leible liefert auch noch eine leichtere Geräteträgerausführung (GTL) mit einem 9,5 kW Benzinmotor. Er dient zur Hydraulikversorgung der Lenkung und verschiedener Arbeitsgeräte (z.B. Laubschneider) mit geringem Leistungsbedarf. Geräte mit einem hohen Kraftbedarf werden mit eigenem Antriebsmotor ausgerüstet.

Der Fahrerplatz am Geräteträger beinhaltet neben der Gerätebedienung die komplette Steuerung der Seilwinde mit den Funktionen "Start – stopp", "vorwärts – rückwärts" und "schnell – langsam" sowie die Ausrichtung der Auffahrpritsche. Die Fahrgeschwindigkeit wird mit einem Fußpedal (Obrecht) oder dem Lenkergriff (Clemens/Leible) stufenlos von 0 bis 6 km/h geregelt. Die Übertragung erfolgt über die Funksteuerung und ermöglicht damit die Einmann-Bedienung.

Auffahrpritsche mit Windenantrieb

Für den Straßentransport und das Umsetzen in die nächste Gasse wird der Geräteträger samt Aufbaugeräten auf die Auffahrpritsche gefahren. Die Auffahrpritsche ist je nach Bautyp am Dreipunktgestänge des Ackerschleppers an einem Anhänger oder Nutzfahrzeug befestigt. Sie ist von der Transport- in die Arbeitsstellung in mehreren Ebenen hydraulisch verstellbar. Beim Einsatz soll die Pritsche der Hangneigung des Weinberges angepasst werden. Der Geräteträger wird zum Wechsel in die nächste Rebzeile mittels Winde auf die Pritsche gezogen, das Transportfahrzeug fährt bis zur nächsten Arbeitszeile, wo der Geräteträger wieder einfahren kann. Der zapfwellengetriebene, stufenlos verstellbare hydraulische Windenantrieb ermöglicht bei Berg- und Talfahrt gleichermaßen kontrollierte Geschwindigkeiten. Die Winde wird grundsätzlich hydraulisch angetrieben, je nach Bautyp über eine im Pritschenrahmen platzierte Pumpe mit Gelenkwellenverbindung zum Schlepper oder eine Zapfwellenaufsteckpumpe. Zur Zugkraftbegrenzung ist ein Druckventil vorgesehen. In der Standardausführung ist die Seilwinde auf 500 bis 600 daN Zugkraft eingestellt. Bei den zapfwellenangetriebenen Pumpen handelt es sich um Konstantpumpen. Eine

482

gleichbleibende Seilgeschwindigkeit wird bei der Fa. Obrecht durch eine elektronisch gesteuerte Trommelwinde sichergestellt. Die Fa. Clemens hat den ursprünglichen Spillwindenantrieb aufgrund des höheren Verschleißes durch einen einfachen Antrieb mit einer Trommelwinde ersetzt. Die Seillänge beträgt bei Obrecht 150 m (7 mm Seildurchmesser) und bei Clemens/Leible 130 m (8 mm Seildurchmesser). Bei Obrecht ist zudem eine vorteilhafte Anpassung der Seilumlenkung an die Hangneigung vorgesehen. Entsprechend der Hangneigung ausgerichtet liegt die Auffahrrampe auf dem Boden auf und kann in Schwimmstellung der Hydraulik in die nächste Gasse auf dem Boden rutschend versetzt werden.

Funkfernsteuerung

Die Funkfernsteuerung ermöglicht die Einmannarbeit in Seilzuglagen. Die Empfangs- und Steuereinheit ist auf dem Nutzfahrzeug bzw. Anhänger installiert. Hier werden die Befehle vom Geräteträger kommend aufgenommen und verarbeitet. Die Seilgeschwindigkeit wird vom Geräteträger aus durch ein Proportionalventil im Ölkreislauf gesteuert und geregelt. Entscheidend für das Einmannsystem ist nicht nur die Bedienung der Seilwinde durch eine Person, sondern auch das Wechseln in die andere Zeile ohne abzusteigen.

Neu ist die Entwicklung einer Funkfernsteuerung der Lenkung in Verbindung mit einem hydraulischen Radantrieb. Damit soll es zukünftig möglich sein, den Geräteträger mit Anbaugerät vom Weg aus zu steuern. Dies bedeutet nicht nur eine körperliche Entlastung des Bedieners, sondern reduziert auch das hohe Unfallrisiko im Steilhang erheblich.

Fernfahreinrichtung

Um mit den SMS-Schlepperanbau – und anhängersystemen im Ein-Mann-Betrieb arbeiten zu können, kann an den Schlepper eine Fernfahreinrichtung angebaut werden. Die verschiedenen technischen Lösungen sind bei den SMS-Ausführungsarten (Kap. 19.2.1) beschrieben.

Aufbaugeräte

Zur Vermeidung zusätzlicher Entwicklungskosten für die Aufbaugeräte, die das Mechanisierungssystem verteuert hätten, hat man versucht, bereits bestehende Geräte zu nutzen. Derzeit sind an den Geräteträger folgende Geräte aufbaubar:

Kreiselmulcher, Schlegelmulcher, Kreiselegge, Grubber, Sprühgerät, Laubhefter, Laubschneider, Herbizidspritze, Transportbehälter / Kompostwanne, Düngerstreuer, Arbeitsplattform, Stammputzer (Clemens/Leible), Erdboher (Obrecht), Rebrodezange (Obrecht).

Die Aufbaugeräte sind mittlerweile fast ausnahmslos hydraulisch angetrieben.

Mulchen

Bei den Mulchgeräten kann zwischen einem Kreisel- und einem Schlegelmulcher ausgewählt werden. Aufgrund des vielseitigeren Einsatzes (Häckseln und Mulchen) und des geringeren Messerverschleißes auf steinigen Böden ist der Schlegelmulcher das geeignetere Gerät. Beide Mulcher sind über einen Hebel seitlich bis über die Breite des Geräteträgers hinaus verschiebbar. Man kann dadurch beim Abwärtsfahren dicht an der einen Reihe und beim Hochfahren dicht an der anderen Reihe entlangfahren, sodass nur ein sehr schmaler Unterstockstreifen übrig bleibt, der mit einem Herbizid abgespritzt werden kann. Durch die Kombination Mulcher und Bandspritze kann dies in einem Arbeitsgang erfolgen.

Beim Mulcher sind, je nach Geräteträgertyp, unterchiedliche Gerätezuordnungen vorhanden. Sie können im Unterbausystem zwischen den Trägerachsen platziert sein (Obrecht, Clemens/Leible in GT 2003-Ausführung), was eine günstige Gewichtsverteilung ergibt. Die Bodenfreiheit ist allerdings geringer, dafür sind aber Arbeitsgänge besser kombinierbar (z.B. Mulchen, Unterstockbandspritzung und Laubschneiden). Bei "Light-Version" (GTL) von Clemens/Leible ist der Schlegelmulcher außerhalb vom Trägerrahmen angebracht. Der Kreiselmulcher kann sowohl außerhalb als auch im Zwischenachsbereich angebaut werden.

Bodenbearbeitung

Für die Bodenbearbeitung stehen Grubber und Kreiselegge zur Verfügung. Aufgrund des höheren Zugkraftbedarfs beim Grubber wird eine höhere Antriebsleistung benötigt. Deshalb ist damit nur eine relativ flache Bearbeitung möglich, wobei die Bodenoberfläche nicht zu hart sein darf. Auch die Kreiselegge ist nicht für eine tiefere Lockerung geeignet, sie dient in erster Linie der Bewuchsbeseitigung, der Kapillarzerstörung und der Gasseneinebnung. Letzteres verbessert das Fahrverhalten des Geräteträgers. Zusätzlich kann die Kreiselegge zur Saatbettbereitung genutzt werden. Vor einem Kauf sollten die Bearbeitungsgeräte im eigenen Betrieb ausprobiert werden, da die jeweiligen Bodenverhältnisse und –strukturen einen sehr großen Einfluss auf die Arbeitsqualität haben.

Pflanzenschutz

Für den Pflanzenschutz stehen verschiedene Versionen zur Verfügung. Neben einem Umkehraxialgebläse von Niko mit Eigenantrieb (6 kW-Viertaktmotor) bietet Obrecht ein hydraulisch angetriebenes Axialgebläse mit einem 100 Liter Behälter an. Auch Clemens bietet ein Querstrom-Axialgebläse mit hydraulischem Antrieb an. Hierbei wird aber die Spritzbrühe nicht auf dem Geräteträger mitgeführt, sondern zusammen mit der Pumpe auf der Ladefläche des Anhängers. Die Zuführung der Spritzbrühe zu den Düsen erfolgt über eine automatische Schlauchtrommel, die parallel zum Zugseil aus- und aufgerollt wird.

Laubschnitt

Die Laubschneider verfügen über einen Drehkranz, wodurch sie sich um 180°
schwenken lassen. Dadurch ist der Schnitt jeweils einer Reihe bei Berg- und Talfahrt
möglich. Ein Gitterrahmen schützt den Fahrer vor abgeschleuderten Blatt- und
Triebteilen. Beide Firmen bieten verschiedene Laubschneidervarianten mit hydraulischem Antrieb an. Obrecht hat sich für den in Elementbauweise variabel gestaltbaren
Laubschneider von Binger Seilzug entschieden, während Clemens/Leible bewährte
Ausführungen von Ero anbietet.

Heften

Von den Bischöflichen Weingütern, Trier, wurde ein Heftgerät der Firma KMS
Rinklin auf den Geräteträger adaptiert. Wie beim Laubschneider erlaubt eine Schwenk-
einrichtung bei Berg- und Talfahrt jeweils eine Reihe zu Heften. Problematisch ist die
Achslastverteilung beim Geräteträger, weshalb zur Erhaltung der Lenkfähigkeit eine
Ballastierung der bergseitigen Achse unverzichtbar ist.

Düngerstreuen

Für die Ausbringung mineralischer Dünger kann ein Pendel- oder Scheibendüngers-
treuer eingesetzt werden.

Transportbehälter

Die Transportbehälter beider Firmen haben ein Fassungsvermögen von 400 bzw. 420
l und sind für den Transport von Materialien, Trauben oder organischen Düngern
geeignet. Sie sind je nach Hangneigung in die Waagerechte einstellbar und hydraulisch kippbar. Zur Ausbringung organischer Dünger lassen sie sich über die zu
öffnende talseitige Bordwand durch dosierbares Kippen mit einer hydraulischen
Handpumpe entleeren.

Arbeitsplattform

Die auf den Geräteträger abgestimmte Arbeitsplattform eignet sich zur Mitnahme von
zwei Arbeitskräften. Die in Höhe und Breite auf die jeweilige Arbeit auszurichtenden
Sitzmöglichkeiten ermöglichen die Erledigung manueller Stockarbeiten, wie Rebschnitt
oder Heften, vom Geräteträger aus. Der physisch anstrengende Auf- und Abstieg in
Steillagen entfällt. Wie bei den anderen Maschinenarbeiten erfolgen die Steuerung
des Seilwindenbetriebs und die Lenkung vom Geräteträger aus. In Erprobung befindet
sich eine Lösung, die den "Fahrer" erübrigt. Die Lenkung soll dabei durch beidseitige
Taster automatisiert werden.

Abbildung 283:
Kompostausbringung
mit dem SMS

Abbildung 284: SMS
von Clemens/Leible mit
Schlegelmulcher und
Bandspritze

Abbildung 285: SMS
von Obrecht mit
Kreiselmulcher und
Sprühgerät

19.2.1 SMS-Ausführungsarten

Von beiden Herstellerfirmen ist jeweils die Schlepperanbauversion die bisher verbreitetste Bauart. Darüber hinaus werden von beiden Firmen sowohl Anhängerversionen als auch selbstfahrende Ausführungen angeboten.

Schlepperanbausystem

Der Anbau der Auffahrpritsche erfolgt am Dreipunkt eines Normalspurschleppers, der mindestens 40 kW Motorleistung haben sollte. Zur Aufrechterhaltung der Lenkeigenschaften können bei Bedarf Frontgewichte oder ein Zusatztank eingesetzt werden. Das Schlepperanbausystem ist zwar die preisgünstigste Lösung, hat aber in der Grundversion den Nachteil, dass die Bedienperson beim Umsetzen in die nächste Gasse, jeweils auf den Schlepper umsteigen muss oder eine zweite Arbeitskraft notwendig ist. Deshalb wurden Lösungen **(Fernfahreinrichtungen)** für einen Ein-Mann-Betrieb entwickelt:

1. Wenn der Schlepper über eine hydrostatische Lenkung und ein lastschaltbares Wendegetriebe (vgl. Kap. 20.2.6) verfügt, kann durch entsprechende Umbaumaßnahmen eine elektromagnetische Fernfahrsteuerung installiert werden, wodurch von der Auffahrplattform die Lenkung und das Fahrwerk gesteuert werden können. Da die Bremseinrichtung am Schlepper individuell gelöst werden muss und eine TÜV-Abnahme erfolgen muss, sollten diese Umbaumaßnahmen von einer Fachwerkstatt ausgeführt werden.

2. Auch an Schlepper ohne elektrohydraulische Wendeschaltung lässt sich eine Fernfahreinrichtung installieren. Dazu wird seitlich am Hinterrad ein Untersetzungsgetriebe (Stirnradgetriebe) mit einer Lamellenbremse angebaut, welches über einen Hydromotor angetrieben wird (vgl. Abbildung 286). Der Hydromotor wird von der Aufsteckpumpe auf der Zapfwelle versorgt. Die Fernfahreinrichtung ist über 4 Hebel vom Geräteträger aus bedienbar. Damit können die Winde, die Handbremse, die Lenkung sowie das Vor- und Rückwärtsfahren gesteuert werden. Bei dieser Version wird nur eine geringe Schlepperleistung (ca. 40 kW) benötigt. Für den Straßenverkehr ist das Getriebe freischaltbar.

Anhängersysteme

In der einfachen Version sind Auffahrpritsche und Seilwinde auf einem einachsigen Fahrgestell mit einer zusätzlichen Ladeplattform für Betriebsmittel aufgebaut. Der Antrieb erfolgt über die Schlepperzapfwelle oder eine Aufsteckpumpe. Für das Umsetzen in die nächste Zeile gelten hier die gleichen Bedingungen wie beim Schlepperanbausystem. Zur besseren Ausrichtung zu den Rebzeilen wird eine Lenkachse am Anhänger als Sonderausstattung angeboten.

Wie bei den Schlepperanbausystemen bereits beschrieben, kann auch bei den Anhängersystemen durch entsprechende Umbaumaßnahmen am Schlepper (Untersetzungsgetriebe am Hinterrad oder elektrohydraulische Wendeschaltung) eine Fernfahreinrichtung intalliert und somit der Ein-Mann-Betrieb ermöglicht werden (vgl. Abbildung 286).

Daneben gibt es Anhängerbauarten mit eigener Energieversorgung, die jedoch wenig nachgefragt werden. Bei dieser Ausführung ist die Auffahrpritsche zusammen mit der Seilwinde und dem Antrieb in ein dreirädriges (Clemens/Leible) oder vierrädriges (Obrecht), hydrostatisch angetriebenes und lenkbares Fahrgestell mit einer Ladepritsche integriert. Die Antriebsenergie erzeugt ein aufgebauter Dieselmotor mit 17 kW (Clemens/Leible) bzw. 20 kW (Obrecht). Eine Hydraulikpumpe versorgt die Verbraucher, den Antriebsmotor der Seilwinde, die Lenkung und die Triebräder. Bei Clemens erfolgt der Fahrantrieb über das lenkbare vordere Stützrad, das nach dem Straßentransport mit Deichselabstützung am Schlepper hydraulisch abgesenkt wird und mit einer Lamellenbremse ausgestattet ist. Über ein Bedienungsterminal an der Auffahrpritsche kann die Bedienungsperson alle Funktionen zum Umsetzen in die nächste Reihe vom Geräteträger aus durchführen.

Als kostengünstige Alternative zu dem dreirädrigen, selbstfahrenden Anhänger bietet die Firma Clemens/Leible einen **Antriebsschemel** für den Anhänger an. Der Antriebsschemel wird an Stelle der Zugdeichsel an den Anhänger angebaut. Er besteht aus einem 30 kW Dieselmotor, welcher auf einem Rahmen montiert ist und die Hydraulikpumpe des SMS-Anhängers antreibt. Zusätzlich besitzt der Antriebsschemel 2 hydrostatische Fahrantriebe mit Lamellenbremse und 2 Rädern zum Fahren des Anhängers. Damit dient er gleichzeitig als Fahrschemel und ersetzt den Schlepper. Die Fahrgeschwindigkeit beträgt max. 6 km/h. Für Weinberge, die nicht direkt in Hofnähe liegen, müssen die Geräte mittels eines Tiefladers oder Unimogs zum Weinberg transportiert werden.

Selbstfahrende Systeme

Beide Hersteller bieten eine selbstfahrende Lösung an, die die Zugmaschine erübrigt. Es handelt sich um straßentaugliche hydrostatisch angetriebene Fahrwerke mit Allradantrieb und Allradlenkung für Geschwindigkeiten bis 40 km/h. Auch bei diesem System sind alle Arbeitsfunktionen vom Geräteträger steuerbar. Das selbstfahrende System ist in der Anschaffung am teuersten und deshalb auch kaum verbreitet.

Abbildung 286:
Anhängersystem von
Clemens/Leible

Abbildung 287:
Anhängersystem von
Obrecht

Abbildung 288:
Selbstfahrendes System von
Clemens/Leible

19.2.2 Zukünftige Weiterentwicklungen

In der Entwicklung der SMS ist noch kein Ende abzusehen. 2007 wurde von der Firma Leible ein **seilgezogener Vollernter** entwickelt. Er besitzt einen Radantrieb und das Ernteaggregat kann mit wenigen Handgriffen ein- und ausgebaut werden. Damit ist auch die Nutzung als Überzeilengeräteträger gegeben und die Möglichkeit von mehrreihigen Arbeitsverfahren sowie die Aufnahme von schwereren Anbaugeräten (z.B. Vorschneider) in Seilzuglagen geschaffen.

19.2.3 Einsatz, Arbeitswirtschaft und Anschaffungskosten

Der seilgezogene Geräteträger ist in Drahtanlagen von 1,50 m bis 2 m Gassenbreite optimal einsetzbar. Die wesentlichen Vorteile des Systems liegen in der Zeitersparnis und der Arbeitserleichterung. Die Arbeitszeitersparnis gegenüber den herkömmlichen Seilzugverfahren beträgt etwa 150 Akh/ha im Zweimannverfahren und etwa 270 Akh/ha im Einmannverfahren. Mit dem, von der Firma Leible, neu entwickelten seilgezogenen Vollernter, der auch als Überzeilengeräteträger mehrreihig für andere Arbeiten nutzbar ist, können rund 300 weitere Akh/ha eingespart werden. Damit kann annähernd die Arbeitsproduktivität des Direktzuges erreicht werden.

Als besondere Eigenschaften seilgezogener Geräteträger sind hervorzuheben:

- Keine Steigungsbegrenzungen bei erschlossenen Anlagen.
- Steigungsunabhängige, hohe Arbeitsleistung.
- Ein- oder Zweimannverfahren mit vergleichsweise geringer Belastung.
- Hohe Einsatzsicherheit durch geringe Abhängigkeit von den Einsatzbedingungen.
- Hohe Arbeitsqualität durch stufenlosen Antrieb ohne Schlupf (z.B. Sprühen).

Die Anschaffungskosten beim Schlepper-Anbausystem oder Anhänger mit Antriebsschemel mit Funksteuerung und Universalantrieb am Geräteträger, inklusive der wichtigsten Anbaugeräte liegen bei ca. 70 000 €. Das Anhängersystem mit Selbstfahreigenschaften kostet in der vergleichbaren Ausstattung ca. 100 000 €.

Tabelle 89: *Arbeitszeitbedarf beim seilgezogenen Geräteträger (1,80 m Gassenbreite, jede Zeile gefahren)*

Arbeitsgang	1-Mannverfahren Akh/ha	2-Mannverfahren Akh/ha
Mulchen	6,5	11,0
Sprühen	6,5	12,0
Laubschnitt	4,5	10,5

Tabelle 90: *Anschaffungskosten (€ ohne MwSt.) beim SMS als Anhaltswerte (Stand 2007)*

Schlepperanbausysteme	16 900 bis 18 000
Anhängersysteme	24 400 bis 30 000
Selbstfahrende Anhängersysteme	46 700 bis 53 000
Anhänger mit Antriebsschemel	16 000
Selbstfahrende Systeme	60 000 bis 88 000
Geräteträger mit einzelmotorischem Antrieb (alt)	4 900 bis 5 700
Geräteträger GTL. Einzelmot. Antrieb nur für Geräte mit hohem Kraftbedarf, ansonsten Universalantrieb	9 700
Geräteträger mit Universalantrieb	22 100 bis 22 000
Funkfernsteuerung	4 500 bis 5 000
Fernfahreinrichtung	6 700
Anbaugeräte	
• Kreiselmulcher	4 570 bis 5 675
• Schlegelmulcher	4 900 bis 5 365
• Düngerstreuer	3 500 bis 4 650
• Laubschneider	6 500 bis 7 600
• Sprühgerät	6 100 bis 7 500
• Kreiselegge	5 000
• Entlauber	3 030
• Rotorbürsten (1 Paar)	4 020
• Trägerrahmen für Grubber und Rotorbürsten	1 200
• Grubber	850 bis 1 240
• Herbizidspritze	1 400 bis 1 550
• Transportbehälter	2 200
• Kompostwanne	3 050
• Kompoststreuer	8 170
• Arbeitsbühne	750

19.3 Selbstlenkende Seilzuggeräte

Die Bewirtschaftung von Seilzuganlagen im Einmannverfahren ist auch mit Hilfe selbstlenkender Seilzuggeräte möglich. Bekannt ist vor allem der Spritzwagen, daneben wurden auch ein selbstlenkender Kreiselmulcher und ein Traubentransportwagen entwickelt. Gebaut und vertrieben wurden die selbstlenkenden Geräte von der Firma Schenk. Die Produktion wurde 1998 eingestellt.

Selbstlenkende Geräte sind anwenderfreundlich, weil sie bequem vom Schlepper aus zu bedienen sind. Sie bestehen aus den drei Hauptbaugruppen Schlauchtrommel, Umsetzvorrichtung und Arbeitsgerät. Das bekannteste Gerät ist der Spritzwagen. Er besteht aus einer in Zwischenachsposition angebauten Schlauchtrommel mit verschiedenen Antriebs- und Steuerelementen und einem dreirädrigen Fahrzeug mit einem Spritzgestänge oder einem Spritzbalken zur Herbizidausbringung. Die Brüheversorgung erfolgt in der Regel über einen Spritzanhänger, wie er bei der Schlauchspritze üblich ist. Es muss mindestens eine Pumpenfördermenge von 60 l/min bei einem Druck von 40 bis 60 bar zur Verfügung stehen. Bei Brühekonzentrationen von 1 bis 1,5 fach wird mit Wasseraufwandmengen von 1 000 bis 1 600 l/ha gearbeitet, wobei eine gute biologische Wirksamkeit erreicht wird. Der Spritzwagen wird über die Schlauchtrommel mit Brühe versorgt.

Abbildung 289: Selbstlenkender Spritzwagen

Da das Fahrzeug am Schlauch den Hang hinabgelassen bzw. heraufgezogen wird, ist die Trommel mit einem Hochdruckschlauch mit Metalleinlage ausgestattet, der die entsprechende Zugfestigkeit aufweist. Der Antrieb der Trommel erfolgt entweder von der Schlepperzapfwelle aus oder über die gleichen Antriebselemente, mit denen Seilwinden angetrieben werden, oder durch einen Hydraulikmotor.

Der Spritzwagen ist mit einem Bügel umgeben, der sich beiderseits an der Rebzeile entlangtastet. Die Reaktionskräfte, die der Bügel an den Stämmen und Pfählen erfährt, werden an einer entsprechend gelagerten Achse in eine Lenkbewegung umgesetzt. Auf diese Weise steuert sich der Spritzwagen selbsttätig und ist in der

Lage, die Rebgasse führerlos zu befahren. Die Spritzung erfolgt während der Talfahrt, wobei die Spritzflüssigkeit über eine Turbine geleitet wird, die dem Gefährt zusätzlich zur Hangabtriebskraft einen Radantrieb ermöglicht. Bei zu geringem Gefälle und wenn der Turbinenantrieb nicht ausreicht, kann ein Zweitaktmotor angeflanscht werden.

Zum Versetzen zur nächsten Zeile hin wird der Spritzwagen auf einen Ausleger gezogen, hydraulisch angehoben, und nachdem der Schlepper vorgerückt ist, in der nächsten Zeile abgelassen. Die gesamte Bedienung des Gerätes kann damit ohne Aufwand an Muskelkraft im Einmannverfahren vom Schlepper aus erfolgen. Der Arbeitszeitbedarf liegt bei 5 bis 8 Akh/ha.

19.4   Bahnen für Weinbau-Steillagen

In extremen Steil- und Terrassenlagen ist oft aus geologischen Gründen oder aufgrund unvertretbar hoher Kosten eine Flurbereinigung nicht durchführbar. Als Alternative werden dort zur Erschließung häufig Bahnsysteme installiert. Zu den hohen Kosten für Kauf und Montage der Systeme gewährten bisher die Bundesländer Rheinland-Pfalz und Baden-Württemberg einen Zuschuss. Mit berufsgenossenschaftlicher Abnahme und Zulassung versehen, werden fünf unterschiedliche Bahnsysteme auf dem Markt angeboten. Bei dem **Liftloader** handelt es sich um eine umlaufende Seilbahn, die nur für den Materialtransport zugelassen ist. Ebenfalls nicht für den Personentransport geeignet ist die seilwindenbetriebene **Zweischienenbahn.** Die drei Einschienenbahnen **Monorider MR 180, Monorack M 200 und M 500** können jeweils bis zu drei Personen befördern und bieten die meisten Möglichkeiten zur Mehrzwecknutzung. Beim reinen Materialtransport ist der Einsatz eines Fahrers jedoch nicht zwingend notwendig, da sich an der Schiene Vorrichtungen anbringen lassen, an denen das Fahrzeug automatisch stoppt. Für die Länge einer Bahntrasse gibt es im Gegensatz zu den beiden anderen Bahnen keine technisch bedingte Begrenzung.

Alle drei derzeit zugelassenen Einschienbahnen lassen sich in der Schienenführung dem Gelände optimal anpassen. In vertikaler und horizontaler Richtung sind durch Biegen der Schiene mit Spezialwerkzeugen individuelle Anpassungen oder Hindernisumfahrungen möglich. Die maximale Steigfähigkeit wird mit 100 % angegeben. Als Zugfahrzeug dient ein mit Benzinmotor oder Elektromotor betriebenes Zahnradaggregat, an welches ein Einsitzanhänger für die Bedienperson und ein Lastanhänger für die Lasten angehängt werden können. Je nach Ausführung können Nutzlasten bis 500 kg pro Fahrt in den Weinberg transportiert werden. Drei voneinander unabhängige Bremssysteme sorgen für die notwendige Sicherheit. Das verbreitetste Fabrikat ist die Einschienbahn Monorack 500, die in Deutschland von der Firma Clemens in Wittlich vertrieben wird.

Tabelle 91: *Technische Daten Einschienenbahn Monorack 500*

Nutzlast:	500 kg	Benzinmotor:	4-Takt
Steigungen max.	45 ° (100%)	Leistung:	8 PS
Fahrgeschwindigkeit:	ca. 0,7 m/s	Drehzahl:	3600 U/min
		Hubraum:	242 cm^3
Traktor:		Brennstoffverbrauch:	ca. 2,0 l/h
Fabrikat:	HONDA	Gewicht:	24 kg
Gewicht:	130 kg	Tankinhalt:	6 l
Zugkraft:	500 kg		

Sicherheitssystem:

Bremsen:	zur Geschwindigkeitsregulierung:	mit Fliehkraftbremse
	Anhalten:	Duplex-Bremse mit Bremshebel
	Sicherheit:	Duplex-Fliehkraft-Auslösung

Abbildung 290: *Einschienbahn Monorack*

19.5 Selbstfahrende Geräte für den Steilhang

Die Überführung einer Seilzuglage in die Direktzugbewirtschaftung ist die effektivste Rationalisierungsmaßnahme, da mit Ausnahme der Erntemechanisierung grundsätzlich alle Einmann-Arbeitsverfahren der Ebene zur Anwendung kommen können. Dank neuer technischer Möglichkeiten sind in Verbindung mit einer Anpassung der Reihenabstände in den letzten Jahren auf diesem Gebiet auch große Fortschritte erzielt worden. Die dabei zu überwindenden Schwierigkeiten betrafen sowohl die Technik (Zug- und Steigfähigkeit, Bereifung, Achslastverteilung etc.) als auch die weinbaulichen Aspekte (Gassenbreite, Erziehungsform, Art der Bodenbewirtschaftung). Mittlerweile werden mit hangtauglichen Schlepperausführungen begrünte Rebanlagen mit Steigungen von 50 bis 60 % bewirtschaftet und auch auf offenen Böden mit hohem Skelettanteil werden immerhin Steigungen bis 55 % mit geeigneten Schmalspur-Kettenschleppern erschlossen. Auf feinerdereichen, scherfesten Böden wird sogar noch bei Steigungen bis 70 % mit Kettenschleppern gearbeitet. Für Befahrungen im Grenzhangbereich hat sich der hydrostatische Antrieb bewährt. Er gewährleistet durch einfache Bedienung über Joystick eine stufenlose Geschwindigkeitsregulierung und wirkt als weiche, ruckfreie und verschleißarme Bremse, wodurch eine größere Sicherheit gegeben ist.

Tabelle 92: Grenzsteigungen der Direktzugmechanisierung mit hangtauglichen Rad- und Kettenschleppern bei unterschiedlicher Bodenbewirtschaftung

Fahrbahn	Fahrbahnzustand	Geräteart	Grenzsteigung %
begrünt	trocken	Zapfwellenantrieb	60
	feucht	Zapfwellenantrieb	50
offen, scherfest (bindig)	trocken	Zapfwellenantrieb	45
	trocken	Pflug, Grubber	40
	feucht	Zapfwellenantrieb	40
	feucht	Pflug, Grubber	35
offen, wenig scherfest Schieferverwitterung, sandig	trocken	Zapfwellenantrieb	40
	feucht	Zapfwellenantrieb	40
	trocken	Pflug, Grubber	30-35
	feucht	Pflug, Grubber	30-35
Strohauflage	trocken	Zapfwellenantrieb	55
	feucht	Zapfwellenantrieb	50

Quelle: W. Rühling, FA Geisenheim

Die höheren Grenzsteigungen begrünter Weinbergsböden sind zum einen auf die größeren Abstützungskräfte, zum anderen aber auch auf die andersartigen Maschinen für die Bearbeitung dieser Rebflächen zurückzuführen. So werden für die Bodenpflege ausschließlich zapfwellengetriebene Geräte eingesetzt, die einen wesentlich geringeren Zugkraftbedarf als z.B. Grubber aufweisen.

Kann eine Begrünung z.B. aus Gründen des Wasserhaushalts nicht durchgeführt werden, sind bei der Pflege des offenen Bodens im Grenzsteigungsbereich einige Gesichtspunkte besonders wichtig:

• Eine intensive Bodenlockerung im Sommer sollte unterbleiben, da dadurch die Steigfähigkeit der Systeme sinkt.

• Tiefe Fahrspuren müssen vermieden werden, da dadurch das Erosionsrisiko ansteigt.

• Die Wasseraufnahmefähigkeit des Bodens bei Starkregen sollte möglichst hoch sein.

Diese Ziele, die in gewissen Grenzen im Widerspruch zueinander stehen, lassen sich am ehesten erreichen, indem der Boden mit verholztem Material dünn abgedeckt wird. Die locker auflaufende Spontanflora sollte man durchwachsen lassen und abmulchen oder mit einem Blattherbizid abspritzen. Gut geeignet sind z.B. die Holzschnitzel von geschreddertem Rebholz, Kompost aus stark holzhaltigem Grünschnitt oder Hobelspäne. Auf diese Weise werden scherfeste und gleichzeitig gut Wasser aufnehmende Fahrbahnen erzielt.

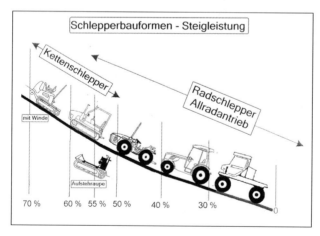

Abbildung 291:
Steigleistung un-
terschiedlicher
S c h l e p p e r -
bauformen

19.5.1 Kleinraupen

Im Jahr 1987 erschienen auf dem europäischen Markt handgeführte Kleinraupen mehrerer japanischer Hersteller mit Motorleistungen bis etwa 6 kW, die in erster Linie für Transportaufgaben konzipiert waren. Die mit ihren gummielastischen Kettenlaufwerken sehr steigfähigen Allzwecktransporter stellten die Grundlage für Einmann-Mechanisierungssysteme vorzugsweise für begrünte Rebanlagen dar. Die geringen Außenbreiten ermöglichten den Einsatz in eng gezeilten Steillagen. Diese Raupen dienten als Basis für ein umfangreiches Mechanisierungssystem mit zahlreichen An- und Aufbaugeräten. Teilweise werden die An- und Aufbaugeräte auch beim seilgezogenen Geräteträger (SMS) eingesetzt. Vertrieben werden handgeführte Kleinraupen für den Weinbau derzeit von den Firmen Niko und Avidor (Schweiz). Bisher können Sichelmulcher, Schlegelmulcher (beide auch mit Schwenkarm für den Unterstockbereich), Balkenmäher, Düngerstreuer, Laubschneider, Sprühgerät, Kreiselegge, Hubstabler, Ladepritsche, Ladewanne, Stockbürste und Herbizidspritze angebaut werden. Mitlerweile werden eine Reihe unterschiedlicher Baugrößen und Motorausführungen angeboten.

Kleinraupen ohne Mitfahreignung

Hierbei handelt es sich um Kleinraupen, ausgestattet mit einem 4,2 bzw. 6,7 kW Benzinmotor. Während die ersten handgeführten Kleinraupen nur über ein grob abgestuftes Zwei-Gang-Getriebe mit einem Rückwärtsgang verfügten, besitzen die neueren Modelle ein stufenloses, hydrostatisches Getriebe, das die Fahreigenschaften weiter verbessert hat. Die Lenkung erfolgt über Lenkkupplung und Lenkbremse. Durch Anziehen, der über den Handgriffen liegenden Kupplungshebeln, wird die Bremse gelöst und der Antrieb eingeschaltet. Das Loslassen bewirkt das Ausschalten des Antriebes und das Anziehen der Bremse. Die Laufketten sind aus Gummi. Die Anbaugeräte verfügen über einen eigenen Motorantrieb. Die Spurbreite beträgt 60 bzw. 75 cm. Diese Raupen haben aufgrund ihrer geringen Motorleistung nur eine begrenzte Steigfähigkeit und eignen sich vorwiegend für den Einsatz in kleineren, möglichst begrünten Parzellen. Da man hinter den Raupen herlaufen muss, ist die Arbeit damit in Steillagen recht anstrengend.

Kleinraupen mit verstellbarem Trittbrett (Aufstehraupen)

Neben den kleineren Baugrößen ohne Mitfahreignung (Typ HP) gibt es von Niko stärkere Versionen (Typ HY) mit einer hydraulisch höhenverstellbaren Plattform am Heck. Darauf kann der Fahrer stehen und mitfahren, was eine enorme körperliche Entlastung im Grenzsteigungsbereich bedeutet. Eine Drei-Punkt-Aufhängung sorgt für einen problemlosen Anbau. Mit Hilfe von Schnellverschlüssen ist ein schnelles Wechseln der Anbaugeräte möglich. Der vollhydrostatische Antrieb durch eine Tandempumpe ermöglicht eine stufenlos veränderbare Fahrgeschwindigkeit von 0 bis

8 bzw. 10 km/h. Das Lenken, Bremsen, Vor- und Rückwärtsfahren erfolgen über einen Steuerhebel. Ein Sicherungsbügel ist als Totmannschaltung ausgelegt und bringt bei Loslassen die Raupe sofort zum Stillstand. Gestartet wird mit einem Elektrostarter. Die gegenläufigen Gummiketten mit Stahlgewebe ermöglichen eine sehr gute Wendigkeit.

Bei den Bautypen HY 20 und 22 verfügen die meisten Aufbaugeräte über einen eigenen Benzinmotor. Lediglich das Anheben, Kippen oder die Aushebung von Geräten erfolgt hydraulisch, wofür entsprechende Steuerventile installiert sind. Bei den Typen HY 30/16 und 38/16 mit einem 22 bzw. 27,5 kW Dieselmotor verfügen alle An- und Aufbaugeräte über einen Hydraulikantrieb. Über einen Tempomat kann die Arbeitsgeschwindigkeit konstant gehalten weren. Beim Typ HY 38/16 besteht auch die Möglichkeit eines **Seilwindenanbaus.** Die Seilwinde wird im Fahrtrittbrett integriert und verfügt über eine elektrische Steuerung. Damit können auch Rebanlagen, die im normalen Raupenbetrieb nicht mehr befahrbar sind, bewirtschaftet werden. In einer anderen Ausführung ist dieser Bautyp mit einem Fahrersitz ausgestattet und damit eine **Aufsitz-Kleinraupe.** Neu ist die Entwicklung einer **Funkfernsteuerung** (Typ HY 38/FS). Damit ist es möglich, die Raupe mit Anbaugerät (z.B. Mulcher) vom Weg aus zu steuern. Dies bedeutet nicht nur eine körperliche Entlastung des Bedieners, sondern reduziert auch das hohe Unfallrisiko im Steilhang erheblich. Wahlweise kann die Raupe mit einer Kamera und am Sender mit einem LCD-Bildschirm für eine drahtlose Bildübermittlung ausgestattet werden.

Abbildung 292: Handgeführte Kleinraupe HP mit Kreiselmulcher (Niko)

Aufsitz-Kleinraupen

Diese Raupen, die ebenfalls von der Firma Niko entwickelt wurden, entsprechen in Aufbau- und Funktion weitgehend den handgeführten Aufstehraupen, weshalb auch die gleichen Anbaugeräte einsetzbar sind. Angeboten wirrd derzeit der Typ HY 38/16 mit zwei unterschiedlichen Breiten. Auch bei diesem Typ können die Anbaugeräte hydraulisch betrieben werden.

An- und Aufbaugeräte für Niko-Kleinraupen

Abbildung 293: Aufsteh-Kleinraupe HY 38/16 mit Seilwindenanbau (Niko)

Durch Aufbau einer **Ladepritsche**, einer kippbaren **Ladewanne** und **Aufsatzmulde** können Trauben, Dünger und andere Materialien transportiert werden. In schwer zugänglichen Lagen können von einigen Typen sogar Treppen befahren werden, sodass sie dort eine Alternative zur sehr teuren Einschienenbahn darstellen. Durch seitliches Ausziehen der Bordwände lässt sich die Ladepritsche von 600 mm auf 860 mm Breite vergrößern. Zum Abkippen von Schüttgut kann die Ladefläche nach Entriegelung angehoben werden. Die maximale Ladekapazität liegt bei 500 kg.

Der **Mulcher** war das erste praxistaugliche Aufbaugerät. Es gibt ihn als Kreisel- und Schlegelmulcher. Die Mulcher werden an der Front angebaut, verfügen über eine hyraulische Aushebung und einen 9,6 kW Benzinmotor. Der Motor kann mittels eines verlängerten Gaszuges vom Bedienerpult aus gesteuert werden. Der Antrieb der Messer erfolgt über Hochleistungskeilriemen. An einem vorauslaufenden Abstützrad kann die Arbeitshöhe eingestellt werden, dadurch ist eine gute Anpassung an Fahrbahnunebenheiten möglich. Der Mulcher lässt sich auf begrünten Gassen bis max. 65 % Steigung einsetzen. Für das Mulchen im Unterstockbereich kann er zusätzlich mit Schwenkscheiben ausgerüstet werden.

Der **Kreiselmulcher** ist mit drei Messern ausgestattet und mit Arbeitsbreiten von 90, 110 und 130 cm erhältlich. Der Schlegelmulcher wird mit Arbeitsbreiten von 85 und 100 cm angeboten.

Für die **chemische Unterstockpflege** gibt es eine verstellbare Bandspritze mit einer 12 Volt Elektropumpe und einem Spritzbehälter von 70 und 120 Litern. Ebenso wird eine einseitige ULV-Sprüheinrichtung zur puren Ausbringung (ohne Wasserverdünnung) von Blattherbiziden angeboten.

Die Bodenbearbeitung ist nur mit einer **Kreiselegge** möglich. Sie ist in den Arbeitsbreiten 90 und 110 cm erhältlich, besitzt einen 6,7 kW Benzinmotor, Fliehkraftkupplung und Doppelkettenantrieb für die 5 Kreisel. Die Kreiselegge ist zur flachen Lockerung, Bewuchsstörung, Saatbettbereitung und zum oberflächlichen Einarbeiten von Düngern und Begrünungen geeignet. Eine tiefergehende Bearbeitung ist damit nicht möglich.

Die **Laubschneider** gibt es in L-Form und als Spazierstock mit hydraulischem Antrieb und unterschiedlichen Schnitthöhen. Für enge Vorgewende ist der Laubschneider mit einem Drehkranz ausstattbar und somit um 180° schwenkbar, sodass ohne Wenden eine Seite der Rebzeile bei Bergfahrt und die andere Rebzeile bei Talfahrt bearbeitbar ist.

Beim **Düngerstreuer** handelt es sich um einen Einscheiben-Schleuderstreuer mit rundem Behälter und einem Fassungsvermögen von rund 80 Litern. Die Verstellmöglichkeiten entsprechen denen von Schlepperanbaugeräten.

Für den Pflanzenschutz können auf den Kleinraupen ein **Axial-Schrägstromgebläse** mit 20 000 m³/h und ein **Axial-Querstromgebläse** aufgebaut werden. Der Antrieb erfolgt mit einem 6,7 kW Benzinmotor. Die Behältergröße liegt bei 120 Litern oder 200 Litern. Die Geräte lassen sich zur Erzielung eines optimalen Schwerpunkts auf dem Fahrgestell der Kleinraupen nach vorne oder hinten hydraulisch verschieben. Nachteilig ist die hohe Anwenderbelastung mit Spritzbrühe, deshalb sollte man nach Möglichkeit rückwärts vom Sprühnebel wegfahren und entsprechende Schutzkleidung tragen.

Das Mechanisierungssystem auf der Basis von Kleinraupen bringt für Steillagen die seit langem angestrebte Einmann-Arbeit. In begrünten Anlagen sind Arbeiten bis maximal 65 % Steigung durchführbar, auf offenen Böden dagegen liegt, je nach Scherfestigkeit des Bodens, die Steigungfähigkeit bei 40 bis 55 %. Die maximale Arbeitsgeschwindigkeit bei den Raupen mit Plattform liegt bei 8 km/h. Im Grenzhangbereich liegen die Dauergeschwindigkeiten aber deutlich niedriger. Je nach Steigung und Witterung kann die physische Belastung der Bedienungsperson bei den kleinen handgeführten Modellen ohne Trittbrett recht groß sein, sodass in gewissen Abständen Ruhepausen eingelegt werden müssen. Hier bieten die Raupen mit Plattform zum Mitfahren deutliche Vorteile. Die bewirtschaftbare Fläche liegt bei dieser Raupe bei 4 bis 6 ha, während mit den kleinen handgeführten Modellen nur 2 bis 3,5 ha bewirtschaftet werden können. Begrenzend wirken in erster Linie die Pflanzenschutzmaßnahmen, die in zwei, maximal aber drei Tagen durchgeführt sein sollten.

Tabelle 93: Arbeitszeitbedarf (Akh/ha) verschiedener Raupentypen bei 1,80 m Gassenbreite

Arbeit	Niko (handgeführt) Typ HP 510	Niko (mit Trittbrett) Typ HY 20/11	Niko-Aufsitzraupe Typ HY 48
Rebholzhäckseln (Schlegelmulcher jede 2. Zeile)	5 - 6,5	3,5 - 4,5	2,7 - 3,3
Mulchen (Kreiselmulcher jede 2. Zeile)	4 - 5	3 -.3,5	2,3 - 2,8
Pflanzenschutzmittelausbringung (jede 2. Zeile)	3,5 - 4	2.8 - 3,5	2,5 - 2,8
Laubschneiden	11 - 12	7,5 - 8,5	5,5 - 6,5

Tabelle 94: *Technische Merkmale und Preise von Kleinraupen der Firma Niko (Stand 2006)*

Bauart	Typ	Leistung (kW)	Motorart	Fahrzeuglänge/-breite (cm)	Gewicht (kg)	Geschwindigkeit (km/h)	Tragkraft (kg Ebene)	ca. Preise (€ ohne MwSt.)
Ohne Mitfahreignung	HP 500	4,2	Benzin	211 / 60	200	0 – 4,3	350	5 040
	HP 510	6,7	Benzin	211 / 75	200	0 – 4,3	350	7 500
Aufstehraupen	HY 20/11	14,7	Benzin	175 / 90	580	0 – 8	650	13 125
	HY 22/11	16,2	Diesel	175 / 90	500	0 – 8	650	13 550
	HY 30/16 (S)	22	Diesel	200 / 90 (70)	690 (650)	0 – 10	750	18 400 (od. 20 450)
	HY 38/16 •mit Seilwinde •mit Funkfernsteuerung	27,5	Diesel	200 / 90 / 180 / 90 / 180 / 90	730 / 780 / 800	0 – 10 / 0 – 12 / 0 – 12	750	23 000 / 31 450 / auf Anfrage
Aufsitz-Kleinraupen	HY 38/16S	27,5	Diesel	200 / 70	800	0 – 10	250	24 255
	HY 38/16A	27,5	Diesel	200 / 90	830	0 – 10	250	24 255

Die Übersicht erhebt keinen Anspruch auf Vollständigkeit

19.5.2 Aufsitzraupen (Kettenschlepper)

Für größere Betriebe bieten leistungsstärkere Aufsitzraupen eine Alternative zur Erschließung des Steilhangs. Damit sind unter günstigen Bedingungen bei einigen Typen Grenzsteigungen bis knapp 70 % erreichbar. Diese Leistung ist in erster Linie auf den niedrigen Schwerpunkt, die günstige Gewichtsverteilung, die hohe Auflagefläche der Kette und die Verzahnung der Kettenstege mit dem Boden zurückzuführen. Dadurch kann die Zugleistung gegenüber dem Normalschlepper bei gleichem Gewicht deutlich erhöht werden. Die technischen Verbesserungen bei den Steilhang-Schmalspurschleppern, insbesondere bei der Bereifung, haben aber dazu geführt, dass mit ihnen auch Grenzsteigungen von annähernd 60 % erreicht werden können.

Für den optimalen Einsatz von Aufsitzraupen ist eine Mindestzeilenbreite von 1,70 m erforderlich. Engere Zeilenbreiten sind vorrangig für Kleinraupen geeignet. Die wichtigsten Ausstattungsmerkmale entsprechen denen von Radschleppern. Die allgemeinen Merkmale von Kettenschleppern sind in Kap. 20.1 beschrieben.

Leichte Aufsitzraupen

Die leichteren Ausitzraupen von Niko oder Geier mit einem Leergewicht von rund 1000 bis 1300 kg verfügen über einen hydrostatischen Antrieb, der auch als Antrieb für verschiedene Anbaugeräte dient. Durch die sehr kompakten Abmaße und die damit verbundenen begrenzten Anbauräume ist man teilweise auf spezielle Anbaugeräte der Hersteller angewiesen. Die Modelle von Geier und die HY 60/90 von Niko verfügen auch über eine Dreipunkt-Geräteaufnahme und eine zuschaltbare Zapfwelle, sodass auch gängige Schlepper-Anbaugeräte genutzt werden können und die Möglichkeit von Gerätekombinationen besteht. Die Raupen sind mit einem um 180° drehbaren, luftgefederten Sitz und Hydraulikanschlüssen für hydraulische Funktionen der Anbaugeräte ausgestattet. Die Steuerung der Raupen erfolgt über Joystick. Die Zuschaltung eines Tempomats erlaubt konstante Arbeitsgeschwindigkeiten. Das CAN-Bus-System überträgt bei Geier die Informationen aller elektrischen Komponenten auf ein Display. Zur Schonung der Fahrbahn dient ein Gummilaufwerk mit Stahlgewebe. Das Modell 60 T von Geier kann zusätzlich mit einer Seilwinde versehen werden, was die Mechanisierung von Seilzuglagen ermöglicht. Die Fa. Niko bietet für ihre Aufstehraupe HY 38/16 einen Seilwindenanbau an. Die Zugkraft der Seilwinden ist in mehreren Stufen regelbar. Vorteilhaft bei den leichten Raupenausführungen ist, dass sie noch mit einem Autoanhänger transportiert werden können.

Schwere Aufsitzraupen

Die schweren Ausführungen mit Leergewichten von rund 2 000 bis 4 000 kg und einer Leistung von etwa 40 bis 60 kW sind größtenteils mit einem mechanischen Getriebe ausgetattet. Ausnahme bildet der Grizzly MBS-Trac, der von der Fa. Hoffmann

Tabelle 95: Technische Merkmale und Preise von Aufsitzraupen (Stand 2006)

Hersteller / Vertreiber	Typ	Antrieb	Leistung (KW)	Leergewicht (kg)	Breite (cm)	Höchstgeschwindigkeit (km/h)	ca. Preise (€ ohne MwSt.)
Niko, 77815 Bühl	HY 38/16	hydrostat.	27,5	830	90	10	Kleinraupen bis 900 kg: bis 25 000
	HY 60	hydrostat.	44,5	1 100	105 oder 90	15	
	HY 48	hydrostat.	36 oder 42	1 100	108	12	
Geier, I-39020 Marling / Mayer, 55445 Langenlonsheim	40 S	hydrostat.	29	1 080	90	8	
	50 S	hydrostat.	37	1 180	95	8	
	60 T TLY mit Seilwinde	hydrostat.	44	1 190	110	10	
Camisa, I-43053 Compiano / Hoffmann, 54498 Piesport	TR 635	hydrostat.	26	1 000	85	6	Leichte Raupen 1 000 – 1 600 kg: 30 000 bis 43 000 Aufpreis Seilwinde 9 000
	TR 635.50	hydrostat.	37	1 300	93	6	
Hoffmann, 54498 Piesport	Grizzly MBS Hoffmann-Trac	hydrostat.	50	1 920	118	8	
Same, I-24047 Treviglio / Mayer, 55445 Langenlonsheim	Krypton F 78	mechan.	51,5	4 050	136	11	
	Krypton F 88	mechan.	61	4 100	136	11	
	Krypton F 98	mechan.	66	4 150	141	11	
Goldoni, I – 41014 Migliarina di Carpi, / Hoffmann, 54498 Piesport	Cingolo C 55	mechan.	38	2 150 – 2 240	92 – 98	14,4	Schwere Raupen 1 800 - 4 150 kg: 28 000 bis 50 000
	Cingolo C 75	mechan.	51	2 260 – 2 290	92 – 115	12,5	
Lamborghini, I – 24047 Treviglio / Mayer, 55445 Langenlonsheim	CF 80	mechan.	51,5	4 050	136	11	
	CF 90	mechan.	61	4 100	136	11	
	CF 100	mechan.	66	4 150	141	11	

Die Übersicht erhebt keinen Anspruch auf Vollständig

vertrieben wird und über einen hydrostatischen Antrieb verfügt. Eine weitere Besonderheit dieser Raupe ist der drehbare Fahrersitz. Alle schweren Aufsitzraupen besitzen eine Norm-Zapfwelle, teilweise auch eine Sparzapfwelle, ein Dreipunktgestänge und Hydraulikanschlüsse, sodass alle gängigen Anbaugeräte anbaufähig sind. Die Ketten, die hydraulisch spannbar sind, müssen eine gute Griffigkeit aufweisen. Sie sind meist in verschiedenen Ausführungen erhältlich. Stahlketten haben zwar einen geringen Verschleiß und eine gute Griffigkeit, beschädigen aber feste Fahrbahnen, weshalb sie nicht überall einsetzbar sind. Schonender sind Gummiketten mit Stahleinlage. Teilweise wird auch eine Kombination aus Stahl- und Gummiketten (halb Stahl und halb Gummiglieder) angeboten. Für den Straßentransport ist ein Tiefladeanhänger erforderlich.

Abbildung 294:
Geier-Aufsitzraupe
mit Seilwinde

Abbildung 295:
Lamborghini-Aufsitz-
raupe und Axial-
Querströmer

505

19.5.3 Selbstfahrender Steilhang-Geräteträger

Ausgehend von der Tatsache, dass in Steillagengebieten die Gassenbreiten oft noch um 1,50 m lagen und nicht innerhalb kurzer Zeit auf die für den Direktzug erforderlichen Breiten von mindestens 1,80 m umstellbar waren, hatte die Firma Lederer in den 70er Jahren für Gassenbreiten von 1,50 bis 1,70 m aus selbstfahrenden Kleinsprühgeräten einen Geräteträger mit Allradantrieb entwickelt. Die Breite des Geräteträgers betrug 950 mm und die Länge ca. 2250 mm. Das Gewicht von etwa 700 kg war gut verteilt und lag zu zwei Drittel auf der Vorder- und zu einem Drittel auf der Hinterachse. Die Hangtauglichkeit des Geräteträgers beruhte zusätzlich auf der Ausstattung mit Terrareifen. Mit dem Geräteträger war nahezu die Erledigung aller mechanisierten Arbeiten von Rebholzhäckseln, über Bodenbearbeitung, Pflanzenschutz bis zum Laubschneiden möglich. Es konnten die im Direktzug üblichen, an den Reihenabstand angepassten, leichteren Anbaugeräte eingesetzt werden. Das mechanische Schaltgetriebe war im Bereich der üblichen Arbeitsgeschwindigkeiten mit vier oder fünf Vorwärts- und zwei Rückwärtsgängen ausgestattet. Gegen den Einsatz auf Straßen sprach die verschleißempfindliche Bereifung und die dafür erforderliche Erfüllung entsprechender Auflagen des Gesetzgebers. Der Geräteträger besaß zwei unabhängige Bremssysteme, die auf alle vier Räder wirkten. Der Geräteantrieb konnte über Zapfwelle oder hydraulisch vorgenommen werden. Die Firma Lederer hat mangels Nachfrage den Bau des Geräteträgers 1986 eingestellt.

Abbildung 296: Lederer-Geräteträger

19.5.4 Traks

Ursprünglich als Mähgeräte für den Steilhang konzipiert, werden Traks heute in der Forst- und Landwirtschaft, im Landschaftsbau, im kommunalen Bereich und im Steillagenweinbau eingesetzt. Bekannt sind die Traks von Rasant und Aebi, die es in verschiedenen Leistungsklassen mit unterschiedlicher Ausstattung gibt. Aufgrund ihrer Breitenabmessungen von 1,67 m bis 1,92 m beginnt der Einsatzbereich ab 2,3 m Gassenbreite. Die niedrige Bauweise in Verbindung mit einer ausgewogenen Gewichtsverteilung und vier griffigen Niederdruck-Terrareifen machen Traks zu extrem kippstabilen und geländegängigen Fahrzeugen. Angetrieben werden sie von Viertakt-Dieselmotoren mit 28 bis 31 kW (Rasant) oder 25 bis 47 kW (Aebi). Neben den mechanischen werden einige Modelle auch mit hydrostatischem Fahrantrieb angeboten. Für den Anbau von Geräten sind vorn und hinten lastschaltbare Zapfwellen in Verbindung mit einer Dreipunkt-Hydraulik (Kat. I) vorhanden (teilweise Sonderausstattung). Aufgrund der erforderlichen Gassenbreite von mindestens 2,3 m, die im Steilhang nicht üblich ist, haben die Traks in Deutschland keine nennenswerte Verbreitung gefunden.

Hersteller/Vertreiber
Rasant: Nußmüller Landtechnik, A-8541 Schwanberg
Aebi: Kalinke Agrar-Pflegemaschinen, 82325 Berg-Höhenrain

Abbildung 297:
Rasant-Trak mit
Schlegelmulcher
(Front) und
Parapflug (Heck)

19.5.5 Schmalspurschlepper für den Steilhang

Neben Schmalspur-Kettenschleppern und Traks sind auch allradgetriebene Schmalspurschlepper für die Bewirtschaftung von Grenzhangsteillagen geeignet. Dabei sollte
aber auf bestimmte Ausstattungsmerkmale geachtet werden.

Allradantrieb

Wie aus Tabelle 92 ersichtlich, sind die Leistungen eines Allradschleppers in allen
Belangen wesentlich besser als die eines hinterradangetriebenen Schleppers. Noch
weit stärker als bei der Bergfahrt wirkt sich der Allradantrieb bei der Talfahrt aus. Am
günstigsten zu bewerten sind die sogenannten "echten" Allradschlepper, die gleich
große Räder auf beiden Achsen und eine Achslastverteilung von ca. 65 % vorne und
35 % hinten aufweisen. Nur damit lassen sich Steigungen um 60 % noch befahren.

Tabelle 96: *Vergleich Hinterradantrieb zu Schlepper mit Allradantrieb (auf Prozentbasis)*

Vergleichsfaktoren	Hinterradantrieb	Allradantrieb
Zugkraft	100	130
Zapfwellenausnutzung	100	116
Schlupf	100	50
Steigfähigkeit	100	115
Kraftstoffverbrauch	100	80

Quelle: W. Rühling, FA Geisenheim

Motor

Höhere Motorleistung kann nur dann in höhere Arbeitsleistung umgewandelt werden,
wenn sie über das Fahrwerk auch auf den Boden gebracht, also in nutzbare Zugkraft
umgewandelt werden kann. Vereinfacht ausgedrückt bedeut dies, dass der Schlepper
umso schwerer sein muss, je stärker er ist. Andererseits wird der Steigungswiderstand
jedoch auch durch das Schleppergewicht bestimmt. Das sich zunächst auf die
Zugkraftleistung positiv auswirkende Gewicht des Schleppers wirkt sich bezüglich
der Steigleistung wieder negativ aus.

Abbildung 298 verdeutlicht die Zusammenhänge. Ein Schmalspurschlepper mit der
Masse G von 1600 kg kann unter günstigen Voraussetzungen auf einer unbefestigten,
ebenen Fahrbahn eine maximale Zugkraft Z von 1100 daN aufbringen. Steigt die
Fahrbahn allmählich an, wird sein Zugvermögen immer kleiner. Bei 30 % kann er
noch 600 daN ziehen und bei 50 % Hangneigung nur noch 280 daN. Die restliche Kraft

benötigt der Schlepper, um sein eigenes Gewicht den Hang hochzubewegen. Bei 30 % Fahrbahnneigung beträgt der Steigungswiderstand S 450 daN und bei 50 % Neigung schon 700 daN. Im Extremfall kann der Steigungswiderstand so groß werden, dass der Schlepper sich nur noch selbst vorwärts bewegen kann. Eine Motorleistung um 44 kW (60 PS) ist in der Regel auch für Grenzhangsteigungen eine ausreichende Kraftquelle für Schmalspurschlepper.

Abbildung 298: Auswirkung des Steigungswiderstandes auf die Zugfähigkeit eines hangtauglichen Schmalspurschleppers (nach Rühling)

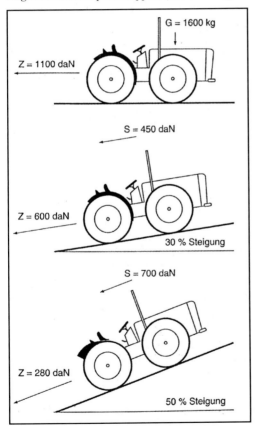

Getriebe

Moderne Schlepper verfügen heute über vollsynchronisierte Stufengetriebe, meist auch über ein Wendegetriebe, mit einer ausreichenden Anzahl von Vorwärts- und Rückwärtsgängen. Eine zusätzliche Lastschaltung bringt mehr Bedienungskomfort und verbessert die Sicherheit beim Fahren im Steilhang, da der Schaltvorgang ohne Betätigung des Kupplungspedals elektrohydraulisch per Knopfdruck am Schaltgriff erfolgt (siehe Kap. 20.2.6).

Von einigen Herstellern werden Rad- und Kettenschlepper auch mit stufenlos hydrostatischen Fahrantrieben angeboten. Die stufenlose Geschwindigkeitswahl bietet gerade beim Fahren im Steilhang sehr große Vorteile, wenn es gilt, Radschlupf auszugleichen. Sie gewährleistet durch optimale Anpassungsfähigkeit an alle Einsatzbedingungen und durch einfachste Bedienung ein Höchstmaß an Sicherheit. Zusätzlich ist der hydrostatische Antrieb im Hang als weiche, ruckfreie und verschleißarme Bremse von Vorteil.

Lenkung

Bei ausreichender Zugfähigkeit eines Schleppers kann auch eine mangelnde Lenk-fähigkeit im Hang einsatzbegrenzend wirken. Die mit zunehmender Steigung eintre-tende Vorachsentlastung führt bei Radschleppern in Standardbauweise zu diesem Effekt. Eine günstige Achslastverteilung ist deshalb für eine ausreichende Lenk-fähigkeit wichtig.

Will man den Grenzhangbereich vollständig ausnutzen, so muss man Schlepper mit Knicklenkung in Erwägung ziehen. Ihre "Kopflastigkeit" erweist sich bei der Berg-fahrt als Vorteil. Von den zahlreichen in- und ausländischen Fabrikaten sind nicht alle gleichermaßen grenzhangtauglich. Der Schmalspurschlepper mit Knicklenkung ist im Allgemeinen weniger kipp- und richtungsstabil als ein Schlepper mit Achsschenkel-lenkung. Diese im Hang besonders gravierenden Nachteile können durch einen Radlastausgleich behoben werden.

Bereifung

Die Steigleistung von Schleppern wird auch stark von der Bereifung bestimmt. Auf dem Markt wird eine große Palette verschiedener Reifengrößen und Profilarten angeboten. Die richtige Auswahl hat einen entscheidenden Einfluss auf die Zug-leistung des Schleppers und damit auch auf die Steigfähigkeit, Bodenbelastung und Tragfähigkeit (vgl. Kap. 20.2.12).

Grundsätzlich gilt, dass bei großvolumiger Bereifung ein niedriger Reifeninnendruck ermöglicht wird, sodass der Bodenkontakt zunimmt. Dadurch werden höhere Zug-kräfte bei geringem Schlupf erzielt. Nachteilig ist aber, dass sich die Tragfähigkeit des Reifens verringert. Die Tragfähigkeit kann wiederum durch die Verbreiterung der Reifen erhöht werden. Diese Zusammenhänge führten zur Entwicklung von Breit- und Terrareifen.

Allgemein wachsen mit zunehmendem Reifenvolumen die Aufstandsfläche der Reifen und ihre Tragfähigkeit. Da beim Schmalspurschlepper einer Durchmesser-vergrößerung infolge abnehmender Kippstabilität enge Grenzen gesetzt sind, können Zugkraftsteigerungen oder vermehrte Bodenschonung nur über breitere Reifen ver-wirklicht werden. Deren optimale Eigenschaften sind an Reifendrücke gebunden, die abhängig von Traglast und Geschwindigkeit einzustellen sind. Die maximale Zugkraft-ausbeute ist bei den niedrigsten zulässigen Reifendrücken zu erwarten, die bei Radialreifen etwa 0,8 bar, bei Breitreifen etwa 0,5 bar betragen können. Da geringe

Luftdrücke höheren Abrieb bei Straßenfahrten verursachen, wäre eine Luftdruckanpassung an die jeweiligen Einsatzbedingungen zwar sinnvoll, aber in der Praxis ist dies schwierig durchführbar.

Ein Vergleich der Zugfähigkeit zwischen Breit- und Standardreifen zeigt. Abbildung 299. Der Triebkraftbeiwert, der mit der jeweiligen Radlast multipliziert die Zugkraft ergibt, weist die Überlegenheit der Breitreifen nach.

Abbildung 299: Vergleich der Triebkraftbeiwerte von Standard- und Breitreifen auf Betonfahrbahn

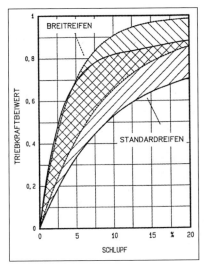

Bei der Wahl der Reifenprofile bringen Hochstollenreifen im Weinbau keine Vorteile. In erster Linie müssen die Fahrbahnbedingungen (offene oder begrünte Gassen) berücksichtigt werden. Auf offenen Böden weisen Reifen mit schmalen Stollen, die in der Mitte wenig überlappen, die bessere Zugfähigkeit auf. Breitstollige Reifen mit guter Überlappung sind ähnlich den Terrareifen bei guter Seitenführung weniger aggresiv zum Untergrund und daher schonender für die Begrünung.

Anforderungen

Die wichtigsten Anforderungen an hangtaugliche Schlepper zur Bewirtschaftung von Grenzsteigungen lassen sich wie folgt zusammenfassen:

- Optimale Zug- und Steigfähigkeit.
- Gute Lenkfähigkeit durch günstige Achslastverteilung (etwa 2/3 vorn, 1/3 hinten).
- Größtmögliche Bereifung bzw. Ketten.
- Begrünungsschonende Reifen oder Ketten mit besten Zugeigenschaften.
- Gute Wendigkeit.
- Spurtreues Fahrwerk mit geringer Seitenhangtrift.
- Bei Knicklenkung verbesserte Kipp- und Fahrstabilität durch Radlastausgleich.
- Vorzugsweise stufenlos hydrostatisches Getriebe oder zusätzliches Lastschaltgetriebe.
- Motorleistungen um 44 kW sind in der Regel ausreichend.

Voraussetzungen für Direktzugmechanisierung im Steilhang:

- Wendemöglichkeiten an beiden Parzellenenden (mind. 5 m).
- Maschinengerechte Wegeausfahrten.
- Keine Behinderung durch Mauern.
- Gleichmäßiges Gefälle.
- Begrenzter Seitenhang (max. 5 %).
- Einheitliche und genügend breite Zeilen und ausreichend große Parzellen.
- Parzellenform ohne Spitzreihen.

Abbildung 300:
Echter Allrad-
schlepper mit
Knicklenkung
(Holder)

Abbildung 301:
Echter Allrad-
schlepper mit
Knicklenkung und
drehbarem Fahrer-
stand (Carraro)

Sicherheitssystem

Von den Firmen Maihöfer, Leible und Holder wird für Schmalspurschlepper, die im Steilhang eingesetzt werden, eine hydraulische Fallbremse angeboten. Dabei werden bei Gefahr hinter den Rädern Falldorne in den Boden gerammt, die das Abrutschen des Schleppers verhindern. Aufgrund des relativ hohen Preises wird dieses nützliche Sicherheitssystem bisher wenig nachgefragt.

Abbildung 302:
Eicher mit Sicher-heitsfallbremse

Literatur

DIETRICH,J.: Steillagenweinbau: Neue Mechanisierungssysteme. Der Deutsche Weinbau 6/1995, 12 – 15.

END; R.: Je steiler, je lieber. Der Badische Winzer, Mai 96, 32 – 35.

FISCHER,H.: Schmalspurschlepper für die Hangbewirtschaftung, DWZ 7/1991, 21 – 23.

RÜHLING,W. DIETRICH, J.: Neues Mechanisierungssystem für Seilzuglagen. Der Deutsche Weinbau 10/1993, 16 – 20.

RÜHLING,W.: Schmalspur-Kettenschlepper für den Steilhangweinbau. Der Deutsche Weinbau 12/1988, 597 – 602.

RÜHLING,W.: Mechanisierung von Steillagen auf der Basis handgeführter Kleinraupen. Der Deutsche Weinbau 16/1991, 631 – 638.

RÜHLING,W.: Mechanisierungsmöglichkeiten in Hang- und Steillagen. Der Deutsche Weinbau 15/1987, 668 – 672.

RÜHLING,W.: Schlepper für Weinbau-Steillagen. Der Deutsche Weinbau 12/1980, 552 – 528.

RÜHLING,W.: Schmalspurschlepper für den Weinbau, Bauarten. KTBL-Arbeitsblatt Nr. 36.

RÜHLING,W.: Untersuchungen zur Weiterentwicklung seilgezogener Mechanisierungssysteme, ATW-Bericht 117, 2002.

RÜHLING,W., STRUCK, W.: Reifen für Schmalspurschlepper. KTBL-Arbeitsblatt, Der Deutsche Weinbau 11/1990.

RÜHLING,W., STEINMETZ, G.: Schleppereinsatz im Hang. Der Deutsche Weinbau 6/1985, 248 –254.

SCHNECKENBURGER,F., HUBER,G.: Einsatz handgeführter Raupenschlepper zum Mulchen am Hang. Der Badische Winzer 3/1992, 134 – 13.

UHL,W.: Das Seilzug-Mechanisierungs-System. Rebe & Wein 12/2002, 23 – 27.

20 Technik des Weinbergschleppers

Der Schlepper ist für den Winzer eines der wichtigsten aber auch teuersten Betriebsmittel. Der Einsatzumfang eines Schmalspurschleppers beträgt, in Abhängigkeit von der Bewirtschaftungsintensität und der Anlageform, etwa 40 bis 70 Stunden je Hektar und Jahr. Davon entfallen etwa zwei Drittel auf die Arbeit im Weinberg. Die restlichen Stunden sind Rüst-, Wege- und Transportzeiten. Trotz der relativ hohen Kosten, die ein Schlepper verursacht, ist nur durch die Nutzung des Schleppers als Kraftmaschine eine umfassende Mechanisierung im Einmannverfahren mit geringem Arbeitszeitbedarf möglich. Das heißt, mit der Schlepperwahl wird festgelegt, welche Arbeiten unter welchen Einsatzbedingungen mechanisierbar sind und mit welchen anpassbaren Maschinenausführungen die Bewirtschaftung ermöglicht wird. Vom passenden Schlepper mit entsprechenden Ausstattungsmerkmalen werden die Arbeitsproduktivität und die Bewirtschaftungskosten entscheidend beeinflusst. Durch den Einsatz des Schleppers sollen folgende Ziele erreicht werden:

- Steigerung der Arbeitsproduktivität.
- Erleichterung der Arbeit.
- Senkung der Produktionskosten.
- Verbesserung der Arbeitsqualität.

Der Schlepper muss so konstruiert sein, dass er die Aufgaben unter Beachtung dieser Ziele erledigen kann. Darüber hinaus sind weitere spezielle Anforderungen an den Schlepper beim Einsatz in den Rebanlagen zu stellen:

- Geringer Bodendruck und Schlupf, um Verdichtungen des Bodens so gering wie möglich zu halten.
- Enge Abstufung der Fahrgeschwindigkeit im Hauptarbeitsbereich (3 - 9 km/h).
- Energetisch effektive Leistungsabgabequellen (Dreh- und hydrauliche Leistung) am Heck und der Frontseite für den Antrieb von Geräten und Gerätekombinationen.
- Schlepperabmessung entsprechend den Zeilenabständen.
- Tiefe Schwerpunktlage wegen der Kippgefahr beim Befahren von hängigem Gelände.
- Kleiner Wendekreis aufgrund schmaler Vorgewende.
- Gute Sichtverhältnisse auf alle Anbaugeräte.
- Fahrkomfort und Sicherheit zur Entlastung und zum Schutz des Schlepper fahrers bei schwierigen Gelände-, Klima-, Boden-, Anbau-, und Arbeitsverhältnissen.

Wichtige Entscheidungskriterien bei der Anschaffung eines Schleppers sind:
- Kosten (Kaufpreis, Betriebskosten, Serienausstattung, Wiederverkaufswert).
- Fahrverhalten (Wendigkeit, Steigvermögen, Geschwindigkeit, Sicherheit).
- Leistungsfähigkeit (Nennleistung, Drehmoment, Zugkraft, Hydraulik, Geräteanbau).
- Kundendienst (Kompetenz, Schnelligkeit, Ersatzteile, Entfernung).
- Komfort und Ergonomie (Bedienung, Klimaanlage, Geräteanbau).
- Umweltaspekte (Pflanzenölkraftstoffe, Abgase, Bodendruck).
- Gesundheit (Kabine, Lärm, Sitz, Staub).

20.1 Schlepperbauformen

Die heute im Weinbau gebräuchlichen Schlepperformen lassen sich grob in folgende Gruppen einteilen:

- Standardschlepper
- Schmalspurschlepper
- Schmalspurschlepper mit Knicklenkung
- Schmalspur - Kettenschlepper
- Spezialschlepper für den Steilhang (Trak, Geräteträger)
- Hochschlepper

Abbildung 303: *Schlepperbauformen im Weinbau*

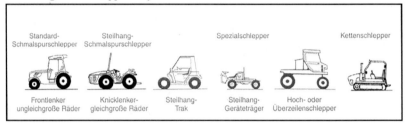

Standardschlepper

Der Standardschlepper wird im Weinbau als Zugmaschine beispielsweise für den Transport von Trauben oder in Seilzuglagen für die Seilwinde oder das SMS benötigt. Für Pflegearbeiten im Weinberg ist er nur in Weitraumanlagen einsetzbar. Leistungsstarke Standardschlepper mit Allradantrieb sind für das Rigolen der Weinberge oder das maschinelle Rebenpflanzen erforderlich.

Schmalspurschlepper

In Normalanlagen mit Gassenbreiten von 1,60 m bis 2,20 m wird im Direktzug der Schmalspurschlepper eingesetzt. Seine Breite beträgt in Abhängigkeit von der Bauform und der Bereifung etwa 1,00 m bis 1,40 m. Beim Einsatz ist darauf zu achten, dass die Gasse mindestens 60 cm breiter sein sollte als der Schlepper. Schmalspurschlepper mit Hinterradantrieb sind nur für ebene und leicht hängige Flächen mit geringer Zugkraftanforderung geeignet. Höhere Steigungen bis ca. 45 % sind mit Schmalspurschleppern mit zusätzlichem Vorderradantrieb (unechte Allradschlepper) erreichbar. Sie besitzen eine bessere Zug- und Lenkfähigkeit und verursachen aufgrund der Schlupfminderung geringere Bodenbelastungen. Die Gewichtsverteilung Vorderachse/Hinterachse beträgt 35/65 bis 40/60. Der Leistungsbereich liegt zwischen 40 und 66 kW. Sie besitzen ungleich große Räder auf beiden Achsen.

Schmalspurschlepper für den Steilhang (echte Allradschlepper)

Kennzeichen der Schmalspurschlepper mit Allradantrieb sind die gleich großen Räder auf beiden Achsen. Mit geeigneter breiter Reifenausstattung können Grenzsteigungen von 55 bis 60 % überwunden werden. Mit Hilfe einer Knicklenkung wird ein geringer Wendekreisdurchmesser und dadurch eine gute Wendigkeit erreicht. Die Art der Lenkung bewirkt den sogenannten Nachlaufeffekt. Beim Kurvenfahren laufen die Hinterräder den Spuren der Vorderräder nach. Deshalb ist bei knickgelenkten Schleppern der Platzbedarf beim Wenden gegenüber anderen Bauformen geringer. Zur Verbesserung der Fahreigenschaften, insbesondere beim Wenden unter ungünstigen Bedingungen, empfiehlt es sich, die Schlepper mit einem Radlastausgleich auszurüsten. Wichtig für die gute Steigfähigkeit ist die Achslastverteilung vorn/hinten von etwa 65/35. Vorteilhaft für das Befahren extremer Steilhänge ist auch ein hydrostatischer Fahrantrieb oder eine zusätzliche Lastschaltung (vgl. Kap. 20.2.6).

Schmalspur - Kettenschlepper

Ihr Einsatz ist auf den Steillagenweinbau begrenzt. Ihre Ausstattungsmerkmale sind in Kap. 19.5 beschrieben. Zum Lenken werden meist Kupplungs-Brems-Lenkungen eingesetzt. Bei Kettenbreiten von 30 cm und mehr sowie einem extrem niedrigen Schwerpunkt ist ein relativ sicheres Hangbefahren auch im Grenzbereich möglich. Der im Vergleich zum Radschlepper scheinbar geringe Bodendruck unter der größeren Kettenaufstandsfläche muss etwas eingeschränkt werden. Verantwortlich dafür ist die direkte Übertragung der vom Motor und Getriebe ausgehenden Schwingungen auf den Boden. Die Fachleute sprechen hier vom Rüttelplatteneffekt, der verstärkt bei den Bergauffahrten zur Wirkung kommt. Gegenüber Radschleppern weisen Kettenschlepper folgende Nachteile auf:

- Stahlketten verursachen Beschädigungen an befestigten Fahrbahnen, deshalb sind sie nicht zur Straßennutzung zugelassen. Der Transport zum Weinberg muss mit Tiefladeanhängern durchgeführt werden.
- Gummiketten mit Stahlgewebe schützen zwar die Fahrbahn, haben aber einen höheren Verschleiß und eine etwas geringere Zug- und Steigfähigkeit.
- Eingeschränkte Möglichkeiten beim Geräteanbau (z.B. kein Zwischenachsenanbau)
- Für den Transport ist ein weiteres Fahrzeug erforderlich.

Spezialschlepper für den Steilhang

Für enge Rebgassen bis 1,7 m Breite wurden aus selbstfahrenden Sprühgeräten Geräteträger mit Allradantrieb entwickelt (vgl. Kap. 19.5.3). Aufgrund des ähnlichen Achslastverhältnisses, durch Leichtbauweise und niedrige, breite Reifen wurden Grenzsteigungswerte wie bei knickgelenkten Schmalspurschleppern erreicht. Bei schlepperähnlichen Ausstattungsmerkmalen können die mit Motorleistungen bis 25 kW ausgestatteten Ausführungen mit leichteren Direktzug-Anbaugeräten eingesetzt werden. Mangels Nachfrage sind diese Geräte heute vom Markt verschwunden.

Für begrünte Gassen ab 2,30 m Breite sind Traks (vgl. Kap. 19.5.4) gut geeignet. Die sehr kippstabile Ausführung mit einem extrem niedrigen Schwerpunkt ist mit vier Terrareifen ausgestattet. Wahlweise können Traks mit einem Benzin oder Dieselmotor sowie einem Bremslenksystem oder mit einer Lenkachse geliefert werden. Mit allen Anbaugeräten für die Bewirtschaftung begrünter Flächen liegt die Grenzsteigung bei etwa 60 %. Neben einem mechanischen wird auch ein hydrostatischer Antrieb angeboten.

Hochschlepper (Überzeilenschlepper)

Auf der Suche nach Möglichkeiten zur weiteren Senkung von Arbeitszeitaufwand und Lohnkosten kommt dem mehrreihigen Arbeitsverfahren immer mehr Bedeutung zu (vgl. Kap.17). In Frankreich werden in vielen Anbaugebieten reihenübergrätschende Maschinen zur Mehrzeilenbearbeitung schon seit Jahrzehnten eingesetzt. Die niedrigen Erziehungen in diesen Gebieten bieten für diese Maschinen gute Einsatzbedingungen. Mehrreihige Arbeitsverfahren können durchgeführt werden mit:

- Hochschleppern oder
- selbstfahrenden Vollerntern, die nach Ausbau des Ernteaggregates als Geräteträger nutzbar sind.

Ein wesentlicher Unterschied zwischen den Aufbaugeräten für Hochschlepper und Vollerntern liegt in deren Antriebsart. Während beim Hochschlepper mechanische Antriebe von der Zapfwelle aus möglich sind, können alle Aufbaumaschinen vom Vollernter nur hydraulisch angetrieben werden. Die damit möglichen stufenlosen Anpassungen an die Einsatzbedingungen sind im Prinzip hinsichtlich der Handhabung und Arbeitsqualität vorteilhaft. Die wichtigsten Vorteile von mehrreihigen Arbeitsverfahren mit Hochschleppern oder Vollerntern können wie folgt zusammengefasst werden:

- Zeiteinsparungen.
- Bessere Kipp- und Richtungsstabilität durch größere Spurweite und größeren Radabstand.
- Einsatz auch bei engen Gassen (1,5 m) möglich.
- Die Radspur verläuft in der Zeilenmitte, weshalb keine Bodenverdichtung unmittelbar entlang der Rebzeile entstehen kann.
- Durch den Seitenhangausgleich können die Maschinen bei Seitenhangneigung bis zu 30 % eingesetzt werden.

518

Der relativ hohe Fahrerstand bei einigen Fabrikaten ist gewöhnungsbedürftig und bietet eine schlechte Sicht auf Geräte, die am Heck angebaut sind. Die im Vergleich zum Schmalspurschlepper veränderten Anbauräume bedingen andere Aufnahmevorrichtungen. Teilweise müssen die An- und Aufbaugeräte (z.B. Pflanzenschutzgeräte, Kompoststreuer) dem jeweiligen Hochschlepper angepasst werden, was höhere Kosten verursacht. Mittlerweile sind viele Vollernter als Geräteträger nutzbar und bieten für den Geräteanbau spezielle Aufnahmevorrichtungen, z.B. einen Multifunktionsarm (siehe Kap. 15.3.4).

20.2 Schlepper-Hauptbaugruppen

Unabhängig von der Bauform bestehen die Schlepper aus den Hauptbaugruppen: Motor, Kupplung, Getriebe, Zapfwelle, Hydraulik, Fahrwerk und dem Fahrerplatz.

__Abbildung 304:__ Bauteile am Schmalspaurschlepper:
1. Motor   2. Lenkung   3. Differentialsperre   4. Bremsen   5. Getriebe   6. Zapfwellen
7. Externe Hydraulikbedienung   8. Kabine   9. Schnellverbindungen   10. Elektronische Hubwerkregelung
11. Kraftmessbolzen   12. Instrumententafel   13. Schalthebel   14. Zapfwellen   15. Hinterachse
16. Kraftstofftank   17. Externe Steuerventile   18. Batterie

Der Autor **Dr. Heinz von Opel**, war in erster Linie Unternehmer. Über 20 Jahre war er Geschäftsführender Gesellschafter der „Vereinigten Kapselfabriken Nackenheim". Dadurch mit den bedeutendsten Weingütern der Welt beständig im persönlichen Kontakt. Daneben aber auch Ackerbauer, Pferdezüchter und vor allem Weingutsbesitzer auf dem Westerberg bei Ingelheim/Rhein.

Das Fachbuch gibt eine Bestandsaufnahme, wo der deutsche Wein heute wirklich steht. Und zeigt für Genossenschaften, Kellereien, Fassweinwinzer, Selbstmarkter Perspektiven auf.

Der Autor analysiert die konkreten Chancen für den deutschen Winzer. Das Buch zeigt die Konsumtrends auf und zeigt einen Überblick über das Verbraucherverhalten. Des Weiteren werden Vorschläge zur Betriebsführung gemacht und Marketing-Tipps gegeben.

306 Seiten, Tab., Br   **€ 16,80**

20.2.1 Motorleistung und Anforderungen

Der Motor wandelt die im Kraftstoff vorhandene chemische in mechanische Energie um. Die Baugruppe Motor umfasst auch die zum Betrieb des Motors notwendigen Bauteile, wie Kraftstoffsystem, Kühlung, Luftfilter und Auspuff. Als wichtigstes Auswahlkriterium für die Größe eines Schleppers wird häufig die Motorleistung angesehen. Für die im Weinbau üblichen Gassenbreiten von 1,8 bis 2,2 m ist eine Schlepperleistung von etwa 44 kW (60 PS) in der Regel vollkommen ausreichend. Lediglich beim Einsatz von gezogenen Traubenvollerntern oder starken Gebläsen (z.B. Radialgebläse, Doppelaxialgebläse) können, besonders im Hangbereich, größere Leistungen erforderlich sein.

Tabelle 97: *Leistungsbedarf (kW) beim Sprühen, 1000 l Nachläufer, E = Ebene, H = 30 % Hangneigung*

Bauart	Schalt-stufe	Gebläse	Pumpe	Fahren		Gesamt-leistungs-bedarf		Schlepper-nenn-leistung	
				E	H	E	H	E	H
Axial-Querstromgebläse	I	3,9	3,5	3,0	15,6	10,4	23,0	13,0	28,8
	II	8,0	3,5	3,0	15,6	14,5	27,1	18,1	33,9
Doppelaxialgebläse	I	9,5	3,5	3,0	15,6	16,0	28,6	20,0	35,8
	II	19,6	3,5	3,0	15,6	26,1	38,7	32,6	48,4
Tangentialgebläse		4,5	3,5	3,0	15,6	11,0	23,6	13,8	29,5
Radialgebläse	I	10,3	3,5	3,0	15,6	16,8	29,4	21,0	36,8
	II	17,2	3,5	3,0	15,6	23,7	36,3	29,6	45,4

Quelle: G. Bäcker, FH Geisenheim

Tabelle 98: *Leistungsbedarf (kW) bei der Bodenpflege (Ausnutzungsgrad 80 %)*

Leistung	Grubber	Mulcher	Fräse
Fahrleistung	3,9	2,9	3,9
Steigleistung	6,2	8,6	6,2
Zugleistung	5,4	-	-
Zapfwellenleistung	-	6,0	15
Schlupfleistung	4,6	0,8	-
Getriebeverlust	2,6	1,5	1,3
Zapfwellenverlust	-	0,4	0,8
Gesamtbedarf	22,7	20,2	27,2
Schleppernennleistung	28,4	25,2	34,0

Quelle: W. Rühling, FH Geisenheim

in einem Motorleistungsbereich von 44 bis 66 kW (60 bis 90 PS) statt. Zur Angabe der Leistung sind heute zwei Normen gebräuchlich: ECE R24 und ISO 14396. Die ECE R24 beschreibt die Leistung, die vom Motor im Einbauzustand an das Fahrzeug abgegeben wird (= **Nettoleistung**). Sie wird als Nennleistung von den Herstellern angegeben und wird an der Kupplung des Motors ermittelt. Diese Angabe berücksichtigt alle Nebenverbraucher die zum Betrieb des Fahrzeugs notwendig sind (z.B. Lichtmaschine, Motorölpumpe und Lüfter der Kühlung), nicht aber die Energieverbraucher die zum Betrieb des Fahrzeugs notwendig sind (z.B. Kompressor für Druckluftbremsen, Hydraulikpumpe für Lenkung, Bremsen u.a.). Im Unterschied dazu wird bei ISO 14396 ohne den Lüfter gemessen **(Bruttoleistung)**. Damit hat der gleiche Motor nach der ISO-Norm einen höheren Messwert (ca. 3 bis 4 %). Der realistischere Wert ist der ECE-Wert.

Mit der Angabe der **Zapfwellenleistung** ist ein besserer Vergleich möglich. Hier läuft der Motor mit allen Nebenaggregaten, und es wird die real zur Verfügung stehende Leistung gemessen. Die Hersteller liefern diese Angabe in der Regel auf Anfrage. Auch in einer Werkstatt kann man die Zapfwellenleistung messen lassen.

Weitere Angaben sind häufig **Überleistung** oder **Konstantleistung** (Konstant Power). Sie beschreiben den Anstieg der Leistung, wenn der Motor durch starke Belastung unter die Nenndrehzahl (Volllastdrehzahl bei Belastung) gedrückt wird. Der Maximalwert der durch den Motor abgegebenen Leistung ist die Überleistung. Subjektiv empfindet der Fahrer diesen Anstieg als Durchzugskraft. Sie rührt von dem starken Anstieg des Drehmomentes, das je nach Motor zu einem Konstantleistungsbereich oder bei noch stärkerem Anstieg zu Überleistung führt.

Für die höheren Motorleistungen sprechen die geringeren Geräuschemissionen, das angenehmere Fahren bei geringeren Drehzahlen, niedrigere Abgaswerte, höherer Drehmomentanstieg und die Tatsache, dass weniger Schaltvorgänge notwendig sind. Zur Erhöhung der Motorleistung wird neben hubraumvergrößerten Motoren mit Direkteinspritzung und erhöhten Drehzahlen vermehrt die Aufladung angewendet. Bei der Anhebung der Leistungen auf 50 kW und mehr werden neben dem Übergang von 3- auf 4-Zylinder-Saugmotoren vermehrt Motoren mit Abgasturbolader eingesetzt.

Gegen stärkere Leistungsklassen spricht das höhere Gewicht der Schlepper mit den nachteiligen Folgen für die Bodenstruktur und die Tatsache, dass im Bereich geringer Motorauslastung der spezifische Kraftstoffverbrauch hoch ist.
Die Kosten für 1 kW Motorleistung liegen heute bei rund 750 bis 1 000 €. Allerdings

ist die Preisdifferenz zwischen leistungsschwächeren und –stärkeren Motoren bei vielen Herstellern nicht sehr groß, sodass sich die Winzer meist für leistungsstärkere Ausführungen entscheiden.

Die wichtigsten Beurteilungskriterien eines Motors sind:

- Betriebskosten (Kraftstoffverbrauch, Serviceintervalle).
- Kenndaten (Leistung, Drehmoment, Motoren-Kennfeld).
- Umweltverhalten (Abgasemissionen, Geräuschemissionen, Eignung für Bio-Treibstoffe).
- Langlebigkeit und Zuverlässigkeit.

20.2.2 Motorentechnik und Abgasemissionen

Mit der Verschärfung der Abgasnormen (Stufe II oder Tier II, Stufe III oder Tier III) stellt der Gesetzgeber enorme Anforderungen an die Konstrukteure von Dieselmotoren. Hauptschadstoffe sind die Stickoxide (NOx) und die Partikel, landläufig auch als Ruß bezeichnet. Rußbildung kann durch eine vollständige Verbrennung bei hohen Temperaturen und Sauerstoffüberschuss vermieden werden. Leider reagiert unter diesen Bedingungen der Sauerstoff mit dem Stickstoff zu den giftigen Stickoxiden. Ein Problem für die Motorenbauer. Die Bedingungen, die wenig Stickoxide entstehen lassen verursachen viel Ruß und umgekehrt.

Partikelfilter und Abgaskatalysatoren, wie sie in LKW-Motoren schon seit längerer Zeit zur Anwendung kommen, sind bei Schleppermotoren noch nicht notwendig. Hier wird bisher in erster Linie auf innermotorische Lösungen gesetzt. Eine Maßnahme bei den größeren Schleppermotoren ist die **Vier-Ventiltechnik**, wodurch der Brennraum aufgrund der zentraleren Anordnung der Einspritzdüse gleichmäßiger befüllt wird als beim Zwei-Ventiler, bei dem die Düse seitlich angeordnet ist. Die Rußemissionen sinken, weshalb etwas später eingespritzt werden kann, um so den Ausstoß von Stickoxiden zu verringern.

Eine weitere Maßnahme ist die **gekühlte Abgasrückführung** (EGR). Die "kühlen" Abgase gelangen über die Ansaugseite in den Brennraum und senken die Verbrennungstemperatur und somit die Stickoxide.

Tabelle 99: Emissionsgrenzwerte für Dieselmotoren

Motor kW	NOₓ (g/kWh)	NOₓ + HC (g/ kWh)	PM (Partikel) (g/kWh)	Termin Inbetriebnahme	Stufe
37 – < 75	7,0		0,4	01.01.2003	II
	3,3	4,7	0,4	01.01.2008	III a
56 – < 75			0,025	01.01.2012	III b
75 – < 130	6,0		0,3	01.01.2002	II
		4,0	0,3	01.01.2007	III a
	3,3		0,025	01.01.2012	III b
56 – < 130	0,4		0,025	01.01.2014	IV

Einspritzsysteme

Einen sehr großen Einfluss auf die Verbrennung und die Rußbildung haben die Verteilung des Kraftstoffes (Düsenlöcher) und der Einspritzdruck. Mit zunehmendem Einspritzdruck sinken die Rußwerte deutlich. Bei einem Druck von 1 200 bar werden bereits Werte von unter 0,2 g/kWh erreicht und die derzeit geforderten Grenzwerte unterschritten.

Bei der klassischen und noch weit verbreiteten Reiheneinspritzung sind die Pumpelemente in Reihe angeordnet und werden von der Nockenwelle angetrieben. Es können zwar damit beachtliche Drücke bis 1250 bar erzielt werden, aber strenge Abgasnormen lassen sich damit nicht mehr einhalten. Deshalb hat man umweltfreundlichere und kraftstoffsparendere Einspritzsysteme mit höheren Einspritzdrücken entwickelt. Neben den Systemen Pumpe-Leitung-Düse und Pumpe-Düse hat sich vor allem das **Common-Rail-System** durchgesetzt. Beim Common-Rail steht der von der Hochdruckpumpe erzeugte Druck im sogenannten "Rail" permanent für die Einspritzung zur Verfügung. Druckerzeugung und Einspritzzeitpunkt sind nicht, wie bei den anderen Systemen, miteinander gekoppelt. Die Einspritzung erfolgt über eine Düse die von einem Magnetventil oder neuerdings auch von Piezzo-Kristallen betätigt wird. Letztere sind wesentlich kleiner und können das Einspritzventil viermal schneller takten. Zeitpunkt und Menge der Einspritzung werden in einem elektronischen Steuergerät berechnet. Die elektronische Einspritzung mit Vor-, mehreren Haupt- und Nacheinspritzungen verbessert nicht nur die Verbrennung und die Abgasemmission, sie macht auch die Motoren leiser. Es werden Drücke von 1600 bar und mehr erreicht.

Abbildung 305: Partikelemission in Abhängigkeit vom Einspritzdruck

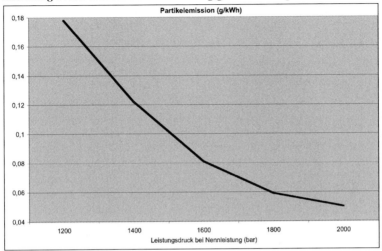

Abbildung 306: Schema einer modernen Common-Rail-Einspritzung

Turboaufladung/Ladeluftkühlung

Der gewöhnliche Dieselmotor saugt sich die Luft beim Ansaugtakt selbst in den Verbrennungsraum (Saugmotor). Eine Erhöhung der Füllung der Zylinder mit Verbrennungsluft kann durch einen geringen Überdruck (Ladedruck) erreicht werden. Diese Aufladung erfolgt mit einem Abgas-Turbolader. Dazu werden die heißen Abgase des Motors genutzt, die auf ein in der Abgasleitung eingebautes Turbinenrad geleitet werden und es antreiben. Ein auf der gleichen Welle angeordnetes Verdichterrad wird dadurch ebenfalls in Drehung versetzt und beschleunigt die vom Luftfilter angesaugte Luft. Dadurch verdichtet sich diese und es entsteht ein Überdruck (Ladedruck) von 0,3 bis 0,4 bar. Beim Ansaugtakt kann das vorverdichtete Frischgas in den Zylinder einströmen. Dadurch erhöht sich der Füllgrad des Zylinders, was zu einer besseren Verbrennung, günstigeren Kraftstoffausnutzung, niedrigeren Abgaswerten und bei gleichem Hubraum zu einer höheren Leistung (ca. 25 %) führt. Gegenüber einem leistungsgleichen Saugmotor ist der Turbomotor um bis zu 20 % leichter und preiswerter in der Herstellung.

Durch die Vorverdichtung der Ansaugluft erhöht sich deren Temperatur um etwa 30 °C, wodurch die Dichte der Ansaugluft abnimmt und ein Teil des Aufladeeffektes zunichte gemacht wird. Um dem entgegen zu wirken, wird häufig zwischen den Verdichter (Turbolader) und den Ansaugstutzen ein Ladeluftkühler eingebaut. Durch die **Ladeluftkühlung** gelingt es, die Temperatur der vorverdichteten Luft um etwa zwei Drittel zu senken. Dadurch wird der Füllgrad der Zylinder verbessert. Die Motorleistung steigt zusätzlich und die Abgaswerte werden deutlich verbessert.

Das sogenannte "Turboloch" (= unbefriedigendes Drehmomentverhalten im unteren Drehzahlbereich) wird durch verschiedene Techniken, wie variable Turbinengeometrie (VGT) oder Doppelturbolader, vermieden.

Abbildung 307: *Funktion des Abgasturboladers*

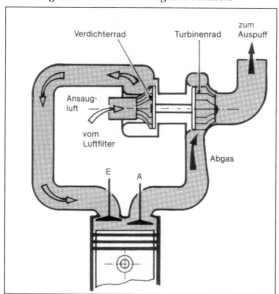

Drehmoment

Ein wichtiges Kriterium beim Traktorenkauf sind die Durchzugkraft und Elastizität des Motors. Dieses Maß wird als Drehmoment (in Newtonmeter: Nm), respektive als Drehmomentkurve ausgedrückt. Dabei wird der Drehmomentanstieg in % angegeben. Als Drehmomentanstieg wird der prozentuale Unterschied des Drehmoments bei Nenndrehzahl des Motors bis zum maximalen Drehmoment (zum Beispiel bei 70 Prozent der Nenndrehzahl) bezeichnet. Der Drehzahlabfall wiederum gibt den Rückgang der Motorumdrehung von der Nenndrehzahl bis zu dem Punkt an, bei dem das maximale Drehmoment erreicht wird. In beiden Fällen werden die Ausgangswerte (Drehmoment bei Nenndrehzahl sowie die Nenndrehzahl) gleich 100 Prozent gesetzt. Der Drehmomentanstieg wirkt sich im praktischen Einsatz als Kraftzunahme bei abfallender Drehzahl aus. Dies ist zum Beispiel von Bedeutung, wenn beim Grubbern eine plötzliche Bodenverdichtung auftritt. Der Motor fällt in der Drehzahl zurück, zieht dabei aber kräftiger durch und überwindet das Hindernis. Hierbei gilt: Je höher der Drehmomentanstieg, desto besser das Durchzugsvermögen. Die Drehmomentanstiege können wie folgt bewertet werden:

unter 15 %	=	schlecht
16 bis 20 %	=	mäßig
21 bis 30 %	=	gut
über 30%	=	sehr gut.

Den Drehmomentanstieg darf man jedoch nicht isoliert betrachten, da er mit einem Drehzahlrückgang einhergeht. Das höchste Drehmoment sollte bei etwa 70 Prozent der Nenndrehzahl erreicht werden. Darüber hinaus kommt es auch darauf an, wie sich das Drehmoment bei den einzelnen Motordrehzahlen verhält. Die Fachleute sprechen vom Verlauf der Drehmomentkurve. Die Kurve sollte im Anstiegsbereich nicht nach unten "durchhängen", sondern langgezogen bis zum höchsten Drehmoment ansteigen und dann allmählich abfallen. Ein hoher und steiler Drehmomentanstieg bedeutet einen elastischen Motor mit hohem "Durchzug", günstig für schwere Zug- und Zapfwellenarbeiten. Von Bedeutung ist ebenso, dass das Anfahrdrehmoment recht hoch ist und nach oben zum maximalen Drehmoment wenig ansteigt (flacher Anstieg). Dadurch sind gute Anfahreigenschaften gegeben, was bei Rangier- und Ladearbeiten positiv ist. Der Motor neigt weniger zum Abwürgen.

Moderne Motoren weisen Drehmomentanstiege von über 20 % auf. Daraus ergibt sich über einen großen Drehzahlbereich eine fast konstant hohe Leistung. In der Werbung werden diese Motoren als Constant-Power- bzw. Konstant-Leistungs-Motoren bezeichnet. Leistung ist das Produkt aus Drehmoment mal Drehzahl. Bei den so bezeichneten Motoren haben die Konstrukteure den Drehmomentanstieg so hingetrimmt, dass der Drehzahlabfall nach dieser Formel ausgeglichen wird. Bei manchen Motoren ist dies so gut gelungen, dass sie bei fallender Drehzahl sogar eine höhere Leistung (Überleistung) als die angegebene Nennleistung erreichen. Dem Traktorfahrer steht damit über einen größeren Drehzahlbereich die höchste Motorleistung zur Verfügung.

Abbildung 308: Vergleich zweier Drehmomentkurven

Abbildung 309: Motordiagramm eines Dieselmotors mit einer Nennleistung von 65 kW

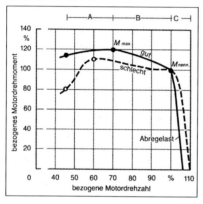

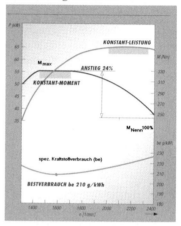

20.2.3   Kraftstoffverbrauch

Der Kraftstoffverbrauch wird beim Schlepper in erster Linier von der Motorauslastung bestimmt. Außerdem ist fabrikatsbedingt ein unterschiedlicher Kraftstoffverbrauch vorhanden. Man unterscheidet zwischen dem **spezifischen** und dem **absoluten Kraftstoffverbrauch.** Der spezifische Verbrauch (g/kWh) ist die Kraftstoffmenge, die pro geleistete kWh verbraucht wird. Sie ist abhängig von der Belastung und der Drehzahl des Motors und das Maß für die Sparsamkeit eines Motors. Der absolute Kraftstoffverbrauch (kg/h) errechnet sich aus der Multiplikation des spezifischen Verbrauchs mit der Motorleistung.

Da dem Schlepper im praktischen Einsatz nur selten die volle Motorleistung abverlangt wird und er sich bei den meisten Arbeiten im Teillastbereich zwischen 40 und 60 % der Nennleistung bewegt, gibt man neben dem spezifischen Kraftstoffverbrauch bei Volllast auch den Verbrauch bei einer Teilbelastung von 42,5 % und einer

528

Zapfwellendrehzahl von 540 an. Nach dem heutigen Stand der Technik sind die spezifischen Vollast - Verbrauchswerte (an der Zapfwelle gemessene Leistung) wie folgt zu beurteilen:

< 250 g/kWh   = gut
  250 - 280 g/kWh   = mittel
> 280 g/kWh   = ungünstig

Bei Teillast (42,5 % und Normdrehzahl der Zapfwelle 540):
< 300 g/kWh   = gut
  300 - 350 g/kWh   = mittel
> 350 g/kWh   = ungünstig

Die Teillast-Verbrauchswerte für die Sparzapfwelle 540 E liegen um 10 bis 15 % niedriger.

Mit zunehmender Leistung steigt der absolute Kraftstoffverbrauch, während der spezifische sinkt und erst ab etwa 80 % der Nennleistung wieder leicht ansteigt (siehe Abb. 321). Je höher die Motordrehzahlen und geringer die Motorauslastung, z.B. bei leichten Arbeiten, desto höher ist der spezifische Verbrauch. Beim Grubbern in einen höheren Gang schalten und die Motordrehzahl etwas reduzieren senkt den Kraftstoffverbrauch.

> *Merke: Bei frei wählbarer Motordrehzahl (kein Zapfwellenbetrieb) sollte bei geringem Leistungsbedarf mit reduzierter Motordrehzahl gearbeitet werden.*
> *Dies ergibt den günstigsten spezifischen Kraftstoffverbrauch.*

20.2.4 Pflanzenölkraftstoffe

Durch die Begrenzung der Agrardieselvergütung seit dem 1. Januar 2005 sind Landwirte, Winzer und Lohnunternehmer zunehmend bereit, alternativen Kraftstoff zu nutzen. Als Pflanzenkraftstoff kommen Pflanzenöle, vor allem Rapsöl in Frage. Aus technischer Sicht kann beim Schlepper naturbelassenes oder verestertes Pflanzenöl zur Anwendung kommen.

Bei naturbelassenem Pflanzenöl handelt es sich meist um kaltgepresstes Rapsöl, welches teilweise auch entschleimt und entsäuert wird. Beim Betrieb muss der Motor dem Kraftstoff angepasst werden. Hierfür kann ein Schlepper mit Vorkammermotor und Einlochdüsen oder ein entsprechend umgebauter Motor mit Direkteinspritzung genutzt werden. Vorkammermotoren haben im Vergleich zu Motoren mit Direkteinspritzung einen um 10 % geringeren Wirkungsgrad und werden nur noch selten angeboten. Wegen der schlechten Fließfähigkeit von Rapsöl im kalten Zustand muss mit Diesel gestartet werden und danach wird auf Rapsöl umgestellt (Zweitanksystem). Dies macht eine zweite Kraftstoffversorgung notwendig. Durch einen Umbau von direkt eingespritzten Motoren für naturbelassenes Rapsöl kann bei allen Betriebszuständen mit reinem Rapsöl gefahren werden (Eintanksystem). Umgebaut werden aber nur neuere Motoren mit mindestens 4 Zylindern und Flüssigkeitskühlung. Die Umbaukosten sind zwar relativ hoch (4 000 bis 5 000 €), aber dafür ist naturbelassenes Pflanzenöl wesentlich preiswerter als verestertes.

Das Mischen von Diesel und naturbelassenem Pflanzenöl ist nicht empfehlenswert, da dann Verkokungen an den Ventilen, Düsen und Zylindern entstehen.

Der Kraftstoff **Rapsölmethylester (RME)** bzw. **Pflanzenölmethylester (PME)**, auch **Biodiesel** genannt, ist durch Umesterung des Rapsöls mit Methanol für den Einsatz in direkt eingespritzten Dieselmotoren angepasst. Dadurch ist ein Einsatz bei vorhandenen Schleppern ohne jegliche Umstellungsarbeiten am Motor möglich. Es muss jedoch vorher beim Hersteller nachgefragt werden, ob eine Freigabe des Schleppers für Biodiesel besteht. Außerdem muss darauf geachtet werden, dass die Kraftstoffanlage für verestertes Pflanzenöl geeignet ist (Kunststoffschläuche und Dichtungen können aufquellen und undicht werden). Biodieselkraftstoff ist hygroskopisch, d.h. wasseraufnehmend, er wirkt auf Lacke wie ein Lösungsmittel. Wegen des geringeren Heizwertes gegenüber Diesel ergibt sich ein Mehrverbrauch von etwa 5 %, was den Preisvorteil gegenüber Dieselkraftstoff teilweise wieder aufhebt. Bei der Beschaffung von RME sollte man sich die DIN Norm EN 14214 bestätigen lassen. Die UFOP in Berlin hat eine Broschüre herausgegeben, die die Anmerkungen der jeweiligen Fahrzeughersteller und die Gebrauchsanweisung für RME enthält (www. Ufop. de). Die positiven Eigenschaften von Biodiesel können wie folgt zusammengefasst werden:

• Die Erzeugung von Biodiesel und dessen Verwertung als Kraftstoff stellt einen annähernd geschlossenen CO_2-Kreislauf dar. Das CO_2, das bei der Verbrennung freigesetzt wird, hat der Raps im Wege der Photosynthese zuvor der Atmosphäre entnommen.

• Es entstehen weniger schädliche Emissionen. Fast kein Schwefel, Russanteil minus 50 %, weniger Schadstoffe bis auf Stickoxide (plus 10 %).

• Biodiesel ist biologisch leicht abbaubar und daher kein gefährlicher Stoff im Sinne des Chemikaliengesetzes und der geltenden Transportvorschriften.

Abbildung 310: Verwendungsmöglichkeiten von Pflanzenölkraftstoffen als Treibstoff

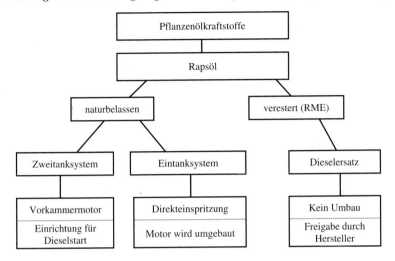

20.2.5 Kupplungen

Mit Kupplungen wird die Leistungsübertragung unterbrochen und bei Bedarf wieder hergestellt. Bei **kraftschlüssigen** Kupplungen werden zwei Reibflächen (Reibungskupplungen) aufeinander gepresst. Das Drehmoment wird aufgrund der dazwischen liegenden Reibungskräfte übertragen. Sie können auch bei Differenzdrehzahlen geschlossen werden und sorgen für eine Drehzahlangleichung, während **formschlüssige** Kupplungen nur bei annähernder Drehzahlgleichheit eingeschaltet und bei einer Drehmomentübertragung oft nicht getrennt werden können. Die Verbindung zwischen den Wellen erfolgt dann über eine Schaltklaue, die verzahnt ist oder über Stifte oder Bolzen verfügt. Diese kompakten Kupplungen dienen meist nur zum Ein- und Ausschalten einer Verbindung im Stillstand.

Die Fahrkupplung kann "naß" oder "trocken" arbeiten. Trockenkupplungen sind billiger in der Herstellung, dafür aber verschleißanfälliger als die "nass" im Ölbad laufenden Kupplungen. Möglich sind Einscheiben- oder Doppelkupplungen, die vorwiegend "trocken" arbeiten. Bei immer mehr Fabrikaten finden sich auch "nasse" Mehrscheibenlamellenkupplungen. Zusätzlich kann eine Strömungskupplung (Turbokupplung) eingebaut sein.

Bei der **Einscheibentrockenkupplung** ist das Gehäuse mit dem Schwungrad des Motors verschraubt. Im eingekuppelten Zustand wird die Kupplungsscheibe von Druckfedern zwischen die Reibflächen von Druckplatte und Schwungscheibe gepresst. Die Kupplungsscheibe hat aufgenietete oder aufgeklebte Kupplungsbeläge zur Erhöhung des Reibwertes. Beim Auskuppeln wird vom Kupplungspedal über Gestänge und Ausrücklager der Ausrückhebel betätigt, der die Andruckplatte gegen die Druckfedern zieht und damit die Kupplungsscheibe freigibt. Die Einscheibentrockenkupplung darf nur zum Anfahren und Schalten ausgekuppelt werden, aber nicht längere Zeit ausgekuppelt laufen. Unnötig langes Treten des Kupplungspedals und das "Schleifen" lassen verursachen vorzeitige Reparaturen.

Die **Zweifachkupplung** ist ein platzsparender Zusammenbau von zwei Einscheibentrockenkupplungen, wobei die eine den Fahrantrieb und die andere Kupplung den Zapfwellenantrieb kuppelt. Motorseitig ist die Fahrkupplung angeordnet, sie wird über das Kupplungspedal betätigt. Die getriebeseitige Zapfwellenkupplung wird über einen Handhebel betätigt.

Lamellenkupplungen enthalten mehrere Kupplungsscheiben, um entsprechende Drehmomente übertragen zu können. Das Zusammenpressen der Scheiben erfolgt mechanisch über Hebel oder häufiger hydrostatisch. In Öl laufende "nasse" Lamellenkupplungen haben einen geringen Verschleiß und können große Kräfte kurzfristig übertragen. Das Schließen der Kupplung erfolgt vielfach durch Öldruck mit elektrischer Betätigung. Sie werden als Allradkupplungen, als Zapfwellenkupplungen anstelle der Doppelkupplung oder als Schaltelemente in Lastschaltgetrieben eingesetzt.

Strömungskupplungen haben einen grundsätzlich anderen Aufbau als Reibungskupplungen, denn sie übertragen das Drehmoment über Massenkräfte einer strömenden Flüssigkeit (Öl). Strömungskupplungen sind mit ihrem Gehäuse am Schwungrad des Motors angeflanscht und bestehen aus Pumpenrad, Turbinenrad, Gehäuse mit Hydrauliköl. Das Pumpenrad ist mit dem Motor, das Turbinenrad mit dem Getriebe verbunden. Durch die zunehmende Zentrifugalkraft bei steigender Drehzahl des Motors wird das in der Kupplung befindliche Öl vom Pumpenrad in das Turbinenrad gedrückt. Dadurch wird das Turbinenrad vom Pumpenrad in Bewegung versetzt und die Getriebeantriebswelle angetrieben. Die Kupplung löst sich wieder, wenn die Drehzahl der Motorwelle nicht mehr ausreicht, diese Zentrifugalkraft aufzubringen. Die Strömungskupplung wird hauptsächlich als Anfahrkupplung eingesetzt. Sie ermöglicht durch Drehzahlerhöhung des Motors ein sanftes, ruckfreies Anfahren, dämpft die Motorschwingungen und verhindert ein Abwürgen des Motors. Da die Leistungsübertragung durch Öl erfolgt, tritt kein Verschleiß auf.

Abbildung 311: Einscheibentrockenkupplung mit Schraubenfedern

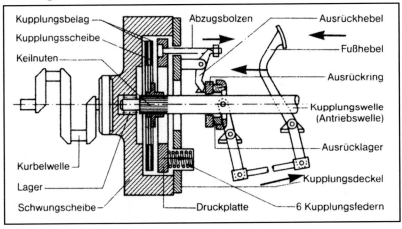

Abbildung 312: *Lamellenkupplung*

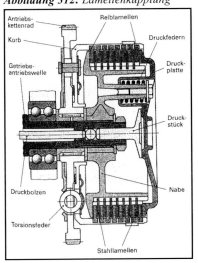

Abbildung 313: *Strömungskupplung*

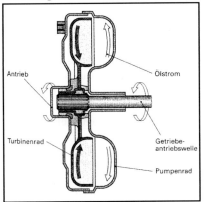

20.2.6 Getriebe

Hauptaufgabe des Getriebes ist die Anpassung der Fahrgeschwindigkeit an die für die einzelnen Arbeiten notwendigen Arbeitsgeschwindigkeiten. Da der Motor seine Nennleistung nur bei Nenndrehzahl entwickelt, muss die Untersetzung der hohen Motordrehzahl in die gewünschte niedrige Drehzahl der Antriebsräder einstellbar sein. Mit der Untersetzung der Drehzahl wird gleichzeitig das Drehmoment erhöht. Man bezeichnet das Getriebe deswegen auch als Drehzahl/Drehmoment-Wandler. Weitere Aufgaben des Getriebes sind:

- Umkehr der Fahrtrichtung (Rückwärtsgänge).
- Antrieb von Nebenantrieben (Zapfwelle, Allradantrieb).

Die Schlepper sind neben dem eigentlichen Schaltgetriebe mit einem Gruppenwahlgetriebe ausgestattet. Das Gruppenwahlgetriebe vervielfacht die Gänge des Schaltgetriebes. Ein Gruppenwahlgetriebe mit den Stufen "langsam", "mittel", "schnell" und "rückwärts" macht aus einem Viergangschaltgetriebe ein 12/4-Gang-Getriebe (zwölf Vorwärts- und vier Rückwärtsgänge), wobei innerhalb einer Gruppe immer nur vier Gänge zur Verfügung stehen. Dem häufigen Verkaufsargument, je mehr Gänge ein Traktor hat, desto besser ist er, kann nur mit Einschränkung zugestimmt werden. Für den praktischen Einsatz ist nicht die Zahl der Gänge entscheidend, sondern die Gangabstufung. Der Hauptarbeitsbereich im Weinbau liegt zwischen 3 und 9 km/h. In diesem Bereich sollte der Schlepper möglichst viele Gänge aufweisen mit Stufensprüngen von etwa 0,4 bis 0,8 km/h (15 bis 30 %) und einer gewissen Überlappung. Geschwindigkeitsänderungen unter 10 % sind fast wertlos und müssen als Überschneidungen gewertet werden.

Anforderungen an Schleppergetriebe sind:

- Mindestens 7 Gänge im Hauptarbeitsbereich von 3,0 bis 9 km/h.
- Gut gestufte Gänge mit Stufensprüngen von 0,4 bis 0,8 km/h im Hauptarbeitsbereich
- Synchronisation des Grundgetriebes.
- Leichte, schnelle und eindeutige Schaltbarkeit aller Gänge und der Nebenantriebe.
- Guter Wirkungsgrad um 85 bis 95 Prozent.
- Hohe Zuverlässigkeit und Lebensdauer.
- Geringer Wartungsaufwand, gute Zugänglichkeit der Getriebeteile.

Aufbau

Das **Schaltgetriebe** dient der Geschwindigkeitswahl. Es besteht aus mehreren Baugruppen, wie dem Wechselgetriebe mit den einzelnen Gängen, dem Gruppengetriebe zur Vorwahl des Geschwindigkeitsbereichs und, je nach Ausführung einem Kriechganggetriebe, einer Reduziergruppe oder einer Lastschaltgruppe. Vom Schaltgetriebe wird die Leistung über den **Kegeltrieb** mit dem **Differential** an die Hinterachse weitergegeben. In den Endtrieben wird die Drehzahl abschließend noch einmal stark untersetzt und damit das Drehmoment entsprechend erhöht.

Bauarten

Nach der Bauweise und der Bedienung lassen sich Getriebe in folgende Grundtypen einteilen:

- Stufengetriebe mit Schubradschaltung, Klauenschaltung oder Synchronschaltung.
- Stufenlose Getriebe (mechanische und hydrostatische).

Stufengetriebe

Bei den Stufengetrieben wird die Leistung über Zahnräder übertragen. Um den Aufwand gering zu halten, wird nicht für jeden Gang ein Zahnradpaar verwendet, sondern durch die Aufteilung in Wechsel-, Gruppen- und evtl. Kriechganggetriebe lassen sich Zahnradpaare und Bauraum einsparen. Die Gesamtgangzahl ergibt sich durch Multiplikation der Geschwindigkeitsstufen in den einzelnen Baugruppen. Stufengetriebe lassen sich nur schalten, wenn die Leistungsübertragung durch Betätigung der Kupplung unterbrochen wird. Bei Stufengetrieben hat die Synchronschaltung die größte Bedeutung.

Synchrongetriebe sind Klauenschaltgetriebe mit Synchroneinrichtungen, die den Schaltvorgang erst zulassen, wenn die zu verbindenden Teile in Gleichlauf sind. Dazu wird durch das axiale Verschieben der Schaltmuffe der Synchronring gegen den Reibkegel am Kupplungskörper des Zahnrades gedrückt. Dadurch wird der Synchronring etwas verdreht und sperrt das Weiterschieben der Schaltmuffe (Sperrsynchronisation), bis die Drehzahl an dem lose auf der Welle laufenden Zahnrad (Losrad) an die Drehzahl der Welle angeglichen ist. Das Eingreifen der Schaltmuffe in den Kupplungskörper erfolgt stoßfrei, wenn sich der Synchronring bei Gleichlauf wieder in seine neutrale Lage zurückgedreht hat.

Heutige Stufengetriebe von Weinbauschleppern sind im Wechselgetriebe, teilweise auch im Gruppengetriebe mit Synchronschaltung ausgestattet. Moderne Schmalspurschlepper verfügen über ein **Synchron-Wendegetriebe** (Reversiergetriebe). Über einen V/R Schalthebel und Kupplungsbetätigung lässt sich schnell die Fahrtrichtung wechseln. Jeder Gang läuft vorwärts etwa genau so schnell wie rückwärts. Dies ermöglicht kurze Wendemanöver und ein schnelles Rangieren. Einige Schmalspurschlepper verfügen über eine **lastschaltbare Wendeschaltung,** die es ermöglicht ohne Betätigung des Kupplungspedals aus dem Stand anzufahren oder die Fahrtrichtung zu ändern (vgl. Lastschaltgetriebe).

Damit wird der Fahrkomfort erheblich verbessert. Die lastschaltbare Wendeschaltung wird, je nach Hersteller, als Powershuttle, Power-Reversierer oder Revershift bezeichnet.

Abbildung 314: *Synchronschaltung (1 =Synchronring,*
2 =Schaltmuffe, 3 =Synchronkörper, 4 =Kupplungskörper)

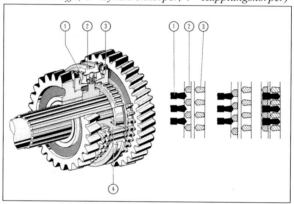

Abbildung 315: *Aufbau eines Synchron-Wendegetriebes mit Gruppen-,*
Gang- und Feinstufenschaltung

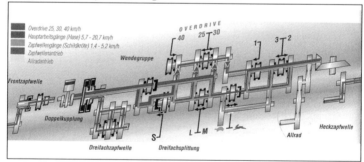

Lastschaltgetriebe

Zusätzlich zum Stufengetriebe können die Schlepper mit einer Lastschaltung ausgestattet sein. Sie ist meist der üblichen Gang- und Gruppenschaltung vorgelagert und lässt sich in 2, 3, 4 oder 6 Stufen schalten. In Schmalspurschleppern werden bisher nur zweistufige oder dreistufige Lastschaltgetriebe angeboten. Für die Drehmomentübertragung und Veränderung des Übersetzungsverhältnisses sind bei diesen Getrieben meist mehrere Planetengetriebe (vgl. Achsgetriebe) hintereinander geschaltet. Sie werden je nach Schaltstellung durch hydraulisch betätigte Lamellenkupplungen oder –bremsen geschaltet oder abgebremst. Dadurch ist es möglich, alle Gänge des Schaltgetriebes jeweils in zwei oder drei Stufen per Knopfdruck unter Last in zwei oder drei verschiedene Geschwindigkeiten zu schalten. Der Stufensprung der Stufen in einem Gang beträgt etwa 15 bis 20 %. Da die Lamellenkupplungen unter Reibschluss arbeiten und der Kraftfluss nicht unterbrochen wird, kann der Gangwechsel "unter Last", d.h. während der Fahrt, ohne Betätigung der Fahrkupplung vorgenommen werden. Der Schaltvorgang erfolgt elektrohydraulisch per Knopfdruck am Schaltgriff, was den Bedienungskomfort verbessert, den Fahrer entlastet und mehr Sicherheit beim Fahren in schwierigem Gelände bringt. Bei Arbeiten mit häufigem Gangwechsel verringert sich die Arbeitszeit und Kraftstoff wird eingespart.

Aufgrund des Funktionsprinzips des Planetengetriebes ist auch eine Umkehrung der Drehrichtung möglich und somit sind die Rückwärtsgänge ebenso unter Last schaltbar.

Lastschaltgruppen können unterschiedlich ausgeführt sein. Am übersichtlichsten ist die Lösung, bei der zwei getrennte hydrostatisch geschaltete Lamellenkupplungen verwendet werden (Abbildung 316). Die linke Lamellenkupplung (1) verbindet Antriebs- und Abtriebswelle direkt miteinander, die rechte (2) schaltet das Untersetzungsgetriebe ein.

Die unter Last schaltbaren Getriebe haben bei den unterschiedlichen Herstellern verschiedene Bezeichnungen, wie Hi-Lo, Dual-Command, Triple-Shift oder Powershift. Bei einem 3-fach lastschaltbaren Getriebe können alle Gänge einer Gruppe ohne Betätigung der Fahrkupplung elektrohydraulisch per Knopfdruck am Schalthebel in drei verschiedene Geschwindigkeiten geschaltet werden. Bei fünf Gängen einer Gruppe stehen dem Fahrer fünfzehn Arbeitsgeschwindigkeiten in jeder Gruppe ohne Kupplungsbetätigung zur Verfügung. Auch die Wendeschaltung kann kann unter Last geschaltet werden. Dies erfolgt mit einem Hebel am Lenkrad, der über die Positionen vorwärts, neutral und rückwärts verfügt. Eingelegter Gang und Lastschaltstufe werden beim Fahrtrichtungswechsel beibehalten. Eine zusätzliche Stop & Go-Funktion, die per Knopfdruck geschaltet werden kann, erleichtert Rangierarbeiten. Die elektronisch gesteuerten Kupplungspakete des Wendegetriebes werden über die Fußbremse aktiviert, sodass der Fahrer bequem nur mit Gas und Bremse rangieren kann.

Hydrostatische Getriebe

Für stufenlose Fahrantriebe werden im Weinbau hydrostatische Getriebe in Traubenvollerntern und Steillagen-Schmalspurschleppern (Holder, Frieg) bzw. Kettenschleppern (Niko, Geier) oder Traks (Aebi) eingesetzt. Die einfache, unter Last veränderbare, stufenlose Geschwindigkeitseinstellung bringt vor allem im Steilhang und bei Erntemaschinen Vorteile (vergl. Kap. 19.5). Die stufenlose Drehzahl-Drehmoment-Wandlung erreicht man im Prinzip durch das Zusammenwirken zweier "Verdrängermaschinen". Eine vom Verbrennungsmotor angetriebene Verstellpumpe (Axialkolbenpumpe) erzeugt einen Ölstrom mit einem Druck bis 420 bar. Fördermenge und Förderrichtung werden durch die Stellung der Schrägscheibe festgelegt. Die Schrägscheibe wird mechanisch durch einen Verstellhebel oder hydrostatisch über Wegeventil und

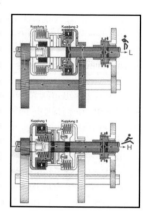

Abbildung 316: Funktion eines Lastschaltgetriebes

Hydrozylinder verstellt. Der Ölstrom treibt in einem geschlossenen System einen oder mehrere Ölmotoren an (Axialkolben- oder bei kleineren Leistungen Zahnradmotor), deren Drehzahl proportional zur Fördermenge ist und die die Antriebswelle in Bewegung versetzen. Durch Änderung der Förderrichtung ändert sich die Drehrichtung und damit die Fahrtrichtung. Durch zusätzliche Verstellung der Schrägscheibe des Ölmotors lässt sich der Wandlungsbereich vergrößern. Beide Getriebeteile (Pumpe und Hydromotor) werden entweder in einem Gehäuse (Blockbauweise) oder getrennt angeordnet. Nachteilig sind die hohen Kosten und der schlechtere Wirkungsgrad von hydrostatischen Getrieben.

Abbildung 317: Hydrostatisches Getriebe (Schema)

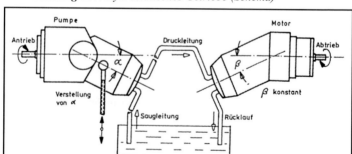

Ausgleichsgetriebe (Differentialgetriebe)
Das Differential ist ein Bauteil der Hintertriebachse, bei Allradantrieb auch der Fronttriebachse.

Es handelt sich um ein Kegelradgetriebe, das die Aufgaben hat, das Antriebsdrehmoment des Motors zu gleichen Teilen an die Antriebsräder zu verteilen und die Drehzahlunterschiede der Antriebesräder bei Kurvenfahrt auszugleichen. Dabei dreht das kurvenäußere Antriebsrad um soviel schneller wie das kurveninnere langsamer dreht.

Das Antriebskegelrad treibt das Tellerrad auf dem Differentialgehäuse an. In ihm sind frei drehbare Ausgleichskegelräder gelagert, die mit Kegelrädern auf den Abtriebswellen in Eingriff sind und die Drehung an die Abtriebswellen weitergeben. Die Ausgleichskegelräder machen nur bei Kurvenfahrt eine Drehbewegung. Dadurch dreht sich die Abtriebswelle des kurveninneren Rades langsamer, die des kurvenäußeren Rades schneller als das Differentialgehäuse. Bei Geradeausfahrt drehen sich beide Triebräder gleich schnell. Die Ausgleichskegelräder selbst drehen sich nicht, sondern kreisen mit dem Differentialgehäuse. Sie wirken jetzt nicht als Zahnräder sondern als Mitnehmer der Hinterachswellenräder und übertragen so die Antriebskraft nach beiden Seiten gleichmäßig. Dreht ein Rad durch bewirkt das Achswellenrad des durchdrehenden Rades das Drehen der Ausgleichkegelräder, die sich auf dem stillstehenden Achswellenrad abwälzen. Der Drehzahlunterschied wird ausgeglichen, indem das durchdrehende Rad doppelt so schnell dreht wie das Tellerrad. Die Drehmomentverteilung erfolgt zu gleichen Teilen und richtet sich nach dem schlechter haftenden Antriebsrad. Da das durchdrehende Antriebsrad kein Drehmoment übertragen kann, überträgt das andere Rad ebenfalls kein Drehmoment und somit keine Antriebskraft. Der Schlepper bleibt stehen.

Um dennoch bei schwierigen Boden- und Einsatzverhältnissen den Antrieb beider Räder sicher zu stellen, ist das Einschalten der Differenzialsperre notwendig. Sie kann mechanisch, hydraulisch oder elektrohydraulisch zu- und abgeschaltet werden. Bei Differenzialgetrieben in Vorderachsen ist vielfach ein automatisches Sperrsystem eingebaut. Das Selbstsperr-Differenzialgetriebe wird dann wirksam, wenn in den beiden Abtrieben ungleiche Drehmomente auftreten. Die Sperrung erfolgt über Lamellenkupplungen. Der Sperrwert kann maximal 70 % erreichen.

Achsgetriebe

Das Achsgetriebe ist die Verbindung zwischen dem Differential und den Radnaben. Es wandelt die kleinen Getriebedrehmomente in die erforderlichen hohen Drehmomente der Antriebsräder. Bauarten des Achsgetriebes sind Stirnradgetriebe (Portalgetriebe) und Planetengetriebe (Umlaufgetriebe). Planetengetriebe zeichnen sich durch einen axialen Kraftfluss und somit hohe Belastbarkeit aus. Sie bestehen aus dem Sonnenrad. Hohlrad, den Planetenrädern und dem Planetenträger. Das

Abbildung 318: Kegelrad Ausgleichsgetriebe; 1 = Antriebskegelrad, 2 = Tellerrad, 3 = Ausgleichskegelräder, 4 = Differenzialsperre, 5 = Hinterachswelle

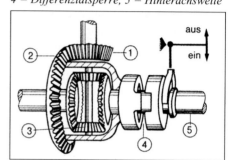

notwendige Übersetzungsverhältnis ist durch die Größen der Zahnräder und den unterschiedlichen Möglichkeiten der Krafteinleitung zu erreichen.

Planetengetriebe können auf kleinstem Raum als unter Last schaltbare Übersetzungsgetriebe ausgebildet werden (vgl. Lastschaltgetriebe). Je nachdem, welcher Teil mit welchem anderen Teil oder mit dem feststehenden Getriebegehäuse durch Lamellenreibungskupplungen oder Bremsen gekuppelt wird, ergeben sich ganz verschiedene Übersetzungen. Durch die Möglichkeit der Umkehr der Drehrichtung können auch die Rückwärtsgänge unter Last geschaltet werden.

Abbildung 319: Planetengetriebe

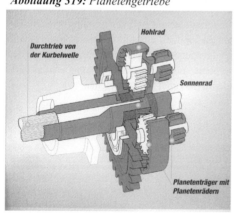

20.2.7 Zapfwellen

Über Zapfwellen können Geräte (z.B. Fräse, Sprühgerät) direkt vom Schlepper mit hohem Wirkungsgrad angetrieben werden. Bis auf Getriebeverluste steht die volle Motorleistung an der Zapfwelle zur Verfügung. Bedeutung hat im Weinbau nur die Heckzapfwelle. Die Frontzapfwelle wird von den Herstellern meist nur als mögliche Sonderausstattung angeboten, da der Antrieb von Frontanbaugeräten in der Regel hydraulisch erfolgt

(Ausnahme: Mulcher als Frontanbaugerät). Die Zapfwellenstummel sind in Form und Abmessung, Lage, Drehzahl und Drehrichtung genormt, um verschiedene Geräte ohne Probleme ankuppeln zu können. Das Zapfwellenprofil ist bei Schleppern bis 65 kW ein Keilprofil mit 6 Keilen und 35 mm Durchmesser. Die Schlepper können mit verschiedenen Zapfwellen ausgestattet sein:

- Getriebezapfwelle,
- Motorzapfwelle und
- Wegzapfwelle.

Die **Getriebezapfwelle** ist vom Fahrantrieb abhängig (abhängige Zapfwelle) und wird mit dem Fahrkupplungspedal betätigt. Da beim Auskuppeln Schlepper und Zapfwelle zum Stillstand kommen, wird sie nicht mehr eingesetzt.

Die **Motorzapfwelle** ist unabhängig vom Fahrantrieb (unabhängige Zapfwelle) und wird durch eine eigene Kupplung betätigt. Die Kupplung kann zusammen mit der Fahrkupplung als getrennt schaltbare Zweifachtrockenkupplung angeordnet sein, wobei die Schaltung über einen Handhebel erfolgt (vgl Kap. 20.2.5). Zunehmend setzt sich aber die separate unter Last schaltbare nasse Lamellenkupplung als Zapfwellen-kupplung durch. Diese Bauart ist sehr verschleißfest und servo-hydraulisch bequem zu schalten.

Die Motorzapfwelle verfügt über eine genormte Drehzahl von 540 U/min. Die Normdrehzahl sollte bei 85 bis 90 Prozent der Motornenndrehzahl und im Bereich des ansteigenden Drehmoments liegen, um beispielsweise zapfwellengetriebene Bodenbearbeitungs- und Lockerungsgeräte mit hohem Leistungsbedarf antreiben zu können. Viele Schmalspurschlepper verfügen über einen auf 1000 U/min umschalt-baren Zapfwellenantrieb (1000er Normzapfwelle). Dieser ist aber, im Gegensatz zum Ackerschlepper, am Weinbauschlepper überflüssig, da alle spezifischen Weinbau-geräte für den 540er Antrieb konzipiert sind. Dagegen bringt eine gut auf die Motordrehzahl abgestimmte, zweite Dehzahl von 750 U/min (540 E) beim Betrieb von Anbaugeräten mit kleinen und mittleren Leistungsansprüchen beträchtliche Vorteile. Bei dieser sogenannten "Sparzapfwelle" muss der Motor zur Erreichung von 540 U/ min an der Zapfwelle nur auf 60 bis 65 Prozent seiner Nenndrehzahl hochgefahren werden. Dadurch läuft der Motor in einem günstigen Betriebspunkt, was zu folgenden Vorzügen führt:

- Der Motor braucht weniger Kraftstoff.
- Er hat einen geringeren Verschleiß.
- Die Geräuschentwicklung ist geringer.
- Die Schwingungsbelastung des Fahrers wird gemindert.

Die **Wegzapfwelle** ist von der Fahrgeschwindigkeit und der Fahrkupplung abhängig. Somit verändert sich deren Drehzahl durch die Motordrehzahl und die Gangschaltung. Sie dreht sich nur, wenn der Schlepper fährt. Beim Einlegen des Rückwärtsganges wird die Drehrichtung umgedreht. Dies kann genutzt werden, um verstopfte Wellen, z.B. am Traubenwagen, wieder frei zu machen. Früher hatte die Wegzapfwelle eine Bedeutung zum Antrieb von Anhängern mit Triebachsen in hängigem Gelände. Sie wird im Weinbau kaum benötigt und wird wie die Frontzapfwelle nur als Sonderausstattung angeboten.

Abbildung 320: *Motorzapfwelle (Schema)*

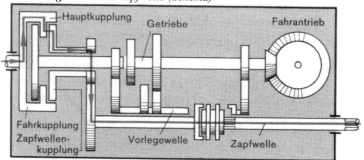

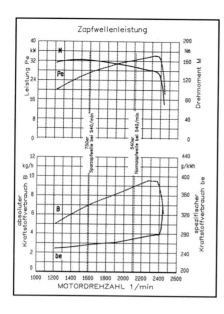

Abbildung 321: *Motorkennlinie bei Vollast mit 540er Normzapfwelle und 750er Sparzapfwelle*

20.2.8   Gelenkwellen

Gelenkwellen übertragen die Leistung von der Zapfwelle auf die Geräte. Sie müssen Winkel- und Längenänderungen bei Kurvenfahrt und beim Anheben der Geräte ausgleichen. Da einfache Kreuzgelenke bei Abwinkelung die Drehzahl nicht gleichförmig übertragen, wird ein zweites symmetrisches Kreuzgelenk mit gleichem Beugungswinkel dazugeordnet (W-Beuge bzw. Z.Beuge). Das **Kreuzgelenk**, bestehend aus zwei Gelenkgabeln und dem Kreuzstück mit den Lagern, lässt eine Abwinklung bis 30 Grad zu. Wenn sich sehr große Abwinkelungen in manchen Arbeitslagen nicht vermeiden lassen, müssen **Weitwinkelgelenke** verwendet werden. Diese bestehen aus zwei Kreuzgelenken, die über eine Scheibe zentriert sind und erlauben je nach Ausführung eine maximale Abwinklung von 50, 70 bzw. 80 Grad. Zur Unfallverhütung muss beim Kuppeln die Sicherungskette eingehängt werden, die ein Mitdrehen des Gelenkwellenschutzes verhindert. Weiterhin sind Zapfwellenschutzschilde an Schlepper und Gerät sowie ein Schutzrohr zur Abdeckung der drehenden Teile unbedingt notwendig. Die Verriegelung der Gelenkwelle mit dem Zapfwellenstummel erfolgt meist durch Schiebestifte, jedoch bieten die verschiedenen Firmen als Wahlausrüstung andere Schnellverschlüsse, wie Schiebe- oder Drehverschlüsse, an, die in der Handhabung den Schiebestiftsicherungen überlegen sind. In die Gelenkwelle integrierte Überlastsicherungen schützen die Gelenke und die Arbeitsmaschinen vor unzulässig hohen Belastungen. Gelenkwellen sind international in der DIN EN ISO 5674 genormt.

Abbildung 322: Bauteile (oben) und Anordnung (unten) einer Gelenkwelle

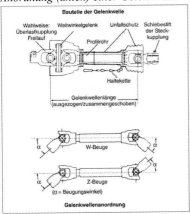

20.2.9   Schlepperhydraulik

Zum Heben und Tragen schwerer Geräte ist hydrostatische Kraft erforderlich, die von der hydraulischen Anlage des Schleppers bereitgestellt wird. Dabei erfolgt die Leistungsübertragung durch Druck innerhalb der Hydraulikflüssigkeit. In der Hydraulik gibt es einige einfache Grundgesetze:

- Flüssigkeiten haben keine eigene Form.
- Flüssigkeiten lassen sich nicht zusammendrücken.
- Flüssigkeiten leiten einen auf sie ausgeübten Druck nach allen Richtungen weiter.
- Flüssigkeiten ermöglichen große Kraftsteigerung.

Die Leistung (P) errechnet sich aus dem Druck (p) und dem Förderstrom (Q).

$$P = p \times Q$$

Je nach ihrem Verwendungszweck lassen sich Hydraulikanlagen einteilen in:

Arbeitshydraulik:	Leistungsübertragung auf Hubzylinder und kleine hydraulische Motoren
Fahrhydraulik:	stufenlose Leistungsübertragung im Fahrantrieb (Vollernter)
Bedienungs- und Komforthydraulik:	hydrostatische Betätigung von Stellfunktionen (Lenkung, Bremsen, Lastschaltstufen, Schalthilfen)

Die Hydraulik kann genutzt werden, um Lasten zu bewegen und zu heben. Bauteile und Maschinen lassen sich hydraulisch antreiben. Im Vergleich zu mechanischen Verfahren (z.B. Wellen, Riemen, Zahnräder), Elektroantrieben oder pneumatischen Verfahren hat die Hydraulik spezielle Vor- und Nachteile:

Vorteile
- Durch hohe Drücke sind große Kräfte auf kleinem Raum übertragbar.
- Stufenlos einstellbare Antriebsgeschwindigkeiten.
- Einfaches Ein- und Ausschalten hydrostatischer Funktionen.
- Feinfühliges Betätigen und schnelles Ansprechen der angesteuerten Maschinenteile.
- Geringer Verschleiß und hohe Lebensdauer.
- Sicherer Überlastungsschutz durch Druckbegrenzungsventile.

Nachteile
- Teilweise schlechtere Wirkungsgrade als andere Systeme.
- Betriebsverhalten von der Ölviskosität und damit von der Temperatur abhängig.
- Hohe Herstellungskosten.
- Lärm durch Pumpen und Hydromotoren.
- Undichtigkeiten.

Tabelle 100: *Systemvergleich zwischen Hydraulik, Pneumatik, Elektronik und Mechanik*

Kriterium	Hydraulik	Pneumatik	Elektrik / Elektronik	Mechanik
Energieträger	Öl (allgemein Flüssigkeiten)	Luft	Elektronen	Wellen, Gestänge, Riemen, Ketten, Räder usw.
Energieleitung	Rohre, Schläuche, Bohrungen	Rohre, Schläuche, Bohrungen	elektr. Leitermaterial (Kabel usw.)	Wellen, Gestänge, Riemen, Ketten, Räder usw.
Umwandlung aus bzw. in mechanische Energie	Pumpen, Zylinder, HY - Motoren	Verdichter, Zylinder, PN - Motoren	Generatoren, Batterien, E-Motoren, Motoren, Magnete, Linearmotoren	
wichtigste Kenngrößen	Druck p (30-400 bar) Volumenstrom V	Druck p (ca. 6 bar) Volumenstrom V	Spannung U, elektr. Strom	Kraft, Drehmoment, Geschwindigkeit, Drehzahl
Leistungsdichte	sehr gut; durch hohe Betriebsdrücke bis ca. 400 bar; kleine, preiswerte Bauelemente; einfachster Linearmotor = Zylinder	gut; jedoch Einschränkung durch max. Betriebsdruck von 6 bar	weniger gut; Leistungsgewicht von E-Motoren ca. 10 x größer als von HY - Motoren. Schalter gegenüber Wegeventil jedoch günstig	gut; da keine Energieumwandlung; Einschränkung, wenn hohe Anforderungen an Steuer- und Regelbarkeit gestellt werden
Weggenauigkeit (kann bei allen Systemen durch Lageregelung verbessert werden)	sehr gut; da Öl kaum kompressibel	weniger gut; da Luft kompressibel	sehr unterschiedliche Hysterese, Schlupf einerseits, Synchronmotoren, Schrittmotoren andererseits	sehr gut; durch Form- bzw. Kraft- bzw. Stoffschluss (Verzahnung usw.)
Wirkungsgrad	weniger gut; volumetrische und Reibungsverluste bei primärer und sekundärer Energieumwandlung sowie bei Steuerung und Regelung in Ventilen	weniger gut; da Luft volumetrische und Reibungsverluste bei primärer und sekundärer Energieumwandlung sowie bei Steuerung und Regelung in Ventilen	gut; sofern Elektrizität bereits als Primärenergie verfügbar	gut; da keine Energieumwandlung; mechanische Reibungsverluste
Steuer- und Regelbarkeit	sehr gut; über Ventile und Verstellpumpen; Servoventile in Regeltechnik Verbesserung in Kombination mit Elektrik / Elektronik	sehr gut; über Ventile (für kleine bis mittlere Leistungen)	kleine Leistungen: sehr gut; größere Leistungen: weniger gut über Schalter, Relais, Halbleiter, Regelmotoren, variable Widerstände usw.	weniger gut; über Getriebe, Hebelsysteme usw.
Erzeugung linearer Bewegungen	sehr einfach über Zylinder	sehr einfach über Zylinder	Weniger einfach über Linearmotoren, Gewindespindeln	einfach über Kurbeltriebe, Spindeln usw.
typische Anwendung	Bearbeitung von Werkstücken, Vorschubantriebe, Pressen, Rotation (große Kräfte)	Handling, Montageeinrichtung, Komfortausstattung (geringe Kräfte)	Rotationsantriebe, Vorschubantriebe, Spindelantriebe	allgemeine Energieübertragung auf geringe Entfernungen

20.2.9.1 Grundaufbau und Funktionen einer Hydraulikanlage

Ein einfaches Hydrauliksystem besteht aus folgenden Komponenten:

- Tank – Vorratsbehälter.
- Hydraulikflüssigkeit.
- Leitungen und Ventile.
- Arbeitsaggregate (Zylinder, Hydromotoren).

Bis auf die Arbeitsaggregate, die abgesehen von Lenkzylinder und Kraftheber, an den Anbaugeräten sitzen, sind alle anderen Bauteile am Schlepper untergebracht.

Hydropumpen saugen das Hydrauliköl an und drücken es über Wege- und Stromventile in die Zylinder oder Hydromotoren. Die vom Kolben verdrängte Flüssigkeit fließt durch das Wege- und Sperrventil in den Behälter zurück. Wird der eingestellte Höchstdruck überschritten, öffnet sich das Druckbegrenzungsventil und die Druckflüssigkeit fließt direkt in den Behälter zurück.

Abbildung 323: *Aufbau und Schaltplan einer einfachen Hydraulikanlage (Kraftheber):*
1 = Ölpumpe; 2 = Ventile und Leitungen; 3 = Arbeitszylinder; 4 = Vorratsbehälter.

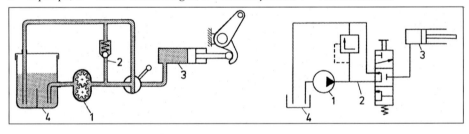

20.2.9.2 Bauelemente

Hydropumpen

Hydropumpen werden zur Druckerzeugung eingesetzt und wandeln die mechanische Leistung des Antriebsmotors in hydrostatische Leistung um. Bauarten sind Zahnradpumpen und Kolbenpumpen. Unabhängig vom Schlepperhersteller werden in der Regel Zahnradpumpen als Druckerzeuger verwendet. Für den Einsatz von Zahnradpumpen sprechen verschiedene Gründe:

*   Einfache stabile Bauweise und hohe Präzision.
*   Relativ preiswert.
*   Beliebige Einbaulage und geringe Baugröße.
*   Relativ schmutzunempfindlich.

Zahnradpumpen arbeiten nach dem Verdrängungsprinzip. Die Flüssigkeit wird zunächst nur transportiert und ohne Druck in der Anlage rundgepumpt. Erst unter Belastung wird der notwendige Druck aufgebaut. Der Druck richtet sich nach den Anforderungen, d.h. es wird nur so viel Druck aufgebaut, wie notwendig ist, um z.B. einen Zylinder zu bewegen oder einen Motor zu drehen (offenes Hydrauliksystem). Im Normalfall ist dies nicht der Maximaldruck. Dieser kann bei etwa 200 bar liegen.

Abbildung 324 : Zahnradpumpe

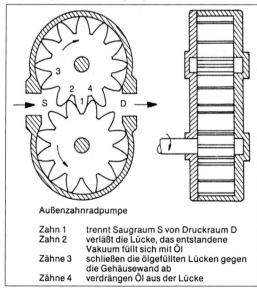

Außenzahnradpumpe

Zahn 1	trennt Saugraum S von Druckraum D
Zahn 2	verläßt die Lücke, das entstandene Vakuum füllt sich mit Öl
Zähne 3	schließen die ölgefüllten Lücken gegen die Gehäusewand ab
Zähne 4	verdrängen Öl aus der Lücke

Zahnradpumpen werden als Außen- und Innenzahnradpumpen gebaut und fördern die Flüssigkeit in den Zahnlücken beider Zahnräder vom Saugraum in den Druckraum. Ein Zahnrad wird vom Schleppermotor angetrieben und dreht durch die Verzahnung das zweite mit. Das Öl wird durch den atmosphärischen Luftdruck aus dem Vorratsbehälter in den unter Unterdruck stehenden Saugraum gedrückt. Die Zahnkammern füllen sich mit Öl. Drehen sich die Zahnräder weiter, sperren sie das Öl zwischen den Zahnkammern und dem Ge-

547

häuse ein und nehmen es mit zur Druckseite. Da sich bei einer Umdrehung immer die gleiche Anzahl von Zahnkammern mit Öl füllen, ist das Fördervolumen je Umdrehung konstant. Der Förderstrom (Q) einer Pumpe wird angegeben in l/min. Er ist abhängig von der Umdrehungszahl des antreibenden Motors.

Abbildung 325: *Kolbenpumpe mit Taumelscheibe (Querschnitt)*

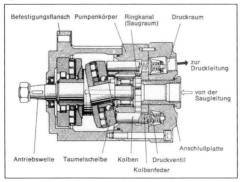

Kolbenpumpen werden zur Erzeugung sehr hoher Drücke eingesetzt. Man unterscheidet zwischen Axial- und Radialkolbenpumpen. Sie finden im Weinbau vorwiegend bei hydrostatischen Fahrantrieben (Vollernter, Spezialschlepper für Steilhang) ihre Anwendung.

Bei Kolbenpumpen werden ein oder mehrere Kolben in Zylindern durch Nocken, Exzenter, Schräg- oder Taumelscheiben in Bewegung versetzt. Über Saugventile wird beim abwärtsgehenden Kolben der Zylinderraum mit Öl gefüllt. Nach Erreichen des unteren Totpunktes schließt das Saugventil und der Kolben geht auf Förderkurs. Kolbenpumpen erzeugen bei hohen Umdrehungen Drücke bis über 400 bar und sind regelbar.

Hydrauliksysteme

Die Systemversorgung beim Schmalspurschlepper wird bei älteren Fabrikaten mit einer Hauptpumpe und entsprechend großer Liefermenge erreicht. Moderne Schmalspurschlepper besitzen zwei getrennte Ölkreisläufe (**Zweikreishydraulik**), die von je einer Pumpeneinheit gespeist werden. An einem Kreislauf hängen die Lenkung und die Hydraulik, am anderen die Steuerventile für die externen Anschlüsse. Dabei sind die beiden als Zahnradpumpe ausgebildeten Pumpeneinheiten in einem Gehäuse zusammengefasst (**Tandempumpen**). Sie haben den gleichen Zulauf und die gleiche Antriebswelle, fördern jedoch in zwei getrennte Kreisläufe.

Einige Schlepperhersteller bieten auch **Dreikreishydrauliksysteme** an. Hierbei können gleichzeitig mehrere leistungsstarke Hydromotoren und der Kraftheber versorgt werden. Über den Stromregler des zweiten Kreises wird ein konstanter Ölstrom für den Dauerverbraucher geregelt, der Reststrom versorgt den Kraftheber.

Der Kraftheber wird in seiner Hubgeschwindigkeit über einen regelbaren Strombegrenzer bei abgeschalteten Verbrauchern beliebig eingestellt.

Neuerdings wird von einigen Herstellern (z.B. Dexheimer, Holder) auch die **Load-Sensing-Hydraulik** (LS) eingesetzt. Darunter versteht man eine gegenüber dem herkömmlichen Konstantstromsystem bedarfsgerechte Versorgung hydraulischer Leistungsabnehmer. Der bisher beispielsweise meist über einen eigenen Hydraulikkreis versorgten Lenkung steht bei Betätigung im LS-System vorrangig die jeweils erforderliche Ölmenge zur Verfügung. Ohne Lenkvorgang wird jedoch dem Kraftheber oder externen Abnehmern der gesamte Förderstrom zugeführt.

Steuerventile

Eine Voraussetzung für eine funktionierende Hydraulik ist es, einen Kreislauf für das Öl herzustellen und die Funktionen zu steuern. Dazu sind Ventile erforderlich. Sie dienen der Steuerung bzw. Regelung des Förderstromes oder des Druckes. Nach Funktion und Aufgabe lassen sich vier Ventilgruppen unterscheiden:

- Wegeventile: An- und Abschalten einzelner Verbraucher, Festlegen der Durchflussrichtung.
- Sperrventile: Sperren des Ölstroms in einer Richtung.
- Druckventile: Einstellen bzw. Begrenzen des Öldruckes.
- Stromventile: Einstellen des Förderstromes.

Die von der Pumpe kommende Ölmenge wird über eine Leitung in den Ventilblock transportiert und steht dort nach Betätigung der **Wegeventile** für einen Verbraucher zur Verfügung. Die verwendeten Ventile sind in der Regel Wegeschieberventile. Sie dienen zur Festlegung der Durchflussrichtung sowie dem An- und Abschalten einzelner Verbraucher. Durch den Wechsel eines Kolbens im gleichen Gehäuse lassen sich die Ventilfunktionen verändern. Aus einem einfach wirkenden Ventil (EW) wird durch einen anderen Kolben ein doppelt wirkendes Ventil (DW). DW-Ventile werden für den Einsatz doppelt wirkender Zylinder benötigt. Dies sind normalerweise sehr kurze Steuervorgänge. EW-Ventile sind vielseitiger einsetzbar und in der Regel arretierbar. Mit ihnen werden einfach wirkende Zylinder oder Hydromotoren betrieben. Normalerweise ist ein EW-Ventil mit einem **Stromregler**, auch Mengenteiler oder Mengenregler genannt, verbunden. Er dient zur Regelung der Ölmenge, die dem EW-Ventil zugeführt werden soll. Unabhängig von der am Ventilblock ankommenden Ölmenge regelt der Stromregler dem Verbraucher die eingestellte konstante Ölmenge über das EW-Ventil zu. Damit kann z.B. die Laufgeschwindigkeit des Laubschneiders oder die Reaktionsgeschwindigkeit des Flachschars geregelt werden, nicht aber der Druck. Der Einsatz des Stromreglers bewirkt zudem, dass alle weiteren

Ventile nachgeordnet sind. Reicht die Ölmenge am Stromregler gerade noch zum Betrieb des Verbrauchers aus, so können keine weiteren Funktionen ausgeführt werden.

> **Beispiel:** *Beim Betrieb des Laubschneiders werden 15 l/min benötigt. 8 l/min gehen ab für die hydraulische Lenkung. Die Ölpumpe bringt normalerweise 40 l/ min, aber bei mittlerer Drehzahl des Schleppers nur 25 l/min. Um den Laubschneider anzuheben muss der Motor am Schneidwerk entweder ausgeschaltet oder mehr Gas am Schlepper gegeben werden, damit die Pumpe mehr Öl liefert. Erst dann fährt der einfachwirkende Zylinder am Gerät aus und hebt an.*

Im Ventilblock ist ein **Druckbegrenzungsventil** integriert, das die Hydraulikanlage vor Überlastung sichert. Bei Erreichen des Maximaldruckes öffnet sich das Ventil. Die Kugel hebt gegen Federdruck von ihrem Sitz ab und lässt das Öl über die Rücklaufrichtung in den Ölbehälter strömen. Diese Sicherung sollte nicht unnötig in Anspruch genommen werden, da jede Betätigung des Ventils zu Ölerhitzung und - verschleiß führt.

Die Ventile können als Einzelventile in eine Leitung eingebaut werden, häufiger sind sie aber zu Ventilblöcken zusammengefasst. Die Betätigung der Ventile kann mechanisch (Pedal, Taster), elektrisch oder hydraulisch erfolgen. Mittlerweile ist die elektromagnetische Ventilsteuerung Stand der Technik. Die Bedienungselemente sind meist ergonomisch übersichtlich und gut griffbereit als Steuerterminals zusammengefasst. Entsprechende Symbole und optische Signale informieren den Fahrer über die jeweils aktivierten Funktionen.

Die Übertragung hydrostatischer Leistung vom Schlepper auf angebaute Geräte zum Antrieb von Hubzylindern bzw. kleinen Ölmotoren erfolgt über Hochdruckschläuche. Die Kupplung erfolgt mit Schraub- oder Steckkupplungen. Für die volle Nutzung der Hydraulik zur Gerätebedienung sind Zusatzsteuergeräte notwendig. Der Mindestbedarf umfasst zwei einfach wirkende (EW) und zwei doppelt wirkende (DW) Steuerventile, zwei drucklose Rückläufe und einen Mengenteiler. Moderne Weinbauschlepper bieten inzwischen als Maximalausstattung bis zu 6 doppelt wirkende Proportionalventile. Die Positionierung der Hydraulikanschlüsse, als Schnellkupplungen, sollte übersichtlich gekennzeichnet und gut zugänglich auf das Schlepperheck und den Zwischenachsbereich aufgeteilt sein.

Abbildung 326: Hydraulikanlage im Schmalspurschlepper

1 = Hydraulikpumpe der hydrostatischen Lenkung; 2 = Tandempumpe; 3 = Lenkzylinder; 4 = Steuerventilblock der Regelung des 3-Punkt-Gestänges; 5 = Hydr. Hubstrebe; 6 = Hydr. Unterlenkerstabilisatoren; 7 = Steuergerät für Heckhubwerk und Durchflussmengen-geregelte Ölzapfstellen; 8 = Zusatz-Ölzapfstellen; 9 = Hubwerkszylinder; 10 = Zwischenachs-Ölzapfstellen; 11 = Hubzylinder des Fronthubwerks.

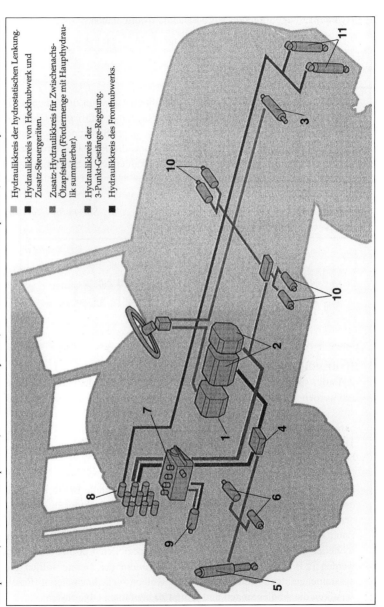

■ Hydraulikkreis der hydrostatischen Lenkung.

■ Hydraulikkreis von Heckhubwerk und Zusatz-Steuergeräten.

■ Zusatz-Hydraulikkreis für Zwischenachs-Ölzapfstellen (Fördermenge mit Haupthydraulik summierbar).

■ Hydraulikkreis der 3-Punkt-Gestänge-Regelung.

■ Hydraulikkreis des Fronthubwerks.

Zur Sicherstellung einer ausreichenden Versorgung externer Verbraucher sollte eine Hydraulikanlage folgende Mindeststandardwerte haben:

- Pumpenförderleistungen von mind. 40 bis 50 l/min.
- Ölvorrat von über 20 l oder Ölkühler.
- Systemdruck 175 bis 180 bar.

Die Verwendung von biologischen Hydraulikölen gewinnt zunehmend an Bedeutung. Dabei werden Produkte empfohlen, die auf Rapsölbasis aufbauen. Die Umstellung auf biologisches Hydrauliköl ist nur möglich, wenn der Schlepper über einen getrennten Hydraulikölhaushalt verfügt. Außerdem muss die Freigabe durch den Schlepperhersteller eingeholt werden. Der Hydraulikölkühler gehört zunehmend zur Grundausstattung der Schmalspurschlepper.

Abbildung 327: Steuerventile; von links nach rechts: Sperrventil, Stromregelventil, Wegeventil, Druckbegrenzungsventil

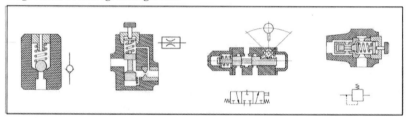

Hydraulikaggregate – Zylinder und Motoren

Zylinder sind die Bauteile, die am häufigsten an die Schlepperhydraulik angeschlossen werden. In den Weinbaugeräten werden einfach- und doppelt wirkende Zylinder eingesetzt, in Kippvorrichtungen oft Teleskopzylinder. Sie werden zur Erzeugung geradliniger Hubbewegungen genutzt. Die Einbaulage von einfach wirkenden und Teleskopzylindern ist normalerweise senkrecht. Sie werden ausgedrückt und fahren bei Entlastung durch das Gewicht des Gerätes oder der Wagenladung allein zurück. Doppeltwirkende Zylinder sind liegend angebaut und müssen hydraulisch aus- und zusammengefahren werden. Bedingt durch ihre spezielle Bauweise arbeiten sie mit unterschiedlichen Geschwindigkeiten in beiden Laufrichtungen. Da auf einer Seite der Kolben den Zylinderraum mit ausfüllt, kann das zufließende Öl den restlichen Raum schneller auffüllen, d.h. der Kolben fährt bei gleicher Ölzulaufmenge nach links schneller als nach rechts. Dies kann bei speziellen Einsatzbereichen ausgenutzt werden (z.B. Frontlader). Vor dem Einwintern der Geräte sollten die Zylinder zusammengefahren werden, damit die Kolben nicht korrodieren. Rostige Kolben zerstören die Abdichtungen und führen zu unnötigen Ölverlusten.

Abbildung 328: *Doppelt wirkender Hydraulikzylinder (Schema)*

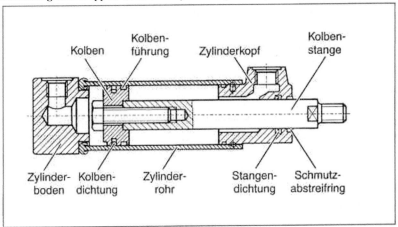

Hydropumpen können auch als **Hydromotoren** verwendet werden. In diesem Fall wird Öl unter Druck in das Aggregat geleitet und umgekehrt wie bei der Pumpe, wird jetzt die hydraulische Energie in mechanische Energie umgewandelt. Als Motoren finden Zahnradmotoren oder Axialkolbenmotoren Verwendung. Die meisten der in den Weinbaugeräten eingebauten Motoren sind reversierbar, d.h. sie laufen in beide Richtungen. Bei der Hintereinanderschaltung von Motoren muss man berücksichtigen, ob sie im Rücklauf mit Druck belastet werden können.

20.2.9.3 Hydrauliksysteme

Nach ihrem System lassen sich **offene** und **geschlossene Hydrauliksysteme** unterscheiden.

Beim offenen Hydrauliksystem (Gleichstromsystem) fördert die Pumpe in einem Kreislauf ständig Öl vom Hydraulikölbehälter über das Steuerventil drucklos wieder zurück in den Behälter, wo es sich abkühlen kann. Die geförderte Ölmenge ist von der Motordrehzahl abhängig. Erst wenn über das Steuerventil ein Verbraucher (Hubzylinder, Hydromotor) zugeschaltet wird, baut sich der Arbeitsdruck auf. Diese sehr einfache Anlage wird oft in Schleppern und anderen Landmaschinen angewendet.

Vorteile
*   Der Ölkreislauf wird ständig mit abgekühltem Öl versorgt.
*   Schmutzteile und Abrieb haben Gelegenheit, sich im Ölvorratsbehälter abzusetzen.
*   Der Aufbau der Anlage ist einfacher, dadurch billiger und in der Wartung anspruchsloser als beim geschlossenen System.

Nachteile
*   Die Anlage arbeitet mit Verzögerung, da sich der Arbeitsdruck erst aufbauen muss.
*   Bei höchster Belastung, d.h. beim Überschreiten des Höchstarbeitsdruckes, arbeitet die Pumpe gegen das Druckbegrenzungsventil (hoher Kraftbedarf, starke Ölerwärmung, u.U. erhöhter Verschleiß der Anlage).

Beim **geschlossenen Hydrauliksystem** (Gleichdrucksystem) ist die Druckseite der Pumpe durch das Steuerventil ständig geschlossen. In der Neutralstellung des Steuerventils, in der kein Verbraucher mit Drucköl versorgt wird, hält die Pumpe ständig den Systemdruck des Arbeitskreises aufrecht, bei dessen Erreichung sie automatisch auf Nullförderung verstellt wird. Schaltet man einen Verbraucher oder mehrere voneinander unabhängige Verbraucher über das Steuerventil ein, so fließt das Drucköl sofort zum Verbraucher, sodass dieser ohne Verzögerung zu arbeiten beginnt. Die Verstellpumpe liefert sofort den erforderlichen Ölstrom, bis der Bedarf gedeckt ist und die Pumpe wieder auf Nullförderung verstellt wird. Jeder eingeschaltete Verbraucher wird ohne Verzögerung mit der notwendigen Ölmenge und dem zugehörigen Arbeitsdruck beliefert. Dieses System wird für hydrostatische Arbeiten, beispielsweise am Traubenvollernter, eingesetzt.

Vorteile
*   Die Pumpe arbeitet nur, wenn ein Verbraucher betätigt wird.
*   Die umgewälzte Ölmenge ist geringer. Der Öldruck steht ständig an. Mehrere Verbraucher können ohne Verzögerung versorgt werden.
*   Die Leistungsaufnahme der Hydraulikpumpe ist geringer.

Nachteile:

• Die Stoßbelastung der Bauteile ist durch den ständig anstehenden Druck größer.

• Pumpen und Ventile sind aufwändiger gebaut, sie sind somit teurer und verlangen etwas mehr Wartung.

Abbildung 329: Offenes Hydrauliksystem

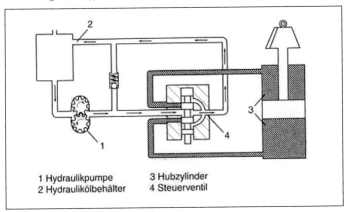

1 Hydraulikpumpe   3 Hubzylinder
2 Hydraulikölbehälter   4 Steuerventil

Abbildung 330: Geschlossenes Hydrauliksystem

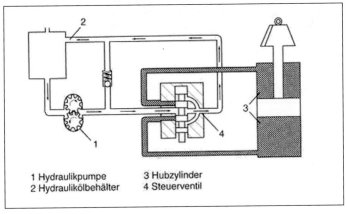

1 Hydraulikpumpe   3 Hubzylinder
2 Hydraulikölbehälter   4 Steuerventil

20.2.9.4 Dreipunktgestänge, hydraulischer Kraftheber und Regelhydraulik

Geräte können am Schlepper angehängt, aufgesattelt oder angebaut sein. Für den Geräteanbau im Heckteil hat sich das Dreipunktgestänge mit dem Kraftheber bewährt. Das Dreipunktgestänge besteht aus den beiden Unterlenkern, mit je einer Hubstange und einem Hubarm, sowie einem Oberlenker. Die Anschlußzapfen des Krafthebers sind nach Kategorien genormt. Als Bezug dient der Durchmesser der Bohrungen in den "Lenkerkugeln".

		Bohrung am Kugelgelenk unterer Lenker	Abstand der unteren Lenker am Gerät
Kategorie I	=	22,1 mm Durchmesser	718 mm
Kategorie II	=	28,4 mm Durchmesser	870 mm
Kategorie III	=	36,6 mm Durchmesser	1010 mm

Kategorie I ist für Spurweiten bis 1,25 m, Kategorie II für Spurweiten ab 1,40 m und Kategorie III für Spurweiten über 1,90 m.

Abbildung 331: Die drei Kategorien der Dreipunktaufhängung

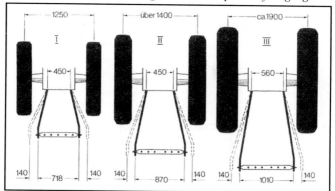

Durch Kugelgelenke sind Unterlenker und Oberlenker beweglich. Der Kraftheber hebt über die Hubarme und Hubstangen die beiden Unterlenker. Die Länge des Oberlenkers ist durch Verdrehen einer Gewindehülse mit Rechts- und Linksgewinde verstellbar. Damit lässt sich die Neigung von angebauten Geräten einstellen. Bedienungsfreundlich ist eine stufenlose hydraulische Neigungs- und Seitenverstellung des Krafthebers vom Fahrersitz aus. Über zwei Hydraulikzylinder kann das Heckgerät exakt in der Zeile geführt werden und stufenlos an die Hangneigung des Schräghangs angepasst werden.

Abbildung 332: Aufbau des Krafthebers

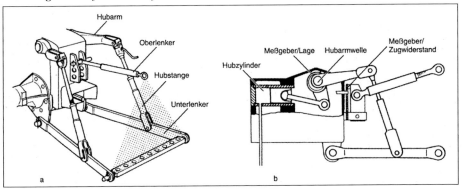

Abbildung 333: Hydraulische Seiten- und Neigungsverstellung

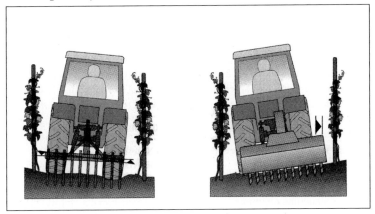

Krafteberregelung

Bei älteren Schmalspurschleppern wird meist der **Kraftheber** über den zentralen Steuerblock mit Öl versorgt. Es handelt sich dabei um ein oder zwei einfachwirkende Zylinder, die mit einem einfach wirkenden Ventil gesteuert werden. Schlepper mit Tandempumpe haben zwei Kreisläufe, bei denen meist Lenkung und Kraftheber an einem Kreislauf angeschlossen sind. So können, unabhängig von anderen angebauten Aggregaten, mehrere Funktionen gleichzeitig ausgeführt werden.

557

Die Regelfunktionen bei einfachen Kraftheber mit Freiganghydraulik (nicht erweiterte Hydraulikanlage), die nur über ein Steuergerät (Wegeventil) verfügen, beschränken sich auf die Funktionen:

- Heben
- Senken
- Neutralstellung und
- Schwimmstellung.

Mit Neutralstellung kann das Dreipunktgestänge stufenlos auf der gesamten Hubhöhe an einem beliebigen Punkt gehalten und damit die Anbaugeräte in Transportstellung getragen werden, wobei eine mehr oder weniger, von der Dichtheit der Anlage abhängige, Absenkung eintritt. Die Schwimmstellung dient für Anbaugeräte, die sich beim Einsatz durch Stützräder oder Gleitkufen unabhängig vom Schlepper auf der Bodenoberfläche selbst führen und nur zum Wenden oder zum Transport angehoben werden.

Moderne Schmalspurschlepper verfügen heute über Kraftheber mit einem Regelgerät **(Regelhydraulik),** das in Abhängigkeit von der Regelgröße den Kraftheber automatisch senkt bzw. hebt. Bei der Regelhydraulik sind die erwähnten Grundfunktionen durch die Zusatzfunktionen Lageregelung, Zugwiderstandsregelung und bei den meisten Schlepperfabrikaten die Mischregelung erweitert. Durch einen zusätzlichen Bedienungshebel muss der Fahrer die jeweils gewünschte Funktion vorwählen. Die Bedeutung der Dreipunkt-Regelhydraulik ist im Weinbau geringer als im Ackerbau. Die Bearbeitungsgeräte im Weinbau sind relativ klein und werden häufig auf Stützrädern, Gleitkufen oder Stützwalzen geführt und sind daher nicht unbedingt auf eine aufwändige Regelhydraulik angewiesen.

- Bei der **Lageregelung** wird das Dreipunktgestänge und damit auch das Anbaugerät automatisch auf die vom Fahrer eingestellte Hubhöhe eingeregelt. Die Steuerung übernimmt ein Positionsaufnehmer an der Hubwelle, welcher bei geringer Abweichung vom Sollwert einen entsprechenden Impuls oder ein Signal an das Steuergerät weiterleitet und dadurch die Nachregelung vollzieht. Bei älteren Schleppern erfolgt die Impulsübertragung auf mechanischem Weg, bei modernen Schleppern geschieht dies durch elektronische Signale. Dieses System wird für die Geräte angewendet, die in einer bestimmten Höhe getragen werden, z.B. Zentrifugaldüngerstreuer oder Aufsattel-Sprühgeräte.
- Die Wirkung der **Zugwiderstands- oder Zugkraftregelung** besteht darin, dass während des Geräteeinsatzes, je nach Einstellung des Zugwiderstandswertes, ein gewisser Teil des Gerätegewichtes auf die Schleppertreibräder

übertragen und dadurch die Treibradlast (Aufstandskraft) erhöht wird. Sie ermöglicht es, ein Bodenbearbeitungsgerät (z.b. Grubber) mit einem durch die gewählte Arbeitstiefe vorgegebenen Zugwiderstand zu führen. Steigt jedoch z.b. aufgrund veränderer Bodenverhältnise der für das Ziehen des Geräts erforderliche Kraftbedarf, so wird dies auf das Steuergerät durch Kraftimpulse übertragen. Nun steuert die Hydraulik automatisch das Gerät in einen Arbeitsbereich, der dem eingestellten Zugwiderstand entspricht. Die Zugkraftregelung versucht, die Zugleistung konstant zu halten. Sie ermöglicht somit das Fahren mit gleichbleibender Geschwindigkeit. Die Arbeitstiefe kann bei unterschiedlichen Bodenarten jedoch schwanken. Steigt der Zugwiderstand, wird das Gerät leicht angehoben, sinkt der Widerstand, wird das Gerät leicht abgesenkt. Der Zugwiderstand kann über den Ober- oder die Unterlenker geregelt werden. Bei der Oberlenkerregelung kann es beim Hangaufwärtsfahren zu Funktionsstörungen kommen, da zu geringe Druckimpulse auftreten, die aber zur Hydrauliksteuerung bzw. Gerätegewichtsübertragung notwendig sind. Bei der Unterlenkerregelung treten diese Probleme nicht auf. Die Zugkraftregelung ist vor allem bei der Bodenbearbeitung mit Geräten, deren Tiefgang nicht durch Stützräder oder Walzen reguliert wird, von Vorteil (z.b. Universalgrubber, gezogene Tiefenlockerer). Sie verringerten Treibradschlupf und erhöht die Steigfähigkeit des Schleppers.

- Die Funktion der **Mischregelung** besteht darin, dass zwischen den Regelbereichen Lagerregelung und Zugwiderstandsregelung stufenlos umgeschaltet wird und dadurch beim Geräteeinsatz anteilmäßig beide Funktionen zur Wirkung kommen. Dadurch werden starke Schwankungen bei Zugkraftbedarf und Arbeitstiefe vermieden. Für die Mischregelung besteht beim Weinbergschlepper kein echter Bedarf, allerdings wird sie häufig angeboten, da sie kaum Einfluss auf die Produktionskosten des Schleppers hat.

Abbildung 334: Beispiel für eine mechanische Lageregelung (links) und Zugwiderstandsregelung (rechts)

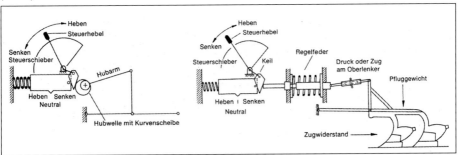

Abbildung 335: Elektronische Hubkraftregelung (EHR);
1 = Hydraulikpumpe, 2 = Regelsteuergerät / Regelventil, 3 = Hubzylinder,
4 = Elektronisches Steuergerät, 5 = Kraftsensor / Kraftmessbolzen, 6= Lagesensor/
Lagemelder, 7 = Bedienpult

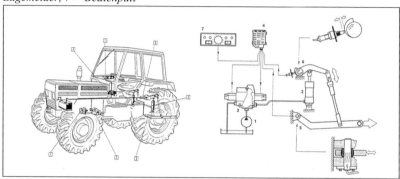

Die Übertragung der Messwerte, der Soll-Ist-Vergleich und die Betätigung des Wegeventils können mechanisch, elektronisch oder hydraulisch erfolgen. Bei der **mechanischen Hubwerkregelung (MHR)** werden die Auslenkungen der Messfedern und der Kurvenscheibe über Gestänge an das mechanisch arbeitende Regelgerät weitergegeben. Die gewünschte Stellung wird über den Steuerhebel vorgewählt. Bei Erhöhung z.B. des Zugwiderstandes nimmt der Druck am Oberlenker und damit auch auf die Regelfeder zu. Dadurch drückt die Regelstange auf den pendelnd aufgehängten Keil am Steuerschieber und dieser wird solange in Richtung "Heben" verschoben, bis die ursprünglich eingestellte Druckkraft (Zugwiderstand) am Oberlenker wieder eingestellt ist. Das Gerät wird angehoben. Sinkt der Druck (Zugwiderstand) am Oberlenker wieder, erfolgen entsprechende Senk-Impulse.

Moderne Schlepper verfügen über eine **elektrohydraulische Hubwerkregelung (EHR).** Hierbei übernehmen elektronische Kraftsensoren (Kraftmessbolzen) bzw. Lagesensoren (Lagemelder) die Aufgabe der Federn. Die Signale werden in einem elektronischen Steuergerät verarbeitet. Dabei werden die sogenannten Ist-Werte mit den über das Bedienpult eingestellten Soll-Werten verglichen. Bei Differenzen wird das elektrohydraulische Regelventil angesteuert. Dieses bewegt den Hubzylinder, der den Hubarm steuert, und es wird ein Heb- oder Senkvorgang eingeleitet bis Ist- und Soll-Werte wieder übereinstimmen.

Mittlerweile kann die EHR eine Reihe weiterer Zusatzfunktionen umfassen, wie externe Regelung, Schlupfregelung, Zylinderdruckregelung und aktive Schwingungs-

560

dämpfung. Für Weinbauschlepper ist in erster Linie die **Schwingungsdämpfung** interessant. Diese zuschaltbare Funktion bringt vor allem bei Straßenfahrten mit schweren Anbaugeräten eine Verringerung der Schwingungsbelastung und sorgt damit für ein besseres Lenkverhalten und eine geringere Beanspruchung des Drei-Punkt-Gestänges.

Abbildung 336: Funktionelle und ergonomische Anordnung der Bedienelemente der EHR auf der Seitenkonsole

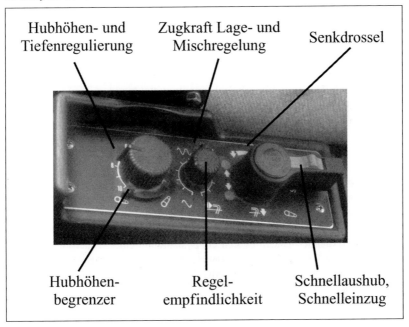

Abbildung 337: Einfluss der Regelungsart auf den Verlauf der Furchentiefe bei unterschiedlichem Bodenzustand

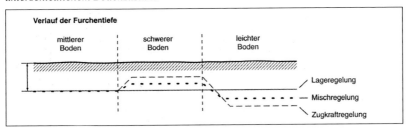

20.2.10 Fahrwerk

Das Fahrwerk eines Schleppers unterliegt besonders hohen Beanspruchungen.
Es soll

*   hohe Lasten aufnehmen,
*   Fahrbahnunebenheiten ausgleichen,
*   den Fahrkomfort verbessern und
*   hohe Fahrsicherheit erreichen.

20.2.10.1 Vorderachse

Die Vorderachse ist als Lenkachse ausgebildet und meist ungefedert. Um Unebenheiten im Gelände auszugleichen, ist sie am Vorderachsbock pendelnd aufgehängt.

Angetriebene Vorderachsen bei den Allrad-Schleppern sind mit einem Differenzialgetriebe und für jedes Rad mit einem Achsgetriebe versehen. Dadurch können die Achsen mit hohen Drehmomenten belastet werden. Mit eingebauten, automatisch arbeitenden Differenzialsperren sind auch bei schwierigen Einsatzverhältnissen hohe Zugkräfte zu erzielen.

Die **hydropneumatische Federung** von Vorderachsen und Kabinen ist bei größeren Ackerschleppern mittlerweile ein fester Bestandteil der technischen Ausstattung. Bei Schmalspurschleppern wird eine Vorderachsfederung erst von wenigen Herstellen (z.B. Fendt, Dexheimer, Krieger) gegen einen Aufpreis von ca. 2500 ¤ angeboten. Bei Fendt und Dexheimer handelt es sich um Systeme mit einer Federschwinge. Die Vorderachse, die über eine Federschwinge mit dem Zentralholm verbunden ist, erfasst Bodenunebenheiten und gibt diese an doppelt wirkende Hydraulikzylinder weiter. Das verdrängte Öl aktiviert blitzschnell die Stickstoff-Membranspeicher, die die auftretenden Stöße über Gaspolster abdämpfen. Die Führung in Querrichtung übernimmt ein Querstabilisator. Die integrierte Niveauregulierung über einen Lagesensor bietet einen gleich bleibenden Federungskomfort unabhängig von der Last. Weiter vorteilhaft ist die Erhaltung des Pendelwegs der Vorderachse von mindestens 10 Grad, der für eine bessere Geländeanpassung und Traktion sorgt und damit die Standsicherheit auf unebenem oder hängigem Gelände verbessert.

Krieger verwendet eine Querschwinge, die laut Herstellerangabe die Bodenfreiheit im Zwischenachsbereich erhält und den Schlepper insgesamt nicht erhöht. Hier "verarbeitet" ein einzelner Stoßdämpfer auf der linken Schlepperseite mit einem angegebenen Federweg von 80 mm die Fahrbahnunebenheiten.

Neben der niveaugeregelten hydropneumatischen Vorderachsfederung ist ein **Wankausgleich** sehr wichtig. Er unterdrückt ein Aufschaukeln und seitliche Schwingungsbewegungen werden wesentlich reduziert, was eine höhere Stand- und Arbeitssicherheit gewährleistet. Weitere Verbesserungen des Fahrkomforts bietet das Zusammenwirken mit dem Schwingungstilgungssystem der EHR und einer Kabinen-federung oder Silentblocklagerung (= Schwingungsdämpfung und Geräuschminderung bei der Kabinenlagerung durch Gummi-Metall-Elemente).

Die Vorderachsfederung senkt die Schwingungsbelastung des Fahrers und erhöht die Fahrstabilität. Sie bringt erhöhte Fahrsicherheit durch:

- Optimale Lenkfähigkeit durch besseren Straßenkontakt.
- Reduzierte Radlastschwankungen und reduzierte seitliche Schwingungs-bewegungen.
- Kein Springen der Vorderachse, vor allem bei schnelleren Straßenfahrten.
- Bessere Führung von Frontanbaugeräten.
- Reduzierte Anspruchung von Drei-Punkt-Vorrichtung und Anbaugeräten.

Der Fahrkomfort für den Fahrer wird gesteigert durch:

- Weniger Aufbauschwingungen.
- Reduzierung der Nickbeschleunigung.
- Stressfreieres Fahren bei höheren Arbeits- und Transportgeschwindigkeiten.

Abbildung 338: Aufbau der hydropneumatischen Federung

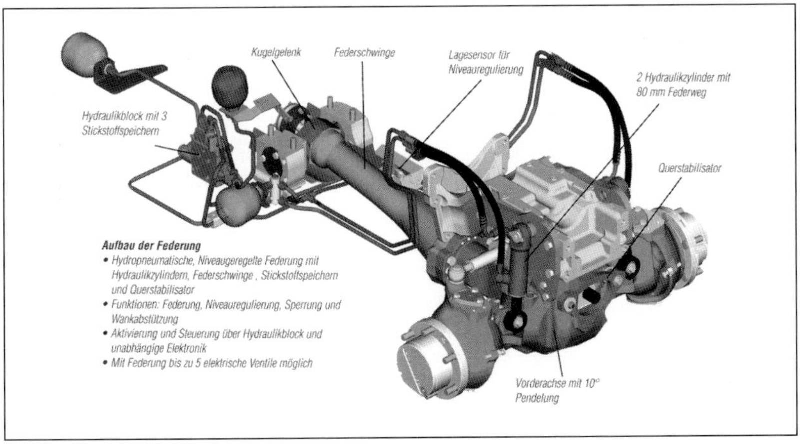

Um die Lenkfähigkeit sicherzustellen, muss die Last auf der Vorderachse mindestens 20 % des Leergewichtes des Traktors betragen. Bei Bedarf sind entsprechend Vorderachsgewichte zu verwenden. Die Stellung der gelenkten Räder zur Achse und zum Boden muss, um die Lenksicherheit sicherzustellen und die Reifenabnutzung zu minimieren, exakt eingestellt sein.

Maßgeblich für die Lenkfähigkeit des Schleppers sind neben der Achsbelastung auch die **Spreizung** und der **Radsturz.** Betrachtet man die Vorderräder von vorn, so stehen sie nicht senkrecht, sondern sind oben leicht nach außen geneigt, sodass die Räder unten enger stehen als oben. Dies bezeichnet man als Sturz. Die Spreizung ergibt sich aus dem Winkel zwischen den nach innen geneigten Achsschenkelbolzen und einer Senkrechten. Durch Sturz und vor allem Spreizung werden der Lenkrollradius und damit die Lenkkräfte gering gehalten. Die Spreizung unterstützt zusätzlich die Rückstellung der Räder nach Kurvenfahrt. Der **Nachlauf** (Neigung des Achsschenkels) bewirkt, dass sich eine selbsttätige Rückstellung der Räder zur Geradeausfahrt wieder einstellt.

Zum Ausgleich der elastischen Verformung während der Fahrt sind die Räder nicht parallel, sondern vorn etwas enger gestellt. Dieser Unterschied wird als **Vorspur** bezeichnet. Durch die Vorspur wird die Lenkung erleichtert und das Flattern der Vorderräder gemindert.

Abbildung 339: Vorspur

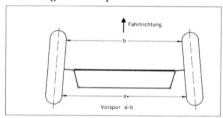

Abbildung 340: Nachlauf, Spreizung und Sturz

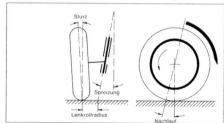

20.2.10.2 Lenkung

Die Lenkung dient der Fahrtrichtungsänderung. Die Geometrie der Lenkung ist so ausgelegt, dass bei Kreisfahrt die Fahrtrichtung der gelenkten Räder möglichst senkrecht zu Verbindungslinie zwischen Rad und Mittelpunkt des Kreises steht. Das Fahrzeug soll sich leicht lenken lassen, genau die Spur halten und einen kleinen Wendekreis beanspruchen. Die Lenksicherheit wird entscheidend von der Lenkgeometrie der Achse und von der Bodenhaftung der Räder beeinflusst.

Lenksysteme

Die **Achsschenkelung** ist das Lenksystem von Kraftfahrzeugen und Schleppern konventioneller Bauart. Bei ihr hat jedes gelenkte Rad eine eigene Drehachse (Achsschenkel). Um ein einwandfreies Abrollen aller Räder bei Kurvenfahrt zu erreichen, muss das kurveninnere Rad stärker als das kurvenäußere Rad einschlagen. Diese Zuordnung wird durch das Lenktrapez aus zwei Spurhebeln und Spurstange erreicht. Es wird ein Lenkeinschlag bis zu 55° erreicht.

Allradlenkung ist eine Achsschenkellenkung, bei der auch die Hinterräder gelenkt werden. Dadurch lässt sich ein kleinerer Wendekreis erzielen. Bei Kurvenfahrt beschreiben die jeweiligen Vorder- und Hinterräder die gleiche Spur. Durch verschiedene Schaltungen sind nur die Vorder- oder Hinterräder zu lenken. Oft ist sie zusätzlich mit einer "Hundegang-Schaltung" ausgerüstet, die eine gleichsinnige Verstellung aller Räder ermöglicht, um ein Abdriften am Hang zu vermeiden oder den Schlepper seitlich zu versetzen (z.B. Forsteinsatz).

Die **Knicklenkung** hat sich besonders im Steilhang bewährt. Die starren Achsen werden dabei durch ein Knickgelenk in der Fahrzeugmitte gegeneinander verschränkt. Dadurch hat der Schlepper eine sehr gute Wendigkeit bei einfach aufgebauten Achsen. Die Räder laufen hier ebenfalls Spur in Spur. Nachteilig ist, dass in manchen Fahrsituationen (z.B. Wenden mit Anbaugeräten am Steilhang) ein Rad zeitweise von der Fahrbahn abheben kann und damit die Kippgefahr steigt. Durch ein Zusatzaggregat, den so genannten Radlastausgleich, der im Knickgelenk angebracht wird, kann das Abheben wirkungsvoll reduziert werden.

Bei der **Drehschemellenkung** (Drehkranzlenkung) werden die Räder der Lenkdrehachse (Vorderachse) beim Einschlagen um einen gemeinsamen Drehpunkt geschwenkt. Durch die Verkleinerung der Standfläche wird die Kippneigung größer. Die Drehschemellenkung wird bei zweiachsigen Anhängern verwendet. Sie besitzt eine gute Rangierfähigkeit.

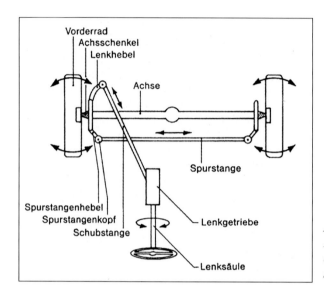

Abbildung 341:
Lenkungsteile
einer Achs-
schenkellenkung

Abbildung 342: Lenksysteme, a = Drehschemellenkung,
b = Achsschenkellenkung, c = Allradlenkung, d = Allradlenkung
("Hundegang"), e = Knicklenkung

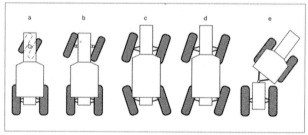

Betätigung

Bei der **mechanischen Lenkung** werden die Räder mit Handkraft über Lenkgetriebe und Lenkhubstange bewegt. Beim Drehen des Lenkrades wird ein Moment erzeugt, das im Lenkgetriebe übersetzt und vom Lenkstockhebel auf die Lenkschubstange, den Lenkhebel, die Spurstange und die Räder übertragen wird.

Die **Servolenkung,** eine mechanische Lenkung mit hydrostatischer Lenkhilfe, wird zur Verringerung der Lenkkräfte, vor allem bei hohen Vorderachslasten (Allradantrieb, Frontlader) eingesetzt. Ein im Lenkgetriebe integrierter Zylinder mit Wegeventil unterstützt die Lenkbewegung. Das Ventil wird durch die Betätigung des Lenkrades mechanisch gesteuert. Den erforderlichen Öldruck erzeugt eine Ölpumpe.

Bei der **vollhydrostatischen Lenkung** besteht keine mechanische Verbindung zwischen Lenkrad und Vorderrädern. Die Lenkkräfte werden durch eine Hydraulikpumpe erzeugt. Bei Lenkbewegungen am Lenkrad öffnen oder schließen sich Steuerventile, die den Lenkvorgang einleiten und das Öl über Leitungen einem doppelt wirkenden Lenkzylinder zuführen.

Wenderadius und Wendigkeit
Die Wendigkeit eines Schmalspurschleppers war in der Vergangenheit ein wichtiges Kaufkriterium. Bei Gassenbreiten um 2,00 m und ausreichend bemessenen Vorgewenden, wie sie in den meisten Weinbergsgemarkungen mittlerweile vorhanden sind, ist es nicht mehr so entscheidend, ob der Wendekreis eines Schleppers 30 cm enger ist, als der eines Konkurrenzfabrikats. Allerdings sind zügige Wendevorgänge bei der Arbeitserledigung sehr wichtig. Vollhydrostatische Lenkungen, lenkeinschlagsabhängige Abschaltung des Allradantriebs und eine Wendeschaltung auf Knopfdruck sind wesentliche Erleichterungen bei Wendemanövern. Darüber hinaus sind durch verschiedene Lenkkonstruktionen die Wenderadien der Schmalspurschlepper in den letzten Jahren verringert worden. Durch Veränderung der Form des Vorderachsbockes in Wespentaillen-Ausführung entstanden neue Lenktriebachsen mit Lenkeinschlagwinkeln bis 50 Grad, bei neueren Ausführungen sogar von 55 bis 60 Grad. Die SuperSteer-Achse von New Holland ermöglicht sogar einen Lenkeinschlag von 71 Grad. Der Wendekreisradius hat sich dadurch auf nunmehr 3,1 bis 3,35 m reduziert, wodurch engste Wendemanöver möglich sind und Schaltvorgänge eingespart werden.

Abbildung 343: *Vollhydrostatische Schlepperlenkung*

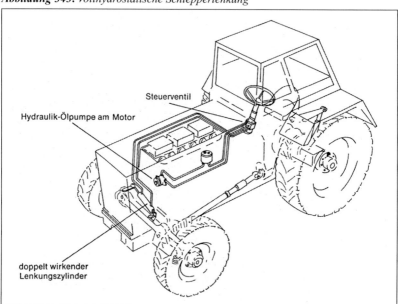

Steuerventil

Hydraulik-Ölpumpe am Motor

doppelt wirkender
Lenkungszylinder

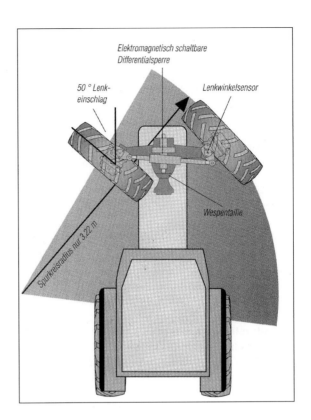

Elektromagnetisch schaltbare
Differentialsperre

50° Lenk-
einschlag

Lenkwinkelsensor

Wespentaille

Spurkreisradius nur 3,22 m

Abbildung 344:
Kleiner Wenderadius
durch extremen
Lenkeinschlag und
Wespentaille

20.2.11 Bremsen

Anforderungen und Aufgaben

Mangelhaft funktionierende Bremsen führen häufig zu Unfällen. Jeder Schlepperfahrer muss deshalb vor einer Fahrt die Betriebs- und Verkehrssicherheit des Fahrzeugs überprüfen. Je nach der Art des Fahrzeugs und seiner bauartbedingten Höchstgeschwindigkeit schreibt die STVZO (Straßenverkehrszulassungsordnung) verschiedene Ausrüstungen mit Bremsen und Mindestwerte für ihre Bremswirkung vor
(Überwachung durch TÜV). Für Kraftfahrzeuge, also auch für Schlepper, sind zwei
voneinander unabhängige Bremsanlagen vorgeschrieben, eine Betriebsbremse (Fußbremse) und eine Feststellbremse (Handbremse).

569

Die wichtigsten Aufgaben von Bremsen sind:

- Verringern der Fahrgeschwindigkeit (Betriebsbremse).
- Verhindern des Wegrollens des abgestellten Fahrzeugs (Feststellbremse).
- Unterstützen von Lenkvorgängen im Gelände (Einzelradbremse).

Die Betriebsbremse von Schleppern darf als Einzelradbremse (Lenkbremse) mit zwei getrennten Pedalen ausgebildet sein. Diese müssen bei der Fahrt auf öffentlichen Straßen durch eine Verriegelungslasche fest miteinander gekoppelt sein, sodass eine gleichmäßige Bremswirkung auf beiden Seiten erzielt wird.

Bremsübertragung

Die Übertragung der Bremskraft bei Schleppern kann mechanisch oder hydraulisch erfolgen. Bei **mechanischen Bremsen** wird die Kraft von den Bremspedalen bzw. dem Handbremshebel über ein Gestänge an die Bremsen weitergeleitet. Wegen der Reibung in den Lagern und der begrenzten Hebelübersetzung sind hohe Betätigungskräfte erforderlich. Außerdem sind die Bremsen nur schwer gleichmäßig einzustellen. Die mechanische Betätigung wird noch bei Feststellbremsen und bei kleineren Schleppern bei Betriebsbremsen angewendet.

Bei **hydraulischen Bremsen** (Flüssigkeitsbremsen) wird beim Betätigen des Bremspedals im Bremshauptzylinder der erforderliche Druck erzeugt, der über Bremsleitungen an die Kolben der Radbremszylinder weitergegeben wird und die Bremsbacken gegen die Trommel presst. Hydraulische Bremsen haben gegenüber mechanischen Bremsen den Vorteil, dass sie weniger Kraftaufwand erfordern, hohe Bremskräfte aufweisen und einen geringeren Wartungsaufwand brauchen. Auf einen ausreichenden Stand der Bremsflüssigkeit muss geachtet werden.

Abbildung 345: *Bremsbetätigung, mechanisch (links) und hydraulisch (rechts)*

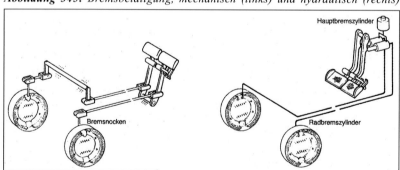

Anhängerbremsen

Landwirtschaftliche Anhänger und angehängte Arbeitsmaschinen von über 3 to. zulässigem Gesamtgewicht sind mit einer Betriebsbremse, Feststellbremse und Abreißbremse ausgestattet. Sie wirken gemeinsam auf eine oder mehrere Bremsachsen, die überwiegend Trommelbremsen haben.

Druckluftbremsen sind für größere Anhänger, die eine höhere Bremskraft erfordern, notwendig. Es wirken dabei die von der Druckluft des Schleppers erzeugten Kräfte auf die Bremsen des Anhängers. Die Druckluft wird von einem Kompressor erzeugt, der direkt von der Kurbelwelle des Motors mit einem Keilriemen angetrieben wird. Druckluftanlagen benötigen eine gute Wartung. Der Betriebsdruck der Anlage ist regelmäßig zu überwachen.

Bei **Auflaufbremsen** schiebt sich beim Abbremsen des Zugfahrzeugs die Zugöse in die Anhängedeichsel ein. Diese Bewegung wird über ein Gestänge mechanisch auf die Bremsnocken der Trommelbremse übertragen und löst dadurch die Bremsung aus. Über einen Sperrhebel kann das Einschieben der Zugöse für Rückwärtsfahrt blockiert werden, um ein Bremsen beim Rückwärtsschieben des Anhängers zu vermeiden. Neuere Systeme mit Rückfahrautomatik kommen ohne diesen Sperrhebel aus. Der Bremshebel auf der Deichsel wird als Feststellbremse und durch Verwendung eines Abreißseiles, das mit dem Schlepper verbunden ist, als Abreißbremse benutzt. Zur Rückwärtsfahrt ist die Auflaufvorrichtung der Deichsel zu sperren. Besitzt die Bremsanlage eine Rückfahrautomatik, ist die Bremswirkung nur vorwärts gegeben, bei Rückwärtsfahrt löst sie sich bis auf einen kleinen Restbremswert.

Bremsenbauarten

Die wichtigsten Bauarten sind **Trommelbremsen** und **Scheibenbremsen.** Bei Trommelbremsen unterscheidet man zwischen **Innenbackenbremsen** (Simplex-, Duplex-, Servobremsen) und **Bandbremsen.**

Die Bremsbeläge können von Luft ("trocken") oder Öl ("nass") umgeben sein. Für trockene Bremsen sprechen der gute Reibbeiwert, die kleinen Reibflächen, vollständiges Lösen im unbetätigten Zustand und der einfache Ersatz der Bremsbeläge. Vorteile der nassen Bremsen sind die gute Wärmeabfuhr, der geringe Verschleiß und die vollständige Kapselung (keine Verschmutzung).

- **Trommelbremsen als Innenbackenbremsen** werden vorwiegend als Betriebsbremse verwendet. Die Bremstrommel sitzt fest auf der Radnabe und läuft mit ihr um. Die Bremsbacken und die Teile zur Erzeugung der Spannkraft sitzen auf dem Bremsträger. Dieser ist an der Radaufhängung befestigt und steht still. Beim Bremsen werden die Bremsbacken mit ihren Belägen durch die Spannvorrichtung (Pedal) gegen die Bremstrommel gedrückt und erzeugen so die notwendige Reibung, wodurch das Rad abgebremst wird. Die Spannkraft kann hydraulisch durch Radbremszylinder oder mechanisch durch Gestänge (Betriebsbremse) oder Seilzug (Feststellbremse) erzeugt werden. Nach dem Bremsen (Freigabe des Bremspedals) werden die Bremsbacken von einer zwischengeschalteten Rückholfeder in ihre Ausgangsstellung zurückgezogen. Um die Abnutzung zu mindern, sind die Bremsbacken, ähnlich wie die Kupplung, mit einem Reibebelag versehen. Dieser muss nach Abnutzung erneuert werden.

- Bandbremsen werden heute an Schleppern nur noch als Feststellbremsen verwendet.
- Bei Scheibenbremsen wird der Bremsbelag gegen die umlaufende Bremsscheibe gepresst. Es werden vornehmlich Teilscheibenbremsen verwendet. Sie haben einen festen Bremssattel (Festsattelbremse), indem die Bremsbeläge und Bremskolben untergebracht sind. Durch den Druck der Bremsflüssigkeit pressen die Kolben die Bremsbeläge gegen die Bremsscheibe aus Stahl. Da sich die Bremsscheiben im Luftstrom des Fahrtwindes befinden, ist eine gute Kühlung gegeben. Teilscheibenbremsen haben sich im Pkw- und Lkw-Bau sehr bewährt. Beim Schlepper werden sie teilweise als Betriebsbremse, aber vor allem als Bremse für die Vorderräder (auf der Allradantriebswelle) eingesetzt.
- Vollscheibenbremsen bestehen aus umlaufenden verschiebbaren Bremsscheiben. Der ringförmige Bremsbelag ist an den Scheiben befestigt oder läuft lose mit. Beim Bremsvorgang werden über Druckscheiben die Bremsscheiben in das Bremsgehäuse gepresst und dadurch wird der Bremsvorgang eingeleitet. Es gibt nass (im Ölbad) und trocken laufende Ausführungen.

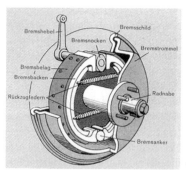

Abbildung 346: Trommelbremse

Abbildung 347: Festsattelscheibenbremse

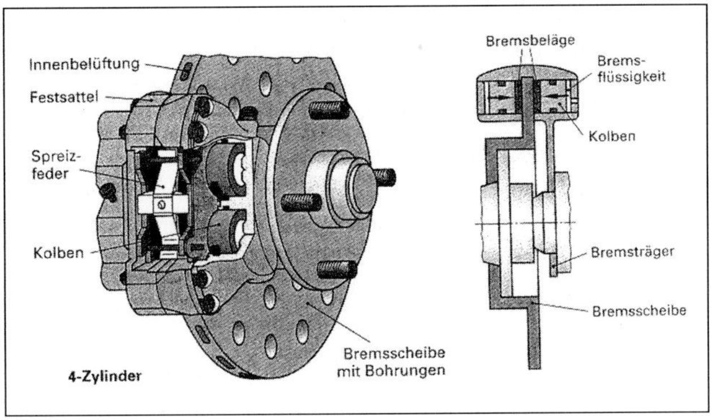

20.2.12 Bereifung

Die Reifen eines Fahrzeuges sollen möglichst hohe Lasten tragen können, geringen Bodendruck verursachen und Stossbelastungen abfedern. Triebradreifen müssen zusätzlich hohe Zugkräfte bei geringem Schlupf übertragen können. Deshalb sind Reifen je nach Verwendungszweck in Aufbau, Profil und Größe unterschiedlich.

Aufbau und Bauarten
Der Reifen besteht aus Karkasse (Gewebeunterbau), Gürtel (bei Radialreifen), Seitengummi, Lauffläche und den Wülsten mit eingelegten Stahldrahtkernen. Die Karkasse ist aus mehreren Kordgewebelagen, die aus Rayon, Aramid, Stahldraht oder Polyester hergestellt sind, aufgebaut. Die Kordfäden werden in Lagen übereinander gelegt und zwar entweder diagonal im spitzen Winkel zur Fahrtrichtung (Diagonalreifen) oder radial im rechten Winkel zur Fahrtrichtung (Radialreifen). Die Zahl der Gewebelagen ist ausschlaggebend für die Härte und Trägfähigkeit des Reifens. Sie sind um den Wulstkern geschlagen und erhalten damit ihre Verankerung. Die Karkasse ist nach außen hin von einem Seitengummi, gelegentlich von einer Scheuerleiste abgedeckt, denn im Allgemeinen haben die Reifen an der Seite den schwächsten Punkt. Der Drahtkern im Wulst hält den Reifen auf der Felge und gewährleistet die Übertragung von Brems- und Antriebsmoment. Eine weitere Aufgabe der Wulst ist die Abdichtung der Luft zur Felge. Die Lauffläche ist mit einem Stollenprofil versehen. Die Art der Stollen kann recht unterschiedlich sein, weit oder eng voneinander entfernt, hochkantig oder flachkantig. Entsprechend unterschiedlich sind auch die Eigenschaften des Reifens hinsichtlich Bodenschonung, Zugkraft und Schlupfverhalten. Nach dem Aufbau der Karkasse lassen sich Diagonal- und Radialreifen unterscheiden.

573

Beim **Diagonalreifen** laufen die Kordlagen von Wulst zu Wulst und sind abwechselnd in Winkeln von deutlich unter 90° zur Mittellinie der Lauffläche angeordnet. Dadurch ergibt sich eine erhöhte Seitenwandfestigkeit, aber der Reifen ist verhältnismäßig steif und plattet sich weniger ab als der weichere Radialreifen. Schläge und Schwingungen am Schlepper werden nur geringfügig gedämpft und der Reifen hat eine geringere Verschleißfestigkeit. In der Reifenbezeichnung ist der Diagonalreifen mit einem Bindestrich vor dem Felgendurchmesser gekennzeichnet.

Abbildung 348: Begriffe am Reifen

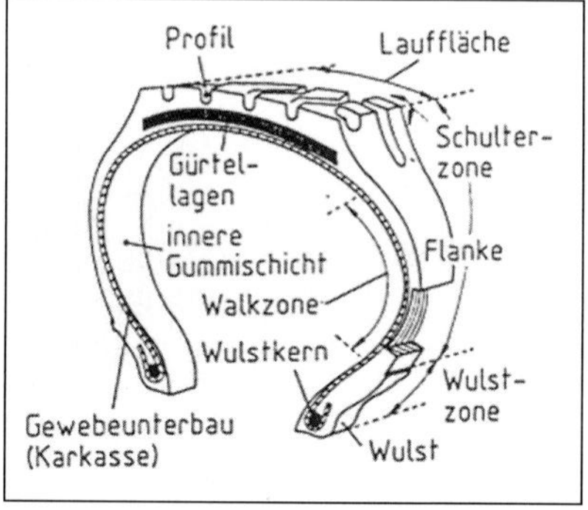

Beim **Radial- oder Gürtelreifen** laufen die einzelnen Kordlagen der Karkasse im Winkel von 90° zur Mittellinie der Lauffläche von Wulst zu Wulst, weshalb die Seitenwand verhältnismäßig weich ist. In der Laufrichtung ist rund um den Reifen ein fast undehnbarer Gürtel aus mehreren Kordlagen angeordnet. Die Lauffläche wird dadurch sehr stabil, dennoch hat der Reifen durch die weichen Seitenflächen größere Einfederungen als Diagonalreifen und damit größere Aufstandsfläche. Die Vorteile gegenüber dem Diagonalreifen sind:

- Geringerer Schlupf, bessere Bodenhaftung.
- Geringerer Bodendruck, bessere Bodenschonung.
- Gute Walkeigenschaften zur optimalen Selbstreinigung.
- Bessere Kraftübertragung.
- Längere Lebensdauer.
- Geringerer Rollwiderstand.
- Geringerer Kraftstoffverbrauch.

Verschiedene Hersteller kombinieren Elemente der Diagonal- und Radialbauweise (z.B. Trelleborg Twin-Breitreifen). Diese **Gürtelreifen mit Diagonalkarkasse** vereinigen die positiven Eigenschaften der Radialreifen mit denen der Diagonalreifen (unempfindliche Flanken und robuste langlebige Karkasse). Sie sind in der Diagonalbauweise gefertigt, wobei die Karkasse aber durch einen Gürtel aus zwei oder mehr unmittelbar an die Karkasse anschließenden Lagen eines nicht dehnbaren Kordmaterials in wechselnden Winkeln umspannt wird.

574

Abbildung 349: Aufbau einer Radialkarkasse (links) und einer Diagonal-Gürtelkonstruktion (rechts)

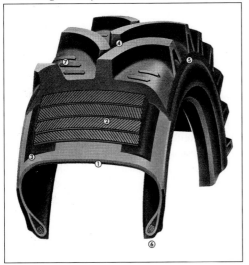

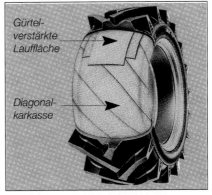

1 = Karkasse mit Radialaufbau;
2 = Textilgürtel (mehrlagig); 3 = Gürtelstützkissen;
4 = Profil; 5 = Flanken;
6 = Reifenwülste mit Drahtkern; 7 = Zwischenstollen

Breitenbezeichnungen
Ein Kriterium für die Einteilung der Reifen ist das Verhältnis von Flankenhöhe zu Reifenbreite bzw. das Verhältnis von Reifenbreite zum Aussendurchmesser. Beim Normalreifen liegt das Verhältnis von Flankenhöhe zu Reifenbreite H/B bei 0,85:1 bis 0,9:1 (die Reifenbreite beträgt weniger als 1/3 des Aussendurchmessers). **Breitreifen oder Niederquerschnittsreifen** haben gegenüber den herkömmlichen Reifen eine niedrigere Flanke. Das das Verhältnis Höhe zu Breite liegt bei unter 80 % (0,8:1), bzw. die Reifenbreite beträgt etwa 1/3 bis 1/2 des Reifenaußendurchmessers.

Beispiel: 360/70 R 24. Die erste Zahl 360 steht für die Reifenbreite in mm, 70 ist das Verhältnis der Flankenhöhe zur Reifenbreite (70 %), R bedeutet Radialreifen und 24 ist der Felgendurchmesser in Zoll.

Superbreitreifen (Terrareifen) haben eine noch breitere Lauffläche als Breitreifen und können mit relativ niedrigem Luftdruck gefahren werden. Sie sind deshalb besonders bodenschonend und eignen sich gut für wenig tragfähige Böden. Das Verhältnis H/B liegt bei etwa 0,6:1 bis 0,5:1, die Reifenbreite ist größer als 1/2 des Reifenaußendurchmessers.

Die Vorteile von breiten Reifen gegenüber Normalreifen sind:

- Geringere Bodenverdichtung.
- Weniger Schlupf.
- Schonung der Grasnarbe.
- Geringere Kippgefahr im Hang.
- Geringerer Rollwiderstand.

Die Vorteile von Breitreifen kommen nur bei niedrigen Luftdrücken voll zur Geltung. Für das Fahrverhalten auf Straßen ist jedoch ein höherer Luftdruck günstiger. Die fahrgeschwindigkeitsabhängige Anpassung des Reifenluftdruckes entsprechend der Reifenlasten nach Herstellerangaben wäre daher sehr wichtig. Eine Druckluftregelanlage, wie sie von einigen Herstellern (z.B. Holder) angeboten wird, hat aber bisher in der Praxis wenig Anklang gefunden. Ein stark vom Idealwert abweichender Reifeninnendruck hat grundsätzlich negative Auswirkungen auf die Fahreigenschaften und die Lebensdauer der Reifen (Abbildung 350).

Die Reifenbreite wird im Weinbau meist durch den Zeilenabstand bestimmt. Dabei sollte zwischen Schlepper und Zeile ein Sicherheitsabstand von mindestes 25, besser 30 cm sein. Bei 2 m Zeilenbreite ergibt sich demnach eine maximale Schlepperbreite von rund 1,40 m. Als gängige Reifengröße hat sich die Breite 13,6 Zoll verstärkt durchgesetzt und die in der Vergangenheit üblichen Standardbereifungen der Breite 12,4 Zoll abgelöst. Der Reifendurchmesser ist unter Berücksichtigung der Kippstabilität des Schleppers auf 24 oder 28 Zoll eingeschränkt.

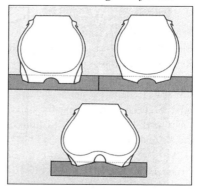

Abbildung 350: Bodengriff von Schlepperreifen bei richtigem, zu hohem und zu niedrigem Luftdruck

Eine Möglichkeit zur Anpassung der Schleppergesamtbreite an unterschiedliche Zeilenabstände bietet die Spurverstellung. Die meisten Weinbauschlepper sind dazu mit Spurverstellfelgen ausgestattet. Mit der Einpresstiefe der Felge oder durch verschiedenes Befestigen der Felgenscheibe an der Felge lassen sich unterschiedliche Spurweiten einstellen.

Reifenbezeichnungen

Die Reifenbezeichnung richtet sich nach der Reifenbreite B und dem Felgendurchmesser F. Beim Diagonalreifen werden beide Angaben durch einen Strich, beim Radialreifen durch ein R getrennt. Bei einigen Reifen wird zusätzlich das Querschnittsverhältnis in Prozent angegeben. Es beträgt bei Breitreifen etwa 70% und weniger (siehe Beispiel Breitenbezeichnungen). In älteren Bezeichnungen sind die Maßangaben noch in Zoll (1 Zoll = 2,54 cm) aufgeführt. Für neuere Reifenarten werden millimetrische Abmessungen bevorzugt verwendet. Mit der Ausweitung der zulässigen Geschwindigkeiten wurde für die Reifen eine Geschwindigkeitskennzeichnung SI (Speed-Index) eingeführt.

Zur Bezeichnung der Reifentragfähigkeit wurde früher die PR-Zahl (Ply-Rating) verwendet. Sie entsprach etwa der Zahl der Leinwandlagen und ist mittlerweile durch die Tragfähigkeits-Kennzahl LI (Load-Index) ersetzt worden. Die Nenntragfähigkeit eines Reifens bezieht sich auf den Luftdruck. Der auf den Reifen bezogene Basisluftdruck ist mit Sternchen deklariert.

| * = 1,6 bar | ** = 2,4 bar | *** = 3,2 bar |

Tabelle 101: *Tragfähigkeitskennzahl (LI) mit zugehöriger maximaler Tragfähigkeit bei der jeweiligen Höchstgeschwindigkeit nach SI und 1,6 bar Reifendruck*

Load Index LI / Tragfähigkeit kg					
LI	kg	LI	kg	LI	kg
105	925	116	1250	127	1750
106	950	117	1258	128	1800
107	975	118	1320	129	1850
108	1000	119	1360	130	1900
109	1030	120	1400	131	1950
110	1060	121	1450	132	2000
111	1090	122	1500	133	2060
112	1120	123	1550	134	2120
113	1150	124	1600	135	2180
114	1180	125	1650	136	2240
115	1215	126	1700	137	2300

Tabelle 102: *Geschwindigkeitssymbole für Landwirtschaftsreifen (SI)*

Geschwindigkeitssymbol SI	A1	A2	A3	A4	A5	A6	A7	A8
zul. Höchstgeschwindigkeit km/h	5	10	15	20	25	30	35	40

Schlepperreifen sind heute meist schlauchlos, was durch die Bezeichnung "Tubeless" (TL) ausgedrückt wird. Die Verwendung schlauchloser Reifen erhöht die Pannensicherheit durch eine zusätzliche, luftdichte Innengummischicht. Sie bringt neben einem geringeren Preis günstigere Montagekosten und macht beim Umsteigen auf Breitreifen einen Felgenwechsel meist überflüssig.

Die derzeit gebräuchlichen Reifenbezeichnungen sind in Abbildung 351 erläutert.

Abbildung 351: Bezeichnungen und Hauptabmessungen am Reifen

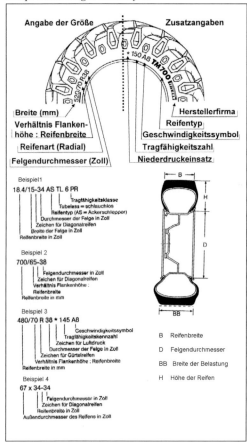

Reifenprofile

Für die weinbauliche Anwendung auf offenen Böden erweist sich ein schmalstolliges, offenes Profil mit geringer Überlappung in der Lauffflächenmitte bei etwas höherem Rollwiderstand als zugfähiger und im Hang als richtungsstabiler. Auf begrünten Fahrbahnen sind Profile mit breiteren Stollen, die in der Lauffflächenmitte überlappen, bei guter Zugfähigkeit und Seitenführung schonender für die Grasnarbe. Außerdem sind die Straßenfahreigenschaften mit großer Stollenüberlappung grundsätzlich besser.

Tabelle 103: Einfluss der Profilausführung auf die Reifeneigenschaften

Reifenprofi	Ver-schleiß	Zugkraft-(offen)	Grasnarben-schonung	Fahrverhalten auf der Straße
hohe Stollen	0	+	-	-
breite Stolen	+	-	+	0
weiter Stollenabstand	-	+	-	-
schrägere Stollenabstand	0	-	+	+
abgerundete Stollenüberlappung	0	-	+	-

+ = Vorteile überwiegen   0 = wenig Einfluss   - = Nachteile überwiegen

Wasserfüllung
Zur Ballastierung des Schleppers können die Reifen mit Wasser gefüllt werden. Dies ist nur möglich, wenn der Reifen mit einem Schlauch versehen ist und das Luftventil das Einschrauben des Wasserfüllventils zulässt. Die Wasserfüllung wird bis etwa 75 % des Reifenvolumens vorgenommen, sodass noch ein Luftpolster vorhanden ist, welches die Flexibilität des Reifens gewährleistet. Die Ventilöffnung steht dabei am obersten Punkt. Ist eine Ganzjahresfüllung vorgesehen, ist das Wasser mit einem Frostschutzmittel (Calcium-Chlorid) zu versehen. Für einen Frostschutzgrad bis -30°C ist eine Mischung von 0,307 kg Calcium-Chlorid und 0,921 Liter Wasser nötig. Das Calcium-Chlorid muss in das Wasser eingerührt werden. Die Wasserfüllung bringt bei einem Reifen der Größe 13,6 R 24 eine Zusatzballastierung bis 120 kg.

Weniger aufwändig ist eine Ballastierung mit Zusatzgewichten, die nach Bedarf an- oder abgebaut werden können.

Beachte:

- *Bei zu geringem Luftdruck muss der Reifen stärker walken (Durchbiegen der Reifenwand bei Belastung) und es steigt die Reifentemperatur. Da durch können sich Fäden aus dem Gewebe des Reifens lösen und die Lauffläche wird ungleich abgefahren.*

- *Bei zu hohem Luftdruck liegt der Reifen nicht mehr in der ganzen Breite auf und die Lauffläche wird vorwiegend in der Mittelpartie abgenutzt. Außerdem besteht die Gefahr von Stoßbrüchen, z.B. beim Überfahren von Steinen.*

- *Starkes Anfahren und Abbremsen beschleunigen die Abnutzung des Profils.*

- *Gummi sollte nicht mit Öl oder Kunststoff in Berührung kommen, da diese Stoffe Gummi angreifen.*

- *Reifen, die zur Erhöhung der Radlast mit Wasserballast gefüllt sind, müssen für den Winter mit Frostschutzmittel-Wassermischung befüllt werden.*

Abbildung 352: Vergleich Normalreifen zu Breitreifen

BEREIFUNG		
Diagonal	Reifenart	Niederquerschnitt
10,5 / 80-18,6 PR	Reifengröße	350-15,5, 2PR
hoch	Bodenverdichtung	nieder
normal	Zugfähigkeit Steigfähigkeit	hoch
normal	Radschlupf	geringer
normal	Straßentauglichk.	normal
normal	Kraftstoffverbr.	geringer

20.3 Ergonomie und Schleppergestaltung

Ergonomie ist der Teilbereich der Arbeitswissenschaft, der sich mit der Erforschung der Eigenschaften, Fähigkeiten und Reaktionen des Menschen und mit der Gestaltung von Arbeitsplätzen, Arbeitsmitteln, Arbeitsaufgaben und Arbeitsabläufen beschäftigt. Aufgabe der Ergonomie ist es, die Arbeitsumgebung dem Menschen anzupassen. Dabei gilt es die konstruktions-, sicherheits- und arbeitstechnischen Vorgaben des Arbeitsplatzes mit den "Daten" der Arbeitsperson, wie beispielsweise Körpergröße, Körperkräfte oder Sehanforderungen, so in Einklang zu bringen, dass der Mensch im Arbeitsprozess gut erträgliche und beeinträchtigungsfreie Arbeitsbedingungen vorfindet. Von zentraler Bedeutung für die Beurteilung der Situation am Arbeitsplatz sind – außer den Belastungen, die durch die Arbeitsaufgabe selbst hervorgerufen werden – vor allem Umgebungseinflüsse, wie klimatische Bedingungen, Lärm, Beleuchtung, Gefahrstoffbelastung, Vibrationen.

Wichtige Grundlage von Fahrer-Arbeitsplätzen ist die Berücksichtigung der Körpermaße. Hierbei leistet die **Anthropometrie** als Lehre von den geometrischen und funktionellen Abmessungen des menschlichen Körpers Hilfestellung. Für die maßliche Auslegung von Arbeitsplätzen, wie beispielsweise dem Schlepperführerstand, sind Körperumrissschablonen hilfreich.

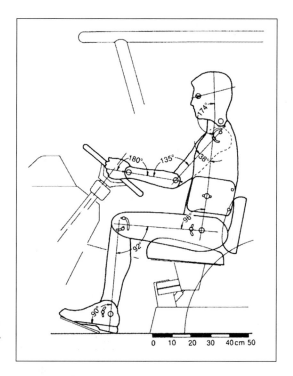

Abbildung 353:
Körperumrissschablone
für die Seitenansicht des
Schlepperfahrplatzes

Bei neuen Schlepperentwicklungen werden die ergonomischen Gesichtspunkte besonders stark berücksichtigt. Zielsetzung dabei ist die Verbesserung des Gesundheitsschutzes, der Sicherheit und des Komforts. Dabei sind bei der Schlepperfahrer-Arbeitsplatzgestaltung auf Schmalspurschleppern gegenüber Standardschleppern erschwerte Bedingungen gegeben durch:

- Enge Platzverhältnisse.
- Viele Bedienhebel auf engem Raum, die nicht immer ergonomisch optimal gestaltbar sind.
- Höhere Geräuschpegel am Fahrerohr, weil das Ohr näher an den Geräuschquellen und weniger Platz für Geräuschdämmung vorhanden ist.
- Höhere Wärmebelastung.

Die feste Anordnung von Sitz und Stellteilen (Pedale, Handhebel) führt auf einem Schlepper zu einer „Fesselung" des Fahrers, d.h. zu einer weitgehenden Zwangshaltung. Es kommt daher darauf an, eine physiologisch und ergonomisch „optimale" **Körperhaltung** zu finden. Bei den heutigen Weinbergschlepper ist die Fahrerplatzgestaltung durch zahlreiche Ausstattungen, wie Komfortkabine, gesundheitsschonende Sitze, leicht und exakt steuerbare Bedienteile und einen freien Durchgang ohne Behinderung durch Schaltelemente, optimiert.

Lärm führt langfristig zu Gehörschäden, teilweise auch zu seelischen Belastungen. Geräuschangaben werden in Dezibel, dB, angegeben. Das Dezibel ist der zehnte Teil eines Bels, das nach Alexander Graham Bell benannt wurde. Die Maßeinheit Bel ist eine dimensionslose Größe für den Logarithmus L (zehner Logarithmus) des Verhältnisses zweier Energien, Leistungen oder Intensitäten. In der Akustik wird meist die 0,1-fache Größe, das Dezibel, verwendet. Der Höreindruck beim Menschen und die schädlichen Wirkungen des Lärms hängen nicht nur von der Schallstärke, sondern auch von der Frequenz ab. Ein derart frequenzbewerteter Schallpegel wird in db(A) ausgedrückt. Dem Bereich unter 30 dB(A) kann jeglicher Lärmcharakter abgesprochen werden. Im Bereich 30 bis 65 dB(A) können psychische Effekte (unangenehme Empfindungen, Verärgerung) auftreten. Zwischen 65 und 85 dB(A) treten neben psychischen auch physische Wirkungen (Blutdruckerhöhung, Herzfrequenzsteigerung, Stoffwechselstörung) auf. Über 85 dB(A) kann es dazu kommen, dass die Hörfähigkeit nachlässt. Deshalb sehen die Unfallverhütungsvorschriften verbindlich vor, dass bei über 85 dB(A) persönliche Schallschutzmittel bereitzustellen sind. Bei Werten von 90 dB(A) und mehr müssen persönliche Schallschutzmittel getragen werden.

Merke:
Eine Schallpegelzunahme um 10 dB(A) führt zu einer Verdoppelung der Lautstärkeempfindung.

Bei alten Schmalspurschleppern lassen sich häufig am Fahrerohr Schallpegelwerte von über 90 dB(A) messen. Durch Maßnahmen der Schalldämmung und Schalldämpfung, wie Versteifungen und Verrippungen an Geräuschemissionsquellen (z.B. Motor), geräuschabsorbierende Auskleidung, elastische Lagerung zwischen Kabine und Schlepper und Dämpfungsmaterial an großen Blechflächen, lassen sich bei Schmalspurschleppern die Schallpegel deutlich reduzieren. Auch das Arbeiten mit der Sparzapfwelle bringt eine Lärmminderung von durchschnittlich 1,7 dB(A).

Heutige Schlepper sind meist mit integrierter Komfortkabine ausgerüstet. Sie zeichnen sich durch verbesserte Sichtverhältnisse, vor allem aber durch Lärm- und Schwingungsreduzierung aus. Dies wird durch Gummi-Metall-Elemente erreicht (Silentblocklagerung). Große Ackerschlepper verfügen teilweise über eine hydropneumatische Federung der Kabine. Im Gegensatz zur Verdeckkabine bildet bei der integrierten Kabine Armaturenträger, Kotflügel und Plattform eine konstruktive Einheit. Dies vermindert die Übertragung von Schall zum Beispiel über die Lenksäule oder die Pedale ins Kabineninnere. Zusätzlich schützen sie vor Staub, Pflanzenschutzbrühekontamination, Niederschlag und Kälte, sowie durch Nutzung einer Klimaanlage vor Hitze. Die Schallpegel am Fahrerohr bei einer Motordrehzahl von 2000 min^{-1} liegen bei Schmalspurschleppern mit Komfortkabine in der Regel unter 85 dB(A), allerdings ist bei geöffnetem Führerhaus ein Anstieg auf 90 und mehr dB(A) gegeben, was die Benutzung von Schallschutzmitteln erforderlich macht.

Abbildung 354: Schallpegelwerte

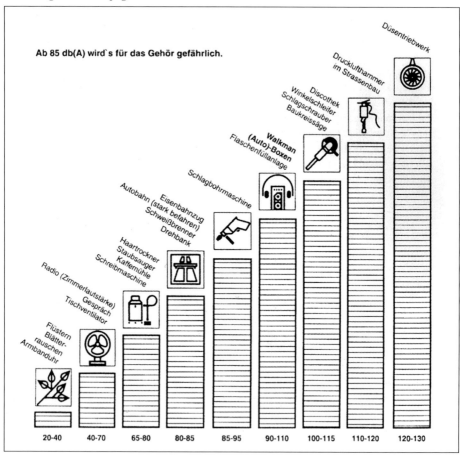

Schlepper entwickeln nicht nur Geräusche, sondern auch mechanische Schwingungen, die auf den Menschen übertragen werden. Bei langjähriger intensiver Schwingungsbelastung kann es zu vorzeitigen degenerativen Veränderungen an der Wirbelsäule kommen. Auch Erkrankungen im Magen- und Darmbereich können auftreten. Da die Räder von Schleppern wegen der besseren Geräteführung vorwiegend nicht gefedert sind, müssen die Schwingungen im Wesentlichen durch den Fahrersitz gedämpft werden. Die landwirtschaftlichen Berufsgenossenschaften haben in ihrer Unfallverhütungsvorschrift eine Prüfung des Schwingungsverhaltens aller Schleppersitze verbindlich vorgeschrieben. Da nahezu jeder zweite Winzer über 40 Jahren unter Rückenschmerzen leidet, sollte man nicht am Schleppersitz sparen. Luftgefederte Komfortsitze tragen durch eine automatische Gewichtsanpassung zur Verhinderung der Schwingungsbelastung bei. Auch Sitze mit mechanischer Dämpfung können bei richtiger Einstellung den luftgefederten Sitzen ebenbürtig sein. Auf weiteren Komfort, wie schweißaufsaugende Sitzbezüge, günstige Gestaltung von Sitz, Arm- und Rückenlehnen sowie gute Höhen- und Längsverstellung ist ebenfalls zu achten.

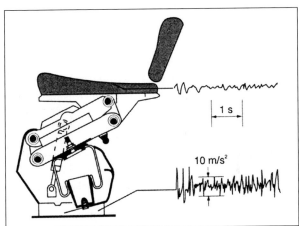

Abbildung 355:
Schwingungsver-
minderung durch
pneumatische
Sitzfederung

Auch das Klima ist für das Wohlbefinden von Bedeutung. Es umfasst die Faktoren Lufttemperatur, relative Luftfeuchte, Luftgeschwindigkeit und Strahlungstemperatur. Während durch eine Kabine Wetterschutz und eine ausreichende Heizung für den Winter gewährleistet werden können, lässt sich das Problem von zu hohen Temperaturen im Sommer am besten durch eine Klimaanlage lösen. Das Öffnen der Scheiben wird zwar häufig praktiziert, hat aber den Nachteil, dass Geräusche, Staub und evtl. Spritzbrühe den Fahrer belasten. Klimaanlagen sind sinnvoll und nicht als unnötiger Luxus anzusehen. Die benötigte Antriebsleistung von 2 bis 3 kW stellt bei den heutigen Schleppern kein Problem dar.

An Arbeitsplätzen auf Weinbauschleppern ist mit Schadstoffen in Form von Abgasen und Staub zu rechnen, bei der Arbeit mit Pflanzenschutz- und Düngemitteln mit weiteren Stoffen, die belästigende oder schädliche Wirkung haben können. Zum Schutz der Menschen wurden deshalb für viele Stoffe die zulässigen maximalen Arbeitsplatzkonzentrationen (**MAK**-Wert) festgelegt. Um das Risiko gesundheitlicher Schädigung herabzusetzen, sind in bestimmten Fällen zusätzliche Schutzmaßnahmen, wie

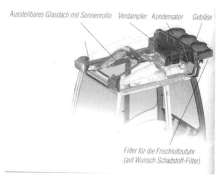

Abbildung 356: Klimaanlage

Ausstellbares Glasdach mit Sonnenrollo   Verdampfer   Kondensator   Gebläse

Filter für die Frischluftzufuhr
(auf Wunsch Schadstoff-Filter)

Schutzhandschuhe, Atemschutzmaske oder vollständiger Schutzanzug angebracht. Auch Schlepperkabinen bieten einen weitreichenden Schutz, der durch eingebaute Staub- und Schadstoff-Filter noch verbessert werden kann.

Bei der **Schleppergestaltung** sollen Funktionalität, Sicherheit und Ergonomie im Vordergrund stehen. Der Sitz muss, neben der Schwingungsdämpfung eine bequeme Körperhaltung und ein sicheres Erreichen der Bedienteile ermöglichen. Die Instrumente und Betriebsanzeige sollten zentral im Blickfeld des Fahrers angeordnet sein. Sie sollten blendfrei ausgeführt und entsprechend ihrer Bedeutung mit Signalgebern gekoppelt sein. Wichtige, d.h. oft benötigte Bedienteile sollten möglichst im günstigen Bereich (Optimum) für Hände und Füße liegen, selten benutzte Bedienteile können im gerade noch erreichbaren Bereich (Maximum) angebracht sein. Die Bedienungshebelanordnung sollte einen freien Durchstieg in der Kabine ermöglichen. Elektrohydraulische Schalter- oder Drehknopfbedienungen können teilweise auf einer seitlichen Bedienkonsole untergebracht werden (vgl. Abb. 352). Auch lassen sich die zunehmenden elektrohydraulischen Bedienungen alternativ in Multifunktionshebel mit Druckknopfbedienung zusammenfassen und schaffen zudem Platz in der engen Kabine. Damit ergeben sich Möglichkeiten zur besseren Anordnung der Fahrerinformationssysteme. Diese umfassen heute eine größere Zahl an Betriebsdaten und werden vorzugsweise als digitales Bordinformationssystem mit Tastatur für die Vorwahl der jeweils gewünschen Anzeigenfunktion ausgeführt. Hinsichtlich Anzeigevielfalt und Präzision erhält der Fahrer damit einen besseren Informationsstand, in den Elektroniksysteme zur Regelung von Schleppermotor oder –getriebe einbezogen sein können. Bei allen Arbeiten ist eine gute Rundumsicht erforderlich. Kabinenstreben sollten daher möglichst schmal und Verglasungen möglichst großzügig ausgeprägt sein. Verdrehte Körperhaltungen können evtl. durch zusätzliche

586

Spiegel vermieden werden. Einstiege sollten durch Haltegriffe und Einstiegstufen sicher begehbar sein.

Abbildung 357: Übersichtliche seitliche Bedienkonsole für elektrohydraulische Steuerungen

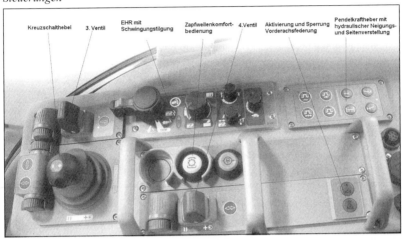

Abbildung 358:
Übersichtliches Armaturen-display eines Schmalspur-schleppers

20.4 Verkehrssicherheit

Weinbauliche Geräte und Fahrzeuge müssen, wie andere land- oder forstwirtschaftliche (lof) Traktoren und Geräte, die Straßenverkehrsordnung (StVO) und Straßenverkehrszulassungsordnung (StVZO) einhalten.

Zum Führen von Fahrzeugen mit einer bauartbedingten Höchstgeschwindigkeit (bbH) bis 6 km/h ist keine Fahrerlaubnis notwendig. Für Schlepper und selbstfahrende Arbeitsmaschinen bis zu einer bbH von 32 km/h wird die Fahrerlaubnis der Klassse L benötigt. Bei Fahrzeugen mit einer bbH von über 32 km/h ist die Klasse T erforderlich.

Fahrzeuge mit eigenem amtlichem Kennzeichen unterliegen in regelmäßigen Abständen der **Untersuchungspflicht**. Keine Untersuchung benötigen Schlepper unter 6 km/h, selbtfahrende Arbeitsmaschinen mit einer bauartbedingten Höchstgeschwindigkeit (bbH) unter 20 km/h und zulassungsfreie lof-Anhänger.
Für die Hauptuntersuchung (HU) und Sicherheitsprüfung (SP) gelten seit 1.12.1999 die in der Tabelle genannten Begrenzungen.

Tabelle 104: Von der Straßenverkehrsordnung vorgegebene Höchstwerte für lof-Fahrzeuge

Bauartbedingte Höchstgeschwindigkeit (km/h)		unter 40	über 40			
Zulässiges Gesamtgewicht (t)		-	unter 3,5	3,5 – 7,5	7,5 - 12	über 12
HU	Monate	24	24	12	12	12
SP	Monate	-	-	-	6[1]	6[2]

[1] Bei Erstzulassung erstmals nach 3 Jahren.
[2] Bei Erstzulassung erstmals nach 2 Jahren

Tabelle 105: *Auflistung der wichtigsten Vorschriften für die verschiedenen Fahrzeuge/* *Geräte*

Selbstfahrende Arbeitsmaschinen wie z.B. Traubenvollernter	• betriebserlaubnispflichtig • zulassungsfrei bis 20 km/h bauartbedingte Höchstgeschwindigkeit
Lof-Traktoren, im Weinbau überwiegend Schmalspurtraktoren mit Mindestspurweite 1150 mm	• betriebserlaubnispflichtig • zulassungspflichtig • überwachungspflichtig nach § 29 StVO • Besonderheit: umklappbare Umsturzschutzbügel (vorne) an Schmalspurschleppern
Transportanhänger	• betriebserlaubnispflichtig (seit 1961) • zulassungsfrei und überwachungsfrei, wenn als lof Anhänger mit (25 km/h)-Schild gekennzeichnet und nicht schneller gefahren wird • Anhängung nur an bauartgenehmigter Kupplung
Lof-Anhängegeräte	• betriebserlaubnisfrei bis maximal 3 t Gesamtgewicht • dürfen einen Laderaum haben, wenn die Nutzlast nicht größer als 2 t ist und wenn das Verhältnis vom zulässigen Gesamtgewicht zum Leergewicht nicht größer als 2,0 ist; Ausnahme für Anhängespritzen. Diese sind, unabhängig von ihrer Nutzlast, Anhängegeräte • Anhängung auch an Zugpendel oder Ackerschiene • je nach Gewicht/Achslast Bremse erforderlich; Handhebel-Betriebsbremsen an neuen Fahrzeugen seit 1.1.1995 nicht mehr erlaubt • max. Breite 3,0 m
Lof-Anbaugeräte	• generell betriebserlaubnisfrei, Traktor/Gerät-Kombination wird in Verantwortung von Halter und Fahrer betrieben • aufgesattelte Geräte (mit Stützrad) werden verkehrsrechtlich wie Anhängegeräte behandelt. Beachte: zulässiges Gesamtgewicht, Achslasten, Vorderachsentlastung müssen beachtet werden
Beleuchtung	• Transportanhänger und Anhängegeräte müssen immer mit kompletter Beleuchtungseinrichtung ausgerüstet sein • Anbaugeräte nur bei Verdeckung von Traktorleuchten bzw. nachts beim Überschreiten bestimmter Abmessungen (400 mm seitlich, 1000 mm nach hinten) • Begrenzungsleuchten vorn und hinten
Verkehrsgefährdete Kanten und Kenntlichmachung	• gefährliche Kanten sind zu vermeiden; nur wenn nicht vermeidbar, Kenntlichmachung durch Warntafeln oder –folien • Anbaugeräte müssen beim Überschreiten bestimmter Traktorabmessungen kenntlich gemacht werden; 400 mm seitlich über die Begrenzungsleuchten nach vorn und hinten, 1000 mm hinten über die Schlussleuchten nach hinten. Statt starrer Warntafeln können auch Warnfolien verwendet werden (DIN 11030). Große Warnflächen können auch in mehrere kleine Flächen aufgeteilt werden; dadurch verbesserte Möglichkeit, solche Warnfolien direkt auf Geräteteilen anzubringen

Abbildung 359: *Beleuchtungseinrichtungen an Ackerschleppern*

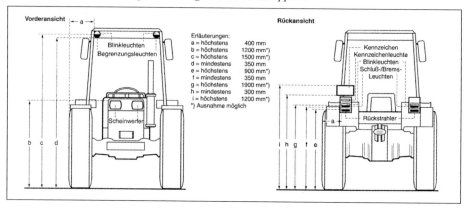

Abbildung 360: *Beleuchtungseinrichtungen an zulassungfreien Anhängern*

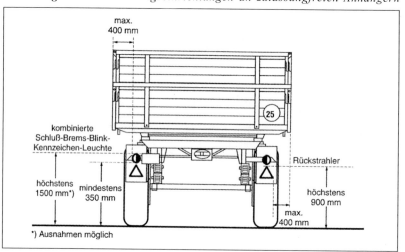

20.5 Checkliste als Entscheidungshilfe für den Kauf eines Schleppers und Herstelleranschriften

Die folgende Checkliste zeigt dem Winzer die wichtigsten Anforderungen an einen Schmalspurschlepper und soll ihm bei einer evtl. Kaufentscheidung als Hilfe dienen. Da die betrieblichen Einsatzbedingungen für die Maschinen im Weinbau sehr unterschiedlich sind, muss der Winzer eine auf seinen Betrieb abgestimmte Gewichtung der erforderlichen Maschinenausstattungen vornehmen.

Wahl der Bauart:

- Kompakttraktor (ungleich große Räder)
- Spezialtraktor (gleiche Räder), Frontlenker
- Knicklenker
- Lastschaltbarer Allradantrieb
- Gewichtsverteilung vorn : hinten = 40 : 60 oder 60 : 40
- Hangtauglichkeit
- Max. Außenbreite (60 cm schmäler als Gassenbreite)
- Universell einsetzbar

Motor:

- Passende Leistung kW (PS)
- Hoher Drehmomentanstieg (mind. 20 %)
- Für Pflanzenölkraftstoffe geeignet
- Spez. Kraftstoffverbrauch bei Vollast unter 260 g/kWh

Getriebe:

- Gruppenschaltung synchronisiert
- Ausreichende Gangzahl
- Viele Geschwindigkeitsstufen zwischen 3 und 9 km/h
- Gangabstufungen im Hauptarbeitsbereich 0,4 bis 0,8

Hydraulik:

- Tandempumpe vorhanden
- Pumpenleistung ausreichend
- Ölvorrat ausreichend
- Ölkühler vorhanden
- Steuerventile mit Mengenteiler
- Hubkraft an der Ackerschiene mind. 1100 daN
- Unterlenkerfixierung stabil und einfach zu betätigen

- Heckhydraulik von hinten bedienbar
- Fronthydraulik

Bereifung:
- Bodenschonender Reifen
- sicherer Halt am Hang
- geringe Abnutzung bei Straßenfahrt

Kabine:
- Integrierte Kabine
- Geräuschisoliert (unter 85 dBA)
- Vibrationsgedämpft
- Regulierbare Frischluftzufuhr von vorne oben
- Gute Rundumsicht
- Bequemer Ein- und Ausstieg (aufgeräumter Arbeitsplatz)
- Bedienhebel funktionell und ergonomisch gut angeordnet
- Staub- und Schadstoff-Filter
- Klimaanlage
- Gesundheitssitz (evtl. luftgefedert)
- Sitz- und Lenkposition verstellbar

Sonstiges:
- Hoher Wiederverkaufswert
- Guter Service- und Reparaturdienst
- Preis

Herstelleranschriften von Schmalspurschleppern

BCS: FERRARI-Traktoren, Am Weingarten 5, D-92274 Gebenbach
CARRARO ANTONIO: MAT Moderne Anlagentechnik GmbH, Zirndorfer Straße 7, D-84478 Waldkraiburg
CASE-IH: Case Germany GmbH, Benzstraße 1, D-74076 Heilbronn
CLAAS-Renault: Claas KGA, Münsterstraße 1, D-33426 Harsewinkel
DEXHEIMER: Maschinenfabrik Dexheimer & Co., Bahnhofstraße 23, D-55578 Wallertheim
EICHER Dromson S.A: F-67600 Selestat
FENDT: AGCO GmbH, Fendt Marketing, Johann-Georg-Fendt-Straße 4, D-87616 Marktoberdorf
FERRARI: s. BCS
HIEBLE: Bergmeister Spezialtraktoren, Meisenweg 1, D-86660 Tapfheim
HOLDER: Gebr. Holder GmbH, Stuttgarter Straße 42-46, D-72555 Metzingen
HÜRLIMANN: Hürlimann Traktoren AG, Churfürstenstraße 54, CH-9500 Will
JOHN DEERE: John Deere Vertrieb, John Deere Straße 10, D-76646 Bruchsal
KRIEGER: F. Krieger KG, Fahrzeugbau, Mühlgasse 9, D-76835 Rhodt
LAMBORGHINI: Same-Deutz-Fahr-Gruppe, Same Straße 5/13, D-89415 Lauingen
LANDINI: Landini Vertrieb Deutschland GmbH, Dreieichstraße 11, D-64546 Mörfelden-Walldorf
McCORMICK: Lärchenweg 4, D-85540 Haar bei München
NEW HOLLAND: CNH Deutschland GMBH, Benzstraße 1, D 74076 Heilbronn
RENAULT: s.CLAAS RENAULT
SAME: Same Straße 5/13, D-89415 Lauingen
SAUERBURGER: F.X. Sauerburger Traktoren und Gerätebau Im Bürgerstock 1, D-79241 Ihringen
SHIBAURA: SHIBAURA EUROPE BV, Nijverheidstraat 59, NL-6681 LN Bemmel
STEYR: s.CASE IH
UTB UNIVERSAL: UTB-Vertrieb Fischer, Hirtreut 27, D- 94157 Perlesreut

Das Verzeichnis erhebt keinen Anspruch auf Vollständigkeit

Literatur

DUPUIS, H., HARTUNG, E.: Ergonomische Grundlagen der Arbeitsplatzgestaltung, Der Deutsche Weinbau 15/1986.

EICHHORN, H: Landtechnik, Verlag Eugen Ulmer Stuttgart.

HAUSER, R.: Hydraulik im Spezialschlepper, Der Deutsche Weinbau 25-26/1987, 1025 - 1099.

JÄGER, P., ACHILLES,A.: Weinbau-Schmalspurtraktoren, Das Deutsche Weinmagazin 9-10/2006, 20 - 33.

KUTZBACH, H.D.: Lehrbuch der Agrartechnik – Band 1, Verlag Paul Parey.

MAUL, D.: Vollernter- nicht nur Vollernter, Das Deutsche Weinmagazin 10/1994, 22 - 25.

MÜLLER, KADISCH, SCHULZE, WALG: Der Winzer-Weinbau, Eugen Ulmer Verlag, Stuttgart,1999.

REBHOLZ, F.: Anforderungen an einen modernen Weinbergschlepper, Der Deutsche Weinbau 10/2001, 30 - 34.

REBHOLZ, F.: Weinbergsschlepper in der Praxis. DWZ 6/2005, 36 – 38.

REBHOLZ, F.: Anforderungen an einen modernen Weinbergschlepper, Das Deutsche Weinmagazin, 18/2005, 46 - 49.

REBHOLZ, F.: Vorderachsfederung beim Schmalspurschlepper, Das Deutsche Weinmagazin, 12/2006, 19 - 21.

RENIUS, K.T.: Traktoren-Technik und ihre Anwendungen, BLV Verlagsgesellschaft München.

RÜHLING, W.: Schmalspurschlepper für den Weinbau, Bauarten KTBL-Arbeitsblatt Nr. 36.

RÜHLING, W.: Mehrreihige Arbeitsverfahren – ein Weg zur Kostenreduzierung? DWZ 7/1994, 20 – 22.

RÜHLING, W., STRUCK, W.: Welche Reifen für den Schmalspurschlepper. Der Deutsche Weinbau 25-26/1994, 20 - 22.

RÜHLING, W.,STRUCK, W.,UHL, W.: Testergebnisse als Entscheidungshilfe beim Schlepperkauf, Der Deutsche Weinbau 14 und 18/1990.

RÜHLING, W.: Entwicklungstendenzen bei Radschleppern, DWZ 2/1998, 25 - 27.

UHL, W.: Technik des Schmalsparschleppers, Rebe und Wein 3/1990.

UHL, W.: Gerätebau – leicht, schnell, sicher, Das Deutsche Weinmagazin 19/1994, 21 - 24.

UHL, W.: Wie sinnvoll ist die Regelhydraulik, Der Deutsche Weinbau 9/1994, 22 - 24.

UHL, W.: Alternative Kraftstoffe beim Weinbauschlepper, Rebe und Wein 6/2003, 20 - 24.

UHL, W.: Rund um den Schlepper, Das Deutsche Weinmagazin 6/2002, 24 – 29.

UHL, W.: Die Hydraulikanlage beim Weinbauschlepper, Der Deutsche Weinbau 13/2003, 20 – 24.

21 Ökonomische Grundlagen
21.1 Maschinenkosten

Die Anwendung technischer Arbeitsverfahren wird nachhaltig von der Wirtschaftlichkeit bestimmt. Nicht die Einzelmaschinen allein, sondern das gesamte Verfahren mit den entsprechenden Kosten muss zur Beurteilung herangezogen werden. Eine genaue Kalkulation der entstehenden Kosten beeinflusst maßgeblich die Auswahl eines bestimmten Arbeitsverfahrens. Viele Maschinen und Geräte können einzelbetrieblich nicht immer wirtschaftlich sinnvoll eingesetzt werden. Ihre Leistungskapazität kann oft nur überbetrieblich über Maschinengemeinschaften, Maschinenringe oder Lohnunternehmer ausgenutzt werden. Zur Berechnung einzelner Arbeitsverfahren müssen zunächst die Kosten der Maschinen erfasst werden.

Betriebswirtschaftlich gesehen, gehört das Maschinenkapital zu den vergänglichen Wirtschaftsgütern. Maschinen verlieren im Laufe der Zeit durch Verschleiß und technische Überalterung an Wert. Die konstante Wertminderung sowie alle zusätzlichen Kosten, welche durch den Arbeitseinsatz der Maschinen entstehen, müssen in der Betriebskalkulation berücksichtigt werden.

Grundsätzlich wird bei den Maschinenkosten unterschieden zwischen festen (fixen) und veränderlichen (variablen) Kosten:

- Feste Kosten bleiben übers Jahr gesehen konstant. Sie entstehen unabhängig davon, wie stark eine Maschine beansprucht wird. Allein die Tatsache, dass sie angeschafft wurde und auf dem Hof steht, verursacht folgende Kosten:
  - Abschreibung
  - Zinsanspruch
  - Unterbringung
  - Versicherung

- Veränderliche Kosten entstehen nur dann, wenn die Maschine eingesetzt wird. Sie werden pro Einsatzstunde berechnet und setzen sich zusammen aus:
  - Reparatur- und Wartungskosten
  - Betriebsstoffkosten

Feste (fixe) Kosten

Abschreibung: Mit zunehmendem Alter vermindert sich der Wert einer Maschine. Die Abschreibung stellt die theoretische Wertminderung dar und ist als Rücklage für eine gleichteure Neuanschaffung gedacht. Die Abschreibungen müssen erwirtschaftet werden, um nach der Nutzungsdauer den entsprechenden Betrag für die Neuinvestitionen verfügbar zu haben. Der jährlich abzuschreibende Betrag (AfA) ist abhängig vom Anschaffungswert, vom Restwert und von der Nutzungsdauer. Die AfA pro Jahr errechnet sich aus

$$\frac{\text{Anschaffungswert} - \text{Restwert}}{\text{Nutzungsdauer}}$$

Der Restwert wird aber meistens durch die Preissteigerungen während der Nutzungszeit aufgehoben, sodass er bei der Berechnung vernachlässigt werden kann.

Sonderfälle bei der Abschreibung

Beim Kauf einer bereits abgeschriebenen Maschine richtet sich die Abschreibungsdauer nach dem Betriebszustand der abzuschreibenden Maschine. Es wird aber höchstens die Hälfte der Nutzungsdauer (= Abschreibungsdauer) einer neuen Maschine als Abschreibungsdauer angenommen. Werden gebrauchte, aber noch nicht abgeschriebene Maschinen angekauft, so ergibt sich die Abschreibungsdauer aus der Differenz der Nutzungsdauer (= Abschreibungsdauer) einer neuen Maschine und dem Alter der angekauften Maschine.

Zinsanspruch: Wird zum Maschinenkauf Eigenkapital verwendet, entgehen dem Winzer Guthabenzinsen, die bei der Anlage des Geldes kassiert werden könnten. Bei der Maschinenfinanzierung mit Fremdkapital dagegen müssen Schuldzinsen gezahlt werden. Deshalb ist bei Maschinenkosten der Zinsanspruch zu berücksichtigen. Als Grundlage wird der mittlere Zeitwert einer Maschine genommen. Dies bedeutet, dass bei linearer Abschreibung die Hälfte des Anschaffungswertes in die Berechnung einfließt. Für kalkulatorische Zwecke beträgt der Zinsanspruch in der Regel 3 bis 6 % vom halben Neuwert. Er errechnet sich wie folgt:

$$\text{Zinsanspruch/Jahr} = \frac{\text{Anschaffungspreis x Zinssatz}}{2}$$

Soll ein Restwert berücksichtigt werden, so ist dieser ganz zu verzinsen.

Unterbringung: Maschinen, die in Gebäuden untergestellt werden, sind mit den entsprechenden Kosten zu belasten. In Abhängigkeit von der Grundfläche für den Stellplatz sowie der benötigten Rangierfläche entstehen jährliche Kosten von ca. 1 bis 1,5 % des Anschaffungspreises.

Versicherung: Maschinen und Geräte im weinbaulichen Betrieb werden gegen Feuer und Haftpflichtschäden versichert. Die Kosten für diese beiden Versicherungen belaufen sich durchschnittlich auf 0,5 % des Anschaffungswertes.

Veränderliche (variable) Kosten
Reparatur- und Wartungskosten: Bei den variablen bzw. veränderlichen Kosten, deren Höhe vom Einsatz der Maschine abhängt, spielt der Reparatur- und Wartungsaufwand eine wesentliche Rolle. Im Einzelfall sind diese Kosten aber nur sehr schwer kalkulierbar, da sie von verschiedenen Faktoren abhängen:

- Alter,
- Einsatzumfang,
- Fabrikat,
- Einsatzbedingungen und
- Bedienungspersonal.

Für die Kalkulation werden Richtwerte (z.B. KTBL Datensammlung) herangezogen. Nach langjährigen Erfahrungen kann man pauschal, bezogen auf eine mittlere Auslastung der Maschine, mit ca. 3 % vom Anschaffungswert rechnen. Bezogen auf 100 Einsatzstunden ergeben sich Reparaturkosten in der Größenordnung von 0,6 bis 4% vom Neuwert. Die Wartungskosten können durchschnittlich mit 0,1 Akh pro Einsatzstunde veranschlagt werden.

Betriebsstoffkosten: Hierzu zählen Treibstoffe, Schmierstoffe und Verbrauchsstoffe, wie z.B. Heftgarn beim Laubhefter. Für eine Kalkulation kann ebenfalls die KTBL-Datensammlung herangezogen werden.

Der Treibstoffbedarf ist abhängig vom Motor (spezifischer Verbrauch), von der zu erledigenden Arbeit und von schlagspezifischen Größen wie Parzellengröße, Zeilenlänge, Weinberg-Hof und Weinberg-Weinberg-Entfernung. Bei mittlerer Motorauslastung können für Schmalspurschlepper mit 40 bis 65 kW rund 5 bis 8 l Diesel pro h zugrunde gelegt werden. Bei Arbeiten mit niedriger Motorbelastung verringert sich der Treibstoffbedarf um bis zu 30%, bei hoher Motorbelastung erhöht er sich um bis zu 50%.
Der Schmierölverbrauch beträgt etwa 1% der Treibstoffmenge.

Gesamtkosten

Aus den angeführten einzelnen Kostenanteilen lassen sich die jährlichen Gesamtkosten errechnen. Bei der Zusammenfassung aller Kostenelemente hat sich im langjährigen Durchschnitt ein Ansatz von 20 % pro Jahr ergeben. Diese Zahl beinhaltet die festen und variablen Kosten und kann als Faustzahl bei der Einschätzung des einen oder anderen Verfahrens berücksichtigt werden. Bei besonderen Situationen, wie z.B. degressive Abschreibung, höhere Abschreibung, schwierige Einsatzverhältnisse mit höherem Verschleiß usw., muss die Maschine im Einzelnen jedoch genau berechnet werden.
Zusammensetzung der jährlichen Maschinenkosten:

Abschreibung 10 % + Zinsansatz 3,5 % +
Unterbringung und Versicherung 1,5 %   = 15 % Festkosten.
Reparaturen 3 % + Treib- und Schmierstoff 2 % =   <u>5 % veränderliche Kosten</u>
                                          = 20 % Jahreskosten

Die Maschinenkosten pro Einsatzstunde ergeben sich aus der Summe der fixen Kosten dividiert durch den Jahreseinsatz der Maschine in Stunden und den variablen Kosten pro Stunde:

Die Kosten pro Einsatzstunde hängen sehr stark davon ab, wie oft die Maschine pro Jahr genutzt wird. Je mehr Stunden eine Maschine pro Jahr läuft, desto geringer werden die fixen Kosten, während die variablen Kosten pro Stunde gleich bleiben. In den nachfolgenden Berechnungsbeispielen wird dies veranschaulicht.

	fixe Kosten (€/Jahr) : Jahreseinsatz (h)
+	variable Kosten (€/h)
=	Gesamtkosten (€/h)

Die Kosten einer Maschine pro Jahr ergeben sich aus der Summe der variablen Kosten multipliziert mit dem Jahreseinsatz in Stunden und den fixen Kosten

	variable Kosten (€/h) x Jahreseinsatz (h)
+	fixe Kosten (€/Jahr)
=	Gesamtkosten (€/Jahr)

Tabelle 106: Berechnung von Maschinenkosten am Beispiel eines Schmalspurschleppers

Anschaffungspreis ohne MwSt. (A)	42 000
Nutzungsdauer nach Zeit (N)	12 Jahre
Zinssatz (i)	6%
Feste Kosten (€/Jahr)	
• Abschreibung (Afa) ohne Restwert: $\dfrac{A}{N}$	$\dfrac{42\,000}{12}$ = 3 500
• Zinssatz: $\dfrac{A}{2}$ X $\dfrac{i}{100}$	$\dfrac{42\,000}{2}$ X $\dfrac{6}{100}$ = 1 260
• Unterbringung und Versicherung: 1,5% von A	630
Feste Kosten insgesamt	**5 390**
Veränderliche Kosten (€/h)	
• Treibstoff (6,5 l/h)	7,05
• Schmierstoffe (1% der Treibstoffmenge)	0,25
• Reparaturkosten (0,6 % von A pro 100 h)	2,50
• Wartungskosten (0,1 AKh pro Einsatzstunde)	1,20
Summe pro Stunde	**11,00**

Tabelle 107: *Kosten des Schleppers bei unterschiedlicher Auslastung*

Jahreseinsatz	400 h	500 h	600 h
Feste Kosten	13,47	10,78	8,98
Veränderliche Kosten	11,00	11,00	11,00
Kosten pro Stunde	24,47	21,78	19,98
Kosten pro Jahr	9 790	10 890	11 990

Tabelle 108: *Berechnung von Maschinenkosten am Beispiel eines Nachläufer-Sprühgerätes*

Anschaffungspreis ohne MwSt. (A)	9 000
Nutzungsdauer nach Zeit (N)	10 Jahre
Zinssatz (i)	6%
Feste Kosten (€/Jahr)	
• Abschreibung (Afa) ohne Restwert: $\dfrac{A}{N}$	$\dfrac{9\,000}{10}$ = 900
• Zinssatz : $\dfrac{A}{2} \times \dfrac{i}{100}$	$\dfrac{9\,000}{2} \times \dfrac{6}{100}$ = 270
• Unterbringung und Versicherung: 1,5% von A	135
Feste Kosten insgesamt	**1 305**
Veränderliche Kosten (€/h)	
• Reparaturkosten (1,0% von A pro 100 h)	0,90
• Wartungskosten (0,1 Akh pro Einsatzstunde)	1,20
Summe pro Stunde	**2,10**

Tabelle 109: *Kosten des Nachläufer-Sprühgerätes bei unterschiedlicher Auslastung*

Jahreseinsatz	100 h	150 h	200 h
Feste Kosten	13,05	8,70	6,52
Veränderliche Kosten	2,10	2,10	2,10
Kosten pro Stunde	15,15	10,80	8,62
Kosten pro Jahr	1 515	1 620	1 725

Maschinenkosten in Abhängigkeit von der Auslastung

Ausgehend von den Jahreskosten, die eine Maschine verursacht, ergibt sich zwangs-läufig die Frage nach der Mindestauslastung. Während die variablen Kosten, bezogen auf den Einsatzumfang, gleich bleiben, nehmen die Festkosten mit zunehmender Auslastung ab. Die Senkung der Festkosten ist somit ausschlaggebend für die Ökonomie eines Arbeitsverfahrens. Die Festkostensenkung ist aber nicht unendlich durchführbar; sie stößt ab einem gewissen Einsatzumfang an Grenzen. Insbesondere die Terminkosten beschränken das Verfahren. Terminkosten sind diejenigen Kosten, die durch nicht termingerechte Arbeitserledigung entstehen. Hierzu zählen:

- das Wetterrisiko
- erhöhte Rüst- und Wegezeiten,
- organisatorischer Mehraufwand.

Die Abbildung 361 zeigt, wie sich die Kostenentwicklung in Abhängigkeit von der Auslastung darstellt. Der Bereich der optimalen Einsatzfläche charakterisiert das Kostenminimum, welches vom Betreiber angestrebt werden sollte. Geringere, aber auch zu hohe Auslastungen führen zwangsläufig zu Kostensteigerungen des Arbeits-verfahrens.

Abbildung 361:
Maschinenkosten in Abhängigkeit von der Auslastung

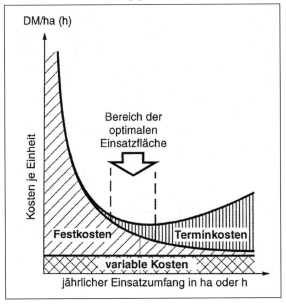

21.2 Kooperationsformen und überbetriebliche Maschinenverwendung

Die Möglichkeiten der überbetrieblichen Zusammenarbeit können einen wichtigen Beitrag zur Einkommenssicherung und –verbesserung leisten. Die moderne Produktionstechnik stützt sich auf leistungsfähige Aggregate, die in den Familienbetrieben in den seltensten Fällen voll ausgenutzt und mit vertretbaren Kosten eingesetzt werden können. Aus Produktivitäts- und Einkommensgründen können diese Betriebe aber ebenso wenig auf leistungsfähige Produktionsverfahren verzichten wie Großbetriebe. Von vielen Weinbaubetrieben werden deshalb schon verschiedene Möglichkeiten der Kooperation genutzt.

Lohnunternehmer: Lohnunternehmer bieten Maschinenleistungen gegen Entgelt an. Es sind meist gewerbliche Unternehmen, die für Weinbaubetriebe Arbeiten durchführen, oft aber auch in anderen Bereichen tätig sind. Schwerpunkte im Weinbau sind die Traubenlese, das Rigolen und das Pflanzen mit der Pflanzmaschine. Es gibt aber auch bei anderen Arbeiten Angebote durch Lohnunternehmen bis zur völligen Übernahme des Außenbetriebes. Viele Flaschenweinvermarkter, die an ihre arbeitswirtschaftliche Grenze stoßen, zeigen großes Interesse, die Außenwirtschaft an Lohnunternehmer abzugeben. Hier wird sich in Zukunft für Lohnunternehmer ein wachsender Markt ergeben.

Maschinen- und Betriebshilfsringe: Ursprünglich waren Maschinenringe Zusammenschlüsse einer meist größeren Zahl von Landwirten auf freiwilliger Basis, um auf dem Einzelbetrieb vorhandene Maschinen- und Arbeitskapazitäten überbetrieblich einzusetzen, damit eine bessere Auslastung ermöglicht wird. Ziel war es, teure Investitionen bei Maschinen zu vermeiden, wenn sie im eigenen Betrieb nicht ausgelastet werden können. Die Vermittlung der überbetrieblichen Tätigkeiten durch eine hauptamtliche Geschäftsstelle gewährleistet, dass in saisonalen Arbeitsspitzen die Mitglieder einen Ansprechpartner für gewünschte und angebotene Dienstleistungen haben. Das Angebot an Maschinen für die Außenwirtschaft und die Kellerwirtschaft ist, zumindest bei einigen Ringen, so vielfältig, dass praktisch alle Arbeiten angeboten werden können. Die Umbenennung vieler Ringe in "Maschinen- und Betriebshilfsring" dokumentiert die Veränderung der Aufgaben und des Angebotes. Die Absicherung der Betriebe in sozialer Notlage durch die Bereitstellung von Betriebshelfern wurde zu einer wichtigen Aufgabe, wobei auch die umfassendere Verwaltungsarbeit, Antragstellung und Abrechnung der Einsätze mit den Sozialversicherungsträgern von der Geschäftsstelle übernommen werden.

Maschinengemeinschaften: Eine weitere Möglichkeit, Maschinen gemeinsam zu nutzen, ist die Beteiligung an einer Maschinengemeinschaft, bei der eine Maschine von mehreren Betrieben gemeinsam gekauft und genutzt wird. Eine Reihe von Vorteilen spricht für eine Maschinengemeinschaft:

- Reduzierung der Finanzierungssumme.
- Senkung der Maschinenkosten je Einheit.
- Verringerung der Arbeitszeit.
- Ausnutzung des technischen Fortschritts.
- Vertretung im Krankheitsfall.

Wichtig ist, dass über die Finanzierung und Kostenverteilung genaue Regelungen getroffen werden, um Unstimmigkeiten im Voraus vorzubeugen. Bei der Finanzierung mit Eigenkapital kann sich die Verteilung der Anschaffungskosten entweder nach der Zahl der Mitglieder oder nach der voraussichtlichen Einsatzfläche beim einzelnen Mitglied richten. Die Verteilung der Kosten nach Zahl der Mitglieder ist jedoch nur sinnvoll, wenn die bewirtschafteten Flächen etwa gleich groß sind. Eine andere Möglichkeit ist die Fremdfinanzierung der Maschine und die Einrichtung eines gemeinsamen Maschinenkontos, über das alle anfallenden Kosten bezahlt werden. Maschinengemeinschaften sind relativ weit verbreitet. Meist sind es Maschinen, die nur selten eingesetzt werden wie Kompoststreuer, Tiefenlockerungsgeräte, Rebenvorschneidmaschinen oder Entlauber.

Pacht- und Bewirtschaftungsverträge: Diese Form der Zusammenarbeit war ursprünglich eine Art "Notlösung" für die Betriebe, die gerne eine Erzeugergemeinschaft gegründet hätten, aber die Voraussetzungen nach dem Marktstrukturgesetz (Anzahl, Flächengröße) nicht erfüllten. Aber auch aus betriebswirtschaftlicher Sicht bieten Bewirtschaftungsverträge eine Reihe von Vorteilen:

- Entspannung der arbeitswirtschaftlichen Situationen.
- Ausschöpfung der Vermarktungskapazitäten ("Erzeugerabfüllungen").
- Einschränkung vagabundierender Faßweinmengen.
- Gesicherter Zuerwerb.
- Kostensenkung durch bessere Auslastung.

Allerdings sollte vor Abschluss solcher Verträge unbedingt der Rat des Steuerberaters eingeholt werden, da neben weinrechtlichen und sozialrechtlichen Beschränkungen auch steuerrechtliche Auswirkungen zu beachten sind.

Betriebsgemeinschaft / Betriebszusammenschluss: Eine höhere Stufe der betrieblichen Zusammenarbeit ist die Teil- oder Vollfusion von Betrieben. Bei der Teilfusion betreiben Betriebe einen Betriebszweig gemeinsam, während der Rest in Eigenverantwortung bleibt. Bei Vollfusion dagegen werden die kompletten Betriebe integriert und es entsteht ein gemeinschaftliches neues Unternehmen. Diese Formen der Zusammenarbeit sind im Weinbau relativ selten anzutreffen. Meistens sind es Familiengemeinschaften, die mehr oder weniger eine Arbeitsteilung vereinbart haben. Nahezu ideal könnte man sich die Zusammenarbeit zwischen einem Faßweinbetrieb und einem Selbstvermarkter vorstellen. Während ein Betriebsleiter sich um die Außenwirtschaft kümmert, kann sich der andere auf die Kellerwirtschaft und die Vermarktung konzentrieren. Überhaupt ist die Vermarktung ein Bereich, in dem noch mehr Zusammenarbeit denkbar wäre. Die Vorteile von Betriebsgemeinschaften liegen sowohl im wirtschaftlichen als auch im sozialen Bereich:

- Senkung der Festkosten durch geringeren Maschinenbesatz.
- Spezialisierungseffekte.
- Gegenseitige Vertretung.
- Verringerung des Risikos der Existenzgefährdung.
- Geringere physische und psychische Belastung.

Dass trotz dieser Vorteile solche Betriebsgemeinschaften nicht weiter verbreitet sind, hängt damit zusammen, dass nicht alle Betriebsleiter für solch eine Partnerschaft geeignet sind. Es sind einige persönliche Voraussetzungen notwendig:

- Aufgeschlossenheit.
- Toleranz.
- Gesprächsbereitschaft.
- Vertrauen.
- Zuverlässigkeit.
- Ehrlichkeit.
- Gleiche Wertvorstellungen, Interessen und Ziele.
- Kooperationsbereitschaft aller Familienmitglieder.

Auch wenn die notwendigen Voraussetzungen erfüllt sind, lassen sich Spannungen und Konflikte nicht immer vermeiden. Diese können besonders auftreten, wenn die nachfolgende Generation mit anderen Vorstellungen in den Betrieb eintritt oder wenn Ehepartner hinzukommen. Probleme können auch beim Ausscheiden von Gesellschaftern oder beim Auflösen von Gemeinschaften auftreten.

21.3   Gebäudekosten

Betriebsgebäude stellen einen wichtigen Teil des Anlagevermögens eines Betriebes dar. Für die Lagerung von Produktionsmitteln und Erzeugnissen sowie für die Unterstellung von Maschinen und Geräten werden vom Winzer Gebäude benötigt. Die Langlebigkeit der Investitionen bei Gebäuden bedingt eine sorgfältige Planung und genaue Kalkulation. Ähnlich der Berechnung der Maschinenkosten kann auch die Kostenbelastung durch Gebäude kalkuliert werden. Die Kostenelemente bei landwirtschaftlichen Betriebsgebäuden setzen sich wie folgt zusammen:

- Abschreibung
- Verzinsung
- Unterhaltung und Versicherung.

Alle Kostenelemente zählen zu den festen Kosten. Variable Kosten entstehen nicht, sodass die Gesamtkosten relativ genau berechnet werden können.

Abschreibung: Die Abschreibungszeit der Gebäude ist abhängig von der Bauweise und der Nutzung. Im Allgemeinen geht man von folgenden Zeiträumen aus:

Massivbau	40 Jahre	=	2,5 % AfA/Jahr
Holzbau	25 Jahre	=	4,0 % AfA/Jahr
Leichtbau	10 Jahre	=	10,0 % AfA/Jahr .

Zinsansatz: Auch bei Gebäuden werden die Zinsen des eingesetzten Kapitals für die Berechnung der Gesamtkosten herangezogen. Bei linearer Abschreibung wird die Hälfte des Anschaffungspreises mit dem aktuellen Zinssatz verzinst. Der Zinssatz liegt im langjährigen Mittel zwischen 5 und 8 %.

Unterhaltung und Versicherung: Hierzu zählen alle Reparaturarbeiten, die zur Unterhaltung der Bausubstanz beitragen. Des Weiteren werden alle Versicherungen (z.B. Brandversicherung) erfasst, die direkt dem Gebäude zuzuordnen sind. Aufgrund langjähriger Erfahrungswerte betragen die Kosten für diesen Bereich insgesamt 1,5 % von Anschaffungspreis.

Gesamtkosten: Die Berechnung der Gesamtkosten pro Jahr erfolgt ausgehend von den o.a. Werten nach dem Schema in Tabelle 106. Da es sich um Festkosten handelt, können durch Addition der Kostenelemente die Gesamtkosten pro Jahr auch überschlägig bestimmt werden. Je nach Abschreibung und Zinssatz belaufen sich die Kosten auf 7 bis 10 % bezogen auf den Anschaffungswert. Diese Zahlen finden Verwendung bei der Berechnung der Produktionsverfahren, die auf Gebäude angewiesen sind.

Tabelle 110: *Berechnung von Gebäudekosten (Beispiel)*

Anschaffungspreis (A):	150 000 €
Nutzungsdauer (N):	40 Jahre
Zinssatz (i):	6 %
Unterhaltung und Versicherung:	1,5 %
Jahreskosten	
Abschreibung: $\dfrac{A}{N}$	3 750 €
Verzinsung: $\dfrac{A}{2} \times \dfrac{i}{100}$	4 500 €
Unterhaltung und Versicherung:	2 250 €
Gebäudekosten/Jahr	10 500 €

Literatur

BACK, W.: OBERHOFER, J.: Kooperationsformen in Weinbaubetrieben, Das Deutsche Weinmagazin 15/1997, 15 – 17.

EICHHORN, H.: Landtechnik, 7. Auflage, Verlag Eugen Ulmer Stuttgart 1999.

Stichwortverzeichnis

Stichwortverzeichnis

Stichwortverzeichnis

Stichwortverzeichnis

Stichwortverzeichnis

Stichwortverzeichnis

614

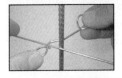

616